浙江省普通高校"十三五"新形态教材　新形态教材

简明生物化学原理

Concise Principles of Biochemistry

主编　吴石金

编者　（按姓名拼音排序）

邱乐泉　汤晓玲　汪　琨　吴石金

中国教育出版传媒集团

高等教育出版社·北京

内容提要

本书除绪论外共 17 章,第 1 章至第 7 章为结构生物化学相关内容,包括糖类、脂质、蛋白质、核酸、酶化学、维生素与辅酶、细胞与生物膜等的结构与功能;第 8 章至第 13 章为代谢生物化学相关内容,包括代谢与生物氧化、糖类代谢、脂质代谢、氨基酸代谢、核酸代谢及物质代谢的调控;第 14 章至第 17 章为 DNA 的复制与损伤修复、RNA 的合成与加工、蛋白质的生物合成、基因的表达调控。每章均包括知识要点、学习要求、扩展性提示和思考题。本书还一体化设计了"数字课程(基础版)",涵盖教学课件、教学视频、拓展阅读材料等课程资源,将教材、课堂、教学资源三者融合,适合学习者自主学习。本书适用于生命科学、医药卫生、农林科技、食品科学与工程等相关专业教学使用,也可供有关学科的科研人员参考。

图书在版编目(CIP)数据

简明生物化学原理 / 吴石金主编 . -- 北京:高等教育出版社,2024.7

ISBN 978-7-04-061762-7

Ⅰ. ①简… Ⅱ. ①吴… Ⅲ. ①生物化学 – 高等学校 –教材 Ⅳ. ① Q5

中国国家版本馆 CIP 数据核字(2024)第 044507 号

JIANMING SHENGWUHUAXUE YUANLI

| 策划编辑 | 单冉东 | 责任编辑 | 单冉东 | 特约编辑 | 李明洋 | 封面设计 | 张 楠 |
| 责任校对 | 张 薇 | 责任印制 | 朱 琦 | | | | |

出版发行	高等教育出版社	网 址	http://www.hep.edu.cn
社 址	北京市西城区德外大街4号		http://www.hep.com.cn
邮政编码	100120	网上订购	http://www.hepmall.com.cn
印 刷	北京宏伟双华印刷有限公司		http://www.hepmall.com
开 本	889mm×1194mm 1/16		http://www.hepmall.cn
印 张	22		
字 数	640 千字	版 次	2024 年 7 月第 1 版
购书热线	010-58581118	印 次	2024 年 7 月第 1 次印刷
咨询电话	400-810-0598	定 价	58.00元

本书如有缺页、倒页、脱页等质量问题,请到所购图书销售部门联系调换

新形态教材 · 数字课程（基础版）

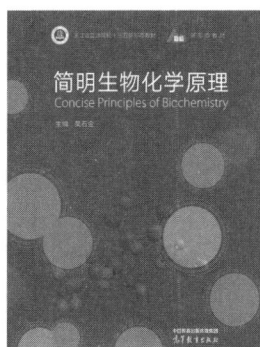

简明生物化学原理

主编　吴石金

登录方法:

1. 电脑访问 http://abooks.hep.com.cn/61762，或微信扫描下方二维码，打开新形态教材小程序。
2. 注册并登录，进入"个人中心"。
3. 刮开封底数字课程账号涂层，手动输入 20 位密码或通过小程序扫描二维码，完成防伪码绑定。
4. 绑定成功后，即可开始本数字课程的学习。

绑定后一年为数字课程使用有效期。如有使用问题，请点击页面下方的"答疑"按钮。

新形态教材网
Abooks

关于我们 | 联系我们　　　　登录/注册

简明生物化学原理

主编　吴石金

开始学习　　　收藏

　　简明生物化学原理数字课程与教材一体化设计，含有丰富的学习资源，包括教学课件、拓展阅读等，为教师和学生提供教学和学习参考。

http://abooks.hep.com.cn/61762

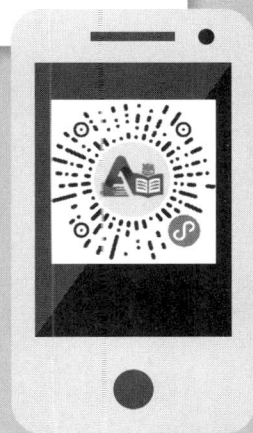

前　言

　　目前，困扰人类生存和发展的诸多重大问题的解决均寄希望于生命科学和技术的进步。因此，生命科学的研究成为21世纪最热门的研究领域。生命科学及其与其他学科的相互渗透、相互促进，必将对人类的前途和命运产生深刻的影响。作为生命科学核心理论基础的生物化学，既是现代生物学中的一门基础学科，同时又是现代生物学中发展较为迅速的一门前沿学科。如今，生物化学的方法与理论已经渗透到了生物学的诸多分支学科，并对其发展起着关键的推进作用。生物化学所包含的研究内容也日益包罗万象，生物学相关的研究领域大多需要应用生物化学的知识，生命科学类的研究生入学考试科目中大多包含生物化学。由于生物化学课程具有知识体系庞大等特点，学生在该门课程的学习过程中总会遇到各种各样的问题，对于很多报考研究生的同学，往往用于复习生物化学的时间最多，但结果却事倍功半。本新形态教材的编写目的在于紧紧围绕专业培养目标，力求适应学生身心健康发展和专业能力培养，满足课程教学目标和保证专业人才培养质量的需要，按照"需用为准、够用为度、实用为先"的原则，贯穿"任务驱动，项目导向"的模式和思路安排教学内容，以体现工科教育特色，尽量做到概念清楚，重点突出，深入浅出，由繁到简，由抽象到具体，循序渐进，并注重教材内容的连贯性、衔接性，使学生能够扎实地掌握生物化学的基本理论、基本知识和基本技能，为学生后续课程的学习和终身学习奠定良好基础。

　　本书除绪论外共分17章，包括糖类、脂质、蛋白质、核酸、酶化学、维生素与辅酶、细胞与生物膜、代谢与生物氧化、糖类代谢、脂质代谢、氨基酸代谢、核酸代谢、物质代谢的调控、DNA的复制与损伤修复、RNA的合成与加工、蛋白质的生物合成、基因的表达调控等内容。章前设计了"知识要点""学习要求"提示学习的关键；章中采用了大量图表，同时设计了适合拓展学习的数字资源，如教学课件、拓展阅读材料等以拓宽学习视野、提高学习兴趣，达到本课程的学习目标。本教材适合生命科学相关专业本科生学习使用，也适合研究生学习参考。

　　本书在编写过程中，得到了同行专家、高等教育出版社的指导和帮助，也得到各编者单位的大力支持，在此诚挚谢忱！对本书所引用的参考文献的原作者也表示衷心的感谢！

　　限于编者水平，加上时间仓促，教材中难免存在不足之处，敬请使用本教材的同行们批评指正，提出宝贵意见和建议，以便及时更正与完善。

编　者

目　录

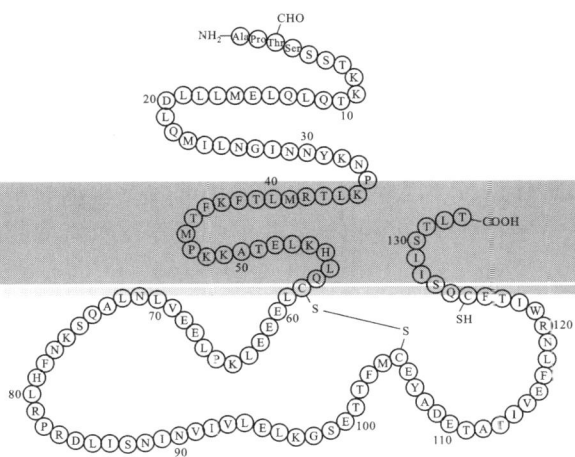

绪　论

一、生物化学的定义和研究内容

生物化学是关于生命的化学，是运用化学的原理和方法来研究生命现象，阐明生命现象变化规律的一门科学。

生物化学的研究内容包括：发现和阐明构成生命物体的分子基础——生物分子的化学组成、结构和性质；生物分子的结构、功能与生命现象的关系；生物分子在生物机体中的相互作用及其变化规律。

习惯上，把生物化学的研究内容分为：

（1）静态生化　又称结构生物化学，主要研究生物化学大分子的结构、组成、功能及相互关系。静态生物化学发展描述的是有机生物化学发展时期（1770—1903）。这个时期的生物化学更多地依附于有机化学，大量工作是围绕着生命的存在形式——"蛋白质"进行的。

（2）动态生化　主要研究活细胞的新陈代谢。动态生物化学是生理生物化学的发展时期（1903—1950）。19世纪中叶，生物学积累了若干有关血液循环和消化、吸收的知识，比较完整地建立了巴甫洛夫消化生理学，科学家们开始探索生理功能的化学过程，从而派生出了生理生物化学。

（3）功能生化　又叫基础分子生物学，主要研究遗传信息的传递过程。1950年以来，由于各种现代化技术和设备的发明和发展，生物化学进入了分子或综合生物化学发展时期。这期间，生物化学的进展更集中、更突出地反映在蛋白质、酶和核酸等生物大分子研究上。生命起源研究进入了新的发展时期。同时，开始应用生物化学方法改变遗传特性，创立了遗传工程学。

二、生物化学的发展史

1. 古代生物化学

我国古代劳动人民对生物化学的重要贡献有：

（1）公元前15世纪　从出土文物中的酒具、铜器来看，我国古代劳动人民此时已能造酒，且《尚书》中已有用"曲"酿酒的记载。

（2）公元前12世纪　《周礼》有用"曲"制酱的记载；《黄帝内经》有食物搭配膳食的记载；唐朝《食疗本草素问》提出饮食治疗的思想；《左传》中记载用"曲"来治肠胃病。

（3）公元前4世纪　《庄子》中记载以碘治瘿病（甲状腺肿），用猪肝治雀目（夜盲症）。

（4）明朝李时珍《本草纲目》中记载了药用植物1 800多种。

2. 生物化学的诞生时期

（1）生物化学的诞生　现代自然科学从18世纪下半叶开始发展，而生物化学是随着18世纪化学、物理学特别是生理学的发展而逐渐形成的一门学科。1903年德国化学家纽伯格（Neuberg）提出"生理化学"这个名词，英文为biochemistry或biological chemistry，现译为"生物化学"，简称"生化"。

（2）生物化学的发展　生物化学在18世纪开始萌芽，19世纪初步发展，20世纪初才成为独立的学科。生物化学起源于法国，由法国传到德国，由德国传到美国和英国。在20世纪后，再由上述国家传入其他各国。大约在两世纪的时间中，经过很多杰出学者的辛勤研究，生物化学现已成为独立完整的学科。

（3）生物化学发展重要记事

19世纪：

① 1842年德国化学家李比希（Liebig）提出"代谢"一词，指出：代谢是生命机体物质建设和破坏的化学过程。

② 1849年，法国微生物学家巴斯德（Pasteur）提出酵母中有"酵素"。

③ 1876年，屈内（Kühne）给酵素定名为"酶"（enzyme）。

④ 1877 年，德国化学家霍佩 – 赛勒（Hoppe-Seyler）第一次提出"生物化学"一词。

⑤ 1894 年，费歇尔（Fischer）首先提出酶的专一性及酶作用的"锁钥"学说。

由于 Fischer 是使生物化学成为独立学科的最有功劳的人物，因此被誉之为"生物化学之父"。

20 世纪：

⑥ 1926 年，萨姆纳（Sumner）制成第一种酶的结晶：脲酶。

⑦ 1937 年，克雷布斯（A.Krebs）提出著名的三羧酸循环。

⑧ 1950 年，瓦尔堡（Waybuyg）提出 ATP 是代谢能产生和利用的关键化合物，并提出呼吸链和氧化磷酸化理论。

⑨ 1953 年，桑格（Sanger）提出胰岛素分子由 51 个氨基酸组成。同时，沃森（Watson）和克里克（Crick）提出了 DNA 双螺旋结构模型；Crick 又提出三联体密码。

⑩ 1961 年，蒙德（Mond）提出原核细胞基因的表达调控机制——乳糖操纵子学说。

⑪ 1970 年，特明（Temin）发现了逆转录酶。

⑫ 1970 年，基因工程方法建立。

⑬ 1981 年，发现有催化功能的 RNA（Ribozyme）。

⑭ 1985 年，实施人类基因组作图和测序计划。

⑮ 1993 年，P53 被 *Science* 评为年度分子明星。

⑯ 1997 年，第一只克隆羊诞生。

⑰ 1999 年，干细胞的研究被列为当年科技重大突破首位。

⑱ 2000 年，人类基因组作图计划即将完成。

⑲ 2002 年，RNAi 荣登重大科技突破榜首。

⑳ 2005 年，观察进化发生位列科技突破首位。

3. 现代生物化学

20 世纪 50 年代以来，生物化学的发展集中体现在对蛋白质、酶、核酸等大分子物质化学组成、序列测定、空间结构及其与生物功能关系的研究上，进而达到人工合成、模拟，创立了生物工程。1953 年 Watson 和 Crick 提出 DNA 的双螺旋模型，1958 年 Crick 又提出了"中心法则"，为遗传、免疫和进化上的分子生物学奠定了基础。1964 年尼伦伯格（Nirenberg）破译了遗传密码。可以说，1953 年起，生物化学进入了分子生物学时代。

生物化学在 20 世纪 80 年代展开了生物工程或称为生物技术方面的崭新领域。生物工程主要包括遗传工程（基因工程）、蛋白质工程、酶工程、发酵工程和细胞工程等。

4. 我国生物化学发展概况

中华人民共和国成立之前，我国早期的生物学家在吴宪教授的领导下，完成了蛋白质变性理论、血液的生物化学检测研究、免疫化学研究、素食营养研究、内分泌研究等，并在这些方面做出了重要贡献。20 世纪 30 年代，中国大部分留学生从国外回来，在生物化学领域做出了新的贡献。例如，从英国剑桥回国的王应睐、曹天钦、邹承鲁等，与其他学者合作，于 1965 年成功地合成具有生物学活性的蛋白质——结晶牛胰岛素；1983 年又采用有机合成和酶促合成相结合的方法，完成了酵母丙氨酸 tRNA 的人工合成。此外，我国在酶的作用机理、血红蛋白变异、生物膜结构与功能等方面都有具有国际水平的研究成果。

三、生物化学与有关科学

（1）生物化学与化学、物理的关系　生物化学是一门介于生物学和化学之间的边缘学科。生物化学又是一门交叉学科，化学和物理学科的理论和技术，为生物化学的研究提供了先进的方法和手段。生物化学中提出的化学和物理问题，吸引了越来越多的化学家和物理学家的参与。

（2）生物化学与其他生命科学的关系　生物化学是现代生物学科的基础和前沿。

说它是基础，是由于生物科学发展到分子水平，必须借助生物化学的理论和方法来探讨各种生命现象，包括生长、繁殖、遗传、变异、生殖、病理、生命起源和进化等。

说它是前沿，是因为各生物学科的进一步发展在很大程度上依赖于生物化学研究的进展，事实上，没有生物化学中对生物大分子（核酸和蛋白质）结构与功能的阐明，没有遗传密码以及信息传递途径的发现，就没有今天的分子生物学和分子遗传学。没有生物化学对限制性核酸内切酶的发现及纯化，就没有今天的生物工程。由此可见，生物化学在生物学科中占有重要的地位。

四、生物化学与现代工业

生物化学对现代化工、轻工、农业、食品、医药工业的渗透主要体现在以下几个方面：

（1）在传统食品工业中的应用　工业用酶在食品工业中的大量应用。

（2）在发酵工业中的应用　各种有机酸等化工产品的生产；各类抗生素的生产。

（3）在现代医药行业中的应用　用基因工程手段生产人胰岛素、干扰素等重要药物。

五、21 世纪的生物化学发展趋势

如果说 19 世纪中期细胞学说的建立从细胞水平证明了生物界的统一性，那么 20 世纪中期后，生物化学与分子生物学则在分子水平上揭示了生命世界的基本结构和基础生命活动方面的高度一致性。

进入 21 世纪，分子生物技术已成为医学领域极其有力的研究工具。基因工程技术、人类基因组计划与核酸序列测定技术、基因诊断与基因体外扩增技术、生物芯片技术、分子纳米技术在医学研究中得到广泛应用，如了解疾病的发生发展机制、疾病诊断和药物研制与开发。同时，在结构基因组学、功能基因组学和环境基因组学蓬勃发展的形势下，分子生物医学技术将会取得突破性进展，也给医学带来了崭新的局面，为医学事业的发展提供了新的机遇。分子生物技术已经成为现代生命科学的前沿和热点。

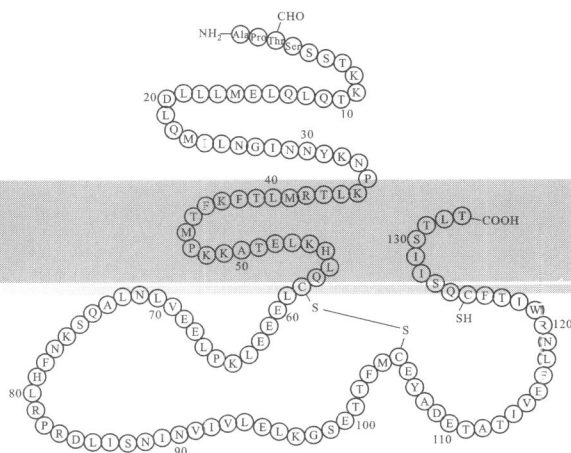

糖 类

知识要点

一、定义
糖、单糖、寡糖、多糖、结合糖、呋喃糖、吡喃糖、糖苷、手性。

二、结构
1. 链式：Glc、Man、Gal、Fru、Rib、dRib。
2. 环式：顺时针编号，D 型末端羟甲基向下，α 型半缩醛羟基与末端羟甲基在两侧。
3. 构象：椅式稳定，β 稳定，因其较大基团均为平键。

三、反应
1. 与酸：莫里斯试剂、西里万诺夫试剂。
2. 与碱：弱碱互变，强碱分解。
3. 氧化：费林试剂，有糖酸、糖二酸和糖醛酸三种产物。
4. 还原：含有游离醛基或酮基的单糖和含有游离醛基的二糖都具有还原性，斐林试剂或托伦斯试剂，葡萄糖还原生成山梨醇。蔗糖是非还原糖。

5. 酯化：糖环上羟基与酸作用生成酯，常见磷酸酯；单酯化最常发生在 6 位。
6. 成苷：有 α 和 β 两种糖苷键。C1 的糖苷里面 C1 和 C5 如果位于同侧则是 α-1,4 糖苷键，如果是异侧则是 β-1,4 糖苷键。一个环状单糖半缩醛（或半缩酮）羟基与另一个分子（例如醇、糖、嘌呤或嘧啶）的羟基、胺基或巯基之间缩合形成的缩醛键或缩酮键，常见的糖苷键有 O- 糖苷键和 N- 糖苷键。
7. 成脎：含有相邻两个羰基或 a- 羟基醛及 a- 羟基酮类化合物与过量苯肼的缩合反应，可鉴定糖。

四、衍生物
氨基糖、糖醛酸、糖苷。

五、寡糖
蔗糖、乳糖、麦芽糖和纤维二糖的结构。

六、多糖
淀粉、糖原、纤维素的结构；糖胺聚糖、糖蛋白、蛋白多糖。

学习要求

1. 掌握糖类、单糖、寡糖（二糖、低聚糖）、多糖以及单糖衍生物的概念。
2. 掌握单糖、多糖的特点、结构及表示法，尤其是葡萄糖、果糖、核糖、蔗糖、麦芽糖、淀粉、糖原、纤维素。

3. 了解其他糖类的结构特点，以及几种常见多糖和糖胺聚糖分子结构异同。
4. 了解糖有哪些重要的理化性质。
5. 了解淀粉的主要特性、水解反应、呈色反应、糊化及老化问题。

糖类是自然界中广泛分布的一类重要的有机化合物。日常食用的蔗糖、粮食中的淀粉、植物体中的纤维素、人体血液中的葡萄糖等均属糖类。糖类在生命活动过程中起着重要的作用，是一切生命体维持生命活动所需能量的主要来源。植物细胞中最重要的糖是淀粉和纤维素，动物细胞中最重要的多糖是糖原。

第一节　糖类的分类、分布与功能

糖类物质由碳、氢、氧三种元素构成，最初用 $C_n(H_2O)_m$ 通式来表示，统称为"碳水化合物"（carbohydrate）。随着研究的深入和知识领域的扩展，发现将糖类物质称为碳水化合物并不恰当，如鼠李糖（$C_6H_{12}O_5$）和岩藻糖（$C_6H_{12}O_5$）等不符合此通式，而且有些糖类化合物中除 C、H、O 外还有 N、S、P 等元素，另外一些非糖物质，如甲醛（CH_2O）、乳酸（$C_3H_6O_3$）等，它们分子中氢、氧原子数之比都是 2∶1。只是"碳水化合物"一词沿用已久，一些较陈旧的书仍采用。我国将此类化合物统称为糖类。

一、糖类物质的分类

糖的化学概念：糖是多羟基的醛或酮及其缩聚物和某些衍生物的总称。常见分类如图 1-1：

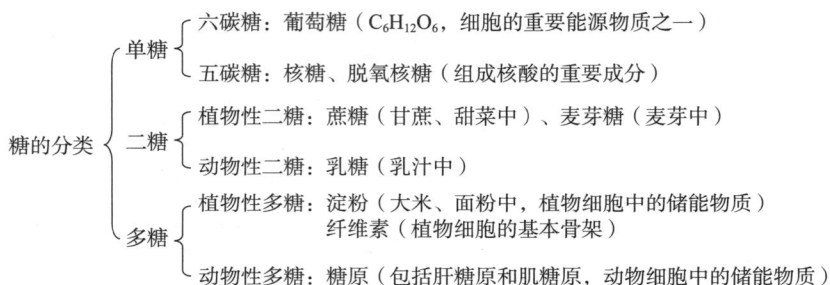

$$
\text{糖的分类}
\begin{cases}
\text{单糖} \begin{cases} \text{六碳糖：葡萄糖（}C_6H_{12}O_6\text{，细胞的重要能源物质之一）} \\ \text{五碳糖：核糖、脱氧核糖（组成核酸的重要成分）} \end{cases} \\
\text{二糖} \begin{cases} \text{植物性二糖：蔗糖（甘蔗、甜菜中）、麦芽糖（麦芽中）} \\ \text{动物性二糖：乳糖（乳汁中）} \end{cases} \\
\text{多糖} \begin{cases} \text{植物性多糖：淀粉（大米、面粉中，植物细胞中的储能物质）} \\ \qquad\qquad\quad\text{纤维素（植物细胞的基本骨架）} \\ \text{动物性多糖：糖原（包括肝糖原和肌糖原，动物细胞中的储能物质）} \end{cases}
\end{cases}
$$

图 1-1　糖的常见分类法

根据糖分子能否水解，以及水解产物的组成情况，可将糖类化合物分为单糖类、寡糖类、多糖类、结合糖和糖的衍生物五大类：

（1）单糖类　它是构成复杂糖类物质的单体。根据其含碳原子数多少，可将其分为丙糖、丁糖、戊糖、己糖和庚糖。它们各自又有醛糖和酮糖两种类型。单糖一般无色，易溶于水，有甜味。它们的重要代表有以下几类。

丙糖：甘油醛和二羟丙酮是分子量最小的单糖，分子式为 $C_3H_6O_3$，但结构式不同，是同分异构体。

戊糖：核糖、脱氧核糖、核酮糖、阿拉伯糖和木糖等。

己糖：葡萄糖、果糖、半乳糖和甘露糖等。其中以葡萄糖数量最多，在自然界分布也较广。

庚糖：景天庚酮糖。

（2）寡糖类　它们一般是由 2~20 个单糖分子组成的。自然界存在的寡糖有以下几类。

二糖：麦芽糖（葡萄糖 - 葡萄糖）、蔗糖（葡萄糖 - 果糖）和乳糖（半乳糖 - 葡萄糖）。

三糖：棉子糖（半乳糖 - 葡萄糖 - 果糖）。

其中以二糖最普遍。寡糖和单糖都可溶于水，多数有甜味。

（3）多糖类　它是由多个单糖分子缩合、失水而成的。水解可产生 20 个以上单糖分子，水解后产生单一形式单糖的称为均一多糖或同聚多糖，水解后产生葡萄糖的多糖有淀粉、糖原和纤维素，在自然界存在最为广泛。水解后产生多于一种形式单糖或单糖衍生物的多糖称为不均一多糖或杂聚多糖，如植物产物中的半纤维素和树胶，动物产物中的糖胺聚糖（含透明质酸、硫酸软骨素和肝素）。

（4）结合糖 糖链与蛋白质或脂质等非糖物质构成的复合分子称为结合糖，它分布广泛，功能多种多样。其中的糖链一般是杂聚寡糖或杂聚多糖，如糖蛋白、糖脂、蛋白聚糖等。

（5）衍生糖 由单糖衍生而来，如糖胺、糖醛酸等。

二、糖的分布与功能

（1）糖的分布 糖在生物界中分布很广，几乎所有的动物、植物、微生物体内都含有糖。其中以存在于植物界的为最多，约占植物体干重的80%。人和动物的器官组织中含糖量不超过体内干重的2%。微生物体内含糖约占菌体干重的10%～30%。动物中只有昆虫等少数动物采用多糖构成外骨骼，其形体大小受到很大限制。

在人体中，糖主要的存在形式有：①以糖原形式贮藏在肝和肌肉中。糖原代谢速度很快，对维持血糖浓度稳定，满足机体对糖的需求有重要意义。②以葡萄糖形式存在于体液中。细胞外液中的葡萄糖是糖的运输形式，它作为细胞的内环境条件之一，浓度保持恒定。③存在于多种含糖生物分子中。糖作为组成成分直接参与多种生物分子的构成。例如，DNA分子中含脱氧核糖，RNA和各种活性核苷酸（ATP、许多辅酶）含有核糖，糖蛋白和糖脂中有各种复杂的糖结构。

（2）糖的功能 糖在生物体内的主要功能是构成细胞的结构和作为储藏物质。植物细胞壁是由纤维素、半纤维素或胞壁质组成的，它们都是糖类物质。作为储藏物质的糖类主要有植物中的淀粉和动物中的糖原。此外，糖脂和糖蛋白在生物膜中占有重要位置，担负着细胞和生物分子相互识别的作用。

糖在人体中的主要作用：①作为能源物质。一般情况下，人体所需能量的70%来自糖的氧化；②作为结构成分。糖蛋白和糖脂是细胞膜的重要成分，蛋白聚糖是结缔组织如软骨、骨的结构成分；③参与构成生物活性物质。核酸中含有糖，有运输作用的血浆蛋白，有免疫作用的抗体，有识别、转运作用的膜蛋白等绝大多数都是糖蛋白，许多酶和激素也是糖蛋白；④作为合成其他生物分子的碳源。糖可用来合成脂类物质和氨基酸等物质。

第二节 单糖

一、单糖的结构

单糖的种类虽然很多，但在结构及性质上均有共同之处，因此，可以葡萄糖为例来阐述单糖的结构。葡萄糖是最常见的单糖之一，又是许多寡糖和多糖的组成成分。它可以游离形式存在于水果、谷类、蔬菜和血液中，也可以结合形式存在于麦芽糖、淀粉、纤维素、糖原及其他葡萄糖衍生物中。

e 知识点
单糖的结构和性质

1. 单糖的链式结构

单糖的D、L型是人为规定的单糖的构型。以D-、L-甘油醛为参照物，以距醛基最远的不对称碳原子为准，羟基在左面的为L型，羟基在右面为D型，如图1-2。人体中的糖绝大多数是D糖。最简单的单糖是丙醛糖和丙酮糖。除了二羟丙酮之外，其他单糖分子都含有一个或多个不对称碳原子，都有旋光异构体。

在D-（或L-）甘油醛分子基础上，每增加一个不对称碳原子，都要产生两种立体异构体，含有

图 1-2　单糖的 D（或 L）构型

图 1-3　单糖的立体异构体

n 个不对称碳原子的化合物，就有 2^n 个立体异构体。天然产物的单糖大多是 D 型的。D 型糖与 L 型糖是对映体，根据 D 型糖可写出相应的 L 型糖，如图 1-3。

下文以葡萄糖为例，分析其结构组成，并推论其他糖的分子结构。

（1）葡萄糖分子链状结构的确立

分析纯净葡萄糖元素组成，根据所得比例，可知其实验式为（CH_2O）。用冰点降低法或沸点升高法测得其分子量为 180，从而断定葡萄糖分子式为 $(CH_2O)_6$，即 $C_6H_{12}O_6$。

葡萄糖分子的元素组成、比例和分子式既定，那么，这些元素之间是按什么方式结合的？即其分子结构式如何？大量科学实验为解决这个问题提供了根据：

葡萄糖能和费林试剂等醛试剂反应，这证明葡萄糖分子含有醛基。

葡萄糖能和乙酸酐结合，产生具有 5 个乙酰基的衍生物，这证明葡萄糖分子含有 5 个羟基。

葡萄糖经钠汞齐作用，被还原成一种具有 6 个羟基的山梨醇，而它是由 6 个碳原子构成的直链醇，这证明葡萄糖 6 个碳原子连成一条直链。

由此可知葡萄糖分子的链状结构式（图 1-4）。

在糖的简化链状结构式中，用"├"表示碳链及不对称碳原子羟基的位置，"△"表示醛基"—CHO"，"—"表示羟基"—OH"，"O"表示第一醇基。

（2）葡萄糖的构型

葡萄糖分子有 4 个不对称碳原子（C*），其异构体总数为 2^4，即 16 种。

在这些异构物中，存在一定的特殊情况，即某两个糖分子结构间仅围绕着一个不对称碳原子，呈现彼此不同的构型，称为差向异构体。常见己糖差向异构体如图 1-5。

图 1-5 两者分别围绕 C4 互为对映异构体（或称差向异构体）。两者相互转化叫差向异构化作用。催化这种反应的酶叫差向异构酶，简称差向酶。

2. 葡萄糖的环式结构

葡萄糖有链式结构和环式结构。有两个问题值得关注

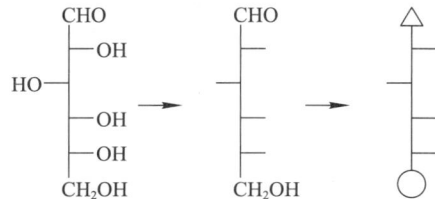

图 1-4　葡萄糖分子的链状结构式

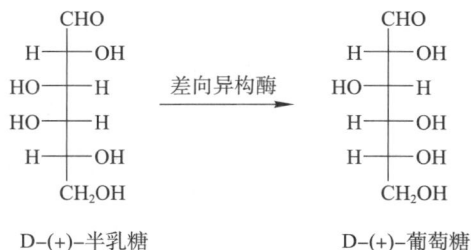

图 1-5　己糖差向异构体

和思考，一是怎么变成环式的？二是环式结构里原来葡萄糖中的醛基是否存在？是否仍为双键？

（1）葡萄糖分子环状结构的确立

葡萄糖在水溶液中只有极小部分（＜1%）以链式结构存在，大部分以稳定的环式结构存在。因为葡萄糖的某些物理性质和化学性质不能用糖的链状结构来解释，例如，葡萄糖不能发生醛的 $NaHSO_3$ 加成反应；葡萄糖不能和醛一样与 2 分子醇形成缩醛，只能与 1 分子醇反应。葡萄糖溶液有变旋现象，当将新的葡萄糖溶解于水中时，最初的比旋是 $+112.2°$。经放置后，比旋逐渐下降至 $+52.7°$，并不再改变。这个现象并不是由葡萄糖在水中分解所引起的。因为把溶液蒸干后，仍然得到 $+112.2°$ 的 D- 葡萄糖。这种旋光度改变的现象称为变旋现象。很多糖都有此现象。若把比旋为 $+112.2°$ 的葡萄糖的浓溶液在 110℃ 时结晶，则得到另一种比旋为 $+18.7°$ 的葡萄糖。这两种葡萄糖溶液放置一定时间后，比旋各有改变，前者降低，后者升高，但最后都变为 $+52.7°$。为了区别这两种不同比旋的葡萄糖，将比旋为 $+112.2°$ 的叫做 α-D(+)- 葡萄糖，$+18.7°$ 的叫做 β-D(+)- 葡萄糖（图 1-6）。D- 葡萄糖在水介质中达到平衡时，β- 异构体占 63.6%，α- 异构体占 36.4%，以链式结构存在者极少（图 1-7）。

1893 年，Fischer 根据半缩醛的形成提出了葡萄糖分子环状结构学说。

物理及化学方法证明，结晶状态的单糖是以环状结构存在的。

图 1-6 葡萄糖环状形成

图 1-7 葡萄糖在溶液中的变旋现象

半缩醛羟基化学性质相对活泼，糖的还原反应一般发生在半缩醛羟基。葡萄糖的醛基除了可以与 C5 上的羟基缩合形成六元环外，还可与 C4 上的羟基缩合形成五元环。五元环化合物较不稳定，天然糖多以六元环的形式存在。五元环化合物可以视为呋喃的衍生物，叫呋喃糖；六元环化合物可以视为吡喃的衍生物，叫吡喃糖。一般规定半缩醛碳原子上的羟基（称为半缩醛羟基）与决定单糖构型的碳原子上的羟基在同一侧的称为 α- 葡萄糖，不在同一侧的称为 β- 葡萄糖。α- 和 β- 糖互为端基异构体，也称为异头物（anomer）。如图 1-8，D- 果糖的全名可为 α-D- 或 β-D- 吡喃果糖，也可为 α-D- 或 β-D- 呋喃果糖。

在上述投影式结构中，过长的氧桥是不合理的。为了更好地表示糖的环式结构，1926 年，Haworth 提出用透视式表达糖的环状结构，规定①碳原子按顺时针方向编号，氧位于环的后方；②环平面与纸面垂直，粗线部分在前，细线在后；③将费歇尔式中左右取向的原子或基团改为上下取向，原来在左边的写在上方，右边的在下方；④ D 型糖的末端羟甲基在环上方，L 型糖在下方；⑤半缩醛羟基与末端羟甲基同侧的为 β- 异构体，异侧的为 α- 异构体（图 1-9）。

（2）葡萄糖的构象

葡萄糖六元环上的碳原子不在一个平面上，因此有船式和椅式两种构象。椅式构象比船式稳定，椅

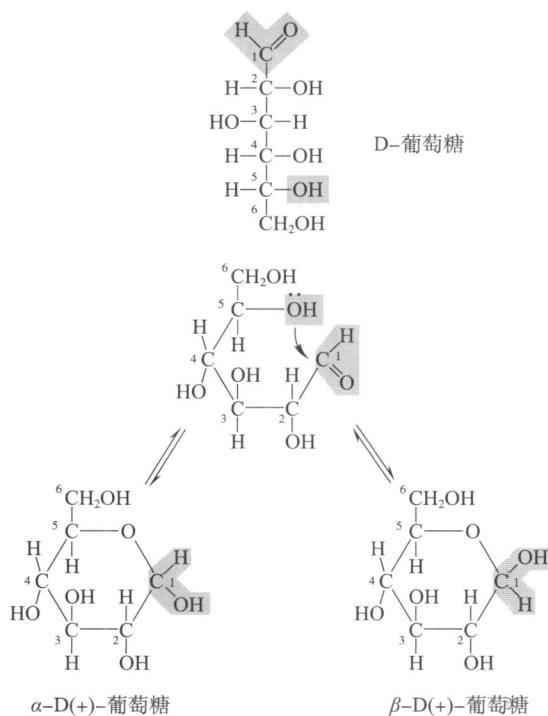

图 1-8 果糖的五元环和六元环变构

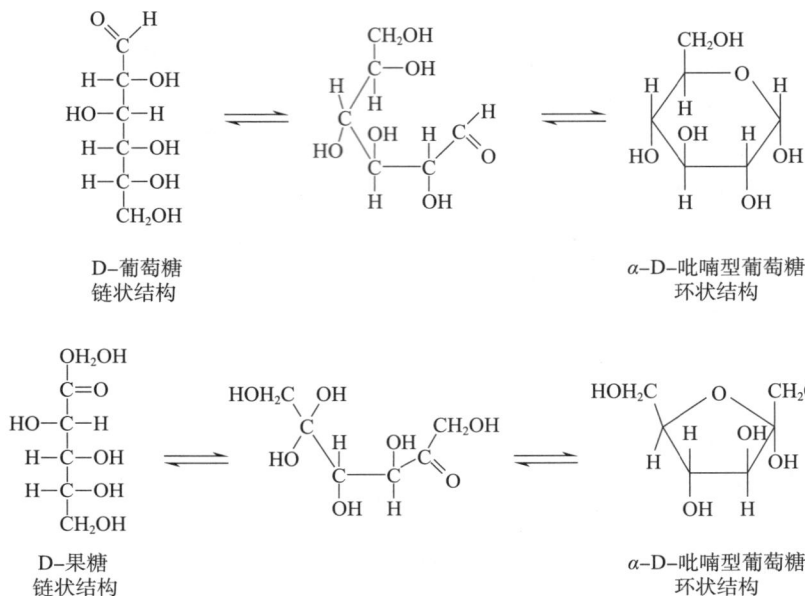

图 1-9 己糖 Haworth 透视式

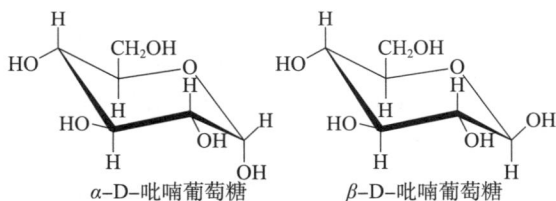

图 1-10 葡萄糖分子构象

式构象中 β- 羟基为平键，比 α- 构象稳定，所以吡喃葡萄糖主要以 β- 型椅式构象 C1 存在（图 1-10）。

常见单糖类物质的常用分子结构式如表 1-1 所示。

二、单糖的理化性质

1. 物理性质

（1）旋光性

具有不对称碳原子的化合物溶液能使偏振光平面旋转，即具有旋光性。使偏振光平面发生顺时针方向偏转，称为右旋，用 d 或（+）表示；发生逆时针方向偏转的，称为左旋，用 l 或（-）表示。

表 1-1 常见单糖的分子结构式

类别	糖名	分子式	分子量	链状结构式	环状结构式
丙糖	D-甘油醛	$C_3H_6O_3$	90.08		
	二羟基丙酮				
丁糖	D-赤藓糖	$C_4H_8O_4$	120.11		H, OH* α-, β-
戊糖	D-核糖	$C_5H_{10}O_5$	150.13		HOH_2C H, OH* α-, β-
	D-核酮糖				
	D-脱氧核糖	$C_5H_{10}O_4$	134.13		HOH_2C H, OH* α-, β-
	D,L-阿拉伯糖	$C_5H_{10}O_5$	150.13	D型 L型	H, OH* α-, β- D型 H, OH* α-, β- L型
	D-木糖				H, OH* α-, β- L型
己糖	D-果糖	$C_6H_{12}O_6$	180.16		CH_2OH H, OH* α-, β-
	D-半乳糖				CH_2OH H, OH* α-, β-

类别	糖名	分子式	分子量	链状结构式	环状结构式
己糖	D–甘露糖	$C_6H_{12}O_6$	180.16		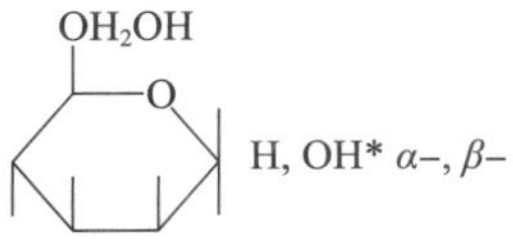 H, OH* α–, β–

除二羟丙酮外，单糖分子都有不对称碳原子，因此溶液都有旋光性。旋光性是鉴定糖的重要指标，一般用比旋光度（简称比旋）来衡量物质的旋光性。公式为：

$$[\alpha] = \frac{100\alpha}{C \cdot L}$$

式中，$[\alpha]$ 是比旋光度，是在钠光灯（D线，λ：589.6 nm 与 589.0 nm）为光源，温度为 t，旋光管长度为 L（dm），浓度为 C（g/100 mL）时所测得的旋光度。在比旋光度数值前面加"＋"号表示右旋，加"－"表示左旋。各种常见糖在 20℃（钠光）时的比旋光度数值见表 1–2。

表 1–2　各种糖在 20℃（钠光）时的比旋光度数值

单糖	比旋光度 $[\alpha]$	寡糖及多糖	比旋光度 $[\alpha]$
D–葡萄糖	＋52.7°	乳糖	＋55.4°
D–果糖	－92.4°	蔗糖	＋66.5°
D–半乳糖	＋80.2°	麦芽糖	＋130.4°
L–阿拉伯糖	＋104.5°	转化糖	－19.8°
D–甘露糖	＋14.2°	糊精	＋195°
D–阿拉伯糖	－105.0°	淀粉	≥196°
D–木糖	＋18.8°	糖原	＋196°～＋197°

（2）甜度

各种糖的甜度不同，常以蔗糖的甜度为标准进行比较，将其甜度定为 100%，则果糖为 173.3%，葡萄糖 74.3%，乳糖为 16%。糖类的相对甜度如表 1–3。从中可看出果糖最甜，乳糖最不甜，各糖的甜度大小次序如下：

果糖＞转化糖＞蔗糖＞葡萄糖＞木糖＞鼠李糖＝麦芽糖＞半乳糖＞棉子糖＞乳糖。转化糖（水解后的蔗糖，含自由葡萄糖和果糖）及蜂蜜糖一般较甜，因为含有一部分果糖。蜂蜜含 83% 的转化糖。

表 1–3　各种糖的甜度

糖	甜度 /%	糖	甜度 /%
蔗糖	100.0	鼠李糖	32.5
果糖	173.3	麦芽糖	32.5
转化糖	130.0	半乳糖	32.1
葡萄糖	74.3	棉子糖	22.6
木糖	40.0	乳糖	16.1

糖的甜度与其化学结构有关，是由糖分子中的某些原子基团对舌尖味觉神经的刺激所引起的。多糖无甜味，是因为其分子太大，不能透入舌尖的味觉乳头细胞。

（3）溶解度　单糖分子中有多个羟基，因此，它的水溶性较高，尤其在热水中溶解度极大。但不溶于乙醚、丙酮等有机溶剂。

2. 化学性质

单糖因含有羟基、醛基或酮基，化学性质非常活跃，可以和许多试剂相互作用。如具有醇羟基的成酯、成醚、成缩醛等反应和羰基的一些加成反应，又具有由于它们互相影响而产生的一些特殊反应。

单糖的主要化学性质如下：

（1）与酸反应　戊糖与强酸共热，可脱水生成糠醛（呋喃甲醛）。己糖与强酸共热分解成甲酸、二氧化碳、乙酰丙酸以及少量羟甲基糠醛。糠醛和羟甲基糠醛能与某些酚类作用生成有色的缩合物。利用这一性质可以鉴定糖。如 α- 萘酚与糠醛或羟甲基糠醛发生反应，生成紫色物质。这一反应用来鉴定糖的存在，叫莫利希试验。间苯二酚与盐酸遇酮糖呈红色，遇醛糖则呈很浅的颜色，这一反应可以鉴别醛糖与酮糖，称西利万诺夫试验。

（2）碱的作用　醇羟基可解离，是弱酸。单糖的解离常数在 1 013 左右。在弱碱作用下，葡萄糖、果糖和甘露糖三者可通过烯醇式相互转化，称为烯醇化作用。在体内酶的作用下也能进行类似的转化。单糖在强碱溶液中很不稳定，分解成各种不同的物质。

（3）酯化作用　单糖可以看作多元醇，可与酸作用生成酯。生物化学上较重要的糖酯是磷酸酯，它们是糖代谢的中间产物。

（4）形成糖苷　单糖的半缩醛羟基很容易与醇或酚的羟基反应，失水而形成缩醛式衍生物，称糖苷（glycoside）。非糖部分叫配糖体，如配糖体也是单糖，则形成二糖，也称双糖。核糖和脱氧核糖与嘌呤或嘧啶碱形成的糖苷称核苷或脱氧核苷，在生物学上具有重要意义。糖苷有 α、β 两种形式，天然存在的糖苷多为 β- 型。α- 与 β- 甲基葡萄糖苷是最简单的糖苷。苷与糖的化学性质完全不同。苷是缩醛，糖是半缩醛。半缩醛很容易变成缩醛，因此糖可显示缩醛的多种反应。苷需水解后才能分解为糖和配糖体。所以苷比较稳定，不与苯肼发生反应，不易被氧化，也无变旋现象。糖苷对碱稳定，遇酸易水解。

（5）氧化作用　单糖有羰基或半缩醛基，因此具有还原能力。某些弱氧化剂（Cu^{2+}、Fe^{3+} 和 Hg^{2+}，常用试剂是碱性硫酸铜溶液）能使糖的这种基团氧化，同时，铜离子转化为氧化亚铜。测定氧化亚铜的生成量即可得到溶液中的糖含量。

还原糖的常用测试法见表1-4。实验室常用的费林（Fehling）试剂就是氧化铜的碱性溶液。Benedict 试剂是其改进型，用柠檬酸作络合剂，碱性弱，干扰少，灵敏度高。除羰基外，单糖分子中的羟基也能被氧化。在不同的条件下，可产生不同的氧化产物。醛糖可用 3 种方式氧化成相同原子数的酸：①在弱氧化剂（如溴水）作用下形成相应的糖酸；②在较强的氧化剂（如硝酸）作用下，除醛基被氧化外，伯醇基也被氧化成羧基，生成葡萄糖二酸；③有时只有伯醇基被氧化成羧基，形成糖醛

表1-4　还原糖的常用测试法

名称	试剂	碱	生成物	生成物性状
Trommer 法	硫酸铜	NaOH	氢氧化铜 或氧化亚铜	黄红色沉淀
Fehling 法	硫酸铜	KOH、酒石酸钾钠		黄红色沉淀
Benedict 法	硫酸铜	柠檬酸钠、碳酸钠		黄红色沉淀
Nylander 法	亚硝酸铋	NaOH、酒石酸钾钠	金属铋	黑褐色沉淀

酸。酮糖不能被溴水氧化，因此可将酮糖与醛糖分开。在强氧化剂作用下，酮糖将在羰基处断裂，形成两个酸。

（6）糖的还原作用 单糖有游离羰基，所以易被还原。在钠汞齐及硼氢化钠类还原剂作用下，醛糖被还原成糖醇，酮糖被还原成两个同分异构的羟基醇，例如，葡萄糖还原后生成山梨醇。

（7）生成糖脎 单糖在加热条件下与过量的苯肼反应生成的产物叫糖脎。糖脎是黄色结晶，难溶于水。各种糖生成的糖脎形状与熔点都不同，因此常用糖脎的生成来鉴定各种不同的糖。葡萄糖生成糖脎的化学反应过程如图1–11所示。

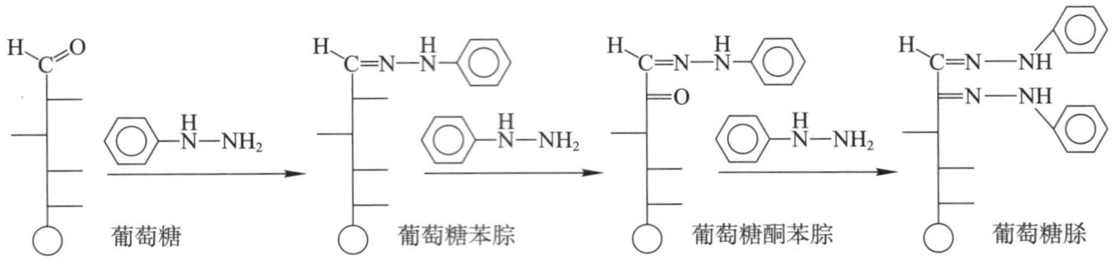

图 1–11 葡萄糖生成糖脎

三、重要的单糖

1. 戊糖

自然界存在的戊醛糖主要有D–核糖、D–2–脱氧核糖、D–木糖和L–阿拉伯糖。它们大多以多聚戊糖或糖苷的形式存在。戊酮糖有D–核酮糖和D–木酮糖，均是糖代谢的中间产物。

（1）D–核糖 D–核糖（ribose）是所有活细胞的普遍成分之一，它是核糖核酸的重要组成成分。在核苷酸中，核糖以其醛基与嘌呤或嘧啶的氮原子结合，而其2、3、5位的羟基可与磷酸相连。核糖在衍生物中总以呋喃糖形式出现。它的衍生物核醇是某些维生素（B_2）和辅酶的组成成分。D–核糖的比旋是 –23.7°。细胞核中还有D–2–脱氧核糖，它是DNA的组分之一。它和核糖一样，以醛基与含氮碱基结合，但因2位脱氧，只能以3、5位的羟基与磷酸结合。D–2–脱氧核糖的比旋是 –60°。

（2）D–木糖 D–木糖在植物中分布很广，以结合状态的木聚糖存在于半纤维素中。木材中的木聚糖含量达30%以上。陆生植物很少有纯的木聚糖，常含有少量其他的糖。动物组织中也发现了木糖的成分。D–木糖熔点143℃，比旋 +18.8°，酵母不能使其发酵。

（3）L–阿拉伯糖 阿拉伯糖最初是在植物产品中发现的，在高等植物体内以结合状态存在，它一般结合成半纤维素、树胶及阿拉伯胶等。L–阿拉伯糖熔点160℃，比旋 +104.5°，酵母不能使其发酵。

2. 己糖

重要的己醛糖有D–葡萄糖、D–甘露糖、D–半乳糖，重要的己酮糖有D–果糖、D–山梨糖。

（1）葡萄糖 葡萄糖（glucose，Glc）是生物界分布最广泛最丰富的单糖，多以D型存在。它是人体内最主要的单糖，是糖代谢的中心物质。在绿色植物的种子、果实及蜂蜜中有游离的葡萄糖。蔗糖由D–葡萄糖与D–果糖结合而成，糖原、淀粉和纤维素等多糖也是由葡萄糖聚合而成的，在许多杂聚糖中也含有葡萄糖。

D–葡萄糖的比旋光度为 +52.5°，呈片状结晶。酵母可使其发酵。

（2）果糖 植物的蜜腺、水果及蜂蜜中存在大量果糖（fructose，Fru）。它是单糖中最甜的糖类，比旋光度为 –92.4°，呈针状结晶。42%果葡糖浆的甜度与蔗糖相同（40℃），在5℃时甜度为143%，适于制作冷饮。食用果糖后血糖不易升高，且有滋润肌肤的作用。游离的果糖为β–吡喃果糖，结合状态为β–呋喃果糖。酵母可使其发酵。

（3）甘露糖 甘露糖（mannose，Man）是植物黏质与半纤维素的组成成分。比旋 +14.2°。酵母可使其发酵。

（4）半乳糖　半乳糖（galactose，Gal）仅以结合状态存在。乳糖、蜜二糖、棉子糖、琼脂、树胶、黏质和半纤维素等都含有半乳糖。它的 D 型和 L 型都存在于植物产品中，如琼脂中同时含有 D 型和 L 型半乳糖。D- 半乳糖熔点 167℃，比旋 + 80.2°。可被乳糖酵母发酵。

（5）山梨糖　山梨糖存在于细菌发酵过的山梨汁中，是合成维生素 C 的中间产物，在制造维生素 C 工艺中占有重要地位。其还原产物是山梨糖醇，存在于桃李等果实中。山梨糖熔点 159 ~ 160℃，比旋 -43.4°。

3. 庚糖

庚糖在自然界中分布较少，主要存在于高等植物中。自然界存在的主要有 D- 景天庚酮糖和 D- 甘露庚酮糖。前者以游离状态存在于景天科及其他肉质植物的叶子中，是光合作用的中间产物，呈磷酸酯态，在碳循环中占有重要地位。后者存在于樟梨果实中，也以游离状态存在。

4. 单糖的重要衍生物

（1）糖醇　糖的羰基被还原（加氢）生成相应的糖醇，如葡萄糖加氢生成山梨醇。糖醇溶于水及乙醇，较稳定，有甜味，不能还原费林试剂。常见的糖醇有甘露醇和山梨醇。甘露醇广泛分布于各种植物组织中，熔点 106℃，比旋 -0.21°。海带中甘露醇含量约占 5.2% ~ 20.5%（因品种与产地不同而异），是制取甘露醇的原料。山梨醇在植物中分布也很广泛，熔点 97.5℃，比旋 -1.98°。山梨醇积存在眼球晶状体内可能会引起白内障。山梨醇氧化时可形成葡萄糖、果糖或山梨糖。

（2）脱氧糖　糖的羟基被还原（脱氧）生成脱氧糖。除脱氧核糖外还有两种脱氧糖：6- 脱氧 -L- 甘露糖（鼠李糖）和 6- 脱氧 -L- 半乳糖（岩藻糖），它们是细胞壁的成分。

（3）糖醛酸　单糖具有还原性，可被氧化。糖的醛基被氧化成羧基时生成糖酸；糖的末端羟甲基被氧化成羧基时生成糖醛酸。重要的糖醛酸有 D- 葡萄糖醛酸、半乳糖醛酸等，葡萄糖醛酸是肝内的一种解毒剂，半乳糖醛酸存在于果胶中。

（4）氨基糖　单糖的羟基（一般为 C2）可以被氨基取代形成糖胺，或称氨基糖。自然界中存在的氨基糖都是氨基己糖。D- 葡萄糖胺是几丁质的主要成分。几丁质（也称甲壳质）是组成昆虫及甲壳类动物结构的多糖。D- 半乳糖胺是软骨类动物中的主要多糖成分。糖胺是碱性糖。糖胺氨基上的氢原子被乙酰基取代时，生成乙酰氨基糖。

（5）糖苷　主要存在于植物的种子、叶子及皮内。在天然糖苷中的糖苷基有醇类、醛类、酚类、固醇和嘌呤等。糖苷大多极毒，但微量糖苷可作药物。重要糖苷有：能引起溶血的皂角苷，有强心剂作用的毛地黄苷，以及能使葡萄糖随尿排出的根皮苷。苦杏仁苷也是一种毒性物质。配糖体一般对植物有毒，形成糖苷后则无毒。这是植物的解毒方法，也可保护植物不受外来伤害。

（6）糖酯　单糖羟基还可与酸作用生成酯。糖的磷酸酯是糖在代谢中的活化形式。糖的硫酸酯存在于糖胺聚糖中。

第三节　寡糖

寡糖，又称低聚糖，通常由 2 ~ 20 个相同或不同的单糖分子脱水缩合而成，与稀酸共煮时可水解获得相应数目和种类的单糖分子。按单糖残基数目的多少，可将寡糖分为二糖、三糖等。自然界中重要的寡糖有二糖和三糖等，以二糖分布最普遍，意义也较大。

⬢ 知识点

寡糖

一、二糖

二糖是由两个单糖分子缩合而成的。二糖可以认为是一种糖苷，其中的配基是另外一个单糖分子。

在自然界中，仅有三种二糖［麦芽糖（maltose）、乳糖（lactose）和蔗糖（sucrose）］以游离状态存在，其他多以结合状态存在（如纤维二糖）。蔗糖是最重要的二糖，麦芽糖和纤维二糖是淀粉和纤维素的基本结构单位。三者均易水解为单糖。

（1）麦芽糖　麦芽糖是由 2 分子葡萄糖通过 α-1,4 糖苷键相连而成的（图 1-12）。麦芽糖分子中存在着半缩醛羟基，有还原性，为还原糖，易被酵母发酵。麦芽糖为淀粉水解产物，大量存在于发芽谷粒中，特别是麦芽中。工业上，通过酶促反应水解淀粉大量生产麦芽糖。

麦芽糖在水溶液中有变旋现象，比旋为 +136°，极易被酵母发酵。右旋 $[\alpha]_D^{20} = +130.4°$。麦芽糖在缺少胰岛素的情况下也可被肝吸收，不引起血糖升高，可供糖尿病人食用。

（2）乳糖　乳糖存在于哺乳动物的乳汁中（牛奶中含 4%～6%），高等植物花粉管及微生物中也含有少量乳糖。它是 β-D- 半乳糖 -(1,4)-D- 葡萄糖苷（图 1-13）。

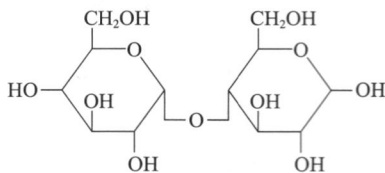

图 1-12　麦芽糖

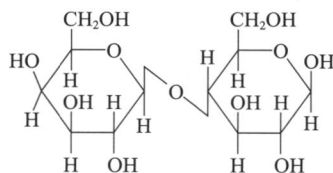

图 1-13　乳糖

乳糖不易溶解，味不甚甜（甜度只有 16%），有还原性，且能成脎，纯酵母不能使它发酵，能被酸水解，右旋 $[\alpha]_D^{20} = +55.4°$。乳糖的水解需要乳糖酶，婴儿一般都可消化乳糖，成人则不然。某些成人缺乏乳糖酶，不能利用乳糖，食用乳糖后会在小肠积累，产生渗透作用，使体液外流，引起恶心、腹痛、腹泻。这是一种常染色体隐性遗传疾病，从青春期开始表现，其发病率与地域有关，在丹麦约 3%，泰国则高达 92%。

（3）蔗糖　蔗糖存在于某些植物浆中，特别是甘蔗、甜菜、栗子、糖枫和菠萝等，是植物体内糖类储藏、积累和运输的主要形式。它是由 1 分子 α-D- 葡萄糖和 1 分子 β-D- 果糖通过 α-1,2-β 糖苷键连接而成的（图 1-14）。蔗糖分子中没有半缩醛羟基，故没有还原性，是非还原性杂聚二糖。蔗糖水解后产生等量的 D- 葡萄糖和 D- 果糖，这个混合物称为转化糖，甜度为 160%。蜜蜂体内有转化酶，因此蜂蜜中含有大量转化糖。因为果糖的比旋比葡萄糖的绝对值大，所以转化糖溶液是左旋的。在植物中有一种转化酶催化这个反应。口腔细菌利用蔗糖合成的右旋葡聚糖苷是牙垢的主要成分。蔗糖的甜度大，为商品糖，是植物组织中最丰富的二糖，主要从甘蔗和甜菜中提取，是人类需要量最大的寡糖。

（4）纤维二糖　纤维二糖［D(+)-Cellobiose］是纤维素水解的中间产物，与麦芽糖类似，也可以水解成 2 分子 D- 葡萄糖，但不同的是 2 个葡萄糖分子之间以 β-1,4 糖苷键结合（图 1-15），所以麦芽糖酶不能将其水解。人体中缺乏水解 β-1,4 糖苷键的酶，因此，纤维二糖不能被人体利用。纤维二糖是纤维素的基本构成单位。它与麦芽糖的区别是后者为 α- 葡萄糖苷。

（5）龙胆二糖　龙胆二糖存在于苦杏仁苷及藏红花中，它是由 2 个葡萄糖单位通过 1，6 键结合而成的。

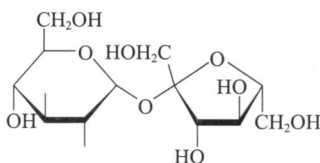

图 1-14　蔗糖

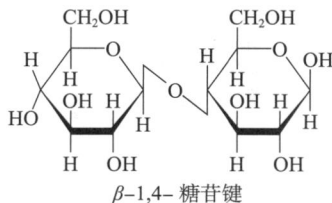

β-1,4- 糖苷键

图 1-15　纤维二糖

（6）蜜二糖 蜜二糖是棉子糖的组成成分，它是由半乳糖与葡萄糖以 1，6 键缩合而成的二糖。

（7）海藻二糖 海藻二糖存在于海藻、真菌及卷柏中，由 2 个葡萄糖分子通过它们的第一碳原子结合而成，即 α-D- 吡喃葡萄糖 -（1→1）-α-D- 吡喃葡萄糖苷，故无还原性。在抗干燥酵母中含量较多，可用做保湿。

二、三糖

自然界中广泛存在的三糖仅有棉子糖（$C_{18}H_{32}O_{16}$），常见于很多植物，尤其是棉子与桉树的干性分泌物（甘露蜜）中。用甜菜制糖时，糖蜜中含有大量棉子糖，棉子糖的水溶液比旋为 + 105.2°，不能还原费林试剂。与酸共煮时，棉子糖水解生成葡萄糖、果糖和半乳糖各 1 分子。

棉子糖又称蜜三糖，由葡萄糖、果糖和半乳糖各 1 分子组成，它是在蔗糖的葡萄糖侧以 α-1,6- 糖苷键结合一个半乳糖而成的（图 1-16）。棉子糖为非还原糖。棉子糖可被蔗糖酶和 α- 半乳糖苷酶水解。在蔗糖酶作用下由棉子糖中分解出果糖和蜜二糖，在 α- 半乳糖苷酶作用下，分解出半乳糖和蔗糖。人体本身不具有合成 α-D- 半乳糖苷酶的能力，也不能直接分解吸收利用这种低聚糖，但是肠道细菌中含有这种酶，因此棉子糖可通过肠道细菌作用分解，并能引起双歧杆菌等增殖。

三、四糖

水苏糖是目前研究得比较清楚的四糖，存在于大豆、豌豆和棉豆种子内，由 2 分子半乳糖、1 分子 α- 葡萄糖及 1 分子 β- 果糖组成（图 1-17）。

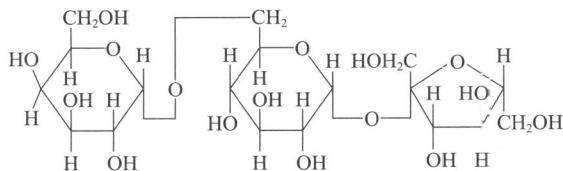

图 1-16 棉子糖

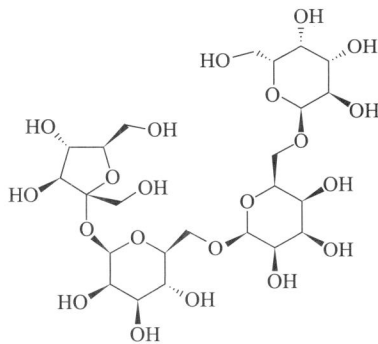

图 1-17 水苏糖

第四节 多糖

多糖由多个单糖缩合而成的，是自然界中分子结构复杂且庞大的物质。多糖按功能可分为两大类：一类是结构多糖，如构成植物细胞壁的纤维素、半纤维素，构成细菌细胞壁的肽聚糖等；另一类是贮藏多糖，如植物中的淀粉、动物体内的糖原等。

多糖可由一种单糖缩合而成，称为同多糖，如戊糖胶（木糖胶、阿拉伯胶）、己糖胶（淀粉、糖原、纤维素等）。由不同类型的单糖缩合而成的多糖，则称为杂多糖，如半乳糖甘露糖胶、阿拉伯胶和果胶等。

多糖在水溶液中不形成真溶液，只能形成胶本。多糖有旋光性，但无变旋现象。

知识点
多糖

一、淀粉

淀粉（starch）的基本构成单位为 α-D- 吡喃葡萄糖，直链分子是 D- 六环葡萄糖经 α-1,4- 糖苷键组成，支链分子的分支位置为 α-1,6- 糖苷键，其余为 α-1,4 糖苷键（图 1-18）。

淀粉以显微镜可见大小的颗粒大量存在于植物种子（如麦、米、玉米等）、块茎（如薯类）以及干果（如栗子、白果等）中，也存在于植物的其他部位，是植物营养物质的一种储存形式。淀粉与酸缓和地作用（如 7.5% 盐酸溶液，室温下放置 7 日）时即形成所谓"可溶性淀粉"，常用于实验室实验。淀粉在工业上可用于酿酒和制糖。

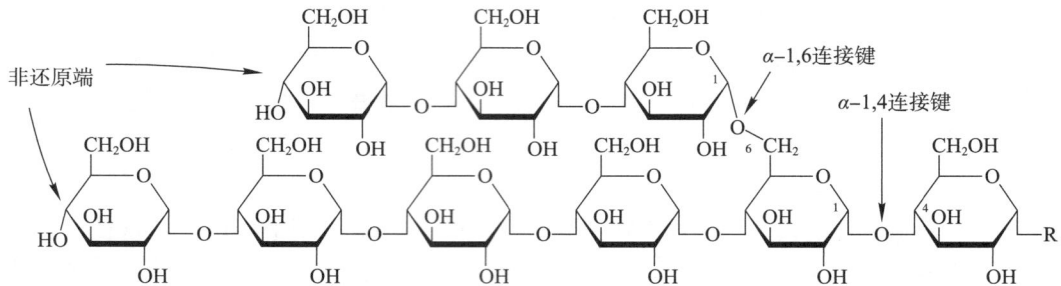

图 1-18　淀粉的基本构成单位

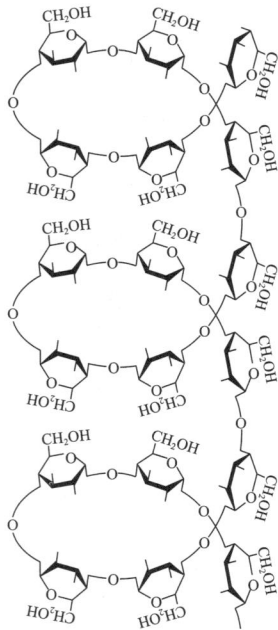

图 1-19　直链淀粉的螺旋形结构

淀粉是由葡萄糖单位组成的链状结构。用热水处理可溶解部分，即直链淀粉，另一不溶解部分即为支链淀粉。

（1）直链淀粉　直链淀粉（amylose）溶于热水，以碘液处理后呈蓝色。每个直链淀粉分子都有一个还原性端基和一个非还原性端基，是一条长而不分支的链，见图 1-18。

直链淀粉的分子量约为 60 000，相当于 300 ~ 400 个葡萄糖分子。直链淀粉不是完全伸直的，它的分子通常是卷曲成螺旋形，每一转有 6 个葡萄糖分子（图 1-19）。

玉米淀粉和马铃薯淀粉分别含 27% 和 20% 的直链淀粉，其余为支链淀粉。有些淀粉（如糯米）全部为支链淀粉，而有的豆类淀粉则全是直链淀粉。常见农作物的淀粉含量见表 1-5。

（2）支链淀粉　支链淀粉（amylopectin）的分子量在 20 万以上，含有 1 300 个葡萄糖或更多。与碘反应呈紫色，光吸收在 530 ~ 555 nm。端基分析指出，每 24 ~ 30 个葡萄糖单位含有一个端基，每个直链是 α-1,4 连接的链，而每个分支是 α-1,6 连接的链。由不完全水解产物中分离出了以 α-1,6 糖苷键连接的异麦芽糖，证明了分支的结构。研究表明，支链淀粉至少含有 300 个 α-1,6 糖苷键。

表 1-5　常见农作物的淀粉含量

作物名称	淀粉含量 /%	作物名称	淀粉含量 /%	作物名称	淀粉含量 /%
大麦（种子）	63.5	玉米（种子）	64.7 ~ 66.9	山芋	16.0
小麦（种子）	63.7 ~ 67.0	大米	70.0 ~ 80.0	马铃薯	13.2 ~ 23.0

多糖链的螺旋构象是碘显色反应的必要条件。当碘分子进入螺旋圈内时，糖的游离羟基成为电子供体，碘分子成为电子受体，形成淀粉-碘络合物，呈现颜色。碘显色反应的颜色与葡萄糖链的长度有关。直链淀粉与碘反应呈蓝色，支链淀粉与碘反应则显紫红色。由于淀粉用酸或酶促水解为葡萄糖的过程是逐步的，可生成各种糊精和麦芽糖等一系列中间产物。各种糊精与碘反应产生的颜色不同，

因此分别称之为紫色糊精、红色糊精和无色糊精等。

淀粉的水解过程： 淀粉→紫色糊精→红色糊精→无色糊精→麦芽糖→葡萄糖

与碘作用生成颜色：蓝色　　紫色　　红色　　无色　　无色　　无色

淀粉的应用广泛，其中变性淀粉是重点。变性淀粉是指利用物理、化学或酶的手段改变原淀粉的分子结构和理化性质，从而产生新的性能与用途的淀粉或淀粉衍生物。功能性变性淀粉主要指对人体有一定保健作用和生理作用的变性淀粉，如抗性淀粉、多孔淀粉等，主要用于食品、医疗、制药、日用化工等行业。尽管目前产量不大，但却具有较高的附加价值，是国内外研究开发的热点。

二、糖原

糖原（glycogen）是由多个葡萄糖组成的带分支的大分子多糖，分子量一般在 $10^6 \sim 10^7$，可高达 10^8，是动物体内糖的贮存形式，分子中葡萄糖主要以 α-1,4- 糖苷键相连形成直链，其中部分以 α-1,6- 糖苷键相连构成支链。糖原主要贮存在肌肉和肝中，肌肉中糖原约占肌肉总重量的 1% ~ 2%（约为400 g），肝中糖原占总量 6% ~ 8%（约为 100 g）。肌糖原分解为肌肉自身收缩供给能量，肝糖原分解主要用于维持血糖浓度。

糖原是动物中的主要多糖，是葡萄糖的极容易利用的储藏形式。糖原分子端基含量占9%，而支链淀粉为4%，所以糖原的分支程度比支链淀粉高一倍多。糖原的结构与支链淀粉类似，但分支密度更大，平均链长只有 12 ~ 18 个葡萄糖单位。每个糖原分子有一个还原末端和很多非还原末端。与碘反应呈紫色，光吸收在 430 ~ 490 nm。糖原的分支多，分子表面暴露出许多非还原末端，每个非还原末端既能与葡萄糖结合，也能分解产生葡萄糖，从而迅速调整血糖浓度，维持葡萄糖的供求平衡。所以糖原是储藏葡萄糖的理想形式。糖原主要储藏在肝和骨骼肌中，在肝中浓度较高，但在骨骼肌中总量较多。糖原在细胞的胞液中以颗粒状存在，直径约为 100 ~ 400 Å。现在发现，不仅在动物中，在细菌、酵母、真菌及甜玉米中也有糖原存在。图 1-20 是糖原的基本结构示意图。

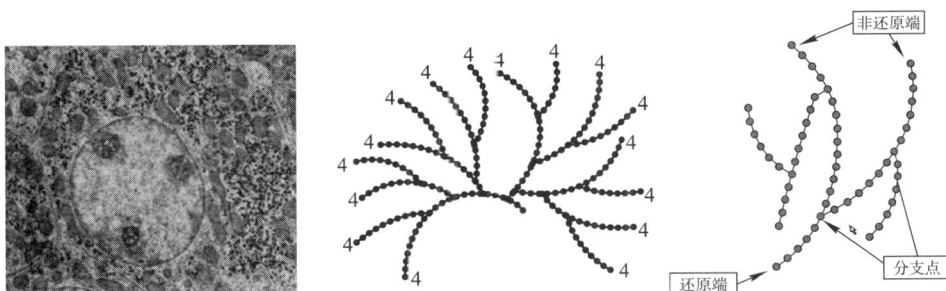

图 1-20　糖原的基本结构

三、菊糖

菊糖也称为菊粉，菊糖分子约由 31 个 β-D- 呋喃果糖和 1 ~ 2 个吡喃菊糖残基聚合而成，果糖残基之间能通过 β-2,1- 键连接。是由 D- 果糖经 β（ $1 \to 2$ ）糖苷键连接而成的线性直链多糖，末端常带有一个葡萄糖残基。菊糖主要存在于菊科植物的根部。菊科植物如菊芋、大丽花的根部以及蒲公英、橡胶草等都含有菊糖，代替了一般植物的淀粉，因而也称为菊淀粉。菊糖分子中含有约 30 个 1,2- 糖苷键连接的果糖残基。菊糖分子中除含果糖外，还含有葡萄糖。葡萄糖可出现在链端，也可以出现在链中。从天然植物中提取的菊糖同时含有长链与短链。菊糖的分子式表示为 GF_n，其中 G 代表终端葡萄糖单位，F 代表果糖分子，n 代表果糖的单位数。

菊糖以胶体形态存在于细胞的原生质中，与淀粉不同，菊糖易溶于热水，加乙醇便从水中析出，与碘不发生反应。淀粉酶不能水解菊糖，因此人及其他动物不能消化它。蔗糖酶能够以极慢的速度水解菊糖。真菌（如青霉菌）、酵母及蜗牛含有菊糖酶，可以使菊糖水解。

菊糖是十分理想的功能性食品配料，同时也是生产低聚果糖、多聚果糖、高果糖浆、结晶果糖等产品的良好原料。

四、纤维素

纤维素（cellulose）是由 β-D-吡喃型葡萄糖基（失水葡萄糖）组成的（图 1–21）。纤维素是自然界中含量最丰富的有机物，它占植物界碳含量的 50% 以上。棉花和亚麻是较纯的纤维素，其纤维素含量在 90% 以上。木材中的纤维素常和半纤维素及木质素结合存在。用煮沸的 1% NaOH 溶液处理木材，然后加氯和亚硫酸钠，即可去掉木质素，留下纤维素。纤维素由葡萄糖分子以 β-1,4-糖苷键连接而成，无分支。纤维素分子量为 5 万到 40 万，每个分子约含 300 ~ 2 500 个葡萄糖残基。纤维素是直链，100 ~ 200 条链彼此平行，以氢键结合，所以不溶于水，但溶于铜盐的氨水溶液，可用于制造人造纤维。纤维素分子排列成束状，和绳索相似，纤维就是由许多这种"绳索"集合组成的。

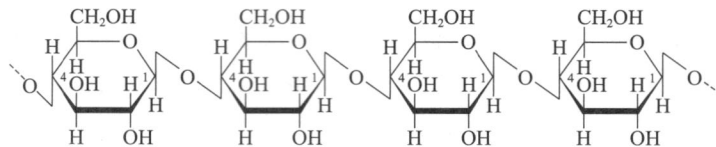

图 1–21　纤维素的基本结构单元

纤维素经弱酸水解可得到纤维二糖。在浓硫酸（低温）或稀硫酸（高温、高压）下水解木材废料，可以产生约 20% 的葡萄糖。纤维素的三硝酸酯称为火棉，遇火迅速燃烧。一硝酸酯和二硝酸酯可以溶解，称为火棉胶，可用于医药、工业。纯净的纤维素是无色、无臭、无味的物质。人及其他动物体内没有纤维素酶，不能分解纤维素。反刍动物和一些昆虫体内的微生物可以分解纤维素，为这些动物提供营养。

五、果胶物质

果胶物质一般存在于初生细胞壁中，在苹果、橘皮、柚皮及胡萝卜等中含量较多。果胶物质可分为三类：

（1）果胶酸　果胶酸的主要成分为多缩半乳糖醛酸，水解后产生半乳糖醛酸。植物细胞中胶层中有果胶酸的钙盐和镁盐的混合物，它是细胞与细胞之间的黏合物，某些微生物如白菜软腐病病菌能分泌分解果胶酸盐的酶，使细胞与细胞松开。植物器官的脱落也是由于中胶层中果胶酸的分解。

（2）果胶酯酸　果胶酯酸常呈不同程度的甲酯化，酯化范围为 0 ~ 35%。一般把酯化程度很低（约 5% 以下）的称为果胶酸，酯化程度高的称为果胶酯酸。果胶酯酸是水溶性的溶胶。酯化程度在 45% 以下的果胶酯酸在饱和糖溶液中（65% ~ 70%）及在酸性条件下（pH 3.1 ~ 3.5）形成凝胶（胶冻），为制糖果、果酱等的重要物质，称为果胶。

（3）原果胶　不溶于水，主要存在于初生细胞壁中，特别是薄壁细胞及分生细胞的胞壁。苹果和柑橘皮富含原果胶，后者中的原果胶含量可达干重的 40%。原果胶的分子结构尚未明晰，可能是果胶分子和细胞壁中的阿拉伯聚糖结合而成的。

在水果成熟时，果胶和果胶酸盐在酶的作用下由不溶解态变成溶解态的果胶，因而使水果由较硬质的状态变成柔软的成熟水果。果胶物质除含多缩半乳糖醛酸外，还含少量糖类，如 L-阿拉伯糖、D-半乳糖、L-鼠李糖、D-葡萄糖。

六、琼脂和几丁质

（1）琼脂　琼脂（agar）是某些海藻（如石花菜属）所含的多糖物质，主要成分是多缩半乳糖，含有硫和钙。琼脂包括琼脂糖（agarose）和琼脂胶（agaropectin），琼脂糖由 D- 吡喃半乳糖以 α-1,3 键相连，每 9 个残基与 1 个 L- 吡喃半乳糖以 1,4 键连接，每 53 个残基有 1 个硫酸基。琼脂不易被微生物分解，可作微生物培养基成分，也可作为电泳支持物。1%～2% 的琼脂在室温下就能形成凝胶。食品工业中常用来制造果冻、果酱等。

（2）几丁质　几丁质也称为甲壳质，是一种 N- 乙酰葡萄糖胺以 β-1,4 糖苷键相连的同聚物，是甲壳动物的结构多糖，组成甲壳类（如虾、蟹）的外壳及昆虫类外骨骼，是水中含量最大的有机物（图 1-22）。

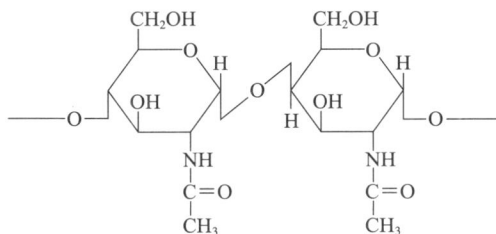

［2—N—乙酰—D—氨基葡萄糖 β（1→4）糖苷］

图 1-22　几丁质的结构单元

七、糖胺聚糖

糖胺聚糖是含氨的多糖，也称为黏多糖，是由特定二糖单位多次重复构成的杂聚多糖，一般都由 1 分子己糖胺和 1 分子己糖醛酸或中性糖构成。单糖之间以 1→3 或 1→4 糖苷键相连。糖胺聚糖是高分子量的胶性物质，分子量可达 500 万。它存在于软骨、腱等结缔组织中，构成组织间质，起润滑和黏合的作用。各种腺体分泌出的起润滑作用的黏液多富含糖胺聚糖。它在组织生长和再生过程中、受精过程中，以及机体与许多传染源（细菌、病毒）的相互作用过程中都起着重要作用。

糖胺聚糖按其分布和组成可分为以下 5 类：①硫酸软骨素；②硫酸皮肤素；③硫酸角质素；④肝素；⑤透明质酸。其中除硫酸角质素外，都含有糖醛酸；除透明质酸外，都含有硫酸基。透明质酸存在于眼睛的玻璃液及脐带中，可溶于水，呈黏稠状。其主要功能是在组织中吸着水分，具有保护及黏合细胞使其不分散的作用。在具有强烈侵染性的细菌、迅速生长的恶性肿瘤以及蜂毒与蛇毒中都含有透明质酸酶，它能引起透明质酸的分解。硫酸软骨素是软骨、腱及骨骼的主要成分，有 A，B 和 C 三种。肝素在动物体内分布很广，因在肝中含量丰富而得名，具有阻止血液凝固的特性。肝素目前较广泛的用途是输血时的血液抗凝剂，临床上也常用其防止血栓形成。

除含糖成分有差别外，硫酸角质素与硫酸软骨素的区别在于硫酸角质素不受许多酶类（如透明质酸酶等）的影响。婴儿体内几乎不存在硫酸角质素，以后随着年龄增大硫酸角质素含量逐渐增加，直到 20～30 岁时，其含量约占肋骨软骨中糖胺聚糖总量的 50%。硫酸角质素的结构单元见图 1-23。

图 1-23　硫酸角质素的结构单元

第五节　结合糖

结合糖是指糖与非糖物质的结合物，常见的是与蛋白质的结合物。主要有糖蛋白、蛋白聚糖、糖脂和脂多糖等。它们的分布很广泛，生物功能多种多样，且都含有糖胺聚糖。根据含糖多少可分为以糖为主的蛋白聚糖和以蛋白为主的糖蛋白。

一、糖蛋白

糖蛋白是以蛋白质为主体的糖－蛋白质复合物，在肽链的特定残基上共价结合着一个、几个或十几个寡糖链。寡糖链一般由 2~15 个单糖构成。寡糖链与肽链的连接方式有两种，一种是它的还原末端以 O－糖苷键与肽链的丝氨酸或苏氨酸残基的侧链羟基结合，另一种是以 N－糖苷键与侧链的天冬酰胺残基的侧链氨基结合。

糖蛋白在体内分布十分广泛，许多酶、激素、运输蛋白、结构蛋白都是糖蛋白。糖成分的存在对糖蛋白的分布、功能、稳定性等都有影响。糖成分通过改变糖蛋白的质量、体积、电荷、溶解性、黏度等发挥着多种效应（表 1–6）。

（1）血浆蛋白　血浆经电泳后，除清蛋白外，其他部分 α1、α2、β 和 γ 球蛋白以及纤维蛋白原都含有糖。糖分以唾液酸、氨基葡萄糖、半乳糖、甘露糖为主，也有少量氨基半乳糖和岩藻糖。血浆蛋白中具有运输作用的糖蛋白有：运输铜的铜蓝蛋白、运输铁的转铁蛋白、运输血红蛋白的触珠蛋白、运输甲状腺素的甲状腺素结合蛋白。参与凝血过程的有凝血酶原和纤维蛋白原。肝实质性障碍时，血浆糖蛋白量减少，而在肝癌时却增加。

（2）血型物质　人的胃液、唾液、卵巢囊肿的黏液和红细胞中都含有血型物质，它包含约 75％ 的糖，主要是岩藻糖、半乳糖、氨基葡萄糖和氨基半乳糖。含糖部分决定血型物质的特异性。

（3）卵白糖蛋白　糖分较简单，只有甘露糖和 N–乙酰氨基葡萄糖。某些卵白糖蛋白对胰蛋白酶或糜蛋白酶有抑制作用，而另一些则具有强烈的抑制病毒血球凝集的作用。

表 1–6　糖蛋白的生物学效应

效应	生物学意义	实例
加大体积	阻止经肾排出	血浆蛋白
增高黏度	作为润滑剂和运输介质，保护黏膜免受损伤	黏蛋白
抗冻作用	存在于南极鱼类血中，可降低体液冰点，阻止低温下冰晶生长	抗冻蛋白
定向作用	糖的存在利于建立并保持膜蛋白的不对称定向分布	膜结合蛋白
识别作用	调节凝血酶原等血浆蛋白的降解，当这些蛋白失去末端糖残基，暴露出 D–半乳糖残基后，即可为肝细胞表面专一受体识别而被摄入细胞予以降解	血浆蛋白

二、蛋白聚糖

蛋白聚糖是以糖胺聚糖为主体的糖－蛋白质复合物。蛋白聚糖以蛋白质为核心，以糖胺聚糖链为主体，在同一条核心蛋白肽链上，密集地结合着几十条至千百条糖胺聚糖糖链，形成瓶刷状分子。每条糖胺聚糖链由 100 到 200 个单糖分子构成，具有二糖重复序列，一般无分支。糖胺聚糖主要借 O–糖苷键与核心蛋白的丝氨酸或苏氨酸羟基结合。核心蛋白的氨基酸组成和序列也比较简单，以丝氨酸和苏氨酸为主（可占 50％），其余氨基酸以甘氨酸、丙氨酸、谷氨酸等居多。

蛋白聚糖广泛存在于高等动物的一切组织中，对结缔组织如软骨、骨骼等的构成至关重要：①蛋白聚糖具有极强的亲水性，能结合大量的水，能保持组织的体积和外形并使之具有抗拉、抗压能力；②蛋白聚糖链相互间的作用，在细胞与细胞、细胞与基质相互结合以及维持组织的完整性中起重要作用；③糖链的网状结构具有分子筛效应，对物质的运送具有一定意义。

拓展性提示

可拓展了解糖类在其他方面的应用：糖营养学方面，如食用纤维；新材料方面，如杂聚多糖、衍生糖和转化糖的材料学性能；细胞功能方面，如复合糖的生物学不对称性，与免疫系统、受精、预防疾病、血液凝固和生长等的关联研究。

思考题

1. 简述糖的分类。哪些糖对人类营养较为重要？
2. 在糖的名称之前附有"D"或"L"、"＋"或"－"，以及"α"或"β"，它们有何意义？什么是变旋现象？什么是旋光度、比旋光度？如何测定？
3. 葡萄糖分子结构是如何通过实验确定下来的？
4. 糖的还原性与糖的还原有何区别？是否一切糖都有还原性？是否一切糖都能被还原？
5. 试想想单糖有哪些重要性质？如何去理解和记忆这些性质？
6. 淀粉、糖原和纤维素的化学组成是怎样的？其结构和性质有何异同？
7. 举例说明某些糖胺聚糖的化学组成及其生物学功能。

拓展知识 1
糖营养与糖尿病

拓展知识 2
糖组与糖组学

拓展知识 3
甜味剂与糖醇

拓展知识 4
ABO 血型与寡糖

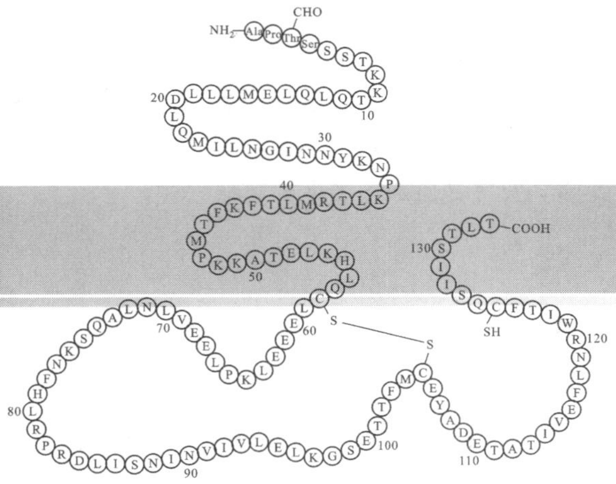

2

脂 质

一、定义

脂质、类固醇、萜类、多不饱和脂肪酸、必需脂肪酸、皂化值、碘值、酸价、酸败、油脂的硬化、甘油磷脂、鞘磷脂、神经节苷脂、脑苷脂、乳糜微粒。

二、脂质的性质与分类

单纯脂、复合脂、非皂化脂、衍生脂、结合脂。

脂肪酸的俗名、系统名和缩写、双键的定位。

蜡是由高级脂肪酸和长链脂肪族一元醇或固醇构成的酯。

三、油脂的结构和化学性质

皂化值、碘值、酸败和酸值。

四、磷脂（复合脂）

1. 甘油磷脂类：最常见的是磷脂酰胆碱和磷脂酰乙醇胺。

2. 鞘磷脂：神经鞘磷脂由鞘氨醇、脂肪酸、磷酸与含氮碱基组成。

五、非皂化脂

1. 萜类是异戊二烯的衍生物。

2. 类固醇都含有环戊烷多氢菲结构。

六、固醇类

固醇类是环状高分子一元醇，主要有以下 3 种：胆固醇（动物固醇）、植物固醇和酵母固醇。

1. 酵母固醇存在于酵母、真菌中，以麦角固醇最多，经日光照射可转化为维生素 D_2。

2. 固醇衍生物类：胆汁酸、强心苷、性激素和维生素 D。

3. 前列腺素。

七、结合脂

1. 糖脂　分别以脑苷脂和神经节苷脂为代表。脑苷脂由一个单糖与神经酰胺构成。神经节苷脂是含唾液酸的鞘糖脂，有多个糖基，结构复杂。

2. 脂蛋白　根据蛋白质组成可分为 3 类：核蛋白类、磷蛋白类、单纯蛋白类，其中单纯蛋白类主要有水溶性的血浆脂蛋白和脂溶性的脑蛋白脂。

1. 了解脂质的分布、分类和生物学功能。

2. 熟悉天然脂肪酸的类别、结构特点和表示法。

3. 了解甘油酯、磷脂、固醇类和糖脂各类脂的命名、结构特点、重要理化性质，并列表对比主要异同。

4. 理解皂化价、酸价、碘价的定义及这些参数与油脂组成的关系。

5. 掌握磷脂的结构及两性分子的概念，初步了解鞘磷脂、糖脂的概念。

6. 血浆脂蛋白的分类、功能和临床上的意义。

脂质泛指不溶于水、易溶于有机溶剂的各类生物分子。一切动植物都含有脂质。脂质是人体需要的重要营养素之一，供给机体所需的能量和必需脂肪酸，是人体细胞组织的组成成分。人体每天需摄取一定量的脂质，但摄入过多可导致高脂血症、动脉粥样硬化等疾病的发生和发展。动物（包括人类）腹腔的脂肪组织、肝组织、神经组织和植物油料作物的种子等的脂质含量都特别高。

🄮知识导入
脂质概述

第一节　脂质的分类、分布与功能

脂质分为两大类，即脂肪（fat）和类脂（lipid）。人们吃的动物油脂（如猪油、牛羊油脂、鱼肝油、奶油等）、植物油（如豆油、菜籽油、花生油、芝麻油、茶油等）和工业、医药上用的蓖麻油和麻仁油等都属于脂质。脂质都含有碳、氢、氧元素，有的还含有氮和磷。脂质的共同特征是以长链或稠环脂肪烃分子为母体。脂质分子中没有极性基团的称为非极性脂；有极性基团的称为极性脂，极性脂的主体是脂溶性的，其中的部分结构是水溶性的。

一、脂质的分类

脂质可按不同方法分类。通常将其分为 5 类：

（1）单纯脂　单纯脂是脂肪酸与醇结合成的酯，没有极性基团，是非极性脂，又称中性脂。三酰甘油、胆固醇酯、蜡等都是单纯脂。蜡是由高级脂肪酸和高级一元醇形成的酯。

（2）复合脂　复合脂又称类脂，是含有磷酸等非脂成分的脂类。复合脂含有极性基团，是极性脂。磷脂是主要的复合脂。

（3）非皂化脂　非皂化脂包括类固醇、萜类和前列腺素类，不含脂肪酸，不能被碱水解。类固醇又称甾醇，是以环戊烷多氢菲为母核的一种脂类。胆固醇是人体内最重要的类固醇，因有羟基而属于极性脂。萜类是异戊二烯聚合物。前列腺素是二十碳酸衍生物。

（4）衍生脂　指上述物质的衍生产物，如甘泊、脂肪酸及其氧化产物乙酰辅酶 A。

（5）结合脂　脂与糖或蛋白质结合，形成糖脂和脂蛋白。

脂质的范围很广，这些物质在化学成分和化学结构上也有很大差异，常分为复合脂质和简单脂质两大类，见表 2-1。

表 2-1　脂质的分类

脂质名称	主要结构成分
复合脂质（与脂肪酸结合的脂质）	
脂酰甘油酯类	甘油
磷酸甘油酯类	甘油 -3- 磷酸
鞘糖脂类	鞘氨醇
脂蛋白类	蛋白质
蜡	高分子量的非极性醇
简单脂质（不含结合脂肪酸的脂质）	
萜类	
类固醇类	
前列腺素类	

二、脂质的分布与功能

1. 三酰甘油是储备能源

三酰甘油主要分布在皮下、胸腔、腹腔、肌肉、骨髓等处的脂肪组织中，是能源储备的主要形式。三酰甘油作为能源储备有以下优点：

（1）可大量储存 在三大类能源物质中，只有三酰甘油能大量储备。体内糖原的储量少（不到体重的 1%），储存期短（不到半天），而三酰甘油储量可高达体重的 10%~20%，并可长期储存。

（2）功能效率高 由于脂肪酸的还原态远高于其他燃料分子，所以体内氧化三酰甘油的功能价值可高达 37 $kJ \cdot g^{-1}$，而氧化糖和蛋白质分别只有 17 和 16 $kJ \cdot g^{-1}$。

（3）占空间少，可以无水状态存在 糖原的储存必须与水结合在一起，1 g 糖原需要结合 2 g 水，所以 1 g 无水的脂肪储存的能量是 1 g 水合的糖原的 6 倍多。

另外，三酰甘油还具有绝缘保温、缓冲压力、减轻摩擦振动等保护功能。

2. 极性脂参与生物膜的构成

磷脂、糖脂、胆固醇等极性脂是构成人体生物膜的主要成分。它们构成生物膜的水不溶性液态基质，规定了生物膜的基本特性。膜的屏障、融合、绝缘、脂溶性分子的通透性等功能都是膜脂特性的表现，膜脂还给各种膜蛋白提供功能所必需的微环境。脂类作为细胞表面物质，与细胞的识别、种特异性和组织免疫等有密切关系。

3. 有些脂质及其衍生物具有重要生物活性

肾上腺皮质激素和性激素的本质是类固醇。各种脂溶性维生素也是非皂化脂。介导激素调节作用的第二信使有的也是脂类，如二酰甘油、肌醇磷脂等；前列腺素、血栓素、白三烯等具有广泛调节活性的分子是二十碳酸衍生物。

4. 有些脂质是生物表面活性剂

磷脂、胆汁酸等双溶性分子（或离子），能定向排列在水-脂或水-空气两相界面，有降低水的表面张力的功能，是良好的生物表面活性剂。例如，肺泡细胞分泌的磷脂覆盖在肺泡壁表面，能通过降低肺泡壁表面水膜的表面张力，防止肺泡在呼吸中萎陷。缺少这些磷脂可导致呼吸窘迫综合征，患儿在呼吸后必须用力扩胸增大胸内负压，使肺泡重新充气。胆汁酸作为表面活性剂，可乳化食物中的脂质，促进脂质的消化吸收。

5. 作为溶剂

一些脂溶性的维生素和激素都是溶解在脂质中才能被吸收，它们在体内的运输也需要溶解在脂质中，如维生素 A、E、K 和性激素等。

第二节 单纯脂质

单纯脂质是由脂肪酸和醇类所形成的酯类化合物，如甘油酯、蜡等。

一、脂肪酸

知识点

脂肪酸

脂肪酸（fatty acid，FA）是具有长碳氢链和一个羧基末端的有机化合物的总称（图 2-1）。脂肪酸的种类很多，即使是同一种脂质，其中含有的脂肪酸也是多种多样的。从动物、植物、微生物中分离的脂肪酸已有 100 多种。自然界中的脂肪酸主要以酯或酰胺形式存在于各种脂质中，以游离形式存在的极少。

1. 脂肪酸的特性

脂肪酸的碳氢链有的是饱和的，如硬脂酸、软脂酸、棕榈酸等；有的是含有一个或多个双键的不饱和酸，如油酸、亚油酸、二十二碳六烯酸（DHA）、二十碳五烯酸（EPA）等。习惯上常把一些碳原子数小于等于10的脂肪酸称为低级脂肪酸，其最大特点是熔点偏低，在常温下呈液态；而把碳原子数大于10的脂肪酸称为高级脂肪酸，高级脂肪酸在常温下呈固态。

动植物中的脂肪酸比较简单，都是直链的，可含有多至六个双键，而细菌的脂肪酸最多只有一个双键。细菌的脂肪酸比较复杂，可有支链或含有环丙烷环，如结核酸就是饱和支链脂肪酸。植物中的可能含有三键、环氧基及环丙烯基等。奇数碳原子脂肪酸仅在一些植物、反刍动物、海洋生物、石油酵母等体内部分存在。

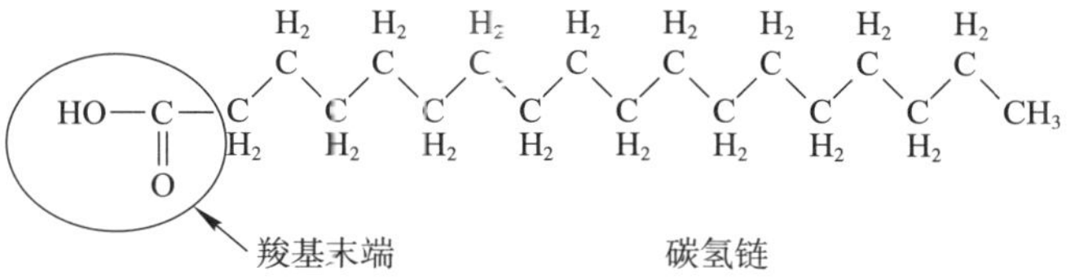

图 2-1 饱和脂肪酸结构

人体及高等动物体内的脂肪酸有以下特点：

① 多数链长为14～20个碳原子，是由偶数碳原子构成的一元酸。最多见的是16或18个碳原子，无分支。12个碳以下的饱和脂肪酸主要存在于哺乳动物的乳脂中。

② 饱和脂肪酸中最普遍的是软脂酸和硬脂酸，人体软脂酸和硬脂酸约占总游离脂肪酸量的85%。不饱和脂肪酸中最普遍的是油酸。

③ 在高等植物和低温下生活的动物中，不饱和脂肪酸含量高于饱和脂肪酸。

④ 不饱和脂肪酸的熔点比同等链长的饱和脂肪酸的熔点低。

⑤ 高等动植物的单不饱和脂肪酸（含有一个不饱和键的脂肪酸）的双键位置一般在第9～10位碳原子之间。多不饱和脂肪酸（含有一个以上不饱和键的脂肪酸）中的一个双键一般位于第9～10位碳原子之间，其他的双键位于 $\triangle^9$ 和烃链的末端甲基之间，而且在两个双键之间往往隔着一个甲烯基。只有少数植物的不饱和脂肪酸中含有共轭双键（—CH＝CH—CH＝CH—）。

⑥ 高等动植物的不饱和脂肪酸，几乎都具有相同的几何构型，而且都属于顺式。只有极少数的不饱和脂肪酸是属于反式的。

⑦ 细菌所含的脂肪酸种类比高等动植物的少得多。细菌脂肪酸的碳原子数目和高等动植物脂肪酸的碳原子数目相似，也在12至18个碳原子之间，而且细菌中绝大多数的脂肪酸为饱和脂肪酸，有的脂肪酸还带有分支的甲基。细菌的不饱和脂肪酸只带有一个双键，至目前为止，还未发现有带有两个以上双键的不饱和脂肪酸（表2-2）。

表 2-2 某些天然存在的脂肪酸

习惯名称	简写符号	系统名称	分子结构式	熔点（℃）
		饱和脂肪酸		
月桂酸	12：0	n-十二烷酸	$CH_3(CH_2)_{10}COOH$	44.2
肉豆蔻酸	14：0	n-十四烷酸	$CH_3(CH_2)_{12}COOH$	53.9
软脂酸	16：0	n-十六烷酸	$CH_3(CH_2)_{14}COOH$	63.1

习惯名称	简写符号	系统名称	分子结构式	熔点（℃）
硬脂酸	$18:0$	n-十八烷酸	$CH_3(CH_2)_{16}COOH$	69.6
花生酸	$20:0$	n-二十烷酸	$CH_3(CH_2)_{18}COOH$	76.5
山嵛酸	$22:0$	n-二十二烷酸	$CH_3(CH_2)_{20}COOH$	81.5
木蜡酸	$24:0$	n-二十四烷酸	$CH_3(CH_2)_{22}COOH$	86.0
		不饱和脂肪酸		
棕榈油酸	$16:1\triangle^9$	9-十六碳烯酸（顺）	$CH_3(CH_2)_5CH=CH(CH_2)_7COOH$	-0.5
油酸	$18:1\triangle^9$	9-十八碳烯酸（顺）	$CH_3(CH_2)_7CH=CH(CH_2)_7COOH$	13.4
亚油酸	$18:2\triangle^{9,12}$	9,12-十八碳二烯酸	$CH_3(CH_2)_4CH=CHCH_2CH=CH(CH_2)_7COOH$(cis, cis)	-5
α-亚麻酸	$18:3\triangle^{9,12,15}$	9,12,15-十八碳三烯酸	$CH_3CH_2CH=CHCH_2CH=CHCH_2CH=CH(CH_2)_7COOH$(all cis)	-11
γ-亚麻酸	$18:3\triangle^{6,9,12}$	6,9,12-十八碳三烯酸	$CH_3(CH_2)_4CH=CHCH_2CH=CHCH_2CH=CH(CH_2)_4COOH$(all cis)	-49.5
花生四烯酸	$20:4\triangle^{5,8,11,14}$	5,8,11,14-二十碳四烯酸	$CH_3(CH_2)_4(CH=CHCH_2)_4(CH_2)_2COOH$(all cis)	
二十碳五烯酸	$20:5\triangle^{5,8,11,14,17}$	5,8,11,14,17-二十碳五烯酸	$CH_3CH_2(CH=CHCH_2)_5CH_2CH_2COOH$(all cis)	
二十二碳六烯酸	$22:6\triangle^{4,7,10,13,16,19}$	4,7,10,13,16,19-二十二碳六烯酸	$CH_3CH_2(CH=CHCH_2)_6CH_2COOH$(all cis)	

　　饱和脂肪酸和不饱和脂肪酸的构象有很大的差别，饱和脂肪酸的碳氢链比较灵活，能以各种构象形式存在，因为碳骨架中的每个单键完全可以自由旋转，它的完全伸展形式几乎是一条直链（图2-2a）。

　　不饱和脂肪酸因有不能旋转的双键，而使整个脂肪酸分子只能具有一种或少数几种构象。双键的顺式构象使脂肪酸的碳氢链发生大约30度的弯曲（图2-2b）。

　　哺乳动物体内能够合成饱和脂肪酸和单不饱和脂肪酸，但不能合成亚油酸和亚麻酸，因此，将维持哺乳动物正常生长所需的而体内又不能合成的脂肪酸称为必需脂肪酸。哺乳动物体内所含的必需脂肪酸以亚油酸含量最多，它在三酰甘油和磷酸甘油酯中，占脂肪酸总量的10%~20%。哺乳动物体内的亚油酸和亚麻酸是从植物中获得的。必需脂肪酸在体内的作用还未完全阐明，已发现的一个功能是作为合成前列腺素的必需前体，前列腺素是类似激素的物质，极微量的前列腺素就可以产生明显的生物活性。

　　2. 脂肪酸的分类和命名

　　（1）脂肪酸的俗名、系统名和表示法　脂肪酸的俗名主要反映其来源和特点，而系统名则反映其碳原子数目、双键数及其位置。例如，硬脂酸的系统名是十八烷酸，用$18:0$表示，其中"18"表示碳链长度，"0"表示无双键；油酸是十八碳烯酸，用$18:1$表示，"1"表示有一个双键。反油酸用$18:1\triangle^{9c}$表示。脂肪酸常用简写法表示原则：先写出碳原子的数目，再写出双键的数目，最后标明双键的位置。因此，软脂酸可以表示为$16:0$，它表明软脂酸为具有16个碳原子的饱和脂肪酸；油酸写为$18:1(9)$或$18:1\triangle^9$，表明油酸为具有18个碳原子，在C9~10之间有一个双键的不饱和脂肪酸；

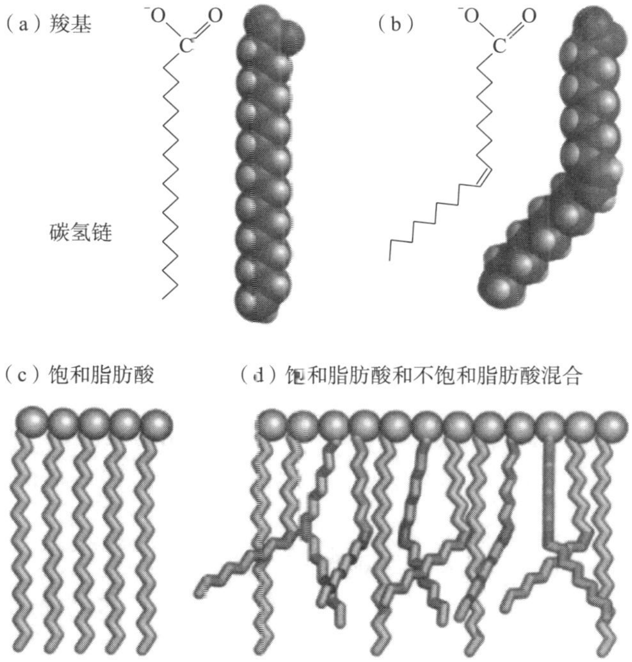

（a）羧基

碳氢链

（b）

（c）饱和脂肪酸　　　（d）饱和脂肪酸和不饱和脂肪酸混合

图 2-2　脂肪酸的结构特点

花生四烯酸写为 20：4（5，8，11，14）或 20：4$\triangle^{5,8,11,14}$，表明花生四烯酸为具有 20 个碳原子和 4 个位置分别在 C5～6，C8～9，C11～12 和 C14～15 之间的双键的不饱和脂肪酸。

（2）双键的定位　双键位置的表示方法有两种，原来用 $\triangle$ 编号系统，近来又规定了 ω 或（n）编号系统。前者按碳原子的系统序数（从羧基端数起），用双键羧基侧碳原子的序数给双键定位。后者采用碳原子的倒数序数（从甲基端数起），用双键甲基侧碳原子的（倒数）序数给双键定位。这样可将脂肪酸分为代谢相关的 4 组，即 $\omega3$、$\omega6$、$\omega7$、$\omega9$。在哺乳动物体内脂肪酸只能由该族母体衍生而来，各族母体分别是软油酸（16：1，$\omega7$）、油酸（18：1，$\omega9$）、亚油酸（18：2，$\omega6$）和 α 亚麻酸（18：3，$\omega3$）。哺乳动物体内能合成饱和脂肪酸和单不饱和脂肪酸，不能合成多不饱和脂肪酸，如亚油酸、亚麻酸等。将维持哺乳动物正常生长所必需的而体内又不能合成的脂肪酸称为必需脂肪酸。

3. 脂肪酸的化学反应

脂肪酸常见的反应有两个：一是活化硫酰化，生成脂酰辅酶 A，这是脂肪酸的活性形式。二是不饱和脂肪酸的双键可以氧化，生成过氧化物，最后产生自由基，可对人体造成损伤。

二、三酰甘油

（一）三酰甘油的结构

三酰甘油（triacylglycerol，TAG）又称为甘油三酯。三酰甘油是甘油的 3 个羟基和 3 个脂肪酸分子脱水缩合后形成的酯（图 2-3）。根据脂肪酸数量，可将甘油酯分为单酰甘油（monoacylglycerol，MAG）、二酰甘油（diacylglycerol，DAG）和三酰甘油。前两者在自然界中极少存在。当甘油分子与一个脂肪酸分子缩合时，称为单酰甘油，是常用的食品乳化剂。而三酰甘油是脂类中含量最丰富的一类，通常所说的油脂就是三酰甘油。若三个脂肪酸相同，则称简单三酰甘油，如硬脂酸甘油酯等。如三个脂肪酸不同，则称为混合三酰甘油，命名时以 α、β 和 α' 分别表示不同脂肪酸的位置。

天然油脂多数是多种混合三酰甘油的混合物，简单三酰甘油极少，仅橄榄油中含简单三酰甘油较

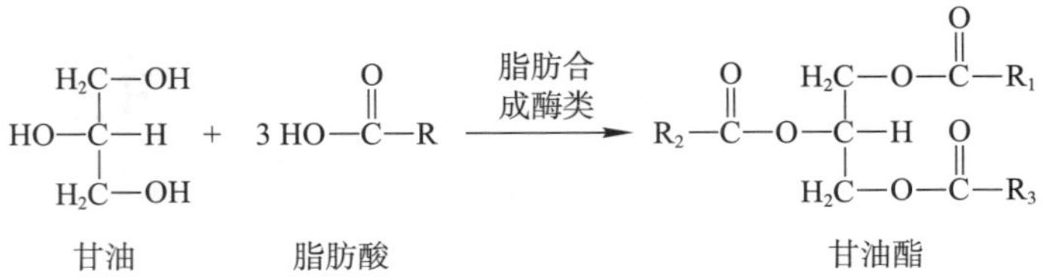

图 2-3 三酰甘油的生成（R 是烃基）

多，约占 70%。

（二）三酰甘油的物理性质、化学性质

1. 物理性质

熔点 三酰甘油的熔点由其脂肪酸成分决定，一般随饱和脂肪酸的数目和链长的增加而升高。棕榈酸甘油酯和硬脂酸甘油酯在体温下为固态，三油脂酰（基）甘油和三亚油脂酰（基）甘油在体温下为液态。

溶解度 三酰甘油不溶于水，也没有形成高度分散态的倾向，而二酰甘油和单酰甘油因有游离羟基，故有形成高度分散态的倾向，其形成的水微粒称为微团。二酰甘油和单酰甘油常用于食品工业，使食物更易均匀，便于加工，二酰甘油和单酰甘油都可以被机体利用。

三酰甘油倾向生成多晶变态。不论是简单酯还是混合酯，大部分均有三种多晶变态，用 Ⅰ、Ⅱ、Ⅲ 或 α、β、γ 命名。以硬脂酸甘油酯为例：

Ⅰ 型（α 型），稳定，熔点 72.5℃，密度最大，三斜形堆积；

Ⅱ 型（β 型），介稳，熔点 64.3℃，密度中等，正交形堆积；

Ⅲ 型（γ 型），不稳定，熔点 54.4℃，密度小，六方形堆积。

晶型对油脂的物理性质影响很大，油脂的塑性稠度受晶粒的大小及其总体积的影响。当晶粒的平均大小减少时，油脂逐渐变得坚硬；晶粒平均大小增加时，则变软。如猪脂的结晶粗大，影响其使用。结晶大小受温度变化影响很大，一般在接近熔点温度调温让其结晶，可得到均匀微小的晶体，这是可可脂生产中最重要的一环。

2. 化学性质

（1）由酯键产生的性质

水解和皂化 当将酰基甘油与酸或碱共煮或脂酶作用时，都可发生水解，当用碱水解时称为皂化作用。皂化的产物是甘油和肥皂，肥皂即脂肪酸的钠盐。酸水解与碱水解的区别在于，酸水解是可逆的，而碱水解是不可逆的。碱水解不可逆的原因是当有过量碱存在时脂肪酸的羧基全部处于解离状态或成为负离子，因而没有和醇发生作用的可能性。而在酸性条件下，反应体系基本上是可逆的，使反应趋向平衡。所以一般是用碱而不是用酸来水解脂肪。

皂化值 皂化值是指完全皂化 1 g 油脂所需氢氧化钾的毫克数。

（2）由不饱和脂肪酸产生的性质

酸败 酸败是指油脂在空气中暴露过久而产生臭味的现象，其化学本质是油脂的水解产物脂肪酸氧化成醛或酮而产生臭味（低分子量的脂肪酸氧化产物都有臭味）。酸败程度一般用酸值来表示。酸值是指中和 1 g 油脂中的游离脂肪酸所消耗的氢氧化钾毫克数。

氢化 在金属镍催化下，油脂中脂肪酸不饱和键可发生氢化反应。该反应可防止酸败。

卤化 油脂或脂肪酸不饱和键可与卤素发生加成反应，生成卤代油脂或脂肪酸，这类反应称为卤化。100 g 油脂吸收碘的克数称为该油脂的碘值。在实际测定中多用溴化碘或氯化碘。

（3）由羟酸产生的性质

乙酰化 油脂中含羟基的脂肪酸可与乙酸酐或其他酰化剂作用形成相应的酯。1 g 乙酰化的油脂所放出的乙酸用氢氧化钾中和时，所需氢氧化钾的毫克数称乙酰化值。

三、蜡

蜡广泛分布在自然界，是由高级脂肪酸和长链脂肪族一元醇或固醇构成的酯。高级脂肪酸如月桂酸（C12）、豆蔻酸（C14）、蜡酸（C26）、蜂花酸（C30）等，通式为$CH_3(CH_2)_nCOOH$。蜡醇通式为$CH_3(CH_2)_nCH_2OH$。

蜡是不溶于水的固体，熔点比脂肪高，不易水解。温度较高时，蜡是柔软的固体，温度低时变硬。几种常见的蜡，按其来源可分为动物蜡、植物蜡两类。动物蜡有蜂蜡、虫蜡、鲸蜡、羊毛蜡等。在动物体内多存在于分泌物中，主要起保护作用。蜂巢、昆虫卵壳、羊毛、鲸油皆含有蜡。蜂蜡的主要成分是软脂酸蜂蜡酯，它是由工蜂腹部的蜂腺分泌出来的，为许多高级一元醇酯的混合物，但主要成分是三十醇的棕榈酸酯（$C_{15}H_{31}COOC_{30}H_{61}$），C25~C35的链烷在蜂蜡中也有发现。中国虫蜡是一种昆虫——白蜡虫（*Ericerus pela*）的分泌物，所以又叫白蜡，其主要成分为二十六醇的二十六及二十八酸酯。羊毛蜡是由硬脂酸、软脂酸或油酸与胆固醇形成的酯，存在于羊毛中。鲸蜡的主要成分为十六醇棕榈酸酯（$C_{15}H_{31}COOC_{16}H_{33}$）。蜡在工业上用途很广，蜂蜡、虫蜡可作涂料、绝缘材料、润滑剂，羊毛蜡可制高级化妆品。植物蜡有巴西蜡，存在于巴西棕榈叶中。昆虫和植物果实、幼枝、叶的表面等通常有一薄层的蜡存在，主要功能是防止水侵蚀与蒸发以及防止微生物的侵害和外伤。蜡还可以用来制蜡纸、软膏、润滑油等。

第三节 复合脂质

复合脂质是由简单脂质和一些非脂物质如磷酸、含氮碱基等共同组成的。根据非脂成分的不同，复合脂可进一步分为磷脂和糖脂，以下重点介绍磷脂。

一、磷脂的种类

磷脂（phospholipid）是分子中含磷酸的复合脂，分为甘油磷脂类和鞘磷脂类，其醇类物质分别为甘油和鞘氨醇。

1. 甘油磷脂类

甘油磷脂是磷脂酸的衍生物。甘油磷脂种类繁多，结构通式如图2-4a。

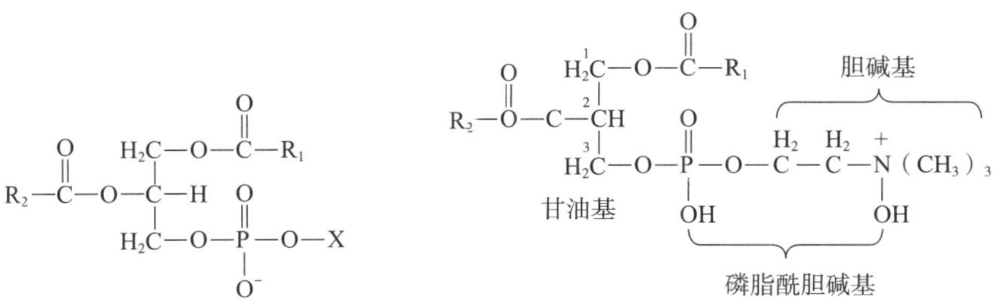

（a）甘油磷脂的通式　（b）磷脂酰胆碱的分子组成

图2-4 甘油磷脂结构通式和磷脂酰胆碱的分子组成

（1）磷脂酰胆碱　磷脂酰胆碱俗称卵磷脂。磷脂酰胆碱是白色蜡状物质，极易吸水，其不饱和脂肪酸能很快被氧化。各种动物组织、脏器中都含有相当多的磷脂酰胆碱（图2-4b），卵黄中含量达8%~10%。胆碱的碱性很强，可与氢氧化钠相比。在生物界分布很广，且有重要的生物功能。磷脂酰胆碱有控制动物机体脂肪代谢、防止形成脂肪肝的作用。乙酰胆碱是一种神经递质，与神经兴奋的传导有关。在甲基移换作用中胆碱可提供甲基。

（2）磷脂酰乙醇胺　磷脂酰乙醇胺是在动植物中含量最丰富的磷脂，与血液凝固有关，可能是凝血酶致活酶的辅基。

（3）缩醛磷脂　缩醛磷脂与前面几类不同之处在于其分子中一个脂肪酸是长链脂肪酸，与甘油 C2 以酯键相连，另一个是长碳氢链，以顺式 a、b 不饱和醚键与甘油 C1 相连。缩醛磷脂是烷基醚酰基甘油酯的类似物，其所共有的极性头是乙醇胺，与磷酸相连。缩醛磷脂在细胞膜中，特别是肌肉和神经细胞膜中含量丰富。

重要的甘油磷脂还有磷脂酰丝氨酸、磷脂酰肌醇和双磷脂酰甘油等（表 2-3）。

表 2-3　几种甘油磷脂名称、分子组成、分布和生物作用

系统名称	习惯名称	相同部分			不同部分	分布及生物作用
		甘油	脂肪酸	磷酸	氨基醇	
L-α- 磷脂酰胆碱 3-sn- 磷脂酰胆碱	卵磷脂	1	2	1	胆碱	植物、动物中（脑、精液、肾上腺和红细胞尤多，卵黄中含量可达 8%~10%）；生物膜主要成分之一；控制肝脂代谢，防止脂肪肝形成
L-α- 磷脂酰乙醇胺 3-sn- 磷脂酰乙醇胺		1	2	1	乙醇胺	参与血液凝结
L-α- 磷脂酰丝氨酸 3-sn- 磷脂酰丝氨酸	丝氨酸磷脂	1	2	1	丝氨酸	引起损伤表面凝血酶原的活化
L-α- 磷脂酰肌醇 3-sn- 磷脂酰肌醇	肌醇磷脂	1	2	1~3	—	单磷酸酯：肝、心肌中；双、三磷酸酯：脑
L-α- 磷脂酰缩醛 3-sn- 磷脂酰缩醛	缩醛磷脂	1	1	1	胆碱或乙醇胺	细胞膜、肌肉和神经细胞膜含量特别丰富
双磷脂酰甘油	心磷脂	3	4	2	—	存在于细菌细胞膜和真核细胞线粒体内膜中

2. 鞘磷脂类

鞘磷脂（sphingomyelin）含有（神经）鞘氨醇（sphingosine）、脂肪酸、磷酸和胆碱各一个分子。鞘磷脂类是长的、不饱和的氨基醇（鞘氨醇）而非甘油的衍生物。它是高等动物组织中含量最丰富的鞘脂类（sphingolipid）。

（1）鞘氨醇　鞘氨醇是鞘脂类所含的氨基醇的一种，鞘氨醇因含有氨基而呈碱性。已发现的鞘氨醇类有 30 余种，在哺乳动物的鞘脂类中主要含有鞘氨醇和二氢鞘氨醇，在高等植物和酵母中为 4- 羟双氢鞘氨醇，又称植物鞘氨醇（图 2-5）。海生无脊椎动物常含有双不饱和氨基醇，如 4,8- 双烯鞘氨醇。

（2）神经酰胺　脂酰基与神经醇的氨基以酰胺键相连，所形成的脂酰鞘氨醇又称神经酰胺。神经酰胺是构成鞘脂类的母体结构，由鞘氨醇和一长链脂肪酸（18~26℃）以鞘氨醇第二个碳上的氨基与脂肪酸的羧基形成的酰胺键相连（图 2-5）。因此，神经酰胺含有两个非极性的尾部。鞘氨醇第一个碳原子上的羧基是与极性头相连的部位。

（3）鞘磷脂　鞘磷脂是鞘脂类的典型代表，它是高等动物组织中含量最丰富的鞘脂类。鞘磷脂的极性头是磷酰乙醇胺或磷酰胆碱由磷酸基和神经酰胺的第一个羟基以酯键相连（图 2-5）。因此，鞘磷

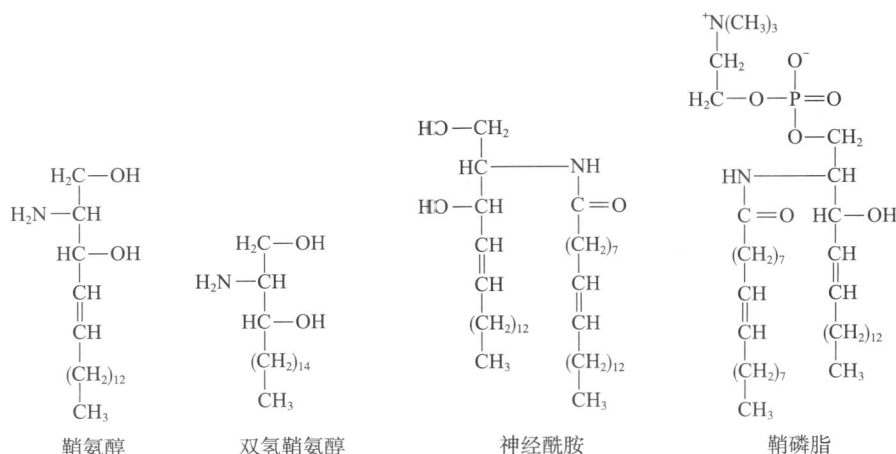

图 2-5 鞘氨醇、双氢鞘氨醇、神经酰胺和鞘磷脂

脂的性质和磷脂酰胆碱以及磷脂酰乙醇胺的性质很相近，在 pH = 7 时也是兼性离子。

二、磷脂与生物膜

细胞及细胞器表面覆盖着一层极薄的膜，统称为生物膜。生物膜主要由脂质和蛋白质组成，脂质约占 40%，蛋白质约占 60%。不同种类的生物膜中二者比例变化很大，如线粒体内膜只含 20% ~ 25% 的脂质，而有些神经细胞表面的髓磷脂膜脂质含量高达 75%。构成生物膜的脂质种类很多，其中最主要的是甘油磷脂类，也有一些糖脂和胆固醇。

生物膜具有极其重要的生物功能：①它具有保护层的作用，是细胞表面的屏障；②它是细胞内外环境进行物质交换的通道；能量转换和信息传递也都要通过膜进行；③许多酶系与膜相结合，一系列生化反应在膜上进行。

生物膜的功能是由其结构决定的。膜的结构可用液态镶嵌模型表示，其要点为：①膜磷脂排列成双分子层，构成膜的基质。双分子层的每一个磷脂分子既规则地排列着，又有转动、摆动和横向流动的自由，处于液晶状态。磷脂双分子层具有流动性、柔韧性、高电阻性和对高极性分子的不通透性。②多种蛋白质包埋于基质中，称为膜蛋白。膜蛋白是球蛋白，其极性区伸出膜的表面，而非极性区埋藏在膜的疏水的内部。埋藏或贯穿于双分子层的称为内在蛋白，附着于双分子层表面的称为表在蛋白。膜中的脂类主要是磷脂、胆固醇和糖脂（动物是鞘糖脂，植物和微生物是甘油酯）。膜是不对称的，膜中的脂和蛋白的分布也是不对称的。如人的红细胞，外层含磷脂酰胆碱和鞘糖脂较多，而内层含磷脂酰丝氨酸和磷脂酰乙醇胺较多。两层的电荷和流动性不同，蛋白也不同。这种不对称性由细胞维持。膜的相变温度可达几十摄氏度。

第四节 非皂化脂

非皂化脂的特点是不含结合的脂肪酸，在组织和细胞内的含量都比复合脂类少，但是却包括许多有重要生物功能的物质，例如维生素、激素、前列腺素等。非皂化脂主要分为三大类：萜类、类固醇类化合物、前列腺素类。

一、萜类

萜类是一类大量存在于生命机体（特别是植物精油）中的有机化合物。凡是由不同个数的异戊二烯头尾相连构成的,且分子式符合（C_5H_8）$_n$ 通式的衍生物均称为萜类化合物。

萜类不含脂肪酸,是非皂化性物质。它们全由在结构上与异戊二烯相关的五碳化合物反复头尾相连地聚合而成,其分类主要根据异戊二烯的数目。由 2 个异戊二烯构成的称为单萜,4 个称为二萜（图 2-6）,3 个叫倍半萜,此外,还有三萜、四萜、多萜等（表 2-4）。萜类有线状、环状,有的二者兼有。相连的异戊二烯有的是头尾相连,也有的是尾尾相连。多数直链萜类的双键都是反式,但是 11- 顺 - 视黄醛第 11 位上的双键为顺式（图 2-7）。

图 2-6 异戊二烯（左）和二萜（右）

图 2-7 倍半萜（左）和 11- 顺 - 视黄醛（右）

表 2-4 按照异戊二烯的数目进行分类

分类	碳原子数	通式（C_5H_8）$_n$	重要代表	存在
半萜	5	$n=1$		植物叶、海藻
单萜	10	$n=2$	柠檬苦素	挥发油、海藻
倍半萜	15	$n=3$	法尼醇	挥发油、海藻
二萜	20	$n=4$	叶绿醇	树脂、苦味质、海藻
二倍半萜	25	$n=5$		海绵、细菌
三萜	30	$n=6$	鲨烯	皂苷、树脂
四萜	40	$n=8$	胡萝卜素	色素
多萜	$10^3 \sim 10^5$	（C_5H_8）$_n$	天然橡胶	天然橡胶

单萜的重要代表有柠檬苦素。二萜的重要代表有叶绿醇,又称植醇,是叶绿素组成成分。三萜的重要代表有鲨烯,其结构见图 2-8。

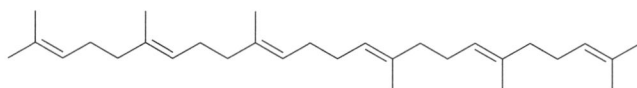

图 2-8 鲨烯（缩写式）

四萜的重要代表有胡萝卜素,其结构式见图 2-9。

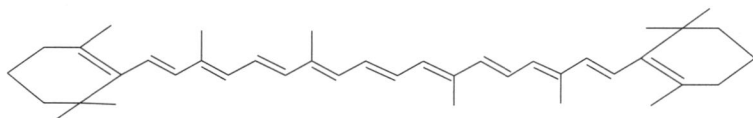

图 2-9 β- 胡萝卜素

多聚萜醇常以磷酸酯的形式存在，这类物质在糖基从细胞质到细胞表面的转移中起到类似辅酶的作用。糖基在细胞表面用于合成结合糖类。

萜类是各类天然物质中最多的一类成分。据不完全统计萜类化合物有 22 000 多种。

植物中多数萜类都具有特殊臭味，而且是各类植物特有油类的主要成分。例如，柠檬苦素、薄荷醇、樟脑分别为柠檬油、薄荷油、樟脑油的主要成分。香叶醇、橙花油醇和香茅醇三种萜醇都是玫瑰香系香料，是很重要的香料化工原料（图 2-10）。

许多化合物，如脂溶性维生素 A、E、K 等，都属于萜类，视黄醛是二萜。天然橡胶属于多聚萜类，是由数千个异戊二烯单位组合而成的聚合物。某些萜类如法尼醇、鲨烯则是合成胆固醇的重要中间产物。

图 2-10　三种玫瑰香萜醇

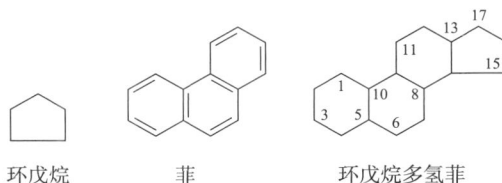

图 2-11　环戊烷、菲、环戊烷多氢菲的结构

二、类固醇类化合物

类固醇类化合物（steroids）是含羟基的环戊烷多氢菲结构化合物（图 2-11），广泛分布于生物界，以游离状态或与脂肪酸结合成酯的状态存在于生物体内，最重要的有胆固醇、豆固醇和麦角固醇。

类固醇类化合物不能皂化，其特点是在甾核的第 3 位上有一个羟基，在第 17 位上有一个分支的碳氢链，根据甾核上羟基的变化，它又可分为固醇和类固醇衍生物两大类。

1. 固醇

固醇在生物界分布甚广，为环状高分子一元醇。在生物体中它可以游离状态或与脂肪酸结合成酯的形式存在。主要有以下 3 种：

（1）胆固醇　胆固醇（cholesterol）是一种重要的动物固醇，存在于动物细胞和血液中，呈游离状态或者以化学键与脂肪酸结合成酯的形式存在。胆固醇在动物的生理活动中具有重要作用，是性激素、蜕皮激素、肾上腺皮质素、胆汁酸和维生素 D 等许多生理化合物的前体。

胆固醇是脊椎动物细胞的重要成分，在神经组织和肾上腺中含量特别丰富，约占脑固体物质的 17%。胆固醇易溶于有机溶剂，不能皂化。其 3 位羟基可与高级脂肪酸成酯。胆固醇酯是其储存和运输形式，血浆中胆固醇有三分之二被酯化，主要是 18 : 2，ω6 胆固醇酯。胆固醇是高等动物生物膜的重要成分，占质膜脂类的 20% 以上，占细胞器膜的 5%。其分子形状与其他膜脂不同，极性头是 3 位羟基，疏水尾是 4 个环和 3 个侧链。胆固醇对调节生物膜的流动性有一定意义。温度高时，它能阻止双分子层的无序化；温度低时，又可干扰其有序化，阻止液晶的形成，保持其流动性。

胆固醇还是一些活性物质的前体，类固醇激素、维生素 D_3、胆汁酸等都是胆固醇的衍生物。维生素 D_3 是由 7- 脱氢胆固醇经日光中紫外线照射转变而来的（图 2-13）。胆固醇的结构为图 2-12。

胆固醇能被动物吸收利用，也能由动物体自行合成。它与生物膜的透性、神经髓鞘的绝缘物质以

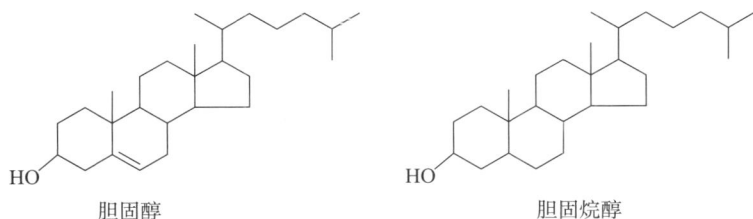

图 2-12　胆固醇和胆固烷醇

及动物细胞对某种毒素的保护作用有一定的关系。人体内发现的胆石，几乎全都是胆固醇构成。肝、肾和表皮组织中胆固醇含量也相当多。与胆固醇共同存在的还有微量的胆固醇二氢化物，称为胆固烷醇（图 2-12）。

胆固醇以游离及酯（棕榈酸、硬脂酸和油酸酯）形态存在于一切动物组织中，在动物组织中胆固醇常与其衍生物二氢胆固醇、7-脱氢胆固醇和胆固醇酯同时存在。其中脑及神经组织中含量较高，其次为肾、脾、皮肤和肝，腺体组织的胆固醇含量一般比骨骼肌高。不同国家和地区的人群平均胆固醇水平存在差异。我国人血清的总胆固醇量一般约为（182.5±4.3）mg/100 g，欧洲六国（瑞士、土耳其、斯洛伐克、德国、北马其顿、奥地利）人一般为（150~250）mg/100 g。人体血清中的胆固醇约有 1/4 为游离胆固醇，约 50% 血清胆固醇与蛋白质结合，如血清胆固醇含量过高，表示胆固醇代谢可能发生障碍，例如，冠状动脉粥样硬化患者的血清胆固醇含量常偏高。常见食物中胆固醇的含量见表 2-5。

表 2-5　胆固醇在食物中的分布

食物名称	含量/（mg/100 g）	食物名称	含量/（mg/100 g）	食物名称	含量/（mg/100 g）
瘦牛肉	57	整鸡蛋	500	兔肉	80
瘦羊肉	84	整鸭蛋	500	鸡肉	90~201
牛羊杂碎	280	蛋黄	2 000	鸭肉	70~90
瘦猪肉	60	蛋白	0	带鱼	244
肥猪肉	220	松花蛋黄	2 015	鱿鱼	1 170
肥瘦猪肉	120	松花皮蛋白	88	黄花鱼	76
猪肚	150	牛奶	24	鲫鱼	93
猪心	150	全脂奶粉	100~160	虾	120
猪肠	163	脱脂牛奶	2	螃蟹	182
猪肾	300	鱼肝油	400	蛤蜊	180
猪肝	620	猪油	110	海蜇	24
猪排骨	105	奶油	280	乌贼	350~460
腊肉	100	豆制品	0		

（2）植物固醇　植物固醇为植物细胞的重要组分，不能被动物吸收利用。植物固醇中豆固醇和麦固醇含量最多，它们分别存在于大豆、麦芽中。

（3）酵母固醇　酵母固醇存在于酵母、毒菌中，其含量以麦角固醇最多，经日光和紫外线照射可以转化成维生素 D_2（图 2-13）。

2. 类固醇衍生物

类固醇衍生物的典型代表是胆汁酸，具有重要的生理意义。胆汁酸在肝中合成，可自胆汁中分离得到。人胆汁中含有三种不同的胆汁酸，即胆酸（3,7,12-三羟基胆甾烷酸）、去氧胆酸（$3\alpha,12\alpha$-二羟-5β-胆烷酸）及鹅去氧胆酸（$3\alpha,7\alpha$-二羟基-5β-胆烷酸），其结构如图 2-14。

多数脊椎动物的胆酸能以肽键与甘氨酸、牛磺氨酸结合，分别形成甘氨胆酸和牛磺胆酸两种胆盐。它们是胆有苦味的主要原因。胆酸与脂肪酸或其他脂质如胆固醇等成盐。胆盐是一种乳化剂，能降低水和油脂的表面张力，使肠腔内油脂乳化成微粒，以增加油脂与消化液中脂肪酶的接触面积，便于消化吸收。

图 2-13 胆固醇的形式及其转化

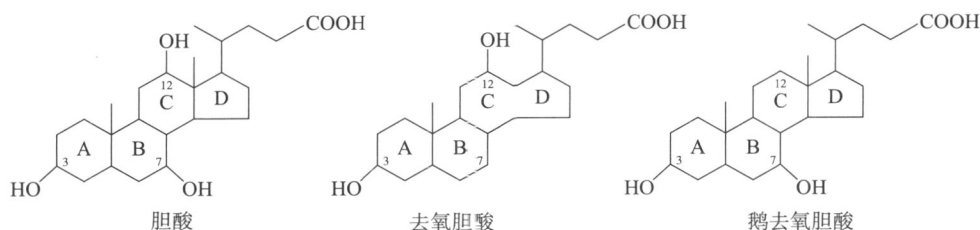

图 2-14 三种不同的胆汁酸

3. 前列腺素

前列腺素是一类脂肪酸衍生物，具有强生理活性，影响血压、心率、月经周期和生殖。前列腺素以极微量存在于组织和体液（包括精液、月经液）中，主要分为四大类：PGA，PGB，PGE 和 PGF。可调节许多细胞的活动，调节性质随细胞类型的不同而不同。

第五节　结合脂质

结合脂质是脂质与其他化合物的结合，如糖脂和脂蛋白等。

一、糖脂

一个或多个单糖残基与脂质部分单酰甘油或二酰甘油像鞘氨醇样长链上的碱基或神经酰胺上的胺基以糖苷键相连所形成的化合物，称为糖脂（glycolipid）。通常将不包括磷酸的鞘氨醇衍生物，称为鞘糖脂类，以脑苷脂和神经节苷脂为代表。鞘糖脂在细胞中含量虽少，但对许多特殊的生物功能具有重要作用，引起了生化领域的重视。

1. 脑苷脂

脑苷脂（cerebroside）由 β- 己糖（葡萄糖或半乳糖）、脂肪酸（22—26C，其中最普遍的是 α- 羟基二十四烷酸）和鞘氨醇各一分子组成。重要代表有葡萄糖脑苷脂、半乳糖脑苷脂和硫酸脑苷脂（简称脑硫脂），其分子结构分别如图 2-15 和图 2-16。

脑苷脂由一个单糖与神经酰胺构成，在哺乳动物的脑中含量较高，一般占脑干重的 11%，少量存在于肝、胸腺、肾、肾上腺、肺和卵黄中。天然存在的脑苷脂有以下 4 种（表 2-6）。各种脑苷脂的区别主要在于脂肪酸（二十四碳）不同。

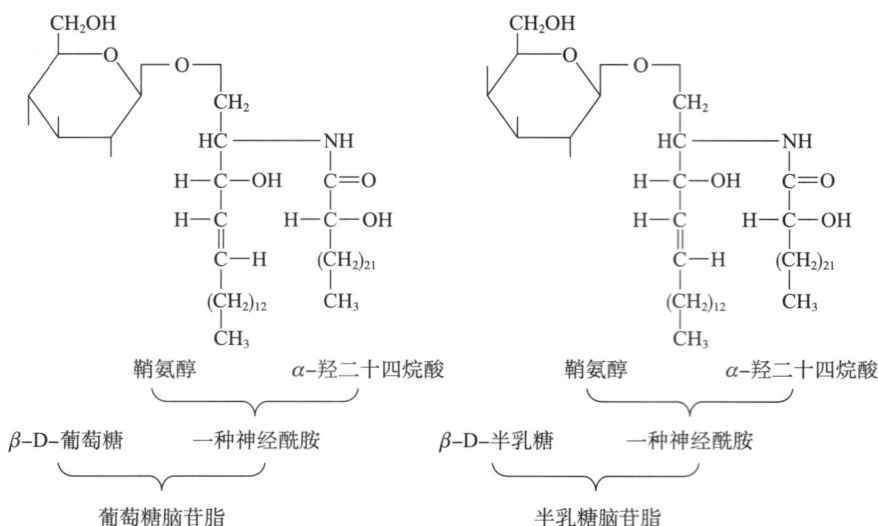

图 2-15　葡萄糖脑苷脂和半乳糖脑苷脂

图 2-16　硫酸脑苷脂

表 2-6　4 种天然存在的脑苷脂

脑苷脂类	脂肪酸残基	分子量	熔点 /℃
角苷脂	二十四碳烷酸（24：0）	812	180
羟脑苷脂	2-羟二十四碳烷酸	828	212
神经苷脂	二十四碳烷酸（24：0），即神经酸	810	180
羟神经苷脂	2-羟二十四碳烯酸，即 2-羟神经酸	—	—

2. 神经节苷脂

　　神经节苷脂是含有唾液酸的鞘糖脂，又称唾液酸鞘糖脂。脑神经节苷脂是一类最复杂的糖脂，已从脑灰质、白质和脾等组织中分离出来，占大脑灰质总脂的 6%。现已分离出这类糖脂 20 种以上。其中 N-乙酰神经氨酸也叫唾液酸，为神经节苷脂的极性头部。神经节苷脂在神经突触的传导中起重要作用。还可能与血型的专一性、组织器官的专一性、组织免疫、细胞识别等功能有关系。

　　神经节苷脂结构复杂，常用缩写表示，以 G 代表神经节苷脂，M、T、D 代表含有唾液酸残基的数目（1、2、3），用阿拉伯数字表示无唾液酸寡糖链的类型。

　　功能鞘糖脂是细胞膜的组分，其糖结构突出于质膜表面，与细胞识别和免疫有关。位于神经细胞的还与神经传递有关。神经节苷脂在脑灰质和胸腺中含量丰富，与神经冲动的传导有关。红细胞表面的神经节苷脂决定血型专一性。某些神经节苷脂是激素（促甲状腺素、绒毛膜促性腺激素等）、毒素（破伤风、霍乱毒素等）和干扰素等的受体。

二、脂蛋白

知识点
血浆脂蛋白

　　脂蛋白（lipoprotein）根据蛋白质组成可分为 3 类：

　　（1）核蛋白类　其代表是促凝血酶原激酶，含脂类达 40%～50%，含核酸约 18%。

　　（2）磷蛋白类　如卵黄中的脂磷蛋白，所含脂类占 18%。脂磷蛋白在中性盐（氯化钠等）存在下溶于水，但用醇从中除去脂后则不再溶解。

　　（3）单纯蛋白类　它与脂的重要结合物有血浆脂蛋白，具有水溶性；还有从脑等组织中分离得到的脑蛋白脂，不溶于水，易溶于氯仿、甲醇和水的混合溶液中。血浆脂蛋白有多种类型，通常用超离心法根据其密度由小到大分为 5 种，现总结对比各种血浆脂蛋白性质如表 2-7。

表2-7　血浆脂蛋白物理、化学性质、化学组成与主要生理功能

超速离心成分	电泳分份	合成脏器	密度	漂浮系数（S_f）	分子量	血浆脂蛋白浓度 mg/100 m
乳糜微粒	乳糜微粒	肠	< 0.966	$10^3 \sim 10^5$		0 ~ 50
极低密度脂蛋白 LDL$_1$，VLDL	前 β	肝	0.960 ~ 1.096	20 ~ 400	$(5.0 \sim 20) \times 10^6$	150 ~ 250
低密度脂蛋白 LDL$_2$	α$_2$，β$_1$	肝	1.006 ~ 1.019	12 ~ 20	3.4×10^6	50 ~ 100
LDL$_3$	β$_1$		1.019 ~ 1.059	2 ~ 12	2.7×10^6	300 ~ 360
高密度脂蛋白 HDL$_1$	β	肝	1.059 ~ 1.063	0 ~ 2	2.0×10^6	15 ~ 25
HDL$_2$	α$_1$		1.063 ~ 1.125		3.75×10^6	50 ~ 60
HDL$_3$	α$_1$		1.125 ~ 1.210		1.75×10^6	200 ~ 320
极高密度脂蛋白 VHDL$_1$	α$_1$	脂肪组织	> 1.210	2 ~ 10	1.45×10^6	

超速离心成分	化学组成							主要生理功能
	蛋白质 /%	总脂类 /%	占总脂类的百分比					
			三酰甘油	磷脂	胆固醇 酯型	胆固醇 游离型	游离脂肪酸	
乳糜微粒	1	99	88	8	3	1	—	转运外源性脂肪
极低密度脂蛋白 LDL$_1$，VLDL	7	93	56	20	15	8	1	转运内源性脂肪
低密度脂蛋白 LDL$_2$	11	89	29	26	34	9	1	转运胆固醇及磷脂
LDL$_3$	21	79	13	28	48	10	1	
高密度脂蛋白								转运磷脂及胆固醇
HDL$_1$	33	67	16	43	31	10	—	
HDL$_2$	57	43	13	46	29	6	6	
HDL$_3$								
极高密度脂蛋白 VHDL$_1$	99	1	0	0	0	0	100	转运游离脂肪酸

　　乳糜微粒（CM）由小肠上皮细胞合成，主要来自食物油脂，颗粒大，使光散射，呈乳浊状，这是用餐后血清浑浊的原因。其相对密度小，在4℃冰箱过夜时，上浮形成乳白色奶油样层，是临床检验的简易方法。主要生理功能是转运外源油脂。电泳时乳糜微粒留在原点。

　　极低密度脂蛋白（VLDL）由肝细胞合成，主要成分也是油脂。当血液流经油脂组织、肝和肌肉等组织的毛细血管时，乳糜微粒和 VLDL 被毛细血管壁脂蛋白脂酶水解，所以正常人空腹时不易检出乳糜微粒和 VLDL。其主要生理功能是转运内源油脂，如肝中由葡萄糖转化生成的脂类。电泳时称为前 β 脂蛋白。

　　低密度脂蛋白（LDL）来自肝，富含胆固醇、磷脂。主要生理功能是转运胆固醇和磷脂到肝。含量过高易患动脉粥样硬化。电泳时称为 β 脂蛋白。

高密度脂蛋白（HDL）来自肝，其颗粒最小，脂质主要是磷脂和胆固醇。主要生理功能是转运磷脂和胆固醇。电泳时称为 α 脂蛋白。可激活脂肪酶，清除胆固醇。

极高密度脂蛋白（VHDL）由清蛋白和游离脂肪酸构成，前者由肝合成，在油脂组织中组成 VHDL。主要生理功能是转运游离脂肪酸。

脑蛋白脂从脑组织中分离得到。不溶于水，分为 A、B、C 3 种。

第六节　食用油脂的生产与加工

一、油脂的提取

一般油脂的加工方法有压榨法、熬炼法、浸出法及机械分离法 4 种。

（1）压榨法　压榨法通常用于植物油的榨取，或作为熬炼法的辅助法。压榨有冷榨和热榨两种，热榨即将油料作物种子炒焙后再榨取。炒焙不仅可以破坏种子组织中的酶，而且易将油脂与组织分离，故产量较高，产品中的残渣较少，容易保存。如果压榨后，再经过滤或离心分离质量会更好。热榨油脂因为植物种子经过炒焙，所以气味较香，但颜色较深。冷榨法即植物种子不加炒焙，所以香味较差，但色泽较好。

（2）熬炼法　熬炼法通常用于动物油脂加工。动物组织经高温熬制后，组织中的脂肪酶和氧化酶可被全部破坏。经过熬炼后的油脂即使有少量残渣存在，也不会酸败。但熬炼的温度不宜过高，时间不宜过长，否则会使部分脂肪分解，油脂中游离脂肪酸量增高。且温度过高容易使动物组织焦化，影响产品的感观性状。采用真空熬炼法可以节省能源。

（3）浸出法（萃取法）　利用轻汽油、己烷等有机溶剂提取组织中的油脂，然后再将溶剂蒸馏除去，可得到较纯的油脂。浸出法多用于植物油的提取，油脂中组织残渣很少，质量纯净。此法的优点是提取率高，油脂不分解变性，游离脂肪酸的含量亦不会增高。压榨法所得油饼中残油量在 5% 以上，而用浸出法，残油量仅为 0.5% ~ 1.5%。尤其对含油量低的原料，此法更为有利。浸出法的缺点是食油中溶剂不易除净，设备费用高，须防火防爆。

（4）机械分离法（离心法）　机械分离法是利用离心机将油脂分离开来，主要用于从液态原料提取油脂，如从奶中分离奶油。另外，在用蒸汽湿化并加热磨碎原料后，先以机械分离提纯一部分油脂，然后再进行压榨。若压榨制得的产品中残渣杂质过多时，也可在所得产品中加热水使油脂浮起，然后再以机械法分离上层油脂。为了减少油脂产品的残渣含量，可采用机械分离法。

花生、大豆等油料种子磨浆后离心，可以得到高品质的油脂和未变性的优良植物蛋白。

二、油脂的精制

油脂食用方法主要有加热食用及生食两种。前者加热时要求不发生泡沫，无烟或无刺激性臭味，黏度及色泽亦不致变坏。后者供直接食用，如调味的应用，应具有一定风味，冬季不至因冷而混浊或凝固。粗油中常含有纤维质、蛋白质、磷脂、游离脂肪酸以及其他有色或有臭的杂质，不能直接食用，必须加以精制。精制的目的就是除去油脂中不好的杂质，且最低程度伤害中性油和生育酚，并使油的损失（炼耗）降至最低。

三、油脂的改性

（1）氢化　油脂中不饱和脂肪酸在催化剂（Pt、Ni、Cu）的作用下，能在不饱和键上进行加氢，使碳原子达到饱和或比较饱和，从而把在室温下呈液态的植物油变成固态的脂，这个过程称为油脂的氢化。经过氢化的油脂叫做氢化油或硬化油。

采用不同的氢化条件，可得到部分氢化或完全氢化的油脂。前者可用镍粉作催化剂，在压力为 151.98 ~ 253.31 kPa，温度为 125 ~ 190℃ 的条件下进行氢化，产品为乳化型，主要应用于食品工业，如制造人造奶油、起酥油等。后者常用骨架镍作催化剂，在 810.60 kPa、250℃ 下氢化，产品为硬化型，主要适用于肥皂工业。油脂氢化有重要的工业意义，如含有不愉快气味的鱼油经过氢化后，可使其臭味消失，颜色变浅，稳定性增加，从而提高油品质量。猪油氢化后也可以改变其稠度和稳定性。

油脂氢化的同时发生构型改变和双键移位，结果产生与天然脂肪的性质不同的脂肪酸。选择适当条件，可以使这些副产物降到最低程度。由于氢化，油脂中的类胡萝卜素也会遭到破坏，故作为食用油脂，其营养价值会有所下降。

（2）分提　油脂是多种三酰甘油的混合物，不同分子间具有不同的脂肪酸组分和分布方式，因而具有不同的熔点。油脂的分提又叫分级，是利用油中不同三酰甘油在熔点、溶解度以及结晶体的硬度、粒度等方面的不同，进行三酰甘油混合物的分离与提纯的加工过程。

（3）交酯　交酯是指一种酯与另一种酯在催化剂参与下（常用苛性碱），加热到一定温度，即可进行酰基的互换，使脂肪酸重新排列在三酰甘油中。交酯分为定向交酯（有控交酯）和随机交酯。

交酯反应在油脂工业上具有重要用途，是仿制天然油种和制备油脂新品种的重要手段。如菜油与橄榄油的脂酸组成十分相似，将精炼菜油加入 7% ~ 10% 棉籽油经随机交酯后，再加入 0.1% 叶绿素，就可得到橄榄油的仿制品；用 75% 豆油和 25% 完全氢化棉籽油以甲醇钠为催化剂，随机交酯后可得具有良好风味和稳定性的人造奶油。

💬 拓展性提示

可拓展了解脂质分子在生物体中的其他多种作用：①在信号传递通路方面，如固醇类激素；②作为酶的激活剂，如磷脂酰胆碱激活 β- 羟丁酸脱氢酶；③作为糖基载体，如合成糖蛋白时，磷酸多萜醇作为羰基的载体；④作为激素、维生素和色素的前体，如萜类、固醇类；⑤作为生长因子与抗氧化剂、糖脂参与信号识别和免疫等。

❓ 思考题

1. 天然脂肪酸有哪些共性？

2. 甘油酯有哪些物理性质、化学性质？其化学分析常用哪些指标？从油脂数据分析中可以得到哪些规律性认识？

3. 甘油磷脂、（神经）鞘磷脂有哪些重要代表？它们在结构上有何特点？

4. 类固醇类化合物包括哪些物质？有哪些共同特性？有何生理功能？

5. 250 mg 纯橄榄油样品完全皂化需 47.5 mg KOH，计算橄榄油中三酰甘油的平均分子量。

6. 上题中的橄榄油与碘反应，680 mg 油刚好吸收碘 578 mg，请计算：

（1）一个三酰甘油分子平均有多少个双键？

（2）该油的碘值是多少？

🌐 拓展知识 1
血浆脂蛋白与健康

🌐 拓展知识 2
花生四烯酸、前列腺素与退热

🌐 拓展知识 3
"脑黄金"二十二碳六烯酸（DNA）

3

蛋白质

第一节　蛋白质概述

蛋白质是以氨基酸为基本单位的生物大分子，是动物、植物和微生物细胞中最重要的有机物质之一，是生命存在的物质基础。蛋白质在生物体内占有特殊的地位。蛋白质和核酸是构成原生质的主要成分。原生质是生命现象的物质基础。蛋白质化学研究是从 19 世纪 20 年代开始的。20 世纪 20 年代，特别是 50 年代以后有着飞跃的发展。

一、蛋白质的功能多样性

任何生物都含有蛋白质。自然界中最小、最简单的生物是病毒，它是由蛋白质和核酸组成的。没有蛋白质也就没有生命。

自然界的生物多种多样，因而蛋白质的种类和功能也十分多样。概括起来，蛋白质主要有以下功能：

（1）催化功能　生物体内的酶主要是由蛋白质构成的，它们是有机体新陈代谢的催化剂。没有酶，生物体内的各种化学反应就无法正常进行。例如，没有淀粉酶，淀粉就不能被分解利用。

（2）结构功能　蛋白质可以作为生物体的结构成分。在高等动物体内，胶原蛋白是主要的细胞外结构蛋白，是结缔组织和骨骼的重要成分，占蛋白总量的 1/4。细胞里的片层结构，如细胞膜、线粒体、叶绿体和内质网等都是由不溶性蛋白与脂质组成的。动物的毛发和指甲都是由角蛋白构成的。

（3）运输功能　脊椎动物红细胞中的血红蛋白和无脊椎动物体内的血蓝蛋白在呼吸过程中起着运输氧气的作用。血液中的载脂蛋白可运输脂肪，转铁蛋白可转运铁。一些脂溶性激素的运输也需要蛋白，如甲状腺素要与甲状腺素结合球蛋白结合才能在血液中运输。

（4）贮存功能　某些蛋白质的作用是贮存氨基酸作为生物体的养料和胚胎或幼儿生长发育的原料。此类蛋白质包括蛋类中的卵清蛋白、奶类中的酪蛋白和小麦种子中的麦醇溶蛋白等。肝中的铁蛋白可将血液中多余的铁储存起来，供缺铁时使用。

（5）运动功能　肌肉中的肌球蛋白和肌动蛋白是运动系统的必要成分，其构象的改变引起肌肉的收缩，带动机体运动。细菌中的鞭毛蛋白有类似的作用，它的收缩引起鞭毛的摆动，从而使细菌在水中游动。

（6）防御功能　高等动物的免疫反应是机体的一种防御机能，它主要也是通过蛋白质（抗体）来实现的。凝血与纤溶系统中的蛋白因子、溶菌酶、干扰素等，也担负着防御和保护功能。

（7）调节功能　某些激素、一切激素受体和许多其他调节因子都是蛋白质。

（8）信息传递功能　生物体内的信息传递过程离不开蛋白质。例如，视觉信息的传递要有视紫红质参与，感受味道需要味觉蛋白。

（9）遗传调控功能　遗传信息的储存和表达都与蛋白质有关。DNA 在储存时是缠绕在蛋白质（组蛋白）上的。有些蛋白质，如阻遏蛋白，与特定基因的表达有关。β- 半乳糖苷酶基因的表达受到一种阻遏蛋白的抑制，当合成 β- 半乳糖苷酶时须经过去阻遏作用才能表达。

（10）其他功能　某些生物能合成有毒的蛋白质，用以攻击或自卫。如某些植物在被昆虫咬过后会产生一种毒蛋白。白喉毒素可抑制生物蛋白质合成。

二、蛋白质的分类

1. 按分子形状分类

（1）球状蛋白　球状蛋白分子对称性佳，外形近似球体或椭球体，溶解度较好，能结晶，大多数蛋白质属于这一类。球状蛋白大都具有活性,如酶、转运蛋白、蛋白激素、抗体等。球状蛋白的长度与直径之比一般小于 10。

(2)纤维状蛋白 纤维状蛋白外形细长,对称性差,分子类似细棒或纤维,分子量大,大都是结构蛋白、如胶原蛋白、弹性蛋白、羽毛中的角蛋白、蚕丝的丝蛋白等。纤维状蛋白又可分成可溶性纤维状蛋白质,如肌球蛋白、血纤维蛋白原等和不溶性纤维状蛋白质,包括胶原、弹性蛋白、角蛋白以及丝心蛋白等。

2. 按分子组成分类

(1)简单蛋白 简单蛋白完全由氨基酸组成,不含非蛋白成分,如血清清蛋白等。根据溶解性的不同,可将简单蛋白分为以下 7 类:清蛋白、球蛋白、组蛋白、精蛋白、谷蛋白、醇溶蛋白和硬蛋白。

(2)结合蛋白 由蛋白质和非蛋白成分组成,后者称为辅基。根据辅基的不同,可将结合蛋白分为以下 7 类:核蛋白、脂蛋白、糖蛋白、磷蛋白、血红素蛋白、黄素蛋白和金属蛋白。

3. 按蛋白质的生物功能分类

把蛋白质分为酶、运输蛋白质、营养和贮存蛋白质、收缩蛋白质或运动蛋白质、结构蛋白质和防御蛋白质等。

三、蛋白质的元素组成与分子量

(1)元素组成 大多数蛋白质的基本组成十分相似,其各元素占比约为:碳占 50% ~ 55%,氢占 6% ~ 8%,氧占 20% ~ 30%,氮占 15% ~ 18% 及硫占 0% ~ 4%。有些蛋白质还含有磷和一些金属元素。蛋白质中氮的含量较为恒定,而且在糖和脂质中不含氮。大多数蛋白质含氮比例约为 16%,因该元素容易用凯氏(Kjeldahl)定氮法进行测定,故蛋白质的含量可由氮的含量乘以 6.25 计算出来。其中 6.25 是 16% 的倒数。

$$蛋白质含量(\%)= 每克生物样品中含氮的克数 \times 6.25$$

(2)蛋白质的分子量 蛋白质的分子量变化范围很大,从 6 000 到 100 万或更大。这个范围是人为规定的。一般将分子量小于 6 000 的称为肽。不过这个界限不是绝对的,如牛胰岛素分子量为 5 700,但一般仍被认为是蛋白质。蛋白质煮沸凝固,而肽不凝固。较大的蛋白质如烟草花叶病毒,分子量达 4 000 万。

四、蛋白质的水解

氨基酸是蛋白质的基本结构单位,这个发现是从蛋白质的水解得到的。

虽然蛋白质的分子量非常大,但是用酸水解后,蛋白质分子产生一系列分子量低的简单有机化合物,即为 α- 氨基酸。构成蛋白质的 α- 氨基酸一般有 20 种。

蛋白质的水解主要有 3 种方法:

(1)酸水解 用 6 mol/L HCl 溶液或 4 mol/L H_2SO_4 溶液,105 ℃回流 20 h 即可完全水解。酸水解不引起氨基酸的消旋,但色氨酸完全被破坏,丝氨酸和苏氨酸被部分破坏,天冬酰胺和谷氨酰胺的酰胺基被水解。如样品含有杂质,在酸水解过程中常产生腐黑质,使水解液变黑。用 3 mol/L 对甲苯磺酸代替盐酸,得到色氨酸较多,可像丝氨酸和苏氨酸一样用外推法求其含量。

(2)碱水解 用 5 mol/L NaOH 溶液,水解 10 ~ 20 h 可水解完全。碱水解使氨基酸消旋,许多氨基酸被破坏,但色氨酸不被破坏。常用于测定色氨酸含量。可加入淀粉以防止氧化。

(3)酶水解 酶水解既不破坏氨基酸,也不引起消旋。但酶水解时间长,反应不完全。一般用于部分水解,若要完全水解,需要用多种酶协同作用。

第二节　氨基酸

一、氨基酸的结构与分类

1. 氨基酸结构

氨基酸是羧酸分子中 α- 碳原子上的一个氢原子被氨基替代而成的化合物，故称 α- 氨基酸。例如，丙酸（CH_3CH_2-COOH）的 α- 碳上的一个 H 被氨基代替即得丙氨酸。组成蛋白质的 20 种氨基酸称为基本氨基酸。它们中除脯氨酸外都是 α- 氨基酸。天然氨基酸主要是 α- 氨基酸，β- 氨基酸极少，如 β- 丙氨酸，存在于维生素泛酸中。

α- 氨基酸的结构，可用氨基酸的通式来表示（图 3-1）。氨基酸的通式含可变基团和不变基团两部分，可以把不变基团中带氨基的一端称为头，带羧基的一端称为尾，与羧基相连的碳原子称为 α- 碳原子。可变基团 R 代表侧链基团。不同的侧链基团具有不同的理化性质。

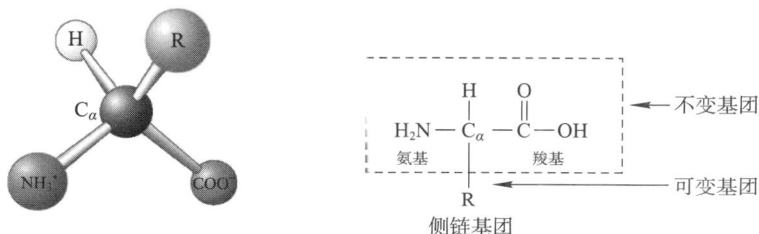

图 3-1　氨基酸的通式

最简单的氨基酸——甘氨酸，其侧链 R 只是一个氢原子。其余氨基酸的侧链则含有各种不同的化学基团，从上述氨基酸的通式可知氨基酸在化学结构上有如下特点：

（1）氨基总是结合在与羧基相连的 α- 碳原子上，所以都是 α- 氨基酸。

（2）除甘氨酸之外，其他所有氨基酸的 α- 碳原子都是不对称碳原子，根据与 α- 碳原子相连的 4 个原子或基团在空间中的排列方式，以甘油醛为标准化合物，可将氨基酸分为 L 型和 D 型，凡是 H 在左边的为 D 型，H 在右边的为 L 型（图 3-2）。这两种方式互为镜子中的影子，不可重叠，互成立体异构体（图 3-3）。

（3）除甘氨酸外，其他 α- 氨基酸均含有不对称碳原子，因此，α- 氨基酸均有立体异构体，都具有旋光性（表 3-1）。

（4）存在于蛋白质中的氨基酸都是 L 型的。L 型是氨基酸在自然界存在的主要形式，且仅 L 型异

图 3-2　丙氨酸的 L 型和 D 型

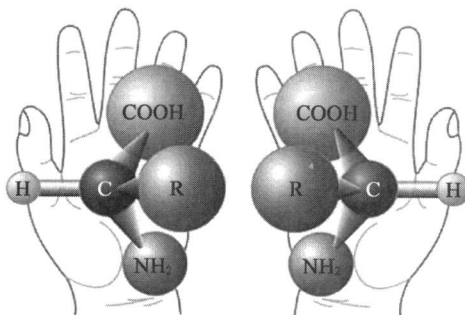

图 3-3　α- 氨基酸的手性立体异构

表 3-1　部分氨基酸的比旋光度 $[\alpha]_d^{25}$

氨基酸	比旋光度（H_2O）	氨基酸	比旋光度（H_2O）
L- 丙氨酸	+ 1.8	L- 组氨酸	−38.5
L- 精氨酸	+ 12.5	L- 赖氨酸	+ 13.5
L- 异亮氨酸	+ 12.4	L- 丝氨酸	−7.5
L- 苯丙氨酸	−34.5	L- 脯氨酸	−86.5
L- 谷氨酸	+ 12.0	L- 苏氨酸	−28.5

构体参与生物有机代谢反应（例外甚少）。

2. 氨基酸分类

20 种氨基酸分别有中文缩写和英文缩写，且有三字母和单字母缩写符号。常用英文缩写的三字母符号表示（表 3-2）。

氨基酸种类繁多。组成蛋白质的 20 种常见氨基酸分类方法如下。

（1）根据 R 基团的极性分类　根据 R 基团的极性，一般可将氨基酸分为 4 类：①非极性或疏水；②极性但不带电荷；③在 pH = 7.0 时带负电荷；④在 pH = 7.0 时带正电荷。这种分类法在表征不同氨基酸在蛋白质中的生物学功能时有一定的意义。

① 具有非极性或疏水的 R 基团的氨基酸。这类氨基酸共有 8 种（Ala，Val，Leu，Ile，Met，Phe，Trp，Pro），其中 5 种具有脂肪烃侧链（Ala、Leu、Ile、Val 及 Pro），2 种具有芳香环（Phe 及 Trp），1 种侧链含硫（Met）。这类氨基酸在水中的溶解度比极性氨基酸小。

② 具有极性不带电荷 R 基团的氨基酸。这类氨基酸共有 7 种（Gly，Ser，Thr，Cys，Asn，Gln，Tyr）。这类氨基酸比疏水氨基酸易溶于水，其所含的极性 R 基团能形成氢键。Ser、Thr 及 Tyr 的极性是由羟基提供的，而 Asn 和 Gln 的极性则是其酰胺基引起的。Cys 的极性来自其巯基（–SH）。Asn 和 Gln 分别是 Asp 和 Glu 的酰胺化合物，极易为酸碱所水解，缩写符号 Asx 及 Glx 分别代表 Asp 和 Asn 之和及 Glu 与 Gln 之和。如果酰胺含量不清楚时，可用 Asx 及 Glx 表示。Gly 虽然不带有 R 基团，但由于其带电荷的氨基和羧基占了整个分子的大部分，具有明显的极性，所以也归入此类。

③ R 基团带正电荷的氨基酸。这类氨基酸共有 3 种（Arg，Lys，His）。在这类氨基酸中 R 基团在 pH = 7.0 时带有正电荷。Lys 在其脂肪链的 ε 位置上带有第二个氨基。Arg 带有正电荷的胍基，而 His 带有弱碱性的咪唑基。在 pH = 6.0 时 His 50% 以上的分子带电荷，而在 pH = 7.0 时带正电荷的分子少于 10%。

④ R 基团带负电荷的氨基酸。这类氨基酸有 2 种（Asp，Glu），在 pH = 7.0 时具有净的负电荷，它们都含有第二个羧基。Glu 的钠盐就是调味用的味精。

（2）根据氨基酸的侧链结构分类　根据氨基酸的侧链结构，可分为脂肪族氨基酸、芳香族氨基酸和杂环氨基酸。

① 脂肪族氨基酸共 15 种。

侧链只是烃链：Gly，Ala，Val，Leu，Ile。后三种带有支链，人体不能合成，是必需氨基酸。

侧链含有羟基：Ser，Thr。许多蛋白酶的活性中心含有丝氨酸，其在蛋白质与糖类及磷酸的结合中起重要作用。

侧链含硫原子：Cys，Met。两个半胱氨酸可通过形成二硫键结合成一个胱氨酸。二硫键对维持蛋白质的高级结构具有重要意义。半胱氨酸也经常出现在蛋白质的活性中心里。甲硫氨酸的硫原子有时参与形成配位键。甲硫氨酸可作为通用甲基供体，参与多种分子的甲基化反应。

侧链含有羧基：Asp（D），Glu（E）。

侧链含酰胺基：Asn（N），Gln（Q）。

侧链显碱性：Arg（R），Lys（K）。

在脂肪族氨基酸中，根据所含氨基、羧基的多寡及是否含硫或含羟基，又可将脂肪族氨基酸分为中性（一氨基，一羧基）、酸性（一氨基，二羧基）、碱性（二氨基，一羧基）、含硫及含羟基氨基酸等几小类（表 3-2）。

② 芳香族氨基酸包括色氨酸（Trp，W）、酪氨酸（Tyr，Y）和苯丙氨酸（Phe，F）3 种。芳香族氨基酸都含苯环，都有紫外吸收（280 nm 处）。所以可通过测量蛋白质的紫外吸收来测定蛋白质的含量。酪氨酸是合成甲状腺素的原料。

③ 杂环氨基酸包括组氨酸（His）和脯氨酸（Pro）2 种。其中组氨酸和色氨酸也是碱性氨基酸，但碱性较弱，在生理条件下是否带电与周围内环境有关。其在活性中心常起传递电荷的作用。组氨酸能与铁等金属离子配位。脯氨酸是唯一的仲氨基酸，是 α 螺旋的破坏者。

表 3-2　20 种常见氨基酸的名称和结构式

名称	中文缩写	英文缩写		结构式	等电点
		三字母	单字母		
非极性氨基酸					
丙氨酸 （α- 氨基丙酸） Alanine	丙	Ala	A	CH_3—CH($^+NH_3$)—COO^-	6.02
缬氨酸 （β- 甲基 -α- 氨基丁酸） *Valine	缬	Val	V	$(CH_3)_2CH$—CH($^+NH_3$)COO^-	5.97
亮氨酸 （γ- 甲基 -α- 氨基戊酸） *Leucine	亮	Leu	L	$CH_3CH_2CH(CH_3)$—CH($^+NH_3$)COO^-	5.98
异亮氨酸 （β- 甲基 -α- 氨基戊酸） *Isoleucine	异亮	Ile	I	$(CH_3)_2CHCH_2$—CH($^+NH_3$)COO^-	6.02
苯丙氨酸 （β- 苯基 -α- 氨基丙酸） *Phenylalanine	苯丙	Phe	F	C_6H_5—CH_2—CH($^+NH_3$)—COO^-	5.48
色氨酸 ［α- 氨基 -β-(3- 吲哚基) 丙酸］ *Tryptophan	色	Trp	W	吲哚基—H_2CHC—($^+NH_3$)COO^-	5.89
甲硫氨酸 （α- 氨基 -γ- 甲硫基戊酸） *Methionine	甲硫	Met	M	$CH_3SCH_2CH_2$—CH($^+NH_3$)COO^-	5.75
脯氨酸 （α- 四氢吡咯甲酸） Proline	脯	Pro	P	吡咯环—COO^-（$^+NH_2$）	6.30

续表

名称	中文缩写	英文缩写		结构式	等电点
		三字母	单字母		
非电离的极性氨基酸					
甘氨酸 （α-氨基乙酸） Glycine	甘	Gly	G	H₂C—COO⁻ ⁺NH₃	5.97
丝氨酸 （α-氨基-β-羟基丙酸） Serine	丝	Ser	S	HOH₂C—CHCOO⁻ ⁺NH₃	5.68
苏氨酸 （α-氨基-β-羟基丁酸） *Threonine	苏	Thr	T	H₂CHC—CHCOO⁻ OH ⁺NH₃	6.53
半胱氨酸 （α-氨基-β-巯基丙酸） Cysteine	半胱	Cys	C	HSH₂C—CHCOO⁻ ⁺NH₃	5.02
酪氨酸 （α-氨基-β-对羟苯基丙酸） Tyrosine	酪	Tyr	Y	HO—⟨⟩—H₂C—CHCOO⁻ ⁺NH₃	5.66
天冬酰胺 （α-氨基丁酰胺酸） Asparagine	天胺	Asn	N	O H₂N—C—H₂C—CHCOO⁻ ⁺NH₃	5.41
谷氨酰胺 （α-氨基戊酰胺酸） Glutamine	谷胺	Gln	Q	O H₂N—C—H₂C—CHCOO⁻ ⁺NH₃	5.65
碱性氨基酸					
组氨酸 ［α-氨基-β-(4-咪唑基)丙酸］ Histidine	组	His	H	H₂CHC—COO⁻ ⁺NH₃	7.59
赖氨酸 （α,ω-二氨基己酸） *Lysine	赖	Lys	K	⁺NH₂ H₂N—C—HNH₂CH₂CH₂C—CHCOO⁻ NH₂	9.74
精氨酸 （α-氨基-δ胍基戊酸） Arginine	精	Arg	R	H₃⁺NH₂CH₂CH₂CH₂C—CHCOO⁻ NH₂	10.76
酸性氨基酸					
天冬氨酸 （α-氨基丁二酸） Aspartic acid	天冬	Asp	D	HOOCH₂C—CHCOO⁻ ⁺NH₃	2.97
谷氨酸 （α-氨基戊二酸） Glutamic acid	谷	Glu	E	HOOCH₂CH₂C—CHCOO⁻ ⁺NH₃	3.22

注：带"*"为必需氨基酸。

（3）从人体营养角度分类 可分为必需氨基酸、条件必需氨基酸和非必需氨基酸。

必需氨基酸是指人体（或其他脊椎动物）不能合成或合成速度远不能适应机体需要、必须由食物蛋白质供给的氨基酸。如果膳食中经常缺少它们，就不能维持机体的氮平衡并影响健康。必需氨基酸共有 10 种：Lys、Trp、Phe、Met、Thr、Ile、Leu、Val、Arg 和 His。人体虽能够合成 Arg 和 His，但合成的量通常不能满足正常的需要，因此这两种氨基酸又被称为条件必需氨基酸。

余下的氨基酸则属于非必需氨基酸，动物体自身可以进行有效的合成，它们包括：Ala，Asn、Asp、Gln、Glu、Pro、Ser、Cys、Tyr 和 Gly。

食物中蛋白质营养价值的高低，主要取决于所含必需氨基酸的种类、含量及其比例是否与人体所需要的相近。因此，动物蛋白质和植物蛋白质混合食用，不同的植物蛋白质混合食用，可以提高植物性蛋白质的营养价值。

（4）不常见氨基酸 某些蛋白质中含有一些不常见的氨基酸，它们是基本氨基酸在蛋白质合成以后经羟化、羧化、甲基化等修饰衍生而来的，也称为稀有氨基酸或特殊氨基酸，如 4- 羟脯氨酸、5- 羟赖氨酸等。其中羟脯氨酸和羟赖氨酸在胶原和弹性蛋白中含量较多。在甲状腺素中还含有 3,5- 二碘酪氨酸（图 3-4）。

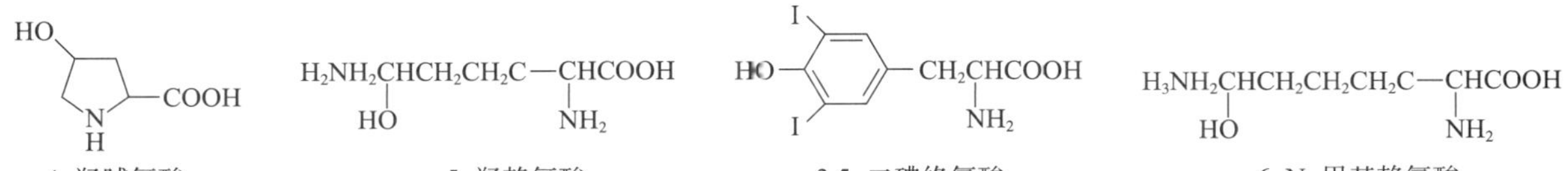

图 3-4 几种重要的不常见氨基酸

（5）非蛋白质氨基酸 自然界中约有 150 多种不参与构成蛋白质的氨基酸。它们大多是基本氨基酸的衍生物，也有一些是 D- 氨基酸或 β、γ、δ- 氨基酸。这些氨基酸中有些是重要的代谢物前体或中间产物，如鸟氨酸（ornithine）和瓜氨酸（citrulline）（图 3-5）是合成精氨酸的中间产物，β- 丙氨酸是泛酸（辅酶 A 前体）的前体，γ- 氨基丁酸是传递神经冲动的化学介质。

图 3-5 鸟氨酸和瓜氨酸

植物含有非常多的非蛋白氨基酸，对动物和微生物多有一定的生理活性。有些具有极特殊的结构，这些植物氨基酸如刀豆氨酸、黎豆氨酸及 b- 氰丙氨酸对其他生物是有毒的。现在一般认为非蛋白氨基酸是植物的次生代谢物质。植物生长的时间越长，累积的次生代谢物质就越多，次生代谢物质的结构就越复杂，对其他生物的生理活性也就越强。中草药的主要药效成分多是植物次生代谢物。

二、氨基酸的性质

1. 物理性质

每种氨基酸都有特殊的结晶形状，可以用来鉴别各种氨基酸。α- 氨基酸都是白色晶体，除胱氨酸和酪氨酸外，都能溶于水中。脯氨酸和羟脯氨酸还能溶于乙醇或乙醚中。除甘氨酸外，α- 氨基酸都有旋光性，α- 碳原子具有手性。苏氨酸和异亮氨酸有 2 个手性碳原子。从蛋白质水解得到的氨基酸都是 L 型。但在生物体内，特别是细菌中，D- 氨基酸也存在，如细菌的细胞壁和某些抗生素中都含有 D- 氨基酸。

构成蛋白质的 20 种常见氨基酸在可见光区都没有光吸收，但在远紫外区（< 220 nm）均有光吸收。在近紫外区（220 ~ 300 nm）只有酪氨酸、苯丙氨酸和色氨酸有吸收光的能力。

芳香族氨基酸（酪氨酸、色氨酸）分子内含有共轭双键，在 280 nm 波长附近具有最大的光吸收峰（图 3-6）。由于大多数蛋白质均含有酪氨酸、色氨酸残基，所以测定蛋白质在 280 nm 波长处的吸光度，是分析溶液中蛋白质含量的一种最快速简便的方法。

2. 氨基酸的两性解离和等电点

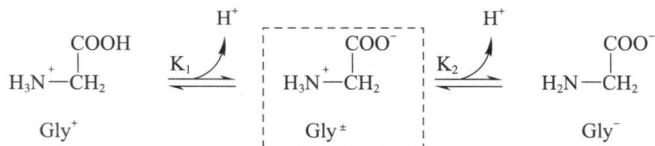

氨基酸既含有碱性的氨基又含有酸性的羧基，是两性电解质（ampholyte）。因此，氨基酸是在化学性质上表现为弱酸和弱碱的两性化合物。但氨基的碱性和酸性分别弱于单纯的胺和羧酸。不同 pH 时氨基酸以不同的离子化形式存在，在溶液中的带电状态会随着溶液的 pH 而变化。以甘氨酸为例，在酸性溶液中表现为带正电荷，在碱性溶液中表现为带负电荷（图 3-7）。

氨基酸具有特殊的解离性质，一个氨基酸分子内部的酸碱反应使氨基酸能同时带有正负两种电荷。氨基酸完全质子化时可看作多元弱酸，各解离基团的表观解离常数按酸性减弱的顺序，以 pK_1'、pK_2'、pK_3' 表示。解离式中 K_1 和 K_2' 分别代表 α- 碳原子上 $-COOH$ 和 $-NH_3$ 的表观解离常数。在生化上，解离常数是在特定条件下（一定溶液浓度和离子强度）测定的。

在适当的酸碱度下，氨基酸的氨基和羧基的解离度可能完全相等。此时，〔正离子〕=〔负离子〕，净电荷为零，离子在电场中既不向阳极移动，也不向阴极移动，以这种形式存在的离子被称为兼性离子（zwitterion）或两性离子，这时氨基酸所处溶液的 pH 就称为该氨基酸的等电点（isoelectric point），以 pI 符号代表（图 3-8）。

一氨基一羧基氨基酸（如甘氨酸）在低 pH 时，为二盐基性酸 $H_3N^+CHRCOOH$，用碱滴时它可以供给两个质子（H^+），酸碱滴定曲线见图 3-9。

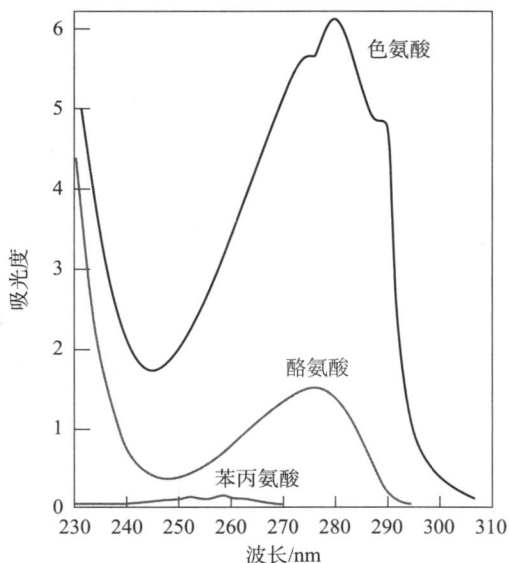

图 3-6 色氨酸、酪氨酸和苯丙氨酸的全波长光吸收

图 3-7 甘氨酸的两性解离

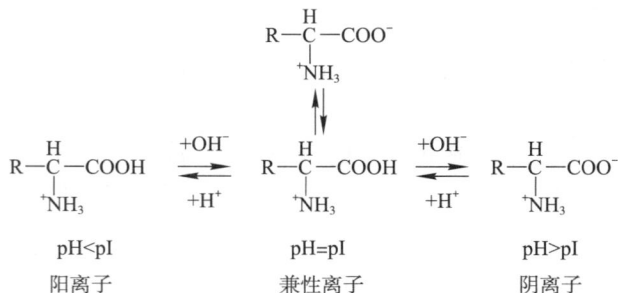

图 3-8 氨基酸的等电点

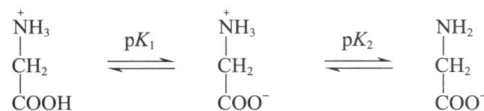

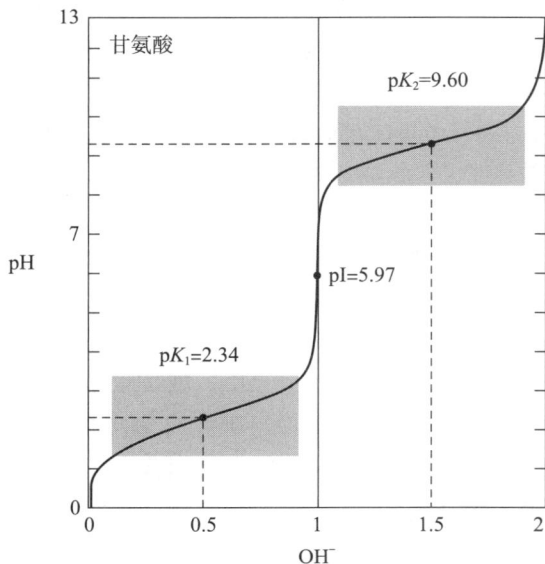

图 3-9 甘氨酸的酸碱滴定曲线

由于每一种氨基酸都具有一个在化学性质上有别于其他氨基酸的特殊侧链基团，因此根据氨基酸所含侧链基团的不同，不同氨基酸有不同的等电点。等电点的计算可由其分子上解离基团的表观解离常数来确定。氨基酸的亲水性及解离常数见表3-3。

表3-3 氨基酸亲水性及解离常数

氨基酸	支链	分子量	等电点	羧基解离常数	氨基解离常数	R基解离常数	R基
Gly	亲水性	75.07	6.06	2.35	9.78		—H
Ala	疏水性	89.09	6.11	2.35	9.87		—CH_3
Val	疏水性	117.15	6.00	2.39	9.74		—CH—$(CH_3)_2$
Leu	疏水性	131.17	6.01	2.33	9.74		—CH_2—$CH(CH_3)_2$
Ile	疏水性	131.17	6.05	2.32	9.76		—$CH(CH_3)$—CH_2—CH_3
Phe	疏水性	165.19	5.49	2.20	9.31		—CH_2—C_6H_5
Trp	疏水性	204.23	5.89	2.46	9.41		—C_8NH_6
Tyr	亲水性	181.19	5.64	2.20	9.21	10.46	—CH_2—C_6H_4—OH
Asp	酸性	133.10	2.85	1.99	9.90	3.90	—CH_2—COOH
Asn	亲水性	132.12	5.41	2.14	8.72		—CH_2—$CONH_2$
Glu	酸性	147.13	3.15	2.10	9.47	4.07	—$(CH_2)_2$—COOH
Lys	碱性	146.19	9.60	2.16	9.06	10.54	—$(CH_2)_4$—NH_2
Gln	亲水性	146.15	5.65	2.17	9.13		—$(CH_2)_2$—$CONH_2$
Met	疏水性	149.21	5.74	2.13	9.28		—$(CH_2)_2$—S—CH_3
Ser	亲水性	105.09	5.68	2.19	9.21		—CH_2—OH
Thr	亲水性	119.12	5.60	2.09	9.10		—$CH(CH_3)$—OH
Cys	亲水性	121.16	5.05	1.92	10.70	8.37	—CH_2—SH
Pro	疏水性	115.13	6.30	1.95	10.64		—C_3H_6
His	碱性	155.16	7.60	1.80	9.33	6.04	
Arg	碱性	174.20	10.76	1.82	8.99	12.48	

pI值与该离子浓度基本无关，只取决于等电中性离子A^0两侧的pK值。氨基酸的等电点的计算公式：①对于侧链R基不含解离基团的中性氨基酸来说，其等电点是它的pK_{a1}和pK_{a2}的算术平均值，即

$$pI = (pK'_1 + pK'_2)/2$$

②对于侧链含有可解离基团的氨基酸来说，只要写出它的解离公式，其pI值也取决于两性离子两边pK'值的算术平均值。那么，酸性氨基酸：$pI = (pK'_1 + pK'_{R-COO^-})/2$，碱性氨基酸：$pI = pK'_2 + pK'_{R-NH_2})/2$。

3. 化学性质

（1）氨基的反应　氨基酸的氨基可发生多种类型的化学反应。

① 酰化　氨基可与酰化试剂，如酰氯或酸酐在碱性溶液中反应，生成酰胺。该反应在多肽合成中可用于保护氨基。

② 与亚硝酸作用　氨基酸在室温下与亚硝酸反应，脱氨，生成羟基羧酸和氮气。因为伯胺都有这个反应，所以赖氨酸的侧链氨基也能反应，但速度较慢。常用于蛋白质的化学修饰、水解程度测定及

氨基酸的定量。

③ 与醛反应　氨基酸的 α- 氨基能与醛类物质反应，生成席夫碱—C=N—。席夫碱是氨基酸作为底物的某些酶促反应的中间物。赖氨酸的侧链氨基也能反应。氨基还可以与甲醛反应，生成羟甲基化合物。由于氨基酸在溶液中以偶极离子形式存在，酸碱滴定的等电点 pH 过高（12~13）或是过低（1~2），没有适合的指示剂可备选用，所以不能用酸碱滴定测定含量。而向氨基酸中加入过量的甲醛，用氢氧化钠滴定时，由于甲醛可与氨基酸上的—N^+H_3 结合，形成—NH—CH_2OH、—$N(CH_2—OH)_2$ 等羟甲基衍生物，降低了氨基酸的碱性，相对增强了—N^+H_3 的解离，使滴定终点移到了 pH9 附近，在酚酞指示剂的变色区域内，能够用酚酞作为指示剂进行滴定，这就是甲醛滴定法，可用于测定氨基酸。

④ 与异硫氰酸苯酯（PITC）反应　α- 氨基与 PITC 在弱碱性条件下形成相应的苯氨基硫甲酰衍生物（PTC-AA），后者在硝基甲烷中与酸作用发生环化，生成相应的苯乙内酰硫脲衍生物（PTH-AA）。这些衍生物是无色的，可用层析法加以分离鉴定。这个反应首先被 Edman 用来鉴定蛋白质的 N 端氨基酸，在蛋白质的氨基酸顺序分析方面占有重要地位。

⑤ 磺酰化　氨基酸与 5-（二甲氨基）萘 -1- 磺酰氯（DNS-Cl）反应，生成 DNS- 氨基酸。产物在酸性条件下（6 mol/L HCl）100℃也不会被破坏，因此可用于氨基酸末端分析。DNS- 氨基酸有强荧光，激发波长在 360 nm 左右，比较灵敏，可用于微量分析。

⑥ 与 DNFB 反应　氨基酸与 2,4- 二硝基氟苯（DNFB）在弱碱性溶液中作用生成二硝基苯基氨基酸（DNP 氨基酸）。这一反应是定量转变的，产物黄色，可经受酸性 100℃高温。该反应曾被英国学者 Sanger 用来测定胰岛素的氨基酸顺序，因此也被称为桑格反应，现在应用于蛋白质 N 端测定。

⑦ 转氨反应　在转氨酶的催化下，氨基酸可脱去氨基，变成相应的酮酸。

（2）羧基的反应　氨基酸的羧基和其他有机羧酸一样，在一定的条件下可以发生成酯、成盐、成酰氯、成酰胺、脱羧和叠氮等类型的化学反应。

① 成酯和成盐反应　氨基酸在有 HCl（干氯化氢气体）存在下与无水甲醇或乙醇作用即产生氨基酸甲酯或乙酯。

如将氨基酸与 NaOH 反应，则得到氨基酸钠盐。当氨基酸的羧基变成乙酯（或甲酯），或钠盐后，羧基的化学性质就被掩蔽了（即羧基被保护了），而氨基的化学性质就凸显出来（即氨基被活化了），可与酰基结合。

在此应当指出，氨基酸的羧基变成甲酯或乙酯和变成钠盐等反应都是把羧基的活性掩盖起来了，但是有少数其他酰化氨基酸酯，最重要的如对 - 硝基苯酯（酰化氨基酸与对 - 硝基苯酚反应所成的酯）和酰化氨基酸的苯硫酯，则不但不减少其羧基的化学性质，反而增加其作为酰化剂的能力，而易与另一氨基酸（钠盐或乙酯形式的）氨基结合。这类酯称为"活化酯"。

② 酰氯化反应　酰化氨基酸与 PCl_5 或 PCl_3 在低温下发生反应，其—COOH 即可变成—COCl。这个反应可使氨基酸的羧基活化，使之易与另一氨基酸的氨基结合。

③ 成酰胺反应　在体外，氨基酸酯与氨（在醇溶液中或无水状态）反应即可形成氨基酸酰胺。动植物机体在 ATP 及天冬酰胺合成酶存在情况下可利用 NH_4^+ 与天冬氨酸反应合成天冬酰胺；同样，谷氨酸与 NH_4^+ 反应产生谷氨酰胺。

④ 叠氮反应　氨基酸可以通过酰基化和酯化先将自由氨基酸变为酰化氨基酸甲酯，然后与联氮和 HNO_2 反应生成叠氮化合物。这个反应有使氨基酸的羧基活化的作用。

（3）由氨基和羧基共同参加的反应

① 茚三酮反应　α- 氨基酸与茚三酮在碱性溶液中共热，产生紫红、蓝色或紫色物质（图 3-10）。两个亚氨基酸——脯氨酸和羟脯氨酸与茚三酮反应形成黄色化合物。此颜色反应可以作为鉴别 α- 氨基酸的灵敏方法。N- 取代的 α- 氨基酸（如脯氨酸）、β- 氨基酸、γ- 氨基酸都不与茚三酮反应。

图 3-10 α-氨基酸与茚三酮的显色反应

② 成肽反应 2 个氨基酸分子（可以相同，也可以不同）在酸或碱存在的条件下加热，通过一分子的氨基与另一分子的羧基间脱去一分子水，缩合生成含肽键的化合物，称为成肽反应（图 3-11）。

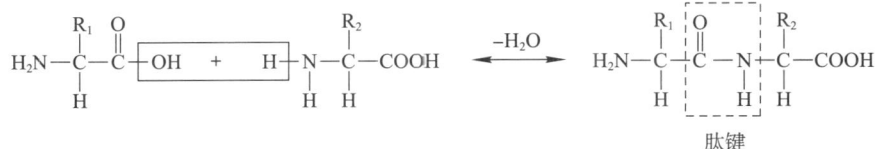

图 3-11 氨基酸成肽反应

（4）侧链的反应 氨基酸中 R 基团有官能团时，也能参加化学反应。例如，丝氨酸、苏氨酸、羟脯氨酸都含有羟基，能形成酯。酪氨酸中的苯酚基、组氨酸中的咪唑基具有芳香环或杂环的性质，能与重氮化合物（如对氨基苯磺酸的重氮盐）结合而生成棕红色的化合物，这一反应可用于定性、定量测定。

① 二硫键（disulfide bond）形成 半胱氨酸在碱性溶液中容易被氧化形成二硫键，生成胱氨酸（图 3-12）。胱氨酸中的二硫键在形成蛋白质的构象上起很大的作用。氧化剂和还原剂都可以打开二硫键。在研究蛋白质结构时，氧化剂过甲酸可以定量地拆开二硫键，生成相应的磺酸。还原剂如巯基乙醇、巯基乙酸也能拆开二硫键，生成相应的巯基化合物。由于半胱氨酸中的巯基很不稳定，极易氧化，因此利用还原剂拆开二硫键时，往往进一步用碘乙酰胺、氯化苄、N-乙基丁烯二亚酰胺和对氯汞苯甲酸等试剂与巯基作用，将其保护起来以防止其重新氧化。

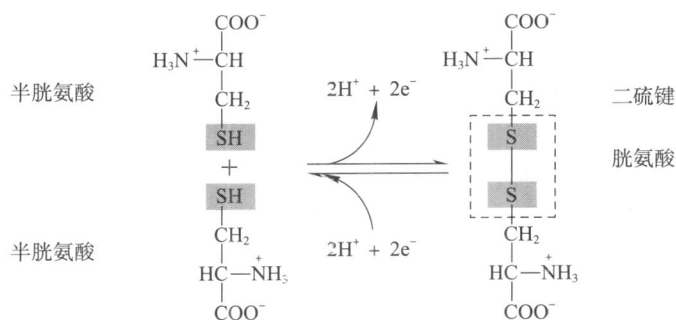

图 3-12 半胱氨酸与胱氨酸

② 烷化 半胱氨酸可与烷基试剂，如碘乙酸、碘乙酰胺等发生烷化反应。半胱氨酸与吖丙啶反应，生成带正电的侧链，称为 S-氨乙基半胱氨酸（AECys）。

③ 与重金属反应 极微量的某些重金属离子，如 Ag^+、Hg^{2+}，就能与巯基反应，生成硫醇盐，导致含巯基的酶失活。

（5）用于氨基酸检测的化学反应

① 酪氨酸、组氨酸能与重氮化合物反应（Pauly 反应），组氨酸生成棕红色的化合物，酪氨酸生成

橘黄色的化合物，可用于组氨酸、酪氨酸的定性或定量测定。

② 精氨酸在氢氧化钠中与 1- 萘酚和次溴酸钠反应，生成深红色物质，称为坂口反应。可用于胍基的鉴定。

③ 酪氨酸与亚硝酸汞、硝酸汞及硝酸的混合液反应，生成白色沉淀，加热后沉淀变红，称为米伦反应。该反应为酪氨酸的酚基所特有的反应。

④ 色氨酸中加入乙醛酸后再缓慢加入浓硫酸，在界面会出现紫色环，可用于鉴定吲哚基。

在蛋白质中，有些侧链基团可能被包裹在蛋白质内部，因而反应速度很慢甚至不反应。

三、氨基酸的分离与分析

氨基酸的分离、分析工作是测定蛋白质结构的基础，有关方法如下。

（1）逆流分配法 根据不同氨基酸在两个特定的液相中分配系数的不同，利用逆流分配仪加以分离。

（2）分配层析法 这种方法使用较广，它借助一定的支持物，如纤维素、淀粉、硅胶等亲水性不溶物质，以水为固定相，以与水不互溶的溶剂（如酚、正丁醇等）为流动相，流过支持物，将分配系数不同的氨基酸分开，以茚三酮原位显色，形成色谱，扫描定量或洗脱、比色定量。这类方法较早期为纸层析，后发展为不同填料的柱层析。而离子交换层析是柱层析派生出来的。它利用某种特异的离子交换树脂对带正电、负电氨基酸分子的亲和性不同的原理，将不同氨基酸分开。目前流行的、设备比较简单的、微量且快速的方法是薄层层析。其特点是将支持物涂布在玻板上并形成薄层。在这些方法基础上，伴随技术上的发展，目前已有全部操作自动化的氨基酸分析仪，大大提高了氨基酸分离、分析进度和准确、精确程度。

① 色谱（chromatography）的发展史 最早的层析实验是俄国植物学家茨维特（Цвет）在 1903 年用碳酸钙分离叶绿素，属于吸附层析。20 世纪 40 年代出现了分配层析，50 年代出现了气相色谱，60 年代出现高效液相色谱（HPLC），80 年代出现了超临界层析，90 年代出现的超微量 HPLC，可分离 ng 级的样品。

② 色谱的分类 按流动相可分为气相、液相、超临界色谱等；按介质可分为纸层析、薄层层析、柱层析等；按分离机制可分为吸附层析、分配层析、分子筛层析等。

③ 色谱的应用 可用于分离、制备、纯度鉴定等。定性可通过保留值、内标、标准曲线等方法进行，定量一般用标准曲线法。

氨基酸的分析分离是测定蛋白质结构的基础。在分配层析和离子交换层析法开始应用于氨基酸成分分析之后，蛋白质结构的研究才取得了显著的成就。现在很多方法已实现自动化分离与分析。

常使用强酸型阳离子交换树脂分离氨基酸混合物。氨基酸从强酸型离子交换柱的洗脱顺序为：Asp，Thr，Ser，Glu，Pro，Gly，Ala，Cys，Val，Met，Ile，Leu，Tyr，Phe，Lys，His，（NH_3），Arg。

第三节 蛋白质的一级结构

蛋白质是生物大分子，具有明显的结构层次性。蛋白质分子结构以肽链学说为基础，考虑到其空间排列，将其分为单一的肽链线性序列（通常称一级结构）和由它卷曲、折叠而实现复杂的蛋白质分子的三维结构（通常分为二级、三级和四级结构）。蛋白质的根本差异在于一级结构的不同，一级结构是蛋白质空间构象和特异生物学功能的基础。

一、肽键和肽

1. 肽键学说

已有证据证明，蛋白质是由 α- 氨基酸组成的。这些氨基酸是通过肽键连接起来的。一个氨基酸分子的 α- 羧基可以与另一个氨基酸分子的 α- 氨基共价缩合，失去一个水分子，从而形成肽（peptide）。这种由 2 个氨基酸分子缩合而成的肽，称为二肽（dipeptide），肽键的结构为—CO—NH—（图 3-13）。

肽键（peptide bond）是连接多肽链中氨基酸残基的唯一共价键。6 个原子（C_α、C、O、N、H、C_α）在空间共处于同一个平面，称为肽平面。处在同一平面上的肽键及肽键与相邻各键键长见图 3-14。

知识点
肽键与蛋白质结构

图 3-13　肽键的形成

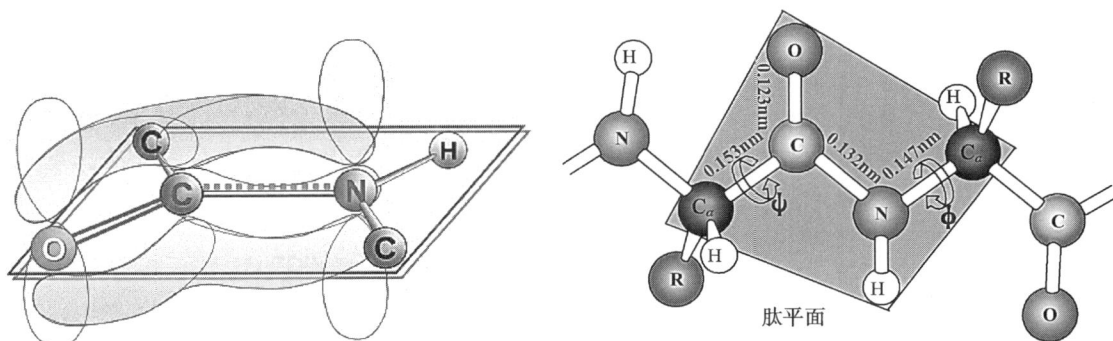

图 3-14　肽键的平面图及各键键长

2. 肽键是酰胺键

肽键本身是一种酰胺键，与一般的酰胺键一样，由于酰胺氮上的孤电子对与相邻羰基之间的离域共振作用，在肽键中 C—N 单键具有约 40% 双键性质，而 C＝O 双键具有 40% 单键性质。这样就产生两个重要结果：①肽键的亚氨基（—NH—）在 pH 0~14 的范围内，没有明显的解离和质子化倾向，表现出高度稳定性；②肽键中的 C—N 单键不能自由旋转，使蛋白质能折叠成各种三维构象。

最简单的肽由 2 个氨基酸组成，称为二肽。含有 3、4、5 个氨基酸的肽分别称为三肽、四肽、五肽。在蛋白质分子中，氨基酸通过肽键连接起来，形成肽链。那么，肽链主链是肽单元和 α- 碳的重复排列（图 3-15）。肽键和肽链中的氨基酸由于形成肽键时脱水，已不是完整的氨基酸，所以称为残基。肽的命名是根据组成肽的氨基酸残基来确定的。一般从肽的氨基端开始，称为某氨基酰某氨基酰……某氨基酸。肽的书写也是从氨基端开始（图 3-16）。

多肽链（polypeptide chain）是由许多氨基酸残基通过肽键彼此连接而成的线状聚合体。

除了蛋白质部分水解可以产生各种简单的多肽以外，自然界中还有长短不等的寡肽，它们具有特殊的生理功能。

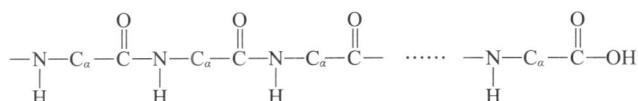

图 3-15　肽链的主链形成及排列

图 3-16 多肽链主链及侧链

动植物细胞中含有一种三肽，称为谷胱甘肽，即 γ- 谷氨酰半胱氨酰甘氨酸。因其含有巯基，故常以 GSH 来表示。它在体内的氧化还原过程中起重要作用（图 3-17）。脑啡肽是天然止痛剂。肌肉中的鹅肌肽是一个二肽，即 β- 丙氨酰组氨酸。肌肽可作为肌肉中的缓冲剂，缓冲肌肉中产生的乳酸对 pH 的影响。一种称为短杆菌酪肽的抗生素，由 12 种氨基酸组成，其中有几种是 D- 氨基酸。这些天然肽中的非蛋白质氨基酸可以使其免遭蛋白酶水解。许多激素也是多肽，如催产素、抗利尿激素、缓激肽等。

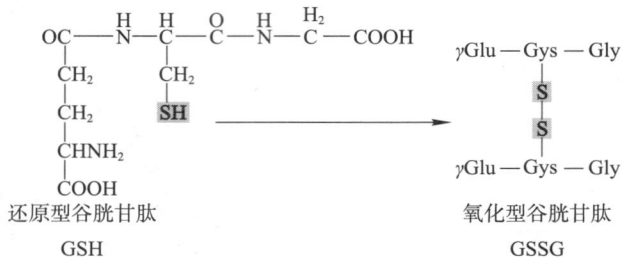

图 3-17 氧化型谷胱甘肽的形成

组成肽链或蛋白质分子的氨基酸不仅种类、数目和比例可以不同，而且其排列顺序也可以不同。这种在蛋白质分子中，由一定数量若干种类的氨基酸按照一定的顺序排列起来的线性序列，即为蛋白质的一级结构或化学结构。例如，牛胰岛素是由一条 A 链（含 21 个氨基酸）和一条 B 链（含 30 个氨基酸）所组成的（图 3-18）。1965 年我国首次用化学方法人工合成结晶牛胰岛素。通常来说，1 个蛋白质分子大约含有 30 到 50 000 个氨基酸单位。如果把 100 个 20 种不同氨基酸，以各种顺序排列，就可以提供 20^{100} 这么多种不同的蛋白质。这是一个巨大的数字，可见蛋白质化学结构是非常多种多样的。

3. 一级结构是蛋白质功能的基础

每种蛋白质都有它特定的化学结构和空间结构。这些特定的结构是蛋白质执行其功能的物质基础，而蛋白质的各种功能则是其结构的表现。蛋白质的任何功能都是通过其多肽链上各种氨基酸残基的不同功能基团来实现的，所以蛋白质的一级结构一旦确定，蛋白质的功能也就随之确定了。一级结构的

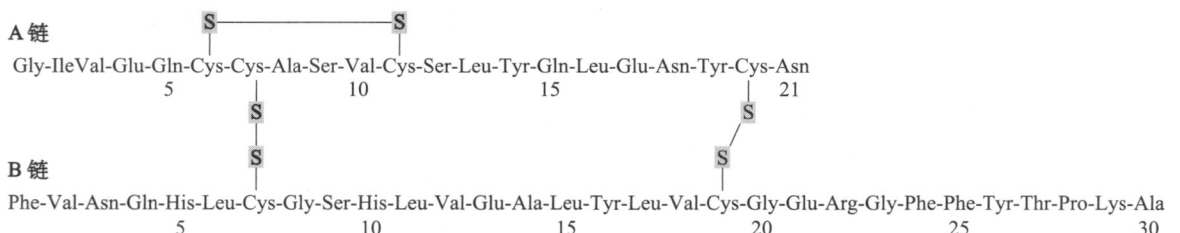

图 3-18 牛胰岛素的一级结构

破坏或特定的氨基酸组成与排列顺序的改变，会直接影响蛋白质的功能。例如，人的血红蛋白分子是由 4 条多肽链结合而成的蛋白质，其中有一对链称为 $\alpha-$ 链，各含有 141 个氨基酸残基，另一对称为 $\beta-$ 链，各含有 146 个氨基酸残基，每条链中的氨基酸种类及排列顺序都是一定的。如果 $\beta-$ 链中 $N-$端第六位上的谷氨酸为缬氨酸所替换，分子结构上一个氨基酸之差就可使血红蛋白丧失生理载氧的功能。此外，人工合成胰岛素的事例也说明，一级结构是蛋白质功能的基础。

二、肽的理化性质

寡肽的理化性质与氨基酸类似。许多寡肽已经结晶，晶体的熔点很高，说明是离子晶体，在水溶液中以偶极离子存在。肽键的亚氨基不解离，所以肽的酸碱性取决于肽的末端氨基、羧基和侧链上的基团。在长肽或蛋白质中，可解离的基团主要是侧链上的。肽中末端羧基的 pK' 比自由氨基酸的稍大，而末端氨基的 pK' 则稍小，侧链基团变化不大。

肽的滴定曲线和氨基酸的很相似，肽的等电点也可以根据其 pK' 值确定。

一般寡肽的旋光度等于各个氨基酸旋光度的总和，但较大的肽或蛋白质的旋光度不等于其组成氨基酸的旋光度的简单加和。

肽的化学性质和氨基酸一样，但有一些特殊的反应，如双缩脲反应。一般含有两个及以上肽键的化合物都能与 $CuSO_4$ 碱性溶液发生双缩脲反应而生成紫红色或蓝紫色的复合物。利用这个反应可以测定蛋白质的含量。

第四节 蛋白质的高级结构

蛋白质分子在一级结构的基础上还可形成二级、三级和四级结构。在含有一条或几条肽链的蛋白质分子中，这些肽链不是像一团揉乱了的纱线那样任意扭来卷去的，而是有规律地在空间回旋卷曲，形成多种多样的空间构型，称为蛋白质的空间结构或立体结构。仅从一级结构的角度去分析蛋白质的结构与功能的关系是不够的。

一、有关概念

1. 构型与构象

构型（configuration）是指立体异构体中取代原子或基团在空间的取向，构型的改变必须通过共价键的断裂来实现。构象（conformation）是指这些取代基团当单键旋转时可能形成的不同的立体结构，构象的改变不涉及共价键的改变。

2. 二面角

因为肽键不能自由旋转，所以肽键的 4 个原子和与之相连的 2 个 α 碳原子共处一个平面，称为肽平面。相邻肽平面构成二面角（dihedral angle）。一个 C_α 原子相连的两个肽平面，由于 N_1-C_α 和 $C_\alpha-C_2$（羧基碳）两个键为单键，肽平面可以分别围绕这两个键旋转，从而构成不同的构象。一个肽平面围绕 N_1-C_α（氮原子与 $\alpha-$ 碳原子）旋转的角度，用 Φ 表示。另一个肽平面围绕 $C_\alpha-C_2$（$\alpha-$ 碳原子与羧基碳）旋转的角度，用 Ψ 表示。这两个旋转角度称为二面角（图 3-19）。通常二面角（Φ，Ψ）确定后，一个多肽链的二级结构就确定了。

肽平面是蛋白质构象的基本结构单位。肽平面内的 C═O 与 N—H 呈反式排列。各原子间的键长和键角都是固定的。肽链可看作由一系列刚性的肽平面通过 α 碳原子连接起来的长链，主链的构象就是由肽平面之间的角度决定的。

规定当旋转键两侧的肽链成顺式时为 0°。取值范围是正负 180°，当二面角都是 180° 时肽链完全

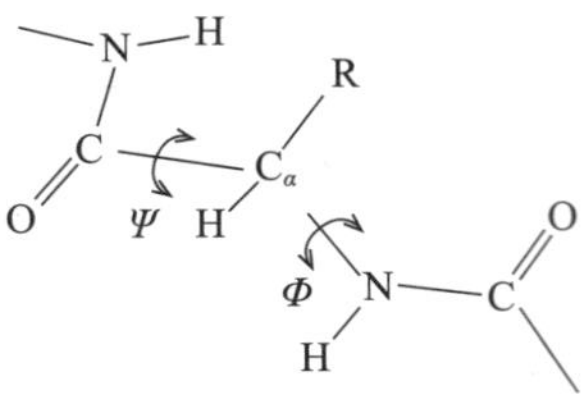

图 3-19 蛋白质分子的二面角和肽平面

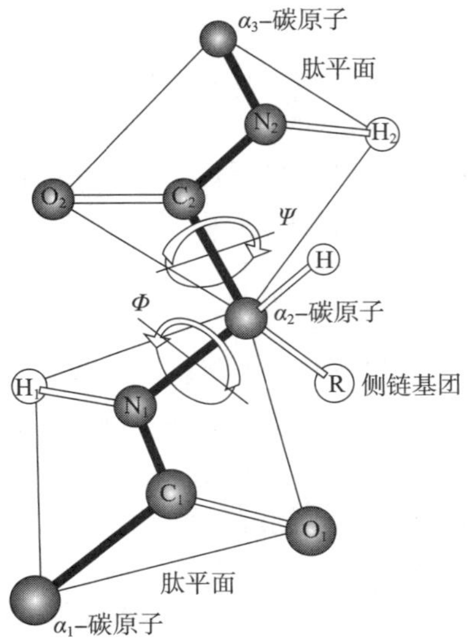

肽主链N_1-C_a和C_a-C_2（羧基碳）键旋转   相邻肽平面

伸展。由于空间位阻，实际的取值范围是很有限的。

二、蛋白质的二级结构

知识点

蛋白质二级结构的
类型和特点

蛋白质的二级结构是以一级结构为基础的。一段肽链的氨基酸残基的侧链适合形成 α 螺旋或 β 折叠时，它就会出现相应的二级结构。

1. 二级结构是肽链的空间走向

蛋白质的二级结构是指肽链主链的空间走向（折叠和盘绕方式），是有规则重复的构象。肽链主链具有重复结构，其中氨基是氢键供体，羧基是氢键受体。通过形成链内或链间氢键可以使肽链卷曲折叠形成各种二级结构单元。复杂的蛋白质分子结构，就由这些比较简单的二级结构单元进一步组合而成。

2. 肽链卷曲折叠形成 4 种二级结构单元

（1）α 螺旋

α 螺旋（α helix）模型是 1951 年 Pauling 和 Corey 等研究 α- 角蛋白时提出的。α 螺旋以 N 端为起点，多肽链主链围绕中心轴形成右手螺旋，侧链伸向螺旋外侧。

α 螺旋的结构特点：①多个肽键平面通过 α- 碳原子旋转，相互之间紧密盘曲成稳固的右手螺旋。②每个肽键的亚氨氢和第四个肽键的羧基氧形成的氢键保持螺旋稳定（氢键是稳定 α 螺旋的主要键），氢键与螺旋长轴基本平行。③主链呈螺旋上升，每个氨基酸残基沿轴上升 0.15 nm，沿轴旋转 $100°$，每 3.6 个氨基酸残基上升一圈，相当于上升高度（螺距）0.54 nm，螺旋的直径约为 0.5 nm（图 3-20）。

Pauling 等考虑到肽平面对多肽链构象的限制作用，设计了多肽链折叠的各种可能模型。α 螺旋由氢键构成一个封闭环，其中包括 3 个残基，共 13 个原子，称为 3.6_{13}（$n = 3$）螺旋。由 L 型氨基酸构成的多肽链可以卷曲成右手螺旋，也可卷曲成左手螺旋，但右手螺旋比较稳定。因为在左手螺旋中 β 碳与羧基过于接近，不稳定。在天然蛋白质中，几乎所有 α 螺旋都是右手螺旋。只在嗜热菌蛋白酶中发现一圈左手螺旋。在 α 角蛋白中，3 或 7 个 α 螺旋可以互相拧在一起，形成三股或七股的螺旋索，彼此以二硫键交联在一起。α 螺旋不仅是 α 角蛋白的主要构象，也在其他纤维蛋白和球状蛋白中广泛存在，是一种常见的二级结构。

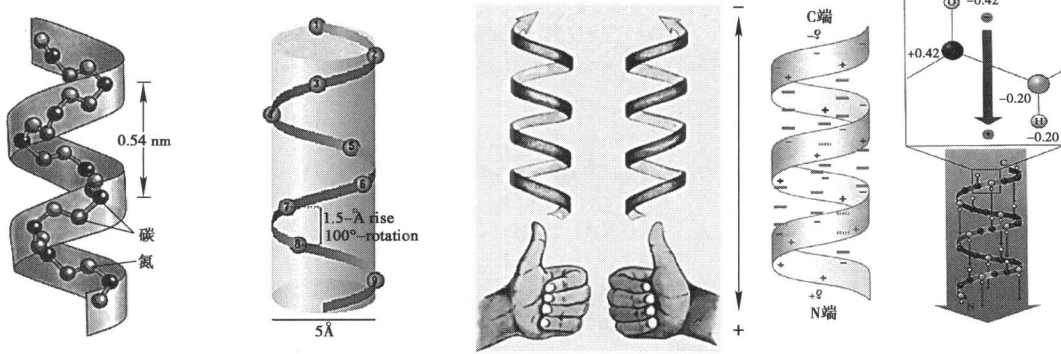

图 3-20　α 螺旋的形成

α 螺旋是一种不对称的分子结构，具有旋光性。α 螺旋的比旋不是其中氨基酸比旋的简单加和，因为它的旋光性是各个氨基酸的不对称因素和构象本身不对称因素的总反映。天然 α 螺旋的不对称因素引起偏振面向右旋转。利用 α 螺旋的旋光性，可以测定它的相对含量。一条肽链能否形成 α 螺旋，以及螺旋的稳定性怎样，与其一级结构有极大关系。脯氨酸由于其亚氨基少一个氢原子，无法形成氢键，而且 C_α-N 键不能旋转，所以是 α 螺旋的破坏者，肽链中出现脯氨酸就中断 α 螺旋，形成一个"结节"。此外，侧链带电荷及侧链基团过大的氨基酸不易形成 α 螺旋，甘氨酸由于侧链太小，构象不稳定，也是 α 螺旋的破坏者。

（2）β 折叠

β 折叠（β pleated sheet）也称为 β 片层。多肽链充分伸展，相邻肽单元之间折叠成锯齿状结构，侧链位于锯齿结构的上下方（图 3-21）。

β 折叠在 β 角蛋白如蚕丝丝心蛋白中含量丰富。其 X 射线衍射图案与 α 角蛋白拉伸后的图案很相似。在此结构中，肽链较为伸展，若干条肽链或一条肽链的若干肽段平行排列，相邻主链骨架之间靠氢键维系。氢键与链的长轴接近垂直。为形成最多的氢键，避免相邻侧链间的空间障碍，锯齿状的主链骨架必须作一定的折叠（$\varphi = -139°$，$\psi = +135°$），以形成一个折叠的片层。侧链交替位于片层的上方和下方，与片层垂直（图 3-21）。

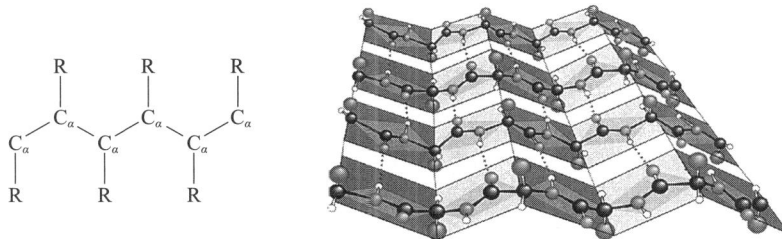

图 3-21　β 折叠的形成

β 折叠有两种类型，一种是平行式，即所有肽链的氨基端在同一端；另一种是反平行式，即所有肽链的氨基端按正反方向交替排列（图 3-22）。从能量上看，反平行式更为稳定。丝心蛋白和多聚甘氨酸是反平行，拉伸 α 角蛋白形成的 β 角蛋白是平行式。反平行式的重复距离是 7.0 埃（两个残基），平行式是 6.5 埃。在丝心蛋白中，每隔一个氨基酸残基就有一个甘氨酸，所有在片层的一面都是氢原子；在另一面，侧链主要是甲基，因为除甘氨酸外，丙氨酸是主要成分。如果肽链中侧链过大，并带有同种电荷，则不能形成 β 折叠。拉伸后的 α 角蛋白之所以不稳定、容易复原，就是因为侧链体积大、电荷高。

（a）

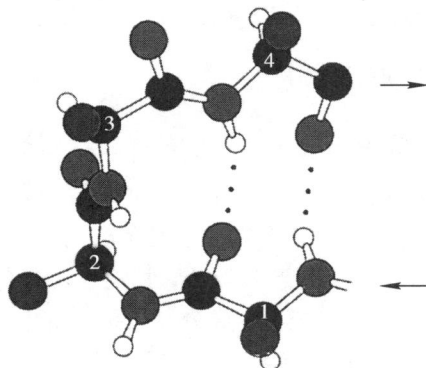

C端 ← N端

C端 ← N端

（b）

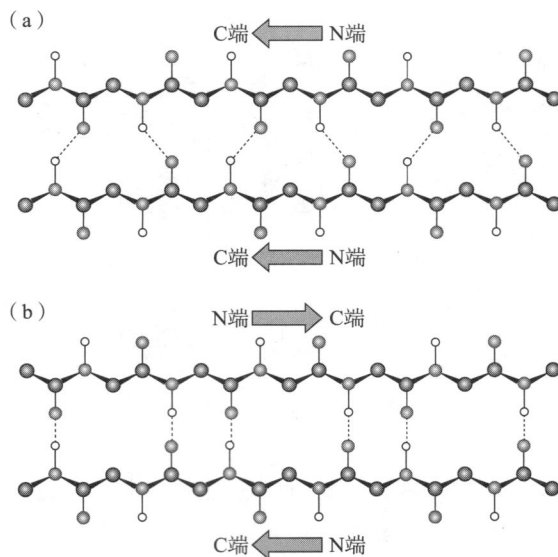

N端 → C端

C端 ← N端

图 3-22　β 折叠的两种类型

（3）β 转角

蛋白质多肽链经常出现 180° 的回折，这种肽链回折称为 β 转角（β tern 或 β bend），或称发夹结构（hairpin structure）。β 转角一般由 4 个连续的氨基酸残基组成，是肽链第一个氨基酸的羰基与第四个氨基酸的氨基形成氢键（图 3-23）。这种结构在球状蛋白中广泛存在，可占全部残基的 1/4。多位于球状蛋白表面空间位阻较小处。分类有 I 型、II 型与 III 型。

（4）无规卷曲

无规卷曲（random coil）或称卷曲，主要是指那些不能被明确归类的二级结构，是没有一定规律的松散肽链结构。此结构看来杂乱无章，但对一种特定蛋白是确定的，而不是随意的。球状蛋白中含有大量无规卷曲，倾向于产生球状构象。这种结构有高度的特异性，往往是蛋白质分子功能实施和构象的重要区域，对外界的理化因子极为敏感。酶的活性中心往往位于无规卷曲中（图 3-24）。

除以上常见二级结构单元外，还有其他新发现的结构，如 Ω 环，由 6～16 个氨基酸残基组成，形似希腊字母"Ω"，称为 Ω 环（Ω loop）。

（5）超二级结构和结构域

相邻的二级结构单元可组合在一起，相互作用，形成有规则、在空间上能辨认的二级结构组合体，充当三级结构的构件，称为超二级结构（supersecondary structure），也称为模体（motif）。目前发现的超二级结构有 3 种基本形式：α 螺旋组合（αα）；β 折叠组合（ββ）和 α 螺旋 β 折叠组合（βαβ），其

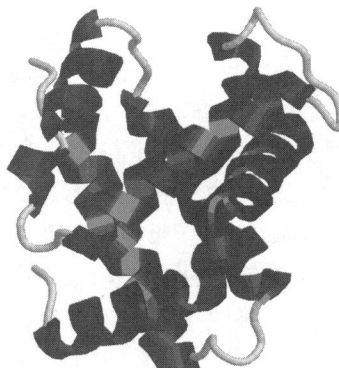

图 3-23　β 转角的形成

图 3-24　无规则卷曲

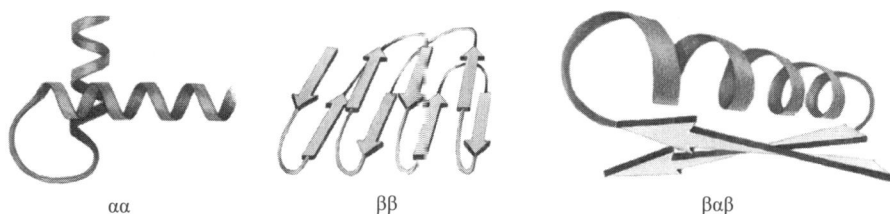

αα　　　　ββ　　　　βαβ

图 3-25　几种类型的超二级结构

中以 βαβ 组合最为常见（图 3-25）。比如亮氨酸拉链、锌指结构都是典型的模体，它们执行一定功能，即模体既是结构单位，又是功能单位，可直接作为结构域和三级结构的模块。

结构域（domain）是位于超二级结构和三级结构间的一个层次。结构域是在蛋白质的三级结构内的独立折叠单元，通常都是几个超二级结构单元的组合。在较大的蛋白质分子中，多肽链上相邻的超二级结构紧密联系，进一步折叠形成一个或多个相对独立的致密三维实体，即结构域（图 3-26）。

一般每个结构域由 100~200 个氨基酸残基组成，各有独特的空间构象，并承担不同的生物学功能。通常来说，较小蛋白质的短肽链如果仅有 1 个结构域，则此蛋白质的结构域和三级结构即为同一结构层次。较大的蛋白质为多结构域，它们可能是相似的，也可能是完全不同的。

结构域实质上是二级结构的组合体，充当三级结构的构件。蛋白质实现生理功能与结构域有着密切的关系，有时几个结构域共同完成一项生理功能，有时一个结构域就可以独立完成一项生理功能，但是一个结构不完整的结构域是不可能具有生理功能的。因此结构域是蛋白质生理功能的结构基础，但必须指出的是，虽然结构域与蛋白质的功能关系密切，但是结构域和功能域的概念并不相同。

三、蛋白质的三级结构

蛋白质的空间结构主要是由分子内的一些弱键，如氢键、疏水键等所形成的。比如肽键的亚氨基（—NH）和羧基（ $\diagup$ C=O）之间能够形成氢键。如果氢键在不同的多肽链之间形成，往往表现为 β 片层结构；如果氢键在同一条多肽链上发生，则多是 α 螺旋结构。α 螺旋和 β 片层是蛋白质二级结构的主要类型。在此基础上，由氨基酸侧链之间相互作用再一度折叠卷曲，就形成蛋白质的三级结构。

三级结构是指多肽链中所有原子和基团的构象。它是在二级结构的基础上进一步盘曲折叠形成的，包括所有主链和侧链的结构。哺乳动物肌肉中的肌红蛋白分子由一条肽链盘绕成一个中空的球状结构，全链共有 8 段 α 螺旋，各段之间以无规卷曲相连。

肌红蛋白是第一个被确定具有三级结构的蛋白质（图 3-27）。肌红蛋白由一条 α 螺旋链盘绕成三级结构，在 α 螺旋肽段间的空穴中有一个血红素基团。三级结构是蛋白质发挥生物活性所必需的，所有具有高度生物活性的蛋白质几乎都是球状蛋白。在三级结构中，多肽链的盘曲折叠是由分子中各氨基酸残基的侧链相互作用来维持的。二硫键是维持三级结构唯一的一种共价键，能把肽链的不同区段牢固地

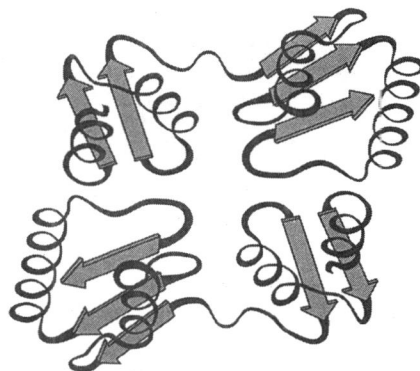

图 3-26　结构域：几个超二级结构单元的组合

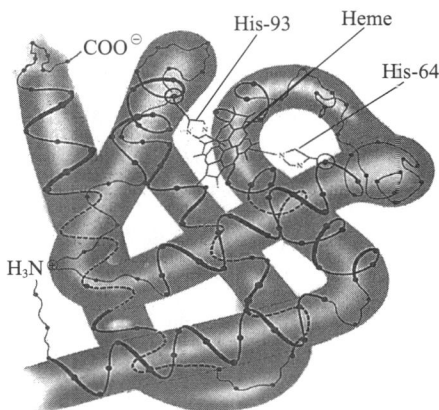

图 3-27　肌红蛋白

知识点
蛋白质超二级结构和结构域

知识点
蛋白质的三级与四级结构

知识点
肌红蛋白结构与功能

连接在一起，而疏水性较强的氨基酸则借疏水力和范德华力聚集成紧密的疏水核，有极性的残基以氢键和盐键相结合。在水溶性蛋白中，极性基团分布在外侧，与水形成氢键，使蛋白溶于水。这些非共价键虽然较微弱，但数目庞大，因此仍然是维持三级结构的主要力量。

一条长的多肽链，可先折叠成几个相对独立的结构域，再缔合成三级结构。这在动力学上比直接折叠更为合理。结构域常有相对独立的生理功能，如一些要分泌到细胞外的蛋白，其信号肽（负责使蛋白通过细胞膜）就构成一个结构域。此外，还有与残基修饰有关的结构域、与酶原激活有关的结构域等。各结构域之间常常只有一段肽链相连，称为铰链区。铰链区柔性较强，使结构域之间容易发生相对运动，所以酶的活性中心常位于结构域之间。

四、蛋白质的四级结构

四级结构是指由几条多肽形成的蛋白质中，各条多肽在空间的位置。例如，血红蛋白（hemoglobin，Hb）分子是由 574 个氨基酸组成的，它们排列成 4 条肽链，其中 2 条为 α 链，另外两条为 β 链。这两种类型的 4 条肽链，两两相对，互相缠绕形成一个立体球形。图 3-28 展示血红蛋白的空间结构。

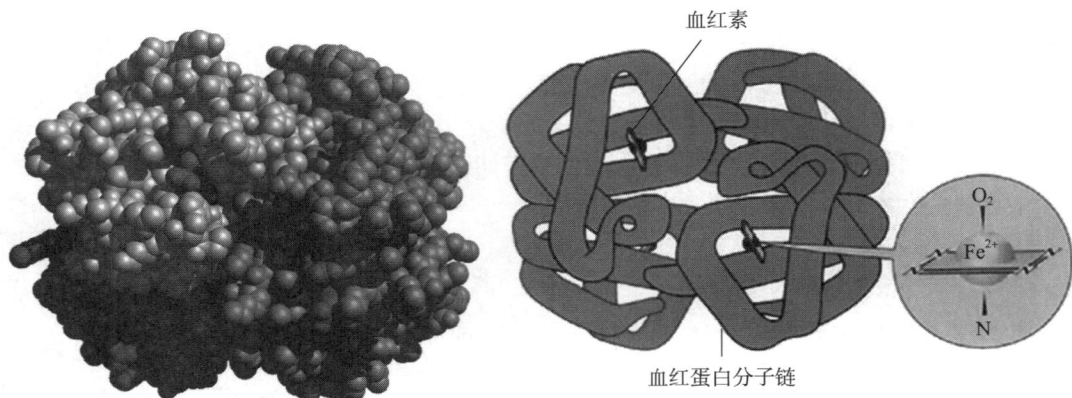

图 3-28　血红蛋白的空间结构

由两条或两条以上肽链通过非共价键构成的蛋白质称为寡聚蛋白。其中每一条多肽链称为亚基，每个亚基都有自己的一、二、三级结构（图 3-29）。亚基单独存在时无生物活性，只有相互聚合成特定构象时才具有完全的生物活性。四级结构就是各个亚基在寡聚蛋白的天然构象中空间上的排列方式。胰岛素可形成二、六聚体，但不是其功能单位，所以不是寡聚蛋白。判断标准是将发挥生物功能的最小单位作为一个分子。最简单的寡聚蛋白是血红蛋白。它是由两条 α 链和两条 β 链构成的四聚体，分子量 65 000。分子外形近似球状，每个亚基都和肌红蛋白类似。血红蛋白与氧结合时，α 链和 β 链都发生了转动，引起 4 个亚基间的接触点上的变化。两个 α 亚基相互接近，两个 β 亚基则离开。

当酸、热或高浓度的尿素、胍等变性因子作用于寡聚蛋白时，后者会发生构象变化。这种变化可分为两步：首先是亚基彼此解离，然后分开的亚基伸展而成无规线团。如小心处理，可将寡聚蛋白的亚基拆开，而不破坏其三级结构。如血红蛋白可用盐解离成 2 个半分子，即 2 个 α、β 亚基。当透析除去过量的盐后，分开的亚基又可重新结合而恢复活性。如果处理条件强烈，则亚基的多肽链完全展开。这样要恢复天然构象虽很困难，但有些寡聚蛋白仍可恢复。如醛缩酶经酸处理后，其 4 个亚基完全伸展成无规卷曲，而当 pH 恢复到 7 左右时，又可恢复如初。这说明一级结构规定了亚基间的结合方式，四级结构的形成也遵从"自我装配"的原则。

虽然蛋白质的空间结构是受一级结构制约的，但是空间结构一经形成，就与蛋白质的功能有着更直接的关系，它使得肽链在三度空间按一定方式折叠、卷曲。形成蛋白质分子表面不同的特征，为特定的氨基酸侧链基团提供适宜其发挥作用的相对位置和区域。例如，酶蛋白分子中，肽链的空间结构使得各功能基团得以很好的排布，分布于不规则的表面，赋予酶对专一底物分子高度的化学亲合力。近年来，用 X 射线衍射技术研究酶结构的成果表明，在许多水解酶的空间结构中，都发现有一个非极性的空穴，叫分子内核，这内核就是其活性中心（active center）。活性中心往往位于分子表面的凹穴中，一般由酶蛋白的少数氨基酸残基的侧链基团所组成。例如，α- 胰凝乳蛋白酶是由三条肽链、241 个氨基酸残基组成的，而它的活性部位仅由 His_{57}，Asp_{102} 和 Ser_{195} 的侧链基团组成。看起来这 3 个氨基酸在一级结构上似乎相距很远，但由于肽链的折叠盘绕，它们在空间结构上却是十分接近的。这 3 个氨基酸残基和邻近的其他残基有规则的排布，组成了一个恰能容纳下底物的疏水凹形空穴，当反应底物落入这个空穴时，这个非极性的环境就保证了活性中心与底物之间的各种基团有可能发生很强的静电作用；并且这个空穴的空间结构正好适合与底物直接紧密接触，有时甚至连一个水分子也挤不下。这个实例说明，酶蛋白的空间结构对于其生物学功能的发挥是多么重要。

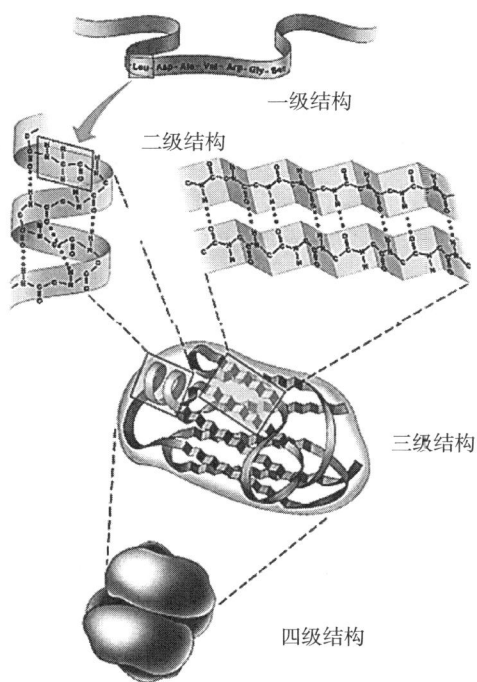

图 3-29　蛋白质空间结构的层次构成

五、结构举例

1. 纤维状蛋白

（1）角蛋白　角蛋白是动物的不溶性纤维状蛋白，是由动物的表皮衍生而来的。它包括皮肤的表皮以及毛发、鳞、羽、甲、蹄、角、丝等。角蛋白可分为两类，一类是 α 角蛋白，胱氨酸含量丰富，如角、甲、蹄的蛋白胱氨酸含量高达 22％；另一类是 β 角蛋白，不含胱氨酸，但甘氨酸、丙氨酸和丝氨酸的含量很高，蚕丝丝心蛋白就属于这一类。α 角蛋白，如头发，暴露于湿热环境中几乎可以伸长一倍，冷却干燥后又收缩到原来长度。β 角蛋白则无此变化。头发主要是由 α 角蛋白构成的。三股右手螺旋形成左手超螺旋，称为原纤维，直径 2 nm。原纤维再排列成"9 + 2"的电缆式结构，称为微纤维，直径 8 nm。成百根微纤维结合成不规则的纤维束，称大纤维，直径 200 nm。头发周围是鳞状细胞，中间是皮层细胞。皮层细胞的直径是 20 μm，是由许多大纤维沿轴向平行排列而成的。

（2）胶原蛋白　胶原蛋白是动物体内含量最丰富的结构蛋白，是构成皮肤、骨骼、软骨、肌腱、牙齿的主要纤维成分。胶原蛋白共有 4 种，结构相似，都由原胶原构成。其一级结构中甘氨酸占 1/3，脯氨酸、羟脯氨酸和羟赖氨酸含量也较高。赖氨酸可用来结合糖基。原胶原是 1 个三股的螺旋杆，是由三股特殊的左手螺旋构成的右手超螺旋。这种螺旋的形成是由于大量的脯氨酸和甘氨酸造成的。羟脯氨酸和羟赖氨酸的羟基也参与形成氢键，起着稳定这种结构的作用。羟脯氨酸和羟赖氨酸都是蛋白合成后经羟化酶催化而羟化的。在胶原蛋白中每隔 2 个残基有 1 个甘氨酸，只有处于甘氨酸氨基端的脯氨酸才能被羟化。羟化是在脯氨酰羟化酶的催化下进行的，该酶需要维生素 C 使其活性中心的铁原子保持亚铁状态。缺少维生素 C 会使羟化不完全，胶原蛋白熔点低，不能正常形成纤维，从而造成皮肤损伤和血管脆裂，引起出血、溃烂，即坏血病。所以维生素 C 又叫抗坏血酸。

成纤维细胞合成原胶原的前体，并分泌到结缔组织的细胞外空间，形成超螺旋结构，再经酶切，即成原胶原。原胶原之间平行排列，互相错开 1/4，构成胶原蛋白的基本结构。一个原胶原的头和另一个原胶原的尾之间有 40 nm 的空隙，其中填充磷酸钙，即骨的无机成分。胶原蛋白的特殊结构和组

e 拓展知识 1
真丝的秘密

成使它不受一般蛋白酶的水解，但可被胶原酶水解。在变态的蝌蚪的尾鳍中就含有这种酶。

（3）弹性蛋白 弹性蛋白能伸长到原来长度的几倍，并可很快恢复到原来长度。在韧带、血管壁等处含量较大。含 1/3 的甘氨酸，脯氨酸和赖氨酸也较多。羟脯氨酸和羟赖氨酸含量很少。弹性蛋白形成的螺旋由两种区段组成，一种是富含甘氨酸、脯氨酸和缬氨酸的左手螺旋，一种是富含丙氨酸和赖氨酸的右手 α 螺旋。赖氨酸之间形成锁链素或赖氨酰正亮氨酸，使链间发生交联并且使弹性蛋白具有很大的弹性。因为锁链素可连接 2～4 条肽链，形成网状结构，所以弹性蛋白可向各个方向作可逆伸展。

（4）肌球蛋白和肌动蛋白 肌球蛋白和肌动蛋白是两种可溶性纤维蛋白，是构成肌肉的主要成分。前者构成粗丝，后者构成细丝。细丝沿粗丝滑动导致肌肉伸缩，引起肌体动作。这一过程需要其他物质的参与和 ATP 供能。

2. 球状蛋白

（1）肌红蛋白 肌红蛋白在肌肉中用来储存氧。海洋哺乳动物的肌肉中含有大量肌红蛋白，因而可长时间潜水。抹香鲸每千克肌肉中含 80 g 肌红蛋白，比人类高约 10 倍，所以其肌肉呈棕色。分子量 16 700，单结构域。由 8 段 α 螺旋构成一个球状结构，亲水基团多在外层。血红素辅基位于一个疏水洞穴中，这样可避免其亚铁离子被氧化。亚铁离子与卟啉形成 4 个配位键，第 5 个配位键与 93 位组氨酸结合，空余的 1 个配位键可与氧可逆结合。其氧合曲线为双曲线。

（2）血红蛋白 由 4 个亚基构成一个四面体构型，每个亚基的三级结构都与肌红蛋白相似，但一级结构相差较大。成人血红蛋白主要是血红蛋白 A（HbA），由两个 α 亚基和两个 β 亚基构成，两个 β 亚基之间有一个二磷酸甘油酸，它与 β 亚基形成 6 个盐键，对血红蛋白的四级结构起着稳定的作用。因为其结构稳定，所以不易与氧结合。当一个亚基与氧结合后，会引起四级结构的变化，使其他亚基对氧的亲和力增加，结合加快。反之，一个亚基与氧分离后，其他亚基也易于解离。所以血红蛋白是变构蛋白，其氧合曲线是 S 型曲线，只要氧分压有一个较小的变化即可引起氧饱和度的较大改变。这有利于运输氧，肺中的氧分压只需比组织中稍高一些，血红蛋白就可以完成运氧工作。

第五节　蛋白质结构与功能的关系

蛋白质多种多样的生物功能是以其化学组成和极其复杂的结构为基础的。但这不仅需要一定的结构，还需要一定的空间构象。而蛋白质的空间构象取决于其一级结构和周围环境，因此研究一级结构与功能的关系是十分重要的。

一、蛋白质一级结构与功能的关系

1. 种属差异

对不同机体中表现同一功能的蛋白质的一级结构进行详细比较，发现种属差异十分明显。例如，比较各种哺乳动物、鸟类和鱼类等胰岛素的一级结构，发现它们都是由 51 个氨基酸组成的，其排列顺序大体相同，但有细微差别。不同种属的胰岛素其差异在 A 链小环的 8、9、10 位和 B 链 30 位氨基酸残基。说明这 4 个氨基酸残基对生物活性并不起决定作用。起决定作用的是其一级结构中不变的部分。有 24 个氨基酸始终不变，为不同种属所共有。如两条链中的 6 个半胱氨酸残基的位置始终不变，说明不同种属的胰岛素分子中 AB 链之间有共同的连接方式，3 对二硫键对维持高级结构起着重要作用。其他一些不变的残基绝大多数是非极性氨基酸，对高级结构起着稳定作用。

对不同种属的细胞色素 c 的研究同样指出具有同种功能的蛋白质在结构上的相似性。细胞色素 c 广泛存在于需氧生物细胞的线粒体中，是一种含血红素辅基的单链蛋白，由 124 个残基构成，在生物氧化反应中起重要作用。对 100 个种属的细胞色素 c 的一级结构进行了分析，发现亲缘关系越近，其结构越相似。将人的细胞色素 c 与黑猩猩、猴、狗、金枪鱼、飞蛾和酵母的细胞色素 c 分别进行比较，其不同的氨基酸残基数依次为 0、1、10、21、31、44。细胞色素 c 的氨基酸顺序分析资料已经用来核对各个物种之间的分类学关系，以及绘制进化树。

2. 分子病

蛋白质分子一级结构的改变有可能引起其生物功能的显著变化，甚至引起疾病，这种现象称为分子病。突出的例子是镰刀型细胞贫血症。这种病是由于患者血红蛋白 β 链第六位谷氨酸突变为缬氨酸，这个氨基酸位于分子表面，在缺氧时引起血红蛋白线性凝集，使红细胞容易破裂，发生溶血。血红蛋白分子中共有 574 个残基，其中 2 个残基的变化导致严重后果，证明蛋白质结构与功能有密切关系。用氰酸钾处理突变的血红蛋白（HbS），使其 N 端缬氨酸的 α 氨基酰胺化，可缓解病情。因为这样可去掉一个正电荷，与和二氧化碳结合的血红蛋白相似，不会凝聚。

3. 共价修饰

对蛋白质一级结构进行共价修饰，也可改变其功能。例如，在激素调节过程中，常发生可逆磷酸化，以改变酶的活性。

4. 一级结构的断裂

一级结构的断裂可引起蛋白质活性的巨大变化，如酶原的激活和凝血过程等。凝血是一个十分复杂的过程。首先是凝血因子Ⅻ被血管内皮损伤处带较多负电荷的胶原蛋白激活，然后通过一系列连续反应，激活凝血酶原，产生有活性的凝血酶。凝血酶从纤维蛋白中切除 4 个酸性肽段，减少分子中的负电荷，使其变成不溶性的纤维蛋白，纤维蛋白再彼此聚合成网状结构，最后形成血凝块，堵塞血管的破裂部位。

激活凝血因子 X 的途径可分为内源途径和外源途径。前者只有血浆因子参与，后者还有血浆外的组织因子参与，一般是机体组织受损时释放的。内源途径中凝血因子Ⅻ被血管内皮损伤处带较多负电荷的胶原纤维激活，也可被玻璃、陶土、棉纱等异物激活。凝血因子Ⅻa 激活凝血因子Ⅺ，此时接触活化阶段完成，反应转移到血小板表面进行，称为磷脂胶粒反应阶段，产生凝血因子 X a，最终激活凝血酶。最后一个阶段是凝胶生成阶段，产生凝块。

二、蛋白质的变构现象－高级结构变化对功能的影响

有些小分子物质（配基）可专一地与蛋白质可逆结合，使蛋白质的结构和功能发生变化，这种现象称为变构现象。变构现象与蛋白质的生理功能有密切联系。如血红蛋白在运输氧气时，就有变构现象发生。血红蛋白是四聚体，每个亚基含一个血红素辅基。血红素中的二价铁离子能与氧可逆结合，并保持铁的价数不变。影响血红蛋白氧的饱和百分数的主要因素是氧分压和血液 pH。饱和度与氧分压的关系呈 S 型曲线，而单亚基的肌红蛋白则为简单的双曲线。S 型曲线说明，第一个亚基与氧结合后增加其余亚基对氧的亲和力，而第二、第三个亚基与氧结合同样增加剩余亚基对氧的亲和力。第四个亚基对氧的亲和力是第一个亚基的 300 多倍。反之，当氧分压降低时，一个氧分子从完全氧和的血红蛋白中解离出来以后，将加快以后的氧分子的释放。血红蛋白在一定的氧分压下，氧的饱和百分数随 pH 升高而增加。其原因是当血红蛋白与氧结合时，由于亚基的相互关系改变而发生解离，每结合一分子氧，释放一个质子。pH 对氧－血红蛋白的平衡影响称为波尔（Bohr）效应。由于波尔效应，血红蛋白除运输氧以外，还有缓冲血液 pH 的作用。

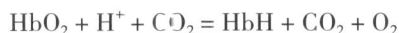

$$HbO_2 + H^+ + CO_2 = HbH + CO_2 + O_2$$

氧合曲线也受到温度的影响。温度升高会使半饱和氧分压升高，即亲和力减弱。所以鱼类在温度升高时会缺氧，是由于水中氧分压的降低和血红蛋白对氧亲和力的减弱双重作用的结果。

氧的 S 型曲线结合和波尔效应使血红蛋白的输氧能力达到最高。血红蛋白可在较窄的氧分压范围内完成输氧功能，使机体内氧水平不会发生很大起伏。血红蛋白的变构现象使它具有上述优越性。

第六节 蛋白质的性质

一、蛋白质的分子量测定

1. 根据化学组成测定最低分子量

用化学分析方法测出蛋白质中某一微量元素的含量，并假设分子中只有一个这种元素的原子，就可以计算出蛋白质的最低分子量。例如，肌红蛋白含铁 0.335%，其最低分子量可依下式计算：

最低分子量 = 铁的原子量 ÷ 铁的百分含量 × 100

计算结果为 16 700，与其他方法测定结果极为接近，可见肌红蛋白中只含 1 个铁原子。真实分子量是最低原子量的 n 倍，n 是蛋白质中铁原子的数目，肌红蛋白中的 $n=1$。血红蛋白铁含量也是 0.335%，最低分子量也是 16 700，因为含 4 个铁原子，所以 $n=4$，因此其真实分子量为 66 800。有时蛋白质分子中某种氨基酸含量很少，也可用这种方法计算最低分子量。如牛血清白蛋白含色氨酸 0.58%，最低分子量为 35 200，用其他方法测得分子量为 69 000，所以其分子中含 2 个色氨酸。最低分子量只有与其他方法配合才能确定真实分子量。

2. 渗透压法

在理想溶液中，渗透压是浓度的线性函数，而与溶质的形状无关。所以可用渗透压计算蛋白质的分子量（M_r）。但是实际的高分子溶液与理想溶液有较大偏差，当蛋白质浓度不大时，可用以下公式计算：

$$M_r = \frac{RT}{\lim_{c \to 0} \frac{\Pi}{C}}$$

其中 R 是气体常数（0.082），T 是绝对温度，Π 是渗透压（以大气压计），C 是质量浓度（单位 g/L）。测定时需测定几个不同浓度的渗透压，以 Π/C 对 C 作图并外推求出 C 为零时的 Π/C 值，代入公式求出分子量。此方法简单准确，与蛋白质的形状和水化程度无关，但要求样品均一，否则测定结果是样品中各种蛋白的平均分子量。

3. 沉降分析法

蛋白质在溶液中受到强大离心力作用时，如其密度大于溶液密度，就会沉降。用超速离心机（60 000 ~ 80 000 r/min）测定蛋白质的分子量有两种方法：沉降速度法和沉降平衡法。

（1）沉降速度法　离心时，蛋白质移动，产生界面，界面的移动可用适当的光学系统观察和拍照。当离心力与溶剂的摩擦阻力平衡时，单位离心场强度的沉降速度为定值，称为沉降系数。蛋白质的沉降系数（常用 S 表示）介于 1×10^{-13} 到 200×10^{-13} s，1×10^{-13} s 称为一个漂浮单位或斯韦德贝里单位。蛋白质的沉降系数与分子形状有关，所以测定分子量时还要测定有关分子形状的参数，如扩散系数。可用以下公式计算：

$$M_r = \frac{RTs}{D(1-V\rho)}$$

其中，D 是扩散系数（cm^2/s），V 是蛋白质的偏微分比容（cm^3/g），ρ 是溶剂的密度（g/cm^3）。偏微分比容的定义是：当加入 1 g 干物质于无限大体积的溶剂中时，溶液的体积增量。蛋白质溶于水的偏微分比容约为 0.74 cm^3/g。为获得准确结果，s 和 D 的值应外推到无限稀释。其中的 R 是气体常数（8.314 $JK^{-1} \cdot mol^{-1}$），T 为绝对温度（K）。

沉降分析还可鉴定蛋白均一性。纯蛋白只有一个界面，在沉降分析图形上只有一个峰。

（2）沉降平衡法 在离心过程中，外围高浓度区的蛋白质向中心扩散，如转速较低，二者可达到稳定平衡。此时测定离心管中不同区域的蛋白浓度，可按下式计算分子量：

$$M = \frac{2RT\ln\frac{C_2}{C_1}}{\omega^2(1-V\rho)(x_2^2 - x_1^2)}$$

其中，C_2 和 C_1 是离轴心距离为 x_2 和 x_1 时的蛋白重浓度。沉降平衡法的优点是不需要扩散系数，且离心速度较低（8 000 ~ 20 000 r/min）。但要达到平衡常常需要几天时间。

4. 分子排阻层析法

层析柱中填充凝胶颗粒，凝胶的网格大小可通过交联剂含量控制。小分子物质可进入网格中，流出慢；大分子被排阻在颗粒外，流经距离短，流出快。此方法较简单，但与分子形状有关。测分子量时，标准蛋白的分子形状应与待测蛋白相同。

$$\lg M = K_1 - K_2 Ve$$

其中，Ve 是洗脱体积，即从加样到出峰时流出的体积，K_1 和 K_2 是常数，随实验条件而定。

5. SDS 聚丙烯酰胺凝胶电泳

蛋白质电泳时的迁移率与其所带净电荷、分子大小和形状有关，加入 SDS 后，每克蛋白可结合 1.4 g SDS，将原有电荷掩盖，而且使分子变成棒状。由于凝胶的分子筛效应，相对迁移率 μR 与分子量有如下关系：

$$\lg M = K_1 - K_2 \mu R$$

其中，K_1 和 K_2 是与试验条件有关的常数。用已知分子量的标准蛋白作标准曲线，即可求出未知蛋白的分子量。但有些蛋白不适宜采用这个方法，如带电荷较多的（组蛋白）、带较大辅基的（糖蛋白）、结构特殊的蛋白（胶原蛋白）等。

二、蛋白质的酸碱性

蛋白质是两性电解质，在蛋白质分子中，有许多可解离的基团，除了肽链末端的 α- 氨基和 α- 羧基以外，还有各种侧链基，如 Asp 和 Glu 的侧链羧基、Lys 的 ε- 氨基、Arg 的胍基、His 的咪唑基、Cys 的巯基、Tyr 的酚基。因此，蛋白质是多价的两性电解质。

同理，蛋白质也有等电点。当溶液在某个 pH 时，蛋白质分子所带正电荷数与负电荷数恰好相等，即净电荷为零，在直流电场中，电荷既不向阳极移动，也不向阴极移动，此时，溶液的 pH 就是该蛋白质的等电点，用 pI 表示（图 3-30）。

不同的蛋白质有不同的等电点。在等电点时，蛋白质比较稳定，溶解度最小，易沉淀。因此，可以利用蛋白质的等电点来分别沉淀不同的蛋白质，从而将不同的蛋白质分离开来。

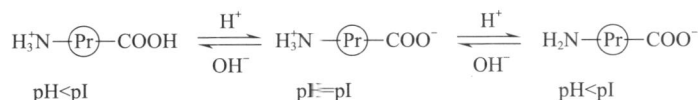

$$H_3^+N-\text{(Pr)}-COOH \underset{OH^-}{\overset{H^+}{\rightleftharpoons}} H_3^+N-\text{(Pr)}-COO^- \underset{OH^-}{\overset{H^+}{\rightleftharpoons}} H_2N-\text{(Pr)}-COO^-$$

pH<pI　　　　　　　pH=pI　　　　　　　pH<pI

图 3-30 蛋白质解离及荷电性

多数蛋白等电点为中性偏酸，约为 5。偏酸的如胃蛋白酶，等电点为 1 左右；偏碱的如鱼精蛋白，约为 12。蛋白质在等电点时净电荷为零，因此没有同种电荷的排斥，所以不稳定，溶解度最小，易聚集沉淀。同时其黏度、渗透性、膨胀性以及导电能力均为最小。天然球状蛋白的可解离基团大部分可被滴定，因为球状蛋白的极性侧链基团大都分布在分子表面。有些蛋白的部分可解离基团不能被滴定，可能是由于埋藏在分子内部或参与氢键形成。通过滴定发现可解离基团的 pK' 值与相应氨基酸中的很接近，但不完全相同，这是由于受到邻近带电基团的影响。蛋白质的滴定曲线形状和等电点在有中性盐存在的情况下，可以发生明显的变化。这是由于分子中的某些解离基团可以与中性盐中的阳离子如 Ca^{2+}、Mg^{2+} 或阴离子如 Cl^-、PO_4^{3-} 等相结合，因此观察到的等电点在一定程度上取决于介质中的离子组成。没有其他盐类存在下，蛋白质质子供体解离出的质子与质子受体结合的质子数相等时的 pH 称为等离子点。等离子点对每种蛋白质是一个常数。各种蛋白的等电点不同，在同一 pH 时所带电荷不同，在一电场作用下移动的方向和速度也不同，所以可用电泳来分离提纯蛋白质。

三、蛋白质的胶体性质

蛋白质是大分子，在水溶液中的颗粒直径在 1～100 nm，是一种分子胶体，具有胶体溶液的性质，如布朗运动、丁达尔现象、电泳、不能透过半透膜及吸附能力等。利用半透膜如玻璃纸、火胶棉、羊皮纸等可分离纯化蛋白质，称为透析。蛋白质有较大的表面积，对许多物质有吸附能力。多数球状蛋白表面分布有很多极性基团，亲水性强，易吸附水分子，形成水化层，使蛋白溶于水，又可隔离蛋白，使其不易沉淀。一般每克蛋白可吸附 0.3～0.5 g 水。分子表面的可解离基团带相同电荷时，可与周围的反离子构成稳定的双电层，增加蛋白质的稳定性。蛋白质能形成稳定胶体的另一个原因是不在等电点时具有同种电荷，互相排斥。

四、蛋白质的变性

1. 定义

天然蛋白因受物理或化学因素影响，高级结构遭到破坏，使其理化性质和生物功能发生改变，但并不导致一级结构的改变，这种现象称为蛋白质的变性（denaturation），变性后的蛋白称为变性蛋白。二硫键的改变引起的失活可看作变性。

能使蛋白质变性的因素很多，如强酸、强碱、重金属盐、尿素、胍、去污剂、三氯乙酸、有机溶剂、高温、射线、超声波、剧烈振荡或搅拌等。但不同蛋白对各种因素的敏感性不同。

2. 表现

蛋白质变性后分子性质改变，黏度升高，溶解度降低，结晶能力丧失，旋光度和红外、紫外光谱均发生变化。变性蛋白易被水解，即消化率上升。同时包埋在分子内部的可反应基团暴露出来，反应性增加。蛋白质变性后失去生物活性，抗原性也发生改变。这些变化的原因主要是高级结构的改变。氢键等次级键被破坏，肽链松散，变为无规卷曲。

由于其一级结构不变，所以如果变性条件不是过于剧烈，在适当条件下还可以恢复功能。如胃蛋白酶加热至 80～90℃时，失去活性，降温至 37℃，又可恢复活力，称为复性（renaturation）。但随着变性时间的增加，条件加剧、变性程度也加深，就达到不可逆的变性。

3. 影响因素

（1）温度　多数酶在 60℃以上开始变性，热变性通常是不可逆的，少数酶在 pH < 6 时变性不发生二硫键交换，仍可复性。多数酶在低温下稳定，但有些酶在低温下会钝化，其中有些酶的钝化是不可逆的。例如，固氮酶的铁蛋白在 0～1℃ 15 h 就会失活，一个可能的原因是寡聚蛋白发生解聚如 TMV 的丙酮酸羧化酶。

（2）pH　酶一般在 pH 4～10 较稳定。当 pH 超过 pK 几个单位时，一些蛋白内部基团可能会翻转到表面，造成变性。如血红蛋白中的组氨酸在低 pH 下会出现在表面。

（3）有机溶剂　能破坏氢键，削弱疏水键，还能降低介电常数，使分子内斥力增加，造成肽链伸展、变性。

（4）胍、尿素等　破坏氢键和疏水键。硫氰酸胍比盐酸胍效果好。

（5）某些盐类　盐溶效应强的盐类，如氯化钙、硫氰酸钾等，有变性作用，可能是与蛋白内部基团或溶剂相互作用的结果。

（6）表面活性剂　如 SDS－、CTAB＋、triton 等。triton 因为不带电荷，所以比较温和，经常用来破碎病毒。

4. 变性蛋白的构象

胍和尿素造成的变性一般生成无规卷曲，如果二硫键被破坏，就成为线性结构。胍的变性作用最彻底。热变性和酸、碱造成的变性经常保留部分紧密构象，可被胍破坏。高浓度有机溶剂变性时可能发生螺旋度上升，称为重构造变性。

5. 复性

根据蛋白质结构与变性程度和复性条件不同，复性会有不同结果。有时可以完全复性，恢复所有活力；有时大部分复性，但保留异常区；有些蛋白结构复杂，有多种折叠途径，若无适当方法，会生成混合物。

6. 变性的防止和利用

研究蛋白质的变性，可采取某些措施防止变性，如添加明胶、树胶、酶的底物和抑制剂、辅基、金属离子、盐类、缓冲液、糖类等，可抑制变性作用。但有些酶在有底物时会降低热稳定性。有时有机溶剂也可起稳定作用，如苹果酸脱氢酶（猪心），在 25℃下保温 30 分钟，酶活为 50%；加入 70% 甘油后，经同样处理，活力为 109%。

变性现象也可加以利用，如用酒精消毒，就是利用乙醇的变性作用来杀菌。在提纯蛋白时，可用变性剂除去一些易变性的杂蛋白。工业上将大豆蛋白变性，使它成为纤维状，就是人造肉。

五、蛋白质的颜色反应

蛋白质中的一些基团能与某些试剂反应，生成有色物质，可作为测定依据。常用反应如下：

（1）双缩脲反应　双缩脲是由两分子尿素缩合而成的化合物。双缩脲在碱性溶液中能与硫酸铜反应生成红紫色络合物，称为双缩脲反应。蛋白质中的肽键与之类似，也能起双缩脲反应，形成红紫色络合物。此反应可用于定性鉴定蛋白质，也可在 540 nm 波长处比色，定量测定蛋白含量。

（2）黄色反应　含有芳香族氨基酸特别是酪氨酸和色氨酸的蛋白质在溶液中遇到硝酸后，先产生白色沉淀，加热则变黄，再加碱颜色加深为橙黄色。这是因为苯环被硝化，产生硝基苯衍生物。皮肤、毛发、指甲遇浓硝酸都会变黄。

（3）米伦反应　米伦试剂是硝酸汞、亚硝酸汞和硝酸的混合物，蛋白质加入米伦试剂后即产生白色沉淀，加热后变成红色。酚类化合物有此反应，酪氨酸及含酪氨酸的化合物都有此反应。

（4）乙醛酸反应　在蛋白溶液中加入乙醛酸，并沿试管壁慢慢注入浓硫酸，在两液层之间就会出现紫色环，凡含有吲哚基的化合物都有此反应。

（5）坂口反应　精氨酸的胍基能与次氯酸钠（或次溴酸钠）及 α－萘酚在氢氧化钠溶液中产生红色物质。此反应可用来鉴定含精氨酸的蛋白质，也可定量测定精氨酸含量。

（6）Folin－酚法　酪氨酸的酚基能还原 Folin－酚试剂中的磷钼酸及磷钨酸，生成蓝色化合物。可用来定量测定蛋白含量。它是双缩脲反应的发展，灵敏度高。

六、蛋白质的分离提纯

1. 选材及预处理

（1）选材　主要原则是原料易得，蛋白含量高。蛋白质的主要来源包括动物、植物和微生物。由于种属差异及培养条件和时间的差别，其蛋白含量可相差很大。植物细胞含纤维素，坚韧、不易破碎，且多含酚类物质，易氧化产生有色物质，难以除去。其液泡中常含有酸性代谢物，会改变溶液的pH。微生物因为容易培养而常用，但也需要破碎细胞壁。动物细胞易处理，但不经济。

（2）细胞破碎　如目的蛋白在细胞内，则需要进行细胞破碎，使蛋白释放出来。动物细胞可用匀

📎 知识点
蛋白质的分离和纯化

浆器、组织捣碎机、超声波、丙酮干粉等方法破碎。植物细胞可用石英砂研磨或纤维素酶处理。微生物的细胞壁是一个大分子，破碎较难。有超声振荡、研磨、高压、溶菌酶、细胞自溶等方法。

（3）抽提 一般用缓冲液保持 pH。可溶蛋白常用稀盐提取，如 0.1 mol/L NaCl。脂蛋白可用稀 SDS 或有机溶剂抽提，不溶蛋白用稀碱处理。抽提的原则是少量多次。要注意防止植物细胞液泡中的代谢物改变 pH，可加入碱中和；为防止酚类氧化可加 5 mmol/L 维生素 C。加 DFP 或碘乙酸可抑制蛋白酶活力，防止蛋白被水解。

2. 粗提

主要目的是除去糖、脂质、核酸及大部分杂蛋白，并将蛋白浓缩。常用以下方法：

（1）沉淀法

核酸沉淀剂：$MnCl_2$、硫酸鱼精蛋白、链霉素、核酸酶等。

蛋白沉淀剂：醋酸铅、单宁酸、SDS 等，也可除多糖，沉淀后应迅速盐析除去沉淀剂，以免目的蛋白变性。

选择变性：用加热、调节 pH 或变性剂选择性地变性杂蛋白。如提取胰蛋白酶或细胞色素 c 时，因其稳定性高，可用 25 g/L 三氯乙酸处理，使杂蛋白变性沉淀。

（2）分级法 常用盐析或有机溶剂分级沉淀蛋白。

（3）除盐和浓缩 盐析后样品中含大量盐类，应透析除去。也可用分子筛，如 Saphadex G25 层析除盐。如样品过稀，可用反透析、冻干、超滤等方法浓缩。

3. 精制

以上方法得到的制剂可供工业应用。如需高纯样品，应精制。常用方法有各种层析、电泳、等电聚焦、结晶等。蛋白结晶不等于无杂质，但变性蛋白不能结晶，所以可说明其具有生物活性（图 3-31）。

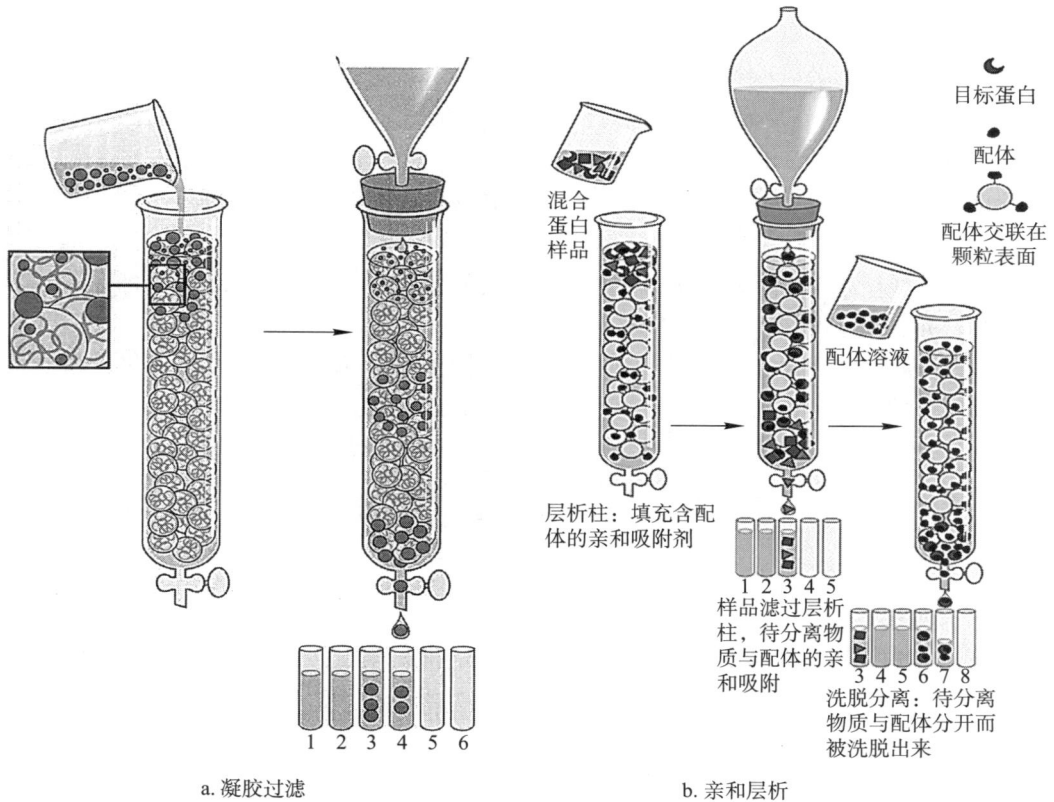

a. 凝胶过滤   b. 亲和层析

图 3-31 2 种层析原理

💬 **拓展性提示**

特殊功能或阶段蛋白质的结构研究，如帮助癌细胞的蛋白质的结构，引起了学者的研究兴趣。当癌细胞快速增生时，它们似乎需要一种名为 survivin 的蛋白质的帮助。据一些研究人员报道，survivin 蛋白出人意料地以成双配对的形式结合在一起——这一发现很有可能为抗癌药物的设计提供了新的契机。延长寿命蛋白质的研究，如美国研究人员发现一种名为 SIRT1 的蛋白质。它不仅可以延长老鼠寿命，还能推迟某些疾病的发病年龄。另外，它还能改善老鼠的总体健康，降低胆固醇水平，甚至预防糖尿病。研究人员表示，虽然这项研究是在老鼠身上进行的，但它未来有希望应用到人类身上，可能成为老年人长寿和保持健康的关键。

❓ **思考题**

1. 氨基酸如何分类？写出下列氨基酸即 Ala、Asp 和 Lys 的解离方程式。

2. 写出二肽 Ala-His 和三肽 Ala-Pro-Lys 的分子结构式。

3. 什么叫蛋白质分子一级、二级、三级和四级结构？它们依靠什么样的键和力建立起这些结构？

4. 某一蛋白质的多肽链在一些区段为 α 螺旋构象，在另一些区段为 β 折叠构象。该蛋白质的分子量为 240 000，多肽链外形的长度为 5.06×10^{-5} cm，试计算 α 螺旋体占分子的百分之几？（设氨基酸平均分子量为 120。）

5. 蛋白质有哪些类型颜色反应？它们的理论依据是什么？

6. 有哪些办法能使蛋白质沉淀、变性和凝固？试对比它们之间的异同。

7. 对比蛋白质各种分离、纯化方法。

8. 举例说明什么是"辅基"？什么是"结合蛋白"？

🔗 **拓展知识 2**
小分子活性肽

🔗 **拓展知识 3**
衰老与小分子蛋白肽

🔗 **拓展知识 4**
第 21 种氨基酸——
硒代半胱氨酸

🔗 **拓展知识 5**
第 22 种氨基酸——
吡咯赖氨酸

4

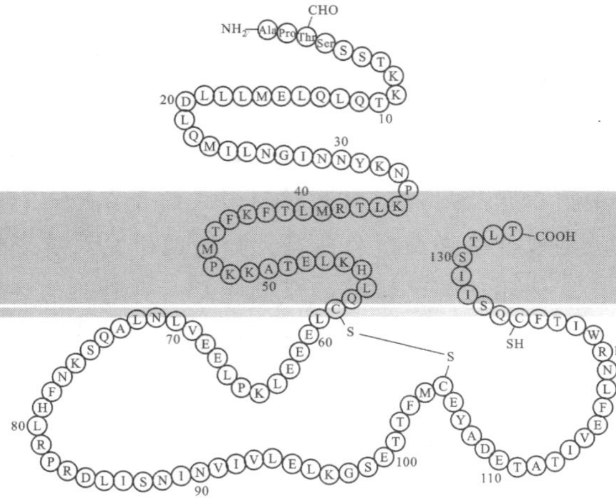

核 酸

知识要点

本章主要介绍核酸的化学本质、结构和功能。在学习本章时要注意：

（1）核苷酸是核酸的基本组成单位，应以腺嘌呤核苷酸和胞嘧啶核苷酸为代表，掌握核苷酸的化学结构和化学性质。为了学好核苷酸的结构，首先要结合有机化学学习嘌呤和嘧啶的基本结构，同时也要理清核酸中存在的腺嘌呤、鸟嘌呤与嘌呤核的关系，胞嘧啶、尿嘧啶及胸腺嘧啶与嘧啶核的关系以及 D- 脱氧核糖与 D- 核糖的关系。

（2）注意嘌呤（指腺嘌呤、鸟嘌呤）、嘧啶（指胞嘧啶、尿嘧啶和胸腺嘧啶）与核糖（或脱氧核糖）在哪个部位连接成核苷。核苷如何与磷酸连接成核苷酸（包括核苷二磷酸、核苷三磷酸），核苷酸又如何连接成一级结构的核苷酸链。并要特别注意核酸的二、三级结构中碱基的配对规律。

（3）分析比较核酸分子的组成和结构上的特点，进而联系它们的理化性质和生物功能，从而理解如何将核酸的理化性质应用于实际研究中。

学习要求

1. 掌握碱基、核苷、核苷酸及多核苷酸的概念、结构。
2. 掌握核酸的结构、表示方法及英文缩写符号。
3. 理解核酸的一、二、三级结构的概念，并掌握双螺旋结构的特点及重要参数。
4. 了解 tRNA 的三叶草模型。

5. 掌握核酸的主要理化性质，包括两性解离、等电点、紫外吸收特点。
6. 掌握核酸变性、复性、杂交的特点及解链温度与结构的关系。
7. 了解一些重要的核酸研究方法。

第一节 概述

e 知识导入

核酸概述

在活细胞的各种组分中，核酸是一种重要的生物大分子，也是生命最基本的物质之一。它包含了遗传信息，并参与这种信息在细胞内的表达，从而促成代谢过程。

核酸的发现要比蛋白质晚得多。1869 年，瑞士化学家米歇尔（Miescher）为了解析细胞核的化学性质，用盐酸处理脓细胞，以稀碱分离出核，经沉淀后分析其中的成分，发现氮和磷的含量特别高。米歇尔把这种新发现的物质称为"核素"。

进入 20 世纪后，经过科塞尔（Kossel）和莱文（Levine）等人的工作，才逐步认识到核酸是由核苷酸作为基本单位组成的线性聚合物。

1944 年艾弗里（Avery）通过肺炎双球菌的转化实验指出"脱氧核糖型的核酸是肺炎双球菌转化要素的基本单位"，首次证明 DNA 是遗传物质。但有些人仍然坚持认为蛋白质是遗传物质，认为 Avery 的实验是混杂的微量蛋白质引起的转化。1952 年，赫尔希（Hershey）和蔡斯（Chase）用 ^{35}S 标记 T_2 噬菌体的蛋白质，用 ^{32}P 标记核酸。当用硫标记的噬菌体感染宿主菌时，放射性只存在于细胞外面，即噬菌体的外壳上；当用磷标记的噬菌体感染时，放射性在细胞内，说明感染时进入细胞的是 DNA，从而彻底证明遗传物质是核酸。1956 年，康拉特（Conrat）通过烟草花叶病毒（TMV）重建实验，证明 RNA 也可以作为遗传物质。1953 年，沃森（Watson）和克里克（Crick）创造性地提出了 DNA 双螺旋结构模型，大大地促进了核酸及遗传学研究的发展，推动了分子生物学的产生，时至今日分子生物学仍作为前沿学科引领着生物学的发展。

核酸分为核糖核酸（ribonucleic acid，RNA）和脱氧核糖核酸（deoxyribonuleic acid，DNA）两大类。核酸还可分为单链和双链。DNA 一般为双链，作为信息分子；RNA 则单双链都存在。

所有的细胞都同时含有这两类核酸。DNA 主要集中在细胞核内，占细胞干重的 5% ~ 15%，但线粒体、叶绿体中也有少量 DNA。RNA 主要分布于细胞质中。但是，病毒只含有其中的一种，DNA 病毒只含 DNA，RNA 病毒只含 RNA。

从分子量上比较，DNA 一般都比 RNA 大得多。如人的细胞核中最小的 DNA 分子含有 45 000 000 个碱基对，而人细胞培养中最大的 RNA 分子仅含约 50 000 个核苷酸分子，略大于最短的 DNA 链的千分之一。分子量最小的转运 RNA，分子量只有 25 000 左右；而人类染色体 DNA 分子量高达 10^{11}。

第二节 核苷酸

一、核苷酸的结构

核酸是一种多聚核苷酸，其基本结构单位是核苷酸。核苷酸降解表明，它是由三类分子组成的：1 个弱碱性的含氮化合物（称为碱基），1 个五碳糖（戊糖）和 1 个磷酸基团。其中戊糖的 C5 与磷酸间形成酯键，戊糖的 C1 与嘌呤 N9 或嘧啶 N1 间形成核苷键，三者联成一体。核酸中的戊糖有两类：D- 核糖和 D-2- 脱氧核糖。含有核糖的核苷酸称为核糖核苷酸，而含有脱氧核糖的核苷酸称为脱氧核糖核苷酸。两类核酸的基本化学组成如图 4-1 所示。核苷酸的命名方法是碱基名称 + 戊糖名称 + 核苷酸，亦可简称为碱基 + 苷酸。

1. 碱基

核酸中的碱基分为两类：嘌呤碱和嘧啶碱（图 4-2）。

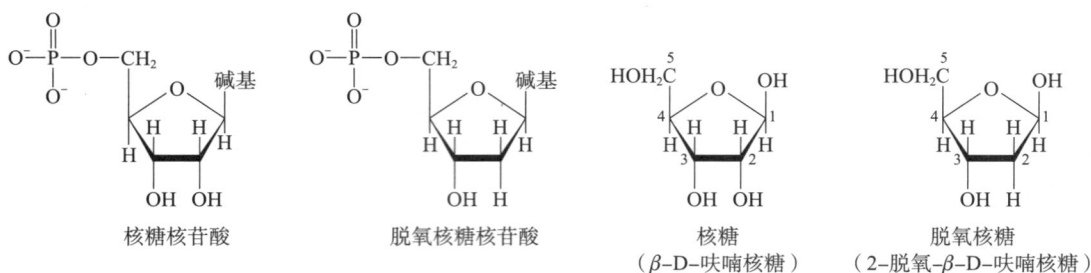

图 4-1 核苷酸、核糖和脱氧核糖结构

（1）嘧啶碱　嘧啶碱是母体化合物嘧啶的衍生物，是含有 4 个碳和 2 个氮原子的杂环化合物，共有 3 种：胞嘧啶（cytosine，C）、尿嘧啶（uracil，U）和胸腺嘧啶（thymine，T）。其中尿嘧啶只存在于 RNA 中，胸腺嘧啶只存在于 DNA 中，但在某些 tRNA 中也发现。胸腺嘧啶是尿嘧啶的取代形式，所以胸腺嘧啶可以称为 5- 甲基尿嘧啶。胞嘧啶为两类核酸所共有。

图 4-2　嘧啶和嘌呤的结构

在植物 DNA 中还有 5- 甲基胞嘧啶。一些大肠杆菌噬菌体核酸中不含胞嘧啶，而由 5- 羟甲基胞嘧啶代替。因为受到氮原子的吸电子效应影响，嘧啶的 2、4、6 位容易发生取代。

（2）嘌呤碱　嘌呤碱由母体化合物嘌呤衍生而来，是一个由嘧啶与咪唑融合在一起的双环结构，常见的有 2 种：腺嘌呤（adenine，A）和鸟嘌呤（guanine，G）。嘌呤这 2 种类型的碱基都是不饱和的，即都含有共轭双键。这一特性使得嘌呤分子接近于平面，但稍有弯曲，也说明它们具有吸收紫外光的能力。

（3）稀有碱基　除以上 5 种基本的碱基以外，核酸中还有少量的稀有碱基，稀有碱基常出现在 tRNA 中，其中大多数是甲基化碱基。甲基化发生在核酸合成以后，是生物细胞识别自体核酸与外源核酸的一种标识，具有抗内源核酸酶水解的作用，对核酸的生物学功能具有重要意义。核酸中甲基化碱基含量一般不超过 5%，但 tRNA 中可高达 10%。

除了上述常见碱基外，自然界中还存在着许多其他的嘧啶和嘌呤碱基（图 4-3）。例如，天然存在的重要嘌呤碱有次黄嘌呤、黄嘌呤、尿酸、茶碱、可可碱、咖啡因。次黄嘌呤、黄嘌呤和尿酸是嘌呤核苷酸代谢的产物。咖啡因和茶碱是两个甲基化的嘌呤衍生物，存在于由咖啡豆和茶叶制备的饮料中。一些植物激素，如玉米素（N- 异戊烯腺嘌呤）、激动素（N- 呋喃甲基腺嘌呤）等也是嘌呤类物质，可促进细胞的分裂、分化。一些抗生素是嘌呤衍生物。如抑制蛋白质合成的嘌呤霉素，是腺嘌呤的衍生物。

一些合成的嘌呤和嘧啶具有临床应用价值，例如 5- 氟尿嘧啶和 6- 巯基嘌呤可以取代某些酶活性部位中的天然嘧啶和嘌呤底物，可以作为酶的抑制剂，常用于治疗某些类型的癌症。这类化合物又称为抗代谢物。

2. 核苷

核苷是戊糖与碱基缩合而成的一种糖苷。D- 核糖及 D-2- 脱氧核糖均为呋喃型环状结构。戊糖的 C1 与嘧啶的 N1 或嘌呤的 N9 以糖苷键相连，一般称为 N- 糖苷键。C1 是不对称碳原子，有 α 及 β 两种构型；核酸中的糖苷键都是 β- 糖苷键。

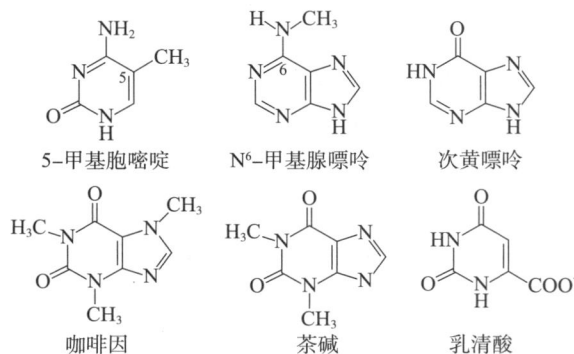

图 4-3　自然界中存在的一些其他嘧啶和嘌呤碱基的结构

碱基与糖环平面互相垂直。戊糖的原子用带′的数字编号以区别于碱基中的原子编号，碱基用不带′的数字编号。

　　一般核苷的每一个杂环碱基至少存在着两种互变异构形式。腺嘌呤和胞嘧啶可以以氨的形式或亚胺的形式存在；而鸟嘌呤、胸腺嘧啶和尿嘧啶可以以内酰胺（酮式）或内酰亚胺（醇式）以及氨式或亚氨式的形式存在（图4-4）。每种碱基的互变异构形式都处于动态平衡中，但在大多数细胞的内部，氨式和酮式占优势，是最稳定的。

　　除了上述的主要核苷之外，还存在着其他一些核苷，例如，在 tRNA 中的假尿嘧啶核苷（pseudouridine，Ψ），其核糖 C1 与嘧啶环的 C5 相连，形成 C- 苷键。

酮式（99.99%）　　　烯醇式（0.01%）

氨基式（99.99%）　　　亚氨基式（0.01%）

图 4-4　碱基的互变异构

　　核苷的名称都来自它们所含有的碱基名称，如含有腺嘌呤的核糖核苷就称为腺苷，如果是脱氧核糖就称为脱氧腺苷。或用单字母符号表示核苷，前面加 d 表示脱氧核苷。

　　核苷中的碱基可以绕糖苷键（N- 苷键）旋转，呈现不同的结构形式（图4-5）。嘌呤核苷中，顺式和反式构象是处于快速平衡之中，而在嘧啶核苷中，反式构象占优势。在核苷酸的聚合物核酸中，嘌呤和嘧啶的反式构象占优势。

syn-Adenosine（顺式腺苷）　　　anti-Adenosine（反式腺苷）　　　anti-Cytidine（反式胞苷）

图 4-5　核苷的顺式与反式构象

3. 核苷酸

　　核苷中的戊糖羟基被磷酸酯化，就形成核苷酸。核苷含有 3 个可以被磷酸酯化的羟基（2′、3′ 和 5′）（图4-6），而脱氧核苷含有 2 个这样的羟基（3′ 和 5′）。生物体内游离存在的多是 5′ 核苷酸，因此不做特别指定时，提到核苷酸指的都是 5′- 磷酸酯。稀有碱基也可形成相应的核苷酸。在天然 DNA 中

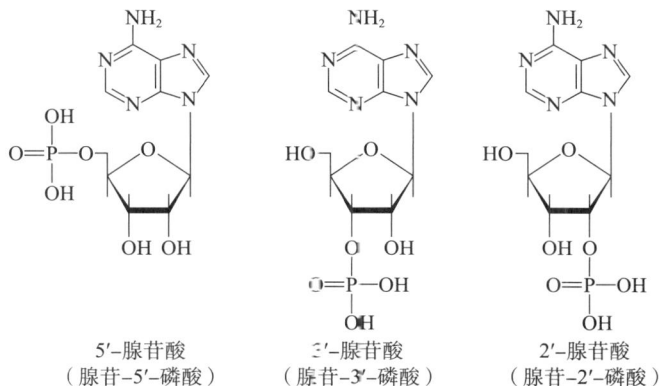

5′-腺苷酸　　　3′-腺苷酸　　　2′-腺苷酸
（腺苷-5′-磷酸）　（腺苷-3′-磷酸）　（腺苷-2′-磷酸）

图 4-6　三种腺苷酸的结构

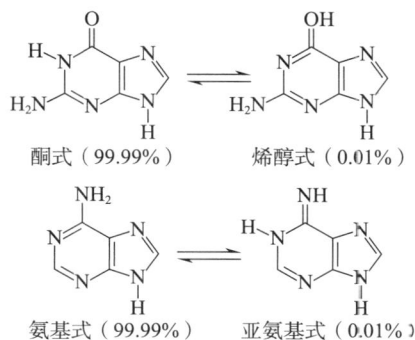

已找到 10 多种脱氧核糖核苷酸，在 RNA 中找到了几十种核糖核苷酸。核苷酸的系统命名给出该分子中存在的磷酸基团数目，例如腺苷的 5′- 单磷酸酯就称为腺苷一磷酸（AMP），也可简称为腺苷酸。同样，脱氧胞苷的 5′- 磷酸酯可以称为脱氧胞苷一磷酸（dCMP），简称为脱氧胞苷酸。

核苷酸类物质在实际生产生活中有广泛的应用，例如，肌苷酸与鸟苷酸是强力助鲜剂，它与谷氨酸钠（味精）按 1∶10～1∶20 比例混合后，可使味精的鲜味增加几十倍到一百多倍。ATP、GTP 类物质有改善机体代谢的功能。5- 核苷酸有促进骨髓机能使白细胞升高的作用。混合核苷酸用于输液，有促进病人康复的作用，5- 氟尿嘧啶、6- 巯基嘌呤、胞嘧啶阿拉伯糖苷等核苷酸类似物具有抗癌作用。5- 碘脱氧尿苷有治疗病毒性角膜炎的作用。

4. 多磷酸核苷酸

核苷一磷酸可以进一步磷酸化，形成核苷二磷酸和核苷三磷酸。腺苷一磷酸（AMP）进一步磷酸化可形成腺苷二磷酸（ADP）和腺苷三磷酸（ATP）。

细胞内有一些游离的多磷酸核苷酸，它们具有重要的生理功能。ATP 上的磷酸残基由近向远以 $\alpha\beta\gamma$ 编号（图 4-7），其外侧两个磷酸酯键水解时可释放出 7.3 千卡能量，而普通磷酸酯键只有 2 千卡，因此 ATP 在细胞能量代谢中起极其重要的作用，许多化学反应需要由 ATP 提供能量。GTP、CTP、UTP 在某些生化反应中也具有传递能量的作用。UDP 在多糖合成中可作为携带葡萄糖的载体，CDP 在磷脂的合成中作为携带胆碱的载体。各种三磷酸核苷酸都是合成 DNA 或 RNA 的前体。

5. 环化核苷酸

核苷酸还有一种特殊形式，磷酸同时与核苷上两个羟基形成酯键，就形成环化核苷酸。ATP 在腺苷酸环化酶的作用下可以生成 3′,5′- 腺苷酸（cAMP）。同样，GTP 在鸟苷酸环化酶催化下也可生成 3′,5′- 鸟苷酸（cGMP）（图 4-8）。它们普遍存在于动植物及微生物细胞中，含量虽少，但有极重要的生物功能，如放大或缩小激素作用信号，有"第二信使"之称。

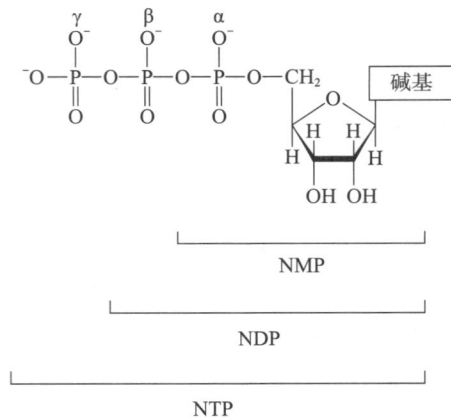

图 4-7　NMP、NDP、NTP 的结构

图 4-8　cAMP 和 cGMP 的结构

二、核苷酸的性质

（1）一般性状　核苷酸为无色粉末或结晶。易溶于水，不溶于有机溶剂。核苷酸溶液具有旋光性，因为戊糖含有不对称碳原子。

（2）紫外吸收　由于嘌呤碱和嘧啶碱具有共轭双键，所以碱基、核苷及核苷酸在 240～290 nm 波段有一强烈的吸收峰，其最大吸收值在 260 nm 波长附近，不同的核苷酸有不同的吸收光谱特性。因此，可以用紫外分光光度计定性鉴定核苷酸及定量测定核苷酸。

（3）核苷酸的互变异构作用　碱基上带有酮基的核苷酸能发生烯醇式转化。在溶液中，酮式与烯醇式两种互变异构体常同时存在，并处于一定的平衡状态，在体内核酸结构中核苷酸以酮式结构为主要存在形式。

（4）碱基、核苷及核苷酸的解离　由于嘧啶和嘌呤化合物杂环中的氮以及各种取代基具有结合和释放质子的能力，所以这些物质既有碱性解离又有酸性解离的性质。戊糖的存在，使碱基的酸性解离特性增强，磷酸的存在则使核苷酸具有较强的酸性。

三、核苷酸的功能

（1）作为核酸的组成成分。

（2）为生化反应提供能量，如 UTP 用于多糖合成，GTP 用于蛋白质合成，CTP 用于脂质合成，ATP 用于多种反应。

（3）用于信号传递，如 cAMP、cGMP 是第二信使。

（4）参与构成辅酶，如 NAD、FAD、CoA 等都含有 AMP 成分。

（5）参与代谢调控，如鸟苷四磷酸等可抑制 rRNA 的合成。

第三节　DNA 的结构

一、DNA 的碱基组成

DNA 是由成千上万个脱氧核糖核苷酸聚合而成的多聚脱氧核糖核酸，含有 4 种主要的碱基即腺嘌呤、鸟嘌呤、胞嘧啶和胸腺嘧啶，此外，也还含有少量稀有碱基。各种生物的 DNA 的碱基组成具有如下规律：

（1）所有 DNA 中腺嘌呤与胸腺嘧啶的含量（mol）相等，即 A＝T；鸟嘌呤与胞嘧啶（包括 5- 甲基胞嘧啶）的含量相等，即 G＝C。因此，嘌呤的总数等于嘧啶的总数，即 A＋G＝C＋T。DNA 中碱基组成的这些定量关系，也称为 Chargaff 法则。

（2）DNA 的碱基组成具有种的特异性，即不同生物种的 DNA 具有自己独特的碱基组成。

（3）DNA 的碱基组成没有组织的特异性，没有器官的特异性，即同一生物体的各种不同器官、不同组织的 DNA 具有相同的碱基组成。

（4）年龄、营养状态、环境的改变不影响 DNA 的碱基组成。

所有 DNA 中 A＝T、G＝C 这一规律的发现，为 DNA 双螺旋结构模型的建立提供了重要根据。DNA 只有种的特异性而无组织特异性，而且环境因素不影响 DNA 的碱基组成，这些特性使 DNA 可以用作生物分类的指标。

二、DNA 的一级结构

（1）定义和结构　DNA 的一级结构是它的构件的组成及排列顺序，即碱基序列。DNA 中的脱氧核苷酸通过 3,5- 磷酸二酯键彼此连接起来形成直线形或环形分子。由于脱氧戊糖中 C2 上不含羟基，C1 与碱基相连，所以唯一可能的是形成 3,5- 磷酸二酯键。因此，DNA 没有侧链。链中磷酸与糖交替排列构成脱氧核糖磷酸骨架，链的一端有自由的 5′- 磷酸基，称为 5′ 端；另一端有自由 3′- 羟基，称为 3′ 端。在 DNA 中，每个脱氧核糖连接着碱基，碱基的特定序列携带着遗传信息（图 4-9）。

（2）书写　书写 DNA 时，通常使用两种速记方法。按从 5′ 向 3′ 方向从左向右进行，并在链端注明 5′ 和 3′，如 5′pApGpCpTOH3′。也可省略中间的磷酸，写成 pAGCT。这是文字式缩写，还有线条式缩写，用竖线表示戊糖，1′ 在上，5′ 在下（图 4-10）。

三、DNA 的二级结构

核酸的空间结构指多核苷酸链内或链之间通过氢键折叠卷曲而成的构象。核酸的空间结构可以分为二级结构与三级结构。DNA 的二级结构主要是各种形式的螺旋,如 B 型双螺旋、A 型双螺旋、Z 型双螺旋。以下主要介绍 B 型双螺旋。

1. B-DNA 双螺旋结构的发现

DNA 双螺旋结构的阐明,是 20 世纪最重大的自然科学成果之一。Watson 和 Crick 两人根据富兰克林(Franklin)的 DNA X- 射线衍射数据(图 4-11)和碱基组成规律,于 1953 年提出了 DNA 分子双螺旋结构模型。认为在相对湿度为 92% 时结晶的 B 型 DNA 钠盐是由两条反向平行的多核苷酸链,围绕同一个中心轴构成的双螺旋结构。近年来又发现,局部 DNA 还可以其他双螺旋或三螺旋的形式存在。

2. B-DNA 双螺旋结构的要点

（1）基本结构

DNA 双螺旋是由两条反向、平行、互补的 DNA 链构成的右手双螺旋。两条链的脱氧核糖磷酸骨架反向、平行地按右手螺旋走向,绕一个共同的轴盘旋在双螺旋的外侧,两条链的碱基一一对应互补配对,集中地平行排列在双螺旋的中央,嘌呤和嘧啶碱基层叠于螺旋内侧,碱基平面与纵轴相垂直。DNA 双螺旋中的两条链互为互补链(图 4-12)。

📖 知识点

DNA 双螺旋结构

（2）基本数据

双螺旋的平均直径为 2 nm(实测为 2.37 nm),沿中心轴每旋转一周有 10 个核苷酸,螺距 3.4 nm,因此每对碱基距离 0.34 nm,两个核苷酸间的夹角为 36°(图 4-13)。

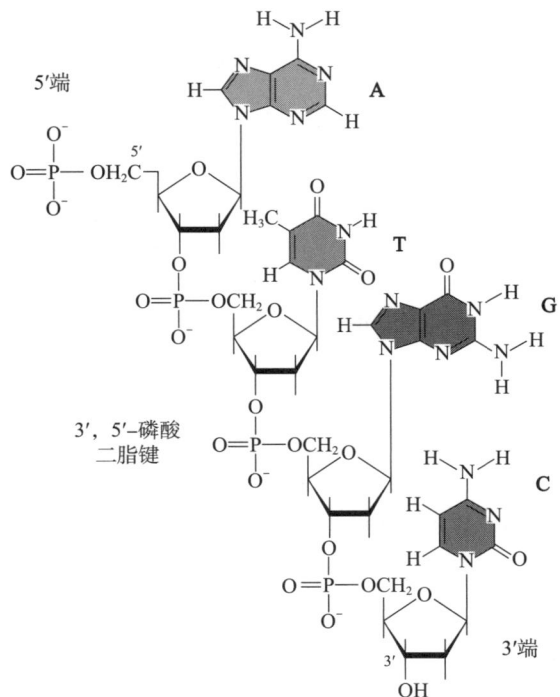

图 4-9 DNA 的一级结构

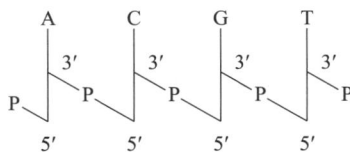

图 4-10 DNA 的线条式缩写

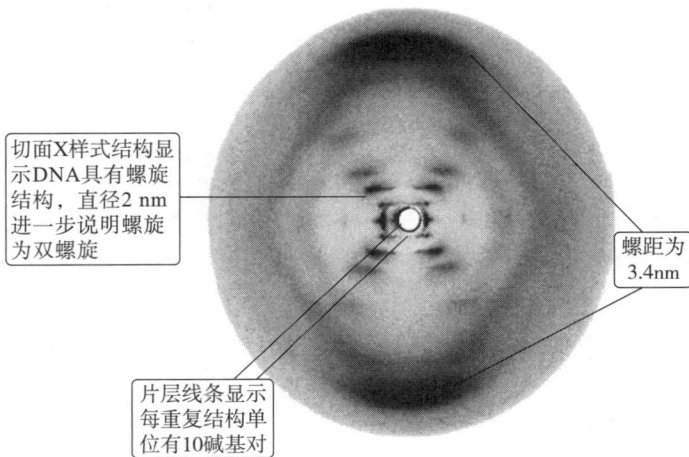

图 4-11 DNA 的 X 射线衍射图

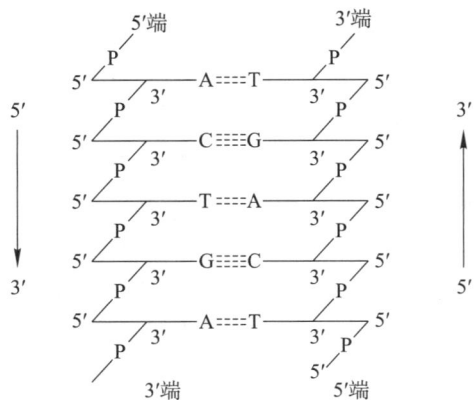

图 4-12 DNA 的反向平行结构

（3）作用力

有两种作用力稳定双螺旋的结构。在水平方向，两条核苷酸链依靠彼此碱基之间形成的氢键相联系而结合在一起。A 与 T 相结合，其间形成 2 个氢键；G 与 C 相结合，其间形成 3 个氢键（图 4-14），所以 G、C 之间的连接更为稳定一些。这种碱基之间互相匹配的情形称为碱基互补。这些氢键是克服两条链间磷酸基团的斥力形成的，它在使 4 种碱基形成特异的配对上虽然是十分重要的，但并不是使 DNA 结构稳定的主要力量。在垂直方向，DNA 分子中碱基的堆集可以使碱基缔合，所以是使 DNA 结构稳定的第二种力，也是主要的力，是碱基堆积力。碱基堆积力是由芳香族碱基的电子之间相互作用引起的，DNA 分子中碱基层层堆积，在内部形成了一个疏水核心，核心内几乎没有游离的水分子，所以使互补的碱基之间形成氢键。堆积力是疏水作用力与范德华力的共同体现。氢键与堆积力两者本身都是一种协同性相互作用，两者之间也有协同作用。

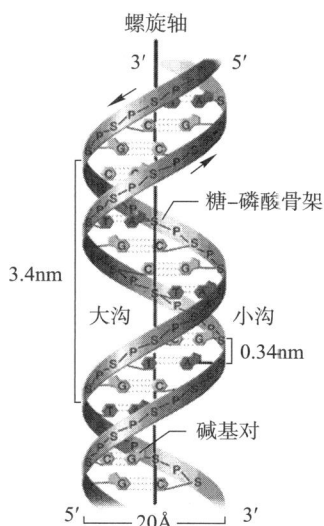

图 4-13　B 型 DNA 的结构特征

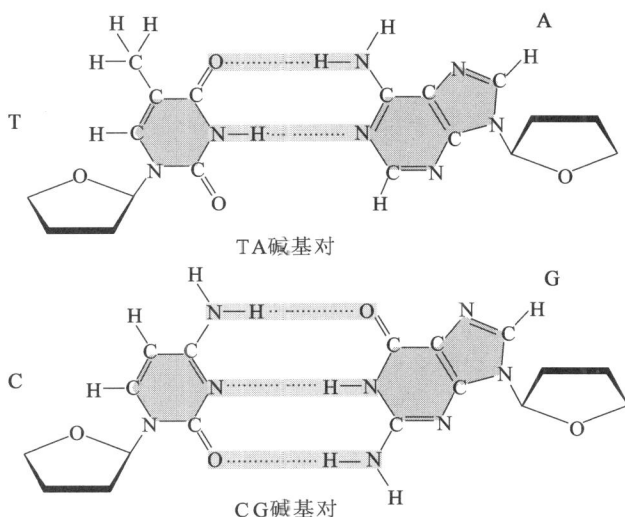

图 4-14　AT 和 GC 的配对

此外，还有使 DNA 分子稳定的力是磷酸残基上的负电荷与介质中的阳离子之间形成的离子键。由于 DNA 在生理 pH 条件下带有大量负电荷，若没有阳离子（或带正电荷的多聚胺、组蛋白）与它形成离子键，DNA 链也是不稳定的。与 DNA 结合的离子如 Na^+、K^+、Mg^{2+}、Mn^{2+}，在细胞内是大量存在的。原核细胞的 DNA 常与精胺及亚精胺结合，真核细胞的 DNA 则与组蛋白相结合。

基于上述 3 种力的作用，DNA 分子是稳定的。其两链间碱基严格互补，反向平行。据此，可以其一链为模板复制出一条新链来，结果亲代和子代 DNA 完全一致，RNA、蛋白质（包括酶、蛋白质和性激素等）也完全一致，这都反映了遗传性的稳定性。DNA 两链是由许多核苷酸组成的，可有多种基因，从而表达多种遗传性状。

（4）大小沟

脱氧核糖磷酸骨架并未将碱基对完全包围起来，由于碱基对的堆积和糖-磷酸骨架的扭转，导致螺旋的表面形成了两个与双螺旋走向一致的不等宽的沟，一个较深较宽，称大沟；一个较窄较浅，称小沟。大沟一侧暴露出嘌呤的 C6、N7 和嘧啶的 C4、C5 及其取代基团；小沟一侧暴露出嘌呤的 C2 和嘧啶的 C2 及其取代基团。在这些沟内，碱基对的边缘是暴露给溶剂的，所以能够与特定的碱基对相互作用的分子可以通过这些沟去识别碱基对，而不必将螺旋破坏。因此，从两个沟可以辨认碱基对的结构特征，各种酶和蛋白因子可以识别 DNA 的特征序列，这对于可以与 DNA 结合并"读出"特殊序列的蛋白质是特别重要的。

3. DNA 的其他结构

DNA 纤维在 92% 的相对湿度下可形成 B-DNA。溶液中及细胞内的天然状态的 DNA 几乎都是 B 型的。DNA 双螺旋二级结构是很稳定的，但不是绝对的，其结构处于不停的动态运动之中。由于碱基序列的影响，在局部会有所差异。

在相对湿度为 75% 可获得一种不同于 B-DNA 种的 DNA 纤维，称为 A-DNA。A-DNA 也是由反向的两条多核苷酸链组成的双螺旋，为右手螺旋，但是螺体较宽而浅，碱基对与中心轴之倾角也不同。RNA 分子的双螺旋区以及 RNA-DNA 杂交双链也具有与 A-DNA 相似的结构。

此外，DNA 还有左手螺旋，即 Z-DNA（图 4-15）。其骨架呈锯齿走向，在嘌呤与嘧啶交替排列的寡聚

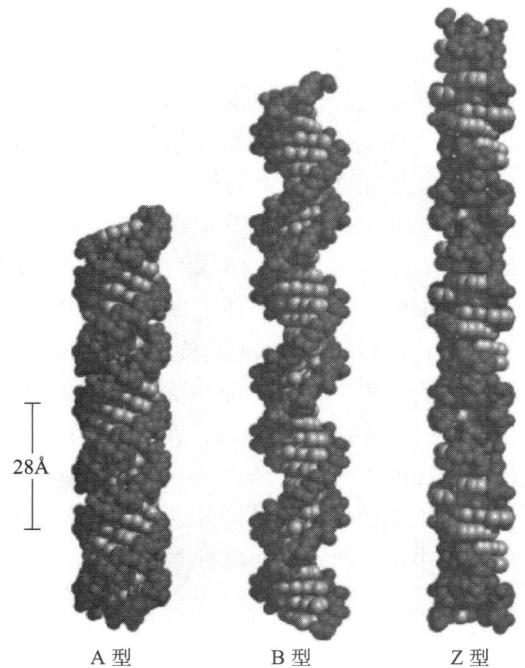

图 4-15 A 型、B 型、Z 型 DNA
分子双螺旋结构模型

DNA 中发现，也是反平行互补的双螺旋，每匝 12 个碱基对（表 4-1）。这说明 DNA 的碱基序列不仅储存遗传信息，也储存了自身高级结构的信息。Z-DNA 作为特殊的结构标志，与基因表达的调控有关。RNA 分子的双螺旋区以及 RNA-DNA 杂交双链也具有与 A-DNA 相似的结构。

DNA 分子的双螺旋结构模型的确立，不仅促进了遗传学的飞跃发展，也为分子生物学开创了新的局面。

表 4-1 3 种 DNA 双螺旋结构的比较

类型	旋转方向	螺旋直径 /nm	螺距 /nm	每转碱基对数目	碱基对间垂直距离 /nm	碱基对与水平面的倾角 /°
A-DNA	右	2.55	2.47	11	0.23	+ 19
B-DNA	右	2.37	3.32	10	0.33 ± 0.02	−1.2 + 4.1
Z-DNA	左	1.84	4.56	12	0.38	−9

四、DNA 的三级结构

在双螺旋结构（二级结构）的基础上，DNA 还可以形成三级结构：双链环型（DNA）的超螺旋和开环型。

1. 超螺旋

DNA 双螺旋的进一步扭曲，可以形成超螺旋，即螺旋的螺旋。B-DNA 以每 10 个碱基一圈盘绕时能量最低，处于伸展状态；用两手分别捏住线性 DNA 分子的两端，捻动其中的一端或两端同时向相反的方向捻动，双螺旋可以形成过旋或欠旋结构。当向右捻动时（即沿右手螺旋方向捻动），等于紧旋（所谓的上劲）（图 4-16）。当将线性过旋或欠旋的双螺旋 DNA 连接形成一个环时，都会自动形成额外的超螺旋来抵消过旋或欠旋造成的应力，目的是维持 B-DNA 构象。过旋 DNA 会自动形成额外左

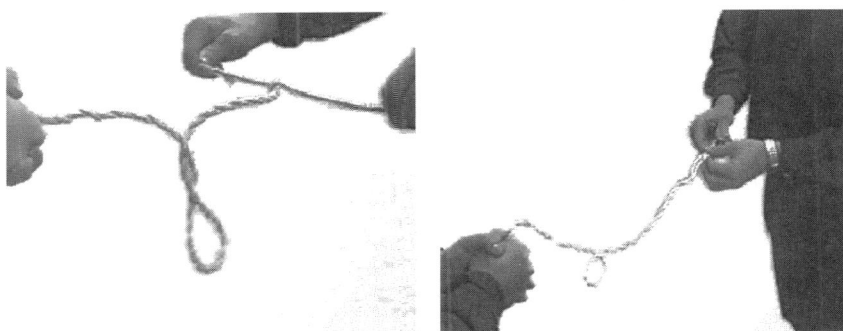

正超螺旋   负超螺旋

图 4-16 正超螺旋与负超螺旋的形成

手螺旋，这样的超螺旋称为正超螺旋；而欠旋形成额外右手螺旋，称为负超螺旋。因为超螺旋是在双螺旋的张力下形成的，所以只有双链闭合环状 DNA 和两端固定的线形 DNA 才能形成超螺旋，有切口的 DNA 不能形成超螺旋。无论是真核生物的双链线形 DNA，还是原核生物的双链环形 DNA，在体内都以负超螺旋的形式存在，密度一般为 100~200 bp 一圈。DNA 形成负超螺旋是结构与功能的需要。有的 DNA 分子的超螺旋数可达 20 或 30。典型的细菌染色体每 1 000 个碱基对就含有 5 个超螺旋，而真核生物的 DNA 含有的超螺旋更多。

所有细胞都含有类似的可以引入或除去超螺旋的拓扑异构酶。拓扑异构酶 I 通过切断 DNA 的一条链减少负超螺旋，增加连环数，每作用一次会使连环数增加 1 个。而拓扑异构酶 II 催化 DNA 双链断裂，引入负超螺旋因而使连环数减少，酶每作用一次连环数就减少 2 个。由于超螺旋 DNA 处于扭转张力状态下，所以去除超螺旋是个自发的、不需要外部能量驱动的拓扑异构酶反应。

2. 超螺旋的多层次性与染色体的包装

真核生物的染色体是 DNA 与蛋白质的复合体，其中 DNA 的超螺旋结构是多层次的。染色体由染色质细丝经过多次卷曲而成。染色质细丝由核小体重复单位构成串珠状结构。核小体由 DNA 和组蛋白组成。组蛋白是富含精氨酸和赖氨酸的碱性蛋白，有 H1、H2A、H2B、H3 和 H4 共 5 种。后 4 种各 2 分子组成核小体的蛋白核心，约 140 bp 双螺旋 DNA（核心 DNA）在蛋白核心外绕行 1.75 圈，共同构成核小体的核心颗粒。核心颗粒之间有约 60 bp 的连接 DNA。1 分子组蛋白 H1 结合在连接 DNA 的进出部位，将核心 DNA 固定在核心蛋白外围。核小体呈扁球形，高约 6 nm，直径约 11 nm。由核心 DNA 与连接 DNA 构成的核小体重复单位约 200 bp，长度由 68 nm 压缩至 11 nm。所以第一次超螺旋使直径 2 nm 的 DNA 双螺旋变成直径 11 nm 的染色质细丝，长度压缩至原来的 1/6~1/7。染色体细丝经过再一次超螺旋，形成直径 30 nm 的染色体粗丝，长度又压缩到 1/6。第三次超螺旋使粗丝盘绕成直径 400 nm 的单位纤维，长度压缩到 1/40。最后由单位纤维折叠形成染色单体，长度压缩 1/4~1/5。这样，经过 4 次超螺旋，DNA 的长度压缩了近万倍（图 4-17）。

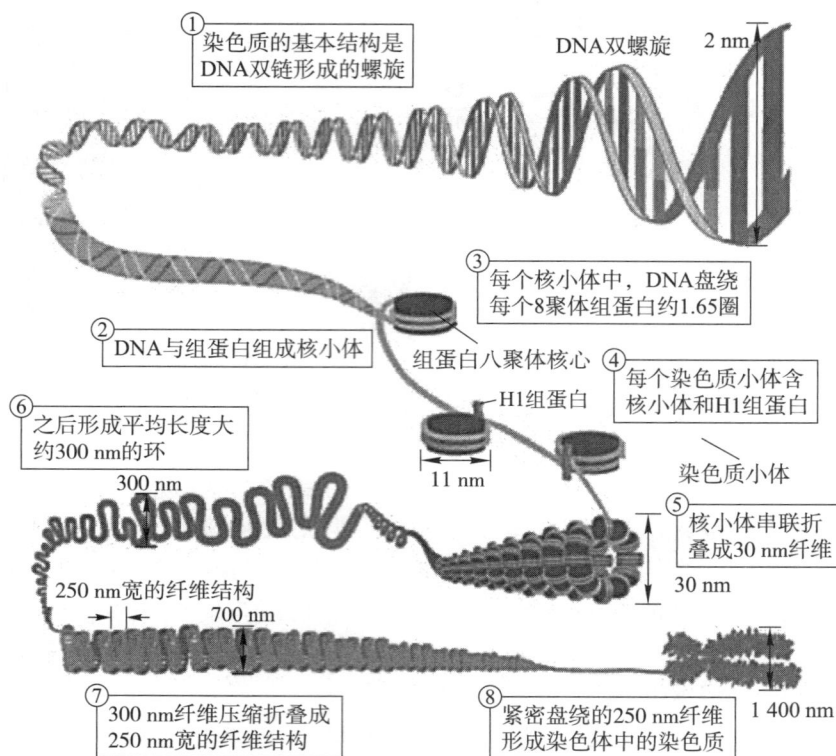

图 4-17 染色体的包装

第四节　RNA 的结构

一、RNA 的类型

DNA 分子是生物体的遗传信息库，而 RNA 分子主要参与遗传信息表达。细胞内 RNA 的种类、分布与功能见表 4-2。

（1）核糖体核糖核酸（ribosome RNA，rRNA）　rRNA 是细胞内最丰富的一类 RNA，约占全部 RNA 的 80%，也是构成核糖体的组成成分。核糖体含有大约 60% RNA、40% 蛋白质，整个核糖体由一大一小两个亚基组成。E.coli 核糖体中含有 3 种 rRNA：5S rRNA、16S rRNA 和 23S rRNA。动物细胞核糖体中含有 4 种 rRNA：5S rRNA、5.8S rRNA、18S rRNA 和 28S rRNA。

（2）信使核糖核酸（messenger RNA，mRNA）　mRNA 编码蛋白质中的氨基酸序列，作为一个"信使"，载有来自 DNA 的信息，然后进入蛋白质合成场所——核糖体，作为蛋白质合成的模板指导蛋白质的合成。每种多肽链都由一种特定的 mRNA 负责编码。所以细胞内 mRNA 的种类是很多的，但每一种 mRNA 的数量却极少。mRNA 约占细胞总 RNA 的 3%，一般来说，mRNA 是细胞内最不稳定的一种 RNA。

（3）转运核糖核酸（transfer RNA，tRNA）　tRNA 的主要功能是在蛋白质生物合成的过程中转运氨基酸，占全部 RNA 的 16%。tRNA 一般是由 73～95 个核苷酸组成，其中含有许多修饰的碱基。细胞内 tRNA 的种类很多，估计有 50 多种。每一种氨基酸都有与其相对应的一种或几种 tRNA。

除了这三类主要的 RNA 以外，细胞内还有一些其他类型的 RNA，如 snRNA 和 hnRNA 等。前者与 RNA 的加工有关，后者是 mRNA 的前体。许多小分子 RNA 都参与 RNA 合成后的修饰、加工过程。

表 4-2　RNA 的种类、分布与功能

细胞核和胞液		线粒体	功能
核蛋白体 RNA	rRNA	mt rRNA	核蛋白体组分
信使 RNA	mRNA	mt mRNA	蛋白质合成模板
转运 RNA	tRNA	mt tRNA	转运氨基酸
核内不均一 RNA	hnRNA		成熟 mRNA 的前体
核内小 RNA	snRNA		参与 hnRNA 的剪接、转运
核仁小 RNA	snoRNA		rRNA 的加工、修饰
胞质小 RNA	scRNA		蛋白质内质网定位合成的信号识别体的组分

切赫（Cech）和奥尔特曼（Altman）从四膜虫中提取了一种 RNA，它具有切割并重新组合自身的功能。为此，他们二人获得了 1989 年诺贝尔化学奖。

二、RNA 的结构特点

RNA 中所含的 4 种基本碱基是：腺嘌呤、鸟嘌呤、胞嘧啶和尿嘧啶。此外还有几十种稀有碱基。与 DNA 不同，RNA 的碱基组成往往不具有严格的 A = T、G = C 的规律。

大多数天然的 RNA 分子是以一条单链形式存在的，许多单链 RNA 可以自身发生回折，通过 AU 和 GC 的碱基互补配对形成双螺旋区，进而形成发夹或称为茎环的结构。这样的结构一般都出现在 tRNA 和 rRNA 分子中。实际上，这种结构涉及了 RNA 分子的二级结构问题。根据 X 射线衍射分析，RNA 的双螺旋区的结构类似于 A-DNA 的结构，每匝有 11 对碱基组成，结构的稳定因素也主要是碱基堆集力，其次才是氢键。每一段双螺旋区至少需要有 4~6 对碱基才能保持稳定。

三、转运 RNA

1. tRNA 的一级结构

tRNA 是小分子，其功能是转运氨基酸，一般由 74~93 个核苷酸构成，分子量在 25 000 左右，沉降系数 4 s，碱基组成中有较多的稀有碱基。3′ 端皆为 CCAOH。按照 mRNA 的碱基序列合成蛋白质。20 种常见氨基酸都有专一的 tRNA，有的还有 2 种或多种 tRNA。原核生物有 30~40 种 tRNA，真核生物有 50~60 种或更多。

2. tRNA 的二级结构

tRNA 分子二级结构的基本单元是发夹结构，RNA 链通过自身回折，其二级结构都呈三叶草形由氨基酸臂、二氢尿嘧啶环（D 环）、反密码子环、可变环和 TψC 环 5 部分组成（图 4-18）。

（1）氨基酸臂　tRNA 链的 5′ 端与 3′ 端序列构成的双螺旋区称为氨基酸臂，氨基酸臂由 7 对碱基组成，富含鸟嘌呤，末端为 -CCAOH。蛋白质生物合成时，氨基酸活化后，连接于这一末端的腺苷酸上。

（2）二氢尿嘧啶环（D 环）　由 8~12 个核苷酸组成，以具有 2 个二氢尿嘧啶（D）碱基为其特征，所以称为二氢尿嘧啶环（D 环）。

（3）反密码子环　由 8~12 个核苷酸组成。环的中间是反密码子，由 3 个碱基组成。在遗传信息的翻译过程中起重要作用。次黄嘌呤核苷酸（I）常出现于反密码子中。

（4）可变环　由 3~18 个碱基组成。不同的 tRNA，这个环的大小很不一样，所以是 tRNA 分类的重要指标。

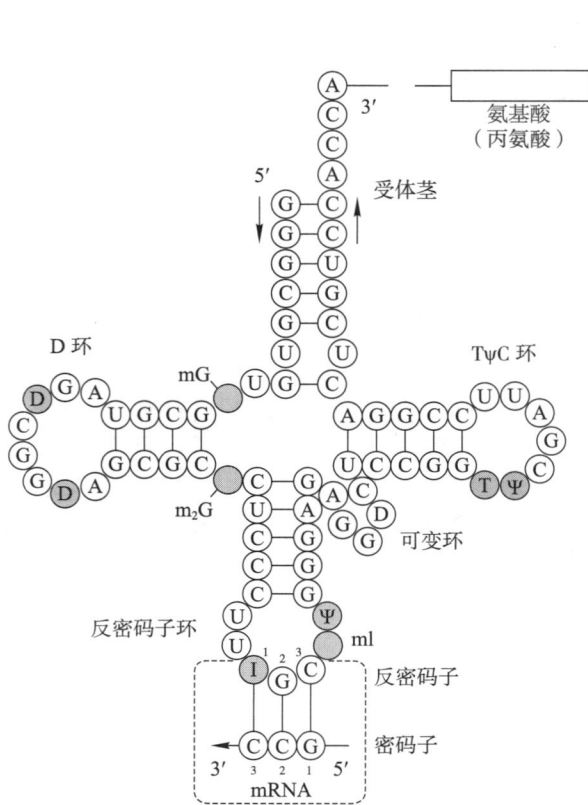

图 4-18 tRNA 的二级结构

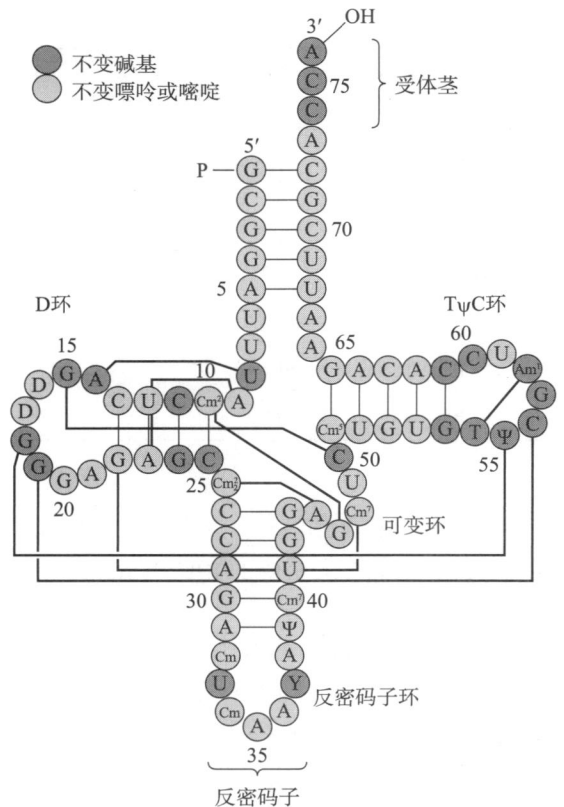

图 4-19 tRNA 三级结构中的氢键配对

（5）TψC 环　假尿嘧啶核苷 – 胸腺嘧啶核糖核苷环，由 7 个核苷酸组成，通过由 5 对碱基组成的双螺旋区（TψC 臂）与 tRNA 的其余部分相连，除个别 tRNA 外，所有的 tRNA 中此环必定含有 –T–ψ–C– 碱基序列，所以称为 TψC 环（ψ 代表假尿苷）。

3. tRNA 的三级结构

tRNA 分子在二级结构的基础上进一步扭曲形成确定的三级结构（图 4-19，图 4-20）。各种 tRNA 的三级结构都像一个倒置的 L。分子的右上端是氨基酸臂，下端是反密码子。两端距离约 8 nm。其生物学功能与其三级结构有密切的关系。目前认为氨酰 tRNA 合成酶是结合于倒 L 形的侧臂上的。不同 tRNA 的精细结构不同，能被专一的氨基酸 tRNA 连接酶和有关的蛋白因子识别。

图 4-20 tRNA 的三级结构对

四、核糖体 RNA

高等动物核糖体有 4 种 rRNA 成分：18S、28S、5.8S、5S，它们与 80 多种蛋白质共同构成真核生物的核糖体（80S）。核糖体可分解为大小两个亚基（图 4-21），小亚基（40S）由 18S rRNA 和 33 种蛋白构成，大亚基由 28S、5S、5.8S rRNA 和 49 种蛋白构成。原核生物核糖体（70S）由 3 种 rRNA 与 50 多种蛋白质构成，大亚基（50S）包括 23S、5S rRNA 和 33 种蛋白，小亚基（30S）包括 16S rRNA 和 21 种蛋白，5S rRNA 也具有类似三叶草形的结构，其他 rRNA 也是由部分双螺旋结构和部分突环相间排列组成的。多种 rRNA 的一级结构已经测出。rRNA 只含少量修饰成分，主要是甲基化核苷酸，包括 m7G、m6G 等修饰碱基和各种 2′-O- 甲基修饰核苷。同种 rRNA 的二级结构具有共同特点。

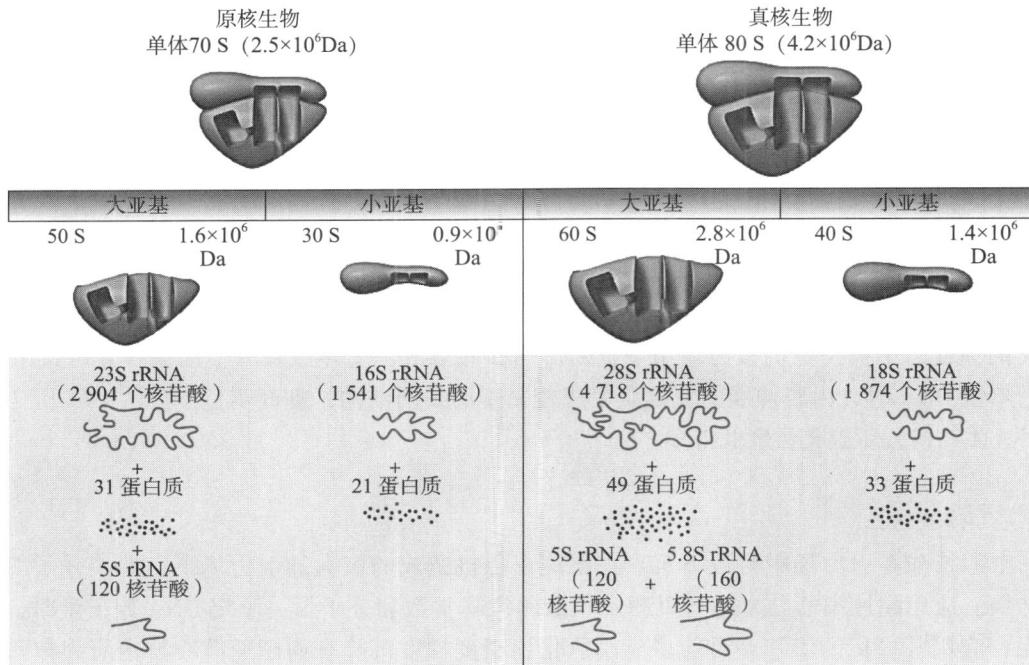

图 4-21 原核细胞与真核细胞核糖体的组成

五、信使 RNA

mRNA 作为指导合成蛋白质的模板，具有种类多、拷贝少、寿命短、修饰成分少的特点。mRNA 的主体序列是编码区，在其上游 5′ 端和下游都有非编码区。真核生物 mRNA 分子两端还有 5′ 帽子和 3′ 尾部结构。真核细胞 mRNA 在 3′ 端有一段长约 20～200 个残基的多聚腺苷酸，这一段 poly （A）是转录后逐个添加上去的，作为核膜孔转运系统的标志，与成熟的 mRNA 通过核膜孔被运到胞浆有关。原核生物的 mRNA 一般无 poly（A）。5′ 端帽子结构的通式可写为 m7GpppN(m)pN(m)⋯⋯ （图 4-22）。帽子结构对稳定 mRNA 及其翻译具有重要意义，它将 5′ 端封闭起来，可免遭核酸外切酶水解；还可作为蛋白合成系统的辨认信号，被专一的蛋白因子识别，从而启动翻译过程。

图 4-22 真核生物 mRNA 5′ 端帽子结构

第五节　核酸的理化性质

一、黏度

天然 DNA 是线形大分子，例如人类二倍体 DNA 总量 3.3×10^9 bp，全长可达 1.75 m，DNA 分子平均长度在 4 cm 以上，分子的直径只有 2 nm，长度与直径之比高达 10^7，所以即使是极稀的 DNA 溶液，也有极大的黏度，也极易在机械力作用下折断。当核酸溶液因受热或在其他因素作用下，双链 DNA 解链成为单链 DNA 时，由较伸展的双螺旋变成较紧凑的线团结构，黏度明显下降。RNA 因为分子量小，且呈线团结构，所以其黏度低得多。

二、沉降特性

溶液中的核酸在引力场中可以下沉。在超速离心机造成的极大的引力场下，核酸分子下沉的速率大大加快。应用超速离心技术，可以测定核酸的沉降常数和分子量。测定 DNA 分子量时，由于其黏度极大，应用其极稀的溶液。目前多应用氯化铯密度梯度沉降平衡超速离心技术研究核酸分子的构象。

利用密度梯度离心可以测定大分子的浮力密度。CsCl 溶解度大，可制成 8 mol/L 溶液。DNA 的浮力密度一般在 1.7 以上，RNA 为 1.6，蛋白质为 1.35 ~ 1.40。分子量相同结构不同的 DNA 沉降系数不同，线形双螺旋 DNA、线形单链 DNA、超螺旋 DNA 沉降系数之比为 1∶1.14∶1.4。因此通过测定沉降系数可以了解 DNA 的结构及其变化。

三、紫外吸收

嘌呤和嘧啶因其共轭体系而有强紫外吸收。核酸在 260 nm 波长处有紫外吸收峰，蛋白质则在 280 nm 波长处有紫外吸收峰（图 4-23）。利用这一特性，可以鉴别核酸样品中的蛋白质杂质，还可以对核酸进行定量测定。一般测定 A_{260}/A_{280}，DNA = 1.8，RNA = 2.0。如果含有蛋白质杂质，比值明显下降。不纯的核酸不能用紫外吸收法测定浓度。紫外吸收改变是 DNA 结构变化的标志，当双链 DNA 解链时碱基外露增加，紫外吸收明显增加，称为增色效应。双链 DNA、单链 DNA 与核苷酸的紫外吸收之比是 1∶1.37∶1.6。

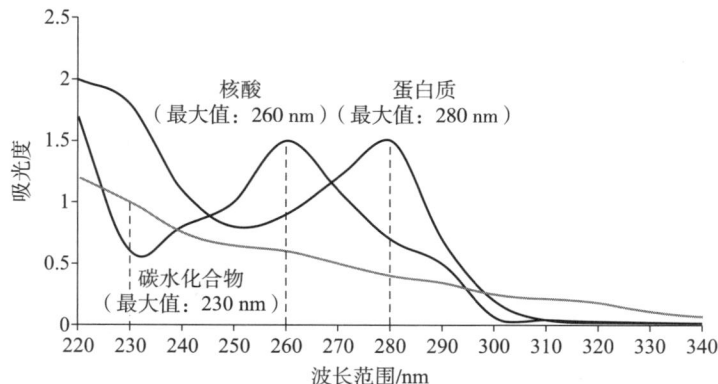

图 4-23　核酸的紫外吸收

四、核酸的变性与复性

核酸的变性是指核酸的双螺旋结解开，氢键断裂，并不涉及核苷酸间共价键的断裂。引起核酸变性的因素很多，加热引起的变性称为热变性；由于酸碱度的改变而引起的变性称为酸碱变性，如碱性条件（pH > 11.3）下，DNA 发生碱变性。此外，尿素、有机溶剂，甚至脱盐都可引起 DNA 变性。除去变性因素后，互补的单链 DNA 又可以重新结合为双链 DNA，称为复性或退火（图 4-24）。DNA 复性由局部序列配对形成双链核心的慢速成核反应开始，然后经过快速的所谓拉链反应而完成。DNA 变性后黏度降低，密度和吸光度升高。变性后的单链 DNA 与具有同一性序列的 DNA 链或 RNA 分子结合形成双链的 DNA-DNA 或 DNA-RNA 杂交分子的过程称为杂交或分子杂交。分子杂交技术的发展和应用，对分子生物学和生物高技术的发展起到了重要的推动作用。

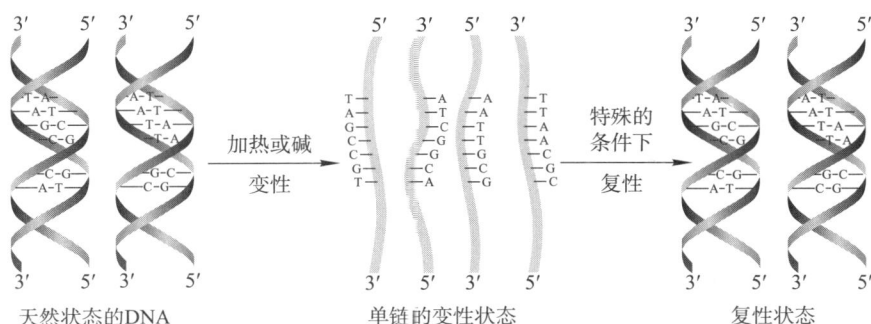

图 4-24　DNA 的变性与复性

通常将 50% DNA 分子变性时的温度称为熔点（T_m）。一般 DNA 在生理条件下的熔点在 85 ~ 95℃。有机溶剂，如乙醇可以降低 DNA 的 T_m，因为有机溶剂可以降低分子内部的疏水相互作用。熔点主要取决于碱基组成，GC 对含量越高，熔点越高。一般 GC 对含量 40% 时熔点是 87℃，每增加 1%，熔点增加约 0.4℃。离子强度也会影响 DNA 的 T_m，因为离子能与 DNA 结合，使其稳定，所以离子强度越低，熔点越低，熔解范围越窄。因此 DNA 应保存在高盐溶液中。如果 DNA 不纯，则变性温度范围也会扩大。甲酰胺可以使碱基对之间的氢键不稳定，降低熔点。所以分子生物实验中经常用甲酰胺使 DNA 变性，以避免高温引起 DNA 断裂。乙醇、丙酮、尿素等也可促进 DNA 变性。

测定 T_m 值，可反映 DNA 分子中 G、C 含量，可通过经验公式计算：

$$（G + C）\% = （T_m - 69.3）\times 2.44$$

五、核酸的酶切水解与限制性内切酶

催化核酸中磷酸二酯键水解的酶统称为核酸酶。核糖核酸酶（RNases）只作用于 RNA，而脱氧核糖核酸酶（DNases）只作用于 DNA。核酸酶还可以根据酶作用的部位不同，分为外切核酸酶和内切核酸酶。外切核酸酶水解磷酸二酯键后，从多核苷酸链的末端释放核苷酸残基；而内切核酸酶可以在多核苷酸链内的不同位置水解磷酸二酯键。限制性内切酶是一类重要的作用于 DNA 的内切酶。限制性内切酶一般分为 4 种类型，其中限制性内切酶 II 可以识别并切割特定的回文序列。*Eco*RI 是第一个被发现的限制性内切酶，它识别由 6 个碱基对组成的特殊序列（每条链上是 GAATTC）（图 4-25）。大多数限制性内切酶都是将双链 DNA 切开，形成两个黏性末端（带有与另一末端互补的单链）。在基因工程中，限制性内切酶 II 用于 DNA 的切割，被称为分子剪刀。

六、核酸的序列测定

DNA 碱基序列决定着基因的特性，DNA 序列分析（即测序）是分子生物学重要的基本技术。1977

年发展了两种快速测定 DNA 序列的方法，一种是由 Sanger 等人提出的酶法（双脱氧链终止法）（图 4-26），另一种是 Maxam-Gilbert 的化学降解法。常用的是 Sanger 的双脱氧链终止法。该技术的发展是与 DNA 电泳技术的发展分不开的。Sanger 双脱氧链终止法的最大特点是引入了双脱氧核苷三磷酸（2′,3′-ddNTP）作为链终止剂，2′,3′-ddNTP 与普通的 dNTP 不同之处在于前者的脱氧核糖的 3′ 位少了一个羟基。它可以在 DNA 聚合酶的作用下和多核苷酸 3′ 羟基形成磷酸二酯键，但却不能再与下一个核苷酸缩合，结果使得多核苷酸链的延伸终止。如果在 DNA 的合成反应中，除加入 4 种正常的 dNTP 外，再加入一种少量的 ddNTP，那么，多核苷酸链的延伸反应产物是一系列的长短

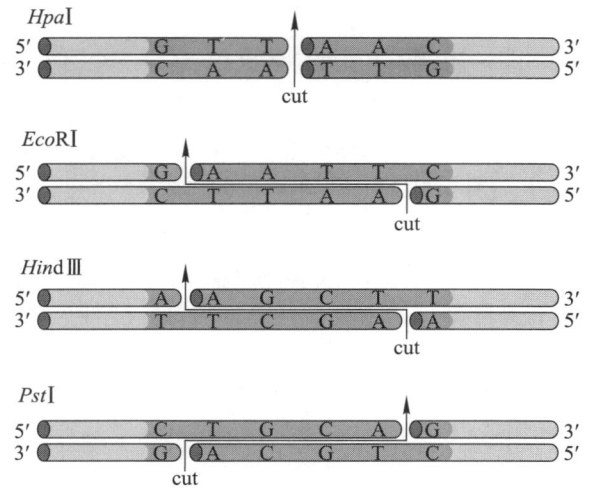

图 4-25　几种限制性内切酶的酶切位点

不一的核苷酸链。在 4 组独立的 DNA 合成反应中，分别加入 4 种不同的 ddNTP，结果将生成 4 组核苷酸链，它们将分别终止于每一个 A、G、C、T 的位置上。对这 4 组核苷酸链进行聚丙烯酰胺凝胶电泳，即可读出序列。

　　近年来已发展了基于 DNA 序列自动测定仪的高通量测序技术（high-throughput sequencing technology），又称"下一代"测序技术（"next-generation" sequencing technology），以能一次并行对几十万到几百万条 DNA 分子进行序列测定和一般读长较短等为标志。在基础生物学研究和众多的应用领域如诊断、生物技术、法医生物学、系统生物学中，DNA 序列知识已成为不可缺少的知识，具有现

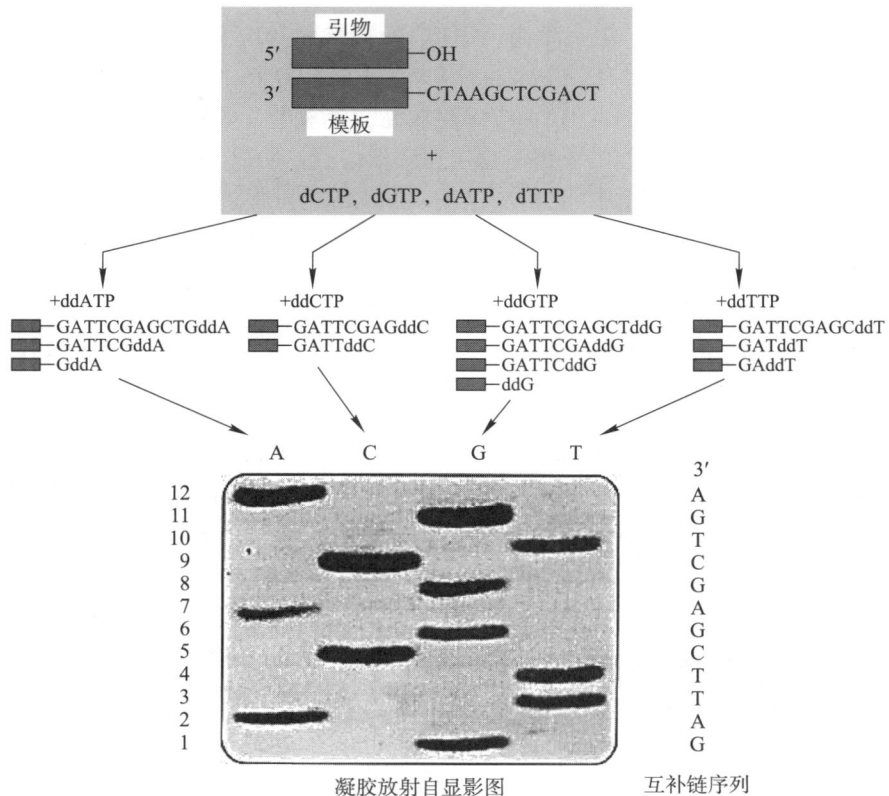

图 4-26　双脱氧链终止法测定 DNA 序列

代 DNA 测序技术的快速测序方法的出现极大地推动了生物学和医学的研究和发现。

❷ 拓展知识 1
基因及其前沿研究

❷ 拓展知识 2
基因工程

🗨 拓展性提示

❷ 拓展知识 3
核酶与癌症治疗

  本章主要介绍核酸的化学本质、结构和功能。通过分析比较核酸分子的组成和结构上的特点，进而联系它们的性质和生物功能，并认识核酸在生物科学上的重要性及其实践意义。近年来，核酸的第二代、第三代高通量测序技术已经有了快速的发展，基于高通量测序产生的大数据也是新兴的生物信息学最重要的研究对象。相关研究结果已经在众多领域得到广泛应用，包括生物的基因组图谱绘制、环境基因组学和微生物多样性、转录水平动态响应及其调控机制、疾病相关基因的确定和诊断、表观遗传学和考古学、物种进化演替过程等领域。

❓ 思考题

1. 试述核苷酸的化学组成。
2. DNA 分子二级结构有哪些特点？
3. 在稳定的 DNA 双螺旋中，哪两种力在维系分子立体结构方面起主要作用？
4. 简述 tRNA 二级结构的组成特点及其每一部分的功能。
5. 试用酶学方法区别：（1）单链 DNA 和双链 DNA；（2）线形 DNA 和环状 DNA。
6. 双脱氧链终止法测定 DNA 序列的基本原理是什么？

5

酶化学

酶是由活细胞产生的、对其底物具有高度特异性和高度催化效能的蛋白质或 RNA。在活细胞中进行着大量化学反应，这些化学反应的特点是反应速度非常快并且能有条不紊地进行，从而使细胞能同时进行各种降解代谢及合成代谢，以满足生命活动的需要。

第一节 酶的概述

生物细胞之所以能在常温常压下以极快的速度和很高的专一性进行化学反应，是由于其中存在生物催化剂。生物催化剂的特征是其具有高度的专一性和极高的催化效率，是无机催化剂所不能比拟的。酶是一类极为重要的生物催化剂。

@ 知识导入
酶的概述

一、酶的定义

酶（enzyme）是由活细胞产生的、对其底物具有高度特异性和高度催化效能的蛋白质或 RNA。随着科学家对酶分子的结构与功能、酶促反应动力学等领域的深入研究，逐步形成了酶学（enzymology）这一学科。

二、人们对酶的认识历程

十九世纪初，法国的佩恩（Payen）和帕索兹（Persoz）从麦芽的水解物中用酒精沉淀得到一种可使淀粉水解生成糖的物质，并将其命名为 "diastase"，也就是现在所谓的淀粉酶。"enzyme" 的名称来自希腊文，意即 "在酒精中"，最早始于 1878 年，库尼（Kunne）把酵母中进行酒精发酵的物质称为 "酶"（enzyme）。1913 年，德国科学家米夏埃利斯（Michaelis）和门滕（Menten）根据中间产物学说推导出酶催化基本方程——米式方程。1986 年，舒尔茨（Schultz）和勒纳（Lerner）研制成功抗体酶（abzyme）。人类对酶的化学本质的认识历经了三次飞跃。

第一次飞跃：1926 年美国科学家萨姆纳（Sumner）从刀豆种子中提取了脲酶的结晶，并且通过化学实验证实了脲酶是一种蛋白质。Sumner 因此荣获了 1964 年的诺贝尔化学奖。在此后的几十年中，人们所发现的几千种酶都是蛋白质，所以 20 世纪 30 年代，科学家对酶定义为：酶是一类具有生物催化作用的蛋白质。

第二次飞跃：20 世纪 80 年代，美国科学家切赫（Cech）和奥尔特曼（Altman）在对四膜虫编码 rRNA 前体的 DNA 序列的研究中，发现少数 RNA 也具有生物催化作用。例如，一种叫做 RNasep 的酶，这种酶是由 20% 的蛋白质和 80% 的 RNA 组成的。为了与酶（enzyme）区分，Cech 将它命名为 ribozyme，译名 "核酶"，在非编码 RNA 的分类中它也被称为 "催化性小 RNA"。

第三次飞跃：1994 年 Toyce 等人的研究证实了具有酶活性的 DNA 的存在。最小的 DNA 催化剂是由 47 个核苷酸组成的单链 DNA——E47，用于连接两段底物 DNA：S1 和 S2，结果出现预期的连接产物。产物的形成还需要 S1 的 3′ 磷酸基团被活化。由 E47 催化 S1 和 S2 的连接反应比无模板的情况至少快 1 015 倍，这样使人们认识到除了蛋白质和 RNA 具有酶的功能外，某些 DNA 也具有酶的功能。实现了人类对酶的化学本质认识的第三次飞跃。所以科学家再次对酶定义为：酶是活细胞产生的具有生物催化功能的有机物，其中大部分是蛋白质，少数是 RNA 或 DNA。

三、酶的特性

酶是生物细胞产生的、有催化能力的蛋白质、DNA 或 RNA。细胞内的蛋白质，90% 都有催化活性。酶是一种生物催化剂，与一般化学催化剂一样，只改变反应速度，不改变化学平衡，并在反应前后本身不变。也就是说，只能催化热力学上允许的反应，能降低反应所需的活化能，可以缩短到达平

@ 知识点
酶的特性与作用机制

衡的时间但不改变反应的平衡点。

酶作为生物催化剂，与一般的无机催化剂相比有以下特点：

（1）催化效率高　酶的催化效率比无机催化剂高 $10^6 \sim 10^{13}$ 倍。例如，1 mol 马肝过氧化氢酶在一定条件下可催化 5×10^6 mol 过氧化氢分解，在同样条件下 1 mol 铁只能催化 6×10^{-4} mol 过氧化氢分解。因此，这个酶的催化效率约是铁的 10^{10} 倍。也就是说，用过氧化氢酶在 1 秒内催化的反应，同样数量的铁需要 300 年才能反应完。

（2）专一性、特异性强　一般催化剂对底物没有严格的要求，能催化多种反应，而酶只催化某一类物质的一种反应，生成特定的产物。因此酶的种类也是多种多样的。酶催化的反应称为酶促反应，酶促反应的反应物称为底物。酶只催化某一类底物发生特定的反应，产生一定的产物，这种特性称为酶的专一性。

各种酶的专一性不同，包括结构专一性和立体异构专一性两大类。结构专一性又有绝对专一性和相对专一性之分（表 5-1）。绝对专一性指酶只催化一种底物，生成确定的产物。如氨基酸：tRNA 连接酶，只催化一种氨基酸与其受体 tRNA 的连接反应。相对专一性指酶催化一类底物或化学键的反应。如醇脱氢酶可催化许多醇类的氧化反应。还有许多酶具有立体专一性，对底物的构型有严格的要求。如乳酸脱氢酶只能催化 L- 乳酸发生反应，不能催化 D- 乳酸。

表 5-1　酶的专一性类型

立体异构专一性	结构专一性		
一种酶只能对一种立体异构体起催化作用，对其对映体则全无作用	绝对专一性	相对专一性	
	一种酶只能催化一种底物，如 6- 磷酸葡萄糖磷酸酯酶，脲酶	键专一性	基团专一性
		一种酶只作用于一定的化学键，对键两侧的基团无要求，如酯酶	不仅要求底物具有一定的化学键，还对键某一侧的基团有选择性，如磷酸单酯酶

（3）反应条件温和　酶促反应不需要高温高压及强酸强碱等剧烈条件，在常温常压下即可完成。

（4）酶的活性受多种因素调节　无机催化剂的催化能力一般是不变的，而酶的活性则受到很多因素的影响，如底物和产物的浓度、pH 以及各种激素的浓度都对酶活有较大影响。酶活的变化使酶能适应生物体内复杂多变的环境条件和多种多样的生理需要。生物通过变构、酶原活化、可逆磷酸化等方式对机体的代谢进行调节。

（5）稳定性差　酶大多是蛋白质，只能在常温、常压、近中性的条件下发挥作用。高温、高压、强酸、强碱、有机溶剂、重金属盐、超声波、剧烈搅拌甚至泡沫的表面张力等都有可能使酶变性失活。不过自然界中的酶是多种多样的，有些酶可以在极端条件下起作用。有些细菌生活在极端条件下，如超嗜热菌可以生活在 90℃ 以上环境中，高限为 110℃；嗜冷菌最适温度为 -2℃，高于 10℃ 不能生长；嗜酸菌生活在 pH < 1 的环境中，嗜碱菌的最适 pH > 11；嗜压菌最高可耐受 1 035 个大气压。这些嗜极菌的胞内酶较为正常，但胞外酶却可以耐受极端条件的作用。有些酶在有机溶剂中可以催化在水相中无法完成的反应。

四、酶的命名与分类

1. 酶的命名

酶的命名法有两种：习惯命名与系统命名。1961 年以前使用的酶的名称都是沿用习惯命名的。习惯命名最多以酶的底物和反应类型命名，有时还加上酶的来源。

习惯命名大致有以下几种情况：

（1）根据酶的底物命名，如水解淀粉、蛋白质和脂肪的酶分别命名为淀粉酶、蛋白酶和脂肪酶。

（2）根据酶所催化的反应性质来命名，如转氨酶。

（3）有的酶结合上述两个原则来命名，如乳酸脱氢酶、柠檬酸合酶等。

（4）在上述命名基础上，有时还加上酶的来源或酶的其他特点，如胃蛋白酶、碱性磷酸酶等。

习惯命名较简单，使用较久，但缺乏系统性又不甚合理，以致造成某些酶的名称混乱。例如，肠激酶和肌激酶从字面看是来源不同而作用相似的两种酶，而实际上它们的作用方式截然不同。又例如，铜硫解酶和乙酰辅酶 A 转酰基酶实际上是同一种酶，但名称却完全不同。

鉴于上述情况和新发现的酶不断增加，为适应酶学发展的新情况，避免命名的重复，酶学（专门）委员会（enzyme commission）国际酶学会议于 1961 年推荐了一套系统的酶命名方案和分类方法，同时每一种酶有一个固定编号。

酶的系统命名是以酶所催化的整体反应为基础的。

例如，一种编号为"3.4.21.4"的胰蛋白酶。

第一个数字"3"表示水解酶；

第二个数字"4"表示它是蛋白酶水解肽键；

第三个数字"21"表示它是丝氨酸蛋白酶，活性位上有一重要的丝氨酸残基；

第四个数字"4"表示它是这一类型中被指认的第四个酶。

又如图 5-1 乳酸脱氢酶。按照规定，每种酶的名称应明确写出底物名称及其催化性质。若酶反应中有两种底物发生反应，则这两种底物均须列出，当中用"："分隔开。

例如，谷丙转氨酶（习惯名称）写成系统名时，应将它的两个底物"L- 丙氨酸""α- 酮戊二酸"同时列出，它所催化的反应性质为转氨基，也需指明，故其名称为"L- 丙氨酸：α- 酮戊二酸转氨酶"。

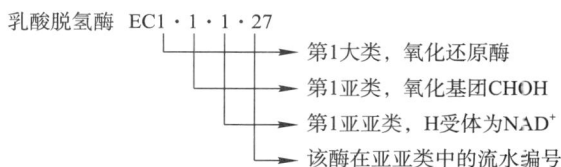

图 5-1　乳酸脱氢酶的编号及含义

在国际科学文献中，为严格起见，应该使用酶的系统名称。由于系统命名一般都很长，使用时不方便，因此叙述时仍可沿用习惯名称。酶的习惯用名和系统命名的应用实例见表 5-2。

表 5-2　酶的习惯用名和系统命名的应用实例

习惯用名	系统命名	催化的反应
乙醇脱氢酶	乙醇：NAD^+ 氧化还原酶	乙醇 — NAD^+ / 乙醛 — $NADH + H^+$
谷丙转氨酶（GPT）	丙氨酸：α- 酮戊二酸氨基转移酶	丙氨酸 — α-酮戊二酸 / 丙酮酸 — 谷氨酸
过氧化物酶	H_2O_2：邻甲氧基酚氧化酶	H_2O_2 — 邻甲氧基酚 / H_2O — 四邻甲氧基酚

2. 酶的分类

人体和其他哺乳动物体内含有至少 5 000 种酶。它们或是溶解于细胞质中，或是与各种膜结构结合在一起，或是位于细胞内其他结构的特定位置上，只有在被需要时才被激活，这些酶统称胞内酶；另外，还有一些在细胞内合成后再分泌至细胞外的酶，统称为胞外酶。

按照国际生物化学学会公布的酶的统一分类原则，根据酶所催化的反应性质的不同，可把所有的酶分为七大类。在七大类基础上，在每一大类酶中又根据底物中被作用的基团或键的特点，分为若干亚类；为了更精确地表明底物或反应物的性质，每一个亚类再分为几个组（亚亚类）；每个组中直接包含若干个酶。亚类的划分标准：氧化还原酶是电子供体类型，转移酶是被转移基团的类型，水解酶是被水解的键的类型，裂合酶是被裂解的键的类型，异构酶是异构作用的类型，合成酶是生成的键的类型，易位酶是催化离子、分子跨膜转运或在膜内移动的类型。

（1）氧化还原酶类（oxidoreductases） 催化氧化还原反应，如葡萄糖氧化酶及各种脱氢酶等。是已发现的量最大的一类酶，其氧化、产能、解毒功能，在生产中的应用仅次于水解酶。需要辅因子，可根据反应时辅因子的光电性质变化来测定。按系统命名可分为 19 亚类，习惯上可分为 4 个亚类：

① 脱氢酶：受体为 NAD 或 NADP，不需氧。

② 氧化酶：以分子氧为受体，产物可为水或 H_2O_2，常需黄素辅基。

③ 过氧化物酶：以 H_2O_2 为受体，常以黄素、血红素为辅基。

④ 氧合酶（加氧酶）：催化氧原子掺入有机分子，又称羟化酶。按掺入氧原子个数可分为单加氧酶和双加氧酶。

（2）转移酶类（transferases） 催化功能基团的转移反应，如各种转氨酶和激酶分别催化转移氨基和磷酸基的反应。多需要辅酶，但反应不易测定。按转移基团性质，可分为 8 个亚类，较重要的有以下几种。

一碳基转移酶：转移一碳单位，与核酸、蛋白质甲基化有关。

磷酸基转移酶：常称为激酶，多以 ATP 为供体。少数蛋白酶也称为激酶（如肠激酶）。

糖苷转移酶：与多糖代谢密切相关，如糖原磷酸化酶。

（3）水解酶类（hydrolases） 催化底物的水解反应，如蛋白酶、脂肪酶等。起降解作用，多位于胞外或溶酶体中。有些蛋白酶也称为激酶。可分为水解酯键（如限制性内切酶）、糖苷键（如果胶酶、溶菌酶等）、肽键、碳氮键等 11 亚类。

（4）裂合酶类（lyases） 催化从底物上移去一个小分子而留下双键的反应或其逆反应。包括醛缩酶、水化酶、脱羧酶等。共 7 个亚类。

（5）异构酶类（isomerases） 催化同分异构体之间的相互转化。包括消旋酶、异构酶、变位酶等。共 6 个亚类。

（6）合成酶类（synthetases） 催化由两种物质合成一种物质，必须与 ATP 分解相偶联。也称为连接酶，如 DNA 连接酶。共 5 个亚类。

（7）易位酶类（translocase） 催化离子或分子跨膜转运或在膜内移动的酶类。其中有些涉及 ATP 水解反应的酶被归为水解酶类（EC 3.6.3–），但水解反应并非这类酶的主要功能。因此，命名委员会决定将这类酶归为第七大类酶。

五、酶的活力

检查酶的含量及存在，难以直接用质量或体积来表示，通常用酶活力来表示。

1. 概念

酶活性（enzyme activity）也称为酶活力，是指酶催化一定化学反应的能力。酶活性的大小可以用在一定条件下，其所催化的某一化学反应的转化速率来表示，即酶催化的转化速率越快，酶的活性就越高；反之，速率越慢，酶的活性就越低。

2. 酶活力单位（U）

在特定条件下，1 min 内转化 1 μmol 底物所需的酶量为一个活力单位（U）。温度规定为 25℃，其他条件取反应的最适条件。常用 U/mL 酶制剂或 U/g 酶制剂表示。这种表示法随测定条件不同而异。1961 年国际生物化学学会酶学委员会及国际纯粹与应用化学联合会临床化学委员会采用"国际单位"（international unit，缩写 I. U.）表示。I. U. 定义为"在 25℃，在最适底物浓度、最适缓冲液的离子强度，以及最适 pH 等条件下，每分钟能催化消耗 1μmol/L 底物的酶量为一个酶活力单位"。

1973 年国际生物化学学会酶学委员会推荐一个新的酶活性国际单位，即开特（kat），其定义为"在最适条件下，每秒钟能使 1 mol/L 底物转化的酶量。kat 与 I.U. 换算关系如下：

$$1 \text{ kat} = 1 \text{ mol} \cdot L^{-1} \cdot s^{-1}$$
$$= 60 \text{ mol} \cdot L^{-1} \cdot min^{-1}$$
$$= 60 \times 10^6 \text{ μmol} \cdot L^{-1} \cdot min^{-1}$$
$$= 6 \times 10^7 \text{ I.U.}$$

$$1 \text{ I.U.} = 1 \text{ μmol/min} = 16.67 \times n \text{ kat}$$

那么，酶活性的大小可用一定条件下，其所催化的某一化学反应的反应速度来表示，两者呈线性关系。所以测定酶的活性（实质上就是酶的定量测定）就是测定酶促反应的速度，即单位时间内底物或产物浓度的变化（图 5-2）。

但是反应速度只在最初一段时间内保持恒定，随着反应时间的延长，酶促反应速度逐渐下降。因此，研究酶促反应速度应以酶促反应初速度为准。这时各种干扰因素尚未起作用，速度保持恒定不变。

3. 比活性

比活性是指每毫克酶蛋白所具有的酶活性，一般用 U/mg 酶蛋白质来表示。比活性越高酶越纯，酶的比活性是分析酶的含量与纯度的重要指标。

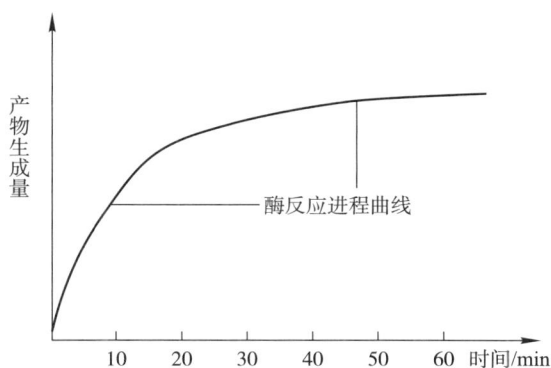

图 5-2 酶反应进程曲线

$$比活性 = \frac{总活力单位}{总蛋白 \text{ mg 数}} = U（或 IU）/mg 蛋白$$

通常测试酶活性的方法有化学滴定、分光光度法、同位素测定法、电化学法、比旋光度和气体测定等。

4. 转化数

转化数是每分子酶或每个酶活性中心在单位时间内能催化的底物分子数（TN）。相当于酶反应的速度常数 k_p。也称为催化常数（k_{cat}）。$1/k_p$ 称为催化周期。碳酸酐酶是已知转换数最高的酶之一，高达每分钟 36×10^6，催化周期为 1.7 μs。

第二节 酶的化学组成和结构

酶与其他蛋白质一样，由氨基酸构成，因此它也具有一级、二级、三级，乃至四级结构。酶也会因受到某些物理、化学因素作用而变性，失去活力。酶分子量很大，具有胶体性质，不能透析。酶可被蛋白酶水解。

一、酶分子的化学组成

按照酶的化学组成可将其分为单纯酶和结合酶两类（图5-3）。

（1）单纯酶 单纯酶分子中只有由氨基酸残基组成的肽链。

（2）结合酶 结合酶分子中则除了多肽链组成的蛋白质外，还有非蛋白成分，如金属离子、铁卟啉或含B族维生素的小分子有机物。

酶分子组成 { 单纯蛋白质酶类
结合蛋白质酶类 { 酶蛋白质
辅助因子 { 辅酶
辅基 }

图5-3 酶分子化学组成

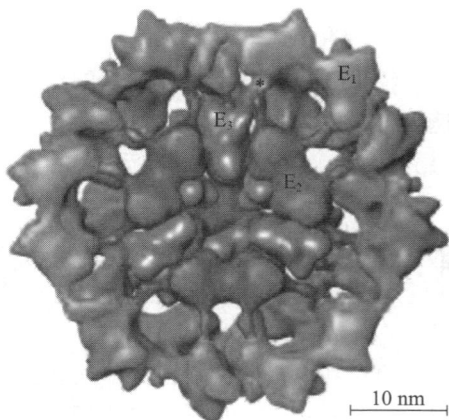

结合酶的蛋白质部分称为酶蛋白（apoenzyme），非蛋白质部分统称为辅助因子（cofactor），两者一起组成全酶（holoenzyme）；只有全酶才有催化活性，如果两者分开则酶活性消失。

辅助因子一般起携带及转移电子或功能基团的作用，其中与酶蛋白以共价键紧密结合的称为辅基（prosthetic group），用透析或超滤等方法不能使其与酶蛋白分开；反之，两者以非共价键相连的称为辅酶（coenzyme），可用上述方法将两者分开。

辅助因子有两大类，一类是金属离子，且常为辅基，起传递电子的作用；另一类是小分子有机化合物，主要起传递氢原子、电子或某些化学基团的作用。

结合酶中的金属离子有多方面功能，它们可能是酶活性中心的组成成分；有的可能在稳定酶分子的构象上起作用；有的可能作为桥梁使酶与底物相连接。辅酶与辅基在催化反应中作为氢或某些化学基团的载体，起传递氢或化学基团的作用。体内酶的种类很多，但酶的辅助因子种类并不多，常见到几种酶均用同一种金属离子作为辅助因子的例子，同样的情况亦见于辅酶与辅基，如3-磷酸甘油醛脱氢酶和乳酸脱氢酶均以 NAD^+ 为辅酶。酶催化反应的特异性取决于酶蛋白部分，而辅酶与辅基的作用是参与具体反应过程中氢及一些特殊化学基团的运载。对需要辅助因子的酶来说，辅助因子也是活性中心的组成部分。

有30%以上的酶需要金属元素作为辅助因子。有些酶的金属离子与酶蛋白结合紧密，不易分离，称为金属酶；有些酶的金属离子结合松散，称为金属活化酶。金属酶的辅助因子一般是过渡金属，如铁、锌、铜、锰等；金属活化酶的辅因子一般是碱金属或碱土金属，如钾、钙、镁等。

（3）多酶体系 根据酶蛋白亚基组成和功能，可分为单体酶、寡聚酶和多酶体系。

由一条肽链构成的酶称为单体酶，由多条肽链以非共价键结合而成的酶称为寡聚酶。

体内有些酶彼此聚合在一起，组成一个物理的结合体，此结合体称为多酶复合体（multienzyme complex）。若把多酶复合体解体，则各酶的催化活性消失。参与组成多酶复合体的酶有多有少，如催化丙酮酸氧化脱羧反应的丙酮酸脱氢酶多酶复合体由3种酶组成（图5-4），而在线粒体中催化脂肪酸β氧化的多酶复合体由4种酶组成。多酶复合体第一个酶催化反应的产物成为第二个酶作用的底物，如此连续进行，直至终产物生成。

多酶复合体由于有物理结合，在空间构象上有利于这种流水作业的快速进行，是生物体提高酶催化效率的一种有效措施。

体内物质代谢的各条途径往往有许多酶共同参与，依次完成反应过程，这些酶不同于多酶复合体，在结构上无彼此关联，故称为多酶体系（multienzyme system）。如参与糖酵解的11个酶均存在于细胞质基质，组成一个多酶体系。

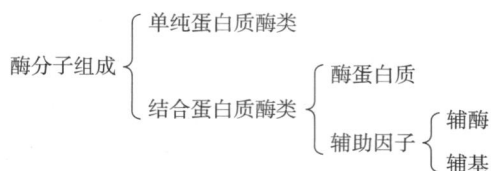

图5-4 丙酮酸脱氢酶复合体的结构

二、酶的活性中心

1. 定义

酶分子中能够直接与底物分子结合，并催化底物化学反应的部位称为酶的活性中心。

酶是大分子，其分子量一般在 1×10^4 以上，由数百个氨基酸组成。而酶的底物一般很小，因此，直接与底物接触并起催化作用的只是酶分子中的一小部分。有些酶的底物虽然较大，但与酶接触的也只是一个很小的区域。因此，普遍认为，酶分子中有一个活性中心，它是酶分子的一小部分，是酶分子中与底物结合并催化反应的场所。活性中心是由酶分子中少数几个氨基酸残基构成的，它们在一级结构上可能相距很远，甚至位于不同的肽链上，由于肽链的盘曲折叠而互相接近，构成一个特定的活性结构（图 5-5）。因此活性中心不是一个点或面，而是一个小的空间区域。

2. 活性中心的结构

一般认为活性中心有两个功能部位，即结合部位和催化部位。结合部位负责识别特定的底物并与之结合，它们决定了酶的底物专一性。催化部位是起催化作用的，底物的敏感键在此被切断或形成新键，并生成产物。二者的分别并不是绝对的，有些基团既有底物结合功能又有催化功能。科什兰（Koshland）将酶分子中的残基分为 4 类：①接触亚基负责底物的结合与催化，②辅助亚基起协助作用，③结构亚基维持酶的构象，④非贡献亚基的替换对活性无影响，但对酶的免疫、运输、调控与寿命等有作用。前两者构成活性中心，前三者称为酶的必须基团。活性中心以外的部分并不是无用的，它们能够维持酶的空间结构，使活性中心保持完整（图 5-6）。在酶与底物结合后，整个酶分子的构象发生变化，这种扭动的张力使底物化学键容易断裂。这种变化也要依靠非活性中心的协同作用。

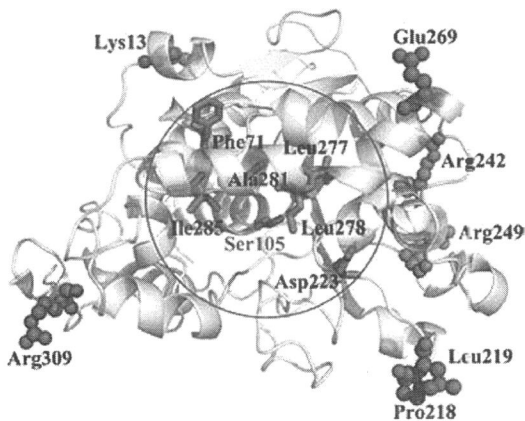

图 5-5 酶活性中心示意图

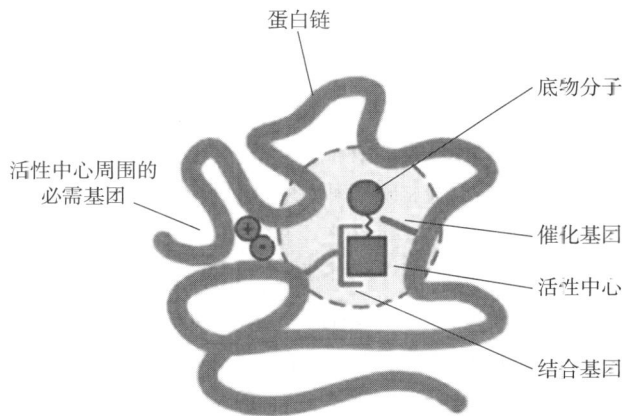

图 5-6 酶活性中心结构

一般单体酶只有一个活性中心，但有些具有多种功能的多功能酶具有多个活性中心。如大肠杆菌 DNA 聚合酶 I 是一条 109 kd 的肽链，既有聚合酶活性，又有外切酶活性。

3. 活性中心形成过程

活性中心的形成要求酶蛋白分子具有一定的空间构象，因此，酶分子中的其他部分的作用对于酶的催化来说，可能是次要的，但绝不是毫无意义的，它们至少为酶活性中心的形成提供结构基础。酶分子上另一类特殊部位，即变构部位，与酶的构型和功能变化有密切关系。

当外界物理因素、化学因素破坏了酶的结构时，首先可能影响活性中心的特定结构，结果必然影响酶的活性。

有些酶在细胞内刚刚合成或分泌时，尚不具有催化活性，这些无活性的酶的前体称为酶原。酶原通过激活才能转化为有活性的酶。酶原的激活是通过改变酶分子的共价结构来控制酶活性的一种机

肠激酶/胰蛋白酶

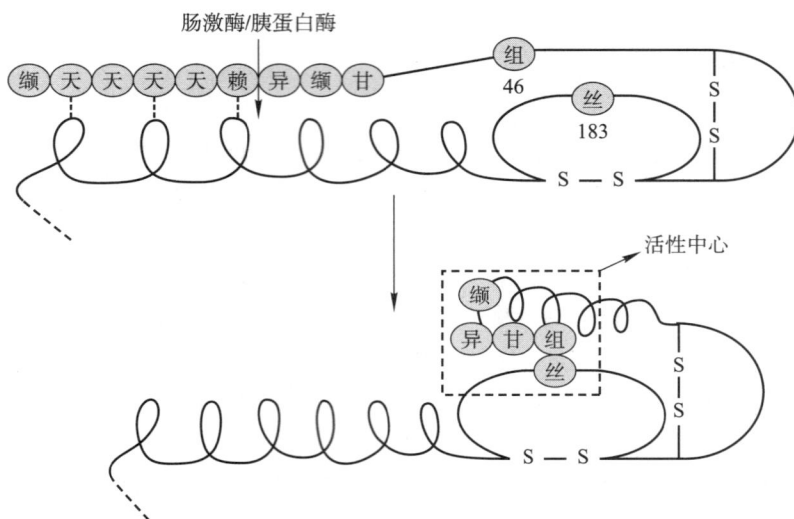

图 5-7 胰蛋白酶原的激活过程

制，通过肽链的剪切和一级结构的改变，导致酶原分子空间结构的改变，从而使催化活性中心得以形成或暴露酶的活性中心，使酶原在必要时被活化成为有活性的酶，发挥其功能（图 5-7）。

4. 研究活性中心的方法

目前，主要使用 X 射线晶体衍射法、反应动力学法等方法研究活性中心，为探明酶的活性中心提供了许多直接和确切的实验结果。

三、同工酶、别构酶、诱导酶和固相酶

（1）同工酶（isoenzyme） 广义是指生物体内催化相同反应但酶蛋白的分子结构、理化性质和免疫原性各不相同的一类酶。它们存在于生物的同一种族或同一个体的不同组织中，甚至在同一组织、同一细胞的不同细胞器中。按照国际生物化学联合会（IUB）所属生物化学命名委员会的建议，只把其中因编码基因不同而产生的多种分子结构的酶称为同工酶。至今已知的同工酶不下几十种，如己糖激酶、乳酸脱氢酶等，其中以乳酸脱氢酶（lactic acid dehydrogenase，LDH）研究得最为清楚。同工酶在体内的生理意义主要在于适应不同组织或不同细胞器在代谢上的不同需要。

用电泳方法将 LDH 同工酶分离，分析其酶谱，发现脊椎动物各组织中有 5 条酶带。每条酶带的酶蛋白都是由 4 条肽链（亚基）组成的，LDH 的亚基有骨骼肌型（M 型）和心肌型（H 型）之分，两型亚基的氨基酸组成不同，各有不同的免疫性质，由两种亚基以不同比例排列组合组成四聚体，存在 5 种 LDH 形式，符合于电泳酶带数的 5 种同工酶（图 5-8），即 H_4（LDH_1）、H_3M_1（LDH_2）、H_2M_2（LDH_3）、H_1M_3（LDH_4）和 M_4（LDH_5）。

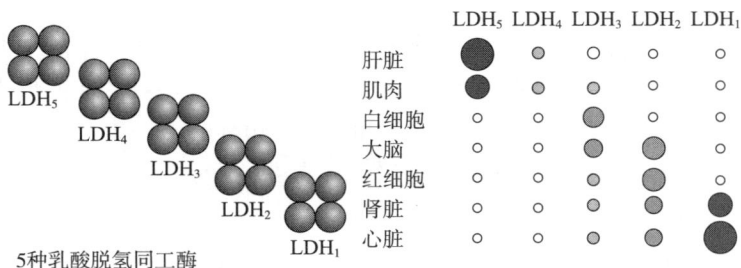

图 5-8 5 种 LDH 形式及分布

M、H 亚基的氨基酸组成不同，这是由基因不同所决定。5 种 LDH 中的 M、H 亚基比例各异，决定了它们理化性质的差别。通常用电泳法可把 5 种 LDH 分开，LDH₁ 向正极泳动速度最快，而 LDH₅ 泳动最慢，其他几种介于两者之间，依次为 LDH₂、LDH₃ 和 LDH₄。不同组织中各种 LDH 所含的量不同，心肌中 LDH₁ 及 LDH₂ 的量较多，而骨骼肌及肝中 LDH₅ 和 LDH₄ 为主。不同组织中 LDH 同工酶谱的差异与组织利用乳酸的生理过程有关。LDH₁ 及 LDH₂ 对乳酸的亲和力大，使乳酸脱氢氧化成丙酮酸，有利于心肌从乳酸氧化中取得能量。LDH₅ 和 LDH₄ 对丙酮酸的亲和力大，有使丙酮酸还原为乳酸的作用，这与肌肉在无氧酵解中取得能量的生理过程相适应。在组织病变时这些同工酶释放入血，由于同工酶在组织器官中分布差异，因此血清同工酶谱就有了变化。故临床上常用血清同工酶谱分析来诊断疾病（图 5-9）。

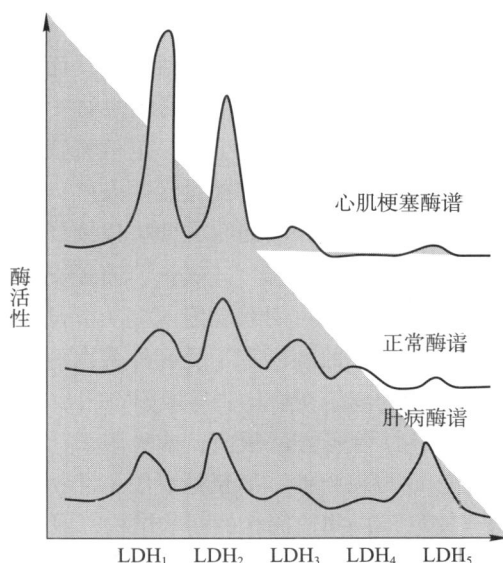

图 5-9　心肌梗死和肝病病人血清 LDH 同工酶谱的变化

（2）别构酶（allosteric enzyme）　也称变构酶，它是重要一类的调节酶。迄今为止，所有已知的别构酶都是寡聚酶，即含有两个或两个以上的亚基，很容易发生构象改变。由于本身结构及性质上的特点，可通过酶分子本身构象变化来改变酶的活性，调节酶促反应速度。它的分子量大，结构复杂，分离纯化困难。

别构酶分子中包括两个中心：一个是与底物结合、催化底物反应的活性中心；另一个是与调节物（或效应物）结合、调节反应速度的别构中心。二者可处在不同亚基上或相同亚基的不同部位上。

别构酶常是反应系列酶系统的第一个酶，或处于代谢途径分支点上的酶。

调节物与酶分子中的别构部位结合，可诱导出或稳定住酶分子的某些构象，使酶活性部位对底物结合与催化作用受到影响，从而调节酶促反应的速度及代谢过程。这种效应叫别构效应。

调节物或是底物或是底物以外的代谢序列的最终产物，前者多为正调节物，后者多为负调节物。

大多数别构酶还表现出非典型的初速度-底物浓度关系，即它不遵循米氏方程，代谢调节物造成的抑制作用也不服从于典型的竞争性、非竞争性和反竞争性抑制作用的数量关系。

（3）诱导酶（induced enzyme）　在细胞中，一般不存在或以很小数量存在的一类酶，是在环境中有诱导物存在的情况下，由诱导物诱导而生成的酶。诱导物通常是酶的底物或某些非底物物质，甚至是光。例如，大肠杆菌分解乳糖的半乳糖苷酶就属于诱导酶。又如，催化淀粉分解为糊精、麦芽糖等的 α-淀粉酶也是一种诱导酶，多种微生物都能产生这种酶。如果将能合成 α-淀粉酶的菌种培养在不含淀粉的葡萄糖溶液中，它就直接利用葡萄糖而不产生 α-淀粉酶；如果将它培养在含淀粉的培养基中，它就会产生活性很高的 α-淀粉酶。诱导酶的合成除取决于诱导物以外，还取决于细胞内所含的基因。如果细胞内没有控制某种酶合成的基因，即便有诱导物存在也不能合成这种酶。因此，诱导酶的合成取决于内因和外因两个方面。

水稻在无硝酸盐的营养液中萌发和生长时，体内不能合成硝酸还原酶，只有当硝酸盐存在时，幼苗中才形成这种酶。若将已适应于硝酸盐的幼苗移至无硝酸盐的营养液中之后，幼苗即不再合成硝酸还原酶。将乙醇酸喷洒在谷类植物叶上，则叶内乙醇酸氧化酶活性大大增加。用赤霉素处理大麦种子，可诱导萌发种子糊粉层细胞合成若干水解酶，如淀粉酶、蛋白酶。光也可诱导植物体内苯丙氨酸脱氢酶、硝酸还原酶以及 1,5-二磷酸核酮糖羧化酶的生成。

（4）固相酶　又称固定化酶、水不溶酶。指水溶性酶经物理或化学方法处理后，吸附或共价结合

知识点　酶的别构调节

知识点　酶的共价调节

在不溶性支持物上而仍具催化活性，从而在催化反应中以固相作用于底物。常由共价键连接到水不溶支持物，如琼脂糖、聚丙烯酰胺上，而不破坏酶活性。在各种分批间歇式反应、吸附层析和凝胶过滤中广泛应用，它是酶学中发展较快的一种新技术。

固相酶的优点有：①有一定机械强度，可用搅拌或装柱等方式作用于底物溶液，为生产工艺的管道化、连续化、自动化提供必要条件；②可以充分洗涤而不带杂质，反应后与产物容易分开使产物容易纯化，收率高；③回收方便可连续反复使用，且固定化后酶的稳定性增加，可用于吸附酶的支持物如活性炭、多孔玻璃、硅藻土、离子交换纤维素等；④可供共价结合载体如琼脂糖、药聚糖凝胶、聚丙烯酰胺等，也可用双功能或多功能试剂使酶蛋白交联成固相网状结构，或将酶埋入凝胶或半透性微囊中。微囊中的酶还有不受囊外蛋白酶影响、不激发抗原反应等优点，如人工肾即可由微胶囊的脲酶和微胶囊的离子交换树脂等吸附剂组成。

固相酶制备方法很多，或吸附于活性炭、多孔玻璃、离子交换纤维素、离子交换分子筛等固体表面上，或与琼脂糖、葡聚糖凝胶、淀粉、聚丙烯酰胺等固态物共价结合，或使用双功能试剂使酶蛋白分子交联而凝集成固相的网状结构，或将酶包埋在微小的半透膜囊或凝胶格子中。

基于上述许多优点，固相酶在工业、医学和分析分离工作的实际应用中有美好的前景。

第三节　酶的催化机制

一、酶与底物的结合

酶与底物结合的作用力主要是氢键、盐键和范德华力。酶与底物的结合是有专一性的，曾经用锁和钥匙来比喻酶和底物的关系。这种"锁钥学说"是不全面的。比如，酶既能与底物结合，也能与产物结合，催化其逆反应。于是又提出了"诱导契合学说"，该学说认为，当酶与底物接近时，酶蛋白受底物分子的诱导，其构象发生改变，有利于与底物的结合和催化。

酶的催化机理和一般化学催化剂基本相同，也是先和反应物（酶的底物）结合成络合物，通过降低反应的能来提高化学反应的速度。在恒定温度下，化学反应体系中每个反应物分子所含的能量虽然差别较大，但其平均值较低，这是反应的初态。

S（底物）→ P（产物）这个反应之所以能够进行，是因为有相当部分的 S 分子已被激活成为活化（过渡态）分子，活化分子越多，反应速度越快。在特定温度下，化学反应的活化能是使 1 mol 物质的全部分子成为活化分子所需的能量（千卡）。

酶（E）催化的中间产物理论：酶（E）与底物（S）结合生成不稳定的中间物（ES），再分解成产物（P）并释放出酶，使反应沿一个低活化能的途径进行，降低反应所需活化能，所以能加快反应速度（图 5-10）。E 与 S 暂时结合形成一个新化合物 ES，ES 的活化状态（过渡态）比无催化剂的该化学反应中反应物活化分子含有的能量低得多。ES 再反应产生 P，同时释放 E。E 可与另外的 S 分子结合，再重复这个循环。降低整个反应所需的活化能，使在单位时间内有更多的分子进行反应，反应速度得以加快。如没有催化剂存在时，过氧化氢分解为水和氧的反应（$2H_2O_2 \rightarrow 2H_2O + O_2$）需要的活化能为每摩尔 18 kcal（1 kcal = 4.187 J），用过氧化氢酶催化此反应时，只需要活化能每摩尔 2 kcal，反应速度约

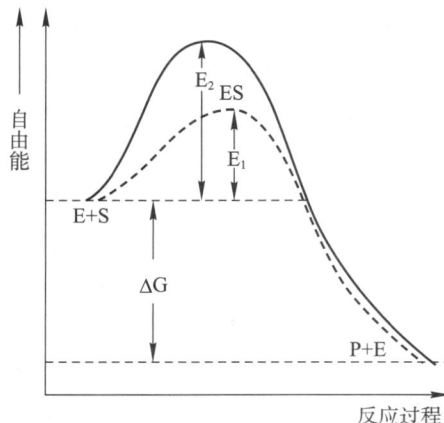

图 5-10　酶催化的中间产物理论

增加 10^{11} 倍。

酶（E）与底物（S）形成酶 – 底物复合物（ES）：

$$E + S \rightleftharpoons ES \longrightarrow P + E$$

酶的活性中心与底物定向结合生成 ES 复合物是酶催化作用的第一步。定向结合的能量来自酶活性中心功能基团与底物相互作用时形成的多种非共价键，如离子键、氢键、疏水键，也包括范德华力。它们结合时产生的能量称为结合能（binding energy）。这就不难理解各个酶对自己的底物的结合有选择性。

若酶只与底物互补生成 ES 复合物，不能进一步促使底物进入过渡状态，那么酶的催化作用就不能发生。这是因为酶与底物生成 ES 复合物后尚需通过酶与底物分子间形成更多的非共价键，生成酶与底物的过渡状态互补的复合物，才能完成酶的催化作用。实际上，在上述更多的非共价键生成的过程中，底物分子由原来的基态转变成过渡状态，即底物分子成为活化分子，为底物分子进行化学反应所需的基团的组合排布、瞬间的不稳定的电荷的生成以及其他的转化等提供了条件。所以过渡状态不是一种稳定的化学物质，不同于反应过程中的中间产物。就分子的过渡状态而言，它转变为产物（P）或转变为底物（S）的概率是相等的。

当酶与底物生成 ES 复合物并进一步形成过渡状态时，已释放较多的结合能，这部分结合能可以抵消部分反应物分子活化所需的活化能。从而使原先低于活化能阈的分子也成为活化分子，于是加速化学反应的速度。

有些酶的催化活性可受许多因素的影响，如别构酶受别构剂的调节，有的酶受共价修饰的调节，激素和神经体液通过第二信使对酶活力进行调节，以及诱导剂或阻抑剂对细胞内酶含量（改变酶合成与分解速度）的调节等。

应该指出的是，一种酶的催化反应常常是多种催化机制的综合作用，这是酶促进反应高效率的重要原因。

二、酶加快反应速率的因素

酶和一般催化剂都是通过降低反应活化能的机制来加快化学反应速度的。例如脲酶可使尿素水解反应的活化能由 136 kJ/mol 降到 46 kJ/mol，使反应速度提高 10^{14} 倍。

酶加快反应速率的催化机理主要有以下几点：

（1）邻近定向　酶和底物复合物的形成过程既是专一性的识别过程，又是分子之间反应变为分子内反应的过程，在这一过程中包括两种效应：邻近效应和定位效应。邻近效应是指酶与底物结合形成中间复合物以后，使底物和底物之间和酶的催化基团与底物之间结合于同一分子而使有效浓度得到极大的提高，从而使反应速率大大增加的一种效应；定向效应则是指反应物的反应基团之间和酶的催化基团与底物的反应基团之间的正确取位产生的效应（图 5–11）。

（2）底物形变　底物形变是诱导契合产生的主要效应。酶对底物的诱导导致酶的活性中心与过渡态的亲和力高于它与底物的亲和力。当酶与底物相遇时，酶分子诱导底物分子内敏感键更加敏感，产生"电子张力"发生形变，从而更接近它的过渡态，由此降低了反应的活化能并有利于催化反应的发生。然而，事实上形变诱发更多的是对基态底物的去稳定效应，而不是对过渡态的稳定效应。此外，除了底物发生形变以外，酶本身也可能发生形变，从而导致活性中心的某些直接参与催化的氨基酸残基被激活（图 5–12）。

（3）酸碱催化和共价催化　酶活性中心的一些残基的侧链基团可以起酸碱催化或共价催化的作用。

酸碱催化可分为一般酸碱催化和特殊酸碱催化两种。

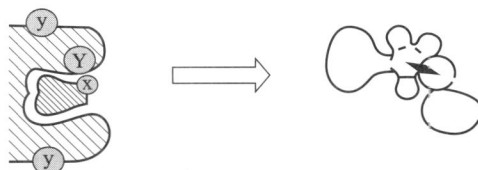

图 5–11　邻近效应与定向效应

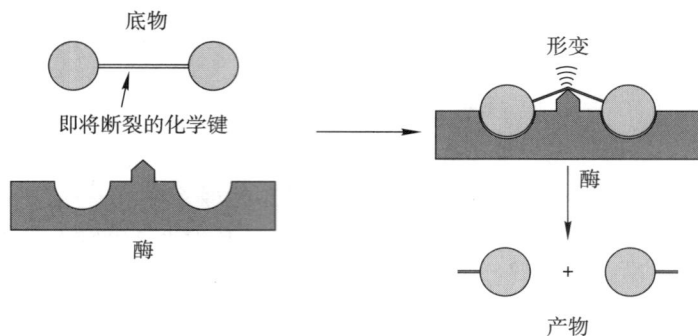

图 5-12　底物形变效应

一般酸碱催化还包括其他弱酸弱碱的催化作用；特殊酸碱催化是指 H^+ 和 OH^- 的催化作用。酶促反应一般发生在近中性条件，H^+ 和 OH^- 的浓度很低，所以酶促反应主要是一般酸碱催化。酶分子中的一些可解离集团如咪唑基、羧基、氨基、巯基常起一般酸碱催化作用，其中咪唑最活泼有效。

有些酶有酸碱共催化机制及质子转移通路。四甲基葡萄糖在苯中的变旋反应如果单独用吡啶（碱）或酚（酸）来催化，速度很慢；如果二者混合催化，则速度加快，即酸碱共催化。如果把酸和碱集中在一个分子中，即合成 $\alpha-$ 羟基吡啶，它的催化速度又加快 7 000 倍。这是因为两个催化集团集中在一个分子中有利于质子的传递。在酶 - 底物复合物中经常由氢键和共轭结构形成质子传递通路，从而大大提高催化效率。

共价催化可分为亲电催化和亲核催化。丝氨酸蛋白酶、含巯基的木瓜蛋白酶、以硫胺素为辅酶的丙酮酸脱羧酶都有亲核催化作用。羟基、巯基和咪唑基都有亲核催化作用。金属离子和酪氨酸羟基、$-NH_3^+$ 都是亲电基团。共价催化经常形成反应活性很高的共价中间物，将一步反应变成两步或多步反应，绕过较高的能垒，使反应快速进行。例如，胰蛋白酶通过丝氨酸侧链羟基形成酰基 - 酶共价中间物，降低活化能。

（4）微环境的作用　有些酶的活性中心是一个疏水的微环境，其介电常数较低，有利于电荷之间的作用，也有利于中间物的生成和稳定。如赖氨酸侧链氨基的 pK 约为 9，而在乙酰乙酸脱羧酶活性中心的赖氨酸侧链 pK 只有 6 左右。

以上几点都可加速反应，但每种酶不同，可同时具有其中的几种因素。

三、酶专一性作用机制

📕 知识点

酶的专一性及相关学说

酶与底物形成中间产物，大大降低反应所需要的活化能，因而酶具有巨大的催化能力。但是，底物与酶如何形成中间产物？借此结合方式，酶又如何完成其催化作用？简言之，酶的作用机制如何？近年来，随着有机化学理论的发展以及生化技术的进步，已经提出了几种不同的学说，如锁钥学说、变形或张力学说和诱导契合学说。目前，大多数人都采用了诱导契合学说来解释酶的作用机理。

（1）锁钥学说　1894 年，Fischer 首先提出底物分子或底物分子的一部分像钥匙那样，专一地楔入到酶的活性中心部位（图 5-13）。这个学说强调只有固定的底物才能楔入与它互补的酶表面。

（2）变形或张力学说　Jenks 提出酶中某些基团或离子使底物分子中的敏感键发生"变形"（或张力），即使敏感键中的某些基团的电子云密度增高或降低，产生"电子张力"，从而促使底物中的敏感键一端更易于反应。

（3）诱导契合学说　1973 年，Koshland 认为，分离出来的结晶酶的活性部位未必需要与底物有互相镶嵌的形态，需要的是，当酶蛋白与底物结合时，酶蛋白活性部位即发生一定的构型变化，使酶蛋白有一定可适应性，从而使进行反应所需的催化基团和结合基团得以正确地排列和定向，与底物契合（图 5-14）；同时，由于酶蛋白分子中原有电子分布发生了改变，因而诱导底物原子间某些化学键

图 5-13　酶与底物锁钥学说示意图

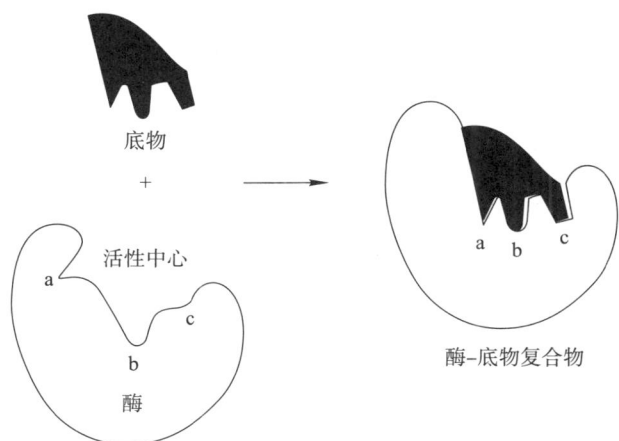

图 5-14　酶的诱导契合学说示意图

发生极化现象而趋向不稳定状态（活化状态），故可以加快反应速度。近来，X 射线衍射分析的实验结果支持这一学说。

第四节　酶促反应动力学

知识点
酶促反应动力学

酶促反应是很复杂的，在活细胞中一个合成反应必须以足够快的速度满足细胞对反应产物的需要。而有毒的代谢产物也必须以足够快的速度进行排除，以免积累到损伤细胞的水平。

酶促反应动力学是研究酶促反应速率及其影响因素的科学。这些因素包括底物浓度、酶本身的浓度、介质的 pH、温度、反应产物、变构效应、活化剂和抑制剂等。在实际生产中要充分发挥酶的催化作用，以较低的成本生产出较高质量的产品，就必须准确把握酶促反应的条件。动力学研究既可以为酶的机理研究提供实验证据，又可以指导酶在生产中的应用，最大限度地发挥酶的催化作用。

一、底物浓度对反应速度的影响

所有的酶反应，如果其他条件恒定，则反应速度取决于酶浓度和底物浓度，如果酶浓度保持不变，则当底物浓度增加时，反应初速度随之增加，并以双曲线形式达到最大速度。

（一）单底物反应

1. 底物对酶促反应的饱和现象

（1）酶的中间产物理论　酶分子的表面与底物结合形成不稳定中间产物。这种中间产物需要较原来底物更少的活化能就可以继续进行反应。然后，它分解生成反应产物，并释放出原来的酶。

$$E + S \Longleftrightarrow ES \longrightarrow P + E$$

由此反应过程可以看出，产生的中间产物 ES 的浓度决定着整个酶促反应的速度，而中间产物的浓度又取决于酶对底物的专一性，即底物的结构与酶分子结构必须相适应，才能结合成中间产物而发生作用。否则，底物不能与酶结合生成中间产物。中间产物一旦形成，所需要的活化能降低，能使整个反应速度加快。

由实验观察到，在酶浓度不变时，不同的底物浓度与反应速度的关系为一矩形双曲线，即当底物浓度较低时，反应速度的增加与底物浓度的增加成正比，反应为一级反应；此后，随底物浓度继续增加，反应速度的增加量逐渐减少，反应速度不再与底物浓度成正比例，反应为混合级反应；最后，当底物浓度增加到一定量时，反应速度达到一最大值 V_{max}，不再随底物浓度的增加而增加，反应为零级反应（图 5-15）。

酶反应速度并不是随着底物浓度的增加直线增加，而是在高浓度时达到一个极限速度。这时所有的酶分子已被底物所饱和，即酶分子与底物结合的部位已被占据，速度不再增加。这个问题可以用 Michaelis 与 Menten 于 1913 年提出的学说来解释，即"中间产物"学说（米氏学说）。

1913 年，Michaelis 和 Menten 通过酶促反应速度研究阐明了有关酶浓度与底物浓度的关系。在底物浓度很低的情况下，初速度与酶浓度成正比。若在酶浓度一定的情况下，初速度与底物浓度不再成比例变化（图 5-16）。

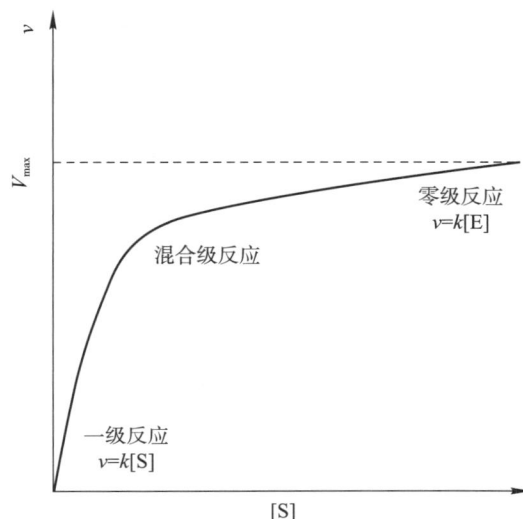

图 5-15　不同的底物浓度的反应级数

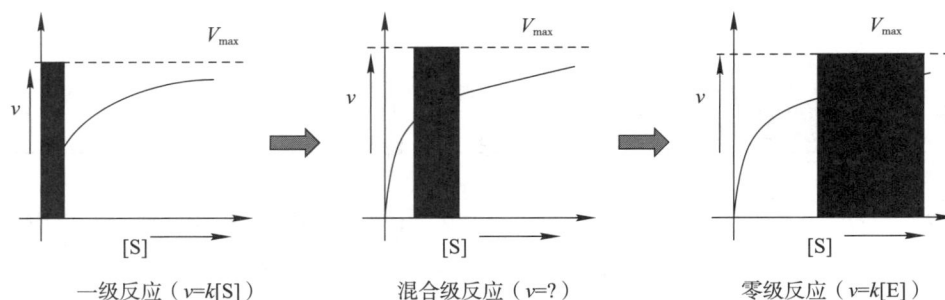

一级反应（$v=k[S]$）　　混合级反应（$v=?$）　　零级反应（$v=k[E]$）

图 5-16　不同反应级数时的底物浓度与反应速度的关系

（2）米氏方程　根据上述实验结果，Michaelis 和 Menten 于 1913 年推导出了上述矩形双曲线的数学表达式，即米 – 曼氏方程式，简称米氏方程。

$$v = \frac{V_{max}[S]}{K_m + [S]}$$

米氏方程中，v 和 V_{max} 分别表示酶促反应的初速度和最大速度。而 K_m 为米氏常数。一些酶的 K_m 值如表 5-3 所示。

表 5-3 一些酶的 K_m 值

酶	底物	K_m（mmol/L）
过氧化氢酶	H_2O_2	25
己糖激酶（脑）	ATP	0.4
	D- 葡萄糖	0.05
	D- 果糖	1.5
碳酸酐酶	HCO_3^-	9
胰凝乳蛋白酶	寸氨酰酪氨酸氨基乙酸	108
	N- 苯甲酰酪氨酰胺	2.5
β- 半乳糖苷酶	D- 乳糖	4.0
苏氨酸脱水酶	L- 苏氨酸	5.0

（3）米氏方程的推导

根据 Michaelis 和 Menten 的研究基础提出了酶的中间产物理论。

$$\underset{[S]}{S} + \underset{[E_t]-[ES]}{E} \underset{k_{-1}}{\overset{k_1}{\rightleftharpoons}} \underset{[ES]}{ES} \overset{k_2}{\longrightarrow} P + E$$

假设：酶与产物（E + P）的逆向反应形成 ES 复合物的速率不明显。k_1，k_{-1}，k_2 为反应的速率常数。

那么：［ES］的生成速度：$v_1 = k_1([E_t] - [ES])[S]$

［ES］的分解速度：$v_2 = k_{-1}[ES] + k_2[ES]$

当酶反应体系处于恒态时（即反应达到平衡）：$v_1 = v_2$

即　　$k_1([E_t] - [ES])[S] = (k_{-1} + k_2)[ES] \longrightarrow \dfrac{[E_t][S] - [ES][S]}{[ES]} = \dfrac{k_{-1} + k_2}{k_1}$

令　　$\dfrac{k_{-1} + k_2}{k_1} = K_m$，则 $K_m[ES] + [ES][S] = [E_t][S]$

经整理得　　　　　　　　$[ES] = \dfrac{[E_t][S]}{K_m - [S]}$ ①

由于酶促反应速度由［ES］决定，即 $v = k_2[ES]$

所以　　　　　　　　　　$[ES] = \dfrac{v}{k_2}$ ②

将②代入①，得　　　　$\dfrac{v}{k_2} = \dfrac{[E_t][S]}{K_m + [S]}$

即　　　　　　　　　　$v = \dfrac{k_2[E_t][S]}{K_m + [S]}$ ③

当 $[E_t] = [ES]$ 时，$v = V_{max}$

所以　　　　　　　　　$V_{max} = k_2[E_t]$ ④

将④代入③，则 $v = \dfrac{V_{max}[S]}{K_m + [S]}$

2. 米氏常数的意义

米氏常数的物理意义是反应速度达到最大反应速度一半时的底物浓度。其酶学意义在于，它是酶的特征常数，只与酶的性质有关，与酶浓度无关。不同的酶其 K_m 不同，同种酶对不同底物也不同。

在 k_2 极小时 $1/K_m$ 可近似表示酶与底物的亲和力，$1/K_m$ 越大，亲和力越大。在酶的多种底物中，K_m 最小的底物叫做该酶的天然底物。

K_m 和 V_{max} 的意义：

① 当 $v = V_{max}/2$ 时，$K_m = [S]$。因此，K_m 等于酶促反应速度达最大值一半时的底物浓度。

② 当 $k_{-1} \gg k_2$ 时，$K_m = k_{-1}/k_1 = K_s$。因此，K_m 可以反映酶与底物亲和力的大小，即 K_m 值越小，则酶与底物的亲和力越大；反之，则越小。

③ K_m 可用于判断反应级数：当 $[S] < 0.01 K_m$ 时，$v = (V_{max}/K_m)[S]$，反应为一级反应，即反应速度与底物浓度成正比；当 $[S] > 100 K_m$ 时，$v = V_{max}$，反应为零级反应，即反应速度与底物浓度无关；当 $0.01 K_m < [S] < 100 K_m$ 时，反应处于零级反应和一级反应之间，为混合级反应。

④ K_m 是酶的特征性常数：在一定条件下，某种酶的 K_m 值是恒定的，因而可以通过测定不同酶（特别是一组同工酶）的 K_m 值，来判断是否为不同的酶。

⑤ K_m 可用来判断酶的最适底物：当酶有几种不同的底物存在时，K_m 值最小者，为该酶的最适底物。

⑥ K_m 可用来确定酶活性测定时所需的底物浓度：当 $[S] = 10 K_m$ 时，$v = 91\% V_{max}$，为最合适的测定酶活性所需的底物浓度。

⑦ V_{max} 可用于酶的转换数的计算：当酶的总浓度和最大速度已知时，可计算出酶的转换数，即单位时间内每个酶分子催化底物转变为产物的分子数。

⑧ K_m 和 V_{max} 的测定：主要采用 Lineweaver-Burk 双倒数作图法和 Hanes 作图法。

3. 米氏常数的测定

从底物浓度与酶促反应速度关系图可知，即使用高浓度底物也只能得到趋近于 V_{max} 的反应速度，而达不到真正的 V_{max}。因此，很难准确地测得 K_m 值。

为了准确测得 K_m 值，最常用的是 Lineweaver-Burk 的双倒数作图法。将米-曼氏方程式略加改变，然后用图解法求 K_m 值。

将米-曼氏方程式等号两边取倒数，将方程改写为：

$$\frac{1}{v} = \frac{K_m}{v} \cdot \frac{1}{[S]} + \frac{1}{v}$$

此方程相当于一线性方程式的数学表达：$y = ax + b$，K_m 可以从直线的截距上计算出来。

以 $1/v$ 对 $1/[S]$ 作图，求 K_m 值和 V 值（即 V_{max} 值，图5-17）的方法。此双倒数方程式称为林-贝氏方程式。

实验时在不同的底物浓度测定初速度，$1/V$ 对 $1/[S]$ 作图得一直线，其斜率是 K_m/V，直线外推与横轴相交，在纵轴上的截距为 $1/V$，横轴上的截距为 $-1/K_m$。此法称为 Lineweaver-Burk 作图法，应用最广。

4. 其他动力学参数

K_{cat}/K_m 称为酶的专一性常数，它不受非生产性结合与中间产物积累的影响，可以表示酶对相互竞争的几种底物的专一性。生理条件下许多反应的底物浓度是很低的。在底物浓度很低时，$v = (K_{cat}/K_m)[E][S]$，即 K_{cat}/K_m 是表观二级速度常数。因为 $K_{cat}/K_m = k_3 k_1/(k_2 + k_3)$，所以它小于 k_1，即小于酶和底物复合物生成的速度常数。它不是真实的微观速度常数，只有当反应的限速步骤是酶与底物的相互碰撞时，它才是真实的微观速度常数。扩散限制决定

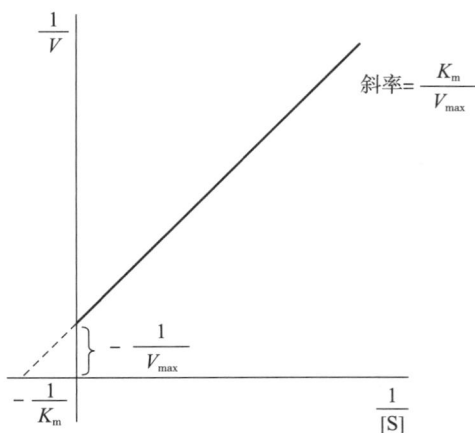

图5-17 Lineweaver-Burk 双倒数作图法

了速度常数的上限是 $10^8 \sim 10^9\ mol^{-1}s^{-1}$，碳酸酐酶、磷酸丙糖异构酶、乙酰胆碱酯酶等都接近这一极限，说明它们的进化已经很完善。反应级数：对于 $xA + yB = p$ 的反应，其速度 $v = k[A]a[B]b$，对底物 A 是 a 级，对底物 B 是 b 级，整个反应的级数是 $a+b$ 级。反应分子数是指在最慢的一步反应中，参加的最低分子数目。它是指反应机制，必须是整数；而反应级数是通过实验测得的，可以是小数。根据米氏方程，当底物浓度远大于米氏常数时，$v = V_m$，是零级反应；反之，$v = (V_m/K_m)[S]$，是一级反应。而中间部分则是混合级反应。

（二）多底物反应

实际上大多数酶促反应是比较复杂的，一般包含有一种以上的底物，其反应按分子数分为几类：单分子称为 uni，双分子称为 bi，三分子为 ter，四分子为 quad。较为常见的是双底物双产物反应，称为 bi-bi 反应。

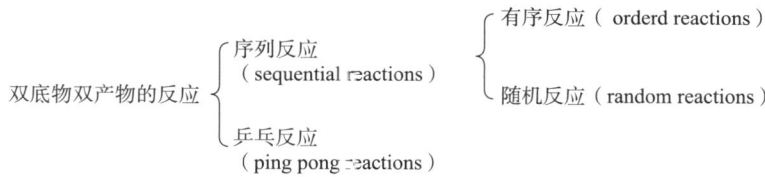

目前认为大部分双底物反应可能有 3 种反应机理：

1. 依次反应机理

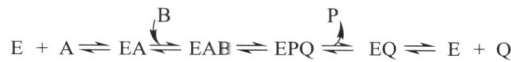

图示如下：

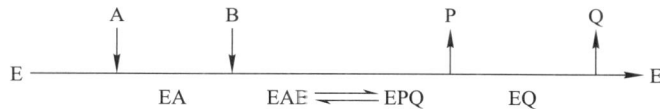

需要 NAD^+ 或 $NADP^+$ 的脱氢酶的反应就属于这种类型。辅酶作为底物 A 先与酶生成 EA，再与底物 B 生成三元复合物 EAB，脱氢后生成产物 P，最后放出还原型辅酶 NADH 或 NADPH。

图示如下：

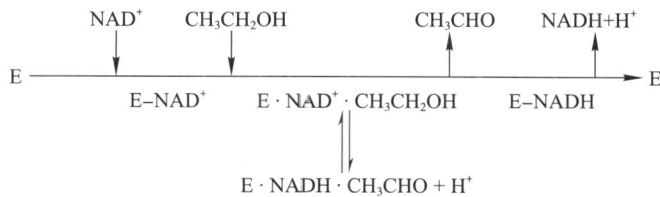

2. 随机机理

底物的加入和产物的放出都是随机的，无固定顺序。加入底物 A 及 B 后，产物 P 及 Q 以随机的方式释放出来。如糖原磷酸化的反应。

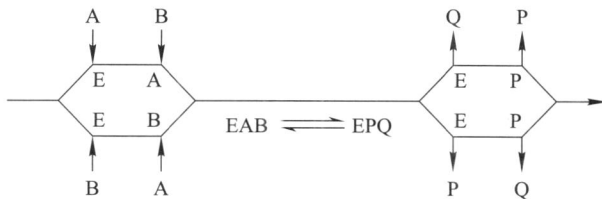

3. 乒乓机制

转氨酶是这种乒乓催化反应的典型，转氨酶首先与氨基酸（底物 A）作用，产生中间物 EA，然后释放出 α- 酮酸（产物 P）；其间有一个辅酶结构转变的阶段：辅酶中的磷酸吡哆醛变为磷酸吡哆胺，酶 E 转变成酶 F，然后酶 F 再与底物 B（另一个酮酸）作用，释放出产物（相应的氨基酸）。

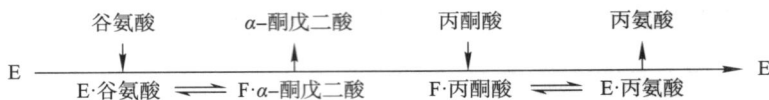

$$
\begin{array}{ccccccc}
 & \text{谷氨酸} & & \alpha\text{-酮戊二酸} & & \text{丙酮酸} & & \text{丙氨酸} \\
 & \downarrow & & \downarrow & & \downarrow & & \downarrow \\
E \longrightarrow & & & & & & & \longrightarrow E \\
 & \text{E·谷氨酸} & \rightleftharpoons & \text{F·}\alpha\text{-酮戊二酸} & & \text{F·丙酮酸} & \rightleftharpoons & \text{E·丙氨酸}
\end{array}
$$

由乙酰辅酶 A、ATP 和 HCO_3^- 三个底物生成丙酰辅酶 A 的反应也属于乒乓机制。

二、影响酶反应速度的各种因素

除了底物浓度之外，其他外界条件，如温度、酸碱度、激活剂和抑制剂等对生命活动的影响，在很大程度上，是通过影响酶促反应速度实现的。因而，也常常通过对这些因素的控制，影响生命机体内酶促反应的强度和方向，从而促使体内代谢的调节和控制朝着有益于人们需要的方向发展。

（一）温度的影响

一个反应的速度常数 k 和温度的关系可用 Arrhenius 方程式表示：

$$2.3\log k = \log A - E_a/(RT)$$

其中 A 为常数，E_a 为活化能，R 为气体常数，而 T 为绝对温度。温度对酶反应的影响是双重的。①随着温度的增加，反应速度也增加，直至最大速度为止。②随温度升高而使酶逐步变性，即通过减少有活性的酶而降低酶的反应速度。在酶本身不被变性的温度范围内，Arrhenius 方程才能适用。在一定条件下每一种酶在某一温度下才表现最大的活力，这个温度称为该酶的最适温度。最适温度是上述温度对酶反应双重影响的结果。在低于最适温度时，前一种效应为主，在高于最适温度时，后一效应为主。动物细胞的酶的最适温度通常在 $35 \sim 40\,^\circ\mathrm{C}$，而植物细胞的酶的最适温度较高，通常在 $40 \sim 50\,^\circ\mathrm{C}$ 以上。生产上，酶一般应在最适温度以下进行催化反应，以延长酶的使用寿命。

酶活性随温度变化的曲线一般为钟形曲线（图 5–18）。

一般酶在 $60\,^\circ\mathrm{C}$ 以上变性，少数酶可耐高温，如牛胰核糖核酸酶加热到 $100\,^\circ\mathrm{C}$ 仍不失活。干燥的酶耐受高温，而液态酶失活较快。最适温度不是固定值，它受反应时间影响，酶可在短时间内耐受较高温度，时间延长则最适温度降低。热失活的活化能一般为 $50 \sim 100$ kcal/mol，比一般反应的活化能高 10 倍，在 $30\,^\circ\mathrm{C}$ 以下是稳定的。

（二）pH 的影响

pH 在一定范围内变化时，对一般催化剂的催化作用没有多大影响。但是，每一种酶只能在一定的 pH 范围内表现出它的活性，而且在某一 pH 范围内酶活性最高，称为最适 pH。在最适 pH 的两侧酶活性都骤然下降，所以一般酶反应 pH 曲线呈钟形（图 5–19）。

图 5–18 酶活随温度变化的曲线

为什么酶的催化作用在最适 pH 时最大？可能有下列几种原因。

（1）pH 能影响酶分子结构的稳定性。一般来说酶在最适 pH 时是稳定的，过酸或过碱都能引起酶蛋白变性而使酶失去活性。

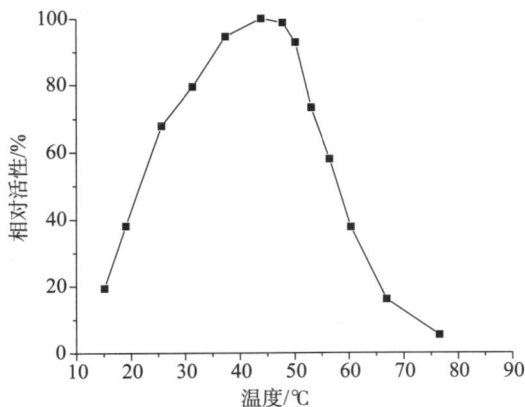

（2）pH 能影响酶分子的解离状态。因为酶是蛋白质，所以 pH 的变化会影响到蛋白质上的许多极性基团（如氨基、羧基、咪唑基、巯基等）的离子特性，在不同 pH 条件下，这些基团解离的状态不同，所带电荷也不同，只有在酶蛋白处于一定解离状态下，才能与底物形成中间物。而且酶的解离状态也影响酶的活性。例如，胃蛋白酶在正离子状态下有活性，胰蛋白酶在负离子状态下有活性，而蔗糖酶在两性离子状态下才具有活性。

最适 pH 有时因底物种类、浓度及缓冲溶液成分不同而变化，不是完全不变的。大部分酶的 pH-酶活曲线是钟形曲线，但也有少数酶只有钟形的一半，甚至是直线。如木瓜蛋白酶底物的电荷变化对催化没有影响，在 pH 4～10 之间是一条直线。

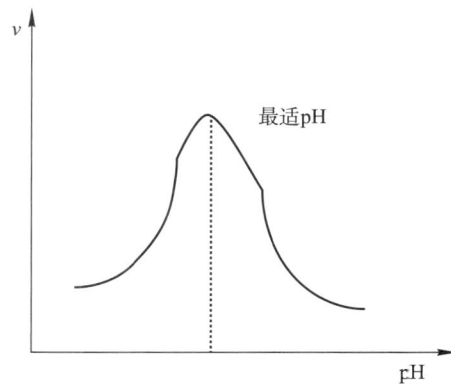

图 5-19 酶活随 pH 变化的曲线

（三）酶的激活作用和激活剂

凡是能提高酶活性的物质均可称为激活剂（activator）。激活剂对酶的作用具有一定的选择性，一种激活剂对某种酶能起激活作用，而对另一种酶可能起抑制作用。大部分激活剂是离子或简单有机化合物。按照分子大小，可分为三类：

（1）无机离子　可分为金属离子、氢离子和阴离子 3 种。起激活剂作用的金属离子有 K^+、Na^+、Mg^{2+}、Zn^{2+}、Fe^{2+}、Ca^{2+} 等，原子序数在 11～55 之间，其中 Mg^{2+} 是多种激酶及合成酶的激活剂。阴离子的激活作用一般不明显，较突出的是动物唾液中的 α-淀粉酶受 Cl^- 激活，Br^- 的激活作用稍弱。激活剂的作用有选择性，对另一种酶可能起抑制作用。有些离子还有拮抗作用，如 Na^+ 抑制 K^+ 的激活作用，Ca^{2+} 抑制 Mg^{2+}。有些金属离子可互相替代，如激酶的 Mg^{2+} 可用 Mn^{2+} 取代。激活剂的浓度也有影响，浓度过高可能起抑制作用。如对于 $NADP^+$ 合成酶，Mg^{2+} 浓度在 $(5～10)\times10^{-3}$ mol/L 时起激活作用，在 30×10^{-3} mol/L 时酶活下降。

（2）中等大小有机分子　某些还原剂如 Cys、GSH、氰化物等，能激活某些酶，打开分子中的二硫键，提高酶活，如木瓜蛋白酶、D-甘油醛-3-磷酸脱氢酶等。另一种是 EDTA，可螯合金属，解除重金属对酶的抑制作用。

（3）蛋白质类　指可对某些无活性的酶原起作用的酶。酶的激活剂多为无机离子或简单有机化合物。

（四）酶的抑制作用和抑制剂

许多化合物能与一定的酶进行可逆或不可逆的结合，而使酶的催化作用受到抑制，如药物、抗生素、毒物、抗代谢物等都是酶的抑制剂（inhibitor）。凡是能降低酶促反应速度，但不引起酶分子变性失活的物质统称为酶的抑制剂。一些动物、植物组织和微生物能产生多种水解酶抑制剂，如加工处理不当，会影响其食用安全性和营养价值。

按照抑制剂的抑制作用，可将其分为不可逆抑制作用和可逆抑制作用两大类。

1. 不可逆抑制作用

不可逆抑制作用是指抑制剂与酶分子的活性部位共价结合引起酶活性的抑制，且不能采用透析、超滤等物理方法除去抑制剂而使酶活性恢复的抑制作用。如果以 v-[E] 作图，就可得到一组斜率相同的平行线，随抑制剂浓度的增加而平行向右移动（图 5-20）。

按照不可逆抑制作用的选择性不同，又可分为专一性的不可逆抑制（如有机磷农药对胆碱酯酶的抑制）和非专一性的不可逆抑制（如路易斯气对巯基酶的抑制）两类。专一性不可逆抑制仅仅和活性部位的有关基团反应，非专一性的不可逆抑制则可以和一类或几类基团反应。但这种区别也不是绝对的，因作用条件及对象等不同，某些专一性抑制剂有时会转化，产生非专一性不可逆抑制作用。

有些抑制剂的抑制活性是潜在的，其抑制基团隐藏于分子内部或呈结合态，或在酶的催化过程中形成。这类抑制剂有着与底物类似的结构，能有效地与酶的活性部位相结合，在酶的催化作用下，抑制剂分子中的潜在抑制基团被活化，并与酶活性中心的功能基团不可逆地结合，从而导致酶的失活，这类抑制被称为酶的"自杀性抑制剂"。

从大豆中已分离出大豆胰蛋白酶、胰淀粉酶和脂酶抑制剂。在蛋清中存在有丰富的蛋白酶抑制剂。微生物分泌的酶抑制剂种类特别多，如链霉菌是制备蛋白酶抑制剂的极好材料。

2. 可逆抑制作用

抑制剂以非共价键与酶分子可逆性结合造成酶活性的抑制，且可采用透析等简单方法去除抑制剂而使酶活性完全恢复的抑制作用就是可逆抑制作用。如果以 v-[E] 作图，可得到一组随抑制剂浓度增加而斜率降低的直线（图 5-21）。

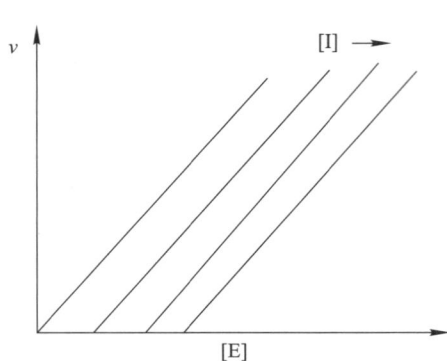

图 5-20　不可逆抑制作用下的 v-[E] 作图　　　图 5-21　可逆抑制作用下的 v-[E] 作图

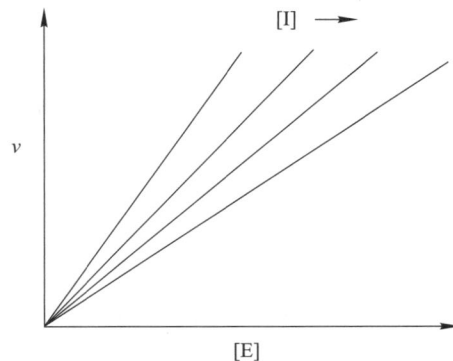

可逆抑制作用包括竞争性、反竞争性和非竞争性抑制几种类型（图 5-22）。

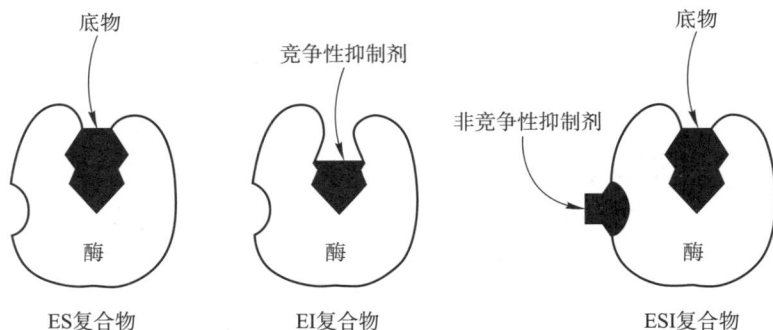

ES复合物　　　　　　EI复合物　　　　　　ESI复合物

图 5-22　竞争性抑制和非竞争性抑制示意图

（1）竞争性抑制　抑制剂和底物竞争与酶的同一活性中心结合，从而干扰了酶与底物的结合，使酶的催化活性降低，这种作用就称为竞争性抑制作用。

竞争性抑制作用特点为：a. 竞争性抑制剂往往是酶的底物类似物或反应产物；b. 抑制剂与酶的结合部位同底物与酶的结合部位相同；c. 抑制剂浓度越大，则抑制作用越大；但增加底物浓度可使抑制程度减小；d. 动力学参数：K_m 值增大，V_m 值不变。

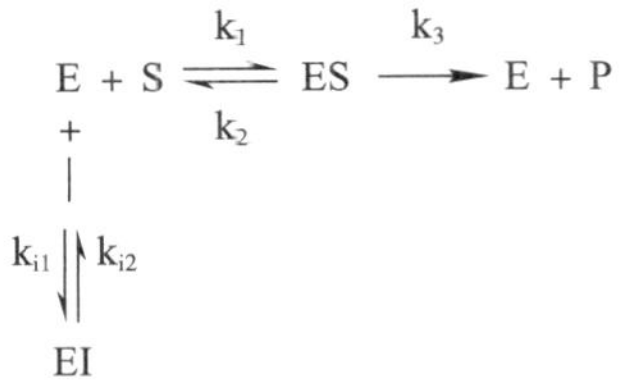

$$E + S \underset{k_2}{\overset{k_1}{\rightleftharpoons}} ES \overset{k_3}{\longrightarrow} E + P$$

$$+$$

$$k_{i1} \updownarrow k_{i2}$$

$$EI$$

式中 I 为抑制剂，EI 为酶 – 抑制剂复合物。酶 – 抑制剂复合物不能再与底物结合生成 EIS。因为 EI 的形成是可逆的，并且底物和抑制剂不断竞争酶分子上的活性中心，这种情况称为竞争性抑制作用。

琥珀酸脱氢酶底物为琥珀酸，与底物相似的化合物都能与琥珀酸脱氢酶结合，但不脱氢，这些化合物阻塞了酶的活性中心，因而抑制正常反应的进行。抑制琥珀酸脱氢酶的化合物有丙二酸、乙二酸、苹果酸、草酰乙酸、戊二酸等，其中最强的是丙二酸（图 5-23），当抑制剂与底物的浓度比为 1:50 时，酶被抑制 50%。另外典型的例子是磺胺类药物（对氨基苯磺酰胺）对二氢叶酸合成酶（底物为对氨基苯甲酸）的竞争性抑制。磺胺类药物的抑菌机制是抑制细菌二氢叶酸合成酶，人可利用外源叶酸，而细菌则不能，不影响人体健康。

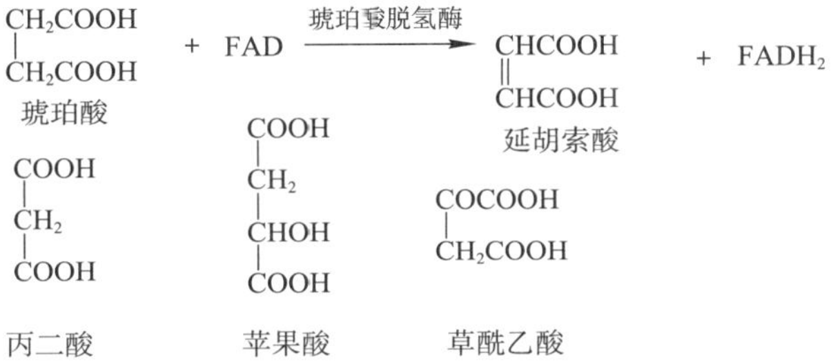

$$\begin{array}{ccc} CH_2COOH \\ | \\ CH_2COOH \end{array} + FAD \xrightarrow{\text{琥珀酸脱氢酶}} \begin{array}{c} CHCOOH \\ || \\ CHCOOH \end{array} + FADH_2$$

琥珀酸   延胡索酸

图 5-23 琥珀酸脱氢酶的竞争性抑制剂

（2）非竞争性抑制 某些抑制剂既能与酶结合，也能与酶 – 底物复合物结合，与底物和酶的结合并无竞争，但酶 – 底物 – 抑制剂复合物不能生成产物，这种抑制作用称为非竞争性抑制。如某些金属离子（Cu^{2+}、Ag^-、Hg^{2+}）以及 EDTA 等，通常能与酶分子的调控部位中的—SH 基团作用，改变酶的空间构象，引起非竞争性抑制。

非竞争性抑制特点为：a. 底物和抑制剂分别独立地与酶的不同部位相结合；b. 抑制剂对酶与底物的结合无影响，故底物浓度的改变对抑制程度无影响；c. 动力学参数：K_m 值不变，V_m 值降低。

高浓度的底物不能使这种类型的抑制作用完全逆转，因为底物并不能阻止抑制剂与酶相结合。这是由于抑制剂和酶的结合部位与酶的活性部位不同，EI 的形成发生在酶分子不被底物作用的另一个部位。

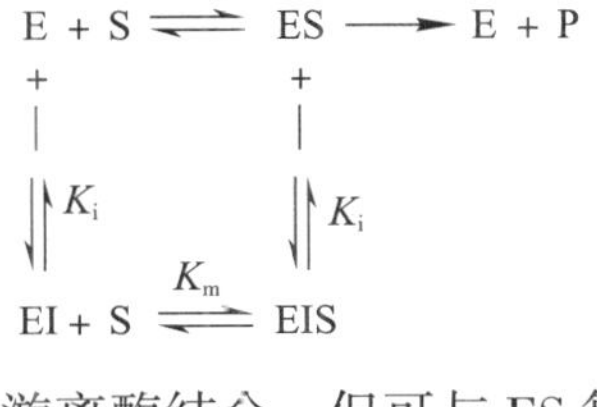

$$E + S \overset{K_m}{\rightleftharpoons} ES \longrightarrow E + P$$

$$+ \qquad\qquad +$$

$$\updownarrow K_i \qquad\qquad \updownarrow K_i$$

$$EI + S \overset{K_m}{\rightleftharpoons} EIS$$

（3）反竞争性抑制 抑制剂不能与游离酶结合，但可与 ES 复合物结合并阻止产物生成，使酶的催化活性降低，称酶的反竞争性抑制。其特点为：a. 抑制剂与底物可同时与酶的不同部位结合；b. 必须有底物存在，抑制剂才能对酶产生抑制作用；c. 动力学参数：K_m 减小，V_m 降低。

$$E + S \rightleftharpoons ES \longrightarrow E + P$$

$$+$$

$$\downarrow\uparrow K_i$$

$$ESI$$

竞争性抑制作用、非竞争性抑制作用、反竞争性抑制作用及无抑制酶反应的区别如表 5-4 所示。

表 5-4　各种抑制作用的比较

类型	动力学公式	V_{max}	K_m
无抑制剂（正常）	$v = \dfrac{V_{max} \cdot [S]}{K_m \cdot [S]}$	V_{max}	K_m
竞争性抑制	$v = \dfrac{V_{max}[S]}{K'_m + [S]}$　$K'_m = K_m\left(1 + \dfrac{[I]}{K_i}\right)$	不变	增加
非竞争性抑制	$v = \dfrac{V'_{max}[S]}{K_m + [S]}$　$V'_{max} = \dfrac{V_{max}}{1 + \dfrac{[I]}{K_i}}$	减小	不变
反竞争性抑制	$v = \dfrac{V'_{max} \cdot [S]}{K'_m + [S]}$	减小	减小

第五节　酶活性的调节

生物体通过调节酶的功能来控制代谢速度。酶的调节机制有两类，一类是对酶数量的调节，另一类是对酶活性的调节。前者通过控制酶的合成与降解速度来控制酶量，作用缓慢而持久，称为粗调；后者改变酶的活性，效果快速而短暂，称为细调。

一、酶活性的调节

1. 别构调节

（1）定义　有些酶在专一性的变构效应物的诱导下，结构发生变化，使催化活性改变，称为别构酶（allosteric enzyme）。使酶活增加的效应物称为正调节物，反之称为负调节物。别构酶是寡聚酶，分子中除活性中心外还有别构中心（调节中心）。两个中心可在同一亚基，也可在不同亚基。有活性中心的亚基称为催化亚基，有别构中心的亚基称为调节亚基。别构效应也可扩展到非酶蛋白，如血红蛋白与氧结合的过程中也有别构效应。

（2）分类　大部分别构酶的 v-[S] 曲线呈"S"形，与米氏酶不同。这种曲线表明酶与一分子底物（或效应物）分子结合后，其构象发生改变，有利于后续分子的结合，称为正协同效应。这种现象有利于对反应速度的调节，在未达到最大反应速度时，底物浓度的略微增加，将使反应速度极大提高。所以正协同效应使酶对底物浓度的变化极为敏感。

另一类别构酶具有负协同效应，其动力学曲线类似双曲线，在底物浓度较低时反应速度变化很快，但继续下去则速度变化缓慢。所以负协同效应使酶对底物浓度变化不敏感。

（3）判断　有一些没有别构效应的酶也可产生类似的曲线，所以作图法不能完全作为判断别构酶的依据。可用 R_s 值（saturation ratio，饱和比值）（[S]90%V/[S]10%V）来定量地区分 3 种酶：R_s 等于 81 为米氏酶，大于 81 则有正协同效应，反之则有负协同效应。更常用的是 Hill 系数法，以

$\log[v/(V_m-v)]$ 对 $\log[S]$ 作图，曲线的最大斜率 h 称为 Hill 系数，米氏酶 $h=1$，正协同酶 $h>1$，负协同 $h<1$。

（4）模型

① 机齐变模型（M. W. C.） 该模型认为酶分子中所有原子的构象相同，无杂合状态。在低活性的紧张态（tight form，T）和高活性的松弛态（relaxed form，R）之间存在平衡，效应物使平衡移动，从而改变酶的活性。此模型不适于负协同的酶。

② 序变模型（K.N.F.） 该模型认为各个亚基可以杂合存在，别构是由于配体的诱导，而不是因为平衡的移动。协同性取决于与配体结合的亚基对空位亚基的影响。此模型对两种酶都适用。

（5）举例

① 天冬氨酸转氨甲酰酶（ATCase） 这是嘧啶合成途径的第一个酶，受到 CTP 的反馈抑制，可被 ATP 激活。Asp、氨甲酰磷酸均有正同促效应，CTP 有异促效应，可使酶的"S"形程度增大，即 R_s 值减小，CTP 之间具有正协同作用，$n=3$。ATP 使 R_s 增大，当达到饱和时即成为双曲线。ATP 和 CTP 都只改变酶的亲和力，而不影响 V_m。琥珀酸是天冬氨酸的类似物，在天冬氨酸浓度高时是竞争性抑制剂，而当天冬氨酸不足时则可模拟天冬氨酸的正调控变构作用而成为激活剂。此酶共 12 个亚基，其中催化和调节亚基各 6 个。分子结构为 2 个 C3 中间夹着 3 个 R2，活性中心位于两个催化亚基中间，别构中心位于调节亚基的远端，通过变构影响催化亚基的活性。

② 磷酸甘油醛脱氢酶（GDP） 共 4 个亚基，K_{m1} 和 K_{m2} 都较小，易与 NAD^+ 结合，即在低底物浓度时反应较快；而 K_{m3} 则增大了 100 倍，很难与 NAD^+ 反应。这是由构象变化引起的。在生物体内，当 NAD^+ 不足时可以保证酵解的进行，而当过 NAD^+ 多时则供给其他反应，避免造成酸中毒。

2. 共价调节

这种调节是通过酶促共价修饰使其在活性形式与非活性形式之间转变。最典型的例子是动物组织的糖原磷酸化酶，它催化糖原分解产生葡萄糖 -1- 磷酸。这个酶有两种形式：高活性的磷酸化酶 a 和低活性的磷酸化酶 b。前者是 4 个亚基的寡聚酶，每个亚基含有一个磷酸化的丝氨酸残基。这些磷酸基是活性必需的，在磷酸化酶磷酸酶的作用下被水解除去，变成两个低活性的半分子：磷酸化酶 b。磷酸化酶 b 在磷酸化酶激酶的催化下又可以接受 ATP 的磷酸基变成磷酸化酶 a。共价调节酶可以将化学信号放大。一分子磷酸化酶激酶可以在短时间内催化数千个磷酸化酶 b，每个产生的磷酸化酶 a 又可催化产生数千个葡萄糖 -1- 磷酸，这样就构成了两步的级联放大。实际上这是肾上腺素使糖原急剧分解的更长的级联放大的一部分。另一类共价调节酶是大肠杆菌谷氨酰胺合成酶等，它们接受 ATP 转来的腺苷酰基的共价修饰，或酶促脱去腺苷酰基而调节活性。此外，酶原的激活也是一种共价调节。

3. 酶原激活

消化道分泌的蛋白酶往往以无活性的酶原（proenzyme，zymogen）形式分泌，到达目的地时才被激活。这样可以避免对消化腺的水解。胰凝乳蛋白酶原先被胰蛋白酶切割，产生 π- 胰凝乳蛋白酶，π- 胰凝乳蛋白酶活性高，但不稳定，自相切割产生活性较低但稳定的 α- 胰凝乳蛋白酶。酶原激活后构象发生变化，形成疏水口袋，即有活性的酶。胃蛋白酶原已形成完整的活性中心，但酶原中有一段碱性序列与活性中心形成盐桥，将活性中心堵塞。在 pH<5 时，酶原可自动激活，失去 44 个残基的前体片段。激活的酶还可再激活其他酶原。胰蛋白酶原可被肠激酶激活，然后激活胰凝乳蛋白酶原、胰蛋白酶原、弹性蛋白酶原及羧肽酶原。所以胰蛋白酶是胰蛋白酶原的共同激活剂。酶原激活有时会切掉很多残基，如牛羧肽酶 B 激活时要从 505 个残基中切掉约 200 个残基。

4. 激促蛋白和抑制蛋白

钙调蛋白（CAM）与 Ca^{2+} 结合后可以结合到许多酶上，将其激活。视觉激动过程中的一个酶含有抑制亚基，当这个亚基可逆释放时，酶的活性增加。

二、酶含量的调节

1. 合成速度的调节

有一类酶称为诱导酶，是在细胞中经特定诱导物诱导产生的，其含量在诱导物存在下显著增高。诱导物一般是其底物或类似物。其他含量基本不变的酶称为结构酶。诱导酶在微生物中较多见，如大肠杆菌的半乳糖苷酶，在培养基中加入乳糖则可诱导产生该酶，使细菌能利用乳糖。结构酶和诱导酶的区分是相对的，只是数量的区别，不是本质的区别。酶的合成受基因和代谢物的双重控制。基因是形成酶的内因，但酶的形成还受代谢物的调控。诱导物可增加酶量，酶的产物也能产生阻遏作用，使酶的生成量大大减少。也就是说，代谢物可以控制酶的生成速度和数量。

2. 降解的控制

酶量还可通过加快或减慢酶分子的降解来调节，如在饥饿时，肝中的精氨酸酶降解速度减慢，酶量增多；乙酰辅酶 A 羧化酶降解加快，酶量减少。

第六节　酶的分离提纯及活力测定

虽然现在世界上已发现和鉴定的酶有 4 000 种以上，但是由于分离和提纯酶的技术比较复杂、繁琐，酶制剂的成本高、价格贵，不利于广泛应用。所以，到目前为止，投入大规模生产和应用的商品酶只有数十种，小批量生产的商品酶也只有几百种。

一、酶的分离提纯

根据酶在体内作用的部位，可以将酶分为胞外酶及胞内酶两大类。胞外酶易于分离，如收集动物胰液即可分离出其中的各种蛋白酶及酯酶等。胞内酶存在于细胞内，必须破碎细胞才能进行分离。

对酶进行分离提纯有两方面的目的。一是为了研究酶的理化特性，对酶进行鉴定，必须要用纯酶；二是作为生化试剂及工业用酶，常常也要求有较高的纯度。酶的分离提纯步骤简述如下：

（1）选材　应选择酶含量高、易于分离的动植物组织或微生物材料作原料。

（2）破碎细胞　动物细胞较易破碎，通过一般的研磨器、匀浆器、捣碎机等就可破碎。细菌细胞具有较厚的细胞壁，较难破碎，需要用超声波、细菌磨、溶菌酶、某些化学溶剂（如甲苯、脱氧胆酸钠）或冻融等处理加以破碎。植物细胞因为有较厚的细胞壁，也较难破碎。

（3）抽取　在低温下，用水或低盐缓冲液，从已破碎的细胞中将酶溶出。这样所得到的粗提液中往往含有很多杂蛋白质及核酸、多糖等成分。

（4）分离及提纯　根据酶大多是蛋白质这一特性，用一系列提纯蛋白质的方法，如盐析（用硫酸铵或氯化钠）、调节 pH、等电点沉淀、有机溶剂（乙醇、丙酮、异丙醇等）分级分离等法提纯。

酶是生物活性物质，在提纯时必须考虑尽量减少酶活力的损失，因此全部操作需在低温下进行。一般在 0～5℃进行，用有机溶剂分级分离时必须在 -15～20℃进行。为防止重金属使酶失活，有时需在抽提溶剂中加入少量 EDTA 作螯合剂；为了防止酶蛋白—SH 基被氧化失活，需要在抽提溶剂中加入少量巯基乙醇。在整个分离提纯过程中不能过度搅拌，以免产生大量泡沫，而使酶变性。

在分离提纯过程中，必须经常测定酶的比活力，以指导提纯工作正确进行。若要得到纯度更高的制品，还需进一步提纯，常用的方法有磷酸钙凝胶吸附、离子交换纤维素（如 DEAE- 纤维素）分离、葡聚糖凝胶层析、离子交换 - 葡聚糖凝胶层析、凝胶电泳分离及亲和层析分离等。

（5）保存　最后需将酶制品浓缩、结晶，以便于保存。酶制品一般都应在 -20℃以下低温保存，常用含有少量巯基乙醇或二硫苏糖醇的甘油作保存溶剂。

酶很易失活，绝不可用高温烘干，可用的方法是：①保存浓缩的酶液：用硫酸铵沉淀或硫酸铵反透析法使酶浓缩，使用前再透析除去硫酸铵；②冰冻干燥：对于已除去盐分的酶液可以先在低温解冻，再减压使水分升华，制成酶的干粉，保存于冰箱中；③浓缩液加入等体积甘油，于 -20℃下保存。

二、酶活力的测定

酶活力的高低是研究酶的特性、进行酶制剂的生产及应用时的一项必不可少的指标。

（1）酶活力的测定

测定酶活力就是测定酶促反应的速度，即单位时间内单位体积中底物的减少量或产物的增加量。测定产物增加量或底物减少量的方法很多，常用的方法有化学滴定、比色、比旋光度、气体测压、测定紫外吸收、电化学法、荧光测定以及同位素技术等。选择哪一种方法，要根据底物或产物的物理化学性质而定。在简单的酶反应中，底物减少与产物增加的速度是相等的，但一般以测定产物为好，因为测定反应速度时，实验设计规定的底物浓度往往是过量的，反应时底物减少的量只占其总量的一个极小的部分，测定时不易准确；而产物则从无到有，只要方法足够灵敏，就可以准确测定。

（2）酶的活力单位（U）　酶的活力大小，也就是酶量的大小，用酶的活力单位来度量。

1961 年国际酶学委员会规定：1 个酶活力单位，是指在特定条件下，在 1 分钟内能转化 1 μmol 底物的酶量，或是转化底物中 1 μmol 的有关基团的酶量。特定条件：温度选定为 25℃，其他条件（如 pH 及底物浓度）均采用最适条件。这是一个统一的标准，但使用起来不如习惯用法方便。例如 α- 淀粉酶，通常用每小时催化 1 g 可溶性淀粉液化所需要的酶量来表示，也可以用每小时催化 1 毫升 2% 可溶性淀粉液化所需要的酶量作为一个酶单位。习惯表示法常不够严格，同一种酶有多种不同的单位，不便于对酶活力进行比较。

（3）酶的比活力　比活力的大小，也就是酶含量的高低，即每毫克酶蛋白所具有的酶活力。一般用单位 /mg 蛋白（U/mg 蛋白质）来表示。也有时用每克酶制剂或每毫升酶制剂含有多少个活力单位来表示（单位 /g 或单位 /ml）。它是酶学研究及生产中经常使用的数据，可以用来比较每单位重量酶蛋白的催化能力。对同一种酶来说，比活力愈高，表明酶愈纯。

（4）酶的转换数（K_{cat}）　K_{cat} 为每秒钟每个酶分子转换底物的数量（μmol）。它相当于一旦酶 - 底物（ES）中间物形成后，酶将底物转换为产物的效率。在数值上，$K_{cat} = K_2$，此处的 K_2 即米氏方程导出部分中的 K_2，是由 ES 形成产物的速度常数。

第七节　酶在食品工业中的应用

很久以前，人类就开始利用酶来制作食品，如在酿造中利用发芽的大麦来转化淀粉和用破碎的木瓜树叶包裹肉类以使肉嫩化等。在酶学发展史上，食品科学家对酶学的贡献主要是如何利用和控制酶。许多重要的酶所催化的反应从生长过程一开始就起作用；在发育和成熟期间这些酶的种类和数量都逐渐地改变；在不同的器官、组织和细胞中，酶的活性是不同的。掌握各种酶类的作用特点及食物内源酶系活性变化规律，对食品保藏和加工具有重要的意义。

一、酶对食品质量的影响

（1）酶对食品感观质量的影响　任何动植物和微生物来源的新鲜食物，均含有一定的酶类，这些内源酶类对食品的风味、质构、色泽等感观质量具有重要的影响，其作用有的是期望的，有的是不期望的。如动物屠宰后，水解酶类的作用使肉嫩化，改善肉食原料的风味和质构；水果成熟时，内源酶类综合作用的结果会使各种水果具有各自独特的色、香、味，但如果过度作用，水果会变得过熟和酥软，甚至失去食用价值。在食品加工、贮藏等过程中，由酚酶、过氧化物酶、维生素 C 氧化酶等氧化酶类引起的酶促褐变反应对许多食品的感观质量具有极为重要的影响。

（2）酶对食品营养价值的影响　　在食品加工中营养组分的损失大多是由于非酶作用所引起的，但是食品原料中的一些酶的作用也具有一定的影响。例如，脂肪氧合酶催化胡萝卜素降解而使面粉漂白，在蔬菜加工过程中则使胡萝卜素破坏而损失维生素 A 源；在一些用发酵方法加工的鱼制品中，由于鱼和细菌中的硫胺素酶的作用，使这些制品缺乏维生素 B₁；果蔬中的维生素 C 氧化酶及其他氧化酶类是直接或间接导致果蔬在加工和贮存过程中维生素 C 氧化损失的重要原因之一。

（3）酶促致毒与解毒作用　　在生物材料中，一些酶和底物处在细胞的不同部位，仅当生物材料破碎时，酶和底物的相互作用才有可能发生。有时底物本身是无毒的，在经酶催化降解后变成有害物质。例如，木薯含有生氰糖苷，虽然它本身并无毒，但是在内源糖苷酶的作用下，则会产生剧毒的氢氰酸。

十字花科植物的种子以及皮和根含有葡萄糖芥苷，在芥苷酶作用下会产生对人和动物体有害的化合物。例如，菜籽中的原甲状腺肿素在芥苷酶作用下产生的甲状腺肿素能使人和动物体的甲状腺代谢性增大。因此，在利用油菜籽饼作为新的植物蛋白质资源时，去除这类有毒物质是很关键的一步。

在酶的作用下，也可将食物中有毒的食物成分降解为无毒的化合物，从而起到解毒的作用。因食用蚕豆而引起的血球溶解贫血病是人体缺乏解毒酶的重要例子。这种症状仅出现在血浆葡萄糖 -6- 磷酸脱氢酶水平很低的人群中，蚕豆中的毒素——蚕豆病因子能使体内葡萄糖 -6- 磷酸脱氢酶缺乏更为严重。蚕豆病因子的化学成分是蚕豆嘧啶葡萄糖苷和蚕豆嘧啶核苷，在酸或葡萄糖苷酶作用下降解。降解产生的酚类碱极不稳定，在加热时可迅速氧化降解。通过酶的作用还可除去食品中多种毒素和抗营养素（表 5-5）。

表 5-5　酶作用除去食品中的毒素和抗营养素

物质	食品	不良反应或毒性物质	酶作用
乳糖	乳	肠胃不适	β- 半乳糖苷酶（乳糖酶）
寡聚半乳糖	豆	肠胃气胀	α- 半乳糖苷酶
核酸	单细胞蛋白	痛风	核糖核酸酶
木酚素糖苷	红花籽	导泻	β- 葡萄糖苷酶
植酸	豆、小麦	矿物质缺乏	植酸酶
胰蛋白酶抑制剂	大豆	不能利用蛋白质	脲酶
蓖麻毒	蓖麻豆	呼吸器官舒缩系统麻痹	蛋白酶
氰化物	水果	死亡	硫氰酸酶、氰基苯丙氨酸合成酶
亚硝酸盐	各种食品	致癌物	亚硝酸盐还原酶
咖啡因	咖啡	亢奋	微生物嘌呤去甲基酶
胆固醇	各种食品	动脉粥样硬化	微生物酶
皂草苷	苜蓿	牛气胀病	β- 葡萄糖苷酶
含氯农药	各种食品	致癌物	谷胱甘肽 -S- 转移酶
有机磷酸盐	各种食品	神经毒素	酯酶

二、酶活性的控制

控制食品中酶活性的主要方法是热处理和冷冻，适当地运用热加工法能破坏包括微生物产生的所有酶的活性。但热处理一般会损害食品的品质，所以热法灭酶应控制在恰好破坏食品中全部酶活性的范围内。一般情况下，当过氧化物酶完全失活时，其他酶类均已灭活。因此，采用残余过氧化物酶作为指标，可以确定水果和蔬菜最佳热处理的条件。过氧化物酶存在于所有植物组织中，因此，它是一项判断热处理是否适度的重要参数。

冷冻并没有破坏酶的活性，仅降低酶的活性而延长食品的保藏期限。如果食品在冷冻前没有经过热烫处理，那么当它解冻时酶的活力会显著地升高。

三、酶在食品分析和加工中的应用

由于酶具有特异性，适合用于测定植物和动物材料中特殊的化合物。一般情况下，当采用酶定量地进行食品成分分析测定时，没有必要先将它纯化。在酶法分析过程中，也可采用固定化酶或酶电极，如用固定化脲酶和对铵离子灵敏的玻璃膜制成电极，当酶作用脲时，产生了铵离子，后者可用电极测定，此法如同玻璃电极测定 pH 那样方便和精确。

食品工业用酶多来自植物和微生物，少部分来自动物，酶在食品加工中应用极为广泛，具体详见表 5-6。

表 5-6　食品加工中使用的酶制剂

酶	来源	催化的反应	食品中的应用
糖酶			
α- 淀粉酶	大麦芽 霉菌（黑曲霉、米曲霉、米根霉） 细菌（枯草杆菌、地衣芽孢杆菌）	淀粉、糖原 $-H_2O \rightarrow$ 糊精、寡糖、单糖（α-1,4-葡聚糖键）	在酿造工业中水解淀粉，为酵母提供可发酵的糖，缩短婴儿食品的干燥时间，改进小麦风味。在面包制造中为酵母提供可发酵的糖，改进面包的体积和质构；在酿造工业中代替酿造用大麦的麦芽，除去啤酒中的淀粉混浊，转变低黏度淀粉成为高度可发酵的糖浆，控制黏度和稳定糖浆。在生产糖浆时，在加入淀粉葡萄糖苷酶之前，将淀粉液化、糊精化；在酿造中加速麦芽液的液化；帮助回收糖果碎屑；有助于水分在焙烤食品中的保留
β- 淀粉酶	小麦 大麦芽 细菌（多粘芽孢杆菌、蜡状芽孢杆菌）	淀粉、糖原 $+H_2O \rightarrow$ 麦芽糖 $+\beta$- 限制糊精（α-1,4- 葡聚糖键）	在焙烤和酿造工业中，提供可发酵的麦芽糖以产生 CO_2 和乙醇；帮助制造高麦芽糖浆
β- 葡聚糖酶	黑曲霉 枯草杆菌 大麦芽	β-D- 葡聚糖 $+H_2O \rightarrow$ 寡糖 + 葡萄糖（β-1,3 和 β-1,4 键）	在酿造中脱去糖胶；水解大麦的 β- 葡聚糖胶，加速酿造中的过滤；在咖啡取代物的制造中提高提取物的产量
葡萄糖淀粉酶	黑曲霉 米曲霉 米根霉	淀粉、糖原 $+H_2O \rightarrow$ 葡萄糖（右旋糖）（α-1,4- 和 α-1,6- 葡聚糖键）	直接将低黏度淀粉转变成葡萄糖，然后利用葡萄糖异构酶将它转变成果糖

酶	来源	催化的反应	食品中的应用
纤维素酶	黑曲霉 木霉	纤维素 + H_2O → β- 糊精（β-1,4- 葡聚糖键）	组成复合酶系；帮助果汁澄清；提高香精油和香料的产量；改进啤酒的"酒体"；改进脱水蔬菜的烧煮性和复水性；帮助增加种子可利用蛋白质的提取；利用葡萄和苹果果皮废物生成可发酵的糖；从纤维素废物生产葡萄糖
半纤维素酶	黑曲霉	半纤维素 + H_2O → β- 糊精（角豆胶、瓜尔豆胶的 β-1,4- 葡聚糖键）	帮助除去咖啡豆的外壳；使食品胶有控制地降解；从面包中除去戊糖胶；促进玉米脱胚；提高植物蛋白质的营养有效性；促进酿造中的糖化作用
转化酶（蔗糖水解酶）		蔗糖 + H_2O → 葡萄糖 + 果糖（转化糖）	催化形成转化糖；在糖果生产中防止结晶和起砂
乳糖酶（β- 半乳糖苷酶）	黑曲霉	乳糖 + H_2O → 半乳糖 + 葡萄糖	水解乳品中的乳糖；增加甜味，防止乳糖的结晶；生产低乳糖含量牛乳；改进含乳面包的焙烤质量
果胶酶（含聚半乳糖醛酸酶、果胶甲基酯酶、果胶酸裂解酶）	黑曲霉 米根霉	果胶甲酯酶脱去果胶的甲基；聚半乳糖醛酸酶水解 α-D-1,4- 半乳糖醛酸苷	帮助澄清和过滤果汁和葡萄酒；防止在浓缩果汁和果肉中形成凝胶；控制果汁的混浊程度；控制果冻中的果胶含量；在糖渍水果制造中促使柑橘瓣瓣分离
蛋白质水解酶		一般水解蛋白质和多肽并产生分子量低的肽	嫩化肉；提高从动物和植物提取油和蛋白质的得率；控制和改良蛋白质的功能性质；制备水解蛋白质；改进鱼蛋白质的加工；改进曲奇饼干和维夫饼干的质量；提高麦芽中淀粉酶的活力；改进谷物、腌泡菜的品质
菠萝蛋白酶	菠萝		
无花果蛋白酶	无花果		
木瓜蛋白酶	木瓜	植物蛋白酶一般水解多肽、酰胺和酯（特别是包括碱性氨基酸或亮氨酸或甘氨酸的键），同时产生分子量低的肽	
霉菌蛋白酶	黑曲霉 米曲霉	微生物蛋白酶水解多肽和产生分子量低的肽	改进面包的颜色、质构和形态特征；控制面团流变性质；嫩化肉；改进干燥乳的分散性、蒸发乳的稳定性和涂抹用干酪的涂抹性能
细菌蛋白酶	枯草杆菌 地衣芽孢杆菌		改进饼干、薄型蛋糕和水果蛋糕的风味、质构和保藏质量；帮助鱼中水分的蒸发；帮助在蔗糖生产中的过滤
胃蛋白酶	猪或其他动物的胃	水解含有相邻于芳香族氨基酸或二羧基氨基酸肽键的多肽，同时产生分子量低的肽	牛胃蛋白酶常作为凝乳酶的取代品和乳凝结剂；生产水解蛋白质
胰蛋白酶	动物胰	水解多肽、酰胺和酯，被作用的键包括 L- 精氨酸和 L- 赖氨酸的羧基，同时产生分子量低的肽	抑制乳的氧化风味；生产水解蛋白质

续表

酶	来源	催化的反应	食品中的应用
粗制凝乳酶	反刍动物的第四胃 内寄生虫 毛霉属 微小毛霉	各种凝乳酶的特异性倾向于和胃蛋白酶的特异性相类似，作为酸性蛋白酶，它们活力的最适 pH 在酸性范围；或许在活性部位含有天门冬氨酸的羧基，它们对于乳中 κ- 酪蛋白的一个特殊的 Phe–Met 键具有非常高的选择性，因而能在开裂开此键时引发乳的凝结	在制造干酪时，将乳凝结；在干酪成熟过程中，帮助形成风味和质构；惯用的动物（牛）粗制凝乳酶中的主要成分是凝乳酶、胃蛋白酶和胃分解蛋白酶；微生物粗制凝乳酶取代动物粗制凝乳酶
酯（三酰甘油）水解酶、酯酶	牛、小山羊和羊的可食前胃组织 动物胰组织 米曲霉 黑曲霉	水解三酰甘油成简单脂酸，产生一酰寸油、二酰甘油和游离脂肪酸	动物酯酶在干酪制造和脂解乳脂肪中形成风味，微生物酯酶催化脂（如浓缩鱼油）的水解
氧化还原酶			
过氧化氢酶	黑曲霉 小球菌属	$2H_2O_2 \rightarrow 2H_2O + O_2$	除去乳和蛋白在低温消毒后的残余 H_2O_2；除去因葡萄糖氧化酶作用而产生的 H_2O_2
葡萄糖氧化酶 – 过氧化氢酶	黑曲霉	葡萄糖 + O_2 $\xrightarrow{葡萄糖氧化酶}$ 葡萄糖酸 + H_2O_2 $2H_2O_2 \xrightarrow{过氧化氢酶} 2H_2O + O_2$	除去蛋中的糖以防止在干燥中和干燥后产生褐变和不良风味；除去饮料和色拉佐料中的 O_2 以防止不良风味和提高保藏稳定性；改进焙烤食品的颜色和质构及面团的加工性
脂肪氧合酶	大豆粉	亚油酸（和其他 1,4- 戊二烯多不饱和脂肪酸）+ $O_2 \rightarrow$ LOOH（氢过氧化物）	氢过氧化物漂白面团中的类胡萝卜素和氧化面筋蛋白中的巯基以改进面团的流变性
异构酶			
葡萄糖异构酶	游动放线菌属 凝结芽孢杆菌 链球菌属	葡萄糖→果糖 木糖→木酮糖	在制备高果糖玉米糖浆时，将葡萄糖转变为果糖

💬 **拓展性提示**

　　酶工程作为生物工程的重要组成部分，其作用之重要、研究成果之显著已为世人所公认。充分发挥酶的催化功能、扩大酶的应用范围、提高酶的应用效率是酶工程应用研究的主要目标。21 世纪酶工程的发展主题是：新酶的研究与开发、酶的优化生产和酶的高效应用。除采用常用技术外，还要借助基因组学和蛋白质组学的最新知识，借助 DNA 重排和细胞、噬菌体表面展示技术进行新酶的研究与开发。目前最令人瞩目的新酶有核酸类酶、抗体酶和端粒酶等。

🔊 **拓展知识 1**
核酶

🔊 **拓展知识 2**
乳糖酶与乳糖不耐受

? 思考题

1. 如何实验证明酶的化学本质主要是蛋白质？

2. 酶如何分类？酶与一般化学催化剂有何异同？

3. 有哪些影响酶促反应速度的因素？它们是怎样影响的？

4. 什么是酶促反应的动力学和结构基础？

5. 推导 Michaelis 和 Menten 方程式。说明 K_m 的意义。

6. 酶分离纯化须通过哪些步骤？应注意哪些问题？

7. 什么是别构酶、诱导酶、同工酶、固相酶？它们的理论和实践意义是什么？

8. 设计一种测定下列各种酶的活性的方法，并说明该酶所催化的反应：

（1）淀粉酶　　　（2）脂肪酶　　　（3）胰蛋白酶

（4）谷丙转氨酶　（5）乳酸脱氢酶　（6）脲酶

9. 将 1 g 淀粉酶制剂制成 1 000 mL 水溶液，从中取 1 mL 测酶活性，得知它分解淀粉的反应速度为 0.25 g 淀粉 /5 min。计算 1 g 酶制剂所含淀粉酶活性单位数（淀粉酶活性单位规定为：在最适条件下，1 h 分解 1 g 淀粉的酶量称为一个活性单位）。

10. 假定一酶液存在着下列各情况，求其 v 相当于 V 的百分比（%）。

（1）[S] = K_m　　　　（2）[S] = $2K_m$

（3）[S] = $1/10K_m$　　（4）[S] = $10 K_m$

维生素与辅酶

一、维生素是维持人体生命活动不可或缺的一类营养素；学习维生素生理功能、缺乏症状、食物来源等。

二、维生素的分类：可分为脂溶性维生素（如维生素 A、D、E 和 K）和水溶性维生素（各种 B 族维生素和维生素 C 等）两大类。人体对维生素需要量虽少，但不可缺少。需要量视生理状况及劳动状况不同而有所差异。如供应不足，则将出现某种病理状况。

三、维生素与辅酶：B 族维生素（B_1、B_2、B_6、PP、泛酸、叶酸和生物素、B_{12}）系某种酶的辅酶、辅基的组分，例如，含维生素 B_2 的 FMN、FAD 以及含维生素 PP 的 NAD^+ 和 $NADP^+$ 分别是某类脱氢酶辅基或辅酶的组分。

1. 了解维生素的概念、特点及分类。
2. 熟悉各种维生素的化学名称、功能及缺乏症。
3. 了解各脂溶性维生素及维生素 C 的功能。
4. 掌握维生素 B 族与辅酶的关系及辅酶的作用。

维生素（vitamin）是人和其他动物为维持正常的生理功能而必须从食物中获得的一类微量有机物质，在人体生长、代谢、发育过程中发挥着重要的作用。维生素在体内既不参与构成人体细胞，也不为人体提供能量。

第一节　概述

维生素是机体必需的多种生物小分子营养物质。1894 年荷兰生理学家艾克曼（Eijkman）用白米养鸡观察到脚气病现象。后来波兰科学家芬克（Funk）从米糠中发现含氮化合物对此病颇有疗效，将其命名为 vitamine，意为生命必需的胺。后来研究发现并非所有维生素都是胺，故此去掉词尾的 e，命名为 vitamin。

一、研究历史

维生素是生物生长和代谢所必需的微量有机物。维生素是在生活实践中发现的。早在六七世纪，我国已有关于脚气病的记载，认识到这是食米地区的病，可用谷皮（如米糠）进行治疗。当时还记载有"雀目症"（现名夜盲症），可用猪肝治疗。古时，航海的人由于长期吃不到新鲜的蔬菜和水果而患坏血病，18 世纪欧洲航海的人已经知道食用新鲜蔬菜和水果可防治此病。现代营养学研究证明谷皮中富含维生素 B_1，而猪肝则富含维生素 A，新鲜蔬菜、水果含有丰富的维生素 C。

20 世纪以来，通过营养调查和动物实验，广泛开展对维生素缺乏症的防治研究，先后确定脚气病、干眼病和软骨病等是由于某种维生素缺乏引起的，并分离出多种维生素。此后，研究了它们的结构、物理性质、化学性质和生物学作用，并确定某种 B 族维生素是某种酶的辅酶或辅基的组分。维生素种类很多，化学结构、性质各不相同。它们既不是机体结构物质，也无供能功能，但是机体不可缺少的物质。

维生素有以下特点：
① 是一些结构各异的生物小分子，对维持生命机体的正常生长、发育、繁殖等是必需的。
② 机体对它们的需要量微少，但供应不足时，将出现代谢障碍和临床症状。
③ 体内不能合成或合成量不足，必需直接或间接从食物中摄取。
④ 主要功能是参与活性物质（酶或激素）的合成，没有供能和结构作用。水溶性维生素常作为辅酶前体，起载体作用；脂溶性维生素参与一些活性分子的构成，如维生素 A 构成视紫红质，维生素 D 构成调节钙磷代谢的激素。

二、维生素的分类、命名及功能

维生素的种类很多，化学结构差异很大。通常按其溶解性质分为两大类，一类是脂溶性维生素，另一类是水溶性维生素。

（1）脂溶性维生素　脂溶性维生素（lipid-soluble vitamins）不溶于水，易溶于有机溶剂，在食物中与脂质共存，并随脂质一起吸收。不易排泄，容易在体内积存（主要在肝）。包括维生素 A（A_1，A_2）、D（D_2，D_3）、E（α，β，γ，δ）、K（K_1，K_2，K_3）等。

（2）水溶性维生素　水溶性维生素（water-soluble vitamins）易溶于水，易吸收，能随尿液排出，一般不在体内积存，容易缺乏。包括 B 族维生素和维生素 C。水溶性维生素除维生素 C 外，通称为 B 族维生素，它们常与硫辛酸、对氨基苯甲酸、胆碱及肌醇同时存在。

近年来，有人将临床应用的某些药物也归入维生素类，如乳清酸（B_{13}）、腺嘌呤磷酸盐（B_4）和维生素 U 等，但其并非人类所必需的营养物质。

维生素虽然是小分子，但结构较复杂，一般不用化学系统命名。早期按发现顺序及来源用字母 A、B、C、D……和数字来命名，如维生素 A、维生素 B_2 等。但这些字母和数字不完全表示发现该种维生素的历史次序（维生素 A 除外），也不说明相邻维生素之间存在什么关系。同时，还根据其功能命名为"抗……维生素"，如抗干眼病维生素（维生素 A）、抗佝偻病维生素（维生素 D）等。后来又根据其化学结构和生理功能命名，如视黄醇（维生素 A_1）、胆钙化醇（维生素 D_3）等。

组成辅酶是 B 族维生素重要生理功能。B 族维生素都作为辅酶的成分在酶反应中担负催化作用，各种维生素及辅酶见表 6-1。

表 6-1　维生素及其辅酶类型

类别	种类	辅酶或其他功能	生化作用
水溶性维生素	硫胺素	焦磷酸硫胺素（TPP）	α- 酮酸氧化脱羧等
	核黄素	黄素单核苷酸（FMN）	氢原子（电子）转移
	尼克酸（烟酸）	黄素腺嘌呤二核苷酸（FAD）	氢原子（电子）转移
		烟酰胺腺嘌呤二核苷酸（NAD）	氢原子（电子）转移
	泛酸	烟酰胺腺嘌呤二核苷酸磷酸（NADP）	氢原子（电子）转移
		辅酶 A	酰基基团的转移
	吡哆醛	磷酸吡哆醛	氨基基团的转移
	生物素	胞生物素	羧基的转移
	叶酸	四氢叶酸	一碳基团的转移
	维生素 B_{12}	辅酶 B_{12}	氢原子的 1，2 移（位）
	硫辛酸	硫辛酰赖氨酸	氢原子和酰基基团的转移
	维生素 C		羟化作用中的辅助因素
脂溶性维生素	维生素 A	11- 视黄醛	视觉循环，防止皮肤病变
	维生素 D	1,25- 二羟胆钙化醇	钙和磷酸的代谢
	维生素 E		抗氧化剂，预防不育症
	维生素 K		凝血酶原的生物合成

三、人体获取维生素的途径

主要由食物直接提供。维生素在动植物组织中广泛存在，绝大多数维生素直接来源于食物。少量来自以下途径。

① 由肠道菌合成。人体肠道菌能合成某些维生素，如维生素 K、维生素 B_{12}、吡哆醛、泛酸、生物素和叶酸等，可补充机体不足。长期服用抗菌药物，使肠道菌受到抑制，可引起维生素 K 等缺乏。

② 维生素原在体内转变。能在体内直接转变成维生素的物质称为维生素原。植物食品不含维生素 A，但含类胡萝卜素，可在小肠壁和肝氧化转变成维生素 A。所以类胡萝卜素被称为维生素 A 原。

③ 体内部分合成。储存在皮下的 7- 脱氢胆固醇经紫外线照射，可转变成维生素 D_3。因此矿工要补照紫外线。人体还可利用色氨酸合成尼克酰胺，所以长期以玉米为主食的人由于色氨酸不足，容易发生糙皮病等尼克酰胺缺乏症。

四、有关疾病

机体对维生素的需要量极少，一般日需要量以毫克或微克计。维生素缺乏会引起代谢障碍，出现维生素缺乏症。过多也会干扰正常代谢，引起维生素过多症。因水溶性维生素容易排出，所以维生素过多症只见于脂溶性维生素，如长期摄入过量维生素 A、D 会中毒（表 6-2）。

表 6-2 常见维生素来源、需要量、生理功能和缺乏症

名称	来源	需要量	主要生理功能	缺乏症
维生素 A	肝、蛋黄、鱼肝油、奶汁、绿叶蔬菜、胡萝卜、玉米等	3 500 IU 乳母、孕妇加倍	与眼的暗视觉有关，是合成视紫红质的原料；维持上皮组织的结构完整；促进生长发育	夜盲症 干眼病
维生素 D	鱼肝油、肝、蛋黄；日光照射皮肤可制造 D₃	400 IU 儿童、孕妇、乳母 500~1 000 IU	调节钙磷代谢、促进钙磷吸收	儿童：佝偻病 成人：软骨病
维生素 B₁（硫胺素）	酵母、绿叶蔬菜	2 mg	为 α-酮酸氧化脱羧的辅酶 TPP 的成分；抑制胆碱酯酶的活性	脚气病 胃肠道机能障碍
维生素 B₂	肉、酵母、谷类及花生等	2 mg	构成黄素酶类的辅酶成分，参与体内生物氧化体系	口角炎、舌炎、唇炎、阴囊皮炎等
维生素 PP	肉、酵母、谷类及花生等，人体可自色氨醇转变一部分	15 mg	构成脱氢酶辅酶的成分，参与生物氧化体系	癞皮病（表现为对称性皮炎、舌炎、腹泻及神经症状）
维生素 C	新鲜水果、蔬菜，特别是鲜枣、辣椒、山楂、花椰菜、柑橘等	50~75 mg	参与体内羟化反应，与细胞间质的生成、类固醇的羟化和生物转化有关；参与体内某些还原反应，有保护巯基酶、解毒和促抗体生成的作用	坏血病

第二节 脂溶性维生素

脂溶性维生素包括维生素 A、D、E、K，一般难溶于水，溶于脂质及脂肪溶剂。脂溶性维生素在食物中与脂质共同存在，并随脂质一同吸收。吸收后的脂溶性维生素在血液中与脂蛋白及某些特殊的结合蛋白特异结合而运输。

一、维生素 A

维生素 A 又称抗干眼醇。维生素 A 是一种极其重要、极易缺乏的、维持人体正常代谢和机能所必需的脂溶性维生素。

维生素 A 并不是单一的化合物，而是一系列包括视黄醇（retinol）、视黄醛（retinene）、视黄酸（retinoic acid）、视黄醇乙酸酯（retinyl acetate）和视黄醇棕榈酸酯（retinyl palmitate）等在内的视黄醇

视黄醇 X＝ OH

视黄醛 X＝ O H

视黄酸 X＝ O OH

视黄醇乙酸酯 X＝ O O

视黄醇棕榈酸酯 X＝ O O $(CH_2)_{14}$

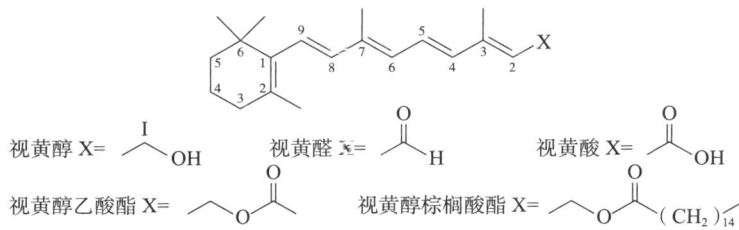

图 6-1 维生素 A 基团变化及分子结构

的衍生物，它们的基团变化及分子结构如图 6-1 所示。

维生素 A 只存在于动物体中，在鱼类特别是鱼肝油中含量很多。植物中并不含有维生素 A，但许多蔬菜和水果却都含有维生素 A 原——胡萝卜素，它在小肠中可分解为维生素 A，其中 1 分子 β- 胡萝卜素可分解为 2 分子维生素 A，而 1 分子 α- 胡萝卜素或 γ- 萝卜素只能产生 1 分子维生素 A。

根据功能情况，可把维生素 A 分为 A_1、A_2 两种，A_1 是视黄醇，A_2 是 3- 脱氢视黄醇，其活性是前者的一半。肝是储存维生素 A 的场所。植物中的类胡萝卜素是维生素 A 前体，一分子 β- 胡萝卜素在一个氧化酶催化下加两分子水，断裂生成两分子维生素 A_1。这个过程在小肠黏膜内进行。类胡萝卜素还包括 α-、γ- 胡萝卜素、隐黄质、番茄红素、叶黄素等，前三种加水生成一分子维生素 A_1，后两种不生成维生素 A_1（图 6-2）。

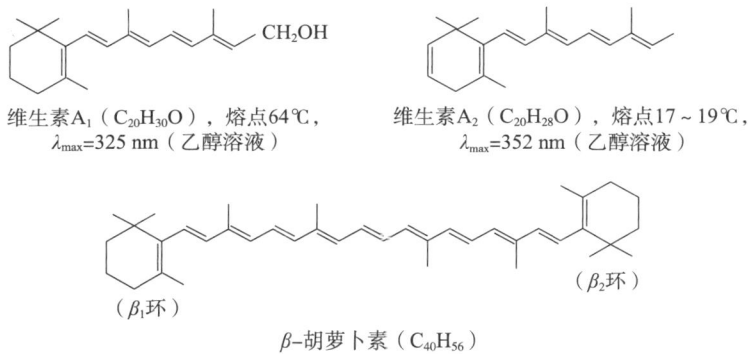

CH₂OH

维生素 A_1（$C_{20}H_{30}O$），熔点 64℃，
λ_{max}=325 nm（乙醇溶液）

维生素 A_2（$C_{20}H_{28}O$），熔点 17～19℃，
λ_{max}=352 nm（乙醇溶液）

（β_1环）

（β_2环）

β- 胡萝卜素（$C_{40}H_{56}$）

图 6-2 维生素 A_1、A_2 和 β- 胡萝卜素

β- 胡萝卜素分子是一个两边反向对称的化学结构。分子中包含两个 β- 紫罗兰酮环（β^1 环和 β^2 环）和 4 个异戊二烯。属于胡萝卜素碳氢化合物的，除 β- 胡萝卜素外，尚有 α- 胡萝卜素、γ- 胡萝卜素、隐黄质、番茄红素、叶黄素等。它们的结构差别只是在环的结构上。叶黄素的两个环跟维生素 A_1 的环都不相同，因此叶黄素分子加水断裂不能得到维生素 A_1 分子。胡萝卜素类化合物的环状结构与维生素 A_1 的关系可参考表 6-3。

表 6-3 胡萝卜素类化合物的环结构

名称及分子式	β^1 环	β^2 环	加水断裂成维生素 A_1 的分子数
β- 胡萝卜素 $C_{40}H_{56}$			2
α- 胡萝卜素 $C_{40}H_{56}$			1

续表

名称及分子式	β^1 环	β^2 环	加水断裂成维生素 A_1 的分子数
γ- 胡萝卜素 $C_{40}H_{56}$			1
隐黄质 $C_{40}H_{56}O$			1
番茄红素 $C_{40}H_{56}$			0
叶黄素 $C_{40}H_{56}O_2$	HO	OH	0

维生素 A 与暗视觉有关。维生素 A 在醇脱氢酶作用下转化为视黄醛，11- 顺视黄醛与视蛋白上赖氨酸氨基结合构成视紫红质，视紫红质在光中分解成全反式视黄醛和视蛋白，在暗中再合成，形成一个视循环。维生素 A 缺乏可导致暗视觉障碍，即夜盲症。食用肝及绿色蔬菜可治疗。全反式视黄醛主要在肝中转变成 11- 顺视黄醛。

维生素 A 的作用很多，但因缺乏维生素 A 的动物极易感染，所以研究很困难。已知缺乏维生素 A 时类固醇激素减少，因为其前体合成时有一步羟化反应需维生素 A 参加。另外缺乏维生素 A 时表皮黏膜细胞减少，角化细胞增加。有人认为是因为维生素 A 与细胞分裂分化有关，有人认为是因为维生素 A 与糖胺聚糖、糖蛋白的合成有关，可作为单糖载体。维生素 A 还与转铁蛋白合成、免疫、抗氧化等有关。维生素 A 过量摄取会引起中毒，可引发骨痛、肝脾肿大、恶心腹泻及鳞状皮炎等症状。

二、维生素 D

维生素 D 又称为抗佝偻病维生素，是类固醇衍生物，含环戊烷多氢菲结构。

维生素 D 是由维生素 D 原经过紫外光激活后形成的。维生素 D 原是环戊烷多氢菲类化合物。目前已发现了 6 种结构相似的物质都具有维生素 D 的生理功能，被分别称为维生素 D_2、D_3……D_7。动物体内普遍存在 7- 脱氢胆固醇，经紫外光照射后形成维生素 D_3，在 D_3 的 24 位增加一个甲基，则为 D_4，若改为乙基，则为 D_5，大多数植物中都含有麦角固醇，在阳光下可形成 D_2，在 D_2 的 28 位上增加一个碳，即 24 位上连接一个乙基侧链，则为 D_6。

维生素 D 和动物骨骼的钙化有联系，因此，维生素 D_2 被命名为钙化醇。骨骼的正常钙化必须有足够的钙和磷，而且钙和磷的比例要合适，这个比例的范围在 1:1 至 2:1 之间；此外还必须有维生素 D 的存在。维生素 D 有促进动物小肠吸收钙的功能。

当钙化醇通过血液进入人体肝后转化为 25- 氢胆钙化醇；进入肾后转化为 1,25- 二氢胆钙化醇，进入肠后促进 Ca^{2+} 的运输；进入骨骼时促进钙的吸收与沉积。至于胆钙化醇如何促进 Ca^{2+} 的运输，还有跟 PO_4^{3-} 的关系，最后在骨中沉积等，都有待研究。

维生素 D 在中性及碱性溶液中能耐高温和耐氧化，在酸性溶液中则会逐渐分解，所以油脂氧化酸败可引起维生素 D 破坏，而在一般烹调加工中不会损失。

维生 D 通常在食品中与维生素 A 共存，在鱼、蛋黄、奶油中含量丰富，尤其是海产鱼肝油中含量特别丰富。

三、维生素E

维生素E也称生育酚，广泛分布于植物组织中，以蔬菜、麦胚、植物油的非皂化部分中含量较多。维生素E有8种，差别只在甲基的数目和位置，其中2种在侧链上含有3个双键，但都具有相同的生理功能，其中以α–生育酚的生物效价最高（图6-3）。存在于蔬菜、麦胚、植物油的非皂化部分，对动物的生育是必需的。缺乏时还会发生肌肉退化。维生素E极易氧化，是良好的脂溶性抗氧化剂。可清除自由基，保护不饱和脂肪酸和生物大分子，维持生物膜完好，延缓衰老。维生素E很少缺乏，毒性也较低。早产儿缺乏会产生溶血性贫血，成人缺乏会导致红细胞寿命短，但不致贫血。

α–生育酚为黄色油状液体，对热和酸较稳定，对碱不稳定，可缓慢地被氧化破坏。金属离子如 Fe^{2+} 能促进维生素E氧化为α–生育酚醌，在食品中，尤其是植物油中维生素E主要起着抗氧化剂的作用，能使脂肪及脂肪酸自动氧化过程中产生的游离基淬灭。维生素E的抗氧化作用能使细胞膜和细胞器的完整性和稳定性免受过氧化物的氧化破坏，还能保护巯基不被氧化而保持许多酶系的活性。

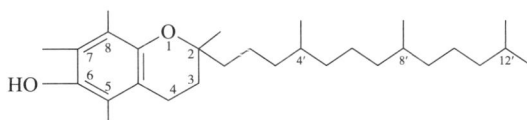

图6-3 α–生育酚

四、维生素K

维生素K是一类2-甲基-1,4-萘醌的衍生物，是一个和血液凝固有关的维生素。它具有促进凝血酶原合成的作用。凝血酶原在肝中合成。

维生素K在绿色蔬菜中含量丰富，动物肠道微生物能够合成维生素K，初生婴儿会出现维生素K缺乏症。阻塞性黄疸病人由于维生素K的吸收发生障碍，从而引起血浆中凝血酶原含量的降低，出现血凝迟缓。

维生素K是黄色黏稠油状物，可被空气中氧缓慢地氧化而分解，并迅速地被光进一步破坏，对热稳定，但对碱不稳定。

天然存在的维生素K只有 K_1 和 K_2 两种，其余均为人工合成，共有70多种，常见的维生素 K_1、K_2 和 K_3 的化学结构式如图6-4。

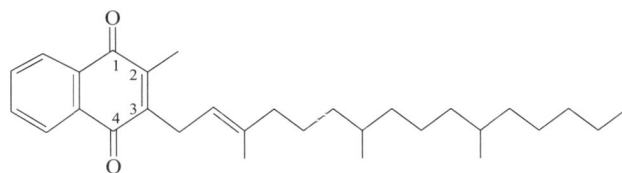

维生素 K_1（2-甲基-3-叶黄烯基-1,4-萘醌）

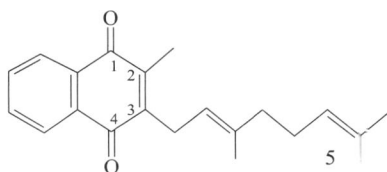

维生素 K_2（2-甲基-3-二法呢基-1,4-萘醌）

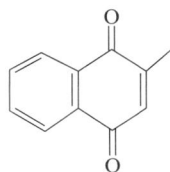

维生素 K_3（2-甲基-1,4-萘醌）

图6-4 维生素 K_1、K_2 和 K_3 的化学结构式

维生素 K_1 和 K_2 分别是从苜蓿和鱼粉等天然产品中分离提纯的。现在都可以人工合成。维生素 K_3 是人工合成产物,同样具有维生素 K 的生物作用。维生素 K 跟脂蛋白联结在一起,存在于线粒体中。维生素 K 参与蛋白质谷氨酸残基的 γ- 羧化。凝血因子 Ⅱ 、Ⅶ 、Ⅸ 、Ⅹ 肽链中的谷氨酸残基在翻译后加工过程中,由蛋白羧化酶催化,成为 γ- 羧基谷氨酸(Gla)。这两个羧基可络合钙离子,对钙的输送和调节有重要意义。有关凝血因子与钙结合,并通过钙与磷脂结合形成复合物,发挥凝血功能。这些凝血因子称为维生素 K 依赖性凝血因子。缺乏维生素 K 时常有出血倾向。新生儿、长期服用抗生素或吸收障碍可引起缺乏。

五、辅酶 Q

辅酶 Q 亦称泛醌(ubiquinone),是生物体内广泛存在的脂溶性醌类化合物,带有由不同数目(6~10)异戊二烯单位组成的侧链。不同来源的辅酶 Q 其侧链异戊二烯单位的数目不同,人类和其他哺乳动物是 10 个异戊二烯单位,故称辅酶 Q10(图 6-5)。其苯醌结构能可逆地加氢还原成对苯二酚化合物,是呼吸链中的氢传递体。辅酶 Q 可接受一个 e^- 和一个 H^+ 还原成半醌式;再接受一个 e^- 和一个 H^+ 还原成二氢泛醌。辅酶 Q 也有 3 种不同存在形式即氧化型、半醌型和还原型,在呼吸链中传递一个或两个电子。

图 6-5 辅酶 Q10 的结构

辅酶 Q 广泛存在于酵母、植物叶和种子以及动物的心脏、肝和肾。在细胞中,辅酶 Q 存在于线粒体中,并和细胞呼吸链有关。

第三节 水溶性维生素

知识点
水溶性维生素

水溶性维生素是可溶于水而不溶于非极性有机溶剂的一类维生素,包括维生素 B 族和维生素 C。这类维生素除碳、氢、氧元素外,有的还含有氮、硫等元素。与脂溶性维生素不同,水溶性维生素在人体内储存较少,从肠道吸收后进入人体的多余的水溶性维生素大多从尿中排出。水溶性维生素几乎无毒性,摄入量偏高一般不会引起中毒现象,若摄入量过少则较快出现缺乏症状。

一、维生素 B_1

维生素 B_1,又称硫胺素(thiamine)或抗神经炎素,是第一个被发现的维生素,由真菌、微生物和植物合成,人类和其他动物则只能从食物中获取。维生素 B_1 主要存在于种子的外皮和胚芽中,如米糠和麸皮中含量很丰富,在酵母菌中含量也极为丰富。维生素 B_1 由嘧啶环和噻唑环结合而成,在体内参与糖代谢。

维生素 B_1 是体内羧化酶和脱羧酶的辅酶,由一个嘧啶环和一个噻唑环构成,又称噻嘧胺(图 6-6)。在细胞内,硫胺素与 ATP 反应,生成其活性形式——硫胺素焦磷酸(TPP),即脱羧辅酶。羧化辅酶作为酰基载体,是 α 酮酸脱羧酶的辅基,也是转酮醇酶的辅基,在糖代谢中起重要

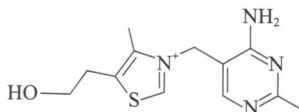

图 6-6 维生素 B_1 结构式

作用。缺乏维生素 B_1 会导致糖代谢障碍，使血液中丙酮酸和乳酸含量增多，影响神经组织供能，患脚气病。

酗酒是临床上最常见的维生素 B_1 缺乏原因之一。维生素 B_1 缺乏时，三羧酸循环发生障碍，丙酮酸和乳酸堆积，ATP 产生受阻，首先影响主要依靠糖代谢提供能量的神经组织。维生素 B_1 缺乏在体内和体外都可引起氧化应激，是研究脑代谢紊乱导致选择性神经元死亡的经典模型。

维生素 B_1 在糙米、油菜、猪肝、鱼、瘦肉中含量丰富。但生鱼中含有破坏 B_1 的酶，咖啡、可可、茶等饮料也含有破坏 B_1 的因子。

二、维生素 B_2

维生素 B_2，又叫核黄素（riboflavin），微溶于水，在中性或酸性溶液中加热是稳定的。为体内黄酶类辅基的组成部分（黄酶在生物氧化还原中发挥递氢作用），缺乏时，会影响机体的生物氧化，使代谢发生障碍。其病变多表现为口、眼和外生殖器部位的炎症，如口角炎、唇炎、舌炎、眼结膜炎和阴囊炎等。体内维生素 B_2 的储存是很有限的，因比每天都要由饮食提供。维生素 B_2 的两个性质是造成其损失的主要原因：①可被光破坏；②在碱溶液中加热可被破坏。

维生素 B_2 的生理功能主要与分子中异咯嗪上 1,5 位 N 存在的活泼共轭双键有关，既可作氢供体，又可作氢递体（图 6-7）。在人体内以黄素腺嘌呤二核苷酸（FAD）和黄素单核苷酸（FMN）两种形式参与氧化还原反应，起到传递氢的作用，是机体中一些重要的氧化还原酶的辅基，如琥珀酸脱氢酶、黄嘌呤氧化酶及 NADH 脱氢酶等。

主要参与的生化反应有呼吸链能量产生，氨基酸、脂质氧化，嘌呤碱转化为尿酸，芳香族化合物的羟化，蛋白质与某些激素的合成，铁的转运、储存及动员，参与叶酸、吡多醛、尼克酸的代谢等。

图 6-7 维生素 B_2 结构式

三、泛酸和辅酶 A

泛酸广泛存在于生物界，故又称为遍多酸（pantothenic acid）。泛酸可构成辅酶 A（coenzyme A，CoA），CoA 是酰基转移酶的辅酶。也可构成酰基载体蛋白（CAP），CAP 是脂肪酸合成酶复合体的成分。人在营养上需要泛酸，但泛酸广泛存在于植物和动物食物中，所以泛酸缺乏症极少见。

CoA 所含的巯基可与酰基形成硫酯，在代谢中起传递酰基的作用。在生物体内 CoA 是由泛酸作为前体合成的（图 6-8）。许多微生物可以从缬氨酸的脱氨产物——α-酮异戊二酸开始合成泛解酸，由天冬氨酸脱羧生成 β-丙氨酸，二者在泛酸合成酶的催化下利用 ATP 的能量合成泛酸。

$$\text{泛解酸} + \beta\text{-丙氨酸} + \text{ATP} \xrightarrow{\text{泛酸合成酶}} \text{泛酸} + \text{AMP} + \text{PPi}$$

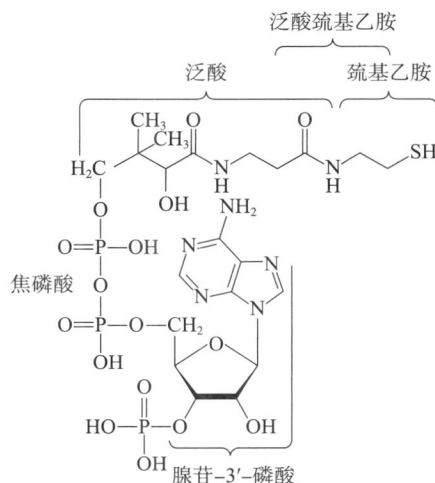

图 6-8 辅酶 A（简写为 CoA-SH）的构成

四、维生素 PP 和烟酰胺辅酶

维生素 PP 包括烟酸（nicotinic acid，又称尼克酸）和烟酰胺（nicotinamide，又称尼克酰胺）两种化合物（图 6-9），二者均属于吡啶衍生物。

在体内，烟酸以烟酰胺态存在。维生素 PP 不受光、热、氧破坏，是最稳定的一种维生素。

烟酸和烟酰胺的分布范围很广，动植物组织中都有，肉产品中较多。缺乏这种维生素可能会引起人患癞皮病。成人每日约需 12～21 mg 烟酸。

图 6-9 尼克酸和尼克酰胺

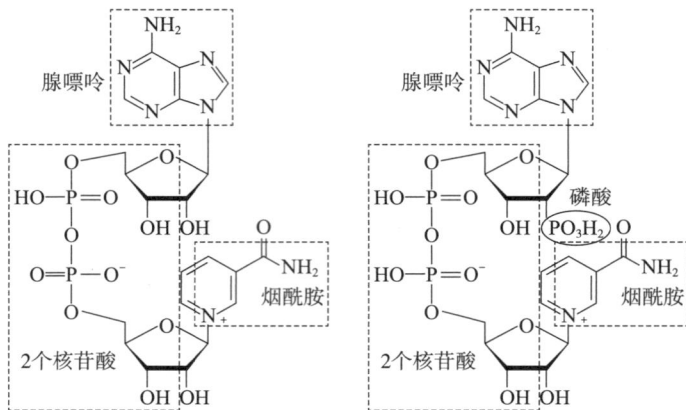

尼克酸

尼克酰胺

烟酸虽然是维生素，但与一般的维生素不同，在人体中能由色氨酸合成少量，饮食中含有适量色氨酸时，则每日所需的烟酸一部分可通过这个途径取得。烟酰胺核苷酸是一些催化氧化还原反应的脱氢酶的辅酶。烟酰胺腺嘌呤二核苷酸（NAD）和烟酰胺腺嘌呤二核苷酸磷酸（NADP）的结构式如图 6-10。

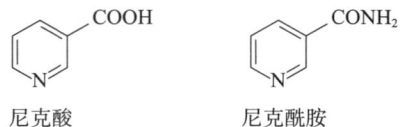

图 6-10　烟酰胺腺嘌呤二核苷酸（左）和烟酰胺腺嘌呤二核苷酸磷酸（右）的结构式

NAD^+ 也称辅酶 Ⅰ（CoI）或二磷酸吡啶核苷酸（DPN）。$NADP^+$ 也称辅酶 Ⅱ（CoⅡ）或三磷酸吡啶核苷酸（TPN）。

NAD^+ 和 $NADP^+$ 都是脱氢酶的辅酶，这两个辅酶都传递氢，区别在于 $NADPH，H^+$ 一般用于生物合成代谢中的还原作用，提供生物合成作用所需的还原力，如脂肪酸合成，而 $NADH，H^+$ 则常用于生物分解代谢过程，如氧化磷酸化作用，通过偶联形成 ATP 而提供生命活动所需的能量。氢的传递在其辅酶分子中的烟酰胺部位进行。例如，在醇脱氢酶的催化下，醇（RCH_2OH）脱去两个氢原子，转化为醛（RCHO），所脱去的两个氢原子，由烟酰胺部分来传递。氧化态的烟酰胺接受两个电子和一个质子而转变成还原态，从底物分子脱下的两个氢原子之一就以质子形态剥离到环境中而形成生物细胞内的质子浓度差。经典的物理发电机剥离电子产生电位差，生物细胞则是剥离质子产生质子浓差，这是生命最为奥妙之处。

五、维生素 B_6

维生素 B_6 又称吡哆素，包括吡哆醇、吡哆醛和吡哆胺 3 种，还有它们的辅酶形式：磷酸吡哆醛和磷酸吡哆胺，可互相转化。这些化合物的结构式如图 6-11 和图 6-12。维生素 B_6 是吡啶衍生物，活性形式是磷酸吡哆醛和磷酸吡哆胺，是转氨酶、氨基酸脱羧酶的辅酶。在氨基酸的转氨、脱羧和外消旋等重要反应中起着催化作用。

磷酸吡哆醛的醛基作为底物氨基酸的结合部位，醛基的邻近羟基和对位氮原子还参与催化部位的构成。在转氨反应中，磷酸吡哆醛结合氨基酸，释放出相应的 α 酮酸，转变为磷酸吡哆胺，再结合 α 酮酸释放氨基酸，又变成磷酸吡哆醛。缺乏维生素 B_6 可引起周边神经病变及高铁红细胞贫血症。因为 5- 羟色胺、γ- 氨基丁酸、去甲肾上腺素等神经递质的合成都需要维生素 B_6（氨基酸脱羧反应），而

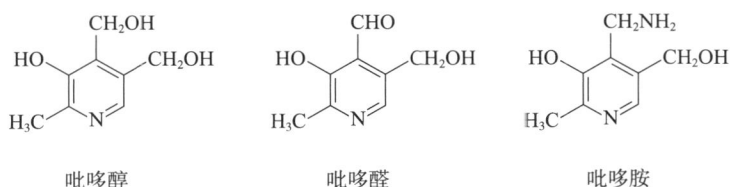

图 6-11　吡哆素的 3 种成分

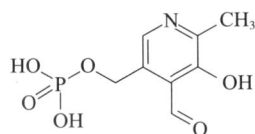

图 6-12　磷酸吡哆醛的结构

血红素前体的合成也需要维生素 B_6。

磷酸吡哆醛是临床上用于治疗帕金森综合征的药物。促进转氨酶进行转氨作用提高体内多巴胺的含量。

六、生物素

生物素（biotin）由杂环与戊酸侧链构成，又称维生素 B_7，或维生素 H。人体缺乏生物素时引起皮炎和毛发脱落。生鸡蛋清中有一种抗生物素蛋白（avidin），可以与生物素紧密结合，使其失去活性。生物素的结构式如图 6-13。

图 6-13　生物素的结构

生物素侧链羧基可通过酰胺键与酶的赖氨酸残基相连。生物素是羧基载体，其 N1 可在耗能的情况下被二氧化碳羧化，再提供给受体，使之羧化。如丙酮酸羧化为草酰乙酸、乙酰辅酶 A 羧化为丙二酰辅酶 A 等都由依赖生物素的羧化酶催化。花生、蛋类、巧克力中含量最高。

羧基生物素是由生物素经 ATP 磷酸化后，形成生物素的腺二磷烯醇酯，与 CO_2 反应，产生羧基生物素和 ADP。

生物素不但可以有效防止落发，还能预防现代人常见的少年白发。它在维护皮肤健康中也扮演着重要角色。至于安定神经系统方面的功效至今尚未获得证实，但对忧郁、失眠确有一定助益。

七、叶酸

叶酸（folic acid，FA）亦称蝶酰谷氨酸（PGA）或维生素 B_{11}，又称维生素 M，由蝶酸与谷氨酸构成。活性形式是四氢叶酸（FH_4），即蝶呤环被部分还原。它的结构式如图 6-14。

进入机体的叶酸在二氢叶酸还原酶作用下转变为二氢叶酸，进而转化为四氢叶酸。四氢叶酸是多种一碳单位的载体，分子中的 N5、N10 可单独结合甲基、甲酰基、亚氨甲基、共同结合甲烯基和甲炔基。因此在嘌呤、嘧啶、胆碱和某些氨基酸（Met、Gly、Ser）的合成中起重要作用。

叶酸对人类的健康有着极其重要的作用。叶酸缺乏会导致新生儿神经畸形、血栓闭塞性心脑血管疾病、厌食症与神经性厌食症、巨幼红细胞贫血、老年血管性痴呆、抑郁症等疾病的危险。叶酸广泛分布于绿叶植物中，如菠菜、甜菜、硬花甘蓝等绿叶蔬菜，在动物性食品（肝、肾、蛋黄等）、水果（柑橘、猕猴桃等）和酵母中也广泛存在，但在根茎类蔬菜、玉米、米、猪肉中含量较少。苯巴比妥及口服避孕药等药物干扰叶酸吸收与代谢。

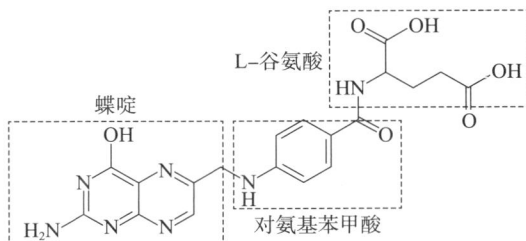

图 6-14　叶酸的结构

八、维生素 B₁₂

维生素 B₁₂，又称钴胺素，是一种抗恶性贫血的维生素，存在于肝。维生素 B₁₂ 也是唯一含金属元素的维生素，因含钴而呈红色，又称红色维生素，是少数有色的维生素。维生素 B₁₂ 分子的核心是一个与钴离子配位的咕啉环结构（图 6-15）。分子中含钴和咕啉。咕啉类似卟啉，第六个配位可结合其他基团，产生各种钴胺素，包括与氢结合的氢钴胺素、与甲基结合的甲基钴胺素、与 5′-脱氧腺苷结合的辅酶 B₁₂ 等。

自然界中的维生素 B₁₂ 都是由微生物合成的，高等动植物不能制造维生素 B₁₂。维生素 B₁₂ 也是唯一一种需要肠道分泌物（内源因子）帮助才能被吸收的维生素。有的人由于肠胃异常，缺乏这种内源因子，即使膳食中来源充足也会患恶性贫血。

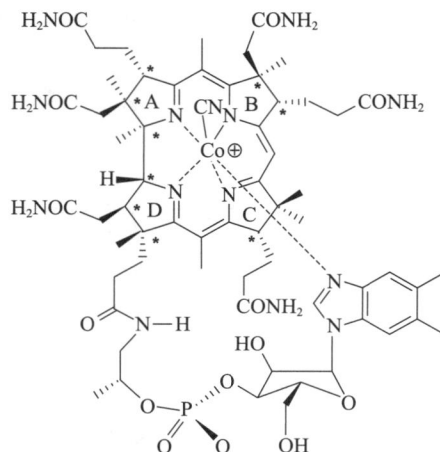

图 6-15　维生素 B₁₂ 的结构

已知 B₁₂ 是数种变位酶的辅酶，如催化 Glu 转变为甲基 Asp 的甲基天冬氨酸变位酶、催化甲基丙二酰 CoA 转变为琥珀酰 CoA 的甲基丙二酰 CoA 变位酶。B₁₂ 作为辅酶也参与甲基及其他一碳单位的转移反应。

九、维生素 C

维生素 C 的结构类似葡萄糖，是一种多羟基化合物，其分子中第 2 及第 3 位上两个相邻的烯醇式羟基极易解离而释出 H^+，故具有酸的性质，又称抗坏血酸。维生素 C 分子结构中具有烯二醇结构，具有内酯环，且有 2 个手性碳原子。因此，维生素 C 不仅性质活泼，且具有旋光性（图 6-16）。

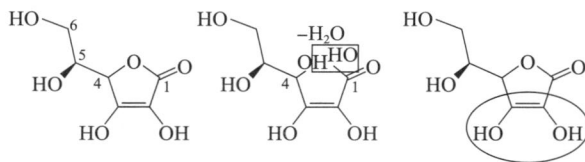

图 6-16　维生素 C 分子的烯二醇结构

抗坏血酸没有羧基，其酸性来自烯二醇的羟基。由于羟基和羰基相邻，所以烯二醇基极不稳定，在水溶液中极易氧化。温度、光线、金属离子（Cu^{2+}、Fe^{2+} 等）及碱性环境等因素对抗坏血酸的氧化都有促进作用。糖类、氨基酸、果胶、明胶及多酚类等物质则对抗坏血酸有保护作用。

在人体内，维生素 C 是高效抗氧化剂，用来减轻抗坏血酸过氧化物酶（ascorbate peroxidase）的氧化应激（oxidative stress）。维生素 C 能促进胆固醇转化为胆汁酸，可使高胆固醇血症患者的胆固醇下降，维生素 C 的强还原性能将 Fe^{3+} 还原成 Fe^{2+}，而使其易于吸收，有利于血红蛋白的形成。在食品中，把 L-抗坏血酸和 L-脱氢抗坏血酸称为有效维生素 C，如再加上脱氢抗坏血酸发生内酯环水解而生成的没有生物活性的二酮基古洛糖酸，则合称为总维生素 C。

十、硫辛酸

硫辛酸（alpha lipoic acid）是一种存在于线粒体的辅酶，类似维他命，能消除导致加速老化与致病的自由基。硫辛酸在体内经肠道吸收后进入细胞，兼具脂溶性与水溶性的特性。

硫辛酸属于 B 族维生素中的一类化合物，是酵母及一些微生物的生长因子，有氧化型和还原型（图 6-17）。在多酶系统中起辅酶作用，可以传递氢，催化丙酮酸氧化脱羧成乙酸及 $\alpha-$ 酮戊二酸氧化脱羧成琥珀酸的反应中转酰基作用。

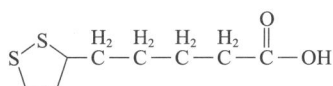

图 6-17　硫辛酸的结构

十一、生物类黄酮和类维生素

生物类黄酮（bioflavonoids），即维生素 P。维生素 P 中的 "P" 是指 permeability（意为通透性）。由于它最初是从柠檬中分离出来的，化学本质为黄素酮类，所以又称为生物类黄酮。

生物类黄酮是植物次级代谢产物，在植物界中广泛分布，已发现的天然类黄酮有 2 000 多种，类黄酮在藻类、菌类中很少发现，苔藓植物大多含有类黄酮，裸子植物中也含有类黄酮，但类型较少，主要为双类黄酮；类黄酮成分最集中的是被子植物，其中豆科、蔷薇科、芸香科、伞形科、杜鹃花科、报春花科、唇形科、玄参科、马鞭草科、菊科、蓼科、鼠李科、冬青科、桃金娘科、桑科、大戟科、尾科、兰科、莎草科和姜科尤为富集。含有类黄酮的常用中药有槐米、黄芪、葛根、陈皮、枳实、银杏叶、山楂、菊花、野菊花、淫羊藿、射干等。而人类和其他动物日粮中的豆类中类黄酮含量较多。主要是大豆异黄酮及其糖苷。

很多自然界食物中均含有一定量生物类黄酮。水果中生物类黄酮的来源包括芦丁（荞麦中含量很高，苦荞含量又是普通荞麦的 10 多倍）以及橙皮苷，主要存在于柑橘类水果中。最好的食物来源是野玫瑰果、荞麦叶、柑橘类水果、浆果、椰菜、樱桃、葡萄、木瓜、哈密瓜、李子、茶叶、红酒以及番茄。黄瓜中也含有特殊的生物类黄酮，它可以阻止致癌的激素与细胞结合。

第四节　维生素与辅酶、辅基

某些水溶性 B 族维生素是生物催化剂——酶的辅酶、辅基的分子结构成分。若缺乏有关维生素，必将导致不能生成某种辅酶、辅基，终将影响酶的活性，影响代谢。

水溶性维生素形成的辅酶及功能如下：

① 维生素 B_1：又称硫胺素，体内活性形式为焦磷酸硫胺素（TPP）。TPP 是 $\alpha-$ 酮酸氧化脱羧酶的辅酶，也是转酮醇酶的辅酶。

② 维生素 B_2：又称核黄素，体内活性形式为黄素单核苷酸（FMN）和黄素腺嘌呤二核苷酸（FAD）。FMN 及 FAD 是体内氧化还原酶的辅基，主要起氢传递体的作用。

③ 维生素 PP：包括烟酸和烟酰胺，体内活性形式是：尼克酰胺腺嘌呤二核苷酸（NAD^+）和尼克酰胺腺嘌呤二核苷酸磷酸（$NADP^+$）。NAD^+ 及 $NADP^+$ 是体内多种脱氢酶（如苹果酸脱氢酶、乳酸脱氢酶）的辅酶，起传递氢的作用。

④ 维生素 B_6：包括吡哆醇、吡哆醛及吡哆胺。体内活性形式为磷酸吡哆醛和磷酸吡哆胺。磷酸吡哆醛是氨基酸转氨酶及脱羧酶的辅酶，也是 $\delta-$ 氨基 $\gamma-$ 酮戊酸合酶（ALA 合酶）的辅酶。

⑤ 泛酸：又称遍多酸，体内活性形式为辅酶 A（CoA）、酰基载体蛋白（ACP）。CoA 及 ACP 是酰基转移酶的辅酶，参与酰基的转移作用。

⑥ 生物素：是多种羧化酶（如丙酮酸羧化酶）的辅酶，参与 CO_2 的羧化过程。

⑦ 叶酸：又称蝶酰谷氨酸，体内活性形式为四氢叶酸（FH_4）。FH_4 是一碳单位转移酶的辅酶，参与一碳单位的转移。

⑧ 维生素 B_{12}：又称钴胺素，体内活性形式为甲基钴胺素、5′- 脱氧腺苷钴胺素。其生化作用为参与体内甲基转移作用。

📑 **拓展知识 1**
维生素 C 与自由基

📑 **拓展知识 2**
维生素家族档案

📑 **拓展知识 3**
分请 NADH、NADPH、FMNH₂、FMDH₂

💬 **拓展性提示**

大多数维生素在人和其他动物体内不能合成,所以必须通过食物有规律地从外界摄取。每种维生素在生物体内起着不同的功能,它们之间不能相互替代,也没有其他可以替代的物质。同时,许多新的功能和应用被不断发现,新品种也在不断增加。维生素在环境适应以及抵抗胁迫过程中同样扮演重要角色。研究生物体内各种维生素及其衍生物在体内行使功能的分子机制,是阐释生命规律重要的理论基础。此外,维生素工业合成的发展非常迅速,用于人类营养的合成的替代方法包括在植物中过量表达维生素,例如,作为"黄金水稻"项目的一部分,对水稻进行基因改造,以使维生素 A 前体 β-胡萝卜素的生物合成成为可能。

❓ **思考题**

1. 什么是维生素?它是怎样被人们认识的?
2. 维生素有哪些重要生理、生化功能?
3. 列举一些维生素与酶的辅酶、辅基的联系。
4. 就维生素 A、D、B₂ 和 C 的具体情况,说明维生素缺乏症和防治办法。

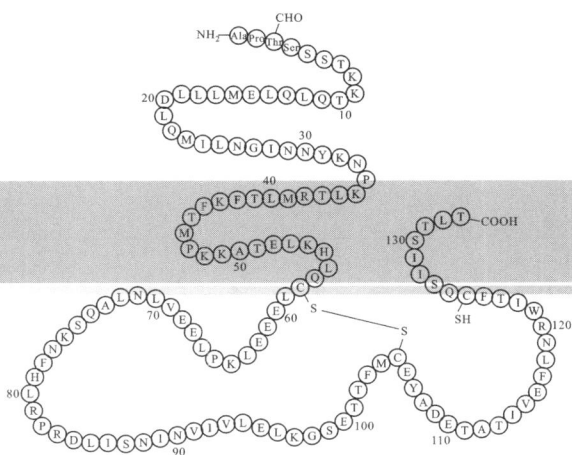

细胞与生物膜

7

细胞是由膜包围的含有细胞核（或拟核）的原生质所组成，是生物体结构和功能的基本单位，也是生命活动的基本单位。细胞生物学是以细胞作为生命活动的基本单位这一概念为出发点，应用各种技术方法在多个层次上（显微、亚显微、分子水平）研究细胞生命活动基本规律的基础学科。

第一节 细胞的发现和一般结构

一、细胞的发现

1665 年，英国科学家胡克（Hooke）用显微镜观察植物的木栓组织，发现这些木栓组织由许多规则的小室组成，他把观察到的图像画了下来，并把"小室"称为"cell"——细胞。

之后，荷兰著名磨镜技师列文虎克（Leeuwenhoek）用自制的显微镜，观察到不同形态的细菌、红细胞和精子等。意大利的马尔比基（Malpighi）用显微镜广泛观察了动植物的微细结构，如细胞壁和细胞质。

1838 年，德国植物学家施莱登（Schleiden）在前人研究成果的基础上提出：细胞是一切植物的基本构造；细胞不仅本身是独立的生命，并且是植物体生命的一部分，并维系着整个植物体的生命。

1839 年，德国动物学家施旺（Schwann）受到施莱登的启发，结合自身对动物细胞的研究成果，把细胞说扩大到动物界，提出一切动物组织均由细胞组成，从而建立了生物学中统一的细胞学说。

1858 年，德国病理学家魏尔肖（Virchow）提出"所有的细胞都来源于先前存在的细胞"的著名论断，彻底否定了传统的生命自然发生说的观点。至此细胞学说才基本完成。

现今的细胞学说包括三方面内容：细胞是一切多细胞生物的基本结构单位，对单细胞生物来说，一个细胞就是一个个体；多细胞生物的每个细胞为一个生命活动单位，执行特定的功能；现存细胞通过分裂产生新细胞。

细胞学说将植物学和动物学联系在一起，论证了整个生物界在结构上的统一性，以及在进化上的共同起源，有力地推动了生物学向微观领域的发展。恩格斯将其列为 19 世纪自然科学三大发现之一。

二、细胞的一般结构

细胞分为两大类，即原核细胞和真核细胞。前者结构简单，种类也少，细菌、蓝藻就是属于原核细胞一类，而后者结构复杂，所涉及的生物体种类繁多，由原生动物到人类、低等植物到高等植物都是由真核细胞构成。它们的主要差别见表 7-1。

📖 知识点
细胞的结构和功能

表 7-1 原核细胞与真核细胞基本特征比较

特性	原核细胞	真核细胞
细胞大小	较小（1~10 μm）	较大（10~100 μm）
染色体	一个细胞只有一条 DNA，与 RNA、蛋白质不联结在一起	一个细胞有几条染色体，DNA 与 RNA、蛋白质联结在一起
细胞核	无核膜和核仁	有核膜和核仁
细胞器	无	有线粒体、叶绿体、内质网、高尔基体等
内膜系统	简单	复杂
微梁系统	无	有微管和微丝

特性	原核细胞	真核细胞
细胞分裂	二分体、出芽，无有丝分裂	具有丝分裂器，能进行有丝分裂
转录与翻译	出现在同一时间与地点	出现在不同时间与地点（转录在核内、转译在细胞质内）

1. 原核细胞

原核细胞如图 7-1 所示。外部由质膜所包围，它的结构与化学组成和真核细胞相似。所有原核细胞的质膜之外，都有一层坚韧的细胞壁保护着。是由一种叫胞壁质的蛋白多糖所组成，这种物质在真核细胞壁中是不存在的。

除此之外，尚有少数原核细胞壁还含有其他多糖和脂质。有的在壁外还分泌一层黏质物，如蓝藻外表的胶质层。有些原核细胞能运动，它依靠鞭毛运动，这些鞭毛的结构比真核细胞的简单，有些细菌在壁上还有丝状突起，叫伞毛，这些都是细胞表面的附属物。

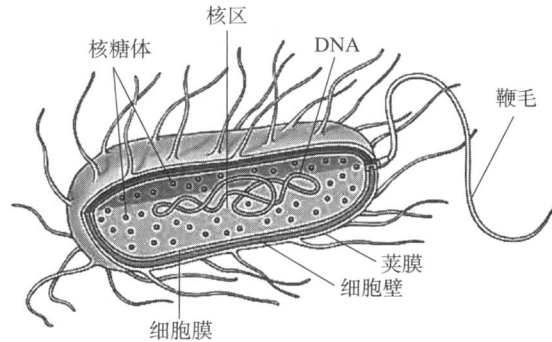

图 7-1　原核细胞结构模式

细胞内部含有 DNA 的区域，没有被一层膜包围，称这个区域为拟核，其中只有一条 DNA，在细胞质中没有内质网、高尔基体、线粒体和质体等。但含有核糖体、间体或称质膜体、粒状物和类囊体、蓝色体，细胞质中的内含物有：气泡、多磷酸颗粒、糖原粒、脂肪滴、多面体、蛋白粒等。

2. 真核细胞

真核细胞的结构基本相似，但动物细胞与植物细胞稍有不同。它们的模式图见图 7-2。

动物细胞的表面也由质膜包着，它控制着细胞内外物质的运输。这层质膜与内部的膜系统相连。两个相邻细胞之间的质膜也有变形的部分，有的称为联结，即使两个相邻细胞紧密接合在一起便于通讯；有的称为桥粒，即两个相邻细胞的质膜各自向内突出丝状物，使细胞"焊接"在一起。

在植物细胞外面有细胞壁，而细胞之间有一层胶状物把两个相邻细胞的壁黏合在一起，称为胞间层。在两个相邻细胞之间的壁上，有原生质丝相连，称为胞间连丝，使细胞间互相流通。

在细胞内部，分为两部分：细胞质和细胞核。核由核膜包着，与细胞质分隔，其中含有染色质和核仁。细胞质内有核糖体，为细胞合成蛋白质的场所。内质网和高尔基体是细胞质中的膜系统，具有合

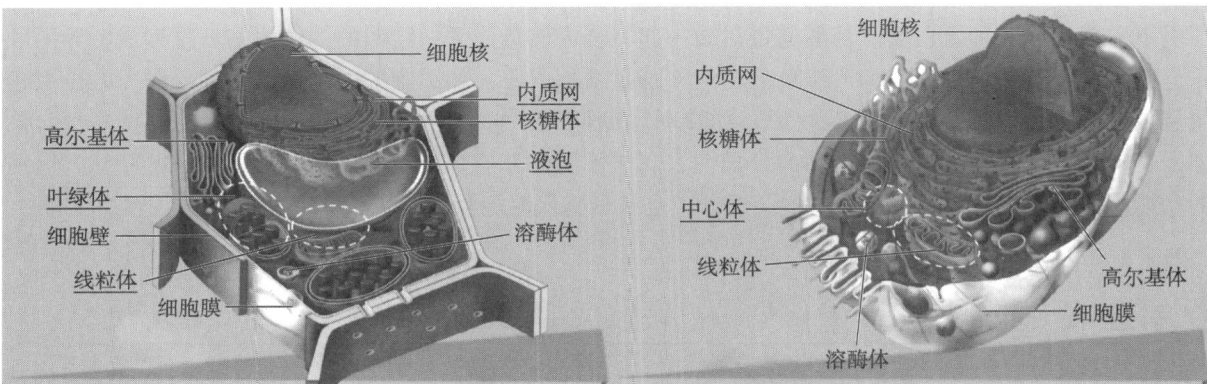

图 7-2　植物细胞（左）和动物细胞（右）结构模式图

成、包装和运输物质的功能。溶酶体中含有各种消化酶，能分解蛋白质、脂肪和糖类。微体为单层膜所包围，球状，有的其中含晶阮物质。液泡在动植物细胞内都具有，但在植物细胞特别明显，有大液泡和中央液泡，主要成分是水。在植物细胞里还含有圆球体，为单层膜包围的球体，体积小，与合成脂肪有关。还有两个较大的细胞器，线粒体和质体。线粒体在动植物细胞中都有，能进行呼吸作用。质体为植物细胞所特有，其中叶绿体能进行光合作用制造糖类。还有白色体和杂色体，都是由前质体分化出来的。细胞质中还有丝状和管状结构，即微丝与微管，为一种类似细胞的肌肉和骨架的结构，它们单独或与中心粒和基粒在一起，都与细胞运动有关。此外，还有内含物如油滴、糖原粒、淀粉粒等。

上面叙述的是细胞的一般结构，但不是所有细胞都含有这些结构。例如，哺乳动物的红细胞在生长后期就没有细胞核和线粒体。同样，同类细胞中含有细胞器的形状和数目也各不相同。即使是在同一个细胞的不同时期含有细胞器的形状和数目也不一样。

细胞内含有的物质，大致可分为4类：

①细胞质与细胞核所组成的生活物质的整体为原生质；②由细胞质分化出来具有一定机能的细胞质衍生物，如纤毛、鞭毛等，其新陈代谢较弱，称为后成质；③由原生质高度特化代谢产生的物质称为异质，如角质、木栓质、木质、纤维素等；④细胞质中的内含物，都是一些新陈代谢的产物，如淀粉粒、糖原粒、油滴、乳液等统称为副质。

第二节　细胞的化学组成

活细胞的主要组成成分是水，约占总鲜重的80%～90%。营养物质绝大部分是以溶解态（溶于水）进入细胞，一切生命活动的重要化学反应都在水溶液中进行。

活细胞除去水分后的干物质约有90%是由蛋白质、核酸、糖类和脂质这四大类大分子组成的，其余如无机物仅占很少一部分。四类大分子的基本元素为碳、氢和氧，有不少还含有氮。这四种元素占生物体组成元素含量的90%以上。其他一些元素如钾、钠、镁、氯、磷、硫等，虽然含量很少，也是生命活动所必需的。在自然界存在的一百多种化学元素，为生物体所需要的仅22种。

构成生物细胞的基本生物分子约有30种，这30种基本生物分子包括20种氨基酸、5种含氮碱（嘌呤及嘧啶）、1种脂肪酸（棕榈酸）、2种糖（葡萄糖及核糖）、1种多元醇（甘油）及1种胺（胆碱），生物体通常都由这30种基本生物分子组成。

这30种基本生物分子进一步以共价键结合成生物大分子，氨基酸聚合成蛋白质；由含氮碱与核糖形成的核苷酸聚合成核酸；葡萄糖聚合成多糖；脂肪酸及甘油等聚合成脂质。四类大分子是构成细胞精细结构的基石，蛋白质是细胞的主要有机成分，能完成各种功能，既是重要的结构分子，又是特异的催化剂（酶），负责遗传信息的表达和细胞代谢的调节。核酸与贮存和传递遗传信息有关，在其指引下，能合成各种蛋白质。核酸与蛋白质一起集合成信息分子；它们的一块块基石排列成特异的顺序，就可用来传递信息。多糖所担负的功能，既是结构成分，如细胞壁中的纤维素和果胶质、昆虫角质层的几丁质，又是主要的贮藏物质，如淀粉和糖原等，它们同样也表现出一些生物的特异性。例如，在动物细胞表面的抗原、血型的特异性、病原体受体部位和细胞的黏附，都是糖类的功能，脂质的功能类似多糖。它们是细胞膜的主要成分，也是细胞代谢能量的主要贮存者。

第三节　细胞壁

细胞壁（cell wall）是位于细胞膜外的一层较厚、较坚韧并略具弹性的结构，其成分为黏质复合物，有的种类在壁外还具有由多糖类物质组成的荚膜，起保护作用。

一、细菌细胞壁

细菌细胞壁主要成分是肽聚糖（peptidoglycan），又称黏肽（mucopetide）。细胞壁的机械强度有赖于肽聚糖的存在。合成肽聚糖是原核生物特有的能力。肽聚糖是由 n- 乙酰葡萄糖胺和 n- 乙酰胞酸两种氨基糖经 β-1,4 糖苷键连接间隔排列形成的多糖支架。在 n- 乙酰胞壁酸分子上连接四肽侧链，肽链之间再由肽桥或肽链联系起来，组成一个机械性很强的网状结构。各种细菌细胞壁的肽聚糖支架均相同，在四肽侧链的组成及其连接方式随菌种而异，见图 7-3。

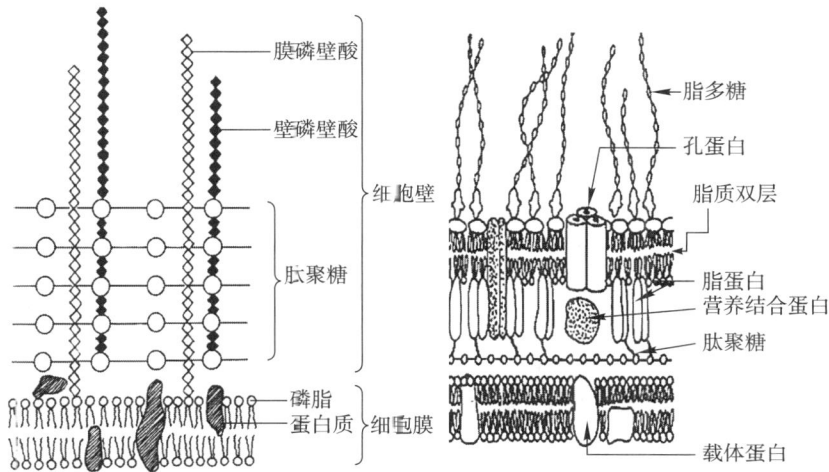

图 7-3　革兰氏阳性菌（左）和革兰氏阴性菌（右）的细胞壁结构

通常采用革兰氏染色技术可以将细菌区分为两种类型，革兰氏阳性（G^+）细菌和革兰氏阴性（G^-）细菌。所有革兰氏阳性细菌表面都含有磷壁质，它是由甘油或核糖醇以磷酸二酯键连接成的多聚体。在细胞膜与胞壁质之间的空隙通常是磷壁质。带有很强的负电荷。在革兰氏阴性细菌中不存在磷壁质，但在肽聚糖与细胞膜之间夹有一层脂多糖。脂多糖的结构很复杂，含有各种杂糖。如细菌的脂多糖进入动物血液中其毒性很强，会引起发烧、休克性出血等，故称脂多糖为内毒素。

细菌细胞壁坚韧而富有弹性，保护细菌抵抗低渗环境，承受所在环境内的 5 ~ 25 个大气压的渗透压，并使细菌在低渗的环境下细胞不易破裂；细胞壁对维持细菌的固有形态起重要作用；可允许水分及直径小于 1 nm 的可溶性小分子自由通过，与物质交换有关；细胞壁上带有多种抗原决定簇，决定了细菌菌体的抗原性。

二、植物细胞壁

植物细胞壁是植物细胞区别于动物细胞的主要特征之一。在成熟的植物细胞中，细胞壁由三部分组成，即胞间层、初生壁及次生壁。

胞间层位于两个相邻细胞之间，为两相邻细胞所共有的一层膜，主要成分为果胶质。有助于将相邻细胞黏连在一起，并可缓冲细胞间的挤压。

初生壁位于胞间层内侧，最初由原生质体分泌形成，存在于所有活的植物细胞。初生壁通常较薄，厚度为 1 ~ 3 μm。具有较大的可塑性，既可使细胞保持一定形状，又能随细胞生长而延展。主要成分为纤维素、半纤维素（木聚糖、甘露聚糖、半乳聚糖、葡萄糖等）、果胶及木质素，并有结构蛋白存在。细胞在形成初生壁后，如果不再有新的壁层积累，初生壁便是它们的永久的细胞壁。如薄壁组织细胞。

次生壁位于质膜和初生壁之间，是部分植物细胞在停止生长后，其初生壁内侧继续积累的细胞壁层。主要成分为纤维素,并常有木质存在。通常较厚,为 5 ~ 10 μm,而且坚硬,使细胞壁具有很大的机械强度。大部分具次生壁的细胞在成熟时,原生质体死亡。在进行植物原生质体培养时,常用含有果胶酶和纤维素酶的酶混合液处理植物组织,以破坏胞间层和去掉细胞的纤维素外壁,得到游离的裸露原生质体。在次生壁上存在着形状和排列不同的大量孔隙,称为纹孔。在相邻的细胞之间有称为胞间连丝的丝状结构,穿过纹孔及次生壁和中胶层与相邻细胞连接起来。细胞的内质网就通过胞间连丝与相邻细胞连接,因此使代谢物及激素等可以从一个细胞流到另一个细胞中去。

三、真菌细胞壁

真菌细胞壁厚 100 ~ 250 nm,主要成分为几丁质,占细胞干物质的 30%。细胞壁的主要成分为多糖,其次为蛋白质、类脂。在不同类群的真菌中,细胞壁多糖的类型不同。真菌细胞壁多糖主要有几丁质、纤维素、葡聚糖、甘露聚糖等,这些多糖都是单糖的聚合物,如几丁质就是由 N- 乙酰葡萄糖胺分子以 β-1,4 葡萄糖苷键连接而成的多聚糖。低等真菌的细胞壁成分以纤维素为主,酵母菌以葡聚糖为主,而高等真菌则以几丁质为主。一种真菌的细胞壁成分并不是固定的,在其不同生长阶段,细胞壁的成分有明显不同。

酵母细胞壁的厚度为 0.1 ~ 0.3 μm,质量占细胞干重的 18% ~ 30%,主要由 D- 葡聚糖和 D- 甘露聚糖两类多糖组成,含有少量的蛋白质、脂肪、矿物质。大约等量的葡聚糖和甘露聚糖占细胞壁干重的 85%。当细胞衰老后,细胞壁质量会增加一倍。它虽然有一定韧性,但其坚韧性使酵母保持特殊的形状。其化学成分较特殊,主要由酵母纤维素组成,它的结构类似三明治。外层为甘露聚糖,约占细胞壁干重的 40% ~ 45%。中间层是一层蛋白质分子,约占细胞壁干重的 10%。其中有些是以与细胞壁相结合的酶的形式存在。内层为葡聚糖。酵母葡聚糖是一种不溶性的有分支聚合物,主链以 β-1,6 糖苷键结合,支链以 β-1,3 糖苷键结合。作为细胞壁的内层物质,它可维持细胞壁的强度,当细胞处于高渗的环境下而收缩时,它能维持细胞的弹性。

四、动物细胞外衣

动物细胞没有细胞壁,但有一层细胞外衣。在大多数细胞的质膜以外有一个由蛋白质、糖脂、糖蛋白、酶、激素受体部位及抗原等组成的多组分系统,赋予细胞表面以特殊的性质。因此,动物细胞的质膜外表并不是光滑的,而是有一层貌似"绒毛"被膜,又称细胞外衣。

第四节　生物膜

一、生物膜的组分与结构

📎 知识点
生物膜组成与结构

生物膜是一种高度组织的分子装配,是一种构成细胞与其周围环境之间或真核细胞的胞核与内部区域(各种细胞器)之间物质交换运输和信号传递的构造。

生物膜的组成因其来源而异,其干重的 40% 左右为脂类,60% 左右为蛋白质,这两种物质通过疏水交互作用等化学键以外的相互作用而结合成复合体。糖类一般占全部干重的 1% ~ 10%,以共价键或与脂质或与蛋白质相结合,除上述组分以外,膜还含有约为其全部干重 20% 的水分,水与膜结合紧密,并且也是维持其结构所必需的。

1. 双层脂质

在含水环境中膜脂(主要是磷脂和糖脂)的偶极性质决定了膜具有一种特异的分子排列,使细胞内的亲水性与疏水性部分分隔开。含有一个极性头部及两个非极性尾部组成的脂质具有形成双层脂膜

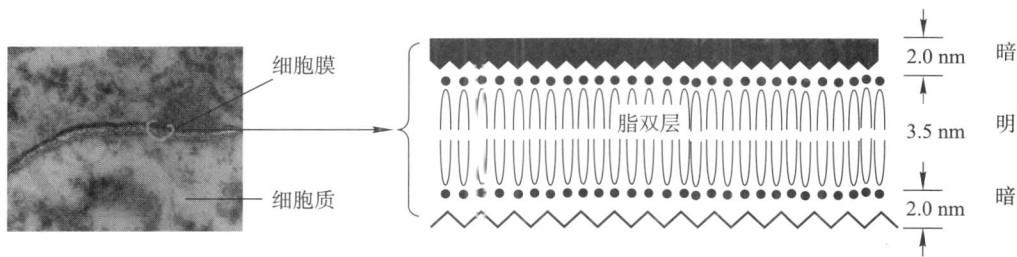

图 7-4 生物膜的"暗－明－暗"三层结构

的特性。1959 年，Robertson 利用电子显微镜观察，发现所有生物膜都呈"暗－明－暗"三层结构，故把"两暗一明"的结构模型称为单位膜模型（图 7-4）。

在双层膜中，脂质的极性头部构成膜的外表面，暴露在含水的环境中，而非极性的尾部，由于疏水基团的引力，创造出一个内部的非极性环境，它对环境中的可溶于水的组分是不能透过的。由双层脂膜形成的连续的层将细胞或细胞壁包围起来，形成各种生物膜，如质膜、核膜、液泡膜、内质网等。脂质的双层排列另外还有一个优点，就是它们可以形成区域化的结构，这些区域是自我封闭的，使疏水的内部既处于含水的环境中，而又不致形成孔隙。

生物膜中含有大量不饱和脂肪酸是一个重要的生物结构特性。饱和脂肪酸通常表现为直线构象的形式。反之，不饱和脂肪酸的烃链具有大约为 30° 的屈折，靠双键以顺式（cis）构型维持分子的形状，顺式构型中的两个或两个以上的双键可以形成多个屈折，从而明显地缩短了分子的长度。不饱和脂肪酸这种构象上的特性，赋予膜以流动的性质。在双层膜形成过程中，饱和脂肪酸由于其分子直线的构象并且长度较长，排列紧密可以产生一种有序（序性高）的刚性结构。而不饱和脂肪酸由于其分子屈折多并且长度较短，则可以产生一种无序（序性低）的柔性结构。这种结构称之为流动双层膜。

2. 膜的蛋白质

在膜的组成中蛋白质占重量的 20%～80%，膜蛋白通常可以分为外围蛋白和整体蛋白两类。外围蛋白附着在双层脂膜的表面上，而整体蛋白以非极性基团的作用参加到膜脂之中。作为膜的组分，整体蛋白可以全部嵌入到膜的内部，或者局部插入膜内，一部分突出到双分子脂层之外，或者跨过整个双分子脂层（跨膜蛋白），生物膜蛋白的分布是不对称的（图 7-5）。

有的膜蛋白质为糖蛋白，含有一个或多个糖残基。糖残基部分总是位于膜的外表面，这些表面上的糖残基在细胞识别中的起着重大的作用。

3. 膜的流体镶嵌模型

目前关于膜的动态结构的观点是辛格（Singer）与尼科尔森（Nicholson）二人于 1972 年提出的，称为膜的"流体镶嵌模型"（图 7-6）。在这个模型中，双分子脂层既是一个分子通透性障碍，又由于其流动性质（由不饱和脂肪酸所决定）而可作为蛋白质的溶剂。脂质－蛋白质的特异相互作用是膜蛋

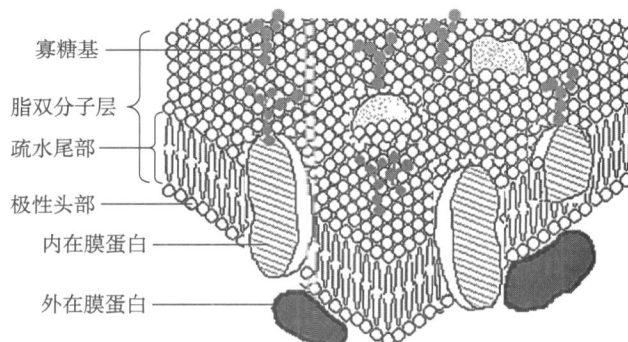

图 7-5 生物膜组分的分布及其不对称性

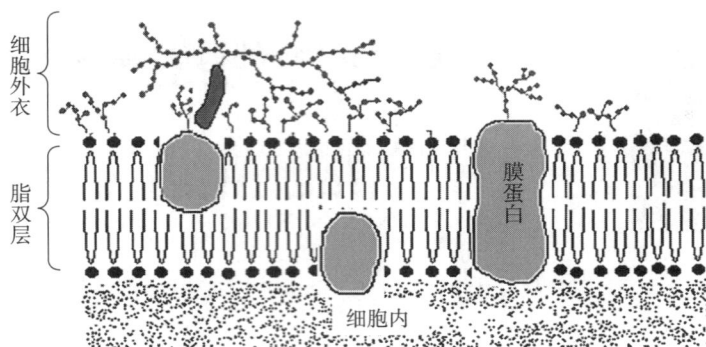

图 7-6 膜的流体镶嵌模型

白进行生物功能所必需的，即脂质的功能不只作为溶剂而已。膜的蛋白组分以各种镶嵌形式溶合在膜中，如球蛋白可看成是飘浮在脂质双分子层"海洋"中的"冰山"。这样侧向扩散，即蛋白分子沿着双分子层的平面可以移动。横向扩散，即蛋白分子从膜的一面移向膜的另一面，只能以极慢的速度进行。

膜内球蛋白的流动性则源于脂质双分子层的流动性，其中的碳氢键在生理温度下是高度可流动的。在低温下，水合的磷脂呈凝胶态，其中含有结晶状的碳氢链不是垂直于膜平面，而是以一定角度倾斜，倾斜的角度则视水合程度而定，这些脂链上的 C—C 单键，即 σ 连键大部分是反式的平面构象，仅发生轻度扭曲振动。

当温度上升时，碳氢链的分子运动逐渐增加，直至达到特定的转变温度时，热的吸收突然增加，产生液晶状态。一定脂质的转变温度因碳氢链的长度和不饱和程度而异。膜的流动性是不均匀的。由于脂质组成的不同，膜蛋白 – 膜脂、膜蛋白 – 膜蛋白的相互作用以及环境因素（如温度、pH、金属离子等）的影响，在一定的温度下有的膜脂处于凝胶态，有的则呈流动的液晶态，整个膜可视为具有不同流动性的"微区"相间隔的动态结构，因而，Jain 与 White 提出了一种"板块镶嵌"模型，但这些模型还没有像"流体镶嵌"模型那样受到广泛的支持。根据目前关于生物膜的概念，对许多生物学问题可以作出较合理的解释，生长在低温中的细菌，其膜中所含不饱和脂肪酸的比例比生长在较高温度中的要高，这可以防止生物膜在低温下变得刚性过大，不利于生存。高等生物中也存在类似情况。例如，驯鹿的腿部有一个温度梯度，接近躯体处体温最高，近蹄部温度最低。蹄部为了适应低温，接近蹄部的细胞膜中的脂质富含不饱和脂肪酸。此外，近来的研究表明，抗寒的植物与不抗寒的植物膜脂的成分上也表现出明显的差异，抗寒植物比不抗寒植物的膜脂中含有更多的不饱和脂肪酸。

二、生物膜的功能

生物膜是多功能的结构，是生活细胞不可缺少的多生物分子复合体。它具有保护细胞、交换物质、传递信息、转换能量、运动和免疫等生理功能。

1. 保护功能

细胞质膜是细胞质与其外界之间的有机屏障，它能保护细胞不受或少受外界环境因素改变的影响，保持细胞的原有形状和完整性，使细胞保持其特定环境以适应其特定目的。有鞘神经的细胞膜还有绝缘作用，以保证神经冲动沿着神经纤维传播。

2. 转运功能

活细胞经常要与外界交换物质以维持正常生活，经常要从外选择性地吸收所需要的养料，同时也要排出不需要的物质，在各种物质进出的过程中，生物膜起着控制作用。

生物膜转运小分子物质有的是耗能反应，有的是不耗能反应（图 7-7）。

（1）被动转运：这类转运只凭被转运物质自身的扩散作用而不需要能量。

① 单纯扩散 又称简单扩散。这种扩散是某些离子或物质（在生物膜中主要是指脂溶性物质）利

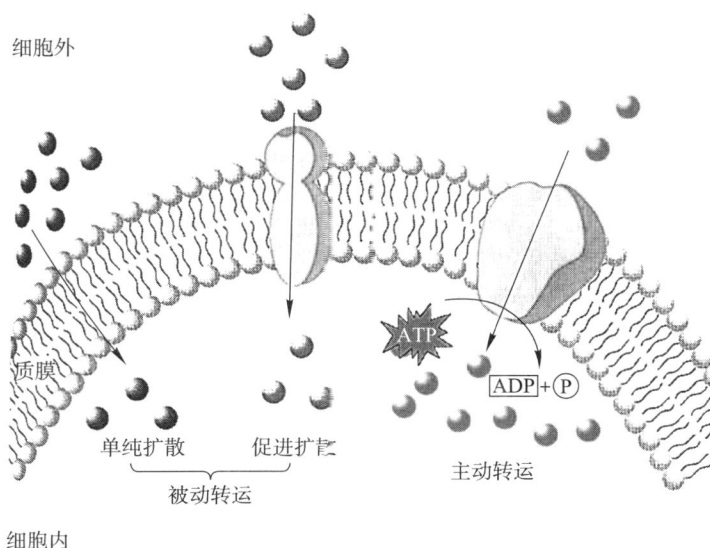

图 7-7　生物膜小分子物质的转运模式

用各自的动能由高浓度区经细胞膜扩散和渗透到低浓度区，所需条件只是膜两边的浓度差（浓度梯度），这种扩散作用在生物膜转运物质上是不重要的。

② 促进扩散　又称易化扩散或协助扩散。这种扩散的基本原理与简单扩散相似，所不同的是需要蛋白质载体帮助进行扩散（图 7-7）。

载体蛋白帮助被动转运的作用有两种情况，一种是生物膜上有一定的内在蛋白能自身形成横贯细胞脂质双层的通道，让一定的离子通过进入膜的另一边，这种蛋白质称离子载体。某些抗菌肽，如缬氨霉素就是 K^+ 的载体。离子载体如发生构象上的变化，它提供的离子通道即可增强或减弱，甚至完全封闭。另一种情况是生物膜上的特异载体蛋白在膜外表面上与被转运的代谢物结合，结合后的复合物经扩散、转动、摆动或其他运动向膜内转运。在膜的表面，由于载体构象的改变，被转运的物质从载体离解出来，留在膜的内侧，如革兰氏阴性组胞质膜外表面存在许多小分子蛋白质，可以帮助被转运物质如葡萄糖、半乳糖、阿拉伯糖、亮氨酸、苯丙氨酸、精氨酸、组氨酸、酪氨酸、磷酸盐和 Ca^{2+}、K^+、Na^+ 等离子进行转移。

（2）主动转运　有些生物膜转运作用是需要加入能量的，一般称主动转运或主动运输。可以逆浓度梯度进行。转运所需的能量来源有的是依靠 ATP 的高能磷酸键，有的是靠呼吸链的氧化还原作用，有的则是依靠代谢物（底物）分子中的高能键（图 7-7）。

（3）大分子和颗粒状物质的跨膜转运　细胞内吞作用或胞吞作用（endocytosis）是细胞从胞外获取大分子和颗粒状物质的一种重要方式，是真核细胞中普遍存在的一种生理现象。胞外物质通过质膜包裹，质膜内陷并形成膜包被的囊泡，囊泡与质膜脱离进入胞内、并在胞内产生一系列的生理活动和生理功能。胞吞作用与多种生命活动有着密切关系，如免疫应答、神经递质运输、细胞信号转导、细胞和组织代谢平衡等。

根据胞吞作用所形成内吞囊泡的大小不同，胞吞作用可分为吞噬作用和吞饮作用（图 7-8）。吞噬作用一般是指细胞吞噬大的颗粒状物质，其所形成的内吞囊泡直径一般达 250 nm，如巨噬细胞吞噬微生物和死细胞的作用。吞饮作用是细胞汲取水溶性物质和液体的一种方式，其所形成的内吞囊泡一般较小，直径约为 100 nm。在真核生物体中，大多数细胞能够进行吞饮作用，而只有一些特殊的细胞才能发生吞噬作用。

3. 信息传递

生物膜的另一功能是传递细胞间的信息。高等动物神经冲动（信息）的传导和生物遗传信息（遗

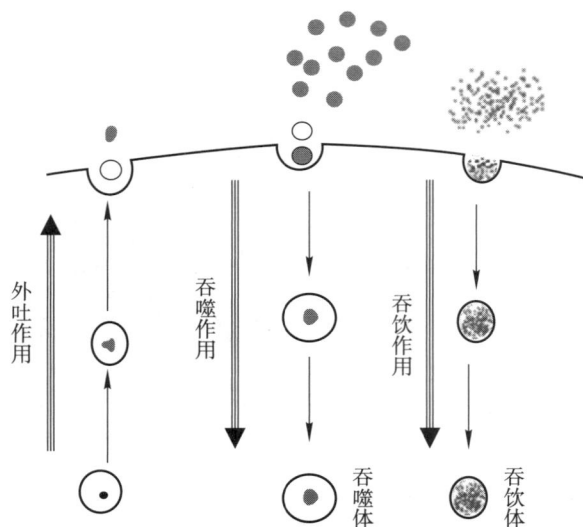

外吐作用　吞噬作用　吞饮作用

吞噬体　吞饮体

图 7-8　大分子和颗粒状物质的跨膜转运

传性）的传递都需要通过生物膜才能完成。生物膜上有接受不同信息的专一性受体，这些受体能识别和接受各种特殊信息，并将不同信息分别传递给有关靶细胞产生相应的效应以调节代谢、控制遗传和其他生理活动。例如，神经冲动的传导就是首先通过神经纤维细胞膜释放代表神经冲动信息的乙酰胆碱，然后再由接受神经信息的神经细胞突触膜上的乙酰胆碱受体与乙酰胆碱结合，再经由结合导致受体的变构和由受体变构引起的膜的离子透过性的改变等过程，最终引起膜电位的急剧变化，神经冲动才得以往下传导。由于神经冲动能向有关靶细胞传达，神经中枢才能通过激素和酶的作用调节代谢和其他生理机能。

4. 能量转换

生物体内的能量转换有多种形式，例如，食物储存的化学能可变为热能（食物氧化）或机械能（肌肉收缩），或转为高能键能（氧化磷酸化），光能转为化学能（如光合作用）以及化学能转为电能（神经传导）等都是较重要的能量转换作用。真核细胞的氧化磷酸化主要在线粒体膜上进行。原核细胞（如细菌等）的氧化磷酸化反应则主要在细胞质膜上进行。

5. 免疫功能

吞噬细胞和淋巴细胞都有免疫功能，能区别异种细菌的外来物质，并能将有害细胞或病毒吞噬消灭，或对外源物质（抗原）产生抗体免疫作用。吞噬细胞之所以能起吞噬作用，是因为它的细胞膜对外来物有很强的亲和力，能识别外来物并利用细胞膜上的表在蛋白（动蛋白）的运动性将外来物吞噬。至于细胞的免疫性则是由于细胞膜上有专一性抗原受体，当抗原受体被抗原激活，即引起细胞产生相应的抗体。

6. 运动功能

淋巴细胞的吞噬作用和某些细胞利用质膜内折将外物包围入细胞内的胞饮作用都是靠生物膜的运动来进行的。许多原生动物及其他单细胞动物可用其细胞膜表面的纤毛或鞭毛有节奏地摆动而移动。

第五节　细胞质基质

细胞质基质从生物化学角度讲就是细胞质的可溶相经过超速离心（$100\,000\,g$，$20\,min$）后，除去了所有细胞器和各种颗粒的上清液部分。从细胞学上说，细胞质基质就是光学显微镜下的透明质，电子显微镜下的细胞质基质是细胞质连续相。

一、细胞质基质的结构

细胞质有弹性和黏滞性，还可看到布朗运动和原生质川流运动，这种连续相的细胞质不是始终如一，而是随着环境条件（如温度、日光、渗透压等）改变而改变的。可能是由蛋白质纤丝相互交织在一起所组成的触变凝胶。

二、细胞质基质的化学组成

细胞质基质在化学组成依相对分子质量的大小大致可划为下列 3 类：

① 小分子类：包括水、无机离子（K^+、Cl^-、Na^+、Mg^{2+}、Ca^{2+}）和溶解的气体。其中单价离子大部分游离在细胞中，而双价阳离子则可能依附在核酸、核苷酸和酸性多糖上，有少数紧密结合在酶上。

② 中分子类：包括各种代谢物如脂质、糖（葡萄糖、果糖、蔗糖）、氨基酸、核苷酸和核苷酸衍生物。

③ 大分子类：游离的大分子主要包括蛋白质、脂蛋白和 RNA，还有少许多糖。

三、细胞质基质的功能

细胞质基质的功能主要是进行游离酶促反应和容纳、运输细胞生活物质。可归纳为：

① 进行某些生化活动，如糖酵解、核酸、脂肪酸和氨基酸代谢的一定阶段，都是由细胞质基质中处于相对游离状态的酶来完成；

② 为维持细胞器的实体完整性提供所需要的离子环境；

③ 供给细胞器行使功能所必需的一切底物；

④ 在它们复杂的相互作用中所涉及的物质的运输。

细胞质基质中出现的 3 个主要的代谢途径是：①糖酵解途径；②磷酸戊糖途径；③脂肪酸合成途径。

第六节　细胞核

细胞核（nucleus）是真核细胞内最大、最重要的细胞结构，是真核细胞区别于原核细胞最显著的标志之一。细胞核是细胞遗传与代谢的调控中心，在细胞的代谢、生长、分化中起着重要作用，是遗传物质的主要存在部位。尽管细胞核的形状多种多样，但是其基本结构却大致相同，主要由核膜（nuclear membrane）、染色质（chromatin）、核仁（nucleolus）、核基质（nuclear matrix）等组成（图 7-9）。

原核细胞中没有真正的细胞核（称为拟核）。极少数真核细胞也无细胞核，如哺乳动物成熟的红细胞、高等植物成熟的筛管细胞等。

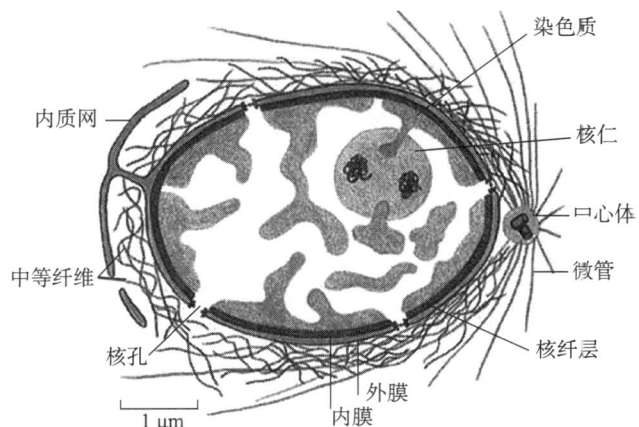

图 7-9　细胞核及其包围结构

第七节 细胞器

细胞是一个非常复杂的结构，在质膜内除去细胞核外是一团稠密的细胞质。细胞质具有高度的组织性，其中包含多种细胞器，如线粒体、叶绿体、内质网、高尔基体等。

一、内质网

内质网是由膜连接而成的网状结构，单层膜，是细胞内蛋白质加工及脂质合成的"车间"。在原核细胞中没有内质网，在所有真核细胞中都存在内质网，它是一个由网状的膜组成的沟和囊泡。内质网有两种。一种称为粗糙内质网，它的外面结合着许多核糖体颗粒，表面粗糙，又称为载粒内质网（图7-10）。另一种是平滑的，不含有核糖体，称为光滑内质网（图7-10）。在哺乳动物肝中，内质网上存在许多重要的酶类，包括合成固醇、三酰甘油及磷脂的酶类，通过甲基化、羟基化等化学修饰使药物解毒的酶，以及脂肪酸去饱和酶及脂链延长酶等。

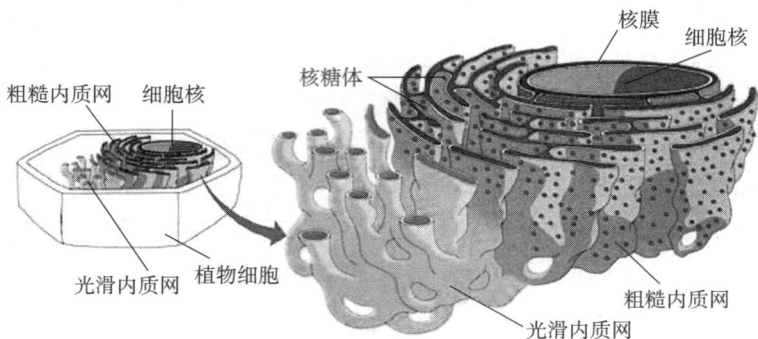

图7-10 植物细胞核内质网结构

二、核糖体

核糖体（ribosome）是一种高度复杂的细胞机器，主要由核糖体RNA（rRNA）及数十种不同的核糖体蛋白质（r-protein）组成（物种之间的确切数量略有不同）。除哺乳动物成熟的红细胞、植物筛管细胞外，细胞中都有核糖体存在。一般而言，原核细胞只有一种核糖体，而真核细胞具有两种核糖体（其中线粒体中的核糖体与细胞质核糖体不相同）。

核糖体的结构和其他细胞器有显著差异：核糖体没有膜包被，由两个亚基组成，因为功能需要可以附着至内质网或游离于细胞质。

原核生物的核糖体直径约为20 nm，由65%rRNA和35%核糖体蛋白组成。真核生物核糖体的直径在25到30 nm之间，rRNA与蛋白质的比率接近1:1。细菌和真核生物的核糖体亚基非常相似。

用于描述核糖体亚基和rRNA片段的测量单位是Svedberg单位，代表的是离心时亚基的沉降速率而不是它的大小。例如，细菌70S核糖体由50S和30S亚基组成。

三、线粒体

线粒体（mitochondrion）在大多数真核细胞中或多或少都存在，是细胞进行有氧呼吸的主要场所，是细胞中制造能量的结构，被称为"power house"。

线粒体由外至内可划分为线粒体外膜（OMM）、线粒体膜间隙、线粒体内膜（IMM）和线粒体基质4个功能区。线粒体外膜较光滑，起细胞器界膜的作用。线粒体内膜向线粒体基质折褶形成一种结构，简称"嵴"。线粒体嵴的形成增大了线粒体为膜的表面积。在不同种类的细胞中，线粒体嵴的数目、形态和排列方式可能有较大差别。这种结构可负担更多的生化反应。这两层膜将线粒体分出两个区室，位于两层线粒体膜之间的是线粒体膜间隙，被线粒体内膜包裹的是线粒体基质（图7-11）。

线粒体拥有自身的遗传物质和遗传体系，但其基因组大小有限，是一种半自主细胞器。除了为细胞供能外，线粒体还参与诸如细胞分化、细胞信息传递和细胞凋亡等过程，并拥有调控细胞生长和细胞周期的能力。

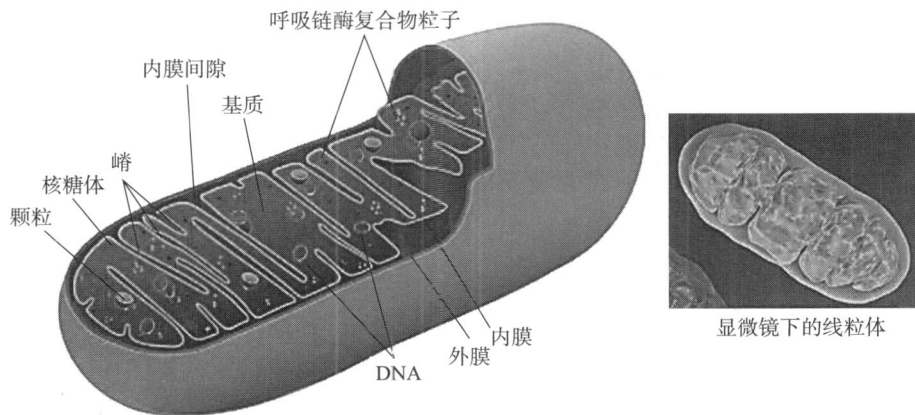

图 7-11　线粒体结构

四、质体

质体（plastid）是一类与碳水化合物的合成与贮藏密切相关的细胞器，是植物细胞特有的结构。根据色素的不同，质体可分成3种基本类型：叶绿体、有色体（或称色质体）和白色体。

质体是真核细胞中具有半自主性的细胞器，由两层薄膜包围，可以随细胞的伸长而增大，是植物细胞合成代谢中最主要的细胞器。

叶绿体（chloroplast）是含有叶绿素的质体，主要存在于植物体绿色部分的薄壁组织细胞中，是绿色植物进行光合作用的场所，因而是重要的质体。叶绿体内含叶绿素 a、叶绿素 b、胡萝卜素和叶黄素。叶绿体含有环状的叶绿体 DNA。

光合作用是叶绿素吸收光能并使之转变为化学能，同时利用二氧化碳和水制造有机物并释放氧的过程。这一过程可用下列化学方程式表示：$6CO_2 + 6H_2O$（光照、酶、叶绿体）$\rightarrow C_6H_{12}O_6(CH_2O) + 6O_2$。其中包括很多复杂的步骤，一般分为光反应和暗反应两大阶段。卡尔文循环是光合作用暗反应中碳反应的一部分，反应场所为叶绿体内的基质，见图 7-12。

有色体（chromoplast）是含有类胡萝卜素和叶黄素的质体。有色体内只含有叶黄素和胡萝卜素，由于二者比例不同，可分别呈黄色、橙色或橙红色。它存在于花瓣和果实中，在番茄和辣椒（红色）果肉细胞中可以看到。可以使植物的花和果实呈红色或橘黄色。有色体主要功能是积累淀粉和脂质。

白色体（leucoplast）不含可见色素，又称无色体，因在光学显微镜下呈白色得名白色体。在贮藏组织细胞内的白色体上，常积累淀粉或蛋白后，形成比它原来体积大很多倍的淀粉和糊粉粒，成为细胞里的贮藏物质。白色体在积累淀粉时，先从一处开始形成一个核心叫做脐，以后围绕核继续累积，形成围绕脐的同心轮纹。由于一天内日照有强弱、温度有高低，往往使淀粉粒出现偏心轮纹。如观察马铃薯淀粉粒可以看到（图7-13）。根据贮藏物质可分为：造粉体（amyloplast，贮藏淀粉）、造

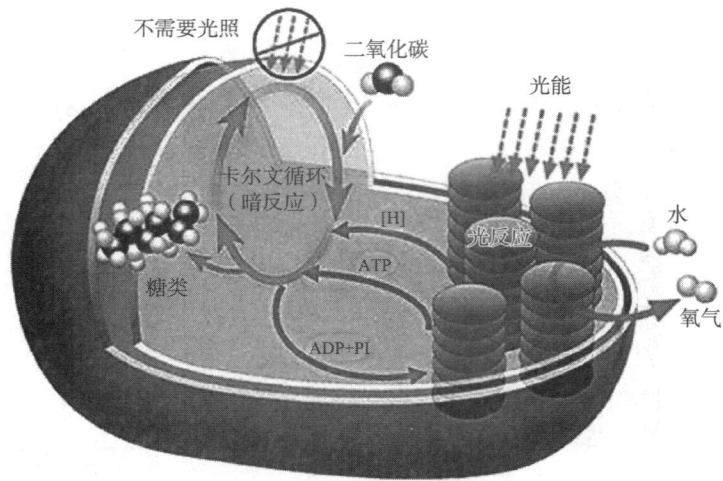

图 7-12 叶绿体的结构和光合作用

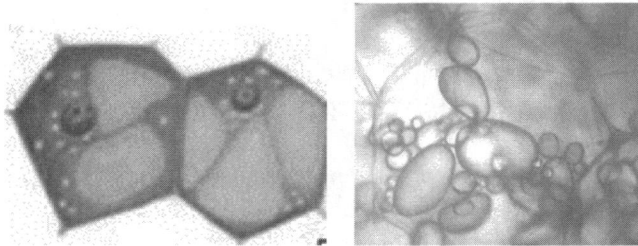

图 7-13 白色体的结构（左）和马铃薯块茎中的淀粉体（右，白色体的一种）

蛋白体（proteoplast/proteinoplast，贮藏蛋白质）、造油体（elaioplast，贮藏脂质）。

有些细胞的白色体含有无色的原叶绿素，见光后可转变成叶绿素，白色体变绿，所以有人认为白色体也能变成叶绿体。在植物发育过程中，质体可以相互转化，如有色体和叶绿体的相互转化。各种质体的关系见图7-14。

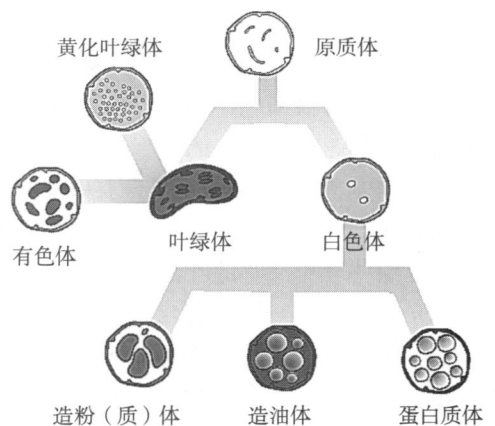

图 7-14 质体的相互转化关系

五、液泡系

液泡系（vacuolar system），在电子显微镜下可明确地看到在细胞内有内质网、高尔基体、核膜等的囊状结构，它们互相吻合，在细胞内构成复杂的网状结构，是内膜所包围的小泡和液泡的统称（除线粒体和质体外）。

如果从立体的角度来看，这些囊状结构形成一个内腔连接起来的膜系，并能与外部的细胞质基质区别开来。

1. 液泡的类型

液泡可分为下列几种类型。有些是动物、植物细胞所共有的，有的是植物细胞所独有的（图7-15）。

（1）高尔基液泡 由高尔基体成熟面高尔基池（或潴泡）边缘形成的小泡，其中含有水解酶，如酸性磷酸酶等。

（2）溶酶体 由内质网形成，其中也含有水解酶。也可能由高尔基体形成。

（3）圆球体 为植物细胞所独有，相当于溶酶体，也是由内质网形成。

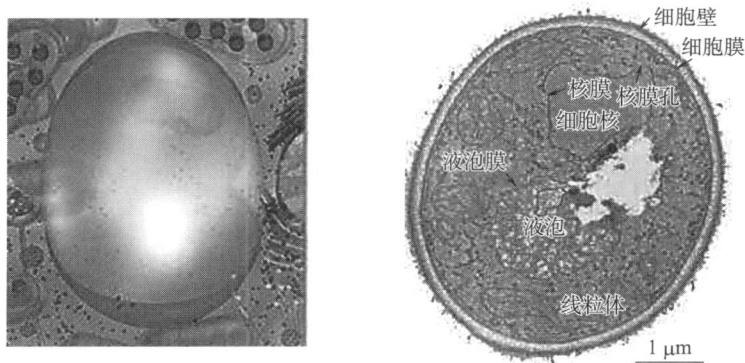

图 7-15 植物细胞液泡示意图（左）和电镜下的亚显微结构（右）

（4）微体 按其中所含有的酶来确定它们的性质。可能由内质网发生。

（5）消化泡 一种由溶酶体和吞噬小体或胞饮液泡融合后形成的小泡。

（6）自体吞噬泡或自噬小体 由一层膜将一小部分细胞质包围而成。其中被消化的物质，是细胞质含有的各种组成，如线粒体、内质网的碎片。

（7）残体 消化泡和自体吞噬泡所不能消化的物质，逐渐积累转化而成。

（8）胞饮液泡 由质膜的内陷作用吞饮了一些溶液或营养液而成。

（9）吞噬泡或吞噬小体 由质膜的内陷作用吞噬了营养颗粒而成。

（10）糊粉粒或糊粉泡 在植物的种子中产生的一种特异的液泡，其中贮有蛋白质（多数是酶）。起源于内质网。

（11）中央液泡 出现于植物细胞的中央，由许多小泡在生长过程中增大和合并而成为巨大的中央液泡。为植物细胞所特有的结构，如成熟西瓜细胞的中央大液泡中贮存有大量的糖分和水分，使西瓜甜而多汁。中央液泡亦起源于内质网，由内质网池膨胀而成。

（12）收缩泡 为原生动物所含有的液泡，也可能是由内质网池扩大而成。具伸缩性，收缩时可把废液或过量的水分排出体外。

2. 液泡的一般性质与结构

动植物的液泡都是由一层生物膜所组成。它们的形态与内质网膜相同。植物液泡膜具有特殊的通透性，一般高于质膜。

动物液泡是动物细胞内氧化还原的重要中心，是物质，尤其是特异蛋白质浓缩、凝结的场所，如酶原粒、卵黄粒、顶体（穿孔器）等。

液泡中含有的物质很多。植物细胞的液泡中含有无机盐、有机酸、糖类、脂质、蛋白质、酶、树胶、黏液、鞣酸类、生物碱和花色素苷等。在动物分泌细胞中则含有以酶原形式制造和大量输出的糖原颗粒；在动植物的溶酶体中则含有高浓度的各种酶，如蛋白酶、核酸酶、酯酶和核苷酶等。

3. 溶酶体

溶酶体存在于除红细胞以外的所有动物细胞中，也存在于植物细胞中。溶酶体为单层生物膜结构，其基质中含有 30～40 种水解酶，这些酶的特征是最适 pH 为酸性，酸性磷酸酯酶是这个细胞器的标记酶。

溶酶体含有降解生物大分子的酶，主要起消化、吞噬和自溶作用，有营养与防御的功能（图 7-16）。

（1）正常的消化作用 溶酶体是细胞内的消化系统，来自内质网和高尔基体。高尔基体边缘脱离出来的高尔基液泡形成贮藏颗粒，这是溶酶体的原形，也就是初级溶酶体。有些生物大分子溶液或其他一些较大颗粒的营养物质或病毒、细菌，不能透过质膜而是由胞饮作用或吞噬作用，把这些营养液或大颗粒经内吞作用吞饮入细胞内，形成了吞噬小体或食物泡，如果这些小体与溶酶体相遇，两者合

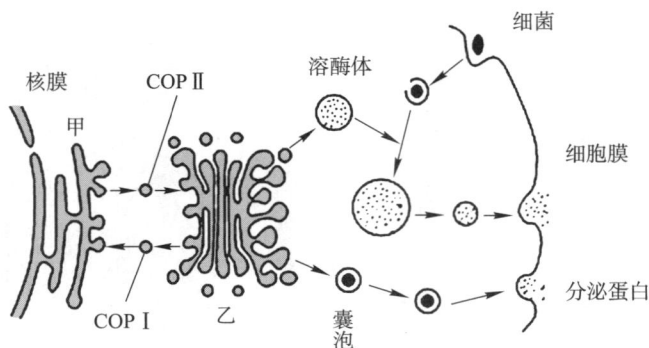

图 7-16　溶酶体的生成和溶酶体的作用示意图

并就成为次生溶酶体，也就是消化泡。在这种泡内溶酶体中的酶就可把吞噬的物质消化，将营养物质扩散到消化膜之外，剩余的残渣留在其中成为残体，再经外排作用把残渣排出于细胞之外。很明显，溶酶体有营养与防御的功能。

（2）自体吞噬　当细胞内的一部分组成，如线粒体、小片段内质网、糖原颗粒和其他细胞质颗粒向内陷进了自身的溶酶体，就成为自体吞噬泡；随后，这些内含物也就被消化掉，从而实现细胞自体受伤或衰老细胞器和生命分子的清除。

（3）细胞自溶作用　第三种作用方式是溶酶体膜在细胞内真正地破裂，触发细胞的凋亡，整个细胞被释放的酶所消化。

4. 圆球体

圆球体是跟脂肪小滴一样无后含物的颗粒，具有酶活性的细胞器。圆球体存在于大多数的植物细胞中。在相差显微镜下观察，颜色暗淡，而在暗视野下为发亮的颗粒。

圆球体是贮藏三酰甘油的细胞器，同时也具有溶酶体的性质，在含油组织的圆球体内含有水解酶与脂肪酶，在非含油组织的圆球体内含有酸性磷酸酯酶和其他一些水解酶。

5. 微体

微体是由一层生物膜所包围的圆球形颗粒，其中含有氧化酶，如尿酸氧化酶和过氧化氢酶等。微体普遍存在于动物体与植物体中。可分为过氧化物酶体和乙醛酸循环体两种主要类型。常见乙醛酸循环体与脂质体联结，而过氧化物酶体则紧靠叶绿体。

植物的叶片中存在有过氧化物体，是叶片中进行光呼吸作用的场所。

在油料种子中有一种微体，称为乙醛酸循环体，这种细胞器只在油料种子萌发的短时期中存在，而在缺少脂类的种子如豌豆种子中则不存在。这是一种高度特化的细胞器，能将脂肪酸转化成 C_4 酸，然后 C_4 酸进一步转化成蔗糖等。

e 拓展知识 1
囊泡运输

e 拓展知识 2
脂质体

六、高尔基体

高尔基体（Golgi apparatus，Golgi complex）亦称高尔基复合体、高尔基器，是真核细胞中内膜系统的组成之一。为意大利细胞学家高尔基于 1898 年首次用硝酸银染色的方法在神经细胞中发现。是由光面膜组成的囊泡系统，它由扁平膜囊（saccules）、大囊泡（vacuoles）、小囊泡（vesicles）三个基本成分组成。

高尔基体的主要功能将内质网合成的蛋白质进行加工、分拣与运输，然后分门别类地送到细胞特定的部位或分泌到细胞外。

高尔基体是完成细胞分泌物（如蛋白）最后加工和包装的场所。从内质网送来的小泡与高尔基体膜融合，将内含物送入高尔基体腔中，在那里新合成的蛋白质肽链继续完成修饰和包装。高尔基体还合成一些分泌到胞外的多糖和修饰细胞膜的材料（图 7-17）。

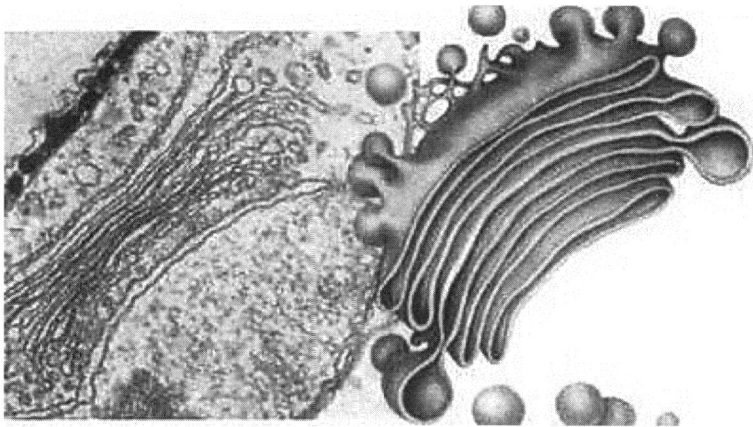

图 7-17　高尔基体的亚显微结构图（左）和结构模拟图（右）

七、微管与微丝

微管和微丝普遍存在各类真核细胞中，在细胞中呈管状或纤丝状，并相互交织形成一个立体网状结构，成为细胞内的骨骼状的支架，使细胞具有一定的形状，因此常把微管和微丝称为细胞骨架（cytoskeleton）形状（图 7-18）。

微管是一种具有极性的细胞骨架。微管是由 α、β 两种类型的微管蛋白亚基形成的微管蛋白二聚体组成的长管状细胞器结构。微管有两种：一种是稳定的微管，存在于纤毛和鞭毛中；另一种是流动的微管，存在于细胞质中。

微管有许多生物学功能，主要包括：①作为细胞骨架，维持细胞的形状；②建筑细胞壁；③在有丝分裂时，控制染色体运动及胞板的形成；④构成纤毛及鞭毛，成为细胞的运动器官。

微管在动物及植物中普遍存在，但在原核生物中尚未发现。

微丝（microfilament）是由肌动蛋白分子螺旋状聚合成的纤丝，又称肌动蛋白丝（actin filament），是细胞骨架的主要成分之一。常成束平行排列，又有分散分布，甚至交织成网。长微丝是由肌动蛋白和肌球蛋白组成，这两种蛋白都是肌肉收缩蛋白质。微丝的功能主要有两种：①构成细胞骨架；②负担细胞内细胞质的运动，推进物质的运输。微丝对细胞贴附、铺展、肌肉收缩、胞质运动、内吞、变形虫运动等许多细胞功能具有重要作用。

生物的生长是由细胞的分生、分化以及细胞自身的扩大与定型来完成的。胞核中核酸所负载的一

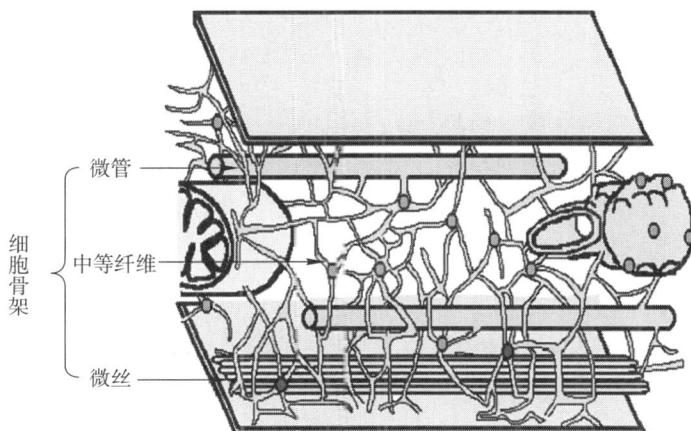

图 7-18　微管和微丝

部分遗传信息转录成具有特异结构的蛋白质。这样合成的蛋白质和一些金属元素、细胞色素、糖、类脂以至核酸等集结在一起分别形成多种多样的复杂蛋白质，并参与各种细胞器的形成。最初分生出来的细胞还缺乏发育完全的内质网、质体与其他细胞器。这些结构是在细胞成长与进一步分化中发展出来的。核酸与蛋白质合成中所需的物质与能量都是分别由细胞器来供应的，细胞自身的扩大与定型主要靠原生质向外分泌构成胞壁的物质和向内把多种溶质分泌到液泡中去发挥作用；外围的胞壁规定了细胞的形态，生物膜系统则稳定了细胞的内环境。细胞的各部位既分工又协作，共同执行生理生化过程。

🗨 拓展性提示

细菌可以利用一种未知的方式来抵制抗生素的伤害，研究者们发现这种细菌可以修饰自身的管家酶（housekeeping enzyme），进而使得自己的管家酶识别作用的抗生素，并且使得抗生素"缴械投降"。美国得克萨斯农工大学研究人员掌握了一种细胞之间的"交谈"方式，不仅能精确控制细菌产出化学产品，也能更有效地控制生物膜的形成和解体。这一发现在医疗、卫生和工业领域都有着巨大的应用价值，尤其使生物反应器技术向前迈进了一大步。研究论文发表在 *Nature Communications* 杂志上。产业技术方面聚焦在如何建立细胞和基因疗法的临床转化治疗体系等领域上。

❓ 思考题

1. 绘制细胞结构模式图，列表表明各亚细胞结构的主要生理、生化功能。

2. 简述真核细胞和原核细胞的基本结构特点，并举例说明细胞重要结构组成及其生理、生化功能。

3. 细胞内含有哪些类型生物分子（其中包括小分子前体、单体、高分子化合物等），它们的功能与层次如何？

4. 简述生物膜系统的结构模型和结构特点以及结构和功能的联系。

5. 简述细胞膜的物质运输功能、信息交流功能和信号转导通路。

6. 下列解说中，哪些与膜液体镶嵌模型假说相一致？

（1）作为外周蛋白溶剂看待的脂双分子层；

（2）完整蛋白质而非脂呈现侧向扩散；

（3）全部膜蛋白呈现横向扩散；

（4）酶与膜相联系；

（5）镶嵌一词专一地表明脂在膜中的排列；

（6）糖的一部分是与膜的外侧相连接的。

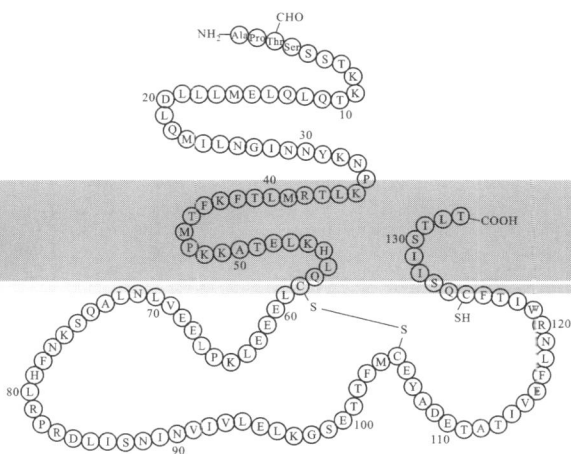

8

代谢与生物氧化

知识要点

本章目的是阐明物质代谢各章共同的基本原理。主要介绍生物氧化还原的概念、基本理论、氧化类型、作用机制、有关酶类以及能量的产生和转移等。在糖类、脂质和蛋白质类等产能物质的代谢过程中都包含生物氧化还原作用和能量的产生及转移作用，本章是作为物质代谢各章的总结和概括。学习本章时要注意：

（1）结合普通化学课程上所学氧化的涵义去理解生物氧化的概念，再结合生物化学所学的糖、脂、蛋白质和核酸4大代谢的化学过程，认识生物氧化反应在物质代谢中的重要性。

（2）从生物能学角度理解生化反应。要认清生物氧化的基本原理是代谢物经酶催化脱氢，氢释出电子，使分子氧激活而与氢结合成水，在此过程中，伴随有氧化磷酸化，产生 ATP。

（3）必须掌握电子传递链的结构，以及电子传递和 ATP 的偶联原理，可从生物进化角度来理解需氧生物是如何通过电子传递链产能的以及 ATP 合酶作为自然界最小的轮轴系统，其产能的机制是什么。

（4）进一步了解氧化磷酸化的抑制方式，了解能荷与细胞代谢的联系，注意两种线粒体的穿梭系统对细胞产能的影响。

学习要求

1. 了解分解代谢与合成代谢、物质代谢与能量代谢的重要性。

2. 了解代谢的特点、新陈代谢的研究方法。

3. 了解自由能变化与反应平衡常数的关系，了解自由能变化的可加性及其意义，了解能量学在生物化学应用中的一些规定。

4. 掌握高能磷酸化合物的概念，了解 ATP 的特殊作用。

5. 了解生物氧化的特点。

6. 掌握生物氧化体系、呼吸链、氧化磷酸化和底物水平磷酸化的概念。

7. 了解体系中有关的传递体，掌握呼吸链三个受电子传递抑制剂抑制的位置及各类抑制剂、三个产能的位置、解偶联试剂及氧化磷酸化抑制剂。

8. 初步了解线粒体的结构和功能以及 ATP 合酶的结构。

9. 理解化学渗透假说。

10. 掌握 NADH 进入线粒体的两种穿梭机制及其区别。

生命是以多种多样的、千变万化的生化系统为基础的。具体而言，生化系统就是常说的代谢系统。机体内外、细胞内外、细胞器内外，时刻进行着物质变换。凭借着一定的条件，才能实现生物元素、生物分子的转化。如果这种变换发生紊乱，机体就会出现病理状况。代谢一旦停止，生命也就随之停止。

第一节 概述

知识导入

代谢概述

代谢（metabolism）又称新陈代谢，是生命的基本特征。从广义上讲，代谢是生物体内所有化学变化的总称，但生物化学层面讨论的代谢，是活细胞中有序化学反应的总称。

代谢过程是通过一系列酶促反应完成的。完成某一代谢过程的一组相互衔接的酶促反应称为代谢途径。代谢途径的个别步骤称作中间代谢，中间代谢的产物称作中间产物。

一、代谢的类型

代谢包括合成代谢和分解代谢。合成代谢包括产生细胞组分的各种生物合成反应，即细胞将各种从内、外环境中取得的低分子量前体同化为各种高分子量复合物质的需能反应。合成代谢需要消耗能量。合成生物小分子的能量直接来自 ATP 和 NADPH，合成生物大分子的能量直接来自核苷三磷酸。

分解代谢，又叫异化作用，是细胞内酶催化反应系统的另一侧面。它包括细胞内生物分子的降解反应，即由高分子量的复合物质经酶促反应降解为低分子量化合物的产能反应，从而使营养物质被代谢。分解代谢由三个阶段组成。在第一个阶段，大分子营养物蛋白质、多糖、脂质等降解成小的单体——构件分子，如氨基酸、葡萄糖、甘油和脂肪酸等。在第二个阶段，构件分子进一步代谢，只生成少数几种分子，这些分子的结构比构件分子简单，其中有两个重要的化合物：丙酮酸和乙酰 CoA。另外，蛋白质的分解代谢中，氨基酸经脱氨作用可生成氨。在第三个阶段，乙酰 CoA 进入三羧酸循环，分子中的乙酰基被氧化成 CO_2 和 H_2O。总的看来，分解代谢只生成 3 种主要的终产物：CO_2、H_2O 和 NH_3。当然，伴随着物质分解代谢的同时，也产生了大量的化学能，这些能量一般都是以核苷三磷酸（如 ATP 或 GTP）和还原型辅酶（如 NADH 或 $FADH_2$）的形式保存的（图 8-1）。

有些代谢环节是合成代谢和分解代谢共同利用的，称作两用代谢途径，如三羧酸循环就是两用代谢途径。分解代谢和合成代谢都涉及许多反应，很多反应相互之间都有联系，大多数代谢中间物都可

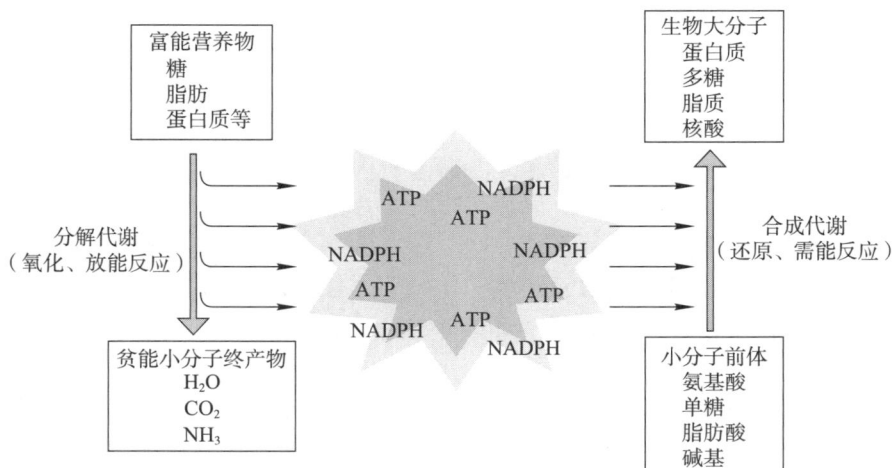

图 8-1 分解代谢与合成代谢的联系

通过不同的途径转换为几种化合物，所以主要的营养物之间很容易相互转换，例如，糖可转化为蛋白质，蛋白质也可转化为糖。

二、代谢的特点

（1）整体性 体内各种物质代谢彼此不孤立，同时进行，彼此互相联系，相互转变，相互依存，构成统一的整体。代谢途径的形式也是多样的，有直线型的，有分支型的，也有环形的。各个代谢途径之间，可通过共同的中间代谢物相互交叉，也可通过过渡步骤相互衔接。这样各种代谢途径就联系起来，构成复杂的代谢网络。通过代谢网络，各种物质的代谢可以协调进行，某些物质还可相互转化。物质的合成与分解，有的需要完全不同的两条代谢途径（如脂肪酸的代谢）；有的需要部分通过单向不可逆反应（如糖代谢）。

（2）代谢调节 正常情况下各种物质代谢存在精细的调节机制，不断调节各种物质代谢的强度、方向和速度，以适应内外环境的变化。机体在不同的情况下需要不同的代谢速度，以提供适量的能量或代谢物。这是通过控制物质代谢的流量来实现的。因为代谢是酶促过程，所以可通过控制酶的活力与数量来实现。每个代谢途径的流量，都受反应速度最慢的步骤的限制，这个步骤称为限速步骤，或关键步骤，这个酶称为限速酶或关键酶。限速步骤一般是代谢途径或分支的第一步，这样可避免有害中间产物的积累。限速步骤一般是不可逆反应，其逆过程往往由另一种酶催化。限速酶的活性甚至数量，往往受到多种机制的调节，最普遍的是反馈抑制，即代谢终产物的积累对限速酶产生抑制。

（3）区室化 绝大多数代谢途径一般都局限于细胞内的特定区域，也称为区室化，区室化在整个代谢的调节中起着重要的作用。酶在细胞内有确定的分布区域，所以每个代谢过程都是在确定的区域进行的（表8-1）。例如，糖酵解在细胞质中进行，三羧酸循环在线粒体基质中进行，氧化磷酸化在线粒体内膜进行。将降解和合成途径分开有许多优越性，最主要的是可以避免两个方向相反的反应彼此部分或完全抵消。

表 8-1 代谢途径的区室化

代谢途径	发生区域
三羧酸循环、氧化磷酸化，脂肪酸氧化，氨基酸分解	线粒体
糖酵解、脂肪酸合成、磷酸戊糖途径	细胞质基质
DNA 复制、转录、转录后加工	细胞核、线粒体、叶绿体
膜蛋白和分泌蛋白的合成	粗面内质网
脂和胆固醇的合成	光面内质网
翻译后加工（糖基化）	高尔基体
尿素循环	肝细胞线粒体和细胞液

区室化通过区室的通透特性也可以调节酶促反应。通过区室膜有选择地通透或转运，可以调控底物进入区室和从区室输出产物，因为区室内底物和产物的相对浓度影响酶促反应。另外，区室化与影响代谢物跨细胞膜或亚细胞膜转运的激素的作用紧密相连。线粒体是表现出高度区室化特征的一个细胞器，在线粒体中存在着4个区室：外膜、膜间腔、内膜和基质，在外膜可进行磷脂合成、脂肪酸延长和去饱和；内膜含有电子传递系统中的各种酶，可进行电子传递和氧化磷酸化；基质可进行三羧酸循环、脂肪酸 β- 氧化、鸟氨酸循环以及含有参与这些循环的各种酶。

（4）代谢途径之间有能量关联，各种代谢物均具有各自共同的代谢池 通常合成代谢消耗能量，分解代谢释放能量，二者通过 ATP 等高能化合物作为能量载体而连接起来。ATP 是机体能量利用的共同形式，NADPH 是合成代谢所需的还原当量。

第二节 代谢中的能量与调控

一、代谢与能量

代谢中的每一个反应都涉及物质和能量。物质的转运是直观的，可以通过反应物内原子的转移表示，化学反应中的能量转移则是非直观的。能量代谢重点讨论光能或化学能在细胞内向生物能（ATP）转化的原理和过程，以及生命活动对能量的利用。能量代谢和物质代谢是同一过程的两个方面，能量转化寓于物质转化过程之中，物质转化必然伴有能量转化。

1. 有关定律

热力学第一定律：不同形式的能量在传递与转换过程中守恒。热量可以从一个物体传递到另一个物体，也可以与机械能或其他能量互相转换，但是在转换过程中，能量的总值保持不变。其推广和本质就是著名的能量守恒定律。

热力学第二定律：热量不能自发地从低温物体转移到高温物体，是热力学基本定律之一。不可逆热力过程中熵的微增量总是大于零，即所谓熵增原理，或熵定律。

吉布斯自由能（Gibbs free energy）是生物化学中主要的热力学函数。通过自由能可以推测出反应能否自发进行，是放能反应，还是耗能反应。测定任何过程或物质的实际自由能很困难，一般都是测定自由能的变化（ΔG），ΔG 表示产物和反应物自由能之间的差值。如果 ΔG 为负值（$\Delta G < 0$），反应可自发进行，是放能反应；如果 ΔG 为正值（$\Delta G > 0$），反应需要外界提供能量才能进行，是耗能反应。

自由能变化与另外两个热力学函数——焓和熵有关，在标准温度和压力下，它们之间的关系可表示为：

$$\Delta G = \Delta H - T\Delta S$$

式中，ΔH 是焓变，ΔS 是熵变，T 是热力学温度。

自由能变化取决于反应发生的条件。$\Delta G^{\theta'}$ 是标准自由能变化，对于溶液化学，其特定条件为：标准温度为 298 K（25℃），标准压力为 101 325 Pa（1 atm），标准溶质浓度为 1.0 mol/L（pH = 0）。而在生物学标准态下的自由能变化则用 $\Delta G^{\theta'}$ 表示，因为大多数生物化学反应都发生在 pH 7.0 附近，所以生物学标准态中的氢离子标准浓度是 10^{-7} mol/L（pH = 7.0），而不是 1.0 mol/L（pH = 0）。

一个反应的标准自由能变化与反应的平衡常数有如下关系：

$$\Delta G^{\theta'} = -RT\ln K_{eq}$$

其中，R 为气体常数（8.315 J·K^{-1}·mol^{-1}），T 为热力学温度，自由能用 kJ/mol 表示。显然，如果知道了 K_{eq}，可以计算出 $\Delta G^{\theta'}$ 值，反之亦然。

对活细胞中的所有反应来说，ΔG 值至少应当是稍负的值；对于不可逆反应，ΔG 不仅是负值，而且其绝对值应当很大。代谢途径中的调控部位一般都是代谢中的不可逆反应，催化这些反应的酶都受到某种方式的调控，代谢中不可逆反应的作用类似于代谢交通中的瓶颈，控制着代谢的进程。

在代谢途径中，偶联的几个反应中，自由能的变化有可加性，自由能的总变化等于每一步反应自由能变化的总和（图 8-2）。因此，一个热力学上不能进行的反应，可以由与其相偶联的、热力学上容易进行的反应驱动。例如，葡萄糖酵解的第一步反应（图 8-3），通过将反应（1）与反应（2）相加，促使反应（3）得以进行。

$$葡萄糖 + P_i \rightarrow 葡萄糖 -6- 磷酸 + H_2O \quad (\Delta G^{\theta'} = +13.8 \text{ kJ/mol})$$

（1）

$$ATP \rightarrow ADP + P_i \qquad (\Delta G^{\theta'} = -30.5 \text{ kJ/mol}) \qquad (2)$$

$$葡萄糖 + ATP \rightarrow 葡萄糖 -6- 磷酸 + ADP (\Delta G^{\theta'} = -16.7 \text{ kJ/mol}) \qquad (3)$$

$$(1) \quad A \longrightarrow B \qquad \Delta G^{\theta'}_1$$
$$(2) \quad B \longrightarrow C \qquad \Delta G^{\theta'}_2$$
$$\overline{\qquad \qquad A \longrightarrow C \qquad \Delta G^{\theta'}_1 + \Delta G^{\theta'}_2}$$

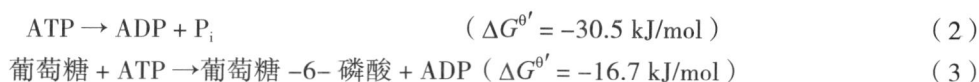

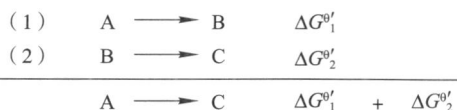

图 8-2　自由能变化的可加性

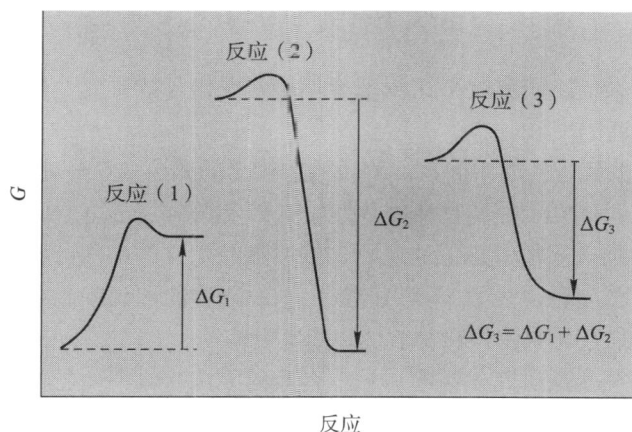

图 8-3　反应中的 $\Delta G^{\theta'}$ 可加性示例

2. ATP 及其偶联作用

生物体内的放能和需能反应经常以 ATP 相偶联。ATP 是腺苷三磷酸，含有一个由 α- 磷酸与核糖 5'- 氧形成的磷酸酯键和两个由磷酸基团 α 与 β 之间、β 与 γ 之间形成的磷酸酐。ATP 通常可以提供一个磷酸基团而生成 ADP，或提供一个 AMP 基团和生成一个无机焦磷酸（PP_i）。生物体内的放能和需能反应经常以 ATP 相偶联。如各种激酶，转移一个磷酸基团给底物，可以激活底物。激活的化合物可以是代谢物或合成酶的一个氨基酸残基的侧链，这样可以增加偶联反应竞争所需的反应性。

二、代谢的调节

代谢过程是一系列酶促反应，可通过酶活性和数量进行调节。如别构调节、共价调节、同工酶、诱导酶、多酶体系等调节。

代谢途径的物质流不仅取决于底物的供应和产物的移去，也取决于催化途径中几个关键反应的酶的活性，这些反应大都是途径中的不可逆反应，所以酶活性的调节主要是催化关键反应的酶活性的调节。

酶活性的调节包括酶的别构调节和共价调节。酶分子的非催化部位与某些化合物可逆地非共价结合后发生构象的改变，进而改变酶活性状态，称为酶的别构调节。有些酶分子在空间至少有两个不同的部位，一个为催化部位，一个为调节部位。别构激活剂和抑制剂通常都是一些小分子，它们可以通过诱导作用影响催化活性构象变化来快速地改变酶的活性。共价调节即由其他酶对酶分子结构进行可逆共价修饰，使其处于活性和非活性的互变状态，从而调节酶活性。共价调节酶一般都存在相对无活性和有活性两种形式，两种形式之间互变的正、逆向反应由不同的酶催化。磷酸化是可逆共价修饰中最常见的类型。因为信号激酶能作用于很多靶分子，通过磷酸化作用信号能被极大地放大。蛋白激酶的调节作用能被催化水解磷酸基团的蛋白质磷酸酶逆转。磷酸化和脱磷酸化作用，使酶在活性形式和非活性形式之间互变。

在代谢途径经常遇到的代谢调控作用是反馈抑制作用和前馈激活作用。当一个途径的产物（通常是终产物），通过抑制途径前面的一步关键反应（通常是途径中的第一个关键的反应）而控制它自己合成的速度时，就发生反馈抑制作用。在生物合成中这样的调节方式的作用是显而易见的。当有充足的产物（P）可以利用时，代谢中的物质流被抑制；当 P 不足时，代谢的物质流又恢复。

此外，神经和激素的调节也起着重要作用，激素调控的最终表现形式是酶活性和酶含量的调节。总之，代谢是动态的，代谢过程都受到了严密的调控，通过代谢调节，机体能有效地利用能量或食物。

三、代谢研究方法

许多代谢途径是很复杂的，研究起来比较困难。随着现代科技研究手段，如仪器、方法的不断创新，机体代谢研究有了飞跃的发展。

为了研究代谢途径中的酶、代谢中间物、物质流和代谢的调控，已经建立了许多方法。

（1）同位素示踪法　同位素示踪法是研究代谢最有效和最常用的方法。常用的方法是向制备的组织、细胞或亚细胞成分中加入同位素标记的底物，然后追踪生成的中间产物和终产物，绘制出代谢物的转换图。例如，将含有放射性同位素（如 ^3H 或 ^{14}C）的化合物加到细胞或其他制备液中，通过合成或分解代谢反应生成的放射性化合物很容易被纯化和鉴定。

（2）突变株的应用　突变是研究代谢的另一个有效的方法。对突变生物体的研究有助于鉴别出代谢途径中的酶和中间代谢物。最典型的是，一个酶的缺失将导致相应产物的缺失和酶作用底物的堆积，或底物经支路途径生成的产物出现。

（3）酶抑制剂法　研究代谢抑制剂的作用也有助于判定代谢途径中的某一步反应。途径中的某一步反应的抑制会影响整个途径。因为酶被抑制，会造成酶作用底物的堆积，使得该底物更容易分离和研究。例如，Krebs 在研究三羧酸循环过程中，就使用了琥珀酸脱氢酶的竞争性抑制剂丙二酸，最后确定了环状氧化途径。

▌第三节　生物氧化

生物活动的能量大都来自体内糖、脂肪、蛋白质等有机物的氧化。生物体内的氧化和生物体外的燃烧在化学本质上虽然最终产物都是 H_2O 和 CO_2，所释放的能量也完全相等，例如，1 mol 的葡萄糖在体内氧化和在体外燃烧都产生 CO_2 和 H_2O，放出的总能量都是 2 867.5 kJ，但二者所进行的方式却大不相同。生物主要通过细胞呼吸作用，将有机化合物氧化成 CO_2 和 H_2O，同时产生 ATP，在这一过程中伴随着代谢物的脱氢过程和辅酶 NAD^+ 或 FAD 的还原，并在最终将氢离子和电子传递给氧时，都经历一段相同的过程，即生物氧化过程。

一、生物氧化的概念、特点和方式

1. 概念

生物氧化是指有机分子在体内氧化分解成 CO_2 和 H_2O 并释放出能量的过程。该过程中代谢物脱下的氢及电子，通过一系列酶促反应与氧化合成水。在真核生物细胞内，生物氧化都是在线粒体内进行，原核生物则在细胞膜上进行。

2. 生物氧化的特点

生物氧化是发生在生物体内的氧化还原反应，与自然界物质发生氧化还原反应在化学本质上是相同的，都表现在被氧化的物质总是失去电子，而被还原的物质总是得到电子，并且物质被氧化时伴随能量的释放。但是，由于生物氧化是在活细胞内进行的，其与有机物在体外燃烧的化学反应有许多不同之处，即生物氧化有自身的特点：

① 生物氧化是在活细胞内，在一系列酶的催化下进行的反应，反应条件温和，通常是在恒温恒压下，近中性 pH 和水环境介质中进行。

② 生物氧化所产生的能量是逐步发生、分次释放的。这种逐步分次的放能方式，不会引起体温的突然升高而损伤机体，同时可使放出的能量得到最有效的利用。

③ 生物氧化过程中产生的能量一般都贮存于一些特殊的化合物，主要是 ATP 中，然后通过 ATP 供给机体的需能反应。

④ 生物氧化产生的 CO_2 是在代谢过程中经脱羧反应释放出来的，H_2O 则是通过脱氢和电子转移，再由各种载体，如 NADH 等传递给氧并最终生成的。

🔗 知识点
生物氧化的概念和特点

3. 生物氧化的方式

需氧生物细胞内糖、脂肪、氨基酸等分子在氧化分解途径中所形成的还原型辅酶，包括 NADH 和 $FADH_2$，通过电子传递途径，使其再重新氧化。在这个过程中，还原型辅酶上的氢以质子形式脱下，其电子沿着一系列的电子传递体转移（称为电子传递链），最终转移到分子氧，使氧激活，质子和离子型氧（激活后的氧）结合生成水。在电子传送过程中释放的能量则使 ADP 和无机磷结合形成 ATP。ATP 是生物体内最重要的高能中间物，参与体内众多的需能反应。

二、高能化合物

高能化合物指体内氧化分解中，一些化合物通过能量转移得到了部分能量，把这类储存了较高能量的化合物，如 ATP，称为高能化合物。通常可作为生物释放、储存和利用能量的媒介，是生物界直接的供能物质。一般将水解时释放的标准自由能高于 20.92 kJ/mol（5 kcal/mol）的化合物，称为高能化合物。

🔗 知识点
高能化合物

机体内有许多磷酸化合物，并不是所有的磷酸化合物都是高能的，例如葡萄糖 –6– 磷酸、甘油磷脂等化合物中的磷酯键就属于低能磷酸键，水解时每摩尔只能释放出 12.54 kJ 的能量。只有那些磷酸基团水解时能释放出大量自由能的化合物才能称为高能磷酸化合物，如 ATP、1,3– 二磷酸甘油酸、氨甲酰磷酸、磷酸烯醇式丙酮酸、磷酸肌酸、磷酸精氨酸等。ATP 是这类化合物的典型代表。ATP 水解生成 ADP 及无机磷酸时，可释放 30.54 kJ（7.3 kcal）自由能。

ATP 结构中的两个磷酸基团（β，γ）可从 γ 端依次移去而生成二磷酸腺苷（ADP）和单磷酸腺苷（AMP）。ATP 的前两个磷酸基团水解时各释放出 30.54 kJ/mol 能量，第三个磷酸基团（α）水解时释放出 14.2 kJ/mol 能量。

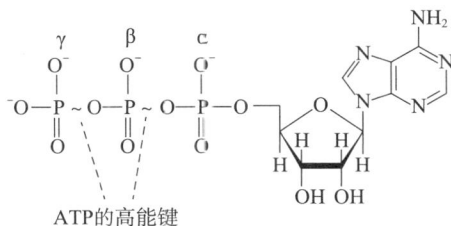

ATP的高能键

一般将含有高能的键称为高能键，常用 "~" 符号表示。这里的高能键必须与物理化学上的高能键区别开来。在物理化学上，键能是断裂一个键所需要的能量，断键输入的能量越多键就越稳定；而在生物化学上，高能键是指水解反应或基团转移反应中的标准自由能变化（$\Delta G^{0'}$），水解时释放的自由能越多，这个键就越不稳定，越容易被水解而断裂。高能化合物与低能化合物是相对而言的。

1. 高能化合物的类型

机体内高能化合物的种类很多，不只是高能磷酸化合物。根据高能化合物键型的特点，可将其分为磷氧键型、氮磷键型、硫酯键型、甲硫键型等（表 8-2）。

表 8-2　常见的高能化合物类型

高能键型		高能化合物举例	水解时释放的标准自由能 $\Delta G^{\theta'}$
磷氧键型 —O ~ P	酰基磷酸化合物 —C—O—P	乙酰磷酸 CH_3—C—O ~ P—OH OH	$-42.3\ \mathrm{kJ \cdot mol^{-1}}$ （$-10.1\ \mathrm{kcal \cdot mol^{-1}}$）
	烯醇式磷酸化合物 —C—C—O ~ P	磷酸烯醇式丙酮酸 COOH　O C—O ~ P—OH CH_2　OH	$-61.9\ \mathrm{kJ \cdot mol^{-1}}$ （$-14.8\ \mathrm{kcal \cdot mol^{-1}}$）
	焦磷酸化合物 —P—O~P	腺苷三磷酸（ATP） 　　O　　O　　O 腺苷—O—P—O ~ P—O ~ P—OH 　　OH　 OH 　 OH	$-30.5\ \mathrm{kJ \cdot mol^{-1}}$ （$-7.3\ \mathrm{kcal \cdot mol^{-1}}$）
磷氮键型 —N ~ P	胍基磷酸化合物 —N~ℙ C=NH N—	磷酸肌酸 HN~ℙ C=NH N—CH_3 CH_2COOH	$-43.1\ \mathrm{kJ \cdot mol^{-1}}$ （$-10.3\ \mathrm{kcal \cdot mol^{-1}}$）
硫酸键型 —C ~ S	硫酸键化合物 O —C ~ S—	乙酰辅酶 A O CH_3—C ~ SCoA	$-31.4\ \mathrm{kJ \cdot mol^{-1}}$ （$-7.5\ \mathrm{kcal \cdot mol^{-1}}$）
	甲硫键化合物 CH_3 ~ S^+	S–腺苷甲硫氨酸 CH_3 ~ S^+—CH_2CH_2CH—COOH 腺苷　　　 NH_2	$-41.8\ \mathrm{kJ \cdot mol^{-1}}$ （$-10.0\ \mathrm{kcal \cdot mol^{-1}}$）

2. ATP 的特殊作用

ATP 在一切生物的生命活动中都起着重要作用，在细胞的细胞核、细胞质和线粒体中都有 ATP 存在。ATP 在磷酸化合物中所处的位置具有重要的意义，它在细胞的酶促磷酸基团转移中是一个"共同中间体"。有一些磷酸化合物释放的 $\Delta G^{\theta'}$ 值高于 ATP 释放的自由能，有一些磷酸化合物释放的 $\Delta G^{\theta'}$ 值低于 ATP 释放的自由能。在表 8-3 中 ATP 可以接受在它以上的化合物的磷酸基团（即磷酸基团转移势能更高的化合物的磷酸基团），所形成的 ATP 又可将磷酸基团转移给其他的受体，形成在 ATP 以下的磷酸化合物。例如，ADP 能接受在 ATP 以上的磷酸基团。同样，ATP 倾向于将其磷酸基团转移给在它以下的受体，如葡萄糖 –6– 磷酸（图 8-4）。ATP 是能量的携带者和转运者，但并不是能量的贮存者。

其他核苷三磷酸化合物，如 UTP 、CTP、GTP 也可作为高能化合物参与代谢中。UTP 参与多糖合成，CTP 参与脂类合成，GTP 参与蛋白质合成。

表 8-3 某些磷酸化合物水解的标准自由能变化

化合物	$\Delta G^{\theta'}$（kJ/mol）	磷酸基团转移势能$\Delta G^{\theta'}$（kJ/mol）
磷酸烯醇式丙酮酸	-61.9	61.9
3-磷酸甘油酸磷酸	-49.3	49.3
磷酸肌酸	-43.1	43.1
乙酰磷酸	-42.3	42.3
磷酸精氨酸	-32.2	32.2
ATP（→ADP + P_i）	-30.5	30.5
ADP（→AMP + P_i）	-30.5	30.5
AMP（→腺苷 + P_i）	-14.2	14.2
葡萄糖-1-磷酸	-20.9	20.9
果糖-6-磷酸	-15.9	15.9
葡萄糖-6-磷酸	-13.8	13.8
甘油-1-磷酸	-9.2	9.2

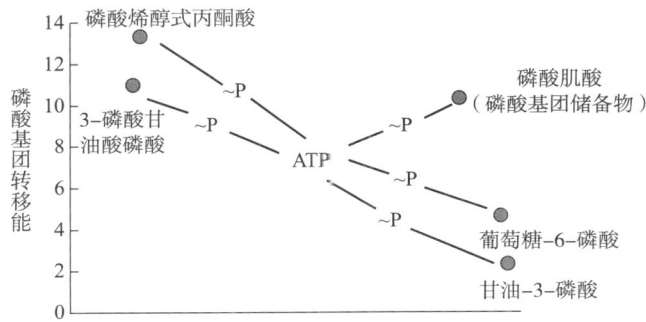

图 8-4 ATP 作为磷酸基团共同中间传递体示意图

三、磷酸肌酸和磷酸精氨酸的贮能作用

ATP 虽然在提供能量方面起重要作用，但它只是一个能量的携带者或传递者。细胞内 ATP 的含量在任何情况下，都只能在比较短暂的时间内供给细胞需要。起贮存能量作用的物质称为"磷酸原"，在脊椎动物中是磷酸肌酸。磷酸肌酸是在肌肉或其他兴奋性组织（如脑和神经）中的一种高能磷酸化合物，是高能磷酸基的暂时贮存形式。磷酸肌酸水解时，每摩尔化合物释放 10.3 kcal 的自由能；当 ATP 浓度高时，肌酸即通过酶的作用直接接受 ATP 的高能磷酸基团形成磷酸肌酸。当 ATP 浓度低时，磷酸肌酸能在肌酸激酶的催化下，将其磷酸基转移到 ADP 分子上。磷酸肌酸只通过这唯一的途径转移其磷酸基团。磷酸肌酸系统对于骨骼肌有特殊的意义，它可以在几分钟内保证肌肉收缩所需的化学能。可用人的短跑为例说明磷酸肌酸的功能。肌肉中磷酸肌酸的含量为 17 μmol/g，全速短跑可消耗磷酸肌酸 13 μmol/g，故它仅可作为最初 4 s 的能量来源，但它可提供时间来调节糖酵解酶的活性，使肌肉通过酵解得到能量。肌肉中磷酸肌酸的含量比 ATP 高 3～4 倍，足以使 ATP 处于相对稳定的浓度水平。在许多无脊椎动物中，以磷酸精氨酸作为磷酸原，代替磷酸肌酸作为能量的贮存形式。

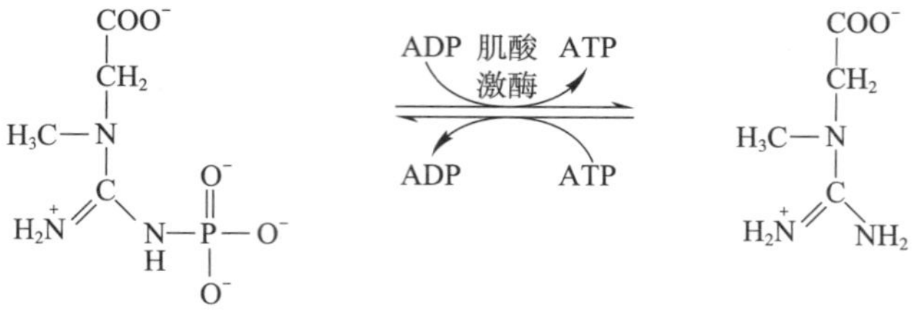

$$磷酸肌酸 \xrightleftharpoons[\substack{ADP \quad ATP}]{\substack{ADP \ 肌酸 \ ATP \\ 激酶}} 肌酸$$

磷酸肌酸　　　　　　　　　　　　　肌酸

第四节　电子传递链

一、电子传递链的概念

代谢物在脱氢酶作用后，把电子从还原型辅酶通过一系列按照电子亲和力递增的顺序排列的电子传递体传递到氧的整个体系，称为电子传递链（electron transfer chain，ETC）或呼吸链（respiratory chain）。电子传递链在原核细胞中存在于质膜上，在真核细胞中存在于线粒体的内膜上。

二、电子传递链的组成

电子从还原型辅酶传递到氧的过程有两种途径，通常称为 NADH 呼吸链和 $FADH_2$ 呼吸链（图 8-5）。NADH 呼吸链指代谢中间物上的两个氢原子经以 NAD^+ 为辅酶的脱氢酶作用，使 NAD^+ 还原成为 $NADH + H^+$。再经过 NADH 脱氢酶（以 FMN 为辅酶）→辅酶 Q →铁·硫蛋白→细胞色素 b →细胞色素 c_1 →细胞色素 a →细胞色素 a_3 到分子氧。$FADH_2$ 呼吸链指的是某些代谢中间物的氢原子不

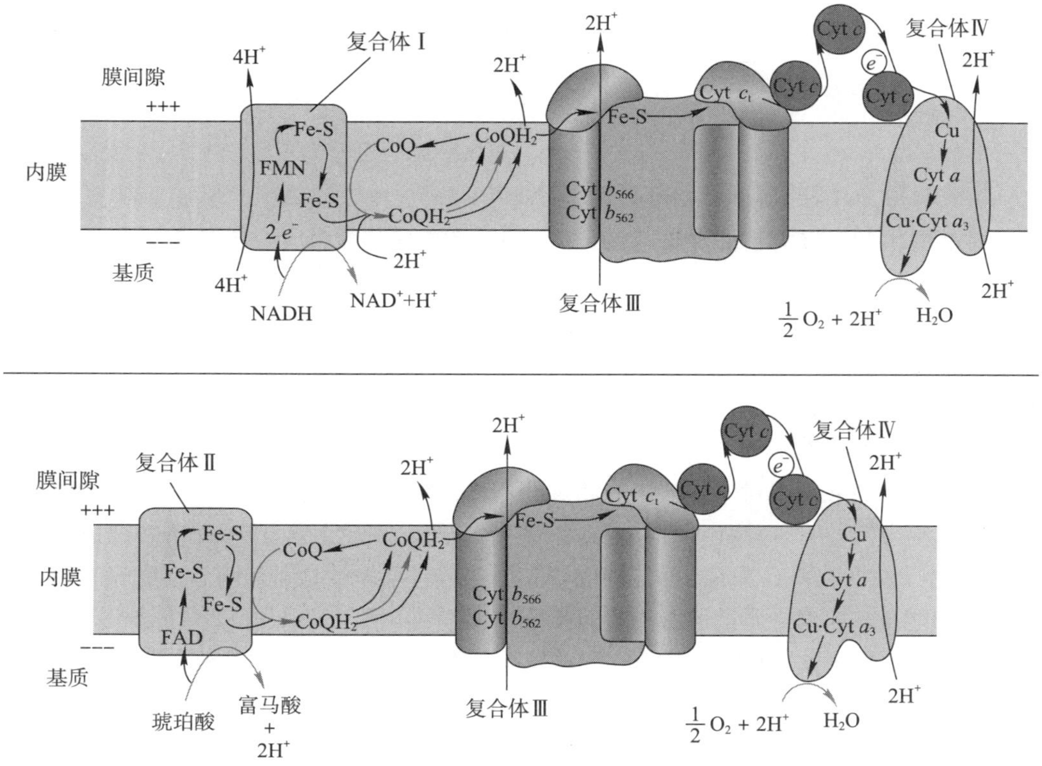

图 8-5　NADH 呼吸链与 $FADH_2$ 呼吸链

是由以 NAD^+ 为辅酶的脱氢酶脱氢，而是由以 FAD 为辅酶的脱氢酶脱氢，例如，琥珀酸脱氢酶和脂酰 CoA 脱氢酶，脱下的电子通过辅酶 Q 进入呼吸链。

电子传递链各组分在链中的位置、排列次序与其得失电子趋势的大小有关。电子总是从对电子亲和力小的低氧化还原电位流向对电子亲和力大的高氧化还原电位。氧化还原电位 $E^{0'}$ 的数值越低，即失电子的倾向越大，越易成为还原剂，处在电子传递链的前面（标准氧化还原电位 $E^{0'}$ 在 pH 7.0 时用 $E^{0'}$ 表示）。因此，电子传递链中的传递体的排列顺序和方向是按各组分的 $E^{0'}$ 由小到大依次排列的（图 8-6）。

电子传递链主要由下列 5 类电子传递体组成，即烟酰胺脱氢酶类、黄素脱氢酶类、铁硫蛋白类、细胞色素类及辅酶 Q。它们都是疏水性分子。除脂溶性辅酶 Q 外，其他组分都是结合蛋白质，通过其辅基的可逆氧化还原传递电子。

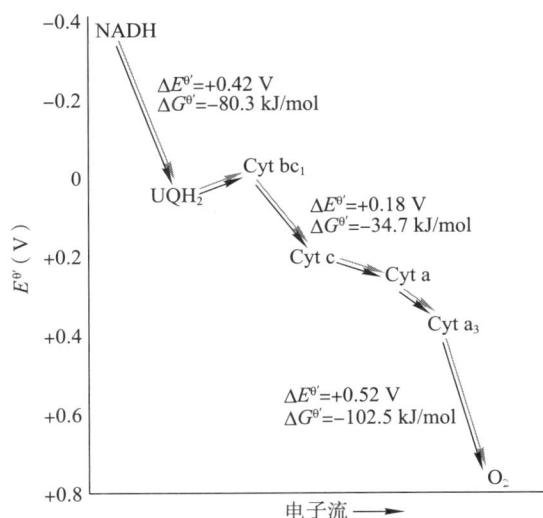

图 8-6 电子传递次序

1. 烟酰胺脱氢酶类

烟酰胺脱氢酶类以 NAD^+ 或 $NADP^+$ 作为电子受体。这类酶催化脱氢时，其辅酶 NAD^+ 或 $NADP^+$ 先和酶的活性中心结合，然后再脱下来。它与代谢物脱下的氢结合而还原成 NADH 或 NADPH。大多数脱氢酶都以 NAD^+ 为辅酶，有的以 $NADP^+$ 为辅酶，如 6-磷酸葡萄糖脱氢酶就是以 $NADP^+$ 作为电子受体。极少数的酶能用 NAD^+ 或 $NADP^+$ 两种辅酶，如谷氨酸脱氢酶。当有受氢体存在时，NADH 或 NADPH 上的氢可被脱下而氧化为 NAD^+ 或 $NADP^-$。其递氢机制是：当其接受代谢物脱下的一对氢原子时，其中一个氢原子以氢负离子的形式转移到 NAD^+ 或 $NADP^+$ 上，另一个则以氢离子（H^+）形式游离到溶液中。每一个氢负离子携带着 2 个电子，其中 1 个电子使氢以原子形式结合到吡啶环的第四位 C 原子上，另一个电子与吡啶环的氮原子结合，使氮原子从 5 价变为 3 价（图 8-7）。

2. 黄素脱氢酶类

黄素脱氢酶类是与黄素相关的脱氢酶，或者说是一种黄素蛋白质，以 FMN 或 FAD 作为辅基（图 8-8）。FMN 或 FAD 与酶蛋白结合是较牢固的。这些酶所催化的反应是将底物脱下的一对氢原子直接传递给 FMN 或 FAD 而形成 $FMNH_2$ 或 $FADH_2$。其传递氢的机制是 FMN 或 FAD 的异咯嗪环上第 1 位及第 10 位两个氮原子能反复地进行加氢和脱氢反应。在电子传递链中的 NADH 脱氢酶的辅基是 FMN，

图 8-7 辅酶 I 的氧化型与还原型

FMN或FAD
（氧化型）

FMNH₂或FADH₂
（还原型）

图 8-8　黄素脱氢酶辅基 FMN 或 FAD

它催化的反应是将 NADH 上的电子传递给电子传递链的下一个成员辅酶 Q。此外，在三羧酸循环中，琥珀酸脱氢酶是以 FAD 为辅基；在脂肪酸 $\beta-$ 氧化中催化脂肪酸的第一步脱氢的酶脂酰基 –CoA 脱氢酶的辅基也是 FAD。

3. 铁硫蛋白类

铁硫蛋白类是以铁原子和硫原子组成的铁硫簇为辅基的结合蛋白质，分子中含非卟啉铁与对酸不稳定的硫，二者成等量关系。铁硫簇有［2Fe-2S］和［4Fe-4S］等多种类型（图 8-9），其中的 S 与 Fe 相连，Fe 再和蛋白质中半胱氨酸残基上的 S 相连，又称为铁硫中心。铁硫蛋白中的铁可以呈二价（还原型），也可呈三价（氧化型），由于铁的氧化还原而达到传递电子作用，是单电子传递体。铁硫蛋白在线粒体内膜上与黄素酶或细胞色素形成复合物，它们的功能是以铁的可逆氧化还原反应传递电子。在从 NADH 到氧的呼吸链中，有多个不同的铁硫中心，有的在 NADH 脱氢酶中，有的与细胞色素 b 及 c_1 有关。

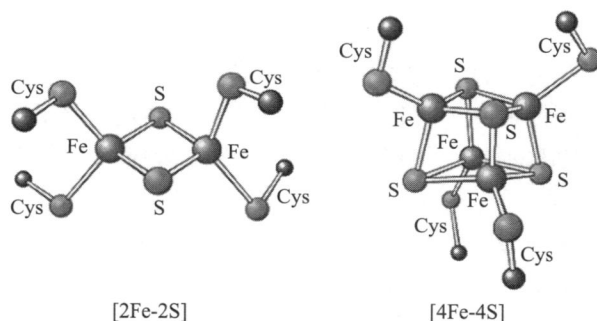

［2Fe-2S］　　　　　　［4Fe-4S］

图 8-9　铁硫中心［2Fe-2S］和［4Fe-4S］

4. 辅酶 Q

辅酶 Q（CoQ）又称为泛醌，是脂溶性化合物，是一个带有长的异戊二烯侧链的醌类化合物（图 8-10）。不同来源的辅酶 Q 的侧链长度是不同的，哺乳动物细胞内的辅酶 Q 含有 10 个异戊二烯单位，所以又称为辅酶 Q_{10}，某些微生物线粒体中的辅酶 Q 含有 6 个异戊二烯单位（CoQ_6）。其分子中的苯醌

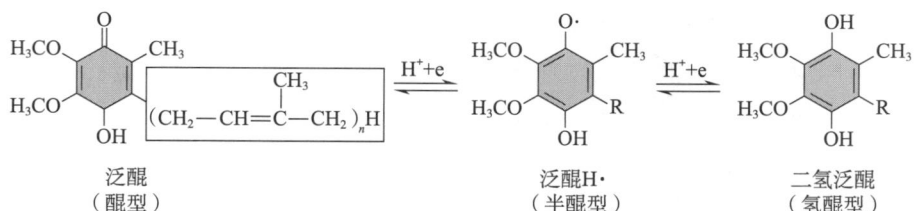

泛醌
（醌型）

泛醌H·
（半醌型）

二氢泛醌
（氢醌型）

图 8-10　辅酶 Q 的结构及转变

结构能可逆地加氢和脱氢，故辅酶Q也属于递氢体。辅酶Q不只接受NADH脱氢酶的氢，还接受线粒体其他脱氢酶脱下的氢，如琥珀酸脱氢酶、脂酰辅酶A脱氢酶以及其他黄素酶类脱下的氢。所以辅酶Q在电子传递链中处于中心地位。由于辅酶Q在呼吸链中是一个和蛋白质结合不紧的辅酶，因此它在黄素蛋白类和细胞色素类之间能够作为一种特别灵活的载体。

5. 细胞色素类

细胞色素类是一类以铁卟啉衍生物为辅基的结合蛋白质，铁原子处于卟啉的结构中心（图8-11）。细胞色素类都以血红素作为辅基，而使这类蛋白质具有红色或褐色。细胞色素类是呼吸链中将电子从辅酶Q传递到氧的专一酶类。在电子传递链中至少含有5种不同的细胞色素，称为细胞色素b、c、c_1、a和a_3。其中细胞色素c为线粒体内膜外侧的外周蛋白，其余的均为内膜的整合蛋白。b接受从辅酶Q传来的电子，并将其传递给细胞色素c_1，c_1又将接受的电子传递给细胞色素c。电子在从辅酶Q到细胞色素c的传递过程中，还有铁-硫蛋白在中间起作用。细胞色素aa_3是最后的一个载体。细胞色素aa_3以复合物形式存在，又称细胞色素氧化酶。细胞色素aa_3还含有两个必需的铜原子。细胞色素a从细胞色素c接受电子后，即传递给a_3，由还原型细胞色素a_3将电子直接传递给氧分子。在a和a_3间传递电子的是两个铜原子，铜在氧化-还原反应中也发生价态变化（$Cu^+ \rightleftharpoons Cu^{2+}$）。

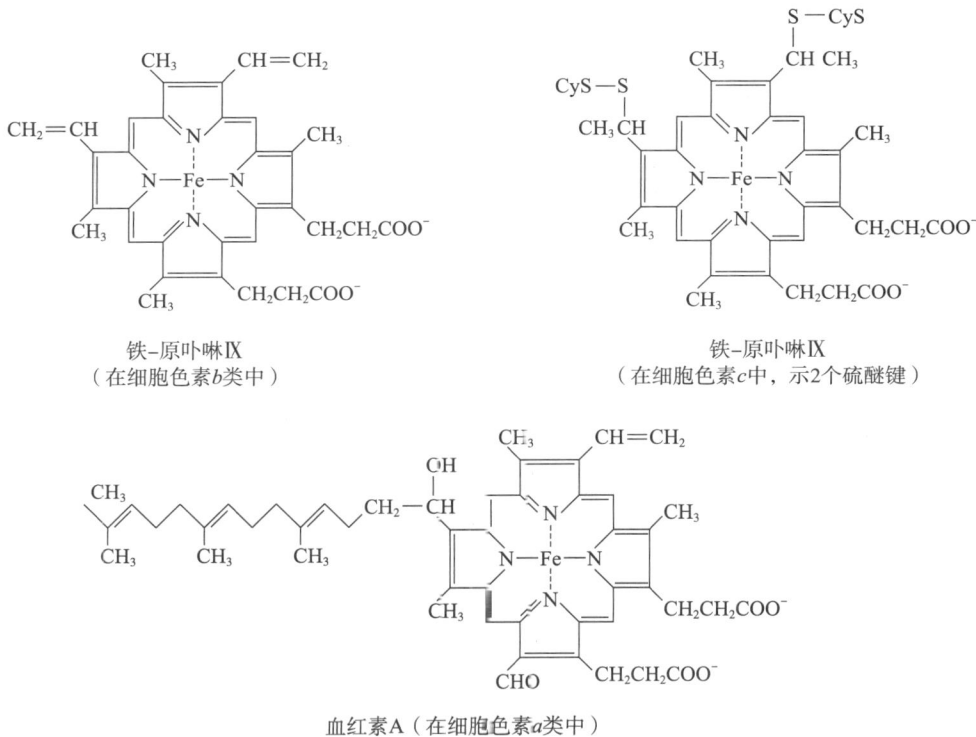

铁-原卟啉IX
（在细胞色素b类中）

铁-原卟啉IX
（在细胞色素c中，示2个硫醚键）

血红素A（在细胞色素a类中）

图8-11 细胞色素中的卟啉结构

三、电子传递体复合物

在电子传递链组分中，除辅酶Q和细胞色素c外，其余组分实际上形成嵌入内膜的结构化超分子复合物。美国学者用毛地黄皂苷、胆酸盐等去垢剂处理分离的线粒体，溶解线粒体外膜，并成功地将线粒体内膜电子传递链拆离成4个仍保存部分电子传递活性的复合物（Ⅰ~Ⅳ）以及辅酶Q和细胞色素c。这些复合物在传递功能上都是有顺序地连在一起的，在一定条件下按1:1:1:1的比例将其重组可基本上恢复原有活力。

1. 复合物 I

复合物 I 由约 26 条多肽链组成，总分子量 850 000，除了很多亚单位外，还含有 1 个 FMN- 黄素蛋白和至少 6 个铁硫蛋白。它是电子传递链中最复杂的酶系，其作用是催化 NADH 脱氢，并将电子传递给辅酶 Q，因此，又被称为 NADH 脱氢酶复合物（或 NADH 辅酶 Q 还原酶）（图 8-12）。

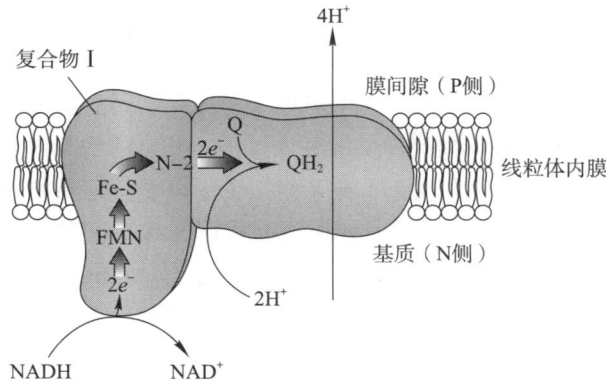

图 8-12　电子在复合物 I 上的传递

2. 复合物 II

复合物 II 由 4~5 条多肽链组成，总分子量为 127 000~140 000。含有 1 个 FAD 为辅基的黄素蛋白、2 个铁硫蛋白和 1 个细胞色素 b。作用为催化琥珀酸脱氢，并将电子通过 FAD 和铁硫蛋白传给辅酶 Q，因此，又被称为琥珀酸脱氢酶复合物（或琥珀酸辅酶 Q 还原酶）（图 8-13）。

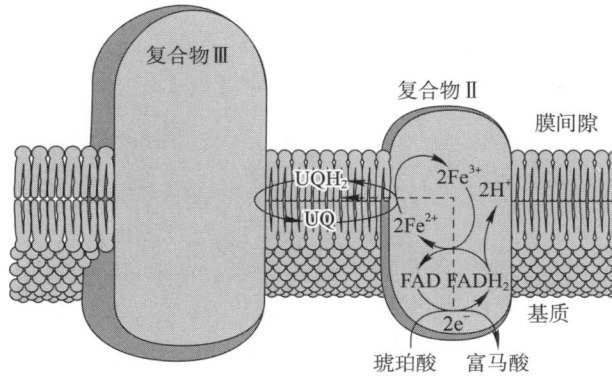

图 8-13　复合物 II

3. 复合物 III

复合物 III 由 9~10 条多肽链组成，总分子量为 250 000~280 000。在线粒体内膜上以二聚体形式存在。每个单体含有 2 个细胞色素 b、一个细胞色素 c_1 和一个铁硫蛋白。复合物 III 的作用是催化电子从辅酶 Q 传给细胞色素 c，使还原型辅酶 Q 氧化而使细胞色素 c 还原（图 8-14），因此，又被称为细胞色素 c 还原酶（或辅酶 Q- 细胞色素 c 还原酶）。

4. 复合物 IV

复合物 IV 由 13 条多肽链组成，总分子量为 200 000，在线粒体内膜上以二聚体形式存在。每个单体含 1 个细胞色素 a，1 个细胞色素 a_3 和 2 个铜原子。其作用是将从细胞色素 c 接受的电子传递给分子氧而生成水，催化还原型细胞色素 c 氧化（图 8-15），因此，又被称为细胞色素 c 氧化酶（或细胞色素氧化酶）。

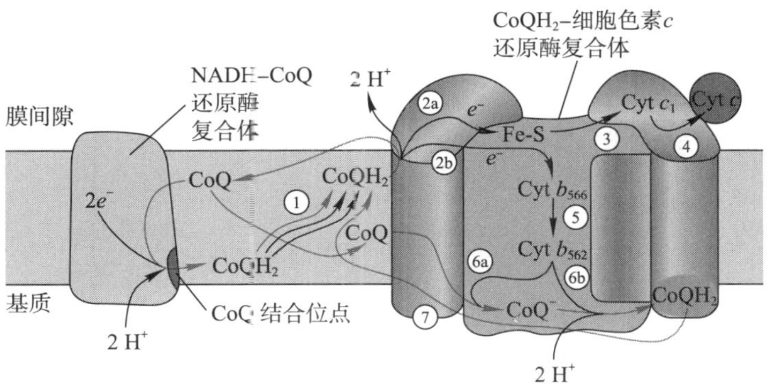

图 8-14 复合物 Ⅲ 的作用

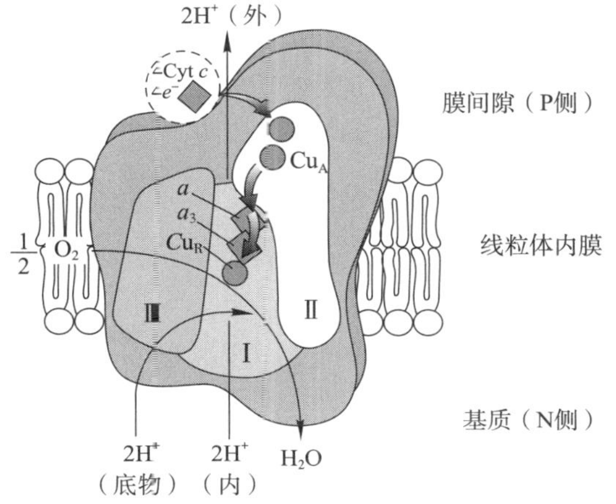

图 8-15 电子在复合物Ⅳ上的传递

4 种复合物在电子传递过程中协调作用。复合物 Ⅰ、Ⅲ、Ⅳ组成主要的电子传递链，即 NADH 呼吸链，催化 NADH 的氧化；复合物 Ⅱ、Ⅲ、Ⅳ组成另一条电子传递链，即 $FADH_2$ 呼吸链。辅酶 Q 处在这两条电子传递链的交汇点上，还接受其他黄素酶类脱下的氢。所以，辅酶 Q 在电子传递链中处于中心地位（图 8-16）。表 8-4 列出哺乳动物线粒体的电子传递系统中的 4 种复合物的特性。

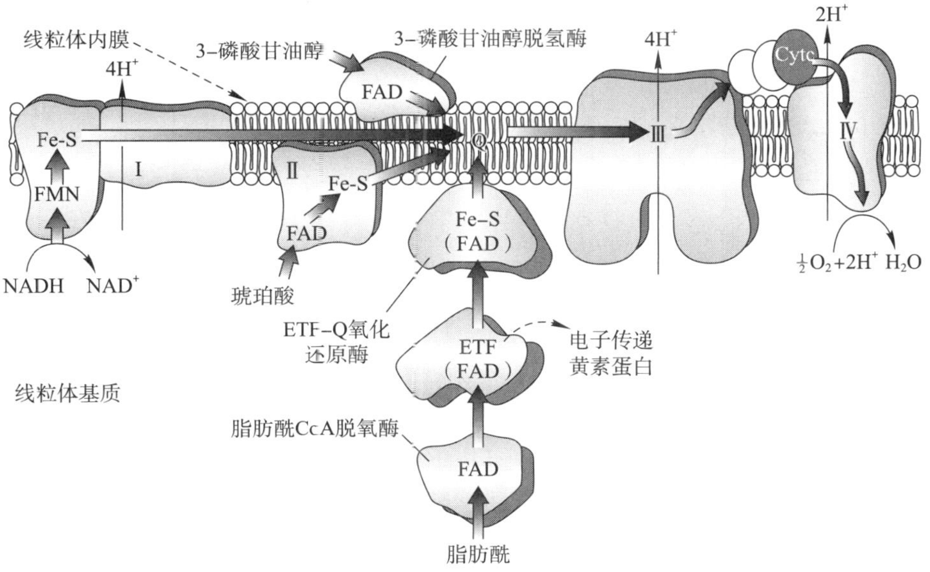

图 8-16 辅酶 Q 在电子传递链中处于中心地位

表 8-4　电子传递系统中 4 种复合物的特性

	复合物 I	复合物 II	复合物 III	复合物 IV
名称	NADH–CoQ 还原酶	琥珀酸–CoQ 还原酶	CoQ–细胞色素 c 还原酶	细胞色素氧化酶
反应顺序	$NAD^+ \rightarrow CoQ$	琥珀酸 $\rightarrow$ CoQ	CoQ $\rightarrow$ 细胞色素 c	细胞色素 $c \rightarrow O_2$
分子量	850 000	127 000	280 000	200 000
亚基数目	26	5	10	13
铁硫蛋白	+	+	+	–
$\Delta E^{\theta'}$（V）	+0.42	+0.02	+0.15	+0.57
ATP 合成	+	–	+	+

四、电子传递的抑制剂

能够阻断电子传递链中某一部位电子传递的物质称为电子传递抑制剂。利用专一性电子传递抑制剂选择性地阻断呼吸链中某个传递步骤，是研究电子传递链中电子传递体顺序以及氧化磷酸化部位的一种重要方法。

常见的抑制剂列举如下几种。

1. 鱼藤酮、安密妥、杀粉蝶菌素

这类抑制剂的作用是阻断电子由 NADH 向 CoQ 的传递。鱼藤酮是一种极毒的植物物质，可用作杀虫剂，其作用是阻断电子从 NADH 向 CoQ 的传递，从而抑制 NADH 脱氢酶，即抑制复合物 I。与鱼藤酮抑制部位相同的抑制剂还有安密妥、杀粉蝶菌素 A 等。

2. 抗霉素 A

抗霉素 A 是由淡灰链霉素分离出来的抗生素，能抑制电子从细胞色素 b 到细胞色素 c_1 的传递，即抑制复合物 III。

3. 氰化物、硫化氢、叠氮化物、CO 等

这类化合物能与细胞色素 aa_3 卟啉铁保留的一个配位键结合形成复合物，从而阻断电子由细胞色素 aa_3 传至氧的作用。

几种电子传递抑制剂的作用部位如图 8-17 所示。

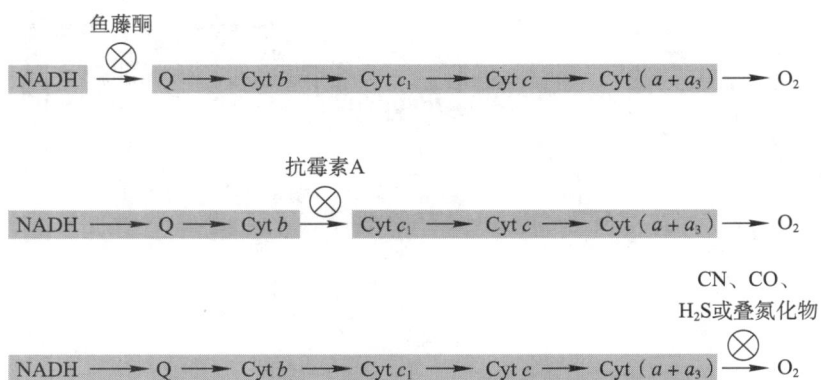

图 8-17　几种电子传递抑制剂反应的部位

第五节 氧化磷酸化

在细胞代谢中，糖、蛋白质、脂肪等蕴藏着大量化学能的物质经生物氧化逐步释放能量，一部分能量用以形成高能磷酸键，贮存于高能磷酸化合物中，供机体直接利用，一部分能量以热的形式维持体温或散失于环境中。在该过程中，伴随着放能的氧化作用进行的磷酸化被称为氧化磷酸化作用。氧化磷酸化作用可将生物氧化过程中放出能量转移到ATP中，是细胞生命活动的基础，也是主要的能量来源。细胞内的ATP是由ADP磷酸化生成的，ADP的磷酸化主要有两种方式：一种为底物水平磷酸化，另一种是电子传递链磷酸化，也称氧化磷酸化。氧化磷酸化是机体产生ATP的主要形式。

🥯 知识点
氧化磷酸化

（1）底物水平磷酸化 底物水平磷酸化即底物在代谢过程中，通过一些如脱氢或脱水反应，引起代谢物分子内部能量重新分布，形成某些高能中间代谢物，如磷酸化或硫酯化的高能化合物，然后将其高能释放出来，再经酶促磷酸基团转移反应，直接使ADP磷酸化生成ATP的过程。例如，在糖分解代谢中，由糖酵解途径生成的1,3-二磷酸甘油酸和磷酸烯醇式丙酮酸，由三羧酸循环中的α-酮戊二酸氧化脱羧生成琥珀酸-CoA都是带有高能键的中间代谢物，可使ADP磷酸化为ATP。底物水平磷酸化是捕获能量的一种方式，是在发酵作用中进行生物氧化取得能量的唯一方式。底物水平磷酸化和氧的存在与否无关，在ATP生成中没有氧分子参与，也不经过电子传递链传递电子。

（2）电子传递链磷酸化 电子传递磷酸化是指电子经过电子传递链（呼吸链）传递到分子氧形成水的过程中，同时伴有ADP磷酸化生成ATP的作用，又称氧化磷酸化。电子传递链磷酸化是需氧生物获得ATP的一种主要方式，是生物体内能量转移的主要环节，需要氧分子的参与。真核生物氧化磷酸化过程在线粒体内膜上进行，原核生物在细胞质膜上进行。

一、线粒体的结构要点

氧化磷酸化作用是细胞生命活动的基础，现已证明，线粒体内膜是能量传递系统的重要部位。线粒体是一种存在于真核细胞中的由两层膜包被的细胞器（图8-18），是细胞进行有氧呼吸的主要场所，其主要功能是进行氧化磷酸化，合成ATP，为细胞生命活动提供直接能量。典型的哺乳动物线粒体直径是$0.2 \sim 0.8\ \mu m$，长度为$0.5 \sim 1.5\ \mu m$。线粒体由外至内可划分为线粒体外膜、线粒体膜间隙、线粒体内膜和线粒体基质4个功能区。线粒体外膜较光滑，起细胞器界膜的作用；内膜有许多向内折叠的嵴。嵴的数目和结构随细胞的类型不同而不同。线粒体基质是线粒体中由线粒体内膜包裹的内部空间，其中含有参与三羧酸循环、脂肪酸氧化、氨基酸降解等生化反应的酶等众多蛋白质，所以较细胞质基质黏稠。内膜和嵴的基质面上有许多排列规则的带柄的球状小体，称为基本颗粒，简称基粒。基

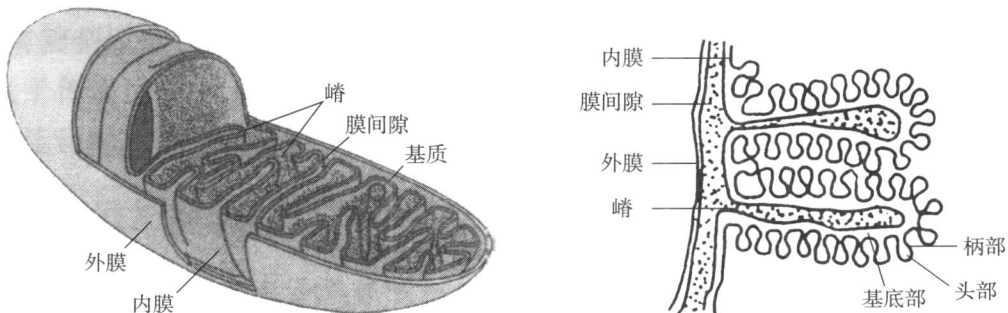

图8-18 细胞线粒体的膜结构

粒由头部、柄部和基部组成，也称为三联体或 ATP 酶复合体。

二、氧化磷酸化的作用机理

在电子传递与磷酸化紧密地偶联的过程中，究竟怎样促使 ADP 磷酸化成 ATP？目前主要有三个假说来解释氧化磷酸化的偶联机理，即化学偶联假说、构象偶联假说和化学渗透偶联假说。

1. 化学偶联假说

这一假说是斯莱特（Slater）于 1953 年提出来的，是用来解释氧化磷酸化偶联机制的最早的一个假说。该假说认为电子传递过程中所释放的化学能直接转到某种高能中间物中，然后由这个高能中间物提供能量使 ADP 和无机磷酸形成 ATP。由于至今未在线粒体中发现假定的高能中间产物，并且此假说也不能解释为何氧化磷酸化依赖于线粒体内膜的完整性，因而没有得到大家的公认。

2. 构象偶联假说

这一假说是由波耶尔（Boyer）提出来的。该假说认为电子在传递过程中，释放的能量使线粒体内膜蛋白质组分发生了构象变化而形成一种高能状态，这种高能状态将能量传递给 F_0F_1ATP 酶分子而使之激活，也转变为高能态。F_0F_1ATP 酶的复原即将能量提供给 ATP 的合成，并从酶上游离下来。这一假说实质上与化学偶联假说相似，只不过认为电子传递所释放的自由能不是贮存在高能化学中间物上，而是贮存在蛋白质的立体构象中。到目前为止，还没有发现更多的支持这种假说的证据。

3. 化学渗透偶联假说

该假说由英国生物化学家米切尔（Mitchell）于 1961 年提出，并已得到较多支持与广泛认可，因此他于 1978 年获得诺贝尔化学奖。其主要论点是认为呼吸链存在于线粒体内膜之上，起质子泵作用，H^+ 从线粒体内膜基质"泵"到外侧，膜外 H^+ 累积而浓度高，膜内的 H^+ 浓度低，从而形成了一个跨内膜的 H^+ 梯度，这种跨膜梯度具有的势能被膜上 ATP 合成酶所利用，使 ADP 与 P_i 合成 ATP（图 8-19）。

化学渗透偶联假说和许多实验结果相符合，是目前能较圆满解释氧化磷酸化作用机理的一种学说。其要点如下：

① 呼吸链上的递氢体与电子传递体在线粒体内膜上有着特定的位置，不对称分布，彼此相间排列，定向传递。

② 呼吸链的复合体中的递氢体有质子泵的作用，可以将 H^+ 从线粒体内膜的内侧泵至外侧。一对电子从 NADH 传递到 O_2 时，共泵出 6 个 H^+；从 $FADH_2$ 开始，则共泵出 4 个 H^+。

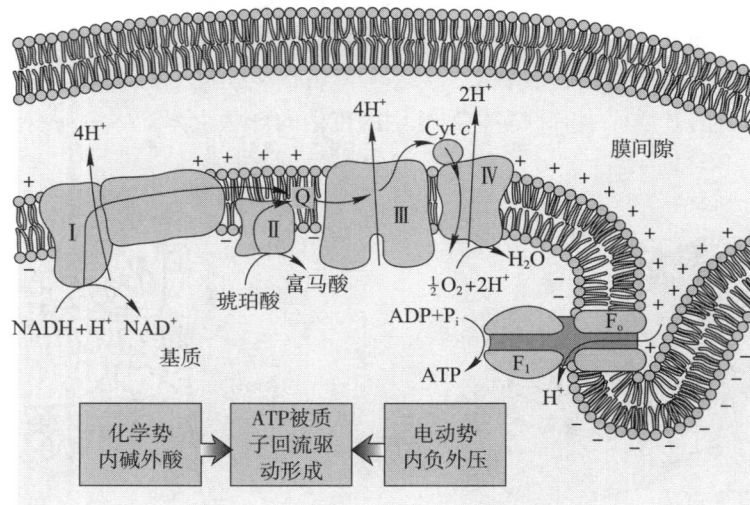

图 8-19　化学渗透偶联假说

③ 膜外侧的 H^+，不能自由通过内膜返回内侧，因而使线粒体内膜外侧的 H^+ 质子浓度高于内侧，在内膜两侧建立起质子浓度梯度（ΔpH）和膜电势差（ΔE）。这种 H^+ 质子梯度和电位梯度就是质子返回内膜的一种动力，质子动力越大，用于合成 ATP 的能力越强。

④ 由质子动力推动 ATP 的合成。质子动力使 H^+ 流沿着 ATP 酶偶联的 H^+ 通道进入线粒体基质时，释放的自由能推动 ADP 和 Pi 合成 ATP。

三、氧化磷酸化的偶联部位和磷氧比

电子传递过程是产能的过程，而生成 ATP 的过程是贮能的过程。呼吸链中电子传递和 ATP 的形成在正常细胞内总是相偶联的。实验证明，当电子沿着呼吸链进行传递时，在 3 个部位有较大的自由能变化。这 3 个部位每一步释放的自由能都足以保证由 ADP 和无机磷酸形成 ATP（图 8-20）。这 3 个部位分别是：NADH 和辅酶 Q 之间的部位；细胞色素 b 和细胞色素 c 之间的部位；细胞色素 a 和 O_2 之间的部位。也就是说，呼吸链的 4 个复合物中，复合物 Ⅰ、Ⅲ、Ⅳ 是偶联部位，复合物 Ⅱ 不是偶联部位。

可以用 P/O 值（磷氧比）来表示电子传递与 ATP 生成之间的关系。P/O 值即是呼吸链每消耗一个氧原子所用去的磷酸分子数或生成 ATP 的分子数。每 2 mol 氢原子经呼吸链氧化后与 1 mol 氧原子结合为水，该过程偶联 ADP 磷酸化生成 ATP 的反应，磷酸化反应要消耗无机磷酸，即每生成 1 mol ATP，消耗 1 mol 的无机磷酸，所以 P/O 比值反映了每消耗 1 mol 氧原子，产生 ATP 的摩尔数。实测得 NADH 呼吸链的 P/O≈2.5，$FADH_2$ 呼吸链的 P/O≈1.5。

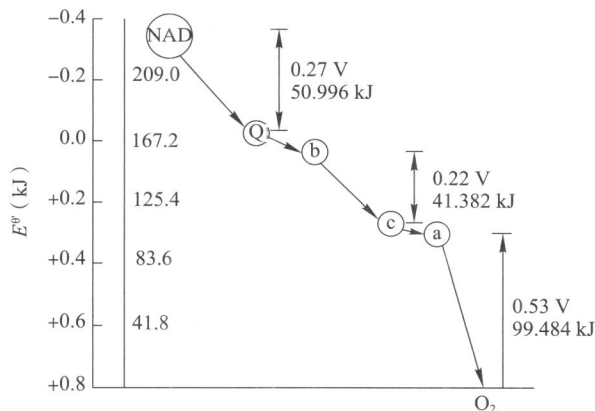

图 8-20　呼吸链中电子对传递时自由能的下降和 ATP 生成的关系

四、线粒体内膜的 ATP 合成系统

内膜有许多向内折叠的嵴，用电子显微镜可以观察到球体排列在嵴的上面，这个球体就是 ATP 合酶，又称"复合体 V"，是氧化磷酸化途径中的终点酶。无论在原核生物还是真核生物中，这种酶的形式和作用方式都相同。它用存储在跨膜质子梯度的能量，驱动 ADP 和 P_i 合成 ATP。

ATP 合成酶系统又称为 F_0F_1-ATP 合酶，是一个巨大的蛋白质复合体，呈蘑菇状（图 8-21）。哺乳动物的酶复合体包含 16 个亚基，分子量约为 500 kDa。嵌入在膜中的部分称为 F_0，包含一个 c 亚基环和质子通道。柄和球形头部称为 F_1，是 ATP 的合成位点。F_1 由 5 种多肽组成 $\alpha_3\beta_3\gamma\delta\varepsilon$ 复合体，其端部的球形复合体包含 2 种不同的 6 个蛋白（3 个 α 亚基和 3 个 β 亚基），α 和 β 单位交替排列，状如橘瓣，具有 3 个 ATP 合成的催化位点（每个 β 亚基具有一个）；而"柄"包括一个 γ 亚基蛋白，γ 亚基贯穿 $\alpha\beta$ 复合体（相当于发电机的转子），并与 F_0 接触，ε 帮助 γ 与 F_0 结合。δ 与 F_0 的两个 b 亚基形成固

定 $\alpha\beta$ 复合体的结构（相当于发电机的定子）。

F_0 由 3 种多肽组成 ab_2c_{12} 复合体，嵌入内膜，12 个 c 亚基组成一个环形结构，具有质子通道，可使质子由膜间隙流回基质。当质子穿过 ATP 合酶基底的通道跨膜时，F_0 上的质子驱动马达随之旋转。转动的原因可能是由于 c 亚基环上的氨基酸电离变化，引起静电相互作用，从而推动 c 亚基环旋转。旋转的环反过来驱动 α 和 β 亚基内的中心轴（γ 亚基柄）旋转。作为定子的 α 和 β 亚基被侧臂固定以防止自身发生旋转。在由 α 和 β 亚基组成的球内，γ 亚基顶部的运动为 β 亚基的活性部位提供了能量，使其周期性地产生并释放 ATP。

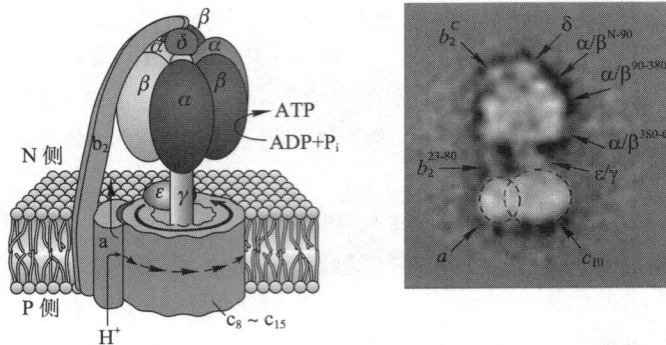

β：各具有一个催化中心
γ：贯穿 $\alpha\beta$ 复合体，并与 F_0 接触
δ：与 F_0 的两个 b 亚基形成固定 $\alpha\beta$ 复合体的结构
ε：帮助 γ 与 F_0 结合

图 8-21　ATP 合酶复合物的结构

1979 年 Boyer 提出构象偶联假说，一些有力的实验证据使这一学说得到广泛的认可。其要点如下（图 8-22）：

① ATP 合酶利用质子动力势，产生构象的改变，改变与底物的亲和力，催化 ADP 与 P_i 形成 ATP。

② F_1 具有 3 个催化位点，但在特定的时间，3 个催化位点的构象不同，因而与核苷酸的亲和力不同。在 L 构象（loose），ADP、P_i 与酶疏松结合在一起；在 T 构象（tight），底物（ADP、P_i）与酶紧密结合在一起，在这种情况下可将两者加合在一起；在 O 构象（open），ATP 与酶的亲和力很低，被释放出去。

③ 质子通过 F_0 时，引起 c 亚基构成的环旋转，从而带动 γ 亚基旋转，由于 γ 亚基的端部是高度

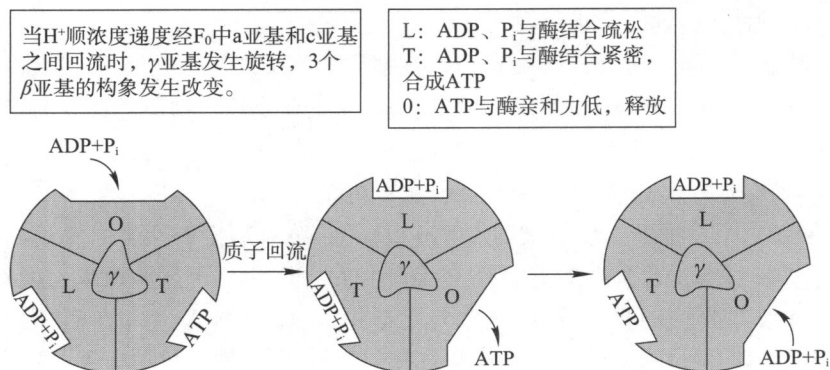

图 8-22　ATP 合酶的作用机制

不对称的，它的旋转引起 β 亚基 3 个催化位点构象的周期性变化（L、T、O），不断将 ADP 和 P_i 加合在一起，每转动一圈产生 3 个 ATP。

需要注意的是，ATP 合酶也有催化 ATP 水解的能力，但由于 β 亚基的活性中心主要由疏水性氨基酸构成，可将水分子排除在外，因而 ADP 和 P_i 可紧密结合，使得反应的 $\Delta G \approx 0$，因此在合成 ATP 时几乎不消耗能量，H^+ 流经 F_0 的电化学势能仅用于驱动 ATP 的释放。

在生理条件下 F_1 每秒钟可转 100 多次，每天的 ATP 合成量接近成人的体重，是迄今为止体积最小、转速最快、能量转换效率最高的分子旋转马达。

此外，线粒体内膜上的 F_1-F_0 ATP 合酶合成的大部分 ATP 必须被转运出线粒体到细胞质基质中，为细胞代谢提供能量。但生理条件下，ATP 带着负电，无法自由穿膜，那么 ATP 是如何转运出线粒体的？

目前被广泛接受的观点是：ATP、ADP 和无机磷酸通过线粒体内膜的转运是由 ADP/ATP 转运蛋白和磷酸转位酶催化的（图 8-23）。每合成 1 个 ATP 需要 3 个质子通过 ATP 合酶。与此同时，把 1 个 ATP 分子从线粒体基质转运到细胞质基质需要消耗 1 个质子，所以每形成 1 个分子的 ATP 就需要 4 个质子的流动。因此，如果一对电子通过 NADH 电子传递链可泵出 10 个质子，则可形成 2.5 个分子 ATP；如果一对电子通过 $FADH_2$ 电子传递链有 6 个质子泵出，则可形成 1.5 个 ATP 分子。这与实测的 NADH 呼吸链和 $FADH_2$ 呼吸链的 P/O 基本相符。

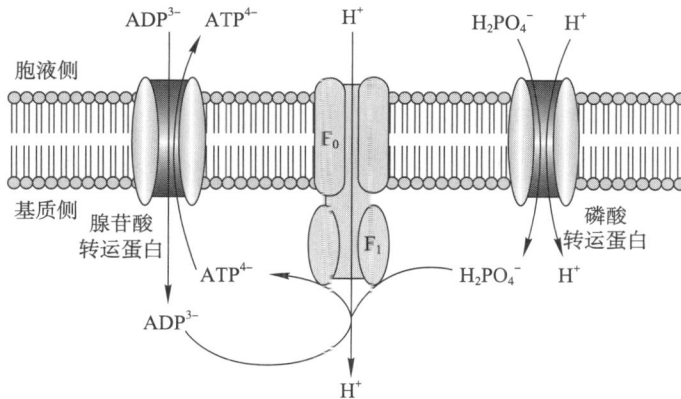

图 8-23 ATP 的转运

五、氧化磷酸化的解偶联剂和磷酸化抑制剂

1. 解偶联剂

呼吸链中电子传递与磷酸化作用紧密偶联，但这两个过程可被解偶联剂分离，失去其紧密联系。解偶联剂只抑制 ATP 的形成过程，不抑制电子传递过程，使电子传递所产生的自由能都变为热能。这类试剂使电子传递失去正常的控制，造成过分地利用氧和燃料底物，而能量得不到储存。典型的解偶联剂是 2,4- 二硝基苯酚，其他一些酸性芳香族化物也有作用。但解偶联剂对底物水平的磷酸化作用没有影响，这就使得这些解偶剂成为对于氧化磷酸化的研究很有用的试剂。

解偶联试剂在代谢研究中是一种非常有用的手段。解偶联效应也被生物所利用，如在冬眠动物和适应寒冷的哺乳动物中，它是一种能够产生热以维持体温的方法。

动物棕色脂肪组织和肌肉线粒体内膜中有独专的解偶联蛋白（uncoupling proteins，UCPs），能消除线粒体内膜的质子电化学梯度（图 8-24），能消除质子电化学梯度，使氧化磷酸化解偶联，不产生 ATP 而使机体产生的化学能以热能形式散失，从而影响能量代谢率，是体内能量代谢的关键物质。

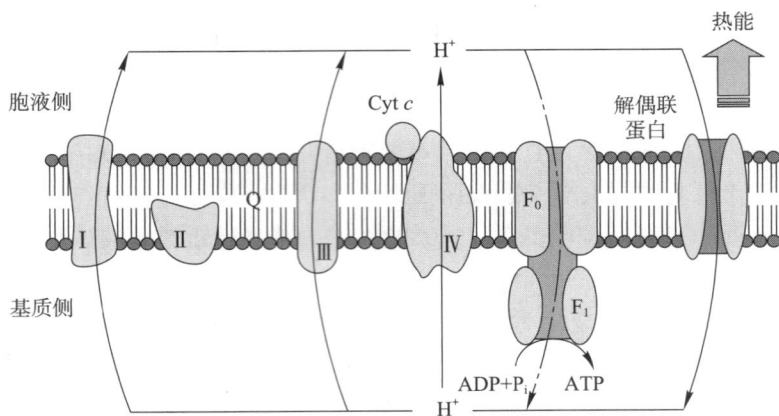

图 8-24　解偶联蛋白的作用机制

2. 磷酸化抑制剂

磷酸化抑制剂是指直接作用于线粒体 F_0F_1-ATP 合酶复合体中的 F_1 组分而抑制 ATP 合成的一类化合物，如寡霉素（oligomycin）、双环己基碳二亚胺等。它与 F_0 的一个亚基结合而抑制 F_1，阻断 H^+ 通道，从而抑制 ATP 合成（图 8-25）。

磷酸化抑制剂不同于解偶联剂，也不同于电子传递抑制剂。磷酸化抑制剂抑制 ATP 的形成，同时也抑制氧的吸收利用；解偶联剂不抑制电子传递，只抑制 ADP 磷酸化，因而抑制能量 ATP 的生成，氧消耗量非但不减而且还增加；电子传递抑制剂是直接抑制了电子传递链上载体的电子传递和分子氧的消耗，因为代谢物的氧化受阻，偶联磷酸化就无法进行，ATP 的生成随之减少。

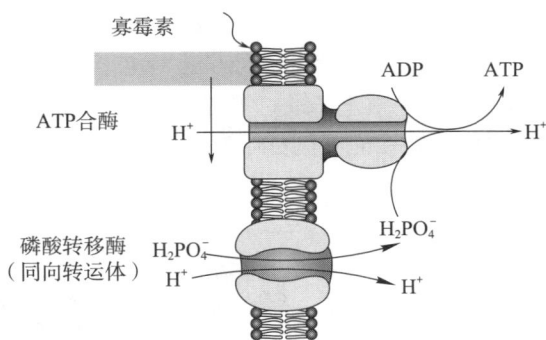

图 8-25　寡霉素对 ATP 合酶的抑制

六、线粒体的穿梭系统

线粒体的主要功能是氧化供能，具有双层膜的结构，其内膜与外膜的渗透性是完全不同的，外膜的通透性较大，能完全透过分子量大至 10 000 的分子，内膜却有着较严格的通透选择性。大多数组织线粒体内膜是不能透过 NADH 的。NADH 是糖酵解中 3- 磷酸甘油醛氧化时产生的，那么这个在细胞质中生成的 NADH 又如何通过线粒体内膜中的电子传递链而重新被氧化成 NAD^+ 呢？现已证明，NADH 本身不能直接通过线粒体内膜，而 NADH 上的电子可以通过一个穿梭的间接途径进入电子传递链。

🅮 知识点
细胞质基质中的
NADH 的氧化

在动物细胞内有两个穿梭系统：一是磷酸甘油穿梭系统，主要存在于动物骨骼肌、脑及昆虫的飞翔肌等组织细胞中；在昆虫飞行肌中甘油磷酸穿梭机制占优势，靠这一机制维持很高速度的氧化磷酸化。在大多数的哺乳动物细胞中，该机制所占比重较小。二是苹果酸穿梭系统，主要存在于动物的肝、肾和心肌细胞的线粒体中。在原核生物中，其电子传递链存在于原生质膜上，因此无需穿梭过程。

1. 磷酸甘油穿梭系统

该机制涉及两个酶：一个是胞液中的依赖于 NAD^+ 的 3- 磷酸甘油（α- 磷酸甘油）脱氢酶，另一个是线粒体内膜上的 3- 磷酸甘油脱氢酶复合物，该复合物含有一个 FAD 辅基和一个位于线粒体内膜外表面的底物结合部位。

该穿梭系统转运过程是：在线粒体外的细胞质基质中，NADH 在 3- 磷酸甘油脱氢酶催化下，首先将电子从 NADH 转移到磷酸二羟丙酮（PEP），并还原生成 3- 磷酸甘油，然后 3- 磷酸甘油穿过外膜，进入线粒体膜间隙，被内膜上的 3- 磷酸甘油脱氢酶复合物催化转变为 PEP，同时将 2 个电子转移到 FAD 辅基上生成 $FADH_2$。PEP 释放回到胞液中，$FADH_2$ 将两个电子传递给可移动的电子载体辅酶 Q，还原为 QH_2，然后再转给 Q- 细胞色素 c 氧化还原酶，也就是复合物Ⅲ，进入呼吸链（图 8-26）。

由于此呼吸链和琥珀酸的氧化相似，越过了第一个偶联部位，因此胞液中 $NADH + H^+$ 中的两个氢被呼吸链氧化时就只形成 1.5 分子 ATP，比线粒体中 $NADH + H^+$ 的氧化少产生 1 分子 ATP，也就是说经过这个穿梭过程每转一圈要消耗 1 个 ATP。

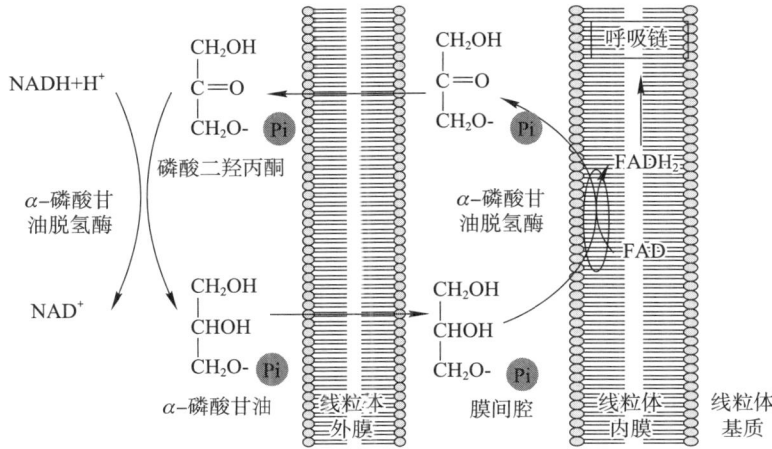

图 8-26 磷酸甘油穿梭系统

2. 苹果酸 – 天冬氨酸穿梭系统

苹果酸 – 天冬氨酸穿梭机制主要存在于心脏和肝细胞中。该机制涉及的酶及蛋白主要有：苹果酸脱氢酶、谷草转氨酶、苹果酸 –α- 酮戊二酸转运蛋白、谷氨酸 – 天冬氨酸转运蛋白。

转运过程是（图 8-27）：在细胞质基质中苹果酸脱氢酶催化草酰乙酸以及 NADH 作用生成苹果酸以及 NAD^+，也就是 NADH 的［H］转移到草酰乙酸上形成苹果酸。苹果酸通过线粒体内膜上的二羧酸转运蛋白（苹果酸 –α- 酮戊二酸转运蛋白）进入线粒体内，同时伴随着 α- 酮戊二酸从线粒体基质

图 8-27 苹果酸 – 天冬氨酸穿梭系统

中运出到细胞质基质中；而进入基质中的苹果酸被线粒体内的苹果酸脱氢酶脱氢生成草酰乙酸，并将 NAD^+ 还原成 NADH，相当于实现了 NADH 的转运。而草酰乙酸接下来还可被线粒体谷草转氨酶转换为天冬氨酸（因为草酰乙酸不能透过内膜进入细胞质基质）。天冬氨酸被内膜上的另一个二羧酸转运蛋白（谷氨酸 – 天冬氨酸转运蛋白）转运出线粒体，同时伴随着谷氨酸的运入线粒体。而天冬氨酸一旦进入细胞质基质后，可被细胞质基质天冬氨酸氨基转移酶转变成草酰乙酸。因此，通过这样一个循环的转运机制，苹果酸 – 天冬氨酸穿梭的净效应是完全地将细胞质基质中的 NADH 转变为线粒体基质中的 NADH，所以，从电子传递的实际效果来看，产能效果相当于 NADH 呼吸链的效果，也就是 2.5 个 ATP。

两种穿梭系统的异同如表 8–5 所示。在原核生物中，细胞质中的 NADH 能直接与质膜上的电子传递链及其偶联装配体作用，不存在穿梭作用，因而当每分子葡萄糖完全氧化成 CO_2 和 H_2O 时，总共能生成 38 分子的 ATP。

表 8–5　两种穿梭系统的比较

穿梭	α- 磷酸甘油穿梭	苹果酸 – 天冬氨酸穿梭
穿梭物质	α- 磷酸甘油 磷酸二羟丙酮	苹果酸、谷氨酸 天冬氨酸、α- 酮戊二酸
进入线粒体后转变成的物质	$FADH_2$	$NADH + H^+$
进入呼吸链	琥珀酸 氧化呼吸链	NADH 氧化呼吸链
生成 ATP 数	1.5	2.5
存在组织	脑、骨骼肌	肝脏和心肌组织
相同点	将细胞质基质中 NADH 的还原当量转送到线粒体内	

七、能荷

ATP 在细胞的能量转换中起着重要的作用。在细胞内存在着 3 种腺苷酸，即 AMP、ADP 和 ATP，称为腺苷酸库。一个细胞中 ATP + ADP + AMP 的腺苷酸库是恒定的。阿特金森（Atkinson）1968 年提出 "能荷" 的概念，认为能荷是细胞中高能磷酸状态的一种数量上的量度，能荷的大小可以说明生物体中腺苷酸系统的能量状态。能荷可用下式表示：

$$能荷 = \frac{[ATP] + 0.5[ADP]}{[ATP] + [ADP] + [AMP]}$$

能荷的数值可以从 0 到 1.0，如果细胞的腺苷酸全部为 ATP，则能荷为 1；如果全部为 ADP，则为 0.5；如果全部是 AMP，则为 0。通过反馈抑制，活细胞的能荷一般稳定在 0.75 ~ 0.95。能荷高时能够抑制生物体内 ATP 的生成，但却促进 ATP 的利用，也就是说高的能荷能够促进合成代谢而抑制分解代谢。所以，ATP/AMP 比率低，细胞贮能少，ATP 合成反应加快；ATP/AMP 比率高，则相反。因此，能荷是细胞中 ATP 合成反应和利用反应的调节因素。

细胞中的能荷可通过 ATP、ADP 和 AMP 对一些酶进行变构调节。例如，ATP-ADP 系统调节糖酵解的主要部位是在果糖 –6– 磷酸和 1,6– 二磷酸果糖相互转化处：

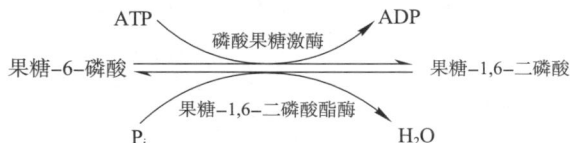

催化此反应的磷酸果糖激酶是变构酶，受 ATP 强烈的抑制，被 AMP 所激活。反之，果糖-1,6-二磷酸酯酶则受 ATP 的激活和被 AMP 所抑制。另外，在三羧酸循环中，当细胞的能荷等于 1.0 时，高水平的 ATP 和低水平的 AMP 会降低柠檬酸合成酶和异柠檬酸脱氢酶的活性，使三羧酸循环的活性降低，从而减少呼吸作用，以达到调节生成 ATP 数量的目的。

总之，能荷的大小由 ATP、ADP 和 AMP 的相对数量决定，它在代谢中起控制作用。高能荷能抑制 ATP 的生成（分解代谢）途径而激活 ATP 利用（合成代谢）的途径。

八、呼吸链的多型性

氧化磷酸化又称电子传递链磷酸化，其关键在于电子在电子供体与受体之间的传递。生物体内的呼吸链有很多变化，有的是中间传递体的成员不同；有的缺少辅酶 Q 用其他物质代替。例如，在有些细菌中，用维生素 K 代替辅酶 Q；而在大多数细菌中，没有完整的细胞色素系统。除了在不同生物种类之间存在中间传递成员的不同之外，还存在末端氧化酶体系的多样性。大多数末端氧化酶的作用是将来自大气的分子态氧活化成为氢的最终受体而生成水。生物界中末端氧化酶体系已知有好几种，其中最主要的是细胞色素体系，此外，普遍存在的还有酚氧化酶体系、抗坏血酸氧化酶体系、黄素蛋白氧化酶体系、过氧化物酶体系与过氧化氢酶等（表 8-6）。

表 8-6　几种末端氧化酶主要特征比较

末端氧化酶	辅基	定位	与氧气亲和力	与 ATP 耦联	氰化物的抑制	CO 的抑制
细胞色素氧化酶	血红素 Fe，Cu	线粒体	极高	+++	+	+
交替氧化酶	非血红素 Fe（Fe^{2+}）	线粒体	高	+	−	−
酚氧化酶	Cu	质体、微体	中	−	+	+
抗坏血酸氧化酶	Cu	细胞质或与细胞壁结合	低	−	+	−
乙醇酸氧化酶	FMN	过氧化物酶体	极低	−	−	−

拓展性提示

本章主要介绍生物氧化还原的概念、基本理论、氧化类型、作用机制、有关酶类以及能量的产生和转移等，阐明物质代谢共同的基本原理，是物质代谢各章的总结和概括。可以拓展了解非线粒体氧化体系、厌氧生物是如何实现电子传递的，弄清需氧与厌氧生物的本质区别，并了解呼吸链抑制剂在生产生活中的应用实例。

思考题

1. 简述新陈代谢的特点。如何从生物能学角度理解生化反应和代谢过程？
2. 简述高能化合物的类型。如何从能量角度理解 ATP 的特殊性？
3. 试述呼吸链的类型及其组成。
4. 常见的呼吸链电子传递抑制剂有哪些？其作用机制是什么？
5. 氧化作用和磷酸化作用是怎样偶联的？

6. 能荷与代谢调节有什么关系？

7. NADH 是如何进入线粒体中的？

8. 试述 ATP 合酶的结构和作用机理。

9. 解偶联剂、磷酸化抑制剂和电子传递链抑制剂有什么区别？

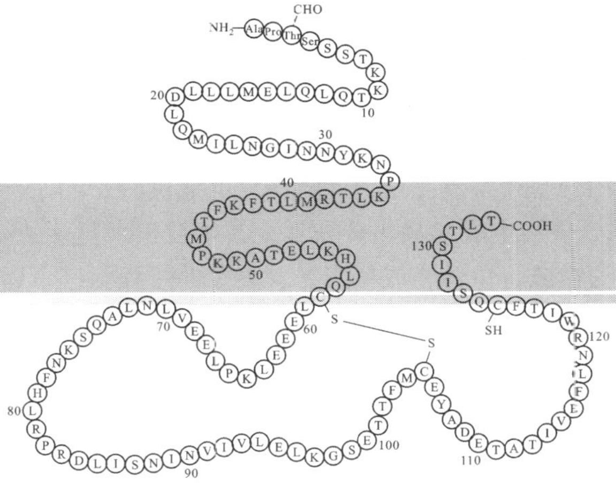

糖类代谢

知识要点

本章主要内容是自然界糖类的合成和分解途径，对糖代谢的调节和控制以及糖代谢与生物也做了必要的阐述。学习本章时应注意：

（1）在学习糖类代谢前，必须掌握重要单糖和多糖的结构，对糖类的生物学功能有清楚的认识，同时理解自由能变化对于生化反应的重要性，这将有利于理解代谢途径中各反应之间蕴藏的内在联系。

（2）学习糖类分解代谢时，要掌握糖酵解、三羧酸循环、磷酸戊糖途径等重要的分解代谢途径中能量的产生和消耗以及关键酶调控。

（3）在学习糖的合成代谢时，应理解糖原的合成途径及酶类在糖类生物合成反应中的重要性。

（4）在学习糖酵解和三羧酸循环的正常途径后要联系由糖酵解产生的丙酮酸与工业上的发酵产品（如乙醇、乙酸、丙酮、乳酸等）之间的关系。

（5）要了解各种糖代谢的调节机制和糖代谢反常时的主要病症，理解细胞能荷与糖代谢的关系。

学习要求

1. 了解淀粉酶促降解方式及主要的淀粉水解酶。

2. 熟练掌握 EMP 全过程，包括涉及的酶及辅酶和生理意义，了解 NAD、NADP、FMN、FAD 与维生素 B 的关系。

3. 了解六碳糖进入 EMP 过程。

4. 熟练掌握 TCA 途径，包括涉及的酶及辅酶、生理意义和调控。

5. 熟悉掌握 HMP 途径，包括涉及的酶及辅酶和生理意义。

6. 了解乙醛酸循环、丙酮酸羧化支路（回补反应），了解糖醛酸途径。

7. 了解糖的合成代谢，尤其要熟悉糖原的合成及糖异生作用。

8. 基本掌握糖代谢的调节控制，建立糖代谢动态平衡的整体观念。

绿色植物和某些微生物通过光合作用将 CO_2 及水合成糖类，人类及其他生物则利用糖类作为重要的碳源和能源，以供给机体生命活动的需要。生物体中所需能量的 70% 来自糖的分解，而且糖的供能没有副作用，无论在有氧还是无氧情况下均可供能。人体中的单糖的主要形式是葡萄糖和核糖，多糖则主要以糖原为主。糖代谢是指葡萄糖、糖原等在体内进行的一系列复杂的化学反应过程。糖的分解代谢可分为无氧代谢和有氧代谢。在无氧条件下，糖的分解通常不完全，此时释放的能量较少，并产生各种代谢产物；在有氧条件下，糖可以被完全氧化，最终生成二氧化碳和水，并释放出大量能量。糖的合成代谢是指生物体将某些小分子非糖物质转化为糖或将单糖合成低聚糖及多糖的过程。这个过程需要供给能量。

糖的分解代谢包括酵解与三羧酸循环，合成代谢包括糖的异生、糖原与结构多糖的合成等，中间代谢还有磷酸戊糖途径、糖醛酸途径等。糖代谢研究是以酒精发酵、肌糖原酵解为前导，以三羧酸循环为核心，全面发展起来的。

糖代谢受神经、激素和酶的调节。同一生物体内不同组织，其代谢情况有很大差异。脑组织始终以同一速度分解糖，心肌和骨骼肌在正常情况下降解速度较低，但当心肌缺氧和骨骼肌痉挛时可达到很高的速度。糖代谢研究促进其他物质代谢和能量代谢研究。

第一节 糖的消化、吸收、转运和贮存

一、糖的消化和吸收

1. 消化

作为糖类的食物主要是淀粉和各种双糖。淀粉是动物的主要糖类来源，直链淀粉由 300~400 个葡萄糖构成，支链淀粉由上千个葡萄糖构成，每 24~30 个残基中有一个分支。糖类只有消化成单糖以后才能被吸收。

在唾液淀粉酶和麦芽糖酶催化下，口腔能消化部分淀粉、麦芽糖。但食物在口腔停留时间短暂，仅一小部分淀粉、麦芽糖被分解。胃内消化仅仅是口腔消化的继续。食物团一经胃酸浸透，胃内消化就停止了。小肠是糖类物质消化的主要部位，有消化糖所必需的酶类和合适的 pH 环境。

主要的酶有以下几种：

（1）α- 淀粉酶 哺乳动物的消化道中较多，为内切酶，随机水解链内 α-1,4 糖苷键，产生 α- 构型的还原末端。产物主要是糊精及少量麦芽糖、葡萄糖。最适底物是含 5 个葡萄糖的寡糖。

（2）β- 淀粉酶 在豆、麦种子中含量较多，为外切酶，作用于非还原端，水解 α-1,4 糖苷键，放出 β- 麦芽糖。水解到分支点则停止，支链淀粉只能水解 50%。

（3）葡萄糖淀粉酶 存在于微生物及哺乳动物消化道内，作用于非还原端，水解 α-1,4 糖苷键，放出 β- 葡萄糖。可水解 α-1,6 键，但速度慢。链长大于 5 时速度快。

（4）其他 α- 葡萄糖苷酶 水解蔗糖，β- 半乳糖苷酶水解乳糖。

人体不能消化纤维素、戊糖胶、果胶和树胶等，需要肠道细菌的作用。经过消化，多糖、寡糖和双糖几乎全转化为单糖，待吸收。

2. 吸收

由于小肠结构和功能上的特点，它成为糖水解产物吸收的集中部位。吸收单糖进入毛细血管，经肝门静脉入肝，转体循环。各种单糖吸收率不取决于分子量、分子体积大小，这说明糖的小肠吸收不是简单的物理扩散、被动吸收过程，而是借助化学作用的主动吸收过程（图 9-1）。

细胞膜存在吸收糖的载体，它与 Na^+ 亲和结合。由此，载体对糖的亲和性增大。K^+ 对 Na^+ 与载体结合起拮抗作用，这时对糖的亲和性降低，吸收 K^+ 赶出 Na^+，从而糖游离出来。进入细胞内的 Na^+ 可由钠泵（ATP 酶）转运出细胞。

D- 葡萄糖、半乳糖和果糖可被小肠黏膜上皮细胞吸收，不能消化的二糖、寡糖及多糖不能吸收，由肠道细菌分解，以 CO_2、甲烷、酸及 H_2 形式放出或参加代谢。

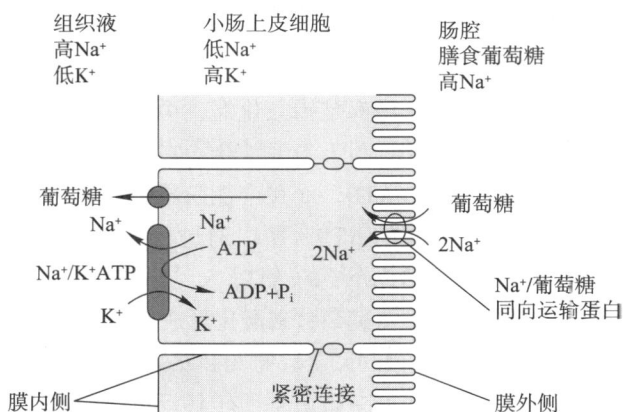

图 9-1　葡萄糖的主动吸收示意图

二、转运和储存

在进入肝前，在肝门静脉血中有各种单糖，一般由食物糖类型决定。而出肝循环血中，在正常情况下，仅含葡萄糖。

（1）主动转运　小肠上皮细胞有协助扩散系统，通过一种载体将葡萄糖（或半乳糖）与 Na^+ 转运进入细胞。此过程由离子梯度提供能量，离子梯度则由 Na^+-K^+-ATP 酶维持。细菌中有些糖与氢离子协同转运，如乳糖。另一种是基团运送，如大肠杆菌先将葡萄糖磷酸化后再转运，由磷酸烯醇式丙酮酸供能。果糖通过一种不需要钠的易化扩散转运。需要钠的转运可被根皮苷抑制，不需要钠的易化扩散被细胞松弛素抑制。

（2）被动转运　葡萄糖进入红细胞、肌肉和脂肪组织是通过被动转运。其膜上有专一受体。红细胞受体可转运多种 D- 糖，葡萄糖的 K_m 最小，L 型不转运。此受体是蛋白质，其转运速度决定肌肉和脂肪组织利用葡萄糖的速度。心肌缺氧和肌肉做工时转运加速，胰岛素也可促进转运，可能是通过改变膜结构。

（3）储存　血液将葡萄糖运到肝、肌肉等组织中，经酶催化，合成糖原贮存，超过肝、肌肉等组织糖原贮量，则运到脂肪组织，将葡萄糖转化成脂肪贮存起来。

第二节　糖酵解

糖分解代谢途径有糖原分解、酵解、三羧酸循环、磷酸己糖旁路、糖醛酸途径和乙醛酸途径 6 种，它们彼此联系在一起。其中糖酵解和三羧酸循环在能量代谢中起主要作用，同时，这两个代谢途径还参与其他类型分子（如氨基酸和脂）的形成和降解。糖经酵解和三羧酸循环分解产生的能量最多。

知识点
糖酵解

一、糖酵解的定义

糖酵解（glycolysis）是通过一系列酶促反应将葡萄糖降解成丙酮酸并伴有 ATP 生成的过程，是生命机体普遍存在的糖代谢基本途径。该途径也称作 Embden-Meyethof-Parnas 途径，简称 EMP 途径。在所有的细胞中都存在着糖酵解途径，对于某些细胞，糖酵解是唯一生成 ATP 的途径。在机体有氧时，丙酮酸进入线粒体，经三羧酸循环彻底氧化生成 CO_2 和水。肌肉在供氧不足条件下收缩，NADH 把丙酮酸还原生成乳酸，称酵解。酵母在缺氧条件下，将丙酮酸转化成乙醛、乙醇，称为发酵。发酵也是葡萄糖或有机物降解产生 ATP 的过程，其中有机物既是电子供体，又是电子受体。根据产物不同，可分为乙醇发酵、乳酸发酵、乙酸发酵等。

二、糖酵解的过程

糖酵解途径分为 2 个阶段共 10 步（图 9-2、图 9-3），涉及 10 个酶催化反应，途径中的酶都位于细胞质中，多数需要 Mg^{2+}。前 5 步是准备阶段，葡萄糖分解为三碳糖，消耗 2 分子 ATP；后 5 步是放能阶段，三碳糖生成丙酮酸，共产生 4 分子 ATP。酵解过程中所有的中间物都是磷酸化的，可防止从细胞膜漏出，保存能量，并有利于与酶结合。在糖酵解的准备阶段消耗了 2 分子的 ATP，而在产能阶段，每 1 分子葡萄糖可以生成 4 分子的 ATP，所以通过糖酵解，1 分子的葡萄糖可以净生成 2 分子的 ATP。

1. 己糖激酶催化葡萄糖磷酸化形成葡萄糖 -6- 磷酸

糖酵解的第一步反应是葡萄糖的 C-6 磷酸化形成葡萄糖 -6- 磷酸，这一磷酰基团转移反应是由己糖激酶催化的。反应放能，ΔG 是一个绝对值大的负值，在生理条件下不可逆。由己糖激酶或葡萄糖激酶催化，需要 Mg^{2+} 或 Mn^{2+}。己糖激酶可作用于 D- 葡萄糖、果糖和甘露糖，是糖酵解过程中的第一个调节酶，受葡萄糖 -6- 磷酸的别构抑制。有 3 种同工酶。葡萄糖激酶存在于肝

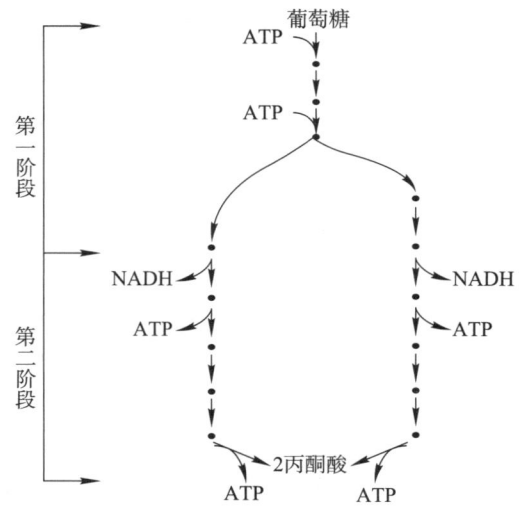

图 9-2 糖酵解的两个阶段

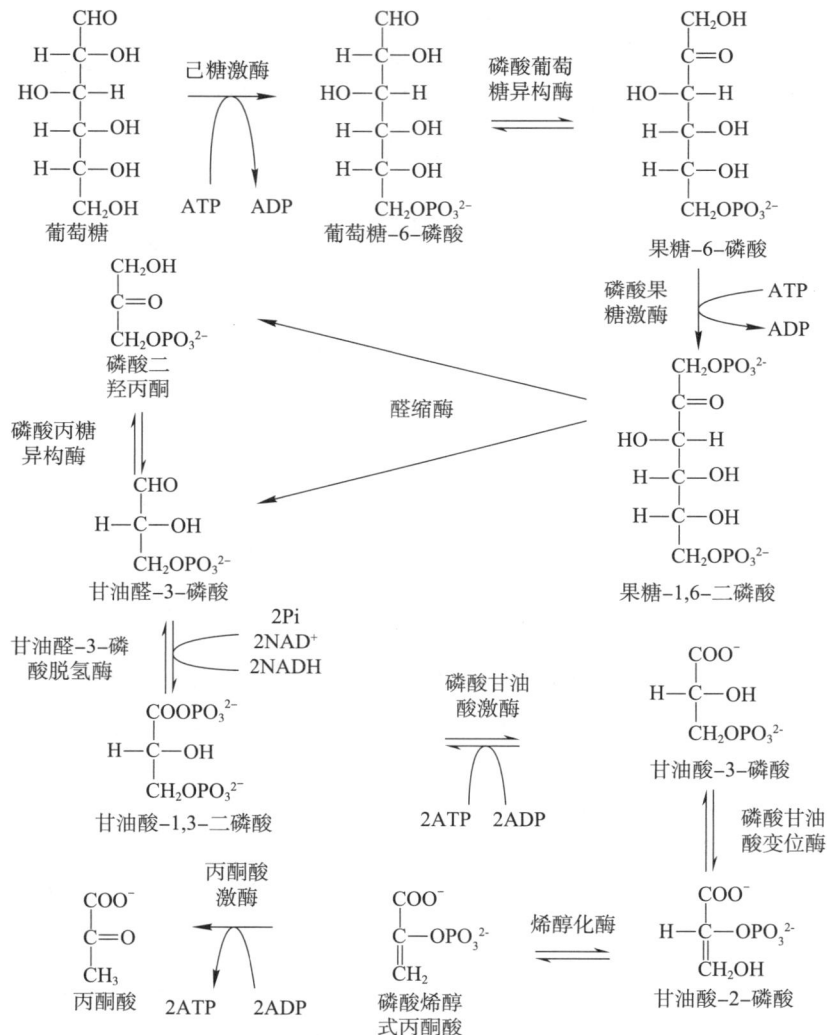

图 9-3 糖酵解的主要反应

中，肌肉中没有，只作用于葡萄糖，不受葡萄糖 $-6-$ 磷酸的别构抑制。肌肉的已糖激酶 $K_m = 0.1$ mmol/L，肝的葡萄糖激酶 $K_m = 10$ mmol/L；平时细胞中的葡萄糖浓度为 5 mmol/L，因此只有进食后葡萄糖激酶才活跃，这对于进食后维持血糖水平的稳定非常重要。

葡萄糖的磷酸化有以下意义：首先，葡萄糖因此带上负电荷，极性骤增，很难再从细胞中"逃逸"出去；其次，葡萄糖活化，由此变得不稳定，有利于它在细胞内的进一步代谢；此外，胞内葡萄糖减少，变成磷酸葡萄糖，有利于胞外葡萄糖的运入。葡萄糖 $-6-$ 磷酸也可由糖原合成，由糖原磷酸化酶催化，生成 $1-$ 磷酸葡萄糖，在磷酸葡萄糖变位酶的催化下生成葡萄糖 $-6-$ 磷酸。此途径少消耗 1 个 ATP。葡萄糖 $-6-$ 磷酸由葡萄糖 $-6-$ 磷酸酶催化水解，该酶存在于肝和肾中，肌肉中没有。

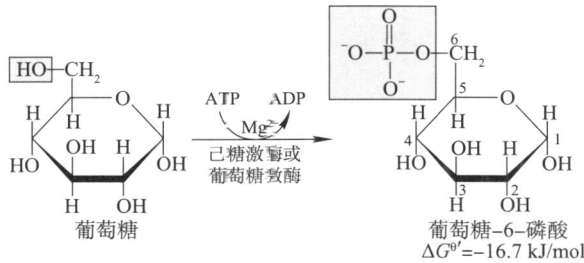

2. 葡萄糖 $-6-$ 磷酸异构生成果糖 $-6-$ 磷酸

反应由磷酸葡萄糖异构酶催化，为可逆反应。通过此反应，酮基从 1 号位变到 2 号，为下一步磷酸化反应创造了条件，也有利于后面由醛缩酶催化的 C3 和 C4 之间的断裂反应。磷酸葡萄糖异构酶受磷酸戊糖支路的中间物竞争抑制，如葡萄糖 $-6-$ 磷酸。戊糖支路通过这种方式抑制酵解和有氧氧化，pH 降低使抑制加强，减少酵解，以免组织过酸。

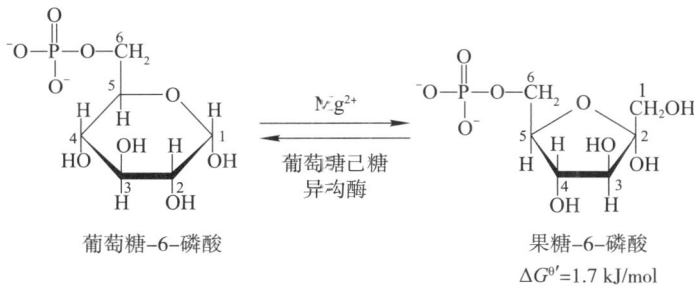

3. 果糖 $-6-$ 磷酸被 ATP 磷酸化，生成 $1,6-$ 二磷酸果糖

磷酸果糖激酶 -1（phosphofructokinase-1，PFK-1）催化 ATP 中的磷酸基团转移到果糖 $-6-$ 磷酸的 C1 的羟基上，生成果糖 $-1,6-$ 二磷酸。该步骤是不可逆反应，也是糖酵解的限速步骤。PFK-1 是一个四聚体的寡聚酶，分子量处于 $130\,000 \sim 600\,000$ 范围，需要二价金属离子 Mg^{2+} 或 Mn^{2+} 作为辅助因子。ATP、柠檬酸、磷酸肌酸、脂肪酸、DPG 是负调节物；果糖 $-1,6-$ 二磷酸、AMP、ADP、磷酸、cAMP 等是正调节物。

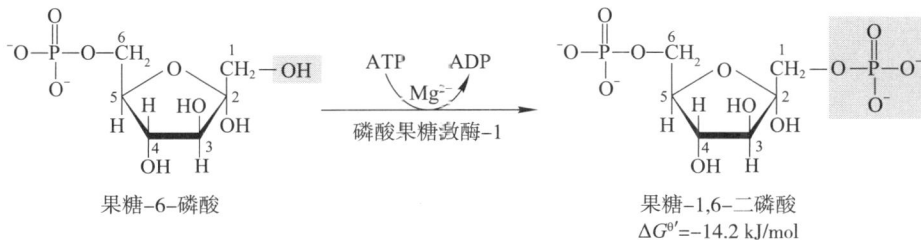

4. 果糖 $-1,6-$ 二磷酸裂解生成甘油醛 $-3-$ 磷酸和磷酸二羟丙酮

果糖 $-1,6-$ 二磷酸在醛缩酶的作用下，使 C3 和 C4 之间的键断裂，生成甘油醛 $-3-$ 磷酸和磷酸

二羟丙酮。甘油醛 –3– 磷酸进一步进行酵解反应，而磷酸二羟丙酮可以作为 α– 甘油磷酸合成的前体，或者是转换成甘油醛 –3– 磷酸进行酵解。平衡有利于逆反应方向；但在生理条件下，甘油醛 –3– 磷酸不断地转化成丙酮酸，大大地降低了甘油醛 –3– 磷酸的浓度，从而驱动反应向裂解方向进行。

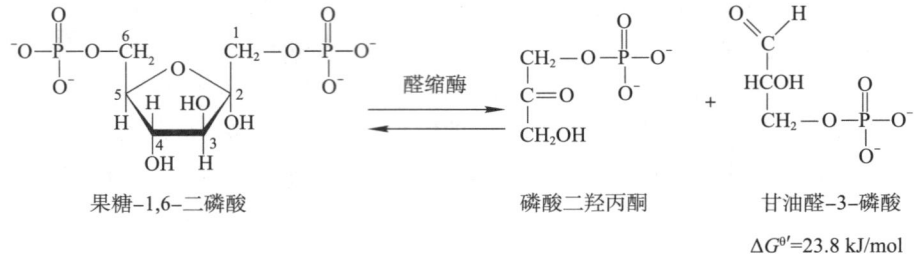

果糖–1,6–二磷酸　　　　　　磷酸二羟丙酮　　　　　甘油醛–3–磷酸

$\Delta G^{0\prime}=23.8 \text{ kJ/mol}$

5. 磷酸丙糖的异构化

由于只有甘油醛 –3– 磷酸是酵解下一步反应的底物，所以磷酸二羟丙酮需要在丙糖磷酸异构酶的催化下转化为甘油醛 –3– 磷酸，才能进一步酵解。反应达到平衡时，磷酸二羟丙酮占 96%，而甘油醛 –3– 磷酸只占 4%，但由于甘油醛 –3– 磷酸不断被消耗，所以反应可向生成甘油醛 –3– 磷酸的方向进行。实际上等于 1 分子的果糖 –1,6– 二磷酸裂解生成了 2 分子的甘油醛 –3– 磷酸。以上反应共消耗 2 分子 ATP，产生 2 分子甘油醛 –3– 磷酸，原来葡萄糖的 3、2、1 位和 4、5、6 位碳原子都变成甘油醛 –3– 磷酸中的 1、2、3 位碳原子。

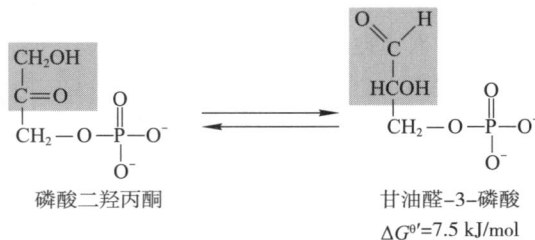

磷酸二羟丙酮　　　　　　　　甘油醛–3–磷酸

$\Delta G^{0\prime}=7.5 \text{ kJ/mol}$

6. 甘油醛 –3– 磷酸的氧化和磷酸化

甘油醛 –3– 磷酸在有 NAD^+ 和磷酸存在下，由甘油醛 –3– 磷酸脱氢酶催化生成甘油酸 –1,3– 二磷酸，这是酵解中唯一的一步氧化反应，产物含高能键（11.8 kcal），醛基变羧基后能量一部分储存在甘油酸 –1,3– 二磷酸中，一部分在 NADH 中。在下一步酵解反应中，保存在甘油酸 –1,3– 二磷酸中的能量可以使得 ADP 变成 ATP。反应可分为两部分，放能的氧化反应偶联推动吸能的磷酸化反应。甘油醛 –3– 磷酸脱氢酶是四聚体，其活性部位含有来自半胱氨酸的游离的巯基和一个紧密结合的 NAD^+，可被碘乙酸强烈抑制。砷酸盐可与磷酸竞争，产生甘油酸 –3– 磷酸，但没有磷酸化，是解偶联剂。NAD 之间有负协同效应，ATP 和磷酸肌酸是非竞争抑制剂，磷酸可促进酶活。

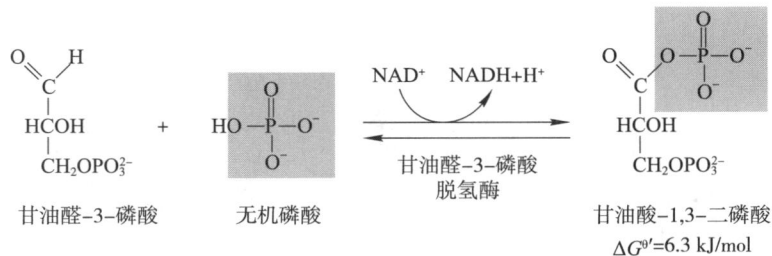

甘油醛–3–磷酸　　　　无机磷酸　　　　　　　　　　　甘油酸–1,3–二磷酸

$\Delta G^{0\prime}=6.3 \text{ kJ/mol}$

7. 甘油酸 –1,3– 二磷酸的底物水平磷酸化

在 ADP 和 Mg^{2+} 存在下，甘油酸 –1,3– 二磷酸被磷酸甘油酸激酶催化，将高能磷酰基从富含能量的甘油酸 –1,3– 二磷酸转给 ADP 形成 ATP 和甘油酸 –3– 磷酸。尽管 ΔG 是一个绝对值大的负值，但

在胞内该反应可逆。通过从一个高能化合物（如甘油酸-1,3-二磷酸）将磷酰基转移给 ADP 形成 ATP 的过程称为底物水平磷酸化作用，即 ATP 的形成直接与一个代谢中间物上的磷酰基转移相耦联的作用。底物水平磷酸化不需要氧，是酵解中形成 ATP 的机制。这步反应是酵解中第一次产生 ATP 的反应，反应是可逆的。在红细胞中，甘油酸-1,3-二磷酸除了转变为甘油酸-3-磷酸外，还可转换为甘油酸-2，3-二磷酸（2,3-bisphosphoglycerate，2,3-BPG），这是红细胞中糖酵解的一个重要功能。2,3-BPG 是血红蛋白氧合作用的别构抑制剂。

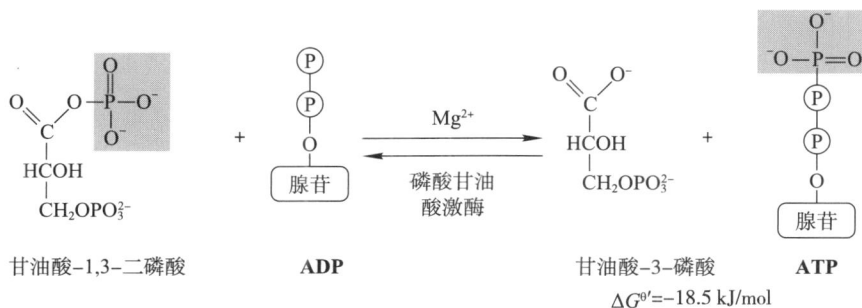

甘油酸-1,3-二磷酸   **ADP**   甘油酸-3-磷酸   **ATP**

$\Delta G^{\theta'} = -18.5 \ kJ/mol$

8. 甘油酸-3-磷酸变位成甘油酸-2-磷酸

由磷酸甘油酸变位酶催化，需 Mg^{2+}。其变位实际上是甘油酸-3-磷酸分子内的 3 位磷酸转移到底物的 2 位，利于下一步烯醇化形成高能键。

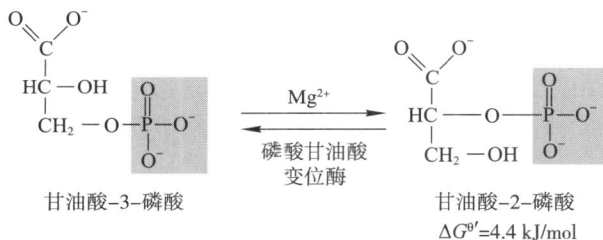

甘油酸-3-磷酸   甘油酸-2-磷酸

$\Delta G^{\theta'} = 4.4 \ kJ/mol$

9. 甘油酸-2-磷酸的烯醇化生成磷酸烯醇式丙酮酸

反应由烯醇酶催化，从甘油酸-2-磷酸中的 α，β 位脱去水形成磷酸烯醇式丙酮酸，反应是可逆的，需 Mg^{2+} 或 Mn^{2+}。通过分子内能量重新分布，产生一个高能键。因为磷酸烯醇式丙酮酸的磷酰基是以一种不稳定的烯醇式互变异构形式存在的，所以具有很高的磷酰基转移潜能。

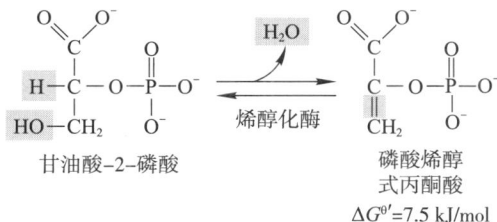

甘油酸-2-磷酸   磷酸烯醇式丙酮酸

$\Delta G^{\theta'} = 7.5 \ kJ/mol$

10. 磷酸烯醇式丙酮酸的底物水平磷酸化

这是酵解中第二个底物水平磷酸化反应，反应是由丙酮酸激酶催化的，需 Mg^{2+}，反应不可逆。丙酮酸激酶是别构酶，果糖-1,6-二磷酸为该酶激活剂，脂肪酸、乙酰 CoA、ATP 和丙氨酸可抑制酶活。丙酮酸是酵解中第一个不再被磷酸化的化合物，也是许多代谢反应的枢纽。酵解进行到这一步，除了净生成 2 分子 ATP 外，还使得 2 分子的 NAD^+ 还原为 NADH。此外，丙酮酸激酶的合成受激素影响，胰岛素可增加其合成。

$\Delta G^{\theta'}=-31.4 \text{ kJ/mol}$

磷酸烯醇
式丙酮酸　　ADP　　　　　　丙酮酸　　　　　　ATP

丙酮酸
（烯醇式）　　　　　　丙酮酸
（酮式）

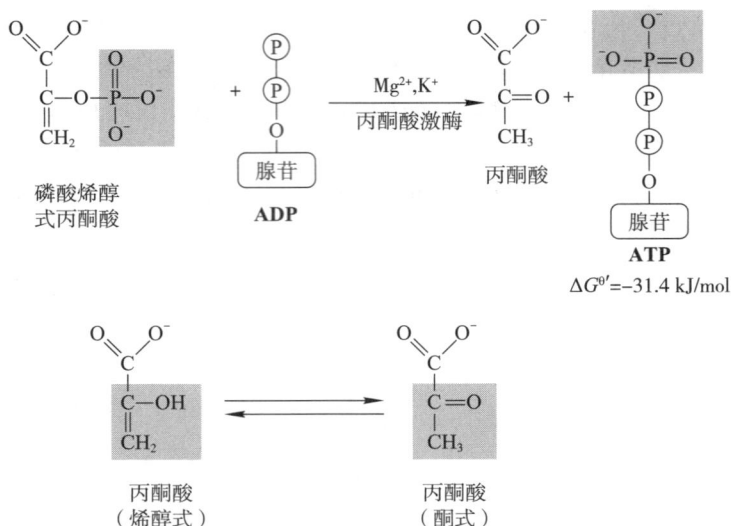

在动物组织（如肌肉等）中，经乳酸脱氢酶（LDH）催化，完成无氧酵解过程，生成乳酸。丙酮酸亦可经酵母丙酮酸脱羧酶、乙醇脱氢酶（ADH）先后生成乙醛和乙醇，完成酵母无氧酒精发酵过程。

三、丙酮酸的去向

酵解过程，葡萄糖转换成丙酮酸，不仅产生 ATP，同时甘油醛 -3- 磷酸脱氢酶催化的反应中还使氧化型的 NAD^+ 还原为 NADH。为了使酵解能连续进行，细胞必须供给氧化型的 NAD^+。如果生成的 NADH 不能及时地被氧化成 NAD^+，所有氧化型 NAD^+ 将全部以还原型 NADH 积累，酵解过程将终止。为了再生 NAD^+，丙酮酸有以下 3 种去向（图 9-4）：

（1）生成乙醇　在厌氧状态下，酵母细胞将丙酮酸转化为乙醇和 CO_2，同时 NADH 被氧化为 NAD^+。这一过程涉及两个反应：首先在丙酮酸脱羧酶催化下，丙酮酸脱羧生成乙醛，然后，乙醛在醇脱氢酶催化下还原为乙醇的同时，NADH 被氧化为 NAD^+。

（2）生成乳酸　绝大多数生物缺少丙酮酸脱羧酶，不能像酵母那样将丙酮酸转化成乙醇，但可以通过乳酸脱氢酶（LDH）催化的一个可逆反应使丙酮酸还原为乳酸。在形成乳酸的同时，NADH 被氧

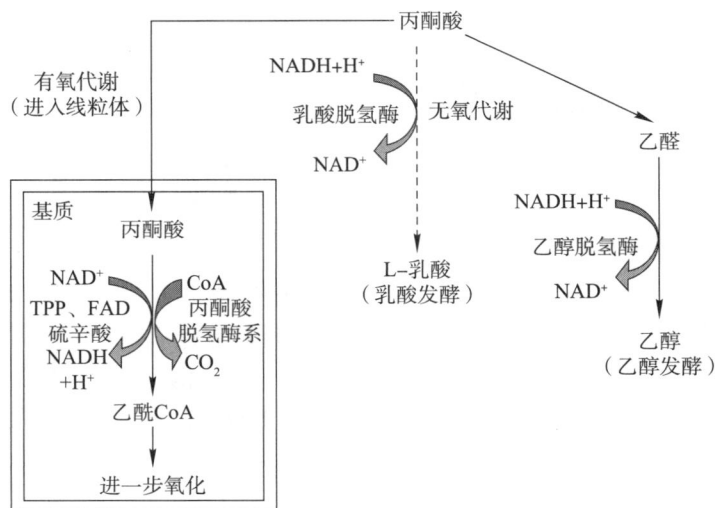

图 9-4　丙酮酸的代谢去向

化成 NAD^+，而生成的 NAD^+ 又可用于甘油醛 -3- 磷酸脱氢酶催化的反应。

　　LDH 有 5 种同工酶，骨骼肌中 LDH_5 含量较高，心肌中 LDH_1 含量较高。LDH_5 以高速催化丙酮酸的还原，使骨骼肌可在缺氧时运动；LDH_1 速度慢并受丙酮酸抑制，所以心肌在正常情况下并不生成乳酸，而是将血液中的乳酸氧化生成丙酮酸，进入三羧酸循环。骨骼肌产生的大量乳酸还可由肝氧化生成丙酮酸，再通过糖的异生转变为葡萄糖，供骨骼肌利用，称为乳酸循环或 Cori 循环（图 9-5）。

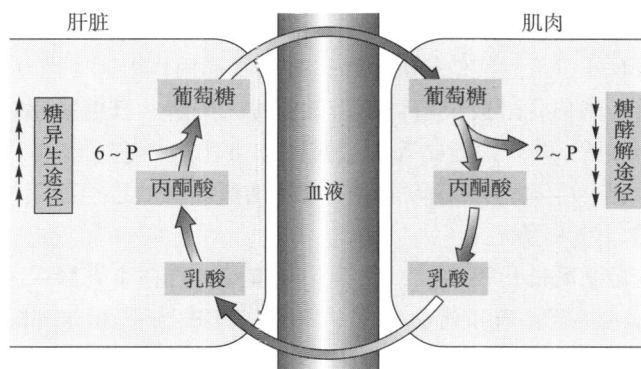

图 9-5　Cori 循环

　　（3）生成乙酰 CoA　有氧时丙酮酸进入线粒体，脱羧生成乙酰 CoA，通过三羧酸循环彻底氧化成水和 CO_2。

四、能量变化

　　在准备阶段，1 分子葡萄糖在葡萄糖和果糖 -6- 磷酸激酶 -1 的磷酸化时各消耗 1 分子 ATP。

　　在产能阶段，甘油酸 -1,3- 二磷酸转变为甘油酸 -3- 磷酸，发生底物水平磷酸化作用，生成 1 分子 ATP；丙酮酸激酶催化磷酸烯醇式丙酮酸转变为丙酮酸，发生第二次底物水平磷酸化，生成 1 分子 ATP。因此，1 分子葡萄糖经过两次底物水平磷酸化生成 4 分子 ATP，减去消耗掉的 2 分子 ATP，糖酵解净生成 2 分子 ATP。

　　葡萄糖酵解的获能效率约为 31%，总反应式为：

$$Glc + 2P_i + 2ADP + 2NAD^+ \rightarrow 2 丙酮酸 + 2ATP + 2NADH + H^+ + 2H_2O$$

五、糖酵解途径的调控

　　糖酵解的 3 个主要调控部位，分别是己糖激酶、磷酸果糖激酶和丙酮酸激酶催化的反应。

1. 己糖激酶的调控

　　己糖激酶同工酶中除葡萄糖激酶以外，都受到葡萄糖 -6- 磷酸的抑制。葡萄糖 -6- 磷酸有几种命运，其中之一是进行酵解产生能量。当能量过剩时，葡萄糖 -6- 磷酸可作为糖原合成的前体。然而当葡萄糖 -6- 磷酸积累和不再需要生产能量或进行糖原贮存时，己糖激酶被葡萄糖 -6- 磷酸抑制。

2. 磷酸果糖激酶的调控

　　磷酸果糖激酶 -1（PFK-1）催化的果糖 -6- 磷酸磷酸化为果糖 -1,6- 二磷酸，反应是酵解途径的第二个别构调节部位。该酶是一个别构调节酶。ATP 既是 PFK-1 的底物，又是该酶的别构抑制剂，ATP 可以使得酶对它的底物果糖 -6- 磷酸的亲和性降低。在哺乳动物细胞中，AMP 是别构激活剂。柠檬酸（三羧酸循环的中间产物）是 PFK-1 的另一个重要的抑制剂，因为三羧酸循环是与丙酮酸的进一步氧化联系在一起的；柠檬酸水平的升高，表明有充足底物进入了三羧酸循环，所以柠檬酸对 PFK-1 的调节是一种反馈抑制，它调节丙酮酸向三羧酸循环的供给。果糖 -2,6- 二磷酸也是 PFK-1

● 知识点

糖酵解的调控

的激活剂。

3. 丙酮酸激酶的调控

在哺乳动物组织中存在着 4 种丙酮酸激酶同工酶，这些同工酶受到果糖 -1,6- 二磷酸别构激活和 ATP 的别构抑制。由于果糖 -1,6- 二磷酸既是丙酮酸激酶的别构激活剂，又是 PFK-1 催化反应的产物，所以 PFK-1 的激活自然会引起丙酮酸激酶的激活，这种类型的调控方式称为前馈激活。

六、其他单糖的分解代谢

除了葡萄糖可作为能源外，某些其他的糖也可以被吸收和用作能源（图 9-6）。

（1）果糖　可由己糖激酶催化形成果糖 -6- 磷酸而进入酵解。己糖激酶对葡萄糖的亲和力比果糖大 12 倍，只有在脂肪组织中，果糖含量比葡萄糖高，才由此途径进入酵解。肝中有果糖激酶，可生成果糖 -1- 磷酸，再被果糖 -1- 磷酸醛缩酶裂解生成甘油醛和磷酸二羟丙酮，甘油醛由三碳糖激酶磷酸化生成甘油醛 -3- 磷酸，进入酵解。

（2）半乳糖　在半乳糖激酶催化下生成半乳糖 -1- 磷酸，再在半乳糖 -1- 磷酸尿苷酰转移酶催化下与 UDP- 葡萄糖生成 UDP- 半乳糖和葡萄糖 -1- 磷酸，UDP- 半乳糖被 UDP- 半乳糖差向酶催化生成 UDP- 葡萄糖。反应是可逆的，半乳糖摄入不足时可用于合成半乳糖。

（3）甘露糖　由己糖激酶催化生成甘露糖 -6- 磷酸，被磷酸甘露糖异构酶催化生成果糖 -6- 磷酸，进入酵解。

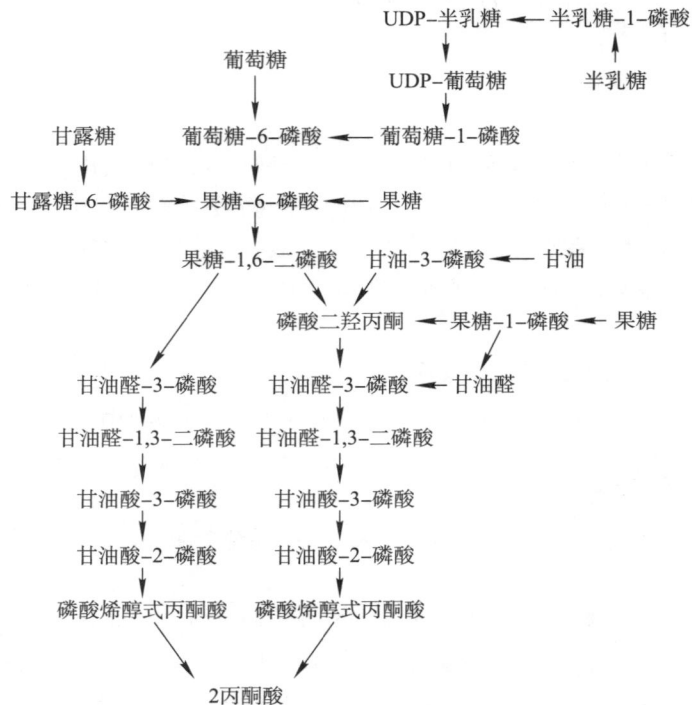

图 9-6　其他单糖进入糖酵解的途径

七、糖酵解与微生物发酵

发酵（fermentation）是指微生物细胞将有机物氧化释放的电子直接交给底物本身未完全氧化的某种中间产物，同时释放能量并产生各种不同的代谢产物。在发酵条件下有机化合物只是部分地被氧化，因此，只释放出一小部分的能量。发酵过程的氧化是与有机物的还原偶联在一起的。被还原的有机物来自于初始发酵的分解代谢，即不需要外界提供电子受体。

发酵的种类有很多，可发酵的底物有碳水化合物、有机酸、氨基酸等，其中以微生物发酵葡萄糖最为重要。

在糖酵解过程中生成的丙酮酸可被进一步代谢。在无氧条件下，不同的微生物分解丙酮酸后会积累不同的代谢产物。目前发现多种微生物可以发酵葡萄糖产生乙醇，能进行乙醇发酵的微生物包括酵母菌、根霉、曲霉和某些细菌。根据在不同条件下代谢产物的不同，可将酵母菌利用葡萄糖进行的发酵分为3种类型：

（1）在酵母菌的乙醇发酵中，酵母菌可将葡萄糖经 EMP 途径降解为 2 分子丙酮酸，然后丙酮酸脱羧生成乙醛，乙醛作为氢受体使 NAD$^+$ 再生，发酵终产物为乙醇，这种发酵类型称为酵母的一型发酵。

（2）当环境中存在亚硫酸氢钠时，它可与乙醛反应生成难溶的磺化羟基乙醛。由于乙醛和亚硫酸盐结合而不能作为 NADH$_2$ 的受氢体，所以不能形成乙醇，迫使磷酸二羟丙酮代替乙醛作为受氢体，生成 α- 磷酸甘油。α- 磷酸甘油进一步水解脱磷酸而生成甘油，称为酵母的二型发酵；

（3）在弱碱性条件下（pH 7.6），乙醛因得不到足够的氢而积累，2 个乙醛分子间会发生歧化反应，一分子乙醛作为氧化剂被还原成乙醇，另一个则作为还原剂被氧化为乙酸。氢受体则由磷酸二羟丙酮担任。发酵终产物为甘油、乙醇和乙酸，称为酵母的三型发酵。这种发酵方式不能产生能量，只能在非生长的情况下才进行。

不同的细菌进行乙醇发酵时，其发酵途径也各不相同。例如，运动发酵单胞菌（*Zymomonas mobilis*）和厌氧发酵单胞菌（*Zymomonas anaerobia*）是利用 ED 途径分解葡萄糖为丙酮酸，最后得到乙醇，对于某些生长在极端酸性条件下的严格厌氧菌，如胃八叠球菌（*Sarcina ventriculi*）和肠杆菌科（Enterobacteriaceae）则是利用 EMP 途径进行乙醇发酵。例如，双歧发酵是两歧双歧杆菌（*Bifidobacterium bifidum*）发酵葡萄糖产生乳酸的一条途径。此反应中有两种磷酸酮糖酶参加反应，即果糖 -6- 磷酸磷酸酮糖酶和木酮糖 -5- 磷酸磷酸酮糖酶分别催化果糖 -6- 磷酸和木酮糖 -5- 磷酸裂解产生乙酰磷酸和丁糖 -4- 磷酸，及甘油醛 -3- 磷酸和乙酰磷酸。

许多厌氧菌可进行丙酸发酵。葡萄糖经 EMP 途径分解为 2 个丙酮酸后，再被转化为丙酸。少数丙酸细菌还能将乳酸（或利用葡萄糖分解而产生的乳酸）转变为丙酸。

某些专性厌氧菌，如梭菌属（*Clostridium*）、丁酸弧菌属（*Butyrivibrio*）、真杆菌属（*Eubacterium*）和梭杆菌属（*Fusobacterium*），能进行丁酸与丙酮 – 丁醇发酵。在发酵过程中，葡萄糖经 EMP 途径降解为丙酮酸，接着在丙酮酸 – 铁氧还蛋白酶的参与下，将丙酮酸转化为乙酰辅酶 A。乙酰辅酶 A 再经一系列反应生成丁酸或丁醇和丙酮。

某些肠杆菌，如埃希氏菌属（*Escherichia*）、沙门氏菌属（*Salmonella*）和志贺氏菌属（*Shigella*）中的一些菌，能够利用葡萄糖进行混合酸发酵。先通过 EMP 途径先将葡萄糖分解为丙酮酸，然后由不同的酶系将丙酮酸转化成不同的产物，如乳酸、乙酸、甲酸、乙醇、CO_2 和 H_2，还有一部分磷酸烯醇式丙酮酸用于生成琥珀酸；而肠杆菌、欧文氏菌属（*Erwinia*）中的一些细菌，能将丙酮酸转变成乙酰乳酸，乙酰乳酸经一系列反应生成丁二醇。由于这类肠道菌还具有丙酮酸 – 甲酸裂解酶、乳酸脱氢酶等，所以其终产物还有甲酸、乳酸、乙醇等。

第三节 三羧酸循环

三羧酸循环（tricarboxylic acid cycle，TCA 循环）又称为柠檬酸循环，因为循环中存在含有三个羧基的有机酸中间产物，如柠檬酸；又因为该循环是由 Krebs 首先提出的，所以又称为 Krebs 循环。这一问题的解决是 20 世纪前半世纪生化经典成就之一，Krebs 也因此获得 1953 年诺贝尔生理学或医学奖。

● 知识点
三羧酸循环

三羧酸循环是有氧代谢的枢纽，糖、脂肪和氨基酸的有氧分解代谢都汇集在三羧酸循环的反应中；同时，三羧酸循环的中间代谢物又是许多生物合成途径的起点。因此三羧酸循环既是分解代谢途径，又是合成代谢途径，可以说是分解、合成两用途径。三羧酸循环中的酶分布在原核生物的细胞质和真核生物的线粒体中。

一、丙酮酸氧化脱羧

嵌在线粒体内膜中的丙酮酸转运酶，可以特异地将丙酮酸从膜间质转运到线粒体的基质中，进入基质的丙酮酸在丙酮酸脱氢酶复合物催化下，经过氧化脱羧多步反应，最终生成乙酰辅酶A。

$$\Delta G^{\theta\prime} = -33.4 \text{ kJ/mol}$$

丙酮酸脱氢酶复合物（表9-1）包括丙酮酸脱氢酶（E_1）、二氢硫辛酰转乙酰酶（E_2）和二氢硫辛酰胺脱氢酶（E_3）。该氧化脱羧过程涉及辅助因子也较多，如焦磷酸硫胺素（TPP）、硫辛酸、Mg^{2+}、辅酶A（CoA），以及脱氢酶辅酶FAD和NAD^+。

🅔 拓展知识1
砒霜与丙酮酸脱氢酶复合物

表 9-1　丙酮酸脱氢酶复合物的组成

缩写	酶活性	亚基数目（个数）	辅助因子	维生素前体	辅助因子类型	催化的反应
E_1	丙酮酸脱氢酶	大肠杆菌24、酵母60、哺乳动物20或30	TPP	B_1	辅基	丙酮酸氧化脱羧
E_2	二氢硫辛酰转乙酰基酶	大肠杆菌24、酵母60、哺乳动物60	硫辛酰胺 CoA	硫辛酸、泛酸	辅基 辅酶	将乙酰基转移到 CoA
E_3	二氢硫辛酰胺脱氢酶	大肠杆菌12、酵母12、哺乳动物6	FAD NAD^+	B_2 PP	辅基 辅酶	氧化型硫辛酰胺的再生

丙酮酸氧化脱羧过程如图9-7所示。它是关键性不可逆步骤。

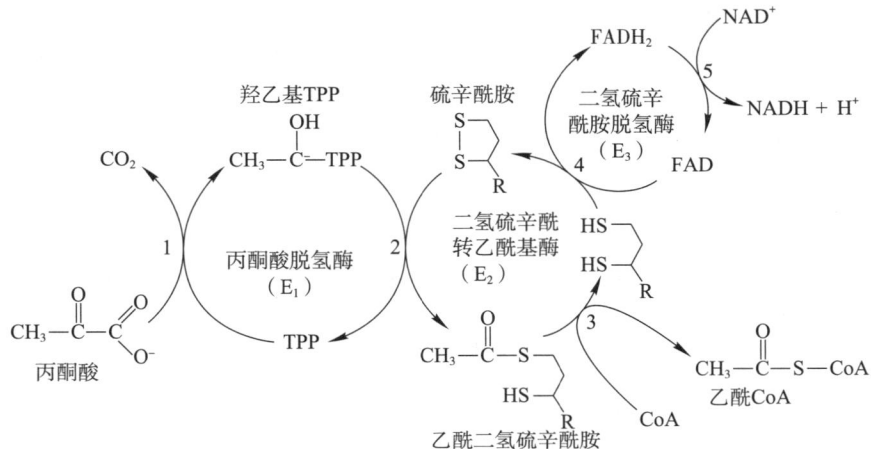

图 9-7　丙酮酸氧化脱羧过程

丙酮酸脱氢酶复合物催化过程：5 步，第一步不可逆。

（1）脱羧，生成羟乙基 TPP，由 E1 催化。

（2）羟乙基被氧化成乙酰基，转移给硫辛酰胺。由 E2 催化。

（3）形成乙酰 CoA。由 E2 催化。

（4）氧化硫辛酸，生成 $FADH_2$。由 E3 催化。

（5）氧化 $FADH_2$，生成 NADH。

丙酮酸脱氢酶复合体由 60 条肽链组成，直径 30 nm，E1 和 E2 各 24 个，E3 有 12 个。其中硫辛酰胺构成转动长臂，在电荷的推动下携带中间产物移动。

丙酮酸转化为乙酰 CoA 的反应实际上不是三羧酸循环中的反应，而是酵解和三羧酸循环之间的桥梁，真正进入三羧酸循环的是丙酮酸脱羧生成的乙酰 CoA。

二、三羧酸循环的途径

三羧酸循环的途径共 8 步（图 9-8）。第一个反应是乙酰 CoA 分子中的二碳乙酰基与四碳分子草酰乙酸缩合形成六碳的中间产物柠檬酸。当 1 个六碳酸和 1 个五碳酸经过氧化脱羧释放出 2 分子 CO_2 后，形成的四碳酸经过几步反应后又重新转换为草酰乙酸，用于下一轮与新进入循环的乙酰 CoA 的缩

🔖 拓展知识 2

灭鼠药与三羧酸循环

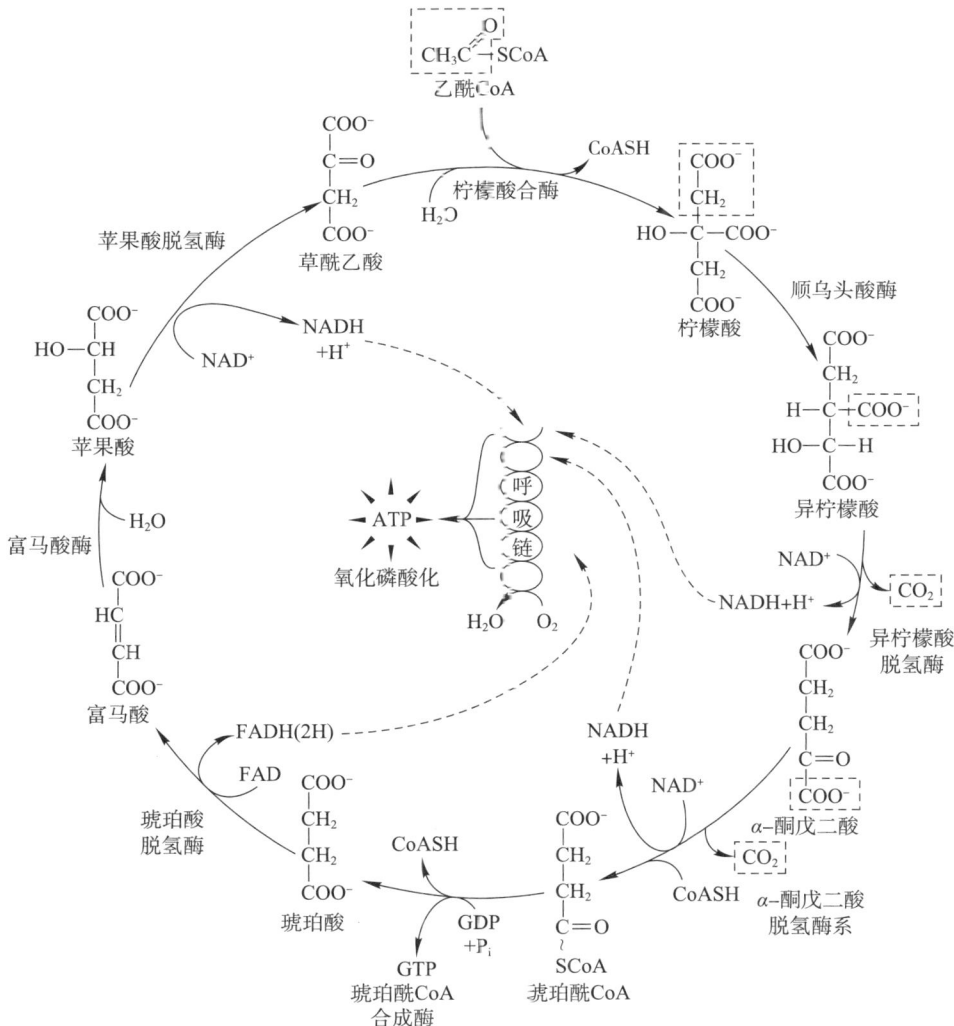

图 9-8　三羧酸循环的过程

合反应。由于草酰乙酸可以再生，所以三羧酸循环可以看作是一个催化多步反应的催化剂，使得乙酰CoA 中的二碳单位乙酰基氧化成 CO_2，每完成一轮反应后又回到起始点。

1. 乙酰 CoA 及草酰乙酸在柠檬酸合酶催化下，缩合形成柠檬酸

这是三羧酸循环的第一个反应，由柠檬酸合酶催化，高能硫酯键水解推动反应进行。该反应是三羧酸循环过程中唯一一步形成 C—C 键的反应。柠檬酸合酶由两个相同的亚基组成，在反应过程中，经过两次构象变化，可防止乙酰 CoA 的提前释放，降低乙酰 CoA 在活性中心被 Asp 残基水解成乙酸的可能性。柠檬酸合酶受 ATP、NADH、琥珀酰 CoA 和长链脂肪酰 CoA 抑制。ATP 可增加对乙酰 CoA 的 K_m。氟乙酸进入体内后，可被转化为氟乙酰 CoA，它与乙酰 CoA 竞夺柠檬酸合酶活性中心，形成氟柠檬酸，它是顺乌头酸酶强抑制剂，抑制下一步反应的酶，称为致死合成。因而氟乙酸可用于杀虫剂，导致动物中毒致死，有人使用它作杀鼠剂（图 9-9）。

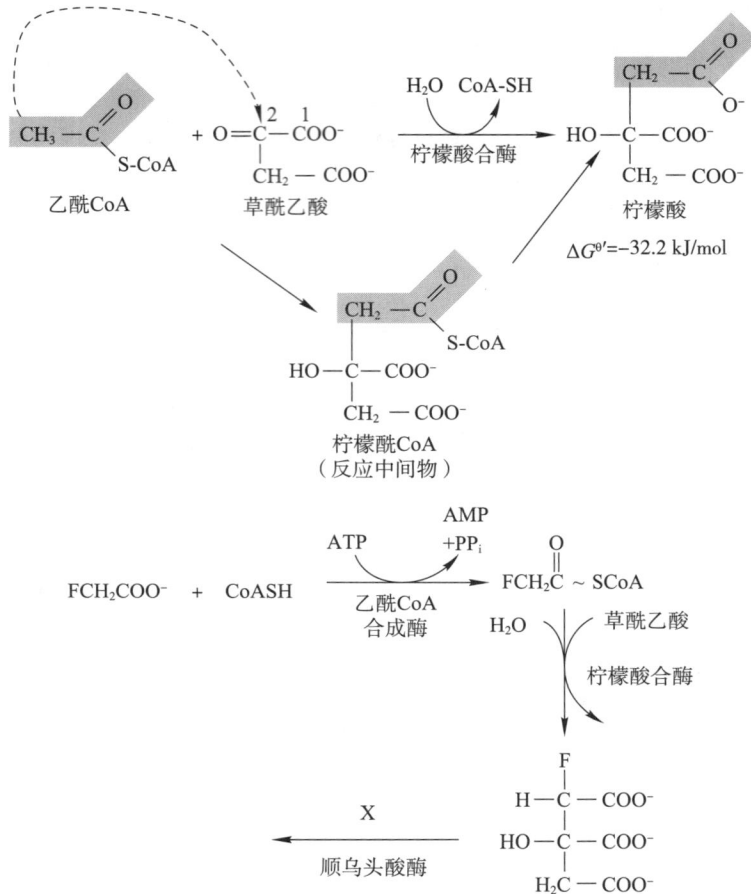

图 9-9 氟乙酸抑制三羧酸循环的机制

2. 柠檬酸在顺乌头酸酶催化下，脱水生成顺乌头酸，再水化生成异柠檬酸

柠檬酸是三级醇，不能被氧化为酮酸。顺乌头酸酶把柠檬酸转化为可氧化的二级醇异柠檬酸。这一步反应的逻辑是，柠檬酸不是氧化的好底物，而异柠檬酸经过异构化，易于下一步氧化。顺乌头酸酶的名称来自与酶结合的反应中间产物顺乌头酸，是含铁的非铁卟啉蛋白，需铁及巯基化合物（谷胱甘肽或 Cys 等）维持其活性。该酶具有立体专一性，转移 OH 的位置为草酰乙酸的 C 原子，而不是来自乙酰 CoA 的 C。

柠檬酸　　　　　　　　　　　　　　　　顺乌头酸　　　　　　　　　　　　　　异柠檬酸
$\Delta G^{\theta'}=13.3$ kJ/mol

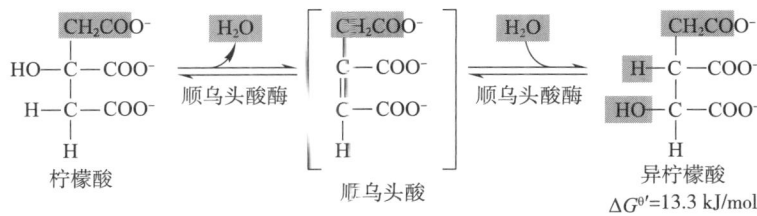

3. 异柠檬酸脱氢酶催化异柠檬酸氧化脱羧生成 α- 酮戊二酸和 CO_2

这是柠檬酸循环的第一次氧化,由异柠檬酸脱氢酶催化,先是脱氢,然后是 β- 脱羧。有两种形式的异柠檬酸脱氢酶,分别使用辅酶Ⅰ和辅酶Ⅱ作为氢的受体,三羧酸循环中主要是辅酶Ⅰ为受体。

异柠檬酸　　　　　　　　　　　　　　　　　　　　　α-酮戊二酸
$\Delta G^{\theta'}=-20.9$ kJ/mol

这是 TCA 循环中的第二个调节酶,细胞能荷水平高时受抑制。反应中间物是生成一个不稳定的 β- 酮酸草酰琥珀酸,草酰琥珀酸经非酶催化的 β- 脱羧作用生成 α- 酮戊二酸和 CO_2,反应是不可逆的,是限速步骤。需要注意的是,该步骤脱去是草酰乙酸上的 C,不是乙酰 CoA 上的 C。

4. α- 酮戊二酸脱氢酶复合物催化 α- 酮戊二酸氧化脱羧生成琥珀酰 CoA

这是柠檬酸循环的第二次氧化脱羧反应。α- 酮戊二酸的氧化脱羧反应非常类似丙酮酸脱氢酶复合物催化的反应。反应是由 α- 酮戊二酸脱氢酶复合物催化的,产物琥珀酰 CoA 同样是一个高能的硫酯。

α- 酮戊二酸脱氢酶系统包括 α- 酮戊二酸脱氢酶(E1)、二氢硫辛酸转琥珀酰基酶(E2)和二氢硫辛酸脱氢酶(E3)。该氧化脱羧过程涉及辅助因子也较多,如 TPP、硫辛酸、Mg^{2+}、CoA、NAD^+ 及和酶结合的 FAD。α- 酮戊二酸氧化脱羧过程为不可逆反应。

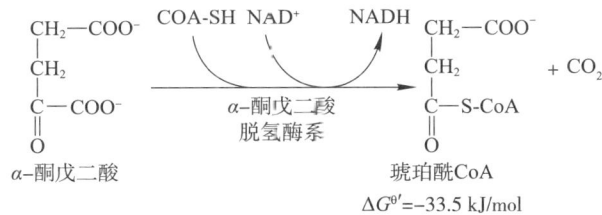

α-酮戊二酸　　　　　　　　　　　　　　琥珀酰CoA
$\Delta G^{\theta'}=-33.5$ kJ/mol

5. 琥珀酰 CoA 合成酶催化底物水平磷酸化

这是柠檬酸循环中唯一一个底物水平磷酸化,由琥珀酰 CoA 合成酶(琥珀酰硫激酶)催化。GTP 可用于蛋白质合成,也可生成 ATP。该反应的 $\Delta G^{\theta'}$ 很小,接近于 0,说明琥珀酰 COA 的能量基本转移 GDP,因此能量的损失微乎其微。

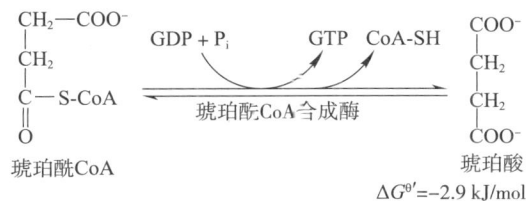

琥珀酰CoA　　　　　　　　　　　　　　　　琥珀酸
$\Delta G^{\theta'}=-2.9$ kJ/mol

6. 琥珀酸脱氢酶催化琥珀酸脱氢生成延胡索酸

这是三羧酸循环中的第三步氧化还原反应，带有辅基 FAD 的琥珀酸脱氢酶催化琥珀酸脱氢生成延胡索酸（反丁烯二酸）和 $FADH_2$。该酶实际上是呼吸链复合体 II 的主要成分，也是唯一嵌入到线粒体内膜的酶，直接与呼吸链相连。$FADH_2$ 不与酶解离，电子直接转移到酶的铁原子上。

底物类似物丙二酸是琥珀酸脱氢酶的竞争性抑制剂。丙二酸结构类似于琥珀酸，是二羧酸，可以与琥珀酸脱氢酶的活性部位的碱性氨基酸残基结合，但由于丙二酸不能被氧化，使得循环反应不能继续进行。

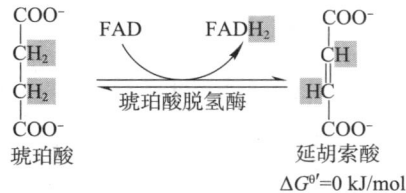

$\Delta G^{\theta'}=0$ kJ/mol

7. 延胡索酸酶催化延胡索酸水化生成 L- 苹果酸

延胡索酸酶（延胡索酸水化酶）催化延胡索酸反式双键的水化。该酶具有严格的立体专一性，即只生成 L- 苹果酸，反应是可逆的。

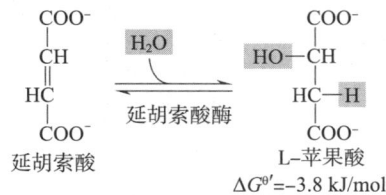

$\Delta G^{\theta'}=-3.8$ kJ/mol

8. 苹果酸脱氢酶催化苹果酸氧化重新形成草酰乙酸

这是三羧酸循环的最后一步反应，也是第四次氧化还原反应，由 L- 苹果酸脱氢酶催化，生成 NADH。反应的 $\Delta G^{\theta'} = +29.7$ kJ/mol，意味着在热力学上极不利于正反应的进行，但是，在体内反应产物草酰乙酸可以迅速被下一步不可逆反应消耗，NADH 则进入呼吸链被彻底氧化，因此，整个反应被"强行拉向"正反应。

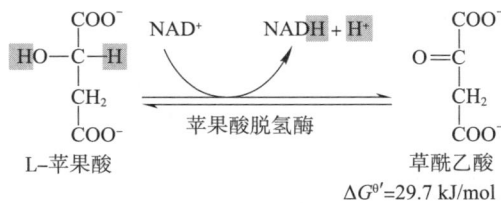

$\Delta G^{\theta'}=29.7$ kJ/mol

三、三羧酸循环的能量变化

在三羧酸循环的总反应中，对于进入循环的每个乙酰 CoA 都可以产生 3 分子 NADH、1 分子 $FADH_2$ 和 1 分子的 GTP 或 ATP。NADH 和 $FADH_2$ 通过位于线粒体内膜的电子传递链可以被氧化，伴随着氧化过程可以通过氧化磷酸化生成 ATP。每个乙酰 CoA 进入柠檬酸循环后共可产生 10 个 ATP。

从葡萄糖开始，有氧条件下，NADH 不再氧化，而用于生产 ATP。由于这 2 个 NADH 位于胞液里（酵解是在胞液里进行的），而真核生物中的电子传递链是位于线粒体。2 个 NADH 可以通过苹果酸穿梭途径和甘油磷酸穿梭途径进入线粒体，但是绝大多数的情况下，都是经过苹果酸穿梭途径进入线粒体的。1 分子 NADH 经苹果酸穿梭途径进入线粒体可以产生 2.5 分子 ATP，即 2 分子 NADH 可以产生 5 分子 ATP；1 分子 NADH 经甘油磷酸途径可以产生 1.5 分子 ATP，2 分子 NADH 产生 3 分子 ATP。

考虑到酵解生成的2分子NADH，一分子葡萄糖降解产生的总的ATP数量30或32分子ATP（表9-2）。

🄔 拓展知识 3

1 mol 葡萄糖完全氧化产生多少 ATP?

表 9-2　1 分子葡萄糖彻底氧化过程中的 ATP 收支情况

与ATP合成相关的反应	合成 ATP 的方式	合成 ATP 的量
糖酵解（包括氧化磷酸化）		5 或 6 或 7
己糖激酶	消耗 ATP	−1
PFK-1	消耗 ATP	−1
磷酸甘油酸激酶	底物水平磷酸化	+2
丙酮酸激酶	底物水平磷酸化	+2
甘油醛-3-磷酸脱氢酶（NADH）	氧化磷酸化	+3 或 +4 或 +5（取决于 NADH 通过何种途径进入呼吸链）
丙酮酸脱氢酶系	氧化磷氧化磷酸化酸化	2×2.5=5
三羧酸循环		19
异柠檬酸脱氢酶（NADH）	氧化磷酸化	2.5×2=5
α-酮戊二酸脱氢酶系（NADH）	氧化磷酸化	2.5×2=5
琥珀酰 CoA 合成酶	底物水平磷酸化	
琥珀酸脱氢酶（FADH₂）	氧化磷酸化	1×2=2
苹果酸脱氢酶（NADH）	氧化磷酸化	1.5×2=3
		2.5×2=5
总 ATP 量		30 或 31 或 32

四、三羧酸循环的调控

通过三羧循环，将糖、脂质、蛋白质、核酸等代谢有机地关联起来。因此三羧酸循环在细胞代谢中占据着代谢的中心位置，所以受到严密的调控。

（1）丙酮酸脱氢酶复合物的调节　丙酮酸脱氢酶复合物催化的反应是进入三羧酸循环的必经之路。丙酮酸脱氢酶复合物存在别构和共价修饰两种调控机制。乙酰 CoA 和 NADH 是丙酮酸脱氢酶复合物的抑制剂，当乙酰 CoA 浓度高时抑制二氢硫辛酸乙酰转移酶（E2），高浓度的 NADH 也抑制二氢硫辛酸脱氢酶（E3），NAD⁺ 和 CoA 则是丙酮酸脱氢酶复合物的激活剂。另外，丙酮酸脱氢酶复合物还受到共价调节，丙酮酸脱氢酶激酶催化复合物中的丙酮酸脱氢酶（E1）磷酸化，导致该酶复合物失去活性，而丙酮酸脱氢酶磷酸酶催化脱磷酸，激活丙酮酸脱氢酶复合物。

（2）三羧酸循环中的调节部位　在三羧酸循环中存在着三个不可逆反应，它们分别是由柠檬酸合酶、异柠檬酸脱氢酶和 α-酮戊二酸脱氢酶催化的反应，其调节主要通过产物的反馈抑制来实现的（表9-3）。ATP/ADP 与 NADH/NAD⁺ 两者的比值是其主要调节物。ATP/ADP 比值升高，抑制柠檬酸合酶和异柠檬酸脱氢酶活性，反之 ATP/ADP 比值下降可激活上述两个酶。NADH/NAD⁺ 比值升高抑制柠

表 9-3　三羧酸循环的限速酶

酶的名称	变构激活剂	变构抑制剂
柠檬酸合酶	ADP	ATP
异柠檬酸脱氢酶		NADH
α-酮戊二酸脱氢酶系		ATP、NADH、琥珀酰 CoA

檬酸合成酶和 α- 酮戊二酸脱氢酶活性。除上述 ATP/ADP 与 NADH/NAD⁺ 之外，其他一些代谢产物对酶的活性也有影响，如柠檬酸抑制柠檬酸合成酶活性，而琥珀酰 CoA 抑制 α- 酮戊二酸脱氢酶活性。总之，组织中代谢产物决定循环反应的速度，以便调节机体 ATP 和 NADH 浓度，保证机体能量供给。

五、回补反应

知识点
三羧酸循环的回补反应

三羧酸循环是细胞代谢网络中极为重要的枢纽。它不仅仅参与产能的分解代谢，同时，该循环中的多种代谢中间物也可以作为生物合成的原料分子，被其他代谢途径利用，因此也参与了合成代谢，所以三羧酸循环是两用代谢途径（图 9-10）。该过程中乙酰 CoA 进入循环的第一个受体分子就是草酰乙酸，理论上，只要有 1 分子草酰乙酸存在就可以让三羧酸循环不断进行下去，但由于其中间物是许多生物合成的前体，如草酰乙酸和 α- 酮戊二酸可用于合成天冬氨酸和谷氨酸，卟啉的碳原子来自琥珀酰 CoA。这样会降低草酰乙酸浓度，抑制三

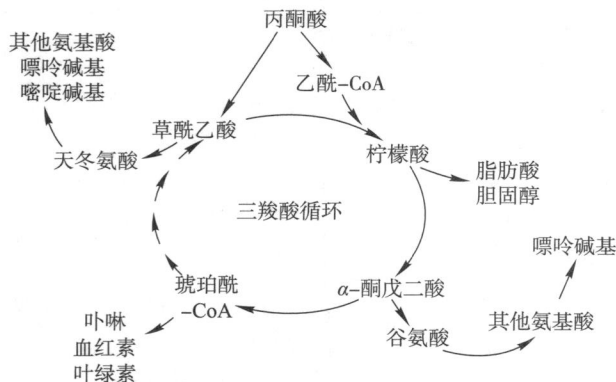

图 9-10　三羧酸循环中间物的去向

羧酸循环，影响到三羧酸循环的速率。因此，细胞有必要对代谢中间物进行再次补充，以提高氧化速率，这就是所谓的回补反应，即指能补充两用代谢途径中因合成代谢而消耗的中间代谢产物的反应。

在三羧酸循环的回补反应中，主要在 4 个位点进行：即草酰乙酸、α- 酮戊二酸、琥珀酰 CoA 和苹果酸。其中草酰乙酸的回补是回补反应的主要形式（图 9-11）。

草酰乙酸的回补主要通过 4 条途径实现：即 PEP 羧化、丙酮酸羧化、苹果酸脱氢和由氨基酸形成；其中以 3 种酶为主，即 PEP 羧化酶、丙酮酸羧化酶和 PEP 羧激酶。

（1）丙酮酸羧化：与 ATP、水和 CO_2 在丙酮酸羧化酶作用下生成草酰乙酸。丙酮酸羧化酶则主要存在于动物的肝和肾中，需要 Mg^{2+} 和生物素。是调节酶，平时活性低，乙酰辅酶 A 可促进其活性。

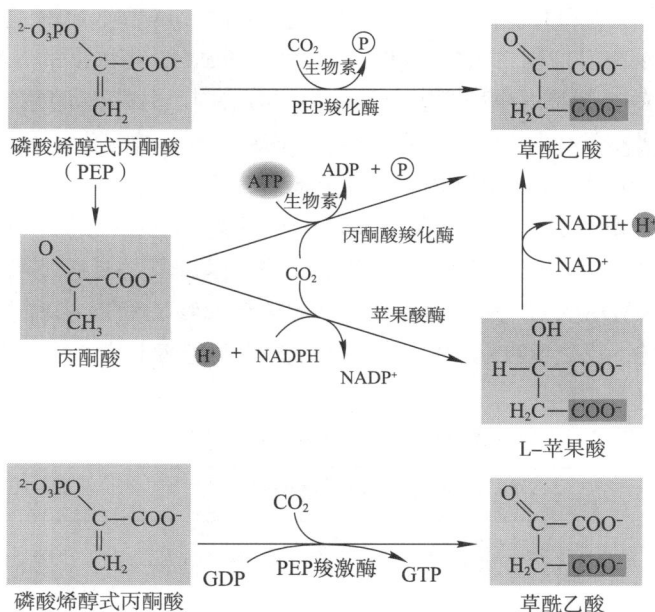

图 9-11　草酰乙酸的回补反应

（2）在动物的心脏、骨骼肌中，磷酸烯醇式丙酮酸（PEP）也可通过 PEP 羧激酶催化产生草酰乙酸，要注意的是，该反应同时可将 PEP 的能量转移到 GDP，产生 GTP，当然 GTP 可很快将能量转移给 ADP，形成 ATP。很显然，对于动物，从能量角度来说，同样催化 PEP 羧化生成草酰乙酸，但却多获得了 1 分子的 ATP，明显要优于 PEP 羧化酶。

（3）丙酮酸可以通过苹果酸酶，羧化产生苹果酸，然后再经苹果酸脱氢酶，以 NAD 为受体，脱氢还原为草酰乙酸，也就是三羧酸循环的最后一步反应。这种方式在真核和原核细胞中都广泛存在，其回补位点也可以说就是苹果酸位点。

（4）由天冬氨酸转氨生成草酰乙酸，谷氨酸生成 α- 酮戊二酸，实现草酰乙酸位点和 α- 酮戊二酸位点的回补；异亮氨酸、缬氨酸、苏氨酸和甲硫氨酸生成琥珀酰 CoA，实现琥珀酰 CoA 位点的回补。

六、乙醛酸循环

许多植物和微生物可将脂肪转化为糖，是通过一个类似三羧酸循环的乙醛酸循环，将 2 个乙酰辅酶 A 合成一个琥珀酸，可以说是三羧酸循环的一个支路。乙醛酸循环的一些反应与三羧酸循环是共同的（图 9-12）。在生成异柠檬酸后，异柠檬酸首先在异柠檬酸裂解酶的催化下裂解生成乙醛酸和琥珀酸。乙醛酸与另一个乙酰 CoA 缩合产生苹果酸，由苹果酸合成酶催化。而琥珀酸走的是部分三羧酸循环的路，氧化生成延胡索酸，直至转换成草酰乙酸，用于维持循环中间代谢物的浓度。

从总反应式可以看出，在乙醛酸循环中，乙酰 CoA 的碳原子并没有以 CO_2 形式释放，而是净合成了 1 分子草酰乙酸，草酰乙酸正是合成葡萄糖的前体。所以乙醛酸循环在植物、微生物和酵母等生物的代谢中起着重要的作用。但在动物体内，乙酰 CoA 不能净合成丙酮酸或者草酰乙酸，所以乙酰 CoA 不能作为净合成葡萄糖的碳源。

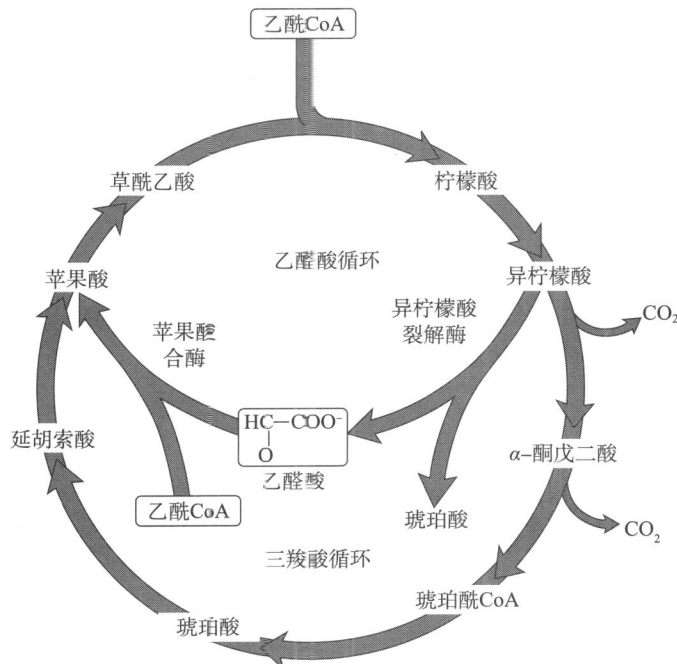

图 9-12　乙醛酸循环与三羧酸循环

第四节 磷酸戊糖途径

戊糖磷酸途径（pentosephosphate pathway，PPP）也称为己糖磷酸支路，指机体某些组织以葡萄糖 -6- 磷酸为起始物，在葡萄糖 -6- 磷酸脱氢酶等的催化下氧化脱羧，进而代谢生成中间代谢产物的过程。这个途径的主要用途是提供重要代谢物核糖 -5- 磷酸和 NADPH，产生的核糖 -5- 磷酸主要用于核酸的生物合成；而 NADPH 是以还原力形式存在的化学能的载体，主要用于需要还原力的生物合成中。

戊糖磷酸途径在肝、骨髓、脂肪组织、泌乳期的乳腺、肾上腺皮质、性腺及红细胞中进行得比较旺盛。反应涉及 3~7 个碳原子糖的磷酸酯，磷酸戊糖为代表性中间产物，反应过程较复杂。在动物及多种微生物体中，约有 30% 的葡萄糖可能由此途径进行氧化。在生物合成旺盛的细胞中更加活跃。催化戊糖磷酸途径的所有酶都存在于细胞质基质中，细胞质基质是许多需要 NADPH 的生物合成反应的场所。

戊糖磷酸途径可以分为氧化阶段和非氧化阶段。第一阶段，葡萄糖 -6- 磷酸经葡萄糖 -6- 磷酸脱氢酶等催化氧化脱羧成 CO_2 和戊糖磷酸酯；第二阶段戊糖磷酸酯分子结合，重排并再生为葡萄糖 -6- 磷酸。6 个分子葡萄糖 -6- 磷酸开始反应，反应过程中再生 5 个分子葡萄糖 -6- 磷酸。它形成 NADPH 功效极高，为葡萄糖 -6- 磷酸分子数的 12 倍。

$$G\text{-}6\text{-}P + 12NADP^+ + 7H_2O \longrightarrow 6CO_2 + 12NADPH(H^+) + P_i$$

一、氧化阶段

（1）戊糖磷酸途径氧化阶段的第一个反应是葡萄糖 -6- 磷酸脱氢转化成 6- 磷酸葡糖酸内酯，反应由葡萄糖 -6- 磷酸脱氢酶催化，反应中 $NADP^+$ 被还原生成 NADPH。这步反应是整个戊糖磷酸途径的主要调节部位，葡萄糖 -6- 磷酸脱氢酶受 NADPH 的别构抑制，通过这一简单调节，戊糖磷酸途径可以自我限制 NADPH 的生产。

（2）氧化阶段的第二个酶是葡糖酸内酯酶，它催化 6- 磷酸葡糖酸内酯水解生成 6- 磷酸葡糖酸，最后，6- 磷酸葡糖酸在 6- 磷酸葡糖酸脱氢酶的作用下氧化脱羧生成核酮糖 -5- 磷酸、CO_2 和另一分子的 NADPH。氧化阶段最重要的作用是提供 NADPH。

6-磷酸葡糖酸内酯 → (葡糖酸内酯酶, H_2O, H^+) → 6-磷酸葡糖酸

6-磷酸葡糖酸 → ($NADP^+$ + NADPH, 6-磷酸葡糖酸脱氢酶) → 3-酮-6-磷酸葡糖酸 → (H^+, CO_2) → 核酮糖-5-磷酸

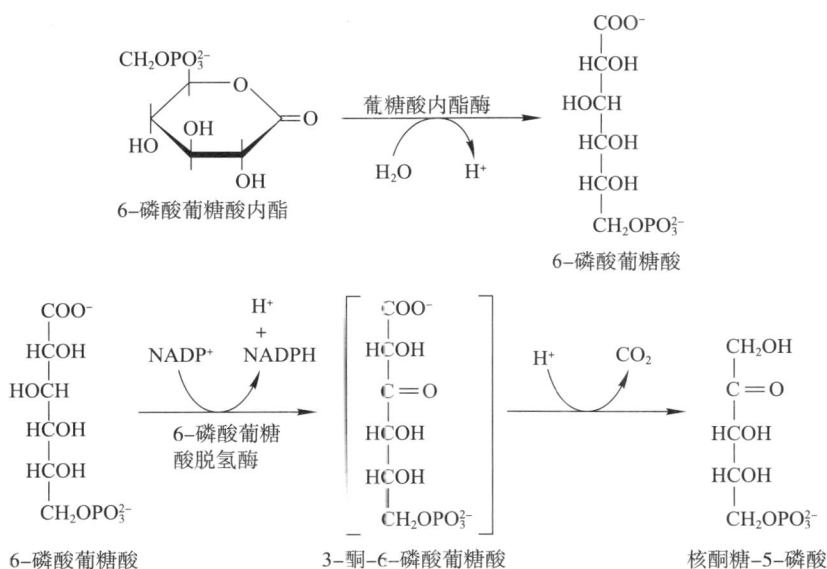

二、非氧化阶段

戊糖磷酸途径的非氧化阶段是一条转换途径，通过这个途径氧化阶段产生的核酮糖-5-磷酸转换为糖酵解的中间产物果糖-6-磷酸和甘油醛-3-磷酸。非氧化相全部由非氧化的可逆反应组成，共有5步，反应的性质是异构或分子重排，通过此阶段的反应，6分子戊糖转化成5分子己糖。

（1）异构化　由磷酸戊糖异构酶催化为核糖-5-磷酸，由磷酸戊糖差向酶催化为木酮糖-5-磷酸。

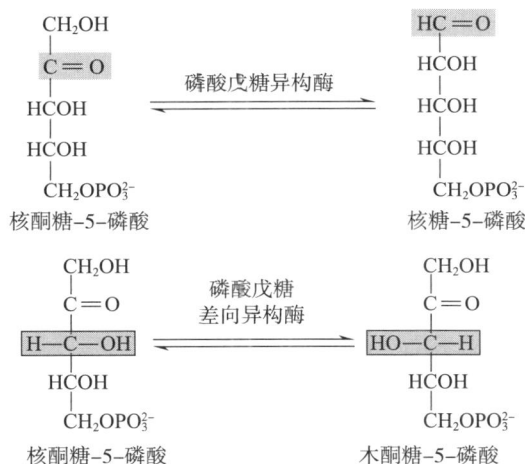

核酮糖-5-磷酸 ⇌ (磷酸戊糖异构酶) 核糖-5-磷酸

核酮糖-5-磷酸 ⇌ (磷酸戊糖差向异构酶) 木酮糖-5-磷酸

（2）转酮反应　木酮糖-5-磷酸和核糖-5-磷酸在转酮酶催化下生成甘油醛-3-磷酸和庚酮糖-7-磷酸。此酶也叫转酮醇酶，需 TPP 和 Mg^{2+}，生成羟乙醛基 TPP 负离子中间物。

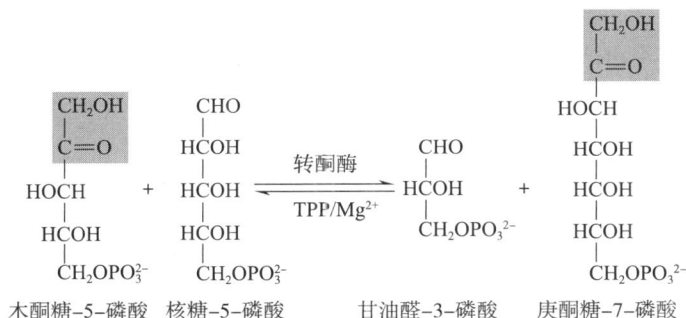

木酮糖-5-磷酸　核糖-5-磷酸 ⇌ (转酮酶, TPP/Mg^{2+}) 甘油醛-3-磷酸　庚酮糖-7-磷酸

（3）转醛反应 庚酮糖 -7- 磷酸与甘油醛 -3- 磷酸在转醛酶催化下生成赤藓糖 -4- 磷酸和果糖 -6- 磷酸，反应中酶分子的赖氨酸氨基与酮糖底物生成席夫碱中间物。

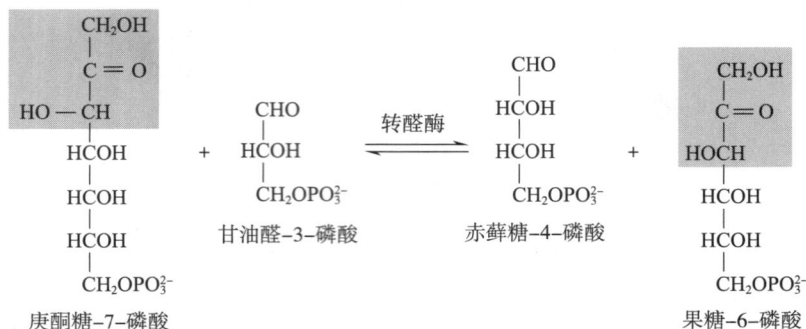

$$
\begin{array}{ccccccc}
\boxed{\begin{array}{c} CH_2OH \\ | \\ C=O \\ | \\ HO-CH \end{array}} & & CHO & & CHO & & \boxed{\begin{array}{c} CH_2OH \\ | \\ C=O \\ | \\ HOCH \end{array}} \\
| & & | & & | & & | \\
HCOH & + & HCOH & \overset{转醛酶}{\rightleftharpoons} & HCOH & + & HCOH \\
| & & | & & | & & | \\
HCOH & & CH_2OPO_3^{2-} & & CH_2OPO_3^{2-} & & HCOH \\
| & & & & & & | \\
HCOH & & & & & & CH_2OPO_3^{2-} \\
| & & & & & & \\
CH_2OPO_3^{2-} & & & & & & \\
\text{庚酮糖-7-磷酸} & & \text{甘油醛-3-磷酸} & & \text{赤藓糖-4-磷酸} & & \text{果糖-6-磷酸}
\end{array}
$$

（4）转酮反应 赤藓糖 -4- 磷酸与木酮糖 -5- 磷酸在转酮酶催化下生成果糖 -6- 磷酸和甘油醛 -3- 磷酸。

$$
\begin{array}{ccccccc}
\boxed{\begin{array}{c} CH_2OH \\ | \\ C=O \end{array}} & & CHO & & CHO & & \boxed{\begin{array}{c} CH_2OH \\ | \\ C=O \end{array}} \\
| & & | & & | & & | \\
HOCH & + & HCOH & \overset{转酮酶}{\underset{TPP/Mg^{2+}}{\longrightarrow}} & HCOH & + & HOCH \\
| & & | & & | & & | \\
HCOH & & HCOH & & CH_2OPO_3^{2-} & & HCOH \\
| & & | & & & & | \\
CH_2OPO_3^{2-} & & CH_2OPO_3^{2-} & & & & HCOH \\
& & & & & & | \\
& & & & & & CH_2OPO_3^{2-} \\
\text{木酮糖-5-磷酸} & & \text{赤藓糖-4-磷酸} & & \text{甘油醛-3-磷酸} & & \text{果糖-6-磷酸}
\end{array}
$$

这一代谢途径涉及两种特殊的酶，即转酮醇酶和转醛醇酶。转酮酶催化二碳单位的转移，需要 TPP 为辅助因子，转酮反应是酮糖上的二碳单位经转酮酶催化转移到醛糖第一碳上，条件是供体 C3 为 L 型。反应机制类似丙酮酸脱氢酶。它有两种类型：5＋5＝7＋3 型，如以木酮糖 -5- 磷酸和核糖 -5- 磷酸为底物酶促生成庚酮糖 -7- 磷酸和甘油醛 -3- 磷酸；5＋4＝6＋3 型，如以木酮糖 -5- 磷酸和赤藓糖 -4- 磷酸酶促生成果糖 -6- 磷酸和甘油醛 -3- 磷酸。

转醛酶催化三碳单位的转移，转醛反应指由转醛酶催化使磷酸酮糖上的三碳单位转移到另一个磷酸醛的 C1 上。不需要辅因子。反应机制类似醛缩酶，如以转酮醇酶催化形成的庚酮糖 -7- 磷酸和甘油醛 -3- 磷酸酶促生成果糖 -6- 磷酸和赤藓糖 -4- 磷酸。

如细胞中磷酸核糖过多，可以逆转反应，进入酵解。戊糖磷酸途径各反应如图 9-13。

三、戊糖磷酸途径的生理意义

（1）NADPH 在还原性生物合成中起负氢离子供体的作用，可供给组织中合成代谢的需要。NADPH 保证红细胞处于还原状态，维持还原型谷胱甘肽（GSH）的浓度，通过高还原电势提供还原力，防止过氧化。

（2）该途径中生成 C3、C4、C5、C6、C7 等各种长短不等的碳链，这些中间产物是细胞内不同结构糖分子的重要来源，为各种单糖的相互转变提供条件，比如磷酸核糖是合成核酸的必要材料。

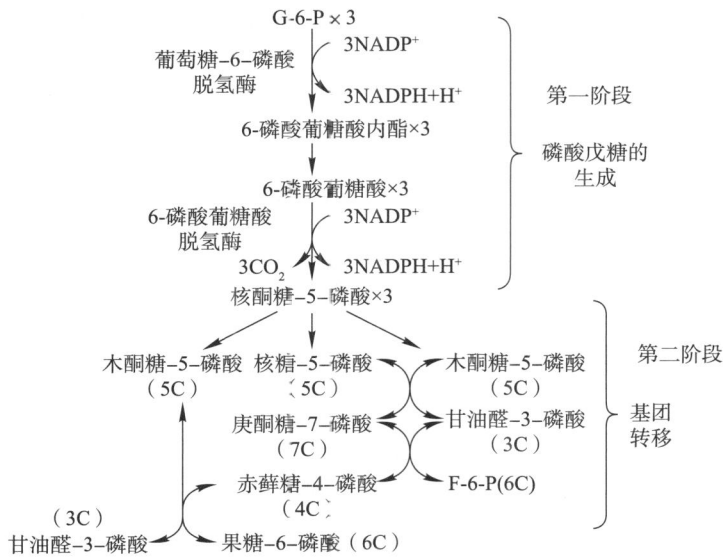

图 9-13　磷酸戊糖途径的过程

第五节　糖醛酸途径

葡萄糖醛酸途径（glucuronate pathway）是葡萄糖氧化的另一条次要途径（图 9-14），葡萄糖通过

图 9-14　葡萄糖醛酸途径

这个途径可以转换为 2 个特殊的产物：D- 糖醛酸和 L- 抗坏血酸。糖醛酸途径由葡萄糖 -6- 磷酸、葡萄糖 -1- 磷酸或 UDPG 开始，经 UDP- 葡萄糖醛酸脱掉 UDP 形成葡萄糖醛酸，此后逐渐代谢，形成 L- 木酮糖，再经木糖醇形成 D- 木酮糖，与磷酸己糖旁路重合。糖醛酸途径产生的葡萄糖醛酸是重要糖胺聚糖，如透明质酸、硫酸软骨素和肝素的构成成分。经与葡萄糖醛酸结合的胆红素转为易溶。葡萄糖醛酸也是参与肝解毒的重要物质，而 L- 抗坏血酸（即维生素 C），更是人等许多动物不可缺少的营养物质。

一、反应过程

（1）葡萄糖 -6- 磷酸转化为 UDP- 葡萄糖，再由 NAD 连接的脱氢酶催化，形成 UDP- 葡萄糖醛酸。

（2）合成维生素 C：UDP- 葡萄糖醛酸经水解、还原、脱水，形成 L- 古洛糖酸内酯，再经 L- 古洛糖酸内酯氧化酶氧化成抗坏血酸。由于缺少古洛糖酸内酯氧化酶，不能生物合成抗坏血酸，所以必须从食物中摄取。人如果不能获得足够的维生素 C，可能会患坏血病。

（3）通过 C5 差向酶，形成 UDP- 艾杜糖醛酸。

（4）L- 古洛糖酸脱氢，再脱羧，生成 L- 木酮糖，然后与 NADPH 加氢生成木糖醇，还原 NAD^+ 生成木酮糖，与磷酸戊糖途径相连。

二、生理意义

（1）解毒：肝中的糖醛酸有解毒作用，可与含羟基、巯基、羧基、氨基等基团的异物或药物结合，生成水溶性加成物，使其溶于水而排出。

（2）生物合成：UDP- 糖醛酸可用于合成糖胺聚糖，如肝素、透明质酸、硫酸软骨素等。

（3）合成维生素 C。

（4）形成木酮糖，可与磷酸戊糖途径相连。

第六节 糖异生

◎ 知识点
糖异生

由于外部供给的和细胞内贮存的糖的利用是有限的，大多数生物都有一个生物合成葡萄糖的途径。由非糖物质，如甘油、乳酸和各种生糖氨基酸等经过系列反应转化生成葡萄糖或糖原的过程，称为糖异生（gluconeogenesis）。这种代谢途径对某种组织，如脑显得特别重要。通常受肾上腺皮质激素的促进，主要发生在动物的肝（80%）和肾（20%），是动物细胞自身合成葡萄糖的唯一手段。植物和某些微生物也可以进行糖异生。

糖异生和糖酵解两个过程中的许多中间代谢物是相同的，一些反应以及催化反应的酶也是一样的（图 9-15）。糖异生保留了糖酵解途径中的所有可逆反应（第 2 步，第 4—9 步），属于自己的新反应只有 4 步反应。在这 4 步反应中，有 2 步反应被用来克服糖酵解的最后一步不可逆反应，其余 2 步反应用来克服糖酵解的第 3 步和第 1 步不可逆反应。

一、糖异生途径

糖异生并非是糖酵解的逆转，其中由丙酮酸激酶、磷酸果糖激酶和己糖激酶催化的 3 个高放能反应就是不可逆转的，需要消耗能量走另外途径，或由其他的酶催化来克服这 3 个不可逆反应带来的能障。

1. 由丙酮酸生成磷酸烯醇式丙酮酸

（1）丙酮酸在丙酮酸羧化酶作用下生成草酰乙酸　丙酮酸羧化酶存在于肝和肾的线粒体中，需生

物素和 Mg^{2+}。由 ATP 驱动羧化反应，生成羧基生物素，再转给丙酮酸，形成草酰乙酸。该酶是别构酶，受乙酰 CoA 调控，缺乏乙酰 CoA 时无活性。ATP 含量高可促进羧化。此反应联系三羧酸循环和糖异生，乙酰 CoA 可促进草酰乙酸合成，如 ATP 含量高则三羧酸循环被抑制，糖异生加快。丙酮酸在细胞内的去向强烈取决于乙酰 CoA。

（2）接下来是草酰乙酸形成 PEP，这一步反应由 PEP 羧激酶催化 烯醇式丙酮酸羧激酶在人类的线粒体基质和细胞质基质均存在，而对于小鼠，则只存在于细胞质基质中，对于兔子，则只存在于线粒体中。

如果烯醇式丙酮酸羧激酶存在于线粒体基质，则生成的 PEP 可以直接通过内膜上专门的运输体运出线粒体；但是，如果该酶存在于细胞质基质，则首先需要通过特殊的转运系统，将不能直接透过线粒体内膜的草酰乙酸先转变成能够通过内膜的苹果酸或天冬氨酸运出线粒体，然后在细胞质基质按照逆反应的方向重新转变为草酰乙酸。因此三羧酸循环中所有的中间代谢物都可以通过草酰乙酸，形成 PEP 而生糖。

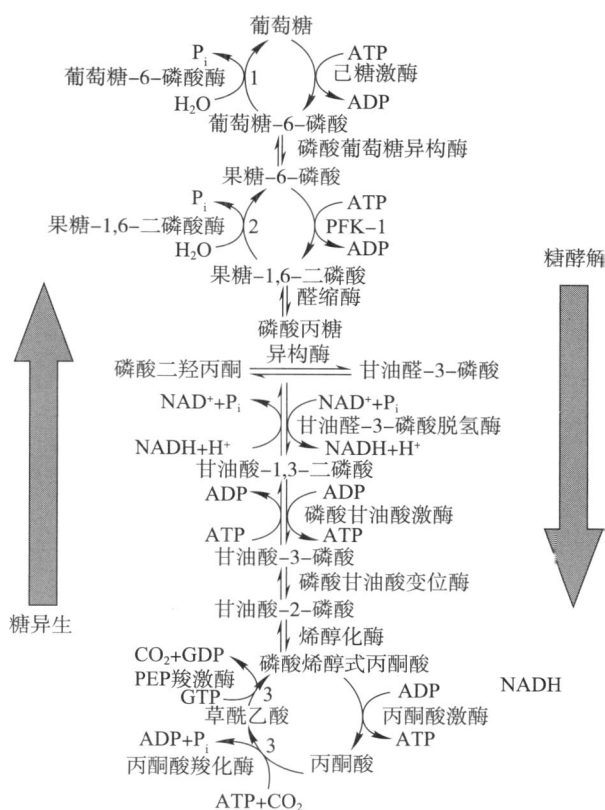

图 9-15 糖异生与糖酵解途径的比较

磷酸烯醇式丙酮酸羧化激酶催化草酰乙酸生成 PEP。反应需 GTP 提供磷酰基，速度受草酰乙酸浓度和激素调节。胰高血糖素、肾上腺素、糖皮质激素可增加肝中的酶量，胰岛素相反。

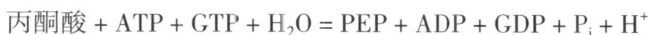

总反应为：

$$丙酮酸 + ATP + GTP + H_2O = PEP + ADP + GDP + P_i + H^+$$

反应消耗 2 个高能键，比酵解更易进行。

2. 果糖 -1,6- 二磷酸酶催化果糖 -1,6- 二磷酸水解为果糖 -6- 磷酸

第二个能量障碍是果糖 -1,6- 二磷酸形成果糖 -6- 磷酸。糖异生途径使用果糖 -1,6- 二磷酸酶催化果糖 -1,6- 二磷酸水解生成果糖 -6- 磷酸，反应释放出大量的自由能，热力学上是有利的，反应也是不可逆的。

果糖 -1,6- 二磷酸酶需 Mg^{2+}，是别构酶，AMP 强烈抑制酶活，果糖 -2,6- 二磷酸也可抑制酶活性，ATP、柠檬酸和甘油醛 -3- 磷酸可激发酶活性。

果糖-1,6-二磷酸 → 果糖-6-磷酸（果糖-1,6-二磷酸酶，H_2O，P_i）

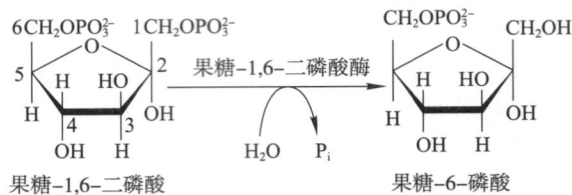

3. 葡萄糖-6-磷酸水解，生成葡萄糖

最后一个能量障碍由葡萄糖-6-磷酸酶催化葡萄糖-6-磷酸水解成葡萄糖。葡萄糖-6-磷酸酶存在于肝、肾细胞内质网膜上，肌肉和脑细胞没有这种酶，故不能进行糖异生。其他组织由于缺乏葡萄糖-6-磷酸酶，糖异生终止于葡萄糖-6-磷酸。

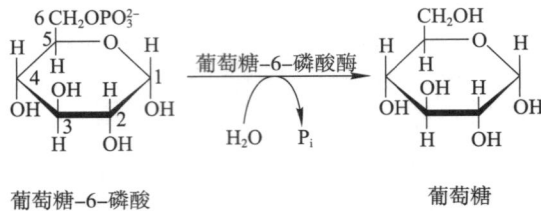

葡萄糖-6-磷酸 → 葡萄糖（葡萄糖-6-磷酸酶，H_2O，P_i）

总结一下，从以上过程可以看出，糖异生是个需能过程，由 2 分子丙酮酸合成 1 分子葡萄糖需要 4 分子 ATP 和 2 分子 GTP，同时还需要 2 分子 NADH，糖异生总反应方程式为：

$$2CH_3COCOOH + 4ATP + 2GTP + 2NADH(H^+) + 6H_2O \longrightarrow C_6H_{12}O_6 + 2NAD^+ + 4ADP + 2GDP + 6P_i$$

糖异生等于用了 4 分子 ATP 克服由 2 分子丙酮酸形成 2 分子高能磷酸烯醇式丙酮酸的能障，用了 2 分子 ATP 进行磷酸甘油激酶催化反应的可逆反应。葡萄糖经糖酵解转化为 2 分子丙酮酸净生成 2 分子 ATP，而由 2 分子丙酮酸经糖异生途径合成 1 分子葡萄糖却消耗了 6 个 ATP，糖异生比酵解净生成的 ATP 多用了 4 分子 ATP。

二、糖异生的前体

（1）三羧酸循环的中间物，如柠檬酸、琥珀酸、苹果酸等。

（2）大多数氨基酸是生糖氨基酸，如丙氨酸、丝氨酸、半胱氨酸等，可转变为三羧酸循环的中间物，参加糖异生（图 9-16）。

（3）肌肉产生的乳酸，可迅速进入肝，转化成丙酮酸进入糖异生途径，变成葡萄糖（图 9-16），再进入血液运送到肌肉中去利用，这个过程称为 Cori 循环。反刍动物胃中的细菌将纤维素分解为乙酸、丙酸、丁酸等，奇数碳脂肪酸可转变为琥珀酰辅酶 A，参加异生。

（4）甘油的糖异生，先通过甘油激酶，被磷酸化成 3-磷酸甘油，再被磷酸甘油脱氢酶氧化成磷酸二羟丙酮。

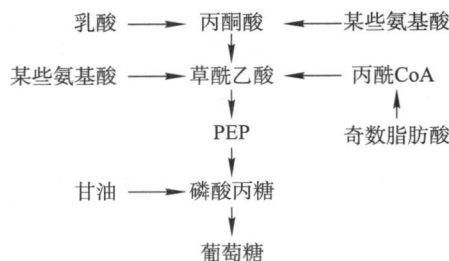

图 9-16 其他物质进入糖异生的途径

三、糖异生的意义

（1）将非糖物质转变为糖，以维持血糖恒定，满足组织对葡萄糖的需要。人体可供利用的糖仅150 g，而且储量最大的肌糖原只供本身消耗，肝糖原不到 12 h 即全部耗尽，这时必须通过异生补充血糖，以满足脑和红细胞等对葡萄糖的需要。

（2）将肌肉酵解产生的乳酸合成葡萄糖，供肌肉重新利用，即乳酸循环。

第七节　糖原的合成与分解

葡萄糖是以多糖（淀粉和糖原）形式贮存在细胞内的。脊椎动物中的大多数糖原贮存在肌肉和肝的细胞中。

一、糖原分解代谢

糖原中大多数葡萄糖残基是由 α-1,4 糖苷键相连，在分支点是由 α-1,6 糖苷键相连。糖原的降解是从非还原端开始的（图 9-17）。

🅔 知识点
糖原分解代谢

（1）糖原磷酸化酶　从非还原端水解 α-1,4 糖苷键，生成葡萄糖-1-磷酸。到分支点前 4 个残基停止，生成极限糊精，可分解 40%。细胞内存在着 2 种可互相转换形式的糖原磷酸化酶，一个是具有磷酸化活性的糖原磷酸化酶 a，另一种是无活性的脱磷酸的糖原磷酸化酶 b，二者在相应激酶和磷酸酶催化下可以相互转换。

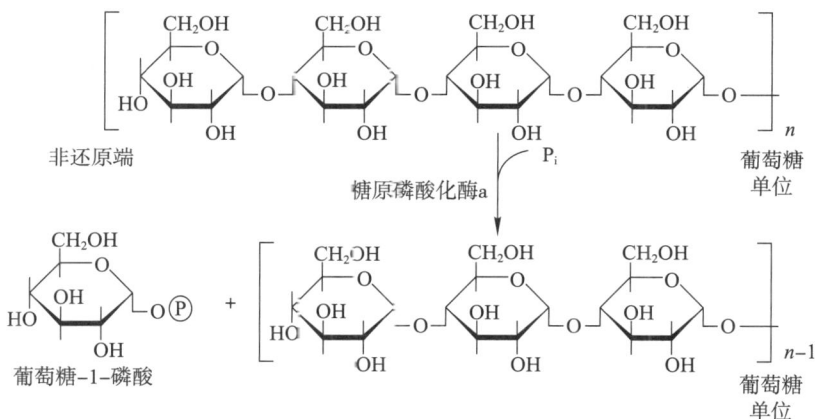

图 9-17　糖原的磷酸化反应

（2）脱支酶　脱支酶具有葡聚糖转移酶和淀粉-1,6-葡糖苷酶两种催化活性。葡聚糖转移酶催化支链上的 3 个葡萄糖残基转移到糖原分子的一个游离的 4′端上，形成一个新的 α-1,4 糖苷键，而淀粉-1,6-葡糖苷酶催化转移后剩下的通过 α-1,6 糖苷键连接的葡萄糖残基的水解，释放出 1 分子葡萄糖。因此对于原来糖原聚合物中的每个分支点都可释放出 1 分子葡萄糖（图 9-18）。

（3）磷酸葡萄糖变位酶　催化葡萄糖-1-磷酸生成葡萄糖-6-磷酸，经葡萄糖-1,6-二磷酸中间物。

（4）肝、肾、小肠有葡萄糖-6-磷酸酶，可水解生成葡萄糖，补充血糖。肌肉和脑没有，只能氧化供能。

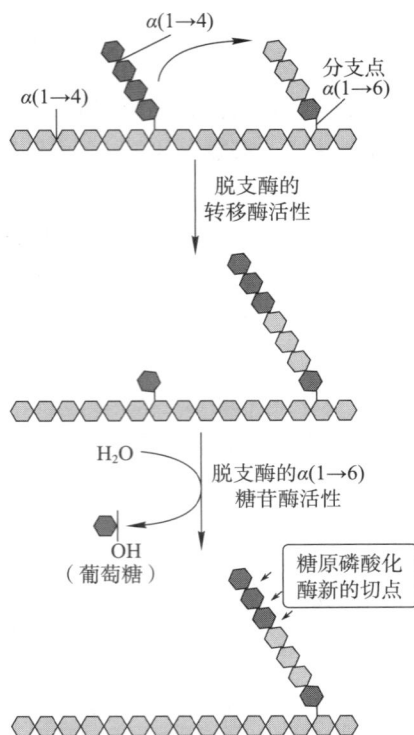

图 9-18　糖原分支点的去除

葡萄糖-6-磷酸　　　　葡萄糖-1,6-二磷酸　　　　葡萄糖-1-磷酸

二、糖原合成代谢

糖原分解的反应是不可逆的，糖原的生物合成走的是另外一条途径。与糖原的分解一样的是，糖原的合成也是从非还原端开始的，合成部位是在肝、肌肉组织等细胞的胞浆中，合成的关键酶也是限速酶是糖原合酶，底物是 UDP- 葡萄糖，需要 Mg^{2+} 及 K^+ 参加，并消耗能量。

1. 葡萄糖的活化

葡萄糖通过血液运输进入细胞，并且在己糖激酶催化下磷酸化生成葡萄糖 -6- 磷酸。然后磷酸葡萄糖变位酶将葡萄糖 -6- 磷酸转换为葡萄糖 -1- 磷酸。葡萄糖 -1- 磷酸与 UTP 经尿苷二磷酸葡萄糖（UDPG）焦磷酸化酶催化转变为 UDPG（图 9-19）。这一反应是由焦磷酸水解释放能量所驱动的。大多数植物则分别以 ADPG 和 GDPG 作为合成淀粉和纤维素的前体。

2. 缩合

糖原合酶将 UDP- 葡萄糖中的葡萄糖基通过 α-1,4 糖苷键结合在已合成的糖原（相当于合成的引物）的非还原端（C4羟基上），所以糖原的合成方式又称为尾部合成方式，糖原合成需要一个至少含有 4 个葡萄糖基的引物。引物分子有两种：一种是未降解完全的糖原分子，其残留的非还原端可直接作为引物；另一种是糖原素或糖原蛋白，由两个相同亚基构成，在糖原从头合成中起到关键作用。糖原素本身带有酪氨酸葡糖基转移酶活性，能够催化第一个葡萄糖单位从 UDPG 转移到糖原素的 194 号位酪氨酸残基的羟基上，形成第一个 O 型糖苷键。随后，糖原素 2 个亚基之间相互催化将第二个葡萄糖单位转移到第一个葡萄糖单位的 4 号位羟基上，形成第一个 α-1,4 糖苷键。这样的反应可持续下去，直到形成一个七糖单位，之后由糖原合酶进行合成（图 9-20）。

3. 分支酶合成支链

新的分支必须与原有糖链有 4 个残基的距离。支链的形成需要分支酶。当直链长度达 12~18个葡萄糖残基时，在分支酶的催化下，将距末端6~7个葡萄糖残基组成的寡糖链单位从非还原端转移到邻近的糖链上，并由 α-1,4 糖苷键转变为 α-1,6 糖苷键，使糖原出现分支。分支可加快代谢速度，增加溶解度（图 9-21）。

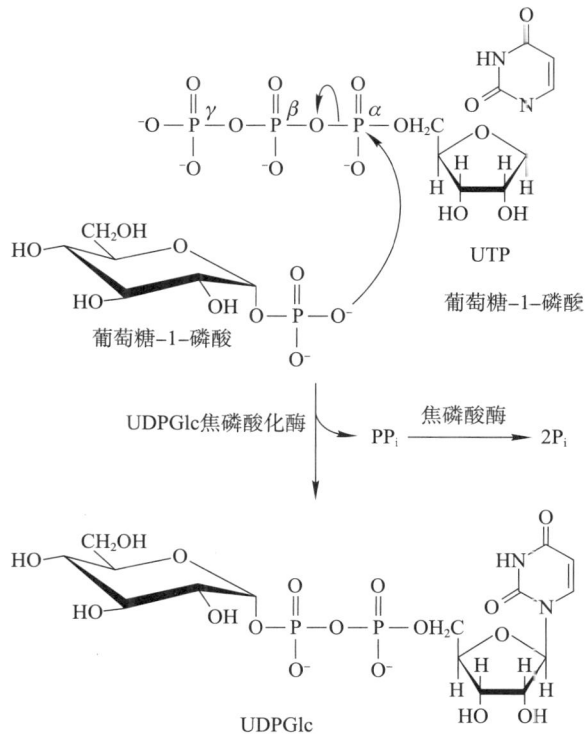

图 9-19 活化的葡萄糖单位的形成

三、糖原代谢的调节

糖原分解与合成主要由糖原磷酸化酶和糖原合酶控制（图 9-22）。二者会受磷酸化或去磷酸化的

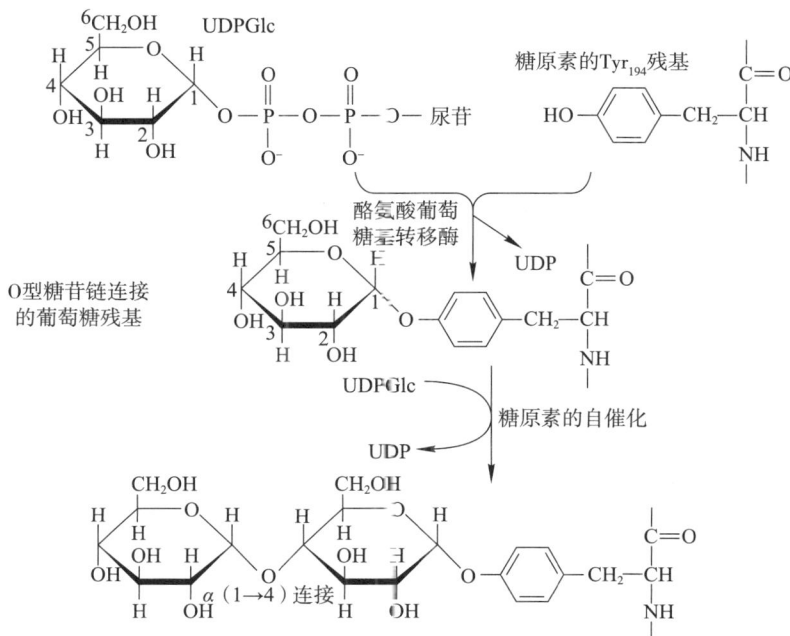

图 9-20 糖原的从头合成

图 9-21 糖原分支的形成

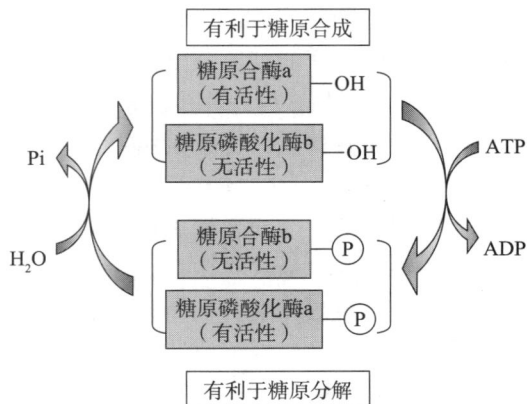

图 9-22 糖原代谢的调节

共价修饰调节和别构效应调节，两酶修饰情况相似，但结果正好相反，激素通过 cAMP 促进磷酸化作用，使糖原磷酸化酶成为 a 型（有活性），糖原合酶变成 b 型（无活性）。当糖原合酶和糖原磷酸化酶同时被共价修饰时，一个是激活状态，而另外一个是无活性状态，这也说明糖原的合成与其降解是密切协调的，这两种酶自然也就是糖原代谢调节的主要目标。

第八节 血糖及其调节

除肝门静脉血外，所谓血糖通常是指血液葡萄糖。肝对血糖浓度很敏感，是葡萄糖接受、制造、贮存和分布中心。血糖的浓度总是处于血糖来源与去路两个过程的动态平衡之中。尽管血糖浓度总是随着机体活动和环境的变化而迅速变化，但由于某些理化因素、神经和体液的控制作用，血糖的收 - 支仍是相对平衡，其水平恒定地处于一定的数量范围，如正常人的血糖水平总是处于 80 ~ 120 mg/dL。

一、调节血糖水平的机制

（1）物理、化学因素 若血糖浓度超过正常值，则糖原合成加速，贮于肝和肌肉中。若这种合成速度太慢，不足以制止血糖浓度的增高，则其浓度可升高到 160 ~ 180 mg/dL，即肾的排糖阈值。在正常状态下，当血糖浓度低于 160 ~ 180 mg/dL 时，肾小管能重吸收肾小球滤液中的葡萄糖，使其回到血液中，尿中不含葡萄糖或其含量甚微。若血糖浓度高于 160 ~ 180 mg/dL，则葡萄糖溢出肾外，所以高血糖患者的尿中会出现葡萄糖。若血糖浓度低于正常值，则肝糖原分解加速或经糖异生途径形成葡萄糖，进入血液，以补充血糖的不足。

（2）神经因素 血糖浓度低于 70 ~ 80 mg/dL，或由于激动而过度兴奋，或刺激延脑第四脑室时，均能引起延脑"糖中枢"的反射性兴奋，它沿神经途径传至肝，甚至以电刺激通往肝的交感神经，均可引起肝糖原的加速分解，释放葡萄糖到血液中。当血糖浓度恢复到正常水平时，神经冲动减弱，于是肝糖原分解停止。

（3）体液（激素）因素 根据激素的升糖和降糖作用，可将激素分为两大类，肾上腺素、生长激素、促肾上腺皮质激素、胰高血糖素和甲状腺素为升高血糖水平的激素，胰岛素为降低血糖水平的激素（图 9-23）。它们的作用途径、效果虽各不同，但其作用机理一般是通过"第二信使"，即 cAMP 实现的。

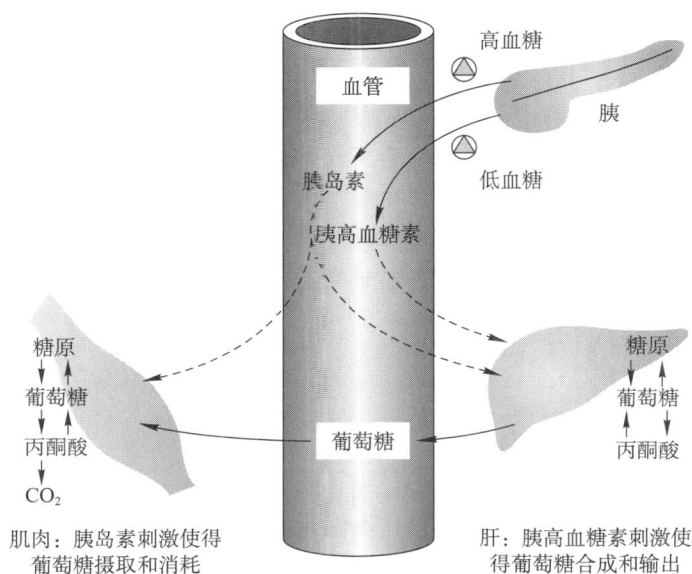

图 9-23　血糖水平的调控

胰岛素能抑制腺苷酸环化酶活性，从而连锁地影响了蛋白质激酶、磷酸化酶激酶和磷酸化酶以及活性糖原合酶活性，最终导致糖原分解减少、合成增多，总体反映为血糖水平降低。肾上腺素等则能促进腺苷酸环化酶活性，从而连锁地提高了蛋白质激酶、磷酸化酶激酶和磷酸化酶等的活性，促进糖原分解，且使糖原合酶活性减弱，糖原合成减少，总体反映为血糖水平升高。

二、糖代谢紊乱

由于糖代谢过程中某些酶的先天性缺损，或由于其调节作用失常，导致糖代谢紊乱，出现病理情况。它们分别以常见的糖原病和糖尿病为代表，其生化机理如下：

糖原病是由于糖原分解或合成的酶的缺损，主要引起糖原在肝、肌肉和肾等脏器中大量积累，造成这些脏器肥大及机能障碍。

葡萄糖 -6- 磷酸酶、磷酸化酶的缺损，引起糖原分解减少甚至消失，而糖原合成继续进行，糖原增多，在脏器中积累。去分支酶和分支酶的缺损，能引起结构异常糖原的积累。反之，糖原合酶缺损，导致糖原合成不足。糖原病中，以葡萄糖 -6- 磷酸酶、去分支酶和肝磷酸化酶缺损型发病频率较高。

糖尿病的本质是血糖收、支间失去正常状态下的动态平衡。若收大于支，则出现高血糖、糖尿。这种动态平衡的改变是与糖代谢的神经体液调节（如某些有关激素间失去平衡等）的改变紧密地联系在一起的。

正常情况下，降糖激素与升糖激素并存，降糖、升糖处于动态平衡状态下。若胰岛素分泌不足，则升糖激素占主导因素。糖原合成减少，而糖原分解则增多。葡萄糖进入肌肉细胞及脂肪组织数量减少，大量葡萄糖进入血液。细胞内葡萄糖含量不足，糖酵解作用和三羧酸循环减弱。糖异生作用虽有所增强，但仍不能依靠葡萄糖氧化满足机体供能要求。由此，动物机体不得不动员皮下贮存脂肪氧化供能。这种氧化常不完全，以致产生酮体，引起酮血、酮尿、酸中毒。

💬 **拓展性提示**

🌐 拓展知识 5
跑步与 ATP

　　本章主要内容是糖类的合成和分解途径。对糖代谢的调节和控制以及糖代谢与生物体，特别是与人类及其他动物的关系，也作了必要的阐述。在学习糖的合成代谢时，要认识到自然界糖类的起源是靠绿色植物的光合作用，可以课外拓展学习光合作用的代谢过程。对于糖类分解代谢，要注意联系由糖酵解产生的丙酮酸与工业上的发酵产品（如乙醇、乙酸、丙酮、乳酸等）相互之间的关系；此外，还可以拓展了解各种糖代谢的调节机制和人及其他高等动物糖代谢反常时的主要病患，进一步理解细胞能荷与糖代谢的关系。

❓ **思考题**

1. 糖消化、吸收的主要部位在那里？其转运是如何进行的？
2. 试述糖酵解的酶促反应历程，该途径的关键酶有哪些？这些关键是如何调控的？
3. 试述三羧酸循环的酶促反应历程、关键酶及其调控。
4. 糖异生与糖酵解、三羧酸循环有何联系？糖异生的前体物质有哪些？
5. 试述磷酸戊糖途径的酶促反应历程及生物学意义。
6. 机体各主要糖代谢途径间有何联系？
7. 简述葡萄糖有氧氧化的能量变化情况。
8. 简述糖原的分解与合成途径及酶类。
9. 请分析激素对糖分解代谢的调节作用。
10. 请分析糖尿病发病的生物化学基础。

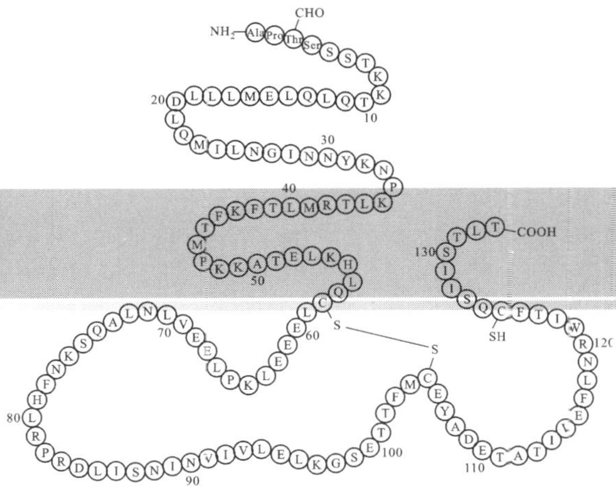

10

脂质代谢

知识要点

脂代谢包括一切脂质及其组分的代谢。本章侧重讨论脂肪酸和三酰甘油的生物合成和分解。对复脂类（如磷脂和糖脂）和脂质的某些分解产物（如固醇类）的代谢亦进行了介绍。在学习本章时应注意：

（1）以三酰甘油为对象弄清楚机体如何合成它们的甘油和脂肪酸（包括饱和脂肪酸和不饱和脂肪酸），以及甘油和脂肪酸又是如何合成三酰甘油。

（2）在理解三酰甘油的生物合成途径后，要进一步

了解甘油和脂肪酸在机体内的主要分解途径。注意比较线粒体酶系合成饱和脂肪酸的过程与脂肪酸 β 氧化过程的关系。

（3）理解脂肪酸的正常分解代谢途径后，应进一步了解在何种情况下，脂肪酸在分解过程中可产生大量酮体，酮体在体内累积过多时会引起什么后果；了解脂质代谢对人体的重要性和危害性。

学习要求

1. 了解脂质的酶促水解。
2. 掌握三酰甘油的分解代谢，尤其是甘油的代谢。
3. 熟练掌握脂肪酸的 β 氧化。
4. 了解脂肪酸 α 氧化、ω 氧化。
5. 了解脂肪酸代谢的调节。
6. 熟练掌握脂肪酸的从头合成途径及与 β 氧化的

不同点。

7. 了解三酰甘油的合成。
8. 了解磷脂、胆固醇的代谢。
9. 了解脂质代谢的调节、脂质代谢与糖代谢的联系。

糖原是重要的能量来源,可以在短时间内提供用于肌肉收缩的能量。但持续的、剧烈的工作,如蝗虫的迁移、马拉松选手竞赛等运动能量的来源都要依赖于脂质代谢。脂质代谢是指生物体内的脂肪,在各种相关酶的帮助下,消化吸收、合成与分解的过程,加工成机体所需的物质,保证正常生理机能的运作,对于生命活动具有重要意义。脂质是身体储能和供能的重要物质,也是生物膜的重要结构成分。脂质代谢异常引发的疾病多为现代社会常见病。

第一节 脂质的消化、吸收和转运

1. 消化

脂质在动物体内的消化和吸收主要在十二指肠中进行。食物中的脂肪主要是三酰甘油,与胆汁结合生成胆汁酸盐微团,其中的三酰甘油 70% 被胰脂肪酶水解,20% 被肠脂肪酶水解成甘油和脂肪酸。微团逐渐变小,95% 的胆汁酸盐被回肠重吸收。

高等动物的脂肪主要以脂滴的形式贮存在脂肪细胞中。当机体需要时,脂肪酶即可逐步将三酰甘油水解为游离脂肪酸及甘油,并释放入血以供其他组织氧化利用,这一过程称为脂肪动员。当禁食、饥饿或交感神经兴奋时,肾上腺素、去甲肾上腺素、胰高血糖素等分泌增加,作用于脂肪细胞膜表面受体,激活腺苷酸环化酶,促进 cAMP 合成,激活依赖 cAMP 的蛋白激酶(简称 PKA),继而使细胞质基质内激素敏感性脂肪酶(简称 HSL)被磷酸化激活,激活的 HSL 可将三酰甘油水解为二酰甘油和脂肪酸,二酰甘油进一步被二酰甘油脂肪酶水解为单酰甘油和脂肪酸,最后单酰甘油被单酰甘油脂肪酶水解为甘油和脂肪酸。这样,脂肪就被水解成甘油和脂肪酸两个部分(图 10-1)。调节这一过程的关键酶为激素敏感性脂肪酶。磷脂在小肠腔内经胰磷脂酶和磷酸酶催化,水解为甘油、脂肪酸、无机磷酸和胆碱等。胆固醇酯在小肠腔内经胰胆固醇酯酶催化,水解成脂肪酸和胆固醇。

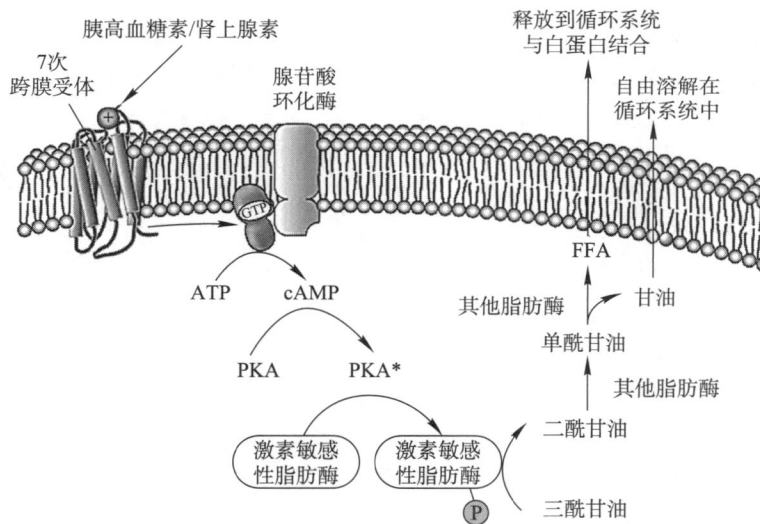

图 10-1 受激素控制的内源性脂肪动员

2. 吸收

上述脂质水解产物经胆汁乳化,在十二指肠的下部和空肠的上部被动扩散进入肠黏膜细胞,在光滑内质网重新酯化,形成前乳糜微粒,进入高尔基体糖化,加磷脂和胆固醇外壳,再形成直径为 0.5~1.0 μm 的乳糜微粒,被释放到黏膜细胞外空间。它再根据分子大小和形况,分别进入肝门静脉或淋巴。经淋巴系统进入血液。甘油和小分子脂肪酸(12 个碳以下)可直接进入门静脉血液。

3. 转运

脂肪、磷脂和胆固醇及其酯分别以乳糜微粒、极低密度脂蛋白（VLDL）、低密度脂蛋白（LDL）和高密度脂蛋白（HDL）的形式，由血液运送，而游离脂肪酸则由血液中清蛋白运送。乳糜微粒的载脂蛋白是由肠黏膜上皮细胞合成的，而 VLDL 的载脂蛋白是由肝合成的，LDL 的则是 VLDL 载脂蛋白衍生而来，HDL 的载脂蛋白则与 α_1-球蛋白相联系。载脂蛋白使脂溶解，便于随血转运。脂肪组织中，贮存脂的 90% 为三酰甘油，即中性脂肪。

未被吸收的脂质进入大肠后，被细菌分解成甘油、脂肪酸、磷酸和各种氨基醇而吸收。胆固醇经大肠细菌作用还原成粪固醇随粪便排出体外。

第二节　三酰甘油的分解代谢

三酰甘油，即甘油三酯，俗称中性脂肪。三酰甘油的分解指储存在脂肪细胞中的脂肪被组织细胞内的脂肪酶逐步水解为自由脂肪酸和甘油，然后把脂肪酸运到需要能量的组织，进入线粒体中，通过三羧酸循环和氧化磷酸化放出能量的过程。

一、三酰甘油的水解

脂肪的水解脂肪在脂肪酶、二酰甘油脂肪酶、单酰甘油脂肪酶的作用下逐步水解成甘油和脂肪酸。第一步是限速步骤，肾上腺素、肾上腺皮质激素、高血糖素通过 cAMP 和蛋白激酶激活。

二、甘油代谢

脂肪动员产生的甘油，由于分子量小、极性大，可直接扩散入血，随血液循环运往肝、肾等组织氧化利用。脂肪组织缺少甘油激酶，随血进入肝的甘油，在有 ATP 存在下，经甘油激酶催化，生成 α-磷酸甘油。然后，在以 NAD^+ 为辅酶的磷酸甘油脱氢酶催化下生成磷酸二羟丙酮，但产量甚微。该可逆反应主要倾向是生成 α-磷酸甘油。为此，α-磷酸甘油须穿梭进入线粒体，在其内膜外表面的以 FAD 为辅基的磷酸甘油脱氢酶催化下生成磷酸二羟丙酮，它再穿梭进入细胞质基质，进行酵解，或进行糖异生作用，并生成 NADH。磷酸甘油也可能用于脂酰甘油或甘油磷脂生物合成。这些反应主要在肝中进行。

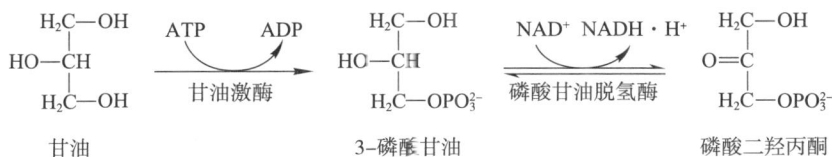

三、脂肪酸的氧化

三酰甘油经脂酶催化、水解，生成脂肪酸，亦可由磷脂酶、胆固醇酯酶促水解相应底物获得。要解决脂质分解代谢必须抓住脂肪酸氧化这一根本问题。脂肪酸氧化有 β，α 和 ω 氧化 3 种类型，其中 β 氧化是最广泛的且最基本的形式。

1904 年，德国 Knoop 以苯基标记末端甲基的脂肪酸实验证明了兔脂肪酸氧化是以两碳单位不断降解的。偶数和奇数碳脂肪酸氧化产物分别是苯乙尿酸和马尿酸，从而提出了脂肪酸 β 氧化理论。

脂肪酸 β 氧化经历脂肪酸活化，转运进入线粒体，经过脱氢、水化、再脱氢和硫解等几个步骤。其氧化产物乙酰 CoA 经三羧酸循环、氧化磷酸化之后代谢完全。

1. 饱和偶数碳脂肪酸的 β 氧化

（1）脂肪酸的活化　在氧化开始之前，脂肪酸需先行活化，活化过程是在脂酰 CoA 合成酶催化下与 ATP 及 CoA 作用变为脂酰 CoA，并放出 AMP 和焦磷酸，因此生成脂酰 CoA 实际上是消耗了 2 个高能磷酸键。

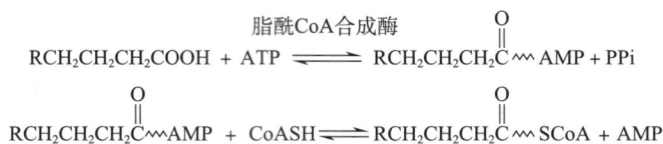

$$RCH_2CH_2CH_2COOH + ATP \xrightleftharpoons{\text{脂酰CoA合成酶}} RCH_2CH_2CH_2\overset{O}{\overset{\|}{C}} \sim AMP + PPi$$

$$RCH_2CH_2CH_2\overset{O}{\overset{\|}{C}} \sim AMP + CoASH \rightleftharpoons RCH_2CH_2CH_2\overset{O}{\overset{\|}{C}} \sim SCoA + AMP$$

细胞中发现了 4 种不同的脂酰 CoA 合成酶，它们分别对带有短的（< C6）、中等长度的（C6-12）、长的（> C12）和更长的（> C16）碳链的脂肪酸具有催化的特异性。线粒体中的脂酰 CoA 合成酶作用于 4 ～ 10 个碳的脂肪酸，内质网中的脂酰 CoA 合成酶作用于 12 个碳以上的长链脂肪酸。

脂酰 CoA 合成酶催化的脂肪酸激活反应机制涉及通过脂肪酸与 ATP 反应形成的中间产物脂酰腺苷酸。CoA 的硫原子对脂酰基的羰基碳进行的亲核攻击导致 AMP 和硫酯脂酰 CoA 的释放（图 10-2）。内质网上所形成的脂酰 CoA 参与三酰甘油合成。线粒体膜上的脂酰 CoA 进入线粒体基质被氧化。

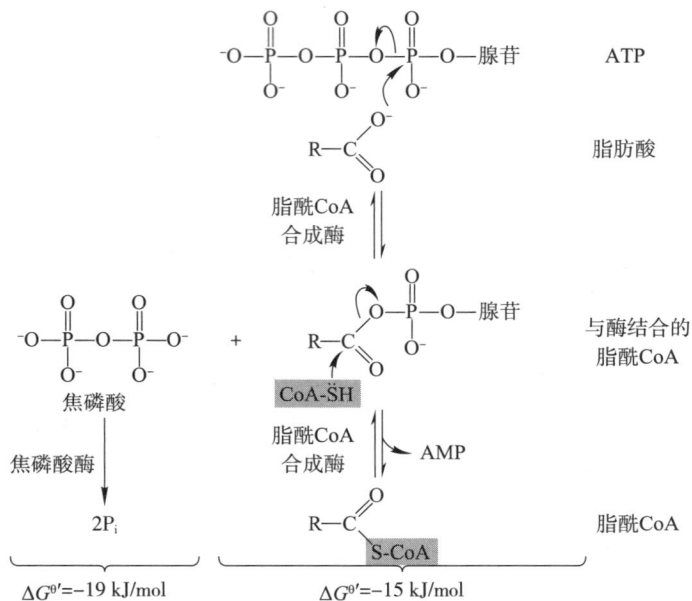

图 10-2　脂肪酸的活化

（2）转运　脂肪酸的氧化是在线粒体内进行的，但脂酰 CoA 不能自由通过线粒体内膜进入线粒体基质，所以需要一个穿梭的转运系统将线粒体外的脂肪酸转运到线粒体的基质中。这个穿梭转运过程是通过 2 个脂酰基转移酶和 1 个嵌在线粒体内膜的转运酶完成的（图 10-3）。短链脂酰 CoA 可直接进入线粒体，长链脂酰 CoA 需有肉毒碱脂酰转移酶 I 和 II 催化，以肉毒碱为载体才能实现，先在肉碱脂酰转移酶 I 催化下与肉碱生成脂酰肉碱，再通过线粒体内膜的移位酶穿过内膜，由肉碱转移酶 II 催化重新生成脂酰辅酶 A。最后肉碱经移位酶回到细胞质。

（3）β 氧化　在线粒体基质进行，每 4 步一个循环，涉及 4 个基本反应（图 10-4）：第一次氧化反应、水化反应、第二次氧化反应和硫解反应，生成 1 个乙酰辅酶 A。

① 脱氢：在脂酰 CoA 脱氢酶作用下，在 α 和 β 碳之间形成一个反式双键，即反式 –Δ² – 烯脂酰 CoA，同时使酶的辅基 FAD 还原为 FADH₂，生成的 FADH₂ 上的氢不能直接氧化，需经黄素蛋白、铁

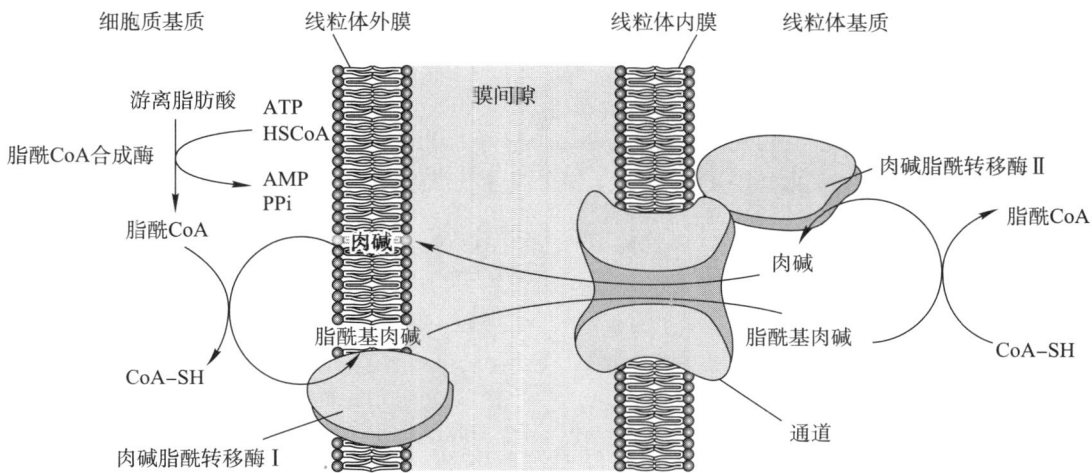

图 10-3　脂肪酸的转运

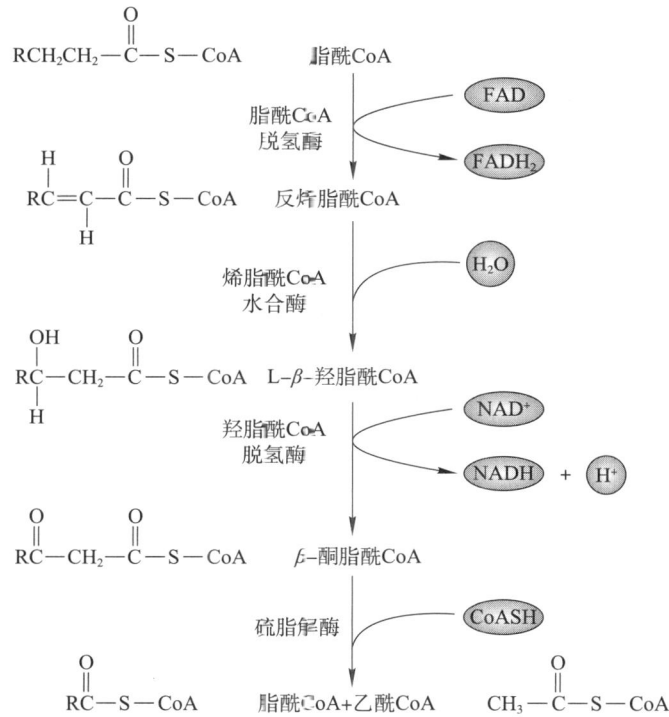

图 10-4　β氧化的四步反应

硫蛋白和辅酶 Q 进入氧化呼吸链（图 10-5），产生 1.5 分子 ATP。

② 水化：由烯脂酰 CoA 水化酶催化，生成 L-β- 羟脂酰 CoA。此酶顺式双键生成 D 型产物。反应也是高度立体专一性的，只催化 Δ^2 双键，被水化的双键只能是反式，而生成的产物只会是 L-β- 羟脂酰 CoA，而且羟基一定加在 β- 碳原子上。

③ 再脱氢：L-β- 羟脂酰 CoA 在 L-β- 羟脂酰 CoA 脱氢酶，脱氢生成 β- 酮脂酰 CoA，辅酶为 NAD⁺，只作用于 L 型底物。该酶能催化不同长度 C 链脂肪酸的底物。NADH 进入氧化呼吸链，产生 2.5 分子 ATP。

④ 硫解：β- 酮脂酰 CoA 被硫解酶催化，形成 1 分子乙酰 CoA 和比原脂酰 CoA 少 2 个 C 原子的脂酰 CoA。缩短了 2 个 C 的脂酰 CoA 再作为底物重复上述（1）～（4）反应，直至整个脂酰 CoA 都

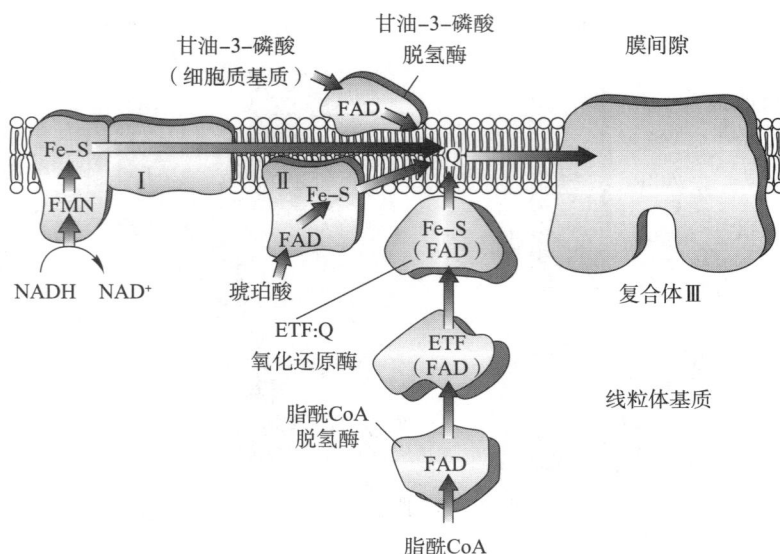

图 10-5　脂酰 CoA 脱氢酶与呼吸链之间的联系

转换成乙酰 CoA。该步骤放能较多，不易逆转。

（4）能量变化　脂肪酸彻底氧化的 3 个阶段：第一阶段，长链脂肪酸经 β 氧化降解为乙酰基（乙酰 CoA）；第二阶段，乙酰基经三羧酸循环氧化为 CO_2；第三阶段，前面两个阶段产生的 NADH 和 $FADH_2$ 中的电子经呼吸链传递给 O_2，传递中产生的能量经氧化磷酸化合成 ATP。该过程活化消耗 2 个高能键，转移需肉碱，场所是线粒体，共 4 步。每个循环生成 1 个 NADH 和 1 个 $FADH_2$，放出 1 个乙酰辅酶 A。

以软脂酸为例（表 10-1），软脂酰 CoA 经 β 氧化共生成 8 个乙酰 CoA、7 分子 $FADH_2$ 和 7 分子 NADH，每个乙酰 CoA 进入 TCA 循环可以生成 3 分子的 NADH、1 分子的 $FADH_2$、1 分子的 GTP，并释放出 2 分子 CO_2。

因此共产生 $4 \times 7 + 10 \times 8 - 2 = 106$ 个 ATP，1 mol 软脂酸（256 g）完全氧化成二氧化碳和水时，可释放出 9 790.56 kJ 能量。由此可见，脂肪酸氧化所产生的能量利用率为：

$$能量利用率 = \frac{106 \times 30.54}{9\ 790.56} \times 100\% = 33.1\%$$

表 10-1　1 分子软脂酸彻底氧化以后 ATP 的收支情况

与 ATP 产生有关的酶	NADH 或 $FADH_2$ 产生的量	最终产生 ATP 的数目
脂酰 CoA 合成酶		−2
脂酰 CoA 脱氢酶	7 $FADH_2$	$7 \times 1.5 = 10.5$
羟脂酰 CoA 脱氢酶	7 NADH	$7 \times 2.5 = 17.5$
异柠檬酸脱氢酶	8 NADH	$8 \times 2.5 = 20$
α- 酮戊二酸脱氢酶	8 NADH	$8 \times 2.5 = 20$
琥珀酰 CoA 合成酶		8 GTP = 8 ATP
琥珀酸脱氢酶	8 $FADH_2$	$8 \times 1.5 = 12$
苹果酸脱氢酶	8 NADH	$8 \times 2.5 = 20$
总量		106

（5）生理意义

① 脂肪酸 β 氧化是体内脂肪酸分解的主要途径，脂肪酸氧化可以提供比糖氧化更多的能量。

② 脂肪酸 β 氧化过程中生成的乙酰 CoA 是一种十分重要的中间化合物，乙酰 CoA 除能进入三羧酸循环氧化供能外，还是许多重要化合物合成的原料，如酮体、胆固醇和类固醇化合物。

③ 当以脂肪作为能源时，生物体还能获得大量的水，因为每分子软脂酰 CoA 被氧化时可以生成 123 个水分子。骆驼的驼峰是个贮存脂的"仓库"，它既可以提供能量，又能够提供骆驼所需要的水，所以骆驼不饮水也能走很长距离的路。

2. 不饱和脂肪酸的氧化

在动物和植物内的三酰甘油以及磷脂中的很多脂肪酸都是不饱和脂肪酸，即分子中含有一个或多个双键，这些双键都是顺式（cis）构型，不能被烯脂酰 CoA 水化酶作用，因为该酶催化的是 β 氧化中的烯脂酰 CoA 反式构型双键的加水反应，所以还需要另外两个酶，即烯脂酰 CoA 异构酶、二烯脂酰 CoA 还原酶改动双键位置，形成适合 β 氧化的合适底物，使一般的不饱和脂肪酸的氧化过程进行下去。

（1）单不饱和脂肪酸的氧化：以油酸为例（十八碳一烯酸）（图 10-6），双键位于 C9 与 C10 之间（Δ^9）。在线粒体基质中油酰 CoA 首先进行三轮 β 氧化，生成 3 分子乙酰 CoA 和 cis-Δ^3- 十二碳烯脂酰 CoA。然后在烯脂酰 CoA 异构酶催化，使 cis-Δ^3- 烯脂酰 CoA 异构化转化为 Δ^2 反烯脂酰 CoA。Δ^2 反烯脂酰 CoA 就可经烯脂酰 CoA 水化酶催化生成 L-β- 羟脂酰 CoA，这个中间产物 β 氧化过程中其余酶的作用生成乙酰 CoA 和癸酰 CoA（十碳饱和脂酰 CoA），癸酰 CoA 再进行四轮 β 氧化过程，至此，1 分子的油酰 CoA 转化为 9 分子乙酰 CoA。与硬脂酸氧化相比少 1 分子 FADH₂，这样一个双键少 1.5 个 ATP。

（2）多不饱和脂肪酸的氧化：以亚油酸为例（十八碳二烯酸）（图 10-7），亚油酸具有 cis-Δ^9、

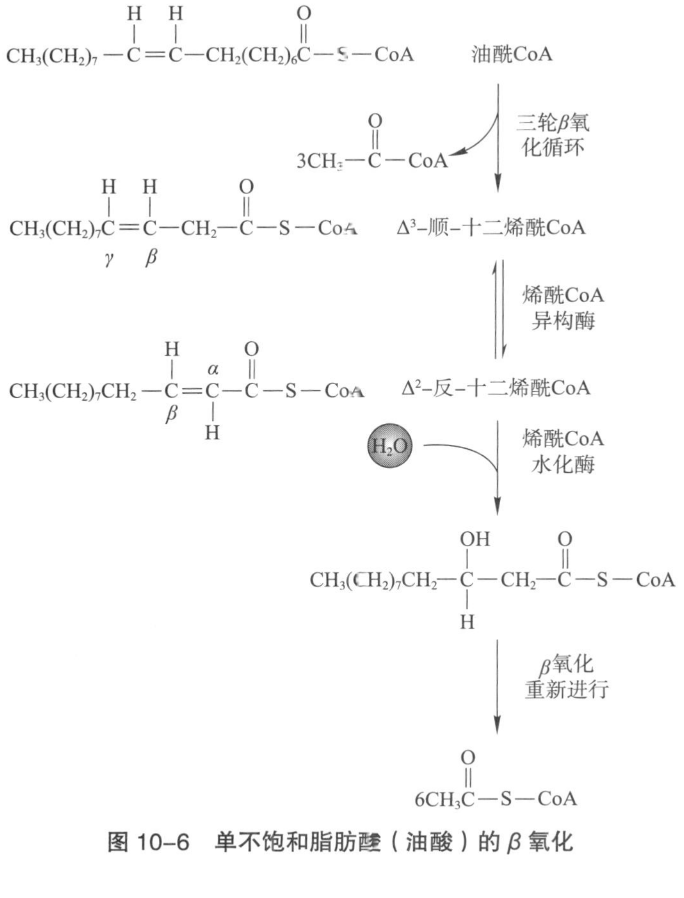

图 10-6　单不饱和脂肪酸（油酸）的 β 氧化

CH₃(CH₂)₄—C=C—CH₂—C=C—CH₂(CH₂)₆C—S—CoA （亚油酰CoA）

↓ 三轮β氧化循环

$3CH_3-C-CoA$

CH₃(CH₂)₄—C=C—CH₂—C=C—CH₂—C—S—CoA （Δ³-顺-Δ⁶-顺-十二二烯酰CoA）

⇅ 烯酰CoA异构酶

CH₃(CH₂)₄—C=C—CH₂—CH₂—C—C—S—CoA （Δ²-反-Δ⁶-顺-十二二烯酰CoA）

↓ 一轮β氧化循环

$CH_3-C-CoA$

CH₃(CH₂)₄—C=C—CH₂—CH₂—C—S—CoA （Δ⁴-顺-辛烯酰CoA）

NAD⁺ ↘ 烯脂酰CoA脱氢酶
NADH + H⁺ ↗

CH₃(CH₂)₄—C=C—C=C—C—S—CoA （Δ²-反-Δ⁴-辛二烯酰CoA）

NADPH+H⁺ ↘ 2,4-二烯脂酰CoA还原酶
NADP⁺ ↗

CH₃(CH₂)₄—CH₂—C=C—CH₂—C—S—CoA （Δ³-反-辛烯酰CoA）

⇅ 烯酰CoA异构酶

CH₃(CH₂)₄—CH₂—CH₂—C=C—C—S—CoA （Δ²-反-辛烯酰CoA）

↓ 四轮β氧化循环

$5CH_3C-S-CoA$

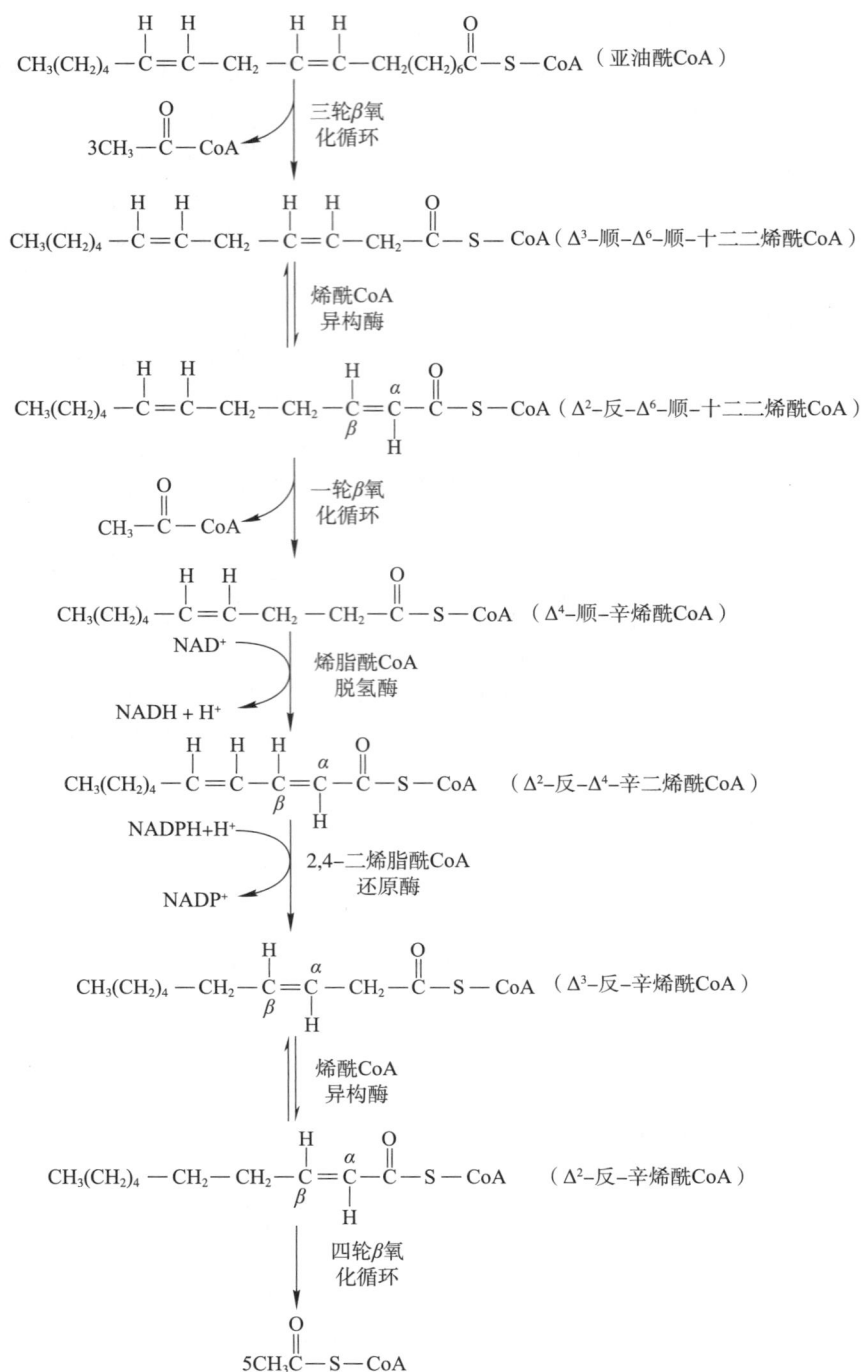

图 10-7　多不饱和脂肪酸（亚油酸）的 β 氧化

$cis-\Delta^{12}$ 的构型，在 9 位和 12 位有两个顺式双键，首先进行三轮 β 氧化过程，生成 3 分子乙酰 CoA 和 $cis-\Delta^3$，$cis-\Delta^6-$ 十二烯脂酰 CoA，后者在烯脂酰 CoA 异构酶和 2,4- 二烯脂酰 CoA 还原酶的联合作用下，重新进入正常的 β 氧化过程，生成 6 分子乙酰 CoA。结果是 1 分子亚油酰 CoA 转化成 9 分子的乙酰 CoA。因此，对于两个双键不饱和脂肪酸，比饱和脂肪酸氧化少 2 个 $FADH_2$，经异构酶和还原酶的作用，还需消耗 1 个 NADPH，并生成 1 个 $FADH_2$。

3. 奇数碳脂肪酸的氧化

在许多植物、海洋生物、酵母等生物体内还存在很多奇数碳脂肪酸。奇数碳脂肪酸也像偶数碳脂

肪酸一样进 β 氧化，但最后一轮 β 氧化的硫解反应的产物中除了乙酰 CoA 外，还有丙酰 CoA。

丙酰 CoA 在丙酰 CoA 羧化酶催化下生成 D- 甲基丙二酸单酰 CoA，并消耗 1 个 ATP。然后在甲基丙二酸单酰 CoA 差向异构酶作用下生成 L 型产物，再由甲基丙二酸单酰 CoA 变位酶（需腺苷钴胺素作辅酶）催化生成琥珀酰 CoA，进入三羧酸循环（图 10-8）。

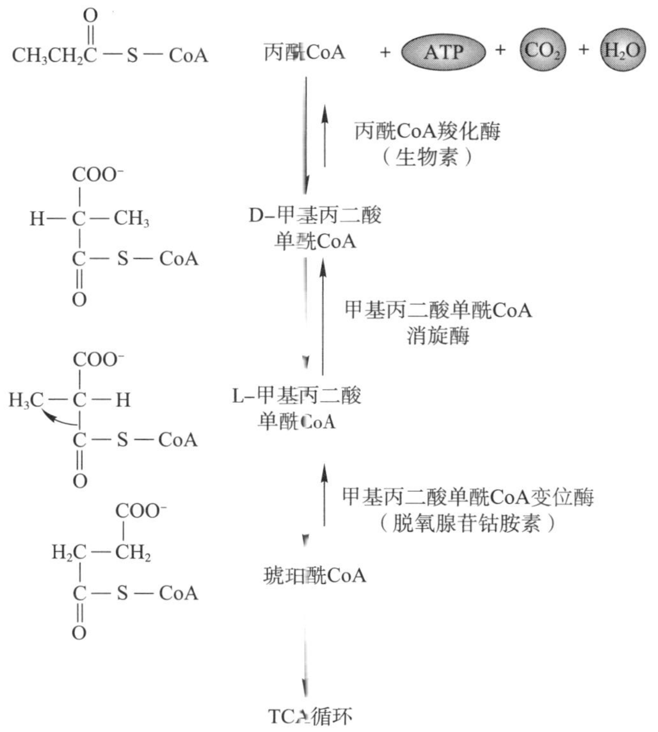

图 10-8　丙酰 CoA 的氧化的利用

4. 脂肪酸的 α 氧化

在动物组织内，脂肪酸主要是通过 β 氧化分解的。在植物的发芽种子和叶子内及动物肝、脑和神经细胞的微体中还存在一特殊的氧化途径，即 α 氧化途径。α 氧化作用只以游离脂肪酸为底物，涉及分子氧或过氧化氢，氧化产物是 D- α- 羟脂肪酸或少一个碳原子的脂肪酸。α 氧化对降解支链脂肪酸、奇数或过长链脂肪酸有重要作用。哺乳动物组织将绿色蔬菜的叶绿醇氧化为植烷酸后，即通过 α 氧化系统将植烷酸氧化为降植烷酸和 CO_2（图 10-9）。

α 氧化有以下途径：

（1）脂肪酸在单加氧酶作用下 α 羟化，需 Fe^{2+} 和抗坏血酸，消耗 1 个 NADPH。经脱氢生成 α- 酮脂肪酸，脱羧生成少一个碳的脂肪酸。

（2）在过氧化氢存在下，经脂肪酸过氧化物酶催化生成 D- α- 氢过氧脂肪酸，脱羧生成脂肪醛，再脱氢产生脂肪酸或还原。

5. 脂肪酸的 ω 氧化

动物肝细胞微粒体能将 C6、C8、C10、C12 脂肪酸的烷基端碳（ω 碳原子）氧化成羟基，再在内质网中进一步氧化而成为羧基，生成 α、ω- 二羧酸。以后可以在两端通过 β 氧化而分解，不断释出乙酰 CoA。12 个碳以下的脂肪酸可通过 ω 氧化降解，末端甲基羟化，形成一级醇，再氧化成醛和羧酸。有些土壤的好氧性细菌也能对烃类或脂肪酸进行 ω 氧化分解，生成水溶性产物，故可以用来大量清除海水表面的浮油。

ω 氧化过程如图 10-10 所示。在动物细胞内的 ω- 羟化酶利用细胞色素 P_{450}，细菌则用红素氧还蛋

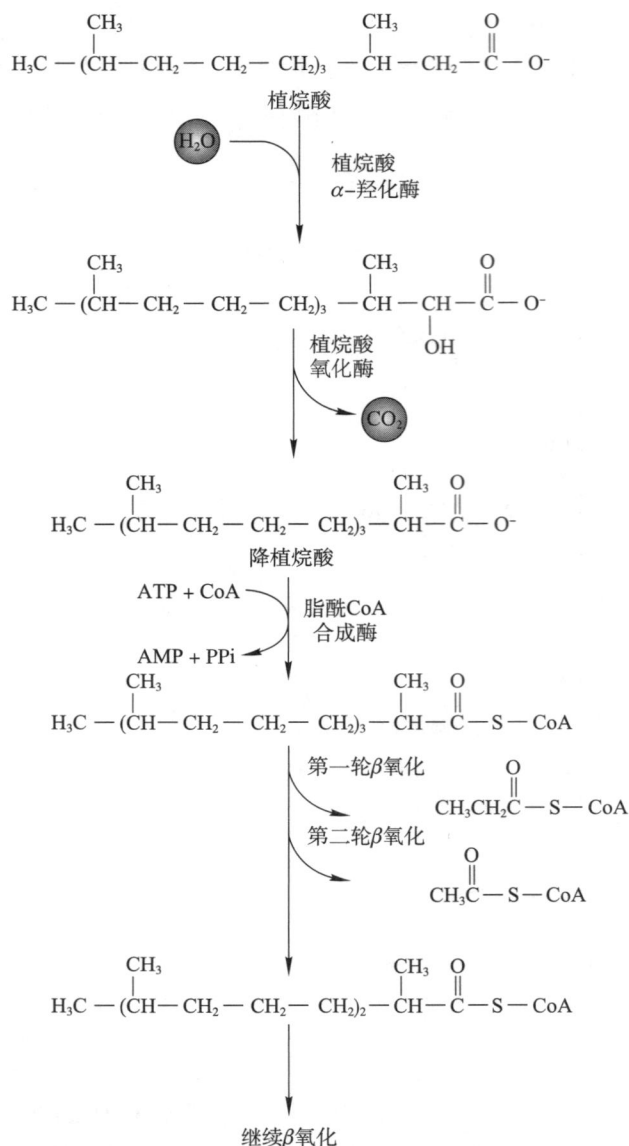

图 10-9 植烷酸的氧化分解

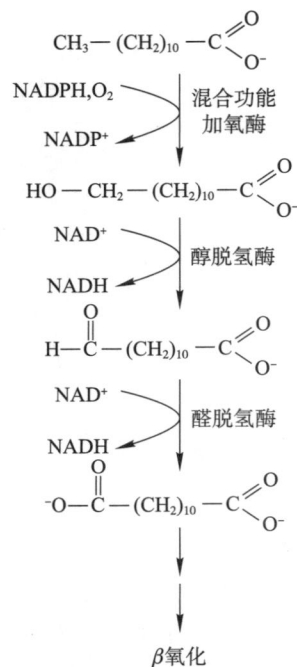

图 10-10 脂肪酸的 ω 氧化

白将脂肪酸的 ω- 碳原子氧化生成 RCH_2OH，然后由醇脱氢酶进一步氧化为醛（RCHO），再由醛脱氢酶氧化为羧酸（RCOOH）。

四、酮体代谢

脂肪酸氧化产生的大多数乙酰 CoA 进入三羧酸循环，然而，当乙酰 CoA 的量超过三羧酸循环氧化的能力时，多余的乙酰 CoA 被用来形成酮体，所谓"酮体"指的是 β- 羟丁酸、乙酰乙酸和丙酮（图 10-11）。其中 β- 羟丁酸含量较多，约占 70%，乙酰乙酸约占 30%，而丙酮只有微量。

酮体是燃料分子，在肝和肾中，都可以以乙酰 CoA 为原料，产生酮体。肝通过酮体将乙酰 CoA 转运到外周组织中作燃料。心和肾上腺皮质主要以酮体作燃料，脑在饥饿时也主要利用酮体。平时血液中酮体较少，有大量乙酰 CoA 必需代谢时酮体增多，可引起代谢性酸中毒。

🖉 知识点
酮体的生成和利用

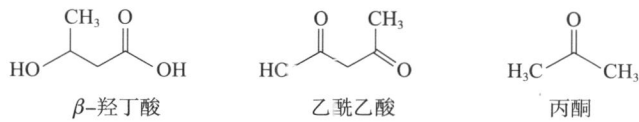

β-羟丁酸　　　　乙酰乙酸　　　　丙酮

图 10-11　酮体的结构

1. 合成

在哺乳动物中，酮体是在肝细胞线粒体的基质中合成的（图 10-12）。

（1）2 分子乙酰 CoA 被硫解酶催化生成乙酰乙酰 CoA。

（2）乙酰乙酰 CoA 与 1 分子乙酰 CoA 生成 β-羟基 -β- 甲基戊二酰 CoA（HMG-CoA），由 HMG-CoA 合成酶催化。

（3）HMG-CoA 裂解酶将其裂解为乙酰乙酸和乙酰辅酶 A。

（4）乙酰乙酸在 β- 羟丁酸脱氢酶催化下，用 NADH 还原生成 β- 羟丁酸，反应可逆，不催化 L 型底物。

（5）乙酰乙酸自发或由乙酰乙酸脱羧酶催化脱羧，生成丙酮。

乙酰乙酸和 β- 羟丁酸都可以被转运出线粒体膜和肝细胞质膜，进入血液后被其他细胞用作燃料。在血液中少量的乙酰乙酸脱羧生成丙酮。

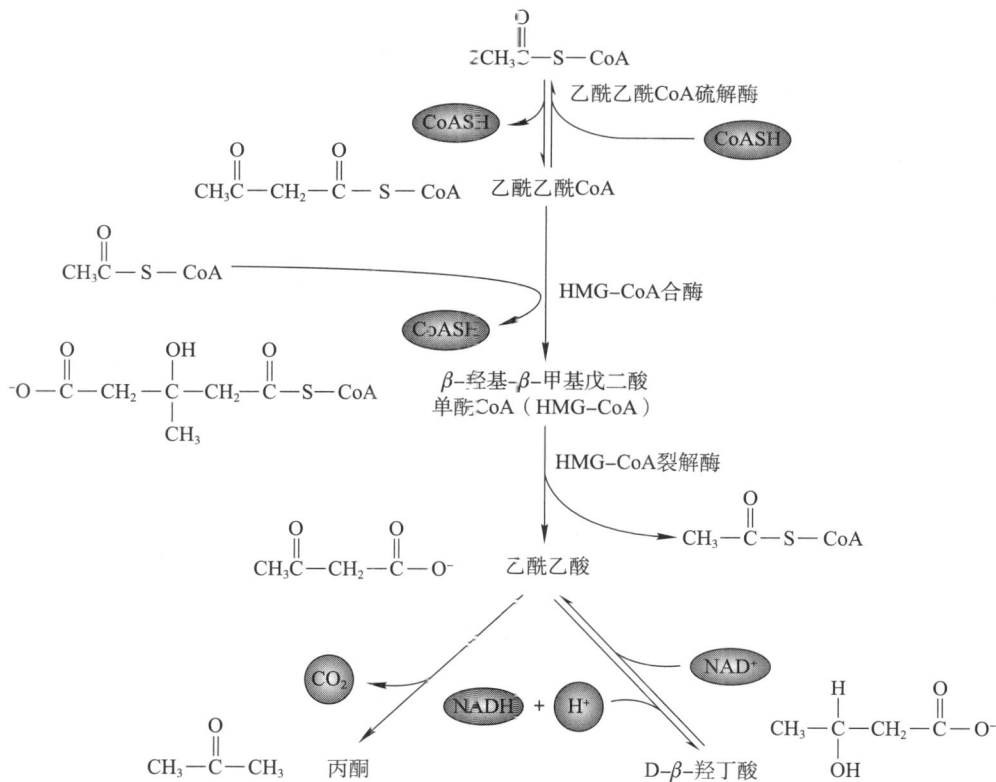

图 10-12　酮体的合成

2. 分解

酮体是在线粒体中被转化为乙酰 CoA 后被三羧酸循环氧化。

（1）β- 羟丁酸可由羟丁酸脱氢酶氧化生成乙酰乙酸，在肌肉线粒体中被 3- 酮脂酰 CoA 转移酶催化生成乙酰乙酰 CoA 和琥珀酸。也可由乙酰乙酰 CoA 合成酶激活，但前者活力高且分布广泛，起主要作用。然后乙酰乙酰 CoA 在硫解酶的作用下被转化为 2 分子的乙酰 CoA，生成的乙酰 CoA 经三羧酸循

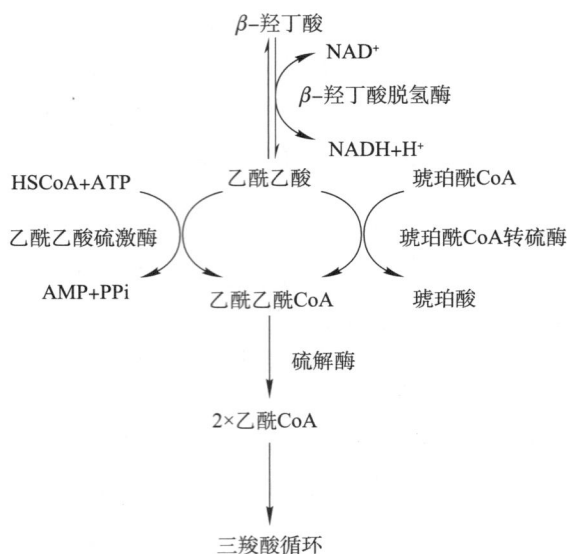

图 10-13　酮体的分解利用

环氧化（图 10-13）。

（2）丙酮代谢较复杂，先被单加氧酶催化羟化，然后可生成丙酮酸或乳酸、甲酸、乙酸等。大部分丙酮异生成糖，是脂肪酸转化为糖的一个可能途径。

3. 生理意义

酮体生成和利用有着重要的生理意义。酮体是正常的、有用的代谢物，是肝输出能量的一种形式，可以为肝外组织如脑、心脏、骨骼肌等提供能源。对于脑组织来说，酮体的输出可以在低血糖时保证脑的供能，以维持其正常生理功能。酮体中的 β- 羟丁酸是一个稳定的化合物，而乙酰乙酸不太稳定，容易脱羧形成 CO_2 和丙酮。长期饥饿和糖尿病患者的呼吸中会伴有丙酮的气味。

在正常情况下，血中酮体含量是很少的（低于 0.3 mmol/L）。但在如饥饿、糖尿病等异常情况时，体内脂肪动员加强，脂肪酸氧化增多，引起酮体生成过多，当超过肝外组织利用酮体的能力时，就会引起血中酮体升高，即为酮血症；而当高过肾回收能力时，则尿中出现酮体，即为酮尿症。此外，酮体中乙酰乙酸及 β- 羟丁酸都是较强的有机酸，如在体内堆积过多可引起代谢性酸中毒，即酮症酸中毒。

第三节　三酰甘油的合成代谢

三酰甘油是长链脂肪酸和甘油形成的脂肪分子，是人体内含量最多的脂质，大部分组织均可以利用三酰甘油分解产物供给能量。三酰甘油主要分布在脂肪组织、肝、小肠黏膜上皮细胞中，这 3 个部位也是三酰甘油合成的主要部位。合成三酰甘油所需的甘油及脂肪酸主要由葡萄糖代谢提供。近几十年来，经过大量有成效的工作，证明了脂肪酸生物合成不是脂肪酸 β 氧化的逆过程，其合成主要在细胞质基质中进行的。

一、饱和脂肪酸的生物合成

哺乳动物中脂肪酸的合成主要发生在肝和脂肪组织。脂肪酸生物合成包括 3 个过程，由于脂肪酸合成是在细胞质中进行的，所以首先需要将线粒体中的乙酰 CoA 转运到细胞质中；其次是乙酰 CoA 羧化生成脂酰链延长所需要的丙二酸单酰 CoA；最后通过脂肪酸合成酶复合物催化脂肪酸链的合成。

1. 乙酰 CoA 的转运

合成脂肪酸的碳源来自乙酰 CoA，乙酰 CoA 是在线粒体形成的，而脂肪酸的合成场所在细胞质中，所以必需将乙酰 CoA 转运出来。乙酰 CoA 的转运是通过柠檬酸转运系统完成的（图 10-14）。乙酰 CoA 在线粒体中由柠檬酸合成酶催化，与草酰乙酸合成柠檬酸，这步反应也是三羧酸循环的第一个反应。生成的柠檬酸经柠檬酸 – 二羧酸载体转运出线粒体。进入到细胞质基质内的柠檬酸在柠檬酸裂解酶催化下裂解为乙酰 CoA 和草酰乙酸，后者被细胞质中的苹果酸脱氢酶还原成苹果酸，同时 NADH 氧化为 NAD^+；然后苹果酸在苹果酸酶催化下脱羧生成丙酮酸和 NADPH。丙酮酸经丙酮酸转运酶的作用进入线粒体，然后被羧化形成草酰乙酸或是经丙酮酸脱氢酶系作用转化为乙酰 CoA，生成的草酰乙酸又可与乙酰 CoA 催化生成柠檬酸，开始下一轮的穿梭转运循环。因此柠檬酸转运系统不只是将乙酰 CoA 由线粒体转运到细胞质，而且还生成了 NADPH。脂肪酸合成中所需要的 NADPH 大约有一半是通过柠檬酸转运系统产生的，而其余一半 NADPH 来自戊糖磷酸途径。

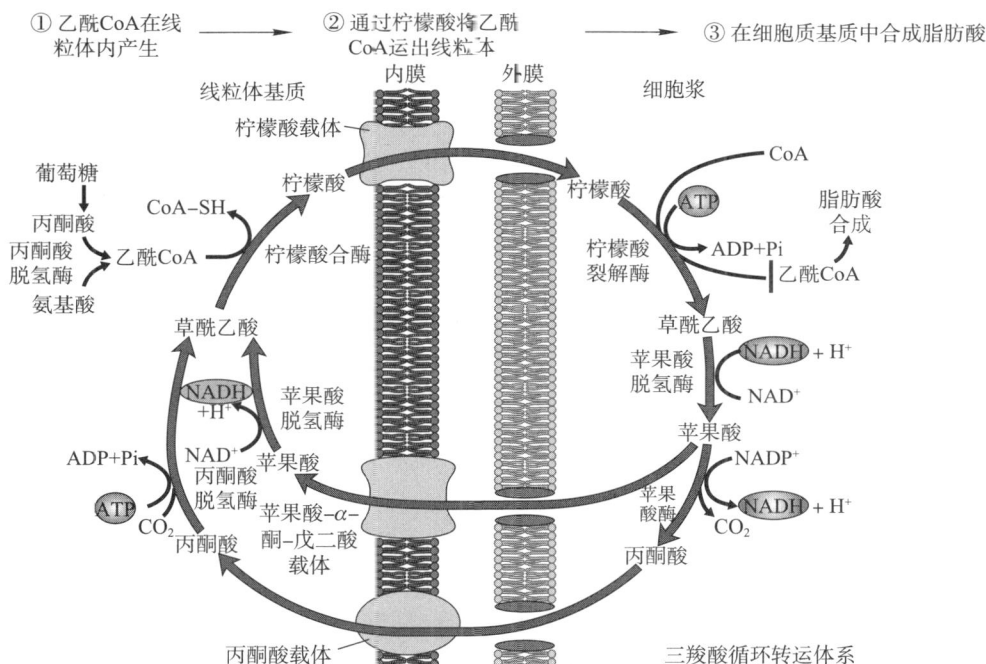

图 10-14　柠檬酸转运系统

2. 丙二酸单酰 CoA 的生成

乙酰 CoA 以丙二酸单酰 CoA 的形式参加合成。细胞质中的乙酰 CoA 在乙酰 CoA 羧化酶催化下羧化，形成丙二酸单酰 CoA。此反应是脂肪酸合成的限速步骤，乙酰 CoA 羧化酶的辅基是生物素。此酶有 3 个亚基：生物素羧化酶、生物素羧基载体蛋白和羧基转移酶，其反应机理类似丙酮酸羧化酶。柠檬酸、异柠檬酸是其变构激活剂，故在饱食后，糖代谢旺盛，代谢过程中的柠檬酸可别构激活此酶促进脂肪酸的合成，而软脂酰 CoA 是其变构抑制剂，降低脂肪酸合成。此酶也有共价修饰调节，胰高血糖素通过共价修饰抑制其活性。

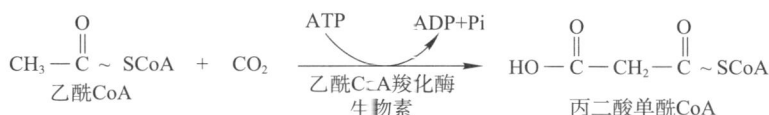

3. 脂肪酸合酶体系

脂肪酸的合成类似于脂肪酸降解，也需要酰基载体，但这个载体不是 CoA，而是一个带有辅基磷酸泛酰巯基乙胺的酰基载体蛋白（acylcarrier protein，ACP）。ACP 是一种对热稳定的蛋白质，在其丝氨酸残基上结合 1 个 4′- 磷酸泛酰巯基乙胺。ACP 的 –SH 与酰基结合，其作用和 CoA 相似（图 10–15）。

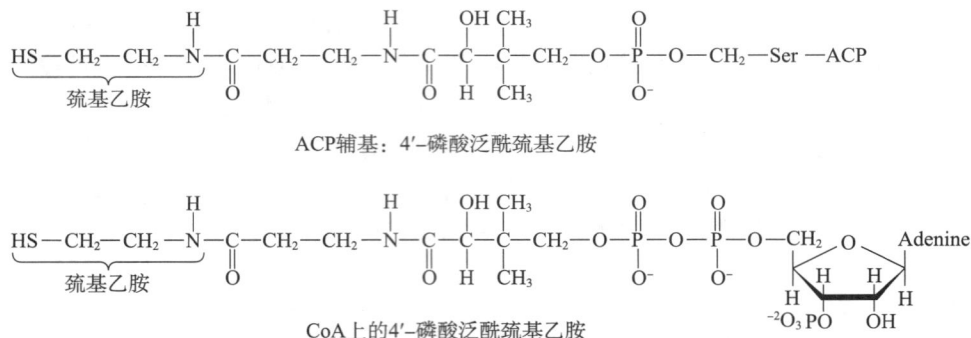

图 10–15　ACP 和辅酶 A 中的磷酸泛酰巯基乙胺

细菌中脂肪酸合酶系统是一个多酶复合物（图 10–16），由 1 个酰基载体蛋白（ACP）和 6 种酶单体所构成，6 种酶以 ACP 为中心有序组合在一起。ACP 的磷酸基团与 ACP 的丝氨酸残基以磷脂键相连，另一端的 –SH 与脂酰基形成硫脂键，在 β- 酮脂酰 –ACP 合酶（KS）上还有一个外围 –SH，由该酶的一个 Cys 残基提供。该复合体包括下列 7 种酶：乙酰 CoA–ACP 转酰基酶、丙二酸单酰 CoA–ACP 转酰基酶、酮脂酰 –ACP 合成酶以及含有 1 个 Cys–SH 的酮脂酰 –ACP 还原酶。而在哺乳动物中的脂肪酸合酶则是一个多功能酶（图 10–17），由一条多肽链包含了脂肪酸合成所需要的所有酶的催化活性，以二聚体形式存在。哺乳动物中脂肪酸的合成过程与 E.coli 中脂肪酸合成的过程非常相似，这里主要介绍 E.coli 中脂肪酸合成的过程。

4. 脂肪酸的合成

E.coli 中脂肪酸合成包括 5 个反应步骤：装载、缩合、还原、脱水和再还原。整个反应的过程和次序如图 10–18 所示。重复后四步反应过程，直至长链脂肪酸合成完成。

（1）装载　在乙酰 CoA–ACP 转酰基酶和丙二酸单酰 CoA–ACP 转酰基酶的催化下，乙酰 CoA 和丙二酸单酰 CoA 中的乙酰基和丙二酸单酰基被转移到 ACP 上，分别形成乙酰 –ACP 和丙二酸单酰 –ACP。

这个乙酰基并不停留在 ACP 上，而被迅速转移到脂肪酸合成酶复合体系的另一酶，即 β- 酮脂酰

①乙酰CoA：ACP转酰酶，AT　　②丙二酸单酰CoA：ACP转酰酶，MT
③β-酮（脂）酰–ACP合酶，KS　　④β-酮（脂）酰–ACP还原酶，KR
⑤β-羟（脂）酰–ACP脱水酶，HD　　⑥烯（脂）酰–ACP还原酶，ER

图 10–16　细菌的脂肪酸合酶复合体

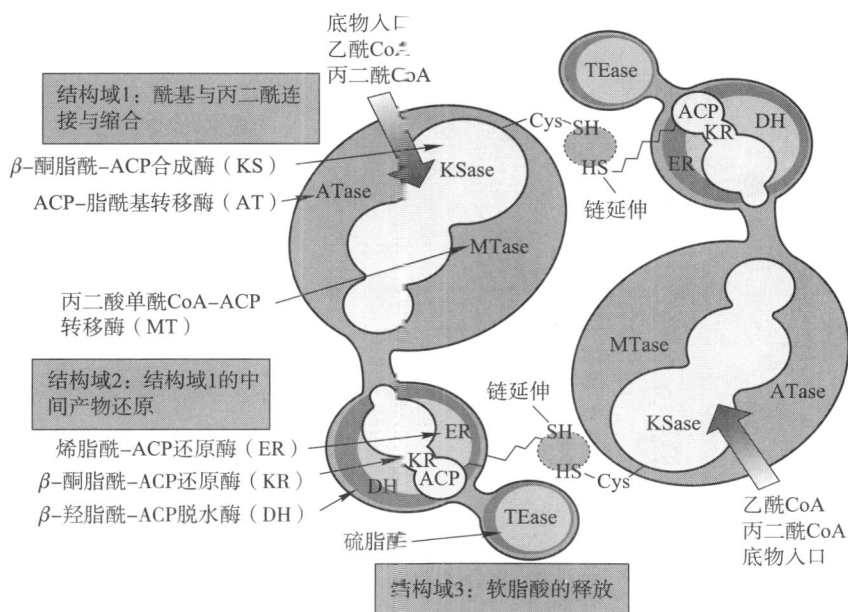

图 10-17　哺乳动物的脂肪酸合酶

ACP 合酶上，同时释放出 HS-ACP。以这个反应，脂肪酸合成酶复合体系被作为"引子"并很容易顺序地进行延伸碳链中加入二碳单位所需的各反应序列。

（2）缩合　β-酮脂酰 ACP 合酶催化乙酰基转移到丙二酸单酰 -ACP 上，形成乙酰乙酰 -ACP，以 CO_2 形式将丙二酰基上的游离羧基释放出来。该碳原子就是当初由乙酰 CoA 羧化时，以 HCO_3^- 形式引进的那个碳原子。

（3）还原　β-酮脂酰 ACP 还原酶以 NADPH 为辅酶，将乙酰乙酰 -ACP 催化还原为 D-β-羟丁酰 ACP。

（4）脱水　在 β-羟丁酰 -ACP 脱水酶的催化下，D-β-羟丁酰 -ACP 脱水生成带有双键的反式丁烯酰 -ACP。

（5）再还原　烯脂酰 ACP 还原酶以 NADPH 为辅酶，将反式丁烯酰 -ACP 还原为四碳的丁酰 ACP。至此，由 1 分子乙酰 -ACP 接上一个二碳单位，生成了一个四碳的丁酰 -ACP。

第二次循环从丁酰基转移到 β-酮脂酰 ACP 合成酶上开始。以丁酰 -ACP 代替乙酰 -ACP 作为起始反应物，重复上述反应系列，又可以使碳链延长 2 个碳原子而生成己酰 -ACP。如此重复下去，反应每循环一次，碳链便延长 2 个原子，7 次循环后生成软脂酰 ACP，可被硫酯酶水解，或转移到 CoA 上，或直接形成磷脂酸。除酵母主要产生硬脂酸外，大多数机体脂肪酸合成仅合成到软脂酸为止。由于 β-酮脂酰 -ACP 合成酶能十分活泼地从 ACP 上接受 14 碳酸脂酰基，而不能接受 16 碳酸脂酰基，并受软脂酰辅酶 A 反馈抑制，所以只能合成软脂酸。奇数碳脂肪酸合成，除起始物为丙二酰 -S-ACP 而非乙二酰 -S-ACP 外，其余合成步骤相同。

5. 能量变化

（1）合成在细胞质基质中进行，为一耗能过程，每合成 1 分子软脂酸，重复 4 步进行碳链延长反应，需消耗 23 分子 ATP，其中 16 分子 ATP 用于转运，7 分子 ATP 用于活化。

（2）需 14 分子 NADPH 作为供氢体，6 分子 NADPH 来自于葡萄糖分解的磷酸戊糖途径，8 分子 NADPH 来自于柠檬酸 - 丙酮酸转运系统，所以脂肪酸的合成对糖的磷酸戊糖旁路有依赖性。

6. 软脂酸的合成与氧化的区别

软脂酸合成与分解代谢的区别如表 10-2 和图 10-19 所示。

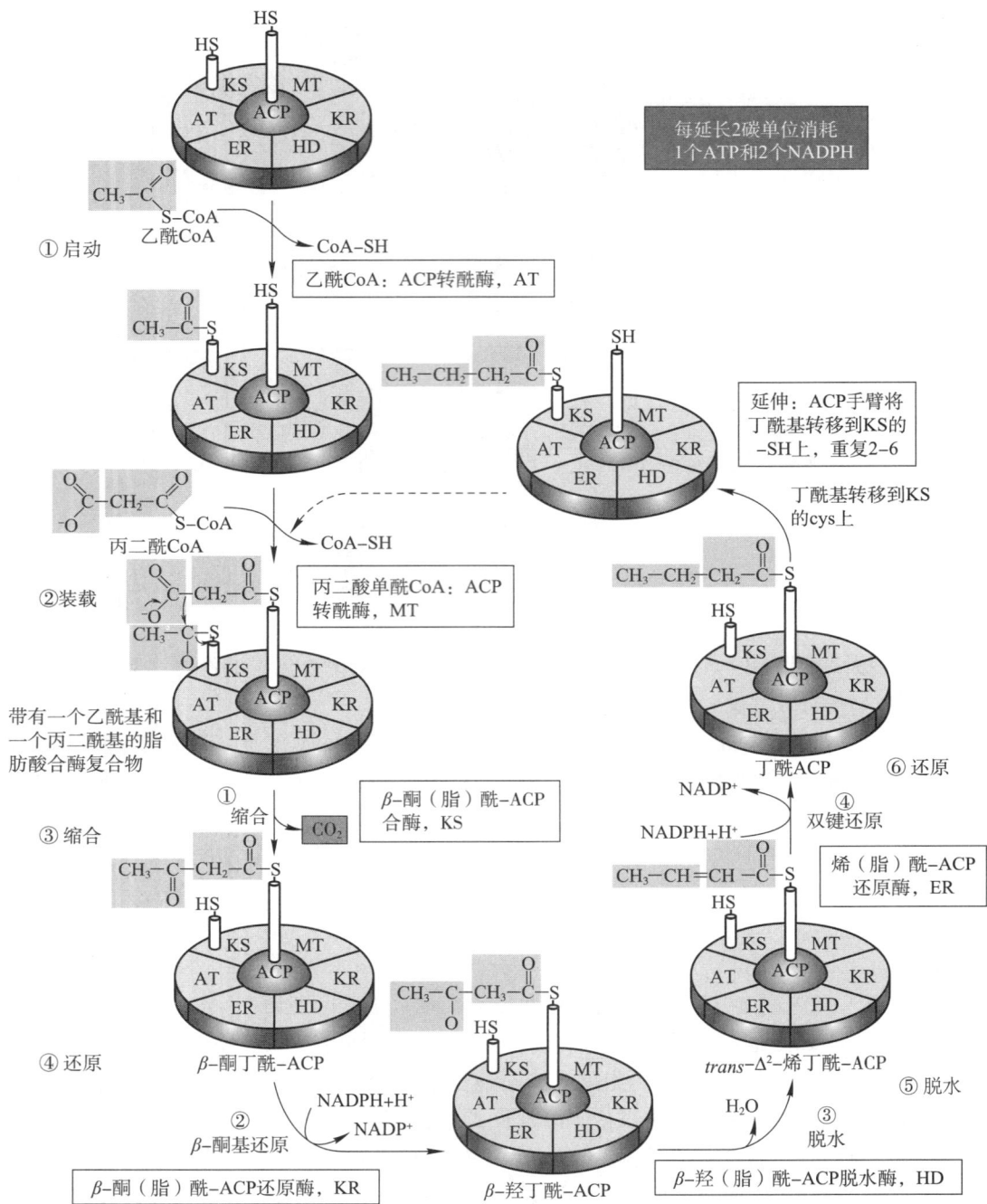

图 10-18　饱和脂肪酸的合成过程

表 10-2　软脂酸合成与分解代谢的区别

区别点	脂肪酸从头合成	脂肪酸 β 氧化
部位	细胞质基质	线粒体
酰基载体	ACP	COA
加入或断裂的二碳单位	丙二酸单酰 COA	乙酰 COA
电子供体或受体	NADPH + H⁺	NAD + FAD
酶	7 种	4 种

续表

区别点	脂肪酸从头合成	脂肪酸 β 氧化
羟酯基	D 型	L 型
底物的转运	柠檬酸穿梭系统	肉碱转运
反应方向	从 ω 到羧基	从羧基端开始
对 CO_2 的要求	需要	不需要
能量	消耗 ATP 和 NADPH + H[+]	产生 106 个 ATP
循环	缩合、还原、脱水、还原	脱氢、水合、脱氢、硫解
抑制剂	长链脂肪酸	丙二酸单酰 COA
激活剂	柠檬酸	

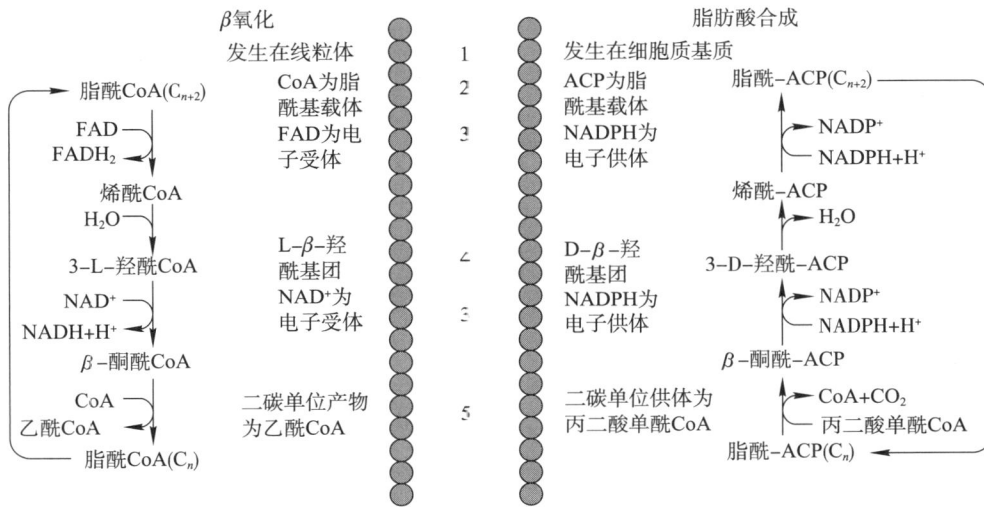

图 10-19 脂肪酸 β 氧化与合成的异同

二、脂肪酸的延长

植物和动物中脂肪酸合成酶的最常见的产物是软脂酸（C16：0），但在生物细胞内还含有碳链长度在 C16 以上的脂肪酸，如硬脂酸（C18：0）、花生酸（C20：0）等。脂肪酸碳链的延长可在滑面内质网和线粒体中以棕榈酸为基础，经脂肪酸延长酶体系催化完成。

在线粒体基质中，软脂酸经线粒体脂肪酸延长酶体系作用，与乙酰 CoA 缩合逐步延长碳链，其过程与脂肪酸 β 氧化逆行反应相似，但第 4 个酶是烯脂酰 CoA 还原酶，氢供体都是 NADPH。通过此种方式一般可延长脂肪酸碳链至 24 或 26 碳，但以硬脂酸最多。

在粗面型内质网中，软脂酸延长是以丙二酰 CoA 为二碳单位的供体，由 NADPH 供氢，经缩合脱羧、还原等过程延长碳链，与细胞质基质中脂肪酸合成过程基本相同。但催化反应的酶体系不同，其脂肪酰基不是以 ACP 为载体，而是与辅酶 A 相连参加反应。

三、不饱和脂肪酸的形成

（1）单烯脂酸的合成 需氧生物可通过单加氧酶在软脂酸和硬脂酸的在 Δ^9 位上加上双键，生成棕榈油酸和油酸，消耗 NADPH。

（2）多烯脂酸的合成 动物细胞中含有很多催化双键形成的去饱和酶，可催化远离脂肪酸羧基端的第九个碳的去饱和（图 10-20）。但九碳以上的去饱和则只有植物中的去饱和酶能催化。哺乳动物的其他脂肪酸可由这 4 种前体通过延长和去饱和作用形成棕榈油酸（n7）、油酸（n9）、亚油酸（n6）和亚麻酸（n3），其中亚油酸和亚麻酸不能自己合成，必须从食物摄取，称为必需脂肪酸。

例如，亚油酸（$18:2\ \Delta^{9,12}$）是花生四烯酰CoA 的前体，其形成途径涉及去饱和延长反应，催化反应的酶也不同于上述那些脂肪酸合成酶。反应中要消耗丙二酸单酰 CoA，因此途径也取决于乙酰 CoA 羧化酶的活性。

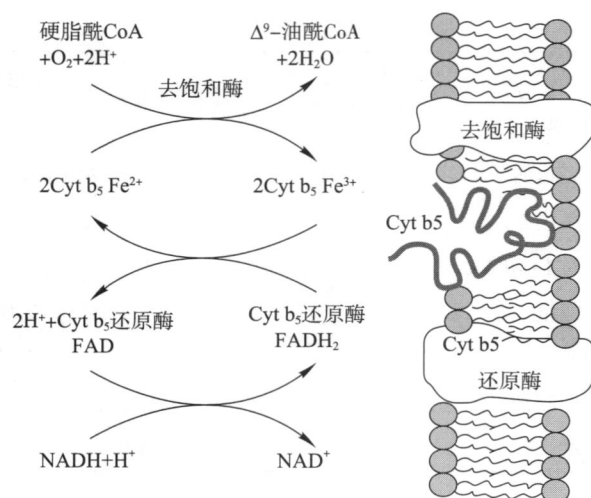

图 10-20　脂肪酸的去饱和反应

四、脂肪酸的合成调节

（1）调节脂肪酸生物合成速度，关键在于将乙酰 CoA 转化为丙二酰 CoA 阶段催化该步反应的酶，即乙酰 CoA 羧化酶。底物前体柠檬酸影响乙酰 CoA 羧化酶催化作用，其量如有增减，则相应引起脂肪酸合成的促进或抑制（图 10-21）。

（2）柠檬酸相关酶的活性。柠檬酸合酶与裂合酶活性均增强，则促进更多的乙酰 CoA 出线粒体进入细胞质基质，有利于脂肪酸合成。反之亦然。

（3）丙二酰 CoA 的积累抑制乙酰 CoA 羧化酶。

（4）长链脂酰 CoA 反馈抑制乙酰 CoA 羧化酶和柠檬酸合酶。前者阻碍丙二酰 CoA 合成，后者将会影响乙酰 CoA 的供应。影响脂肪酸合成的还原步骤的因素是 NADPH，其量如果减少，将

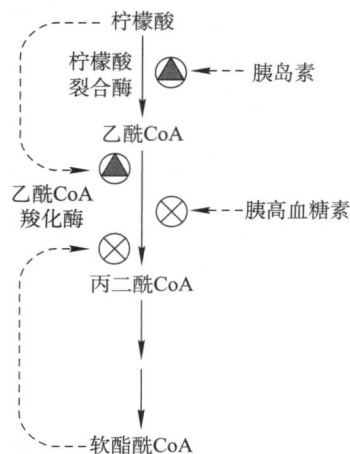

图 10-21　脂肪酸的合成调节

抑制脂肪酸合成。软酯酰 CoA 抑制葡萄糖 -6- 磷酸脱氢酶，影响 NADPH 浓度，从而影响脂肪酸合成。

● 知识点
三酰甘油的合成

五、三酰甘油的合成

三酰甘油主要分布在脂肪组织、肝、小肠黏膜上皮细胞中，这 3 个部位也是三酰甘油合成的主要部位。三酰甘油合成实际上就是甘油的 3 个羟基被脂酰化的过程，然而在细胞内，游离的甘油和脂肪酸是难以缩合成酯的，两者都需要先被活化，甘油活化为 3- 磷酸甘油，而脂肪酸被活化成脂酰 CoA。

（1）前体合成　脂肪酸的活化是通过脂酰 CoA 合成酶催化生成其活性形式——脂酰 CoA；甘油的活化有 2 种方式，一是细胞质中糖酵解的中间产物——磷酸二羟丙酮经 α- 磷酸甘油脱氢酶催化，以 NADH 还原生成磷酸甘油。二是游离的甘油也可经甘油激酶催化，生成 3- 磷酸甘油，但脂肪组织缺乏有活性的甘油激酶。

（2）合成三酰甘油的两条途径　主要包括磷脂酸途径（图 10-22）和单酰甘油途径。

磷脂酸途径是 3- 磷酸甘油在脂酰转移酶作用下，与 2 分子脂酰 CoA 反应生成 3- 磷酸 -1,2甘油二酯，即磷脂酸。此外，磷酸二羟丙酮也可不转为 3- 磷酸甘油，而是先酯化，后还原生成溶血磷脂

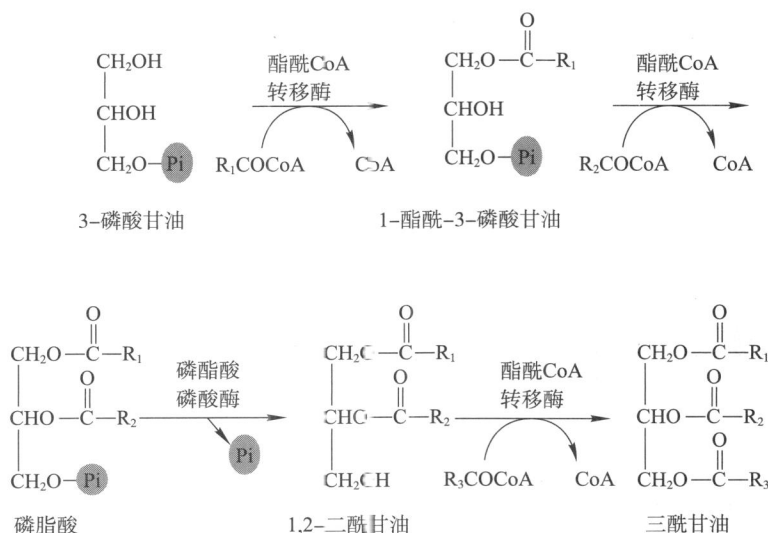

图 10-22 磷脂酸途径

酸，然后再经酯化合成磷脂酸。磷脂酸在磷脂酸磷酸酶作用下，水解释放出无机磷酸，而转变为二酰甘油，它是三酰甘油的前身物，可通过二酰甘油酰基转移酶催化最后一步酯化反应生成三酰甘油。二酰甘油酰基转移酶具有立体专一性，它只作用于 1,2- 二酰甘油。

单酰甘油途径则是以单酰甘油为起始物，与脂酰 CoA 共同在脂酰转移酶作用下酯化生成三酰甘油。

第四节　磷脂代谢

一、磷脂的分解

磷脂能被不同的磷脂酶分解。例如，作用于卵磷脂的酶有 4 种（图 10-23），这 4 种酶分别命名为

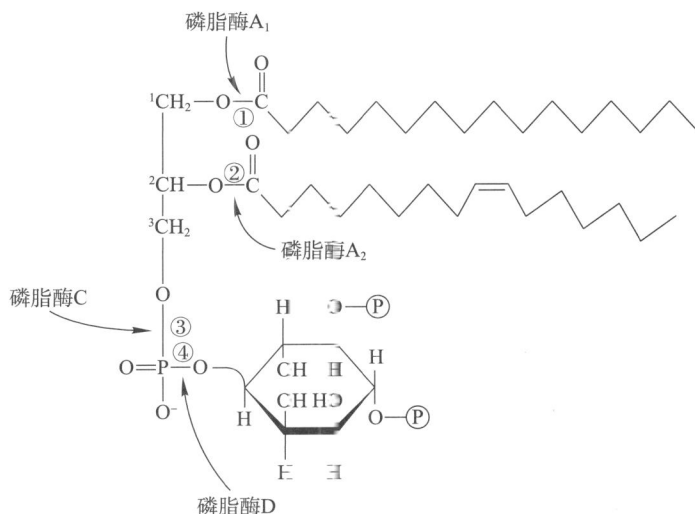

图 10-23　不同磷脂酶的作用位点

磷脂酶 A_1、磷脂酶 A_2、磷脂酶 C、磷脂酶 D，各作用于磷脂分子的不同位置：

磷脂酶 A_1 存在于动物细胞中，作用于①位置，生成 2- 脂酰基甘油磷酸胆碱和 1 分子脂肪酸。 磷脂酶 A_2 存在于蛇毒、蜂毒中，也常以酶原形式存在于动物胰中，作用于②位，生成 1- 脂酰基甘油磷酸胆碱和 1 分子脂肪酸。磷脂酶 C 存在于动物脑、蛇毒和细菌中。作用于③位，生成二酰甘油和磷酸胆碱。磷脂酶 D 存在于高等植物中，亦可作用于其他磷脂酰酯，需有 Ca^{2+}。作用于④位，生成磷脂酸和胆碱。磷脂酶 D 亦能催化转磷脂酰基的反应，将卵磷脂分子上的磷脂酰基转移至别的含羟基化合物（如甘油、乙醇胺、丝氨酸）上。此外还有溶血磷脂酶，旧称磷脂酶 B，它催化磷脂酶 A_2 的水解产物 1- 脂酰基甘油磷酸胆碱在①位发生水解。此酶存在于动物、植物组织及霉菌中。

二、磷脂的合成

1. 脑磷脂的合成

（1）乙醇胺的磷酸化：乙醇胺激酶催化羟基磷酸化，生成磷酸乙醇胺。

（2）与 CTP 生成 CDP- 乙醇胺，由磷酸乙醇胺胞苷转移酶催化，放出焦磷酸。

（3）与二酰甘油生成脑磷脂，放出 CMP。由磷酸乙醇胺转移酶催化。该酶位于内质网上，内质网上还有磷脂酸磷酸酶，水解分散在水中的磷脂酸，用于磷脂合成。肝和肠黏膜细胞的可溶性磷脂酸磷酸酶只能水解膜上的磷脂酸，合成三酰甘油。

2. 卵磷脂合成

（1）节约利用途径：与脑磷脂类似，利用已有的胆碱，先磷酸化，再连接 CDP 作载体，与二酰甘油生成卵磷脂。

（2）从头合成途径：将脑磷脂的乙醇胺甲基化，生成卵磷脂。供体是 S- 腺苷甲硫氨酸，由磷脂酰乙醇胺甲基转移酶催化，生成 S- 腺苷高半胱氨酸。共消耗 3 个供体。

3. 磷脂酰肌醇的合成（图 10-24）

（1）磷脂酸与 CTP 生成 CDP- 二脂酰甘油，放出焦磷酸。由磷脂酰胞苷酸转移酶催化。

（2）CDP- 二酰甘油：肌醇磷脂酰转移酶催化生成磷脂酰肌醇（PIP）。磷脂酰肌醇激酶催化生成 PIP，PIP 激酶催化生成 PIP_2。磷脂酶 C 催化 PIP_2 水解生成三磷酸肌醇（IP_3）和二酰甘油（DG），IP_3

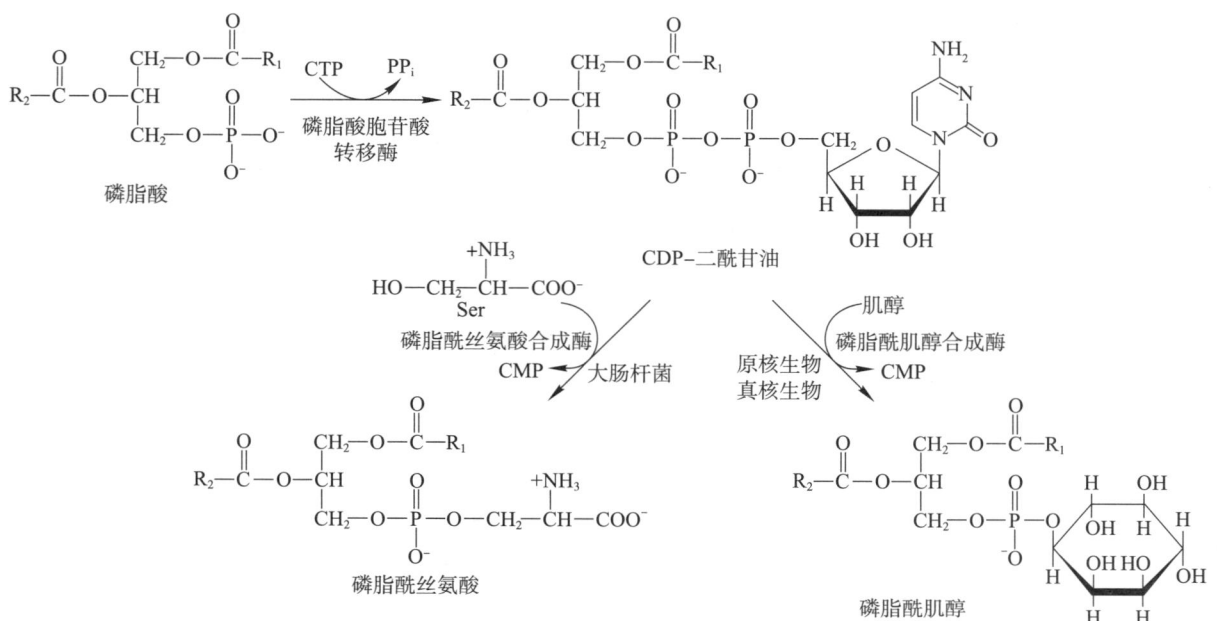

图 10-24　磷脂酰肌醇和磷脂酰丝氨酸的合成

使内质网释放钙，DG 增加蛋白激酶 C 对钙的敏感性，通过磷酸化起第二信使作用。

　　4. 其他

　　磷脂酰丝氨酸可通过脑磷脂与丝氨酸的醇基交换生成，由磷酸吡哆醛酶催化。心磷脂的合成为先生成 CDP- 二酰甘油，再与甘油 -3- 磷酸生成磷脂酰甘油磷酸，水解掉磷酸后与另一个 CDP- 二酰甘油生成心磷脂，反应由磷酸甘油磷脂酰转移酶催化。

第五节　鞘脂类代谢

鞘脂是一类以鞘氨醇为结构骨架的脂，骨架是由软脂酰 CoA 和丝氨酸衍生而来的。

一、鞘磷脂的合成

（1）合成鞘氨醇：在鞘氨醇生物合成途径的第一步反应中，丝氨酸与软脂酰 CoA 缩合形成 3- 酮二氢鞘氨醇，然后 3- 酮二氢鞘氨醇被还原生成二氢鞘氨醇，最后二氢鞘氨醇去饱和形成鞘氨醇（图 10-25）。

（2）鞘氨醇由鞘氨醇酰基转移酶催化，被脂酰 CoA 酰化生成神经酰胺，神经酰胺由神经酰胺胆碱磷酸转移酶催化，可以与 CDP- 胆碱或磷脂酰胆碱形成鞘磷脂（图 10-26）。

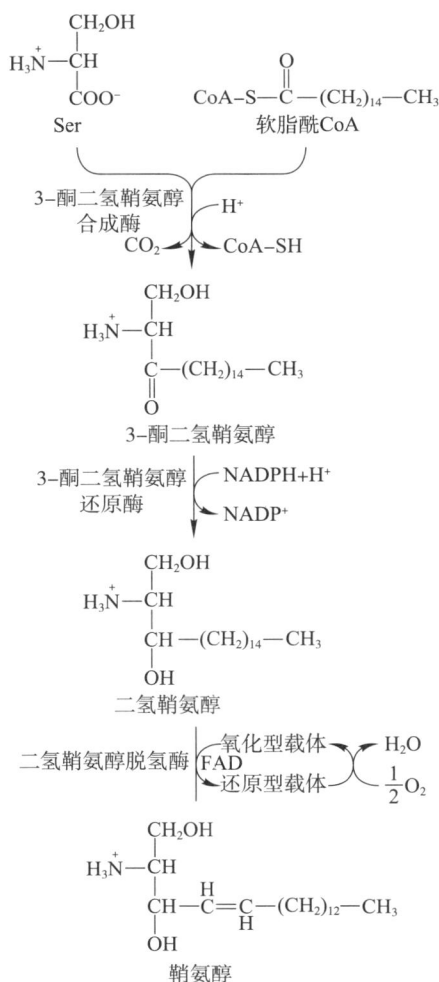

图 10-25　鞘氨醇的合成

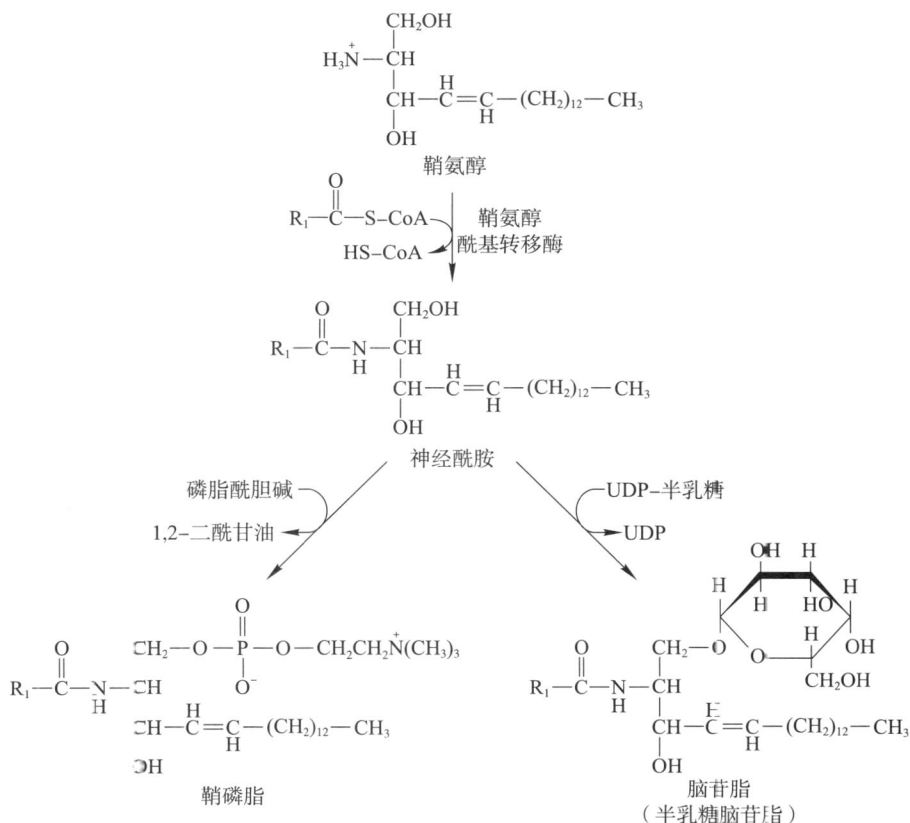

图 10-26　从鞘氨醇开始的鞘磷脂和脑苷脂的生物合成

二、鞘糖脂的合成

（1）脑苷脂：神经酰胺与 UDP- 葡萄糖生成葡萄糖脑苷脂，由葡萄糖基转移酶催化，是 β- 糖苷键。也可先由糖基与鞘氨醇反应，再酯化（图 10–26）。

（2）脑硫脂：硫酸先与 2 分子 ATP 生成 3- 磷酸腺苷 –5′ 磷酸硫酸（PAPS），再转移到半乳糖脑苷脂的 3 位。由微粒体的半乳糖脑苷脂硫酸基转移酶催化。

（3）神经节苷脂：以神经酰胺为基础合成，UDP 为糖载体，CMP 为唾液酸载体，转移酶催化。其分解在溶酶体进行，需要糖苷酶等。酶缺乏可导致脂类沉积症，神经发育迟缓，存活期短。

第六节　胆固醇代谢

大多数哺乳动物细胞都有合成胆固醇的能力，但实际上合成胆固醇最活跃的地方是肝细胞，肝细胞中合成的胆固醇和来自饮食中的胆固醇通过脂蛋白运输到体内其他细胞。同位素标记实验表明，胆固醇中的碳原子都是来自乙酰 CoA 中的 2 碳单位乙酰基。乙酰 CoA 是从线粒体经柠檬酸转运系统转运来的。由于乙酰 CoA 也可用于脂肪酸的合成，所以乙酰 CoA 是脂生物合成的两个主要途径的分支点。鲨烯（C30）是胆固醇（C27）生物合成的中间代谢物，是由 5 碳单位异戊二烯形成的，而异戊二烯是由起始原料乙酰 CoA 合成的。

一、胆固醇的合成

胆固醇的合成可归纳为乙酰基（C2）→异戊二烯（C5）→鲨烯（C30）→羊毛固醇（C30）→胆固醇（C27）几个阶段（图 10–27）。

1. 异戊烯醇焦磷酸酯（IPP）的合成

（1）羟甲基戊二酰辅酶 A（HMG–CoA）的合成　可由 3 个乙酰 CoA 缩合而成，也可由亮氨酸合成。缩合反应分别由细胞质中的硫解酶和 HMG–CoA 合成酶催化的，它们是参与酮体形成的线粒体酶

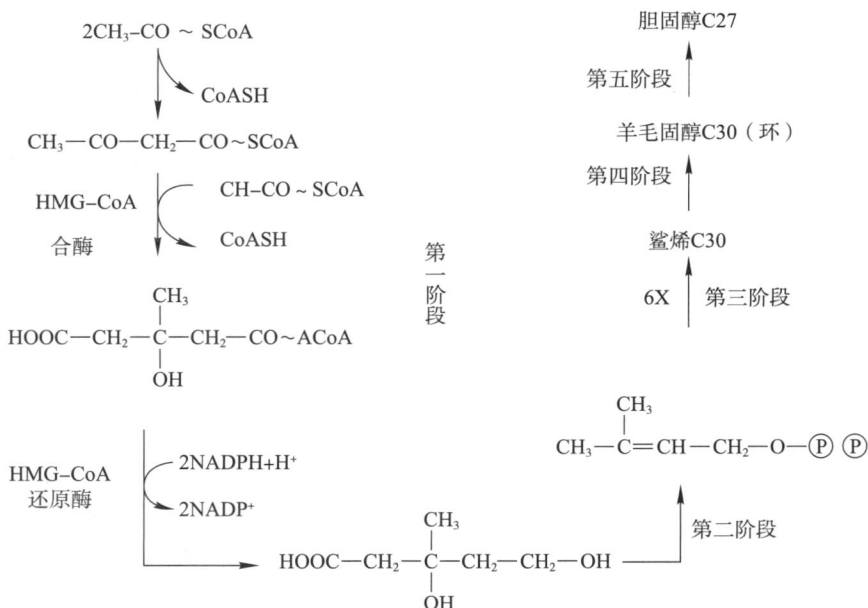

图 10–27　胆固醇的合成途径

的同工酶。

（2）二羟甲基戊酸的合成　由 HMG-CoA 还原酶催化 HMG-CoA 转化为甲羟戊酸，消耗 2 分子 NADPH，不可逆。该步骤是酮体和胆固醇合成的分支点，也是胆固醇合成的限速步骤，酶有立体专一性，受胆固醇抑制。酶的合成和活性都受激素控制，cAMP 可促进其磷酸化，降低活性。

（3）合成异戊烯醇焦磷酸酯　二羟甲基戊酸经 2 分子 ATP 活化，再脱羧转化为异戊烯焦磷酸。

2. 生成鲨烯

异构酶催化异戊烯焦磷酸转换为二甲（基）烯丙基焦磷酸，6 个 IPP 缩合生成 30 碳的鲨烯，由二甲基丙烯基转移酶催化。鲨烯是合成胆固醇的直接前体，水不溶。

3. 生成胆固醇

固醇载体蛋白将鲨烯运到微粒体，环化成中间产物羊毛固醇，需分子氧和 NADPH 参加。羊毛固醇经切除甲基、双键移位、还原等步骤生成胆固醇。需固醇载体蛋白，7- 脱氢胆固醇是中间物之一。

二、胆固醇的降解和转变

人体每日合成胆固醇量为 1.0 ~ 1.5 g，其中约 0.3 g 转变为胆酸和脱氧胆酸。胆汁中的胆酸盐经胆管入十二指肠，起消化作用。胆酸的大部分为小肠吸收，通过门静脉入肝。肠道内胆固醇经细菌作用，转变为固醇随粪便排出体外，每日随粪便约排泄 0.4 g 胆固醇。

胆固醇的环核结构不在动物体内彻底分解为最简单化合物排出体外，但其支链可被氧化。更重要的是胆固醇可转变成许多具有重要生理意义的化合物（图 10-28）。

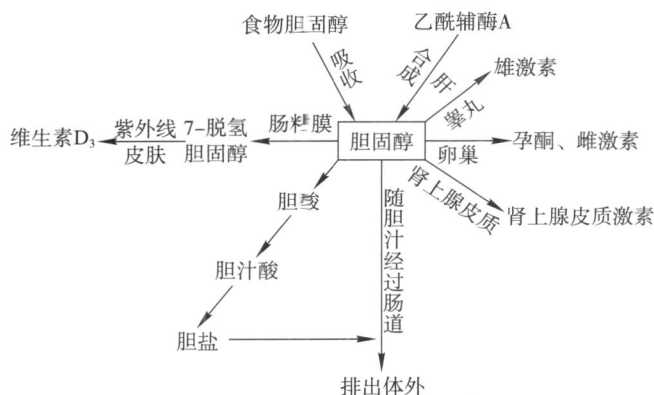

图 10-28　胆固醇的转化

7- 脱氢胆固醇经紫外线照射可生成前维生素 D，再生成维生素 D_3。麦角固醇可转变为维生素 D_2。

在血浆脂蛋白分子内的游离胆固醇，可以通过肝合成的卵磷脂——胆固醇酰基转移酶的作用，接受磷脂酰胆碱分子上的脂肪酸，形成胆固醇酯。

活体内的胆固醇主要形成胆酸。胆酸的 20% 左右为牛磺胆酸，其余为甘氨胆酸。胆酸在 CoA、ATP 和 Mg^{2+} 存在下，合成胆酸酰 CoA，再与甘氨酸或牛磺氨酸结合。其对油脂消化和脂溶性维生素的吸收有重要作用。

胆固醇还可形成固醇类激素。例如，肾上腺皮质有 21- 羟化酶，可合成皮质醇、皮质酮和醛固酮。性腺有碳链裂解酶，可生成雄烯二酮，再经 17β- 脱氢酶生成睾酮。卵巢和胎盘还有芳香酶系，可产生苯环，生成雌酮和雌二醇。

胆固醇代谢对人类来说极为重要，因为胆固醇可转化为许多重要的生理活性物质，且胆固醇代谢失常可引起某些疾病如心血管硬化及胆结石疾病。

第七节　脂质代谢调控与代谢紊乱

　　机体可以通过神经及体液系统来调节脂质代谢，改变合成和分解代谢的强度，以适应机体活动的需要。对脂质代谢影响较大的激素有胰岛素、肾上腺素、生长激素、高血糖素、促肾上腺皮质激素、甲状腺素、甲状腺刺激激素、前列腺素等（图 10-29）。

　　这些激素中，肾上腺素、生长激素、高血糖素、促肾上腺皮质激素、甲状腺素、甲状腺刺激激素等能促进脂肪动员和脂解作用，而胰岛素、前列腺素则相反。

　　机体也可以通过变构酶系统来调节脂质代谢。例如，从肠管吸收（外源性）进入肝的胆固醇量多，则肝内合成胆固醇的量就少。其作用机制是：外源性胆固醇以脂蛋白的形式作用于 HMG- 还原酶的别构部位，从而使 β- 羟基 -β- 甲基戊二酸（HMG）不能还原成 β,δ- 二羟 -β- 甲基戊酸而转向酮体生成。胆汁酸的生成量对胆固醇合成也有影响。

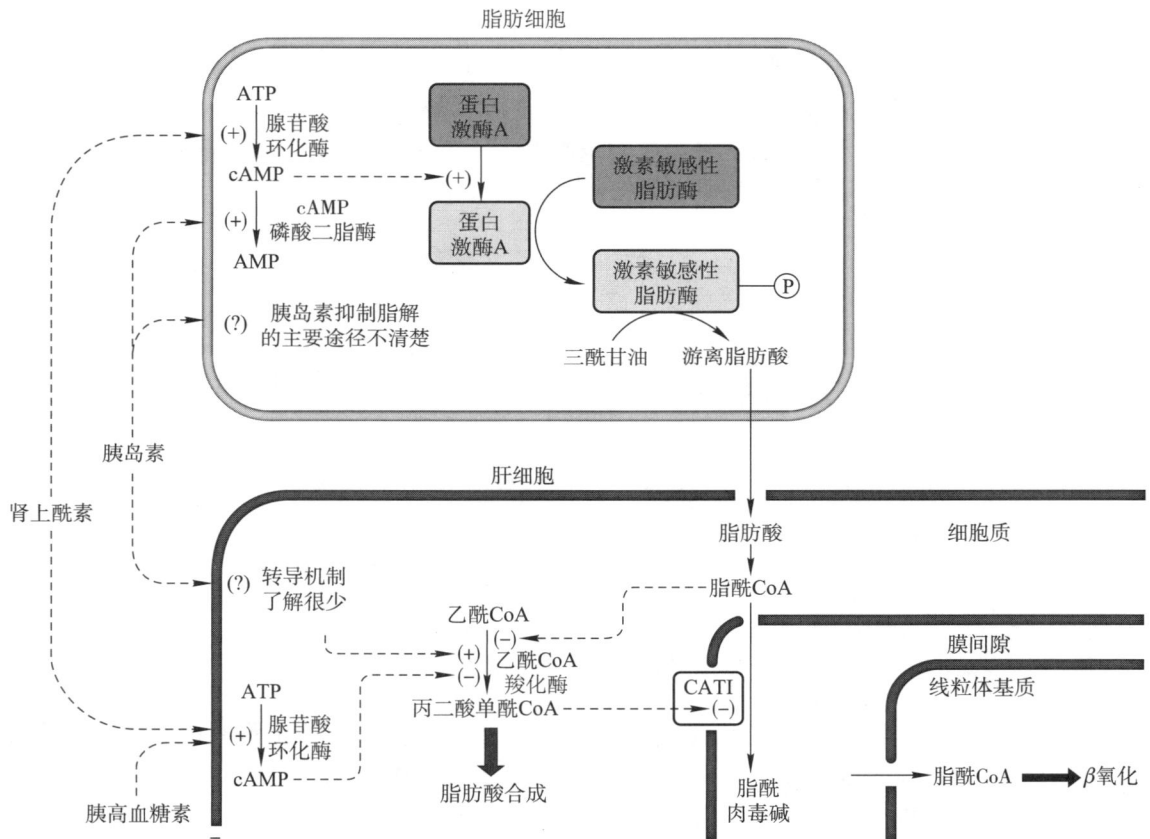

图 10-29　脂肪酸代谢的激素调节

一、脂肪酸代谢调控

1. 分解

　　长链脂肪酸的跨膜转运决定合成与氧化。肉碱脂酰转移酶是氧化的限速酶，受丙二酸单酰辅酶 A 抑制，饥饿时胰高血糖素使其浓度下降，肉碱浓度升高，加速氧化。能荷高时还有 NADH 抑制 3- 羟脂酰辅酶 A 脱氢酶，乙酰辅酶 A 抑制硫解酶。

2. 合成

（1）短期调控　通过小分子效应物调节酶活性，最重要的是柠檬酸，可激活乙酰 CoA 羧化酶，加快限速步骤。乙酰 CoA 和 ATP 抑制异柠檬酸脱氢酶，使柠檬酸增多，加速合成。软脂酰 CoA 拮抗柠檬酸的激活作用，抑制其转运，还抑制葡萄糖 -6- 磷酸脱氢酶产生 NADPH 及柠檬酸合成酶产生柠檬酸的过程。乙酰辅酶 A 羧化酶还受可逆磷酸化调节，磷酸化则失去活性，所以胰高血糖素抑制合成，而胰岛素有去磷酸化作用，促进合成。

（2）长期调控　食物可改变有关酶的含量，称为适应性调控。

二、胆固醇代谢调控

（1）反馈调节　胆固醇抑制 HMG-CoA 还原酶活性，长期禁食则增加酶量。

（2）低密度脂蛋白的调节作用　细胞从血浆 LDL 获得胆固醇，游离胆固醇抑制 LDL 受体基因，减少受体合成，降低摄取。

三、脂质代谢紊乱

1. 脂肪酸与酮尿症

在肝中长链脂肪酸经 β 氧化能产生大量乙酰 CoA，乙酰 CoA 除直接参加三羧酸循环进一步氧化外，还能在肝中缩合形成乙酰乙酰 CoA。肝细胞中有活性很强的酶，能催化乙酰乙酰 CoA 转变为乙酰乙酸，乙酰乙酸可还原成 β- 羟丁酸和脱羧生成丙酮，从而形成酮体。在患糖尿病时，由于胰岛素绝对或相对缺乏，胰高血糖素及血中其他抗胰岛素作用物质水平升高，脂肪动员增多，脂肪分解剧增，肝形成大量酮体，肝外组织清除酮体能力下降，则可发生酮症，甚至酸中毒。饥饿可引起饥饿性酮症。

2. 甘油磷脂和脂肪肝

肝可合成脂蛋白，有利于脂质运输。肝也是脂肪酸氧化和酮体形成的主要场所。正常情况下，肝脂含量不多（仅约 4%），其中，脂肪仅占 1/4。当肝脂蛋白合成或肝脂肪酸氧化出现障碍时，不能及时将肝细胞脂肪运出或氧化利用，造成脂肪在肝细胞中堆积，以致产生"脂肪肝"，导致肝细胞功能异常。

3. 胆固醇与动脉粥样硬化

动脉粥样硬化的发生、发展可能与脂质，特别是胆固醇的代谢紊乱密切相关。临床病理检查发现，动脉粥样硬化斑块中含有大量胆固醇酯。临床实践证实，高胆固醇病人动脉粥样硬化病的发病率也高。

拓展性提示

本章侧重讨论脂肪酸与三酰甘油的生物合成和分解。课外可以拓展了解脂类代谢的其他方面的研究进展。例如，白色脂肪组织与棕色脂肪组织在脂质代谢中所扮演不同的角色，脂质代谢途径与控制葡萄糖胞内命运的途径是如何紧密相连的。此外，脂质代谢组学也是一门新兴起的研究脂质代谢调控在各种生命现象中作用机制的新学科，它通过从系统水平上研究生物体内的脂质，揭示脂质分子及与其他生物分子间的相互作用。

？ 思考题

1. 脂质在动物机体中是怎样运送的？
2. 简述脂肪酸 β 氧化过程。此外还有什么氧化方式？
3. 不饱和脂肪酸氧化有何特点？
4. 试述脂肪酸生物合成的过程。
5. 脂肪酸 β 氧化与从头合成有何异同？
6. 试述甘油磷脂分解代谢要点。
7. 试述胆固醇合成的要点。
8. 请用脂代谢及其紊乱理论分析"酮症"、脂肪肝和动物粥样硬化发病机理。

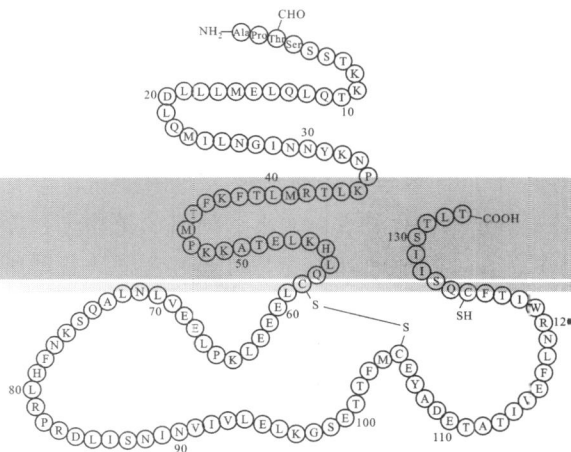

11

氨基酸代谢

知识要点

一、定义

蛋白酶、肽酶、氨肽酶、羧肽酶、氨基酸脱羧酶、转氨酶、脱氨基作用、脱酰胺基作用、转氨作用、联合脱氨作用、脱羧作用、尿素循环、生糖氨基酸、生酮氨基酸、生糖兼生酮氨基酸、一碳单位、泛素。

二、氨基酸的生物合成

固氮酶和生物固氮、还原性氨基化作用、转氨作用、氨基酸间的相互转化作用与一碳单位。

三、蛋白质生物降解

蛋白质分解的酶类、蛋白质的消化和吸收。

四、氨基酸的分解

氨基酸的脱氨基作用、氨基酸的转氨基作用和联合脱氨基作用、氨基酸的脱羧基作用、氨基酸碳骨架的氧化途径、含氮排泄物的形成、氨的排泄、氨的转运、尿素循环。

五、蛋白质代谢的调节

蛋白质代谢的调节遗传的控制、酶的空制和激素的调节。

学习要求

1. 了解固氮酶和生物固氮。

2. 熟悉还原性氨基化作用、转氨作用及氨基酸间的相互转化作用等氨基酸生物合成的基本途径。

3. 了解氨基酸和一碳单位的关系。

4. 掌握蛋白质分解的酶类及其酶切位点。

5. 熟悉蛋白质的降解规律和氨基酸的吸收。

6. 掌握氨基酸的脱氨基作用、转氨基作用、联合脱氨基作用和脱羧基作用。

7. 掌握氨基酸分解代谢产物的去路、氨的转运、丙氨酸 – 葡萄糖循环。

8. 掌握尿素循环途径、尿素合成的部位、关键酶、限速步骤和尿素氮的来源。

9. 了解蛋白质代谢的调节。

10. 了解氨基酸代谢途径中具有重要生理意义的代谢产物。

11. 熟悉氨基酸代谢紊乱引起的疾病。

蛋白质是一类结构极其复杂、在生物体中具有重要功能的含氮类有机化合物,与核酸共同参与和决定了复杂而多样的生命活动。蛋白质是生命活动的物质基础,在生物体中的存在形式和作用多种多样,可作为生物体的结构物质,如人和其他动物的肌肉、毛发、角、蹄等;可作为功能物质,如催化生物体内生化反应的酶、促进和调节生理生化作用的激素、与物质运输相关的载体等。

蛋白质的生物合成较为复杂,大约需300种生物大分子的参与,还需消耗大量的能量(参见第16章)。蛋白质的构件分子——氨基酸的生物合成对于植物和微生物非常重要,所有的植物和自养微生物都可以自己合成构成蛋白质的20种氨基酸。昆虫、人和其他哺乳动物等可通过食物链获得所有的氨基酸,动物可合成部分氨基酸,不能自行合成的称为必需氨基酸(参见第3章)。转氨基作用是氨基酸合成的主要方式。不同的氨基酸生物合成途径有所不同,但其具有的共同特征是均不以CO_2和NH_3为起始原料从头合成,其碳骨架主要来自糖酵解、三羧酸循环和磷酸戊糖途径等糖代谢途径中的中间产物。

蛋白质被蛋白酶和肽酶分解为氨基酸,氨基酸通过氧化脱氨基、转氨基及联合脱氨基作用等脱氨基和脱羧基作用产生活性物质,脱下的氨可重新利用,合成新的蛋白质或其他如嘌呤、卟啉、激素等含氮化合物,哺乳动物经尿素循环将氨转变为尿素排出体外。氨基酸脱下氨基后剩下的碳骨架进入糖代谢途径中生成丙酮酸、乙酰辅酶A、乙酰乙酰辅酶A、α-酮戊二酸、琥珀酰辅酶A、延胡索酸和草酰乙酸等糖代谢途径中的重要中间产物,部分还可作为糖异生的前体。

第一节 氨基酸的生物合成

氨基酸是蛋白质的基本组成单位,是生物体合成蛋白质的原料,也是高等动物中许多重要生物分子的前体,如嘌呤、嘧啶、激素、卟啉和某些维生素等。不同生物机体利用氮源合成氨基酸的能力有所相同。脊椎动物不能合成全部氨基酸,例如,人和大鼠能合成10种氨基酸,称之为非必需氨基酸。高等动物虽可利用铵离子作为合成氨基酸的氮源,但不能利用亚硝酸、硝酸和大气氮。高等植物能合成全部氨基酸,且能利用氨、亚硝酸作为氮源。微生物合成氨基酸的能力差异很大。例如,溶血链球菌需要17种氨基酸,大肠杆菌可由氨合成全部氨基酸,许多细菌和真菌还能利用硝酸和亚硝酸盐,将其还原为氨(图11-1)。固氮菌则能利用大气氮源在固氮酶等的催化下合成氨及氨基酸(图11-2)。

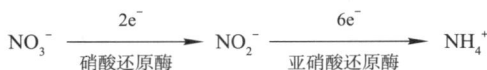

$$NO_3^- \xrightarrow[\text{硝酸还原酶}]{2e^-} NO_2^- \xrightarrow[\text{亚硝酸还原酶}]{6e^-} NH_4^+$$

图 11-1 亚硝盐酸还原为氨

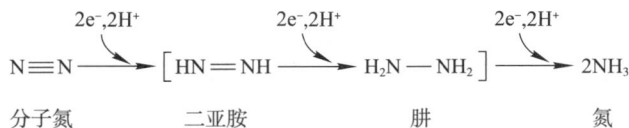

$$N\equiv N \xrightarrow{2e^-,2H^+} \left[HN=NH \xrightarrow{2e^-,2H^+} H_2N-NH_2 \right] \xrightarrow{2e^-,2H^+} 2NH_3$$

分子氮　　　　二亚胺　　　　肼　　　　氨

图 11-2 固氮酶的催化合成氨

所有的植物和自养微生物都必须自己合成构成蛋白质的20种氨基酸,生物体合成氨基酸的主要途径有还原性氨基化作用、转氨作用及氨基酸间的相互转化作用等。

一、还原性氨基化作用

在多数机体中，NH_3 同化主要是经谷氨酸和谷氨酰胺合成途径完成的。谷氨酸合成的主要途径是由 L- 谷氨酸脱氢酶（glutamate dehydrogenase，GDH）催化的 α- 酮戊二酸氨基化途径，该酶在动物体内需要 NADH 或 NADPH 作为辅酶，在植物体内只能利用 NADPH 为辅酶，催化的反应如下：

$$NH_3 + \alpha\text{-}酮戊二酸 + NAD(P)H + H^+ \rightleftharpoons L\text{-}谷氨酸 + NAD(P)^+ + H_2O$$

L- 谷氨酸脱氢酶是一种存在于线粒体中的别构酶，常以同源六聚体的形式存在，也存在同源四聚体蛋白（如酿酒酵母、粗糙链孢菌）。L- 谷氨酸脱氢酶在催化 L- 谷氨酸的氧化脱氨基反应时需要 $NAD^+/NADP^+$ 作为辅酶。根据辅酶特异性不同，L- 谷氨酸脱氢酶可以被分成 3 类：NAD（H）特异性谷氨酸脱氢酶、NADP（H）特异性谷氨酸脱氢酶及 NAD（H）/NADP（H）双特异性谷氨酸脱氢酶。不同特异性的谷氨酸脱氢酶在功能上存在不同的偏向性，NAD（H）特异性谷氨酸脱氢酶主要参与谷氨酸的分解代谢，NADP（H）特异性谷氨酸脱氢酶通常在氨的合成代谢中发挥作用。NAD（H）/NADP（H）双特异性谷氨酸脱氢酶在发挥催化作用时会受到一些小分子（如 ATP 和 GTP）的变构调节作用。哺乳动物 GDH 与其他种类的 GDH 不同，它受多种代谢物的变构调节。主要的变构激活剂是 ADP 和亮氨酸，主要的抑制剂包括 GTP、ATP 和棕榈酰辅酶 A。由脱氢酶催化的谷氨酸合成途径在自然界并不普遍。只有少数生物处在 NH_4 浓度很高的环境中时，才以此途径形成谷氨酸。

谷氨酸合成反应最普遍和主要的 NH_3 同化途径是由谷氨酸合酶（glutamate synthase，GOGAT）催化的。在谷氨酰胺合成酶和谷氨酸合酶联合作用，将游离氨转变为谷氨酸的 α- 氨基。谷氨酸合酶存在于许多植物和微生物中，反应需要 $NADPH + H^+$ 或 $NADH + H^+$ 或还原态铁氧还蛋白作氢供体，反应如下：

$$谷氨酸 + ATP + NH_3 \xrightarrow{\text{谷氨酰胺合成酶}} 谷氨酰胺 + ADP + P_i$$

$$谷氨酰胺 + \alpha\text{-}酮戊二酸 + NAD(P)H + H^+ \xrightarrow{\text{谷氨酸合酶}} 2谷氨酸 + NAD(P)^+$$

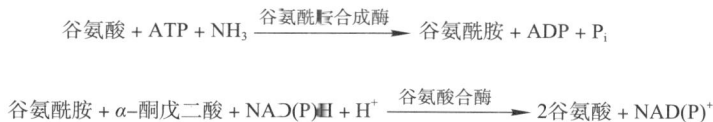

在微生物中，还存在一条由天冬酰胺合成酶（asparagine synthetase，AS）催化的 NH_3 同化途径，由于自由能变化大，该反应比谷氨酰胺的合成反应在菌体内更易于进行，反应如下：

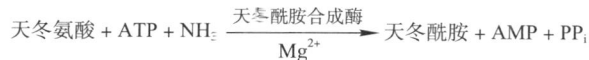

$$天冬氨酸 + ATP + NH_3 \xrightarrow[\text{Mg}^{2+}]{\text{天冬酰胺合成酶}} 天冬酰胺 + AMP + PP_i$$

二、氨基转移作用

氨基转移作用是由一种氨基酸将其分子上的氨基转移至其他 α- 酮酸上，以形成另一种氨基酸。这个反应的通式是：

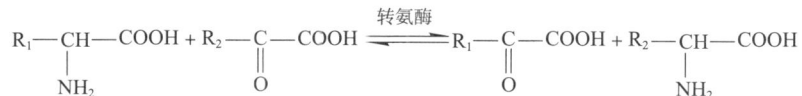

$$R_1\text{—CH—COOH} + R_2\text{—C—COOH} \xrightleftharpoons{\text{转氨酶}} R_1\text{—C—COOH} + R_2\text{—CH—COOH}$$

这个反应是由转氨酶催化，以磷酸吡哆醛为辅酶。有多种氨基酸可作为该反应的氨基供体。其中最主要的供体是谷氨酸和天冬氨酸。苏氨酸和赖氨酸不参加转氨作用。

在细胞内，转氨酶种类多、分布广，主要分布在细胞质、线粒体、叶绿体中，故转氨基反应在生物体内极为普遍。人体的转氨作用主要发生在肝中，心肌中的转氨作用也很强，转氨酶的活力可作为检查肝功能的指标之一。具体见氨基酸的分解代谢。

三、氨基酸的相互转化作用

有些情况下，氨基酸间也可相互转化。例如，苏氨酸或丝氨酸可生成甘氨酸（图 11-3），色氨酸或胱氨酸可生成丙氨酸。由谷氨酸可生成脯氨酸，由苯丙氨酸可生成酪氨酸，由蛋氨酸可生成半胱氨酸。

必需氨基酸是指人体及其他动物生长发育必需而在机体中又不能合成，必须从食物中摄取的氨基酸。动物不能合成的氨基酸有赖氨酸、色氨酸、组氨酸、苯丙氨酸、亮氨酸、异亮氨酸、苏氨酸、蛋氨酸、缬氨酸和精氨酸（人体能合成部分组氨酸和精氨酸）。

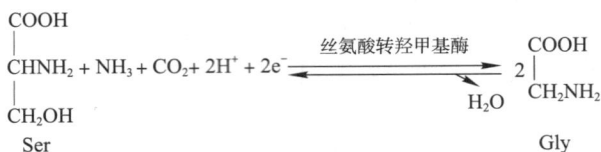

$$
\begin{array}{l}
\text{COOH} \\
| \\
\text{CHNH}_2 + \text{NH}_3 + \text{CO}_2 + 2\text{H}^+ + 2e^- \\
| \\
\text{CH}_2\text{OH} \\
\text{Ser}
\end{array}
\xrightleftharpoons[\text{H}_2\text{O}]{\text{丝氨酸转羟甲基酶}}
2
\begin{array}{l}
\text{COOH} \\
| \\
\text{CH}_2\text{NH}_2 \\
\text{Gly}
\end{array}
$$

图 11-3　丝氨酸转化为甘氨酸

氨基酸都可由代谢中间产物进行合成，本书中不赘述各个氨基酸的生物合成反应，其合成代谢途径将氨基酸生物合成分为谷氨酸、天冬氨酸、丙酮酸、丝氨酸、芳香族氨基酸和组氨酸 6 个组别（图 11-4）。

四、氨基酸代谢与一碳单位

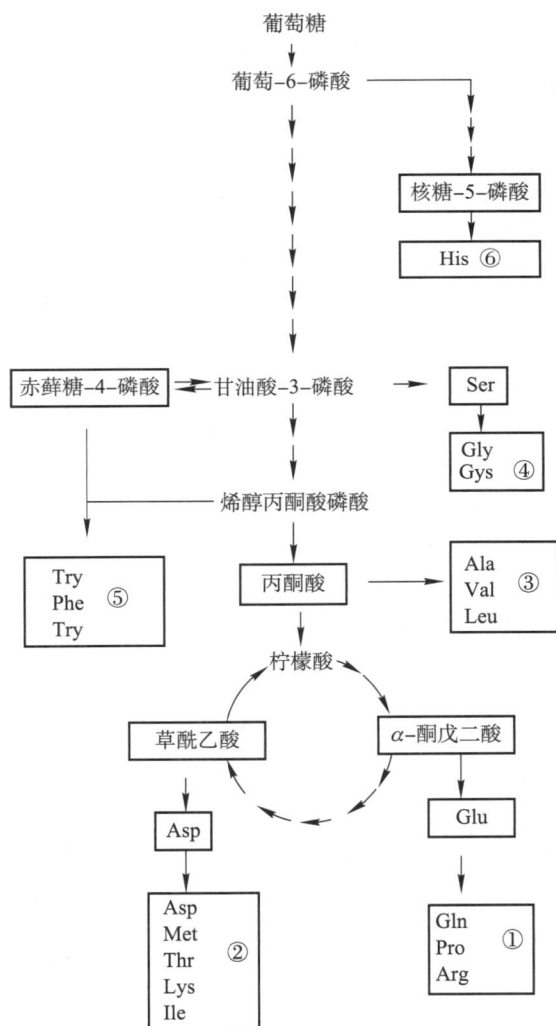

生物化学中的一碳单位（one carbon unit）是指某些氨基酸在分解代谢中产生的含有一个碳原子的基团，包括甲基、亚甲基、次甲基、羟甲基、甲酰基及亚氨甲基等（表 11-1）。在物质代谢过程中常涉及一碳基团（一碳单位）从一个化合物转移到另一个化合物，使后者增加一个碳原子的反应，这类反应需要一碳单位转移酶催化，并以四氢叶酸为辅酶，其功能为携带一碳基团。

表 11-1　生物体内常见的一碳单位及名称

一碳单位	名称
—CH=NH	亚氨甲基
$-\overset{\overset{\text{O}}{\|}}{\text{C}}-\text{H}$	甲酰基
—CH₂OH	羟甲基
—CH₂—	亚甲基或甲叉基
—CH=	次甲基或甲川基
—CH₃	甲基

体内的一碳单位的产生与部分氨基酸的代谢有关。能生成一碳单位的氨基酸有：甘氨酸、丝氨酸、

图 11-4　氨基酸生物合成途径简图

组氨酸、苏氨酸。另外甲硫氨酸可通过 S- 腺苷甲硫氨酸（SAM）提供"活性甲基"（一碳单位），因此蛋氨酸也可生成一碳单位。一碳单位的主要生理功能是作为嘌呤和嘧啶的合成原料，是氨基酸和核苷酸联系的纽带。所以一碳单位缺乏时对代谢较强的组织影响较大，如导致巨幼红细胞贫血（巨幼性贫血）。

第二节　蛋白质的生物降解

一、蛋白质分解的酶类

生物体内的蛋白质常处在合成与分解的动态变化中。分解蛋白质的酶有多种，其专一性不明显，一般可分为蛋白酶和肽酶两类。蛋白酶作用于肽链的内部，生成含氨基酸分子数较少且长度较短的多肽链；肽酶是指作用于肽链的羧基末端（羧肽酶）或氨基末端（氨肽酶）的酶，每次分解出 1 个氨基酸或二肽。在生物体内，蛋白质在蛋白酶作用下分解为许多较小的片段，暴露出较多的末端，在肽酶作用下进一步分解为氨基酸。

1. 蛋白酶

蛋白酶又称肽链内切酶，作用于蛋白质或多肽链内部。蛋白酶按其催化机理又可分为 4 类（表 11-2）。

表 11-2　蛋白酶的种类

编号	名称	作用特征	例子
3.4.21	丝氨酸蛋白酶类	在活性中心含丝氨酸	胰凝乳蛋白酶、胰蛋白酶、凝血酶
3.4.22	硫醇蛋白酶类	在活性中心含半胱氨酸	木瓜蛋白酶、无花果蛋白酶、菠萝蛋白酶
3.4.23	羧基（酸性）蛋白酶类	最适 pH 在 5 以下	胃蛋白酶、凝乳酶
3.4.24	金属蛋白酶类	含有催化活性所需的金属	枯草杆菌中性蛋白酶、动物胶原酶

在表 11-2 中有几种是某些植物含有的特殊蛋白酶。例如，木瓜果实及叶片乳汁中含有木瓜蛋白酶（papain），其分子量是 23 000，由 212 个氨基酸组成。木瓜蛋白酶的活性中心含半胱氨酸（Cys25、His159 和 Asp158），属于巯基蛋白酶，水解多肽和蛋白质中精氨酸和赖氨酸的羧基端，并能优先水解肽键 N 端为酸性或芳香族氨基酸的肽键。木瓜蛋白酶活性要求有一个游离的—SH，故能还原二硫化合物的还原剂如 HCN、H_2S、半胱氨酸、还原型谷胱甘肽等可使其活化，能氧化—SH 的氧化剂可使其钝化。重金属离子能与—SH 结合，对其有抑制作用，还原剂半胱氨酸（或亚硫酸盐）或 EDTA 能恢复酶的活力。木瓜蛋白酶具有酶活高、热稳定性好、天然卫生安全等特点，在食品、医药、饲料、日化、皮革及纺织等行业得到广泛应用，如在医药上用来治疗消化不良，在食品上用于啤酒的澄清、肉类嫩化、饼干松化等。木瓜乳汁中还含有木瓜凝乳蛋白酶，其性质与木瓜蛋白酶类似。

在菠萝叶和果实中含有菠萝蛋白酶（bromelain），和木瓜蛋白酶一样，菠萝蛋白酶也可被半胱氨酸、HCN、H_2S 活化而被 H_2O_2、$KMnO_4$、铁氰化物抑制。重金属离子如 Ag^+、Hg^{2+} 亦有抑制作用。菠萝蛋白酶制剂亦用于啤酒的澄清，在制面包时加入菠萝蛋白酶可改善面筋的弹性而增加面包的体积。

在无花果的乳汁中含有无花果蛋白酶（ficin），其性质也和木瓜蛋白酶类似，可被半胱氨酸、HCN 等活化而被 I_2、H_2O_2 抑制。

2. 肽酶

肽酶又称肽链端解酶，属于肽链外切酶，只作用于蛋白质或多肽链的末端，如氨基端或羧基端。肽酶可从蛋白质或多肽链的一端将氨基酸一个一个地或两个两个地从多肽链上水解下来。肽酶又可分为 6 类（表 11-3）。

表 11-3　肽酶的种类

编号	名称	作用特征	反应
3.4.11	α- 氨酰肽水解酶类	作用于多肽链的氨基末端（N 端），生成氨基酸	氨酰肽 + H_2O → 氨基酸 + 肽
3.4.13	二肽水解酶类	水解二肽	二肽 + H_2O → 2 氨基酸
3.4.14	二肽基肽水解酶类	作用于多肽链的氨基端，生成二肽	二肽基多肽 + H_2O → 二肽 + 多肽
3.4.15	肽基二肽水解酶类	作用于多肽链的羧基末端（C 端），生成二肽	多肽基二肽 + H_2O → 多肽 + 二肽
3.4.16	丝氨酸羧肽酶类	作用于多肽链的羧基末端生成氨基酸，在催化部位含有对有机氟、有机磷敏感的丝氨酸残基	肽基 -L- 氨基酸 + H_2O → 肽 + L- 氨基酸
3.4.17	金属羧肽酶类	作用于多肽链的羧基末端生成氨基酸，其活性要求二价阳离子	肽基 -L- 氨基酸 + H_2O → 肽 + L- 氨基酸

二、外源蛋白质的消化与吸收

1. 蛋白质的消化

📧 知识点

机体对外源蛋白质的消化及蛋白质的降解特性

外源蛋白质进入体内，在消化道中消化后形成游离的小分子氨基酸，才能被吸收。蛋白质的消化开始于胃，胃中的主要蛋白质水解酶是胃蛋白酶（pepsin，分子量 33 000），由胃黏膜的主细胞以无活性的胃蛋白酶原（pepsinogen，分子量 40 000）的形式合成，并以不具活性的酶原颗粒贮存在细胞内。分泌入胃内的胃蛋白酶原经盐酸或胃蛋白酶自身激活转变为活性胃蛋白酶。其最适 pH 为 1.5～2.5，从多肽链的 N 端以 6 个肽段形式水解下 44 个氨基酸残基（图 11-5），其中胃液的酸性可使球状蛋白质变性和松散。胃蛋白酶属于天冬氨酸蛋白酶家族，其作用的特异性一般，优先作用于含有芳香族氨基酸（酪氨酸、苯丙氨酸、色氨酸）和亮氨酸、谷氨酸和谷氨酰胺残基组成的肽键。水解后的产物除少数氨基酸外主要是肽类。胃蛋白酶只有在酸性较强的环境中才能发挥作用，其最适 pH 为 2。随着 pH 的升高，胃蛋白酶的活性即降低，当 pH 升至 6 以上时，此酶即发生不可逆的变性。

在胃中消化后的蛋白质随着胃液进入小肠，胰分泌的胰液中含有胰蛋白酶原和糜蛋白酶原、羧肽酶原 A 和 B 及弹性蛋白酶原等，这些消化酶在胰腺细胞以酶原的形式合成，通过胰液进入十二指肠后才被水解激活。若上述酶原在细胞内提前激活，会导致细胞自溶。消化酶酶原激活的方式涉及肽链中共价键或二硫键的断裂。胰蛋白酶原（trypsinogen，分子量 24 000）由肠激酶或自体催化下，断裂酶原的 N 端赖氨酸与异亮氨酸残基之间的肽键，水解下一个缬 - 天 - 天 - 天 - 天 - 赖六肽，使其构象发生变化，转

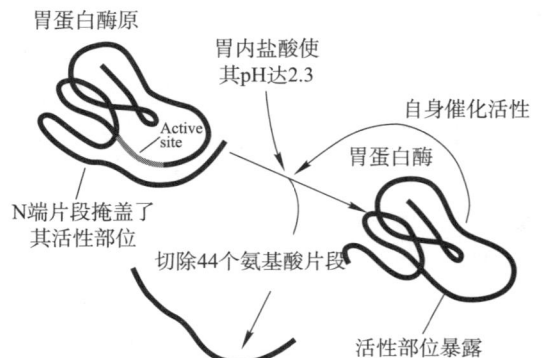

图 11-5　胃蛋白酶原的激活

变为有活性的胰蛋白酶（trypsin，EC 3.4.4.4，图 11-6）。胰蛋白酶肽链中的组氨酸（40）、天冬氨酸（84）、丝氨酸（177）和色氨酸（193）在空间上相互靠近，形成酶的活性中心（图 11-6 中方框）。胰蛋白酶是一种丝氨酸蛋白水解酶，水解由精氨酸和赖氨酸羧基组成的肽键。该酶不仅起着蛋白质消化作用，还对糜蛋白酶原（又称胰凝乳蛋白酶原）、羧肽酶原、磷脂酶原等酶的前体具激活作用，是特异性最强的一类蛋白酶。糜蛋白酶原（chymotrypsinogen，分子量 24 000）借助于游离胰蛋白酶和自体催化作用，将其酶原中含有的 4 个二硫键水解断开 2 个，脱去分子中的 2 个二肽（Ser^{14}-Arg^{15} 和 Thr^{147}-Asn^{148}）转变为糜蛋白酶（图 11-7）。糜蛋白酶（chymotrypsin）的功能是水解由芳香族氨基酸羧基组成的肽键。该酶的组氨酸（57）、天冬氨酸（102）、丝氨酸（195）等 3 个残基在催化作用中起着中心作用。弹性蛋白酶原（proelastase）在胰蛋白酶的作用下转变为弹性蛋白酶（elastase），主要水解肽链的氨基末端中性氨基酸的肽键。弹性蛋白酶的特异性较低，能水解丙氨酸、缬氨酸、亮氨酸和丝氨酸等各种脂肪族氨基酸等羧基形成的肽键。羧肽酶 A（carboxypeptidase A，分子量 34 000）含有 Zn^{2+}，主要水解酪氨酸、苯丙氨酸、丙氨酸等芳香族和中性氨基酸羧基末端肽键。羧肽酶 B（carboxypeptidase B）水解由精氨酸或赖氨酸等碱性氨基酸羧基末端肽键。因此，胰蛋白酶作用后所形成的多肽，可被羧肽酶 B 进一步水解，而糜蛋白酶和弹性蛋白酶水解剩余的多肽可被羧肽酶 A 进一步分解。

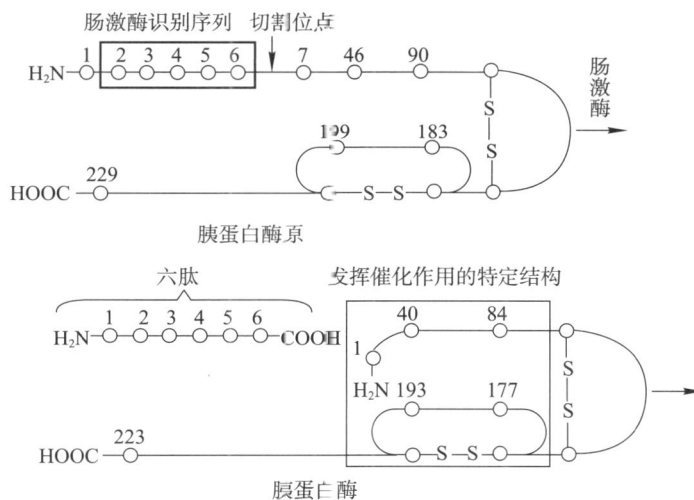

图 11-6 胰蛋白酶原的激活

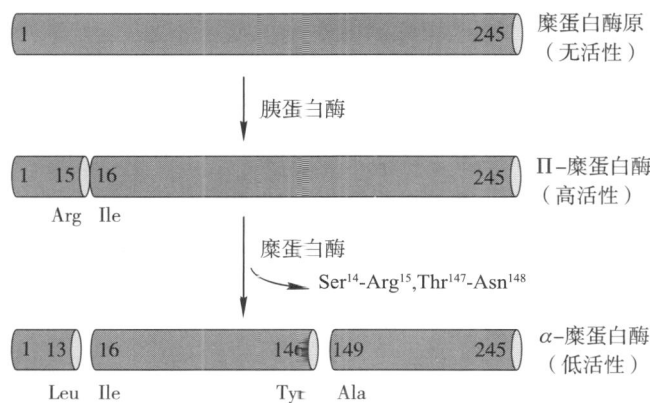

图 11-7 糜蛋白酶原的激活

蛋白质经胃中的胃蛋白酶作用后，又经胰的蛋白水解酶继续作用，变为短肽和游离氨基酸，剩下的短肽继续被小肠黏膜分泌的寡肽酶水解。寡肽酶中能从肽链的氨基末端或羧基末端逐步水解肽键的酶，分别称为氨肽酶（aminopeptidases）或羧肽酶，二者均为外肽酶（exopeptidase）。经过两种酶作用后剩余二肽在肠黏膜细胞中的二肽酶（dipeptidase）作用下，最终形成游离的氨基酸。一些消化道蛋白酶的作用特征列于表11-4。

表 11-4　消化道蛋白酶作用的专一性

	酶	对 R 基团的要求	脯氨酸的影响
内肽酶	胃蛋白酶	芳香族氨基酸及其他疏水氨基酸（N 端及 C 端）	对肽键提供 $-\overset{H}{\underset{\mid}{N}}-$ 的氨基酸为脯氨酸时，不水解
	糜蛋白酶（胰凝乳蛋白酶）	芳香族氨基酸及其他疏水氨基酸（C 端）	对肽键提供 $-\overset{O}{\underset{\parallel}{C}}-$ 的氨基酸为脯氨酸时，水解受阻
	弹性蛋白酶	丙氨酸，甘氨酸，丝氨酸等短脂肪链的氨基酸（C 端）	
	胰蛋白酶	赖氨酸、精氨酸等碱性氨基酸（C 端）	对肽键提供 $-\overset{O}{\underset{\parallel}{C}}-$ 的氨基酸为脯氨酸时，水解受阻
外肽酶	羧肽酶 A	芳香族氨基酸和脂肪族氨基酸	
	羧肽酶 B	碱性氨基酸	
	氨肽酶	作用于氨基酸末端肽键	
二肽酶		要求相邻两个氨基酸上的 α-氨基和 α-羧基同时存在	

2. 氨基酸的吸收

消化道内的物质透过黏膜进入血液或淋巴的过程称为吸收，主要在小肠内进行。正常情况下，只有氨基酸和少量的二肽、三肽才能被吸收。食物蛋白质消化后形成的游离氨基酸和小肽通过小肠黏膜的刷状缘细胞吸收后，其小肽大部分在肠黏膜细胞中进一步被水解为氨基酸，小部分也可直接吸收入血。氨基酸则通过门静脉被输送到肝。肝是氨基酸进行各种代谢变化的重要器官。各种氨基酸主要通过需钠耗能的主动转运方式而吸收，即利用细胞内外 Na^+ 浓度梯度差（外高内低），将氨基酸和 Na^+ 协同运输进入细胞内，Na^+ 则借钠钾泵主动排出细胞。氨基酸转运载体缺陷可导致相应氨基酸尿症或吸收不良，属氨基酸转移缺陷病。

氨基酸的吸收也可经 γ-谷氨酰基循环进行。需由 γ-谷氨酰基转移酶催化，利用谷胱甘肽（glutathione，GSH），合成 γ-谷氨酰氨基酸进行转运。消耗的 GSH 可重新再合成。氨基酸的吸收及其向细胞内的转运过程是通过 GSH 的合成与分解来完成的，γ-谷氨酰基转移酶是关键酶，位于细胞膜上，转移 1 分子氨基酸需消耗 3 分子 ATP。谷氨酰转移酶缺陷时，尿中排出过量谷胱甘肽。

三、体内蛋白质的降解

内源蛋白质作为能源也必须先降解为氨基酸。机体内组织蛋白质的分解由细胞内溶酶体中的各种组织蛋白酶起催化作用。根据降解部位的不同，真核细胞降解蛋白质的途径可分为溶酶体降解途径和蛋白酶体途径 ATP- 依赖性的以细胞溶胶为基础的途径。

1. 溶酶体降解途径

溶酶体（lysosomes）是单层膜包被的真核细胞中的一种细胞器，内含 60 余种水解酶，包括蛋白酶、核酸酶、磷酸酶、糖苷酶、脂肪酶、磷酸酯酶及硫酸脂酶等。这些酶专为控制多种内源性和外源性大分子物质的消化，其中含有的不同种类蛋白酶被称为组织蛋白酶。溶酶体降解蛋白质是非选择性的，当被水解的物质进入溶酶体内时，溶酶体内的酶类行使其分解功能。溶酶体内部 pH 约为 5.0，其水解酶在 pH 5.0 左右时活性最佳，但细胞质基质中的 pH 为 7.2。故溶酶体膜破损，水解酶泄露将导致其活性降低或丧失。溶酶体为维持其内部 pH 为 5.0，其膜内含有一种特殊的转运蛋白，可利用 ATP 水解的能量将细胞质基质中的 H^+（氢离子）泵入溶酶体。

许多正常的和病理活动常伴随着溶酶体活性的升高。例如，产后子宫的萎缩，肌肉的质量在 9 d 内从 2 kg 降低到 50 g。糖尿病会刺激溶酶体的蛋白质分解。很多慢性炎症如类风湿性关节炎等可引起溶酶体的局部释放，导致周围组织损坏。

2. 蛋白酶体途径

有些蛋白质是通过泛素介导的蛋白酶体途径降解的，这是一种依赖 ATP 的特异性降解途径。泛素（ubiquitin）是一个由 76 个氨基酸残基构成的高度保守的小分子蛋白质，作为信号分子在真核细胞内广泛存在，酿酒酵母、植物和人体中也仅有 4 个氨基酸存在差异（图 11-8）。

酿酒酵母	1 MQIFVKTLTGKTITLEVESSDTTIDNVKSKIQDKEGIPPDQQRLIFAGKQLEDGRTLSDYN 60	61 IQKESTLHLVLRLRGG 76
植物	MQIFVKTLTGKTITLEVESSDTIEDNVKAKIQDKEGIPPDQQRLIFAGKQLEDGRTLADYN	IQKESTLHLVLRLRGG
智人	MQIFVKTLTGKTITLEVEPSDTIENVKAKIQDKEGIPPDQQRLIFAGKQLEDGRTLSDYN	IQKESTLHLVLRLRGG

图 11-8 不同物种中泛素氨基酸序列比对

泛素介导的蛋白质降解过程涉及两个步骤，首先把泛素标记到待降解的蛋白质（靶蛋白）上，这个过程称为蛋白质的泛素化。其次，泛素化后的靶蛋白在蛋白酶体内被降解为肽段。蛋白质的泛素化实际上是个比较复杂的过程，涉及 3 步酶促反应，整个过程被称为泛素化信号通路。第一步反应，泛素活化酶（E1）催化泛素的羧基端转移 E1 的活性中心的半胱氨酸残基的巯基上形成硫酯键，该反应需要水解 ATP 供能。第二步反应，泛素分子被转移到第二个酶——泛素结合酶（E2）的半胱氨酸残基上。第三步反应，高度保守的泛素－蛋白质连接酶（E3）识别特定的待降解蛋白质（靶蛋白），催化泛素分子从 E2 上转移到靶蛋白的赖氨酸残基的 $\varepsilon-$ 氨基上，形成异肽键，如此即可标记待降解的蛋白质，具体过程见图 11-9。一般认为 E3 使这一系统具有底物特异性，E2 或 E2-E3 决定底物上泛素链的类型。单个泛素分子修饰底物蛋白上的单个赖氨酸残基，形成单泛素化修饰。多个泛素分子修饰底物蛋白上的多个赖氨酸残基，形成多泛素化修饰。细胞中存在单泛素化、多泛素化及混合或分支泛素链修饰（图 11-10）。泛素化的目的是将需要选择性分解的蛋白质打上"降解标签"，被打上"降解标签"的靶蛋白最终在蛋白酶体中被降解为许多肽段，进一步再水解为氨基酸。

❷ 知识点
蛋白质降解的反应机制

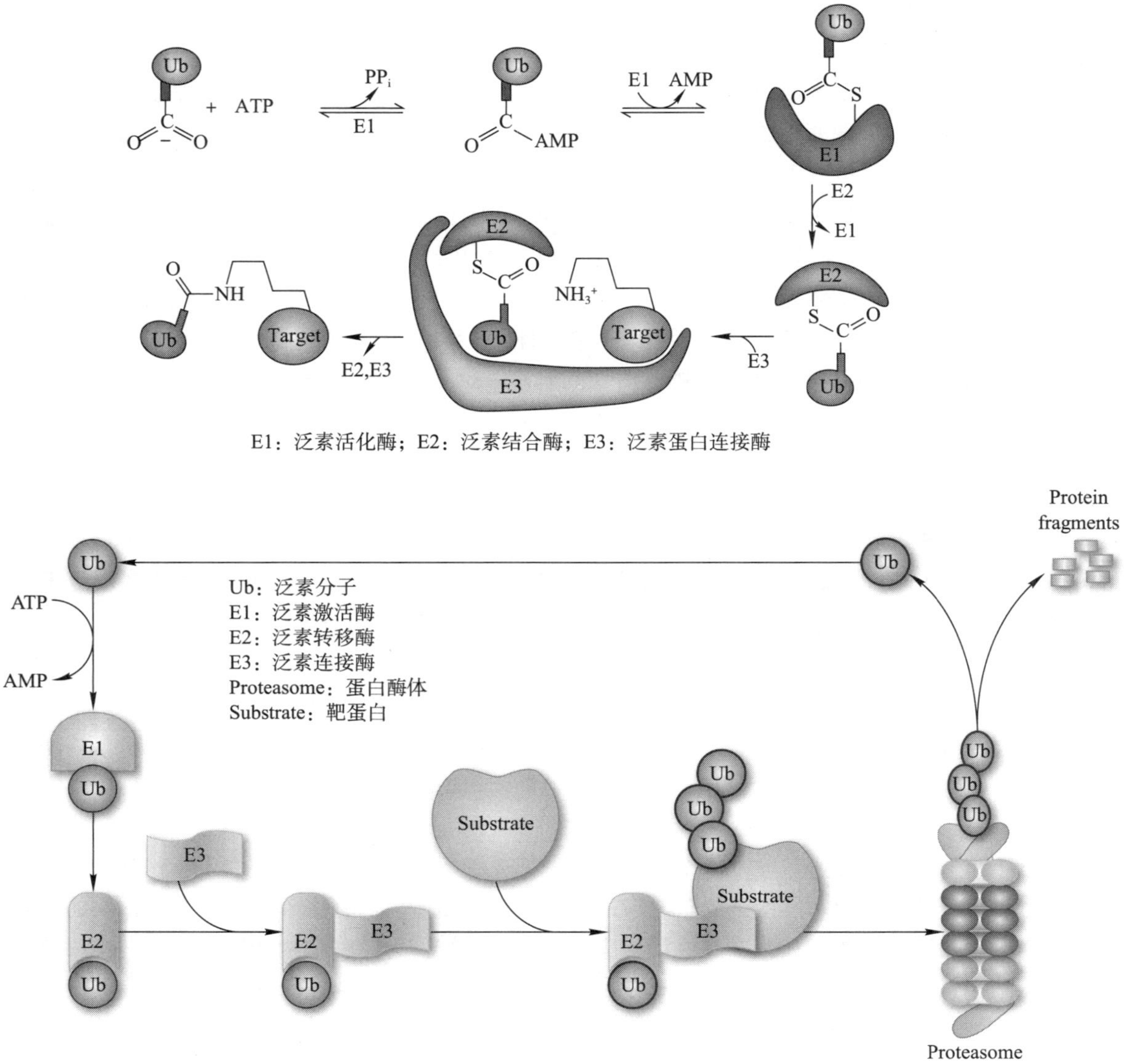
Ub
ATP
PP_i
E1
AMP
S
E2
E3
NH_3^+
NH
Target
E2,E3
E1：泛素活化酶；E2：泛素结合酶；E3：泛素蛋白连接酶
Protein fragments
Ub：泛素分子
E1：泛素激活酶
E2：泛素转移酶
E3：泛素连接酶
Proteasome：蛋白酶体
Substrate：靶蛋白
Substrate
Proteasome

图 11-9 泛素标记靶蛋白

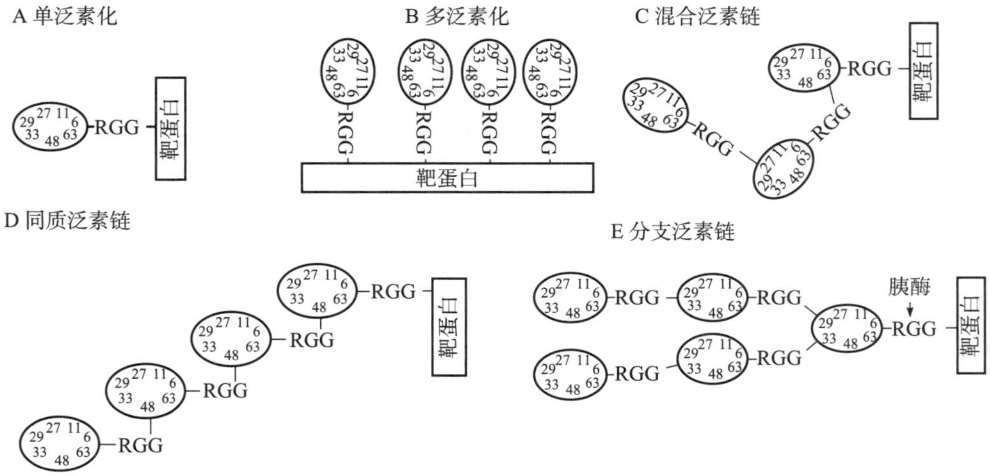
A 单泛素化
B 多泛素化
C 混合泛素链
D 同质泛素链
E 分支泛素链
RGG
靶蛋白
胰酶
29 27 11 6
33 48 63

图 11-10 不同泛素链的修饰

第三节　氨基酸的分解

氨基酸除了用于合成新的蛋白质或转变为其他含氮化合物（如卟啉、激素等），也有部分通过脱氨和脱羧作用产生其他活性物质或为机体提供能量。脱下的氨可被重新利用或经尿素循环转变为尿素排出体外。氨基酸分解的第一步是脱氨，生物体有 3 种脱氨反应，即脱氨基作用、转氨基作用和联合脱氨基作用，氨基酸脱掉氨基后剩下的碳骨架（α- 酮酸）用于其他化合物的合成或进入碳代谢途径中彻底氧化为 CO_2。

一、氨基酸的脱氨基作用

💡 知识点
氨基酸的脱氨基
作用

氨基酸分解代谢的第一个步骤常是 α- 氨基的脱离，故氨基酸失去氨基的作用称为脱氨基作用。脱氨基作用有氧化脱氨基和非氧化脱氨基作用两类。氧化脱氨基作用普遍存在于动植物中，动物的脱氨基作用主要在肝中进行。非氧化脱氨基作用存在于微生物中，但并不普遍。

（一）氨基酸的氧化脱氨基作用

1. 氧化脱氨基作用

一般过程可用下列反应表示：

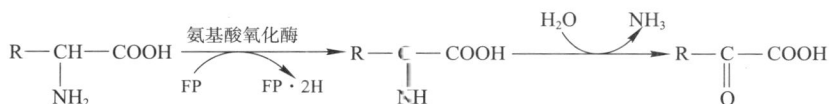

$$R\!-\!CH\!-\!COOH \xrightarrow[\text{FP}\quad\text{FP·2H}]{\text{氨基酸氧化酶}} R\!-\!C\!-\!COOH \xrightarrow[\text{H}_2\text{O}\quad\text{NH}_3]{} R\!-\!C\!-\!COOH$$

催化第一步反应的酶称为氨基酸氧化酶（oxidase），是一种黄素蛋白（FP）。黄素蛋白接受由氨基酸脱出的氢，转变为还原型黄素蛋白（FP·2H），又将氢原子直接与氧结合生成过氧化氢。

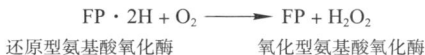

$$\underset{\text{还原型氨基酸氧化酶}}{FP·2H + O_2} \longrightarrow \underset{\text{氧化型氨基酸氧化酶}}{FP + H_2O_2}$$

当过氧化氢酶存在时，过氧化氢被分解为水和氧；无过氧化氢酶存在时，酮酸被氧化为比该酮酸少一个碳原子的脂肪酸。

$$R\!-\!CO\!-\!COOH + H_2O_2 \longrightarrow R\!-\!COOH + CO_2 + H_2O$$

上述氨基酸的脱氢作用若由不需氧的脱氢酶催化时，脱出的氢不直接以分子氧为受氢体，而以辅酶作为受氢体，必须有细胞色素体系参加作用才能与活性氧结合成水，产生 ATP。

2. 氧化脱氨酶类

（1）L- 氨基酸氧化酶　L- 氨基酸氧化酶是非专一性的氨基酸氧化酶，有两种类型，一类以黄素腺嘌呤二核苷酸（FAD）为辅基；另一类以黄素单核苷酸（FMN）为辅基。人和其他动物体中的 L- 氨基酸氧化酶属于后者。L- 氨基酸氧化酶可对十几种氨基酸催化脱氨基，但对甘氨酸、β- 羟氨酸（如 L- 丝氨酸、L- 苏氨酸）、二羧基氨基酸（L- 谷氨酸、L- 天冬氨酸）和二氨基一羧酸（赖氨酸、精氨酸、鸟氨酸）无催化作用。有趣的是从粗糙链孢霉中获得的 L- 氨基酸氧化酶能使赖氨酸和鸟氨酸脱氨；从变形杆菌得到的 L- 氨基酸氧化酶能使精氨酸脱氨。因此可认为，不被一般氨基酸氧化酶作用的氨基酸，都由特殊的、专一性强的氨基酸氧化酶分别催化脱氨基。

L- 氨基酸氧化酶在机体中的分布广，活性弱，一般认为其在代谢中对脱氨基作用并不重要。氧化脱氨作用可不靠 L- 氨基酸氧化酶催化作用，而由脱氢酶和转氨酶来实现。脱氢和转氨作用很可能是细胞内氨基酸分解代谢的第一个步骤。

（2）D- 氨基酸氧化酶　D- 氨基酸氧化酶也是非专一性的氨基酸氧化酶，是一种以 FAD 为辅基的黄素蛋白酶，能以不同速度使 D- 氨基酸脱氨，对 D- 丙氨酸和 D- 蛋氨酸的作用最快。D- 氨基酸氧化酶在脊椎动物只存在于肝、肾中，以肾中的活力最强。有些细菌和霉菌也含此酶。其所催化的脱氨过程与一般以 FAD 为辅酶的 L- 氨基酸氧化酶的催化作用相同。

（3）氧化专一氨基酸的酶　专一的氨基酸氧化酶是专一性能强的只催化一种氨基酸氧化的酶。已发现存在甘氨酸氧化酶、D- 天冬氨酸氧化酶及 L- 谷氨酸脱氢酶等。前两种氨基酸氧化酶的辅酶都是 FAD。L- 谷氨酸脱氢酶（Glutamate dehydrogenase，GDH）是不需氧脱氢酶，以 NAD$^+$ 或 NADP$^+$ 作为辅酶，普遍存在于动植物和微生物体内。其相对分子质量为 330 000，在脊椎动物中由 6 个相同的亚基组成，是一种存在于线粒体基质中的酶，在肝的线粒体中活性特别高。其催化的反应如下：

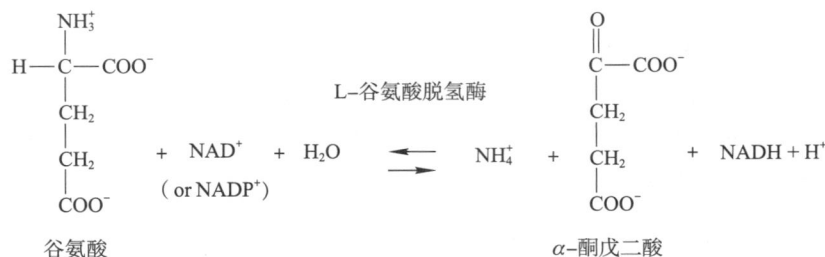

$$
\begin{array}{c}
\text{NH}_3^+ \\
| \\
\text{H—C—COO}^- \\
| \\
\text{CH}_2 \\
| \\
\text{CH}_2 \\
| \\
\text{COO}^-
\end{array}
\; + \; \text{NAD}^+ \; + \; \text{H}_2\text{O} \;
\underset{\text{L-谷氨酸脱氢酶}}{\rightleftharpoons}
\; \text{NH}_4^+ \; + \;
\begin{array}{c}
\text{O} \\
\| \\
\text{C—COO}^- \\
| \\
\text{CH}_2 \\
| \\
\text{CH}_2 \\
| \\
\text{COO}^-
\end{array}
\; + \; \text{NADH} + \text{H}^+
$$

谷氨酸　　　　　　　　　　（or NADP$^+$）　　　　　　　　　　　　　　　　α-酮戊二酸

谷氨酸脱氢酶催化的是可逆反应，此酶促反应的平衡偏向于谷氨酸的合成，但是在哺乳动物中更趋向于氨的合成。谷氨酸脱氢酶是一种别构调节酶，可被 ATP 和 GTP 抑制，而被 ADP 激活。利用微生物细胞内的谷氨酸脱氢酶将 α- 酮戊二酸转变为谷氨酸即是工业上生产味精（谷氨酸钠盐）的方法。

（二）氨基酸的非氧化脱氨基作用

非氧化脱氨基作用大多在微生物中进行。非氧化脱氨基的方法有以下几种。

1. 还原脱氨基作用

在严格无氧条件下，某些含有氢化酶的微生物，能用还原脱氨基方式催化氨基酸脱去氨基，反应式如下：

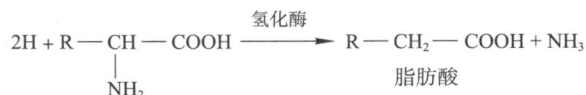

$$
2\text{H} + \underset{\underset{\text{NH}_2}{|}}{\text{R—CH—COOH}} \xrightarrow{\text{氢化酶}} \underset{\text{脂肪酸}}{\text{R—CH}_2\text{—COOH}} + \text{NH}_3
$$

2. 水解脱氨基作用

氨基酸在水解酶的作用下，产生羟酸和氨，反应如下：

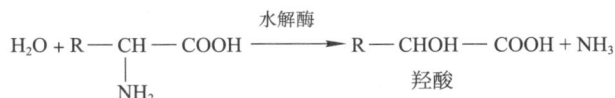

$$
\text{H}_2\text{O} + \underset{\underset{\text{NH}_2}{|}}{\text{R—CH—COOH}} \xrightarrow{\text{水解酶}} \underset{\text{羟酸}}{\text{R—CHOH—COOH}} + \text{NH}_3
$$

3. 脱水脱氨基作用

L- 丝氨酸和 L- 苏氨酸的脱氨基可利用脱水方式完成。催化该反应的酶以磷酸吡哆醛为辅酶。

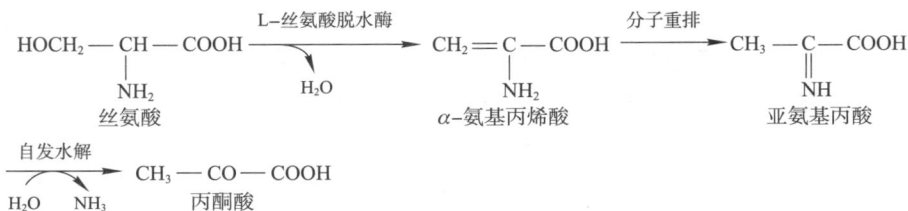

$$
\underset{\underset{\text{NH}_2}{|}}{\text{HOCH}_2\text{—CH—COOH}} \xrightarrow[\text{H}_2\text{O}]{\text{L-丝氨酸脱水酶}} \underset{\underset{\text{NH}_2}{|}}{\text{CH}_2\text{=C—COOH}} \xrightarrow{\text{分子重排}} \underset{\underset{\text{NH}}{\|}}{\text{CH}_3\text{—C—COOH}}
$$

丝氨酸　　　　　　　　　　　　　　　α-氨基丙烯酸　　　　　　　　　亚氨基丙酸

$$
\xrightarrow[\text{H}_2\text{O} \quad \text{NH}_3]{\text{自发水解}} \underset{\text{丙酮酸}}{\text{CH}_3\text{—CO—COOH}}
$$

4. 脱硫氢基脱氨基作用

L-半胱氨酸的脱氨作用是由脱硫氢基酶作用催化的。

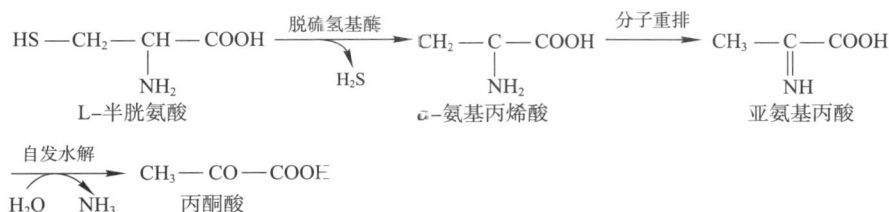

$$HS-CH_2-\underset{\underset{NH_2}{|}}{CH}-COOH \xrightarrow[H_2S]{脱硫氢基酶} CH_2=\underset{\underset{NH_2}{|}}{C}-COOH \xrightarrow{分子重排} CH_3-\underset{\underset{NH}{||}}{C}-COOH$$

L-半胱氨酸 ～～ α-氨基丙烯酸 亚氨基丙酸

$$\xrightarrow[H_2O \quad NH_3]{自发水解} CH_3-CO-COOH$$

丙酮酸

5. 氧化 - 还原脱氨基作用

两个氨基酸可以互相发生氧化 - 还原反应，分别形成有机酸、酮酸和氨。在该反应中，一个氨基酸是氢的供体，另一个氨基酸是氢的受体。

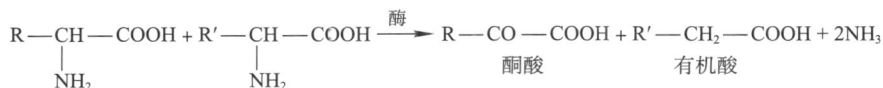

$$R-\underset{\underset{NH_2}{|}}{CH}-COOH + R'-\underset{\underset{NH_2}{|}}{CH}-COOH \xrightarrow{酶} R-CO-COOH + R'-CH_2-COOH + 2NH_3$$

酮酸 有机酸

（三）氨基酸的脱酰胺基作用

谷氨酰胺和天冬酰胺可在谷氨酰胺酶和天冬酰胺酶的作用下分别发生脱酰胺基作用形成相应的氨基酸（图11-11）。谷氨酰胺酶和天冬酰胺酶广泛存在于微生物和动植物组织中，有相当高的专一性。谷氨酰胺酶催化的反应为不可逆反应，在线粒体中，会被无机磷酸激活。

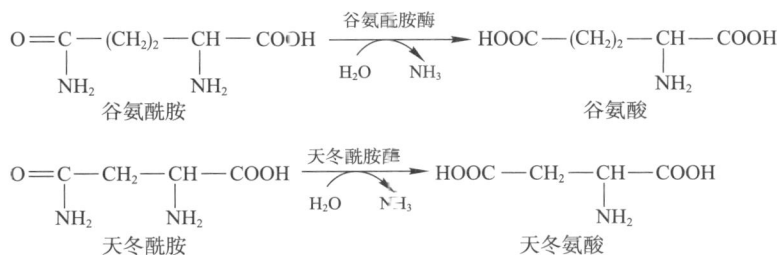

$$O=\underset{\underset{NH_2}{|}}{C}-(CH_2)_2-\underset{\underset{NH_2}{|}}{CH}-COOH \xrightarrow[H_2O \quad NH_3]{谷氨酰胺酶} HOOC-(CH_2)_2-\underset{\underset{NH_2}{|}}{CH}-COOH$$

谷氨酰胺 谷氨酸

$$O=\underset{\underset{NH_2}{|}}{C}-CH_2-\underset{\underset{NH_2}{|}}{CH}-COOH \xrightarrow[H_2O \quad NH_3]{天冬酰胺酶} HOOC-CH_2-\underset{\underset{NH_2}{|}}{CH}-COOH$$

天冬酰胺 天冬氨酸

图 11-11 氨基酸的脱酰胺基作用

二、氨基酸的转氨基作用

1. 一般反应

转氨基作用是氨基酸脱去氨基的一种重要方式。通过酶促反应 α- 氨基酸的氨基转移到 α- 酮酸的酮基上，生成与原来的 α- 酮酸相应的 α- 氨基酸，原来的 α- 氨基酸转变成相应的 α- 酮酸。例如 L- 谷氨酸的氨基转移给丙酮酸，使丙酮酸变为丙氨酸，原来的 L- 谷氨酸脱掉氨基变成 α- 酮戊二酸，催化该反应的转氨酶称为谷氨酸：丙酮酸转氨酶，简称谷丙转氨酶。

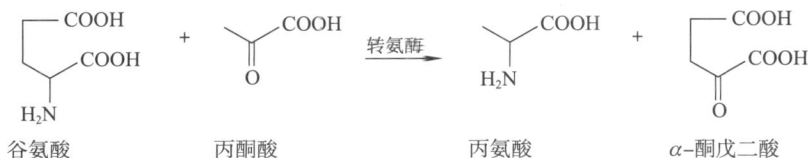

@ 知识点
氨基酸的转氨基作用

谷氨酸 + 丙酮酸 → 转氨酶 → 丙氨酸 + α-酮戊二酸

同样，天冬氨酸的氨基也可转移给 α- 酮戊二酸，使后者变为谷氨酸，天冬氨酸变为草酰乙酸，催化该反应的转氨酶称为谷氨酸：草酰乙酸转氨酶，简称谷草转氨酶。

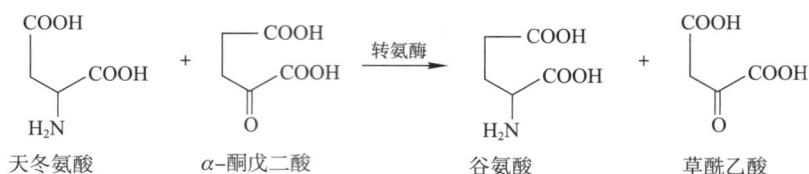

天冬氨酸 + α-酮戊二酸 —转氨酶→ 谷氨酸 + 草酰乙酸

2. 转氨酶

催化氨基转移反应的酶称为转氨酶（transaminase），又称氨基转移酶（aminotransferase）。转氨酶种类很多，在动物、植物组织及微生物中分布很广。在动物的心、脑、肾、睾丸、肝中含量都很高。大多数转氨酶需要 α-酮戊二酸作为氨基的受体，对与之相偶联底物 α-酮戊二酸或谷氨酸是专一的，但对另外一个底物无严格的专一性。虽然某种酶对某种氨基酸有较大的活力，但对其他氨基酸也存在一定作用。转氨酶的名称就是根据其催化活力最大的氨基酸命名的，至今已发现有 50 种以上的转氨酶。除了苏氨酸、脯氨酸、羟脯氨酸和赖氨酸外，所有的氨基酸都能发生转氨作用。例如，在动物组织中占优势的转氨酶是天冬氨酸氨基转移酶（AST，谷草转氨酶），俗称天冬氨酸转氨酶。天冬氨酸转氨酶除催化天冬氨酸作为氨基的供体外，还可以其他氨基酸为氨基供体，使草酰乙酸变为天冬氨酸。除天冬氨酸转氨酶外，动物组织中还含有其他需要 α-酮戊二酸为氨基受体的转氨酶。例如，丙氨酸转氨酶、亮氨酸转氨酶、酪氨酸转氨酶等，它们催化的相应反应如下：

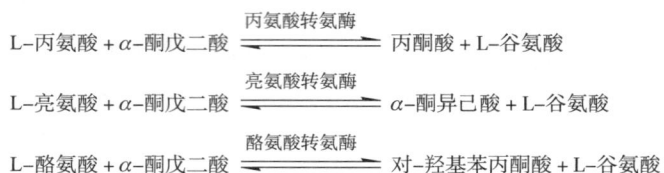

L-丙氨酸 + α-酮戊二酸 —丙氨酸转氨酶⇌ 丙酮酸 + L-谷氨酸

L-亮氨酸 + α-酮戊二酸 —亮氨酸转氨酶⇌ α-酮异己酸 + L-谷氨酸

L-酪氨酸 + α-酮戊二酸 —酪氨酸转氨酶→ 对-羟基苯丙酮酸 + L-谷氨酸

动物和高等植物的转氨酶一般都只催化 L-氨基酸和 α-酮酸的转氨作用。某些细菌，如枯草杆菌的转氨酶能催化 D- 和 L- 两种氨基酸的转氨基作用。

转氨酶催化的反应都是可逆的，平衡常数为 1.0 左右，表明催化的反应可向左、右两个方向进行。真核细胞的线粒体和胞液中都可进行转氨作用。哺乳动物氨基酸氨基的转氨作用是在细胞质基质中进行的，起催化作用的酶是细胞质基质中的天冬氨酸转氨酶，该酶催化产物是谷氨酸。谷氨酸通过膜的特殊传递系统进入线粒体基质中。在线粒体基质中，谷氨酸或直接脱氨基，或变为 α-氨基的供体，借助线粒体天冬氨酸转氨酶的作用将氨基转移给草酰乙酸形成天冬氨酸。天冬氨酸是形成尿素时氨基的直接供体，又是形成腺苷酸琥珀酸的重要物质（参看联合脱氨基作用）。

所有的转氨酶为了携带氨基酸都需以 5′-磷酸吡哆醛（pyridoxal-5′-phosphate，PLP）为辅基参与反应，存在共同的催化机理。PLP 是吡哆醇（维生素 B₆）的衍生物。PLP 接受了一个氨基即可转化为 5′-磷酸吡哆胺（pyridoxamine-5′-phosphate，PMP）。PLP 以共价键的形式与酶连接，其以醛基与酶分子的 Lys 残基的 ε-氨基结合成席夫碱（亚胺型）（图 11-12）。

三、氨基酸的联合脱氨基作用

📖 知识点
氨基酸的联合脱氨基作用

氨基酸的转氨作用虽在生物体内普遍存在，但仅依靠转氨作用并不能最终脱掉氨基。单靠氧化脱氨作用也不能满足机体脱氨基的需要，因为只有 L-谷氨酸脱氢酶活力最高，其余的 L-氨基酸氧化酶活力都低。目前，联合脱氨作用具有两条途径，其一是机体借助联合脱氨基作用可迅速地使来自各种不同氨基酸的氨基转移到 α-酮戊二酸的分子上，生成相应的 α-酮酸和谷氨酸，之后谷氨酸在 L-谷氨酸脱氢酶的作用下，脱去氨基又生成 α-酮戊二酸，称为以谷氨酸脱氢酶为中心的联合脱氨基作用（图 11-13）。

联合脱氨基的另一种形式是以嘌呤核苷酸循环为中心（图 11-14）。其主要过程是：首先，次黄嘌

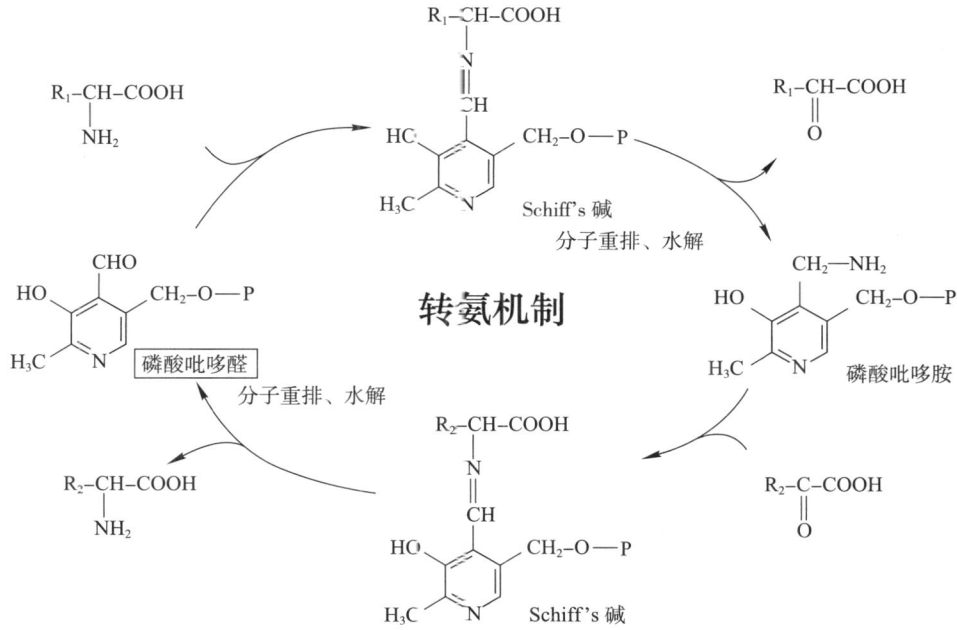

图 11-12 转氨基作用机制

图 11-13 以谷氨酸脱氢酶为中心的联合脱氨基作用

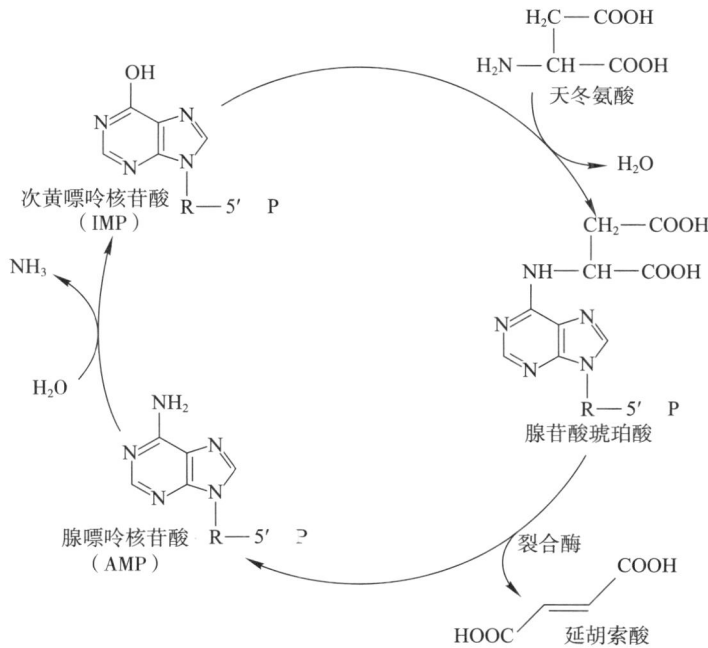

图 11-14 以嘌呤核苷酸循环为中心的联合脱氨基作用

吟核苷酸（IMP）与天冬氨酸作用形成中间产物腺苷酸琥珀酸，在裂合酶的催化下分裂成腺嘌呤核苷酸（AMP）和延胡索酸，腺嘌呤核苷酸水解后即产生游离氨和次黄嘌呤核苷酸，次黄嘌呤核苷酸可进入该循环途径。途径中的天冬氨酸来源于谷氨酸，由谷氨酸与草酰乙酸转氨形成，催化该反应的酶为谷草转氨酶。

骨骼肌、心肌、肝中氨基酸的脱氨基作用主要是由嘌呤核苷酸循环来实现的。脑组织中的50%的氨是经嘌呤核苷酸循环产生的。以谷氨酸脱氢酶为中心的联合脱氨基作用虽然在机体内广泛存在，但不是所有组织细胞的主要脱氨方式。

四、氨基酸的脱羧基作用

氨基酸的脱羧反应普遍存在于微生物、高等动植物中。氨基酸可脱羧形成相应的一级胺类，此反应可表示如下：

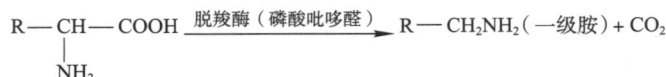

$$R—CH—COOH \xrightarrow{\text{脱羧酶（磷酸吡哆醛）}} R—CH_2NH_2（\text{一级胺}）+ CO_2$$
$$\underset{NH_2}{|}$$

催化氨基酸脱羧的酶称为氨基酸脱羧酶，专一性很高，一般一种氨基酸脱羧酶只对一种L型氨基酸起作用。氨基酸脱羧酶中，除组氨酸脱羧酶不需要辅酶外，各种脱羧酶都以磷酸吡哆醛为辅酶。

氨基酸脱羧后生成的胺类，有许多具有药物作用，如组氨酸脱羧形成组胺又称组织胺，可降低血压，又是胃液分泌的刺激剂；酪氨酸脱羧形成酪胺可升高血压；谷氨酸脱羧形成的 γ- 氨基丁酸具有许多重要的生理作用，如作为哺乳动物神经系统中的神经抑制剂。绝大多数胺类对动物有毒，但体内有胺氧化酶，能将胺氧化为醛和氨。醛可进一步氧化成脂肪酸，氨可合成尿素等，也可形成新的氨基酸。

五、氨基酸碳骨架的氧化途径

脊椎动物体内的20种氨基酸由20种不同的多酶系统进行氧化分解。可把氨基酸碳骨架的去路分成7大类型，分别是形成丙酮酸、乙酰辅酶A、乙酰乙酰辅酶A、α- 酮戊二酸、琥珀酰辅酶A、延胡索酸和草酰乙酸。经过上述7条途径，氨基酸的碳骨架均可进入三羧酸循环而氧化分解，如图11-15所示，但并非所有氨基酸的碳原子都进入三羧酸循环，有些氨基酸经脱羧基作用形成胺类而失去进入三羧酸循环的门路。

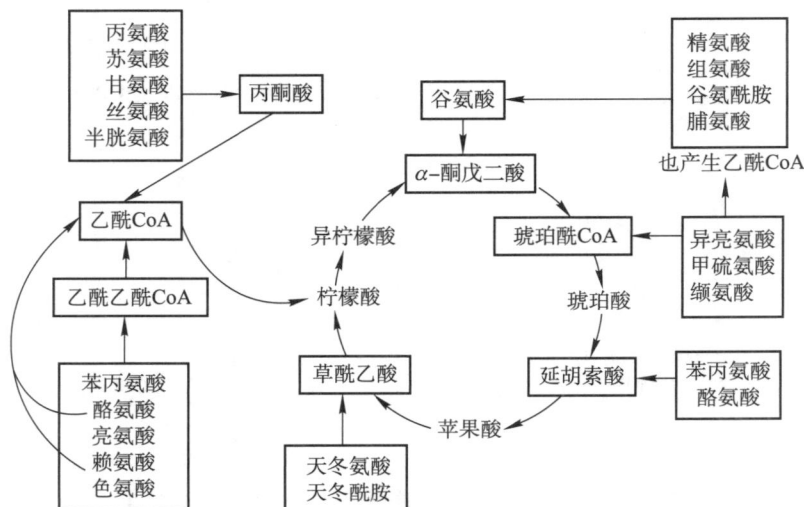

图 11-15　氨基酸碳骨架进入三羧酸循环的途径

脊椎动物氨基酸的分解代谢主要是在肝中进行，在肾中也比较活跃。肌肉中氨基酸的分解很少。在氨基酸分解代谢过程中有许多中间产物具有其他生物功能，特别是用作组成细胞其他成分的前体。

部分氨基酸经代谢转变成丙酮酸、α-酮戊二酸、琥珀酰辅酶 A、延胡索酸或草酰乙酸，再通过这些羧酸变成葡萄糖和糖原。如丙氨酸、精氨酸、天冬酰胺、天冬氨酸、半胱氨酸、谷氨酸、谷氨酰胺、甘氨酸、组氨酸、甲硫氨酸、脯氨酸、丝氨酸、苏氨酸、异亮氨酸、缬氨酸等 15 种，这些氨基酸称为生糖氨基酸。有些氨基酸如苯丙氨酸、酪氨酸、亮氨酸、色氨酸等 5 种氨基酸能生成乙酰辅酶 A 或乙酰乙酰 CoA，可在动物肝中转变为乙酰乙酯和 β-羟丁酸，这些氨基酸称为生酮氨基酸；有的氨基酸如苯丙氨酸和酪氨酸，既可生成酮体又可生成糖的称为生糖兼生酮氨基酸。

六、氨的转运和排泄

1. 氨的排泄

氨基酸通过氧化脱氨基作用、非氧化脱氨基作用、脱酰氨基作用、联合脱氨作用等途径将氨基酸转变为游离的氨。游离的氨对生物机体是有毒物质，特别是高等动物的脑对氨极为敏感，当血液中氨的浓度达到 1% 即可引起中枢神经系统中毒。因此氨的排泄是生物体维持正常生命活动所必需的。

🔗 知识点
氨的命运

高等动植物都有保留再利用体内氨的能力，催化重新利用氨的酶是谷氨酸脱氢酶。该酶催化的主要方向即是将氨与 α-酮戊二酸合成谷氨酸：

$$\alpha\text{-酮戊二酸} + NH_3 + NADH(NADPH) + H^+ \rightleftharpoons 谷氨酸 + NAD^+(NADP^+) + H_2O$$

但这种反应不能将体内产生的氨都重新利用，一部分氨不能被利用而以尿素或尿酸等的形式排出体外。大多数水生动物，如硬骨鱼类，因其生活在水环境中，其氨基氮以氨的形式通过鳃组织的细胞膜直接地排出体外，这类动物称为排氨动物。多数陆生的脊椎动物分解出的氨基氮以毒性较小的、水溶性高的尿素的形式排出体外，这类动物又称为排尿素动物。鸟类和陆生的爬行类因其体内水分的限制，其排氮方式是形成固体尿酸（溶解度较低）的悬浮液排出体外，故鸟类和爬虫类又称为排尿酸的动物。两栖类处于排氨和排尿素动物的中间位置。例如，蝌蚪是排氨动物，变态时，肝产生必要的酶，在成蛙后即排泄尿素。氨、尿素和尿酸并非氨基氮排泄的仅有形式。蜘蛛以鸟嘌呤作为氨基氮的形式排泄，许多鱼类以氧化三甲胺作为排氮形式。高等植物起转移和贮存氨基作用的是谷氨酰胺和天冬酰胺。

2. 氨的转运

在排氨动物中，机体内氨基酸代谢最终形成的氨以谷氨酰胺的酰胺基形式进行转运。多数动物细胞内含有谷氨酰胺合成酶，催化谷氨酸与氨结合生成谷氨酰胺，如图 11-16。谷氨酰胺是中性无毒物质，容易通过细胞膜，谷氨酸带有负电荷，不能透过细胞膜。大多数脊椎动物在肾小管中形成尿素所需游离氨即来源于谷氨酰胺。合成的中性无毒谷氨酰胺经由血液运送到肝，肝细胞中的谷氨酰胺酶可将其分解为游离氨和谷氨酸，如图 11-16。

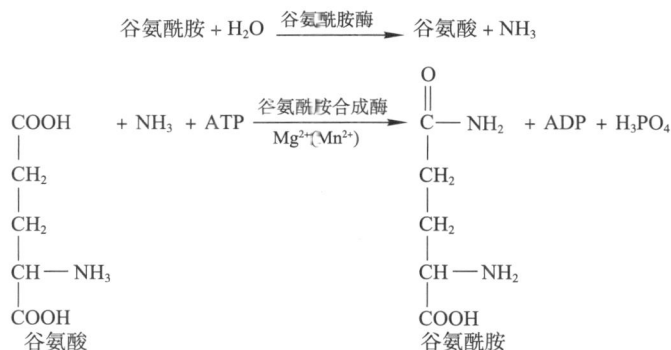

图 11-16 谷氨酰胺的分解和合成

肌肉中可利用葡萄糖－丙氨酸循环转运氨，将氨运送到肝。在肌肉中谷氨酸与丙酮酸进行转氨作用形成丙氨酸，在 pH 近 7 的条件下丙氨酸为中性不带电荷，可通过血液运送到肝，在转氨酶作用下将氨转给 α-酮戊二酸生成丙酮酸和谷氨酸（图 11-17）。肝中多余的丙酮酸可通过糖异生作用转化为糖，而肌肉中所需的丙酮酸则可由糖酵解提供。

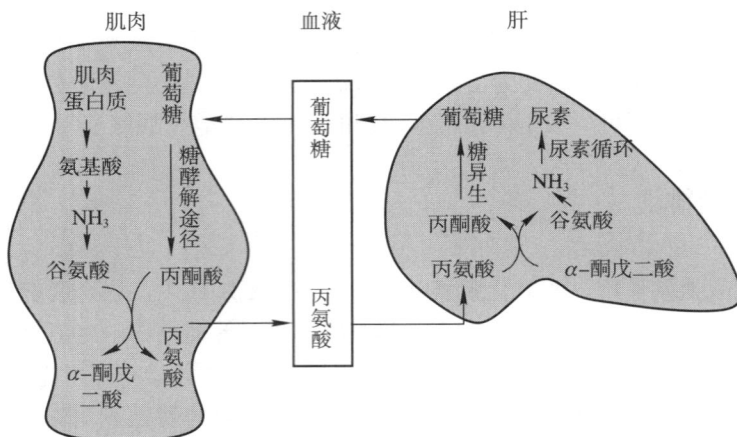

图 11-17　葡萄糖－丙氨酸循环

七、尿素的形成——尿素循环

尿素循环是最早发现的代谢循环途径。1932 年，Krebs 和 Henseleit 通过实验结果提出在动物的肝中通过尿素循环合成尿素，该途径又称鸟氨酸循环。如图 11-18 所示，由 2 分子氨和 1 分子 CO_2 通过鸟氨酸循环途径形成 1 分子尿素，该反应需消耗 3 分子 ATP 上的 4 个高能磷酸键。尿素为无毒中性化合物，通过血液经肾随尿液排出体外。

在尿素循环中包括了 5 步酶促反应，其中氨甲酰磷酸和瓜氨酸的合成这两个步骤是在线粒体中完成的，剩余 3 个步骤均是在细胞质基质中进行。首先，在肝细胞线粒体中由 1 分子 NH_3 和 1 分子 CO_2 在氨甲酰磷酸合成酶 I 催化下生成氨甲酰磷酸，这一步伴随着 2 个 ATP 上的 2 个高能磷酸键的水解，NH_3 和 CO_2 提供了尿素分子的 1 分子氮和 1 分子碳。本反应基本上是不可逆的，是尿素循环的限速步骤。以 N-乙酰谷氨酸为必要的别构效应物，这种激活剂是由乙酰辅酶 A 与谷氨酸反应形成的，精氨酸可促进 N-乙酰谷氨酸的合成。通常进食蛋白质后，乙酰谷氨酸合成酶活性升高，产生较多的 N-乙酰谷氨酸，增强氨甲酰磷酸的合成，调节肝中尿素生成。真核生物中存在 2 种氨甲酰磷酸合成酶，其中氨甲酰磷酸合成酶 I 是肝细胞线粒体中最丰富的酶之一，占线粒体基质中总蛋白的 20% 以上。该酶

图 11-18　尿素循环（表明在细胞液的线粒体中所进行的步骤）

以氨作为氮供体，参与尿素的合成。氨甲酰磷酸合成酶 II 则分布在细胞溶胶中，以谷氨酰胺作为氮供体，同样催化氨甲酰磷酸的合成，但参与的是嘧啶核苷酸的生物合成（参见第 12 章）。第二步，氨甲酰磷酸和进入线粒体的鸟氨酸在鸟氨酸氨甲酰基转移酶催化下生成瓜氨酸和无机磷酸，生成的瓜氨酸可通过特异的运送体转运出线粒体进入细胞质基质。第三步，在供能条件下，精氨琥珀酸合成酶催化瓜氨酸的脲基与天冬氨酸的氨基缩合成精氨琥珀酸，天冬氨酸为尿素的合成提供了第二分子的氮。需要注意的是，这一步反应需要 ATP 供能，ATP 分解为 AMP 和焦磷酸。细胞中活跃的焦磷酸酶会催化焦磷酸水解，保证这一反应生理上的不可逆性。第四步，通过精氨琥珀酸酶催化裂解成精氨酸和延胡索酸，精氨酸是尿素的直接前体，而通过延胡索酸可将尿素循环和三羧酸循环连接在一起。第五步，精氨酸经精氨酸酶催化水解为鸟氨酸和最终产物尿素。在细胞质基质中的鸟氨酸重新运送入线粒体后再参与鸟氨酸循环，尿素则扩散至血液，随尿液排出。

从尿素生成过程可见，尿素分子中的一个氮基来自游离氨，可由氨基酸脱氨基而来，或由消化道吸收而来；另一个氨基来自天冬氨酸，各种氨基酸通过连续转氨基作用，均可最终将氨基转移到草酰乙酸而生成天冬氨酸，参与循环。碳原子来自碳酸氢盐，经过 5 步反应，消耗了 4 个 ATP，合成中性无毒的尿素，这一过程不仅可消除氨的毒性，还可降低 CO_2 溶于血液产生的酸性。

参与鸟氨酸循环的酶可按需要而诱导合成。在氨生成增加时，鸟氨酸循环的酶活性常显著提高，如蛋白质摄入增加、饥饿状态、给予糖皮质激素所引起蛋白质分解增强等。

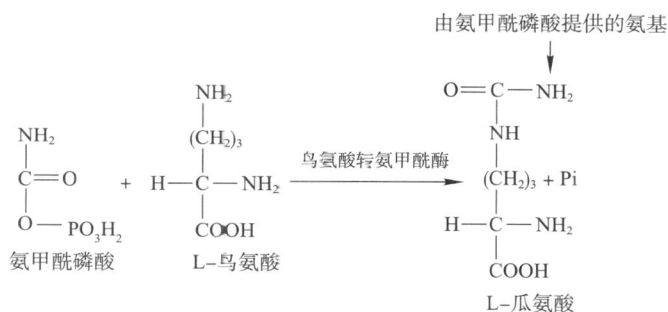

排尿酸动物（陆生爬行类和鸟类）以尿酸作为 L- 氨基酸氨基排泄的主要途径是复杂的。因为嘌呤环必须由许多较小的前体合成（参见第 12 章）。

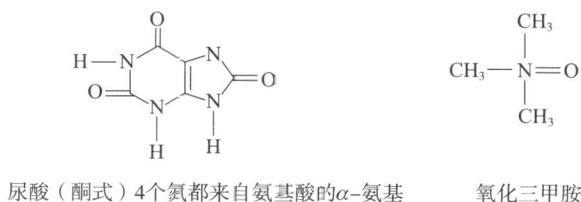

尿酸（酮式）4个氮都来自氨基酸的 α- 氨基　　　　氧化三甲胺

第四节　蛋白质代谢的调节

蛋白质的代谢过程受遗传、神经、酶、激素及其他许多因素（如底物和产物浓度等等）的控制。

一、遗传的控制

蛋白质的生物合成受 DNA 的控制，而 mRNA 则为合成蛋白质（包括酶）的关键物质。Monod 与 Jacob 根据细菌研究的结果提出了 DNA 控制 mRNA 的生物合成，进而控制蛋白质生物合成的操纵子学说。这个学说认为 DNA 上有结构基因、操纵基因、启动（或激动）因子和调节基因（图 11-19）。

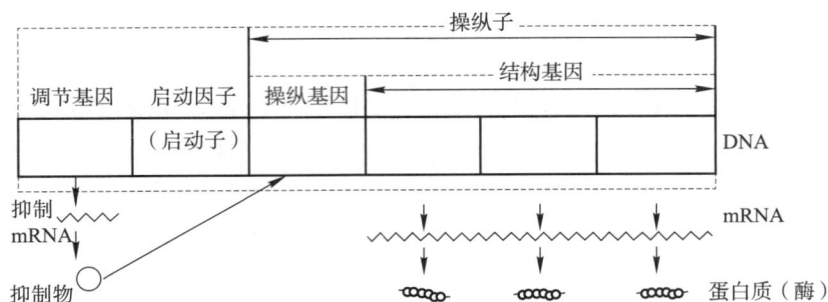

图 11-19 操纵子模型示意图

这些基因在染色体上顺次连接成一个连锁群，含有结构基因群和操纵基因的一段 DNA 在遗传学上称为操纵子。调节基因通过所产生的抑制物对操纵基因进行控制，操纵子上的每个结构基因都可合成 mRNA，而 mRNA 又去控制多肽链的氨基酸顺序。当操纵基因开放时，即能合成 mRNA，关闭时便不能合成 mRNA。

操纵基因的开放与关闭是根据调节基因所产生的抑制物的状态来决定的。当特殊代谢产物（称效应子或诱导物）与抑制物相结合时，抑制物就不能同操纵基因结合，操纵基因就能工作，此时操纵基因开放；当抑制物处于活化状态与操纵基因结合时，操纵基因不能对结构基因进行控制，此时操纵基因关闭。

人体和其他动物先天性代谢反常，如白化病、黑酸尿症等都是由于遗传上的缺陷不能合成有关的酶所致。此外某些生物不能合成某种氨基酸或维生素也是受遗传限制的关系。

二、酶的控制

酶是一切代谢反应的关键物质，凡酶的特异性、抑制、激活、诱导变构等以及一切影响酶的生物合成及酶活力的因素都可影响代谢，只有在酶作用正常进行的条件下，代谢作用才能正常进行。

三、激素的调节

生长素、性激素、胰岛素都有促进蛋白质合成的作用，而肾上腺皮质激素则有促进蛋白质分解的作用。

🗨 拓展性提示

拓展知识 1
转氨酶与体检

拓展知识 2
尿素循环与尿液

氨基酸代谢途径中相关的蛋白质和酶如果发生缺陷，将导致氨基酸代谢异常，引起苯丙酮尿症、尿黑酸症、白化病等疾病。不平衡的氨基酸搭配对肿瘤生长具有抑制作用，针对不同类型肿瘤制定不平衡氨基酸方案，结合手术、放化疗等为肿瘤的治疗提供一个新思路。氨基酸发酵是我国发酵工业的支柱产业之一，随着代谢工程的快速发展，氨基酸的代谢工程育种正在蓬勃发展，涌现出了一系列高效快速的育种技术，如传统的正向代谢工程、基于组学分析与计算机模拟的反向代谢工程，以及借鉴自然进化的进化代谢工程。

❓ 思考题

1. 为什么说转氨基反应在氨基酸的合成和降解过程中都起重要作用？

2. 为什么细胞内没有一种对所有的氨基酸都能作用的氧化脱氨基酶？

3. 氨基酸脱氨基作用有哪几种方式？为什么说联合脱氨基作用是生物体主要的脱氨基方式？

4. 1 mol 丙氨酸在哺乳动物体内彻底氧化分解可净产生多少摩尔的 ATP？在鱼类中又能产生多少摩尔的 ATP？

5. 什么是尿素循环？有何生物学意义？尿素循环与三羧酸循环有何联系？

6. 何谓一碳单位？它与氨基酸代谢有何联系。

7. 运动员摄入高蛋白饮食的作用是什么？过度摄入高蛋白会有哪些危害？

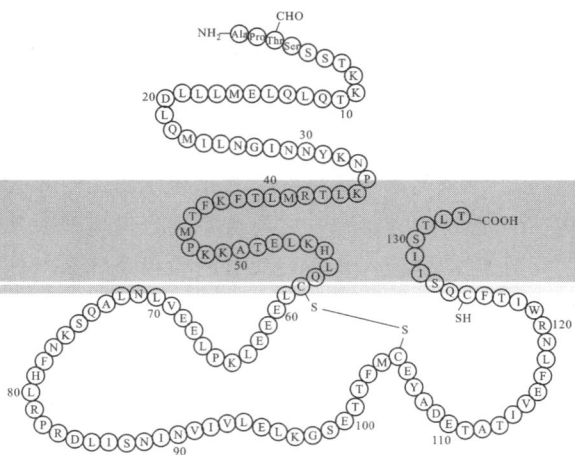

12

核酸代谢

核酸存在于每一个活体细胞中，是遗传信息的携带者和传递者。核酸的基本结构单位是核苷酸，核苷酸的主要组成物质为嘌呤、嘧啶、核酸及核糖（或脱氧核糖）。核苷酸几乎参与细胞的所有生化过程，如核苷酸是 DNA 和 RNA 的构件分子；ATP 是细胞内新陈代谢通用的能量载体；GTP 是推动某些重要生命过程的能量供体；UDP- 葡萄糖和 CDP- 二酰甘油分别是糖原和磷酸甘油酯合成的中间产物；cAMP 和 cGMP 是细胞内的第二信使；腺苷酸和腺苷是 NAD^+、FAD、辅酶 A、S- 腺苷甲硫氨酸等一些重要辅助因子的组成成分。实际上，动物、植物和微生物通常都能合成各种嘌呤和嘧啶核苷酸。

第一节 核苷酸的合成代谢

核苷酸的生物合成存在两条基本途径，从头合成途径和补救合成途径。从头合成（de novo synthesis）途径是指利用简单的小分子物质如 CO_2、一碳单位、氨基酸、核糖磷酸等为原料，经过一系列酶促反应合成核苷酸的杂环碱基，从而合成核苷酸的途径。补救合成（salvage pathway）途径是指利用体内游离的碱基或核苷作为原料，经过简单的反应过程合成核苷酸，这是一条省能、简单的利用核苷酸降解产物重新合成核苷酸的途径。两条途径在不同组织中的重要性各不相同，如肝组织主要以从头合成途径为主，脑、骨髓等只能进行补救合成途径。

一、嘌呤核苷酸的生物合成

（一）嘌呤核苷酸的从头合成途径

几乎在所有生物体（少数细菌除外）中，嘌呤核苷酸的从头合成途径都基本相同。肝是人类等嘌呤核苷酸从头合成的主要器官，其次是小肠黏膜和胸腺。其不但合成自身需要的嘌呤核苷酸，还为某些不能进行从头合成的肝外组织提供嘌呤环和嘌呤核苷，以使其能进一步通过补救途径合成核苷酸。

1. 合成原料

1948 年，Buchanan 等采用同位素标记不同化合物喂养鸽子，并测定排出的尿酸中标记原子的位置，证实合成嘌呤的物质有甘氨酸、天冬氨酸、谷氨酰胺、CO_2 和一碳单位（N^{10}- 甲酰 $-FH_4$、N^5、N^{10}- 甲炔 $-FH_4$）。Buchanan 和 Greenberg 等进一步理清了嘌呤核苷酸的合成过程，嘌呤核苷酸中的核糖 $-5-$ 磷酸来自磷酸戊糖途径。嘌呤环中的元素来源见图 12-1。总反应是：

$$2NH_3 + 2\,甲酸 + CO_2 + 甘氨酸 + 天冬氨酸 + 核糖 -5- 磷酸 \longrightarrow IMP + 延胡索酸 + 9H_2O$$

2. 合成过程

嘌呤核苷酸的生物合成并非先合成嘌呤碱基，再与核糖及磷酸结合形成单磷酸核苷酸，而是从核

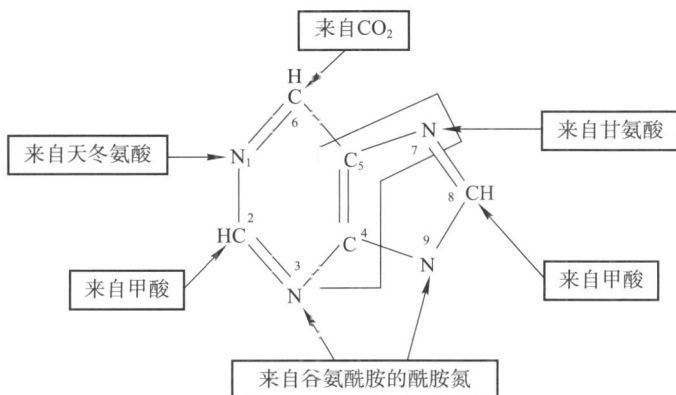

图 12-1 嘌呤环的元素来源

📕 知识点
嘌呤核苷酸的生物合成

糖 –5– 磷酸开始经过一系列酶促反应逐步合成嘌呤核苷酸。在生物体中首先合成的嘌呤核苷酸为次黄嘌呤核苷酸（inosine monophosphate，IMP，肌苷酸），再由次黄嘌呤核苷酸转变为其他嘌呤核苷酸。体内嘌呤核苷酸的从头合成途径主要在细胞质基质中进行，其合成的过程较为复杂，可分为两个阶段：首先合成次黄嘌呤核苷酸（IMP）；然后通过不同途径分别生成 AMP 和 GMP。下面分步介绍嘌呤核苷酸的合成过程。

（1）IMP 的合成　　IMP 的从头合成途径比较复杂，包括 11 步反应（图 12–2）。

a. 嘌呤核苷酸合成的起始物为 5– 磷酸核糖，是磷酸戊糖途径的代谢产物。第一步反应是 5– 磷酸核糖的活化，在磷酸戊糖焦磷酸激酶（ribose phosphate pyrophosphohinase，又称 PRPP 合成酶）催化下，ATP 的焦磷酸基直接转移到 5– 磷酸核糖 C1 位上，生成 5– 磷酸核糖 –α– 焦磷酸（5–phosphoribosyl–α–pyrophosphate，PRPP），这是一步重要的反应。磷酸戊糖焦磷酸激酶是变构酶，受多种代谢产物的变构调节。如 PP_i 和 2,3– 二磷酸甘油酸（2,3–DPG）为其变构激活剂，ADP 和 GDP 为变构抑制剂。PRPP 也是嘧啶核苷酸及组氨酸、色氨酸合成的前体。

b. 第二步反应是获得嘌呤的 N9 原子，由谷氨酰胺磷酸核糖焦磷酸酰胺转移酶（Gln–PRPP amidotransferase）催化，谷氨酰胺提供酰胺基取代 PRPP 的焦磷酸基团，形成 5– 磷酸 –β– 核糖胺（β–5–phosphoribasylamine，PRA）。这步反应中出现了 α 构型核糖转变为 β 构型，即 5– 磷酸核糖 –α– 焦磷酸为 α 构型，而 5– 磷酸 –β– 核糖胺为 β 构型。这步反应由焦磷酸的水解供能，是嘌呤合成的限速步骤。酰胺转移酶为限速酶，受嘌呤核苷酸的反馈抑制。

c. 第三步反应是获得嘌呤 C4、C5 和 N7 原子，由甘氨酰胺核糖核苷酸合成酶（GAR synthetase）催化甘氨酸与 PRA 缩合，生成甘氨酰胺核糖核苷酸（glycinamide ribonucleotide，GAR）。由 ATP 水解供能，反应为可逆反应，是合成过程中唯一可同时获得多个原子的反应。

d. 第四步反应是获得嘌呤 C8 原子，GAR 游离的 α– 氨基甲酰化生成甲酰甘氨酰胺核糖核苷酸（formylgly cinamide ribonucleotide，FGAR）。催化此反应的酶为甘氨酰胺核糖核苷酸甲酰基转移酶（FGAR transtormylase），由 N^{10}– 甲酰 –FH_4 提供甲酰基。

e. 第五步反应是获得嘌呤的 N3 原子，在甲酰甘氨脒核糖核苷酸合成酶（FGAM synthetase）催化下，将第二个谷氨酰胺的酰胺基转移到正在生成的嘌呤环上，生成甲酰甘氨脒核糖核苷酸（formylglycinamidine ribonucleotide，FGAM）。此反应为耗能反应，由 ATP 水解供能。这步反应可被抗生素重氮丝氨酸（azaserine）和 6– 重氮 –5– 氧 –L– 正亮氨酸（6–diazo–5–oxo–L–norleucine）不可逆抑制。这两种抗生素是底物谷氨酰胺的结构类似物，对谷氨酰胺参与的其他反应如 5– 磷酸核糖胺的合成等也存在抑制作用。

f. 第六步反应是嘌呤咪唑环的形成，FGAM 在 AIR 合成酶（AIR synthetase）催化下，经过耗能的分子内重排，脱水闭环生成 5– 氨基咪唑核糖核苷酸（5–aminoimidazole ribonucleotide，AIR）。这一反应需要 Mg^{2+} 和 K^+ 的参与。这样完成了嘌呤的第一个环状结构。

g. 第七步反应是获得嘌呤 C6 原子，C6 原子由 CO_2 提供，由 AIR 羧化酶（AIR carboxylase）催化生成 N^5 羧基氨基咪唑核糖核苷酸（carboxyaminoimidazole ribonucleotide，CAIR）。这步羧化反应不需生物素，是由溶液中的碳酸氢盐经过 ATP 磷酸化激活后连接到咪唑环的氨基上，再经分子内重排转移到咪唑环的第四位上（嘌呤环的 C5），前者为 CAIR 合成酶催化，后者为 CAIR 变位酶催化。但哺乳动物这步反应不需 ATP，碳酸氢根在 AIR 羧化酶催化下与氨基直接连接，再转移到环上。

h. 第八步反应是获得 N1 原子，由天冬氨酸与 CAIR 发生缩合反应，生成 N– 琥珀基 –5– 氨基咪唑 –4– 羧酰胺核糖核苷酸（N–succino–5–aminoimidazole–4–carboxamide ribonucleotide，SAICAR）。此反应由 SAICAR 合成酶催化，ATP 水解供能。

i. 第九步反应是脱去延胡索酸，SAICAR 在腺苷酸琥珀酸裂合酶（adenylosuccinate lyase，也称 SAICAR 裂合酶）催化下脱去延胡索酸生成 5– 氨基咪唑 –4– 羧酰胺核糖核苷酸（5–aminoimidazole–

4-carboxamide ribonucleotide，AICAR）。第八步和第九步反应与尿素循环中精氨酸生成鸟氨酸的反应相似。

j. 第十步反应是获得 C2，嘌呤环的最后一个 C 原子由 N^{10}- 甲酰 -FH_4 提供，由 AICAR 甲酰转移酶（AICAR transformylase）催化 AICAR 甲酰化生成 5- 甲酰胺基咪唑 -4- 羧酰胺核糖核苷酸（5-formaminoimidazole-4-carboxamide ribonucleotide，FAICAR）。

k. 第十一步反应是环化生成 IMP，FAICAR 在次黄嘌呤核苷酸合酶（IMP synthase）催化下脱水环化生成 IMP。此环化反应无需 ATP 供能。

（2）由 IMP 生成 AMP 和 GMP

从 5- 磷酸核糖开始，经过构成嘌呤环的原料历经 11 步酶促反应合成 IMP，IMP 虽不是核酸的主要组成成分，但它是嘌呤核苷酸合成的重要中间产物，是合成 AMP 和 GMP 的前体。AMP 与 IMP 的差别仅是 C6 位酮基被氨基取代（图 12-3）。

从 IMP 合成 AMP 仅需两步反应完成。首先，IMP 与天冬氨酸的氨基相连生成腺苷酸代琥珀酸（adenylosuccinate），由腺苷酸代琥珀酸合成酶催化，此反应需消耗一个 GTP 分子供能。其次，在腺苷酸代琥珀酸裂解酶作用下脱去延胡索酸生成 AMP（图 12-4）。

GMP 的合成也只需 2 步反应完成。首先，IMP 在 IMP 脱氢酶催化下，以 NAD^+ 为受氢体，脱氢氧化生成黄嘌呤核苷酸（xanthosine monophosphate，XMP）。其次，谷氨酰胺提供酰胺基取代 XMP 中 C2 上的氧生成 GMP，此反应由 GMP 合成酶（guanylate synthetase）催化，由 ATP 水解生成 AMP 供能（图 12-4）。

由上述反应过程可以看出，嘌呤核苷酸的合成是在磷酸核糖基础上逐步合成嘌呤环，不是首先合成嘌呤环然后再与磷酸核糖结合。这是与嘧啶核苷酸合成过程的重要区别。

3. 嘌呤核苷酸从头合成的调节

从头合成是体内合成嘌呤核苷酸的主要途径。但此过程要消耗氨基酸及 ATP。机体对合成速度有着精细的调节。在大多数细胞中，分别调节 IMP、ATP 和 GTP 的合成，不仅调节嘌呤核苷酸的总量，而且使 ATP 和 GTP 的水平保持相对平衡。嘌呤核苷酸合成调节网可见图 12-5。

IMP 途径的调节主要在合成的前两步反应，即催化 PRPP 和 PRA 的生成。核糖磷酸焦磷酸激酶受 ADP 和 GDP 的反馈抑制。磷酸核糖酰胺转移酶受到 ATP、ADP、AMP 及 GTP、GDP、GMP 的反馈抑制。ATP、ADP 和 AMP 结合酶的一个抑制位点，而 GTP、GDP 和 GMP 结合另一抑制位点。因此，IMP 的生成速率受腺嘌呤和鸟嘌呤核苷酸的独立和协同调节。此外，PRPP 可变构激活磷酸核糖酰胺转移酶。

第二水平的调节作用于 IMP 向 AMP 和 GMP 转变过程。GMP 反馈抑制 IMP 向 XMP 转变，AMP 则反馈抑制 IMP 转变为腺苷酸代琥珀酸，防止生成过多 AMP 和 GMP。此外，腺嘌呤和鸟嘌呤的合成是平衡。GTP 加速 IMP 向 AMP 转变，而 ATP 则可促进 GMP 的生成，这样使腺嘌呤和鸟嘌呤核苷酸的水平保持相对平衡，以满足核酸合成的需要。

（二）嘌呤核苷酸的补救合成途径

嘌呤核苷酸的补救合成途径有两种方式：一种是利用嘌呤碱重新合成嘌呤核苷酸，另一种是利用嘌呤核苷重新合成嘌呤核苷酸。

第一条途径中，在核苷磷酸化酶（nucleoside phosphoryalse）催化下各种碱基与核糖 -1- 磷酸反应生成核苷，再通过核苷磷酸激酶（nucleoside kinase）催化，由 ATP 提供磷酸基团，生成核苷酸（图 12-6）。但生物体内除了腺苷酸激酶（adenosine kinase）外，缺乏其他嘌呤核苷酸激酶，故不是主要的补救途径。

除此之外，还有另一种重要的代谢途径是嘌呤碱在核糖磷酸转移酶催化下与 PRPP 合成嘌呤核

● 知识点
嘌呤核苷酸生物合成的调控

5-磷酸核糖

合成酶 ATP → AMP

5-磷酸核糖-α-焦磷酸

酰胺转移酶 谷氨酰胺+H₂O → 谷氨酸+PPi

5-磷酸-β-核糖胺

合成酶 ATP+甘氨酸 → ADP+Pi

甘氨酰胺核糖核苷酸

转甲酰基酶 N^{10}—甲酰基四氢叶酸 → 四氢叶酸

甲酰甘氨酰胺核糖核苷酸

酰胺转移酶 ATP+H₂O+谷氨酰胺 → ADP+Pi+谷氨酸

甲酰甘氨脒核糖核苷酸

合成酶 ATP → ADP+Pi

5-氨基咪唑核糖核苷酸

羧化酶 H₂O +CO₂ +ATP → Pi ADP

N^5—羧基氨基咪唑核糖核苷酸

变位酶

N-琥珀基-5-氨基咪唑-4-羧酰胺核糖核苷酸

合成酶 ADP+Pi → ATP+天冬氨酸

5-氨基咪唑-4(N-琥珀酸)-甲酰胺核苷酸

裂解酶 延胡索酸

5-氨基咪唑-4-羧酰胺核糖核苷酸

转甲酰基酶 四氢叶酸 → N^{10}—甲酰基四氢叶酸

5-甲酰胺基咪唑-4-羧酰胺核糖核苷酸

环水解酶 H₂O

次黄嘌呤核苷酸

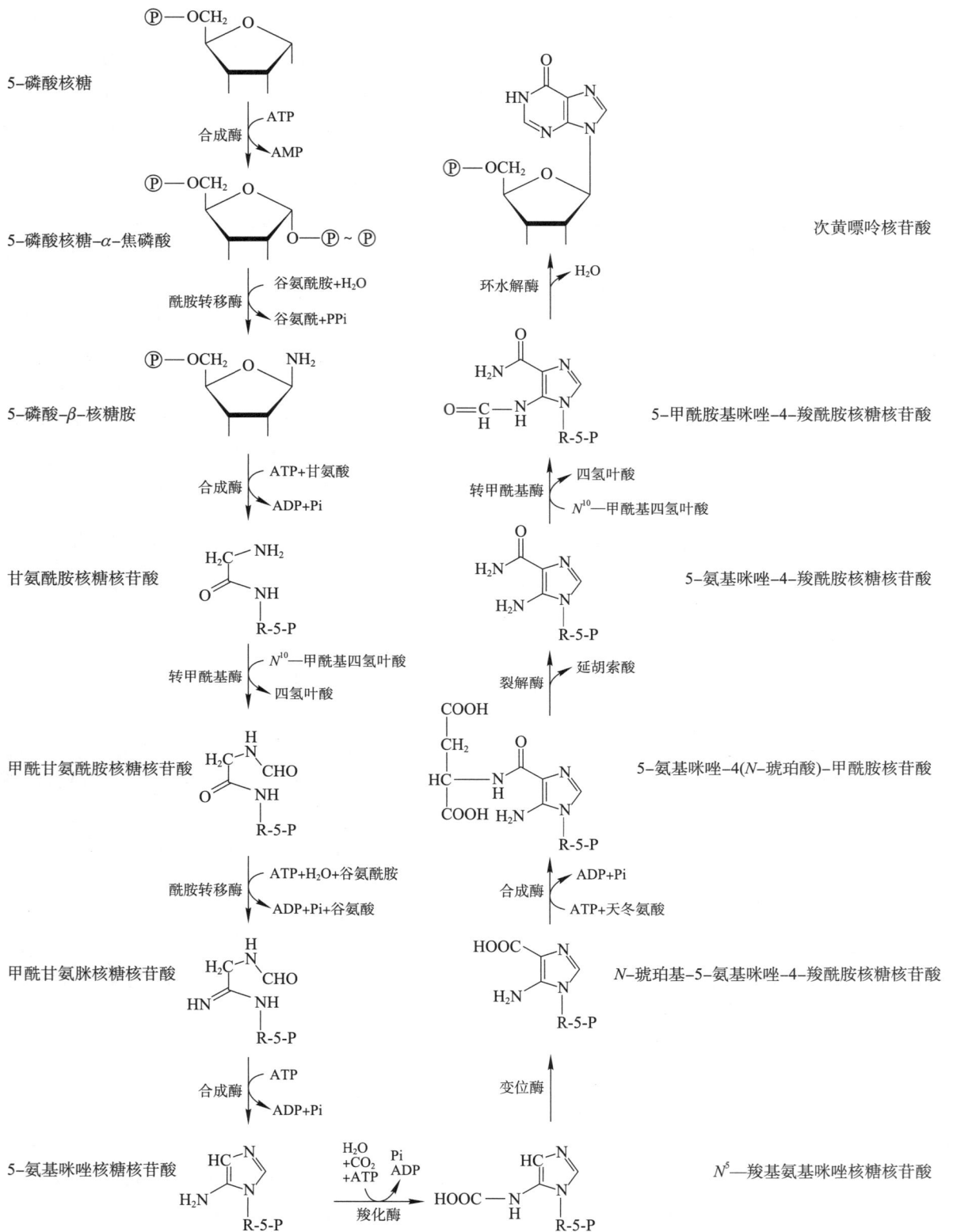

图 12-2 IMP 的生物合成

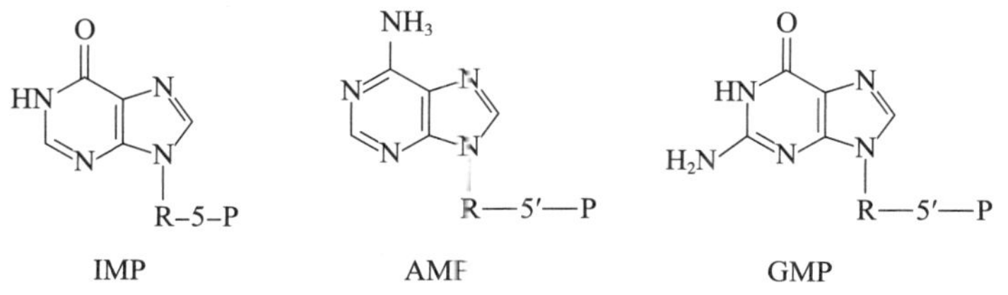

图 12-3 IMP 和 AMP、GMP 的结构

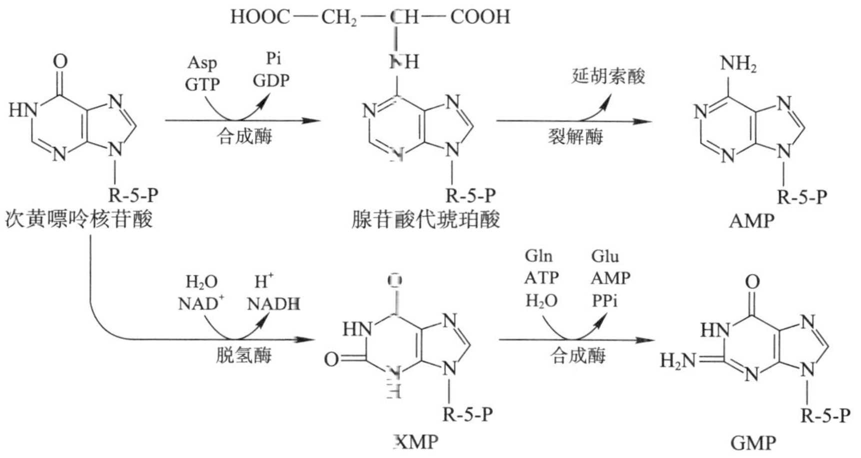

图 12-4 IMP 合成 AMP 和 GMP 的途径

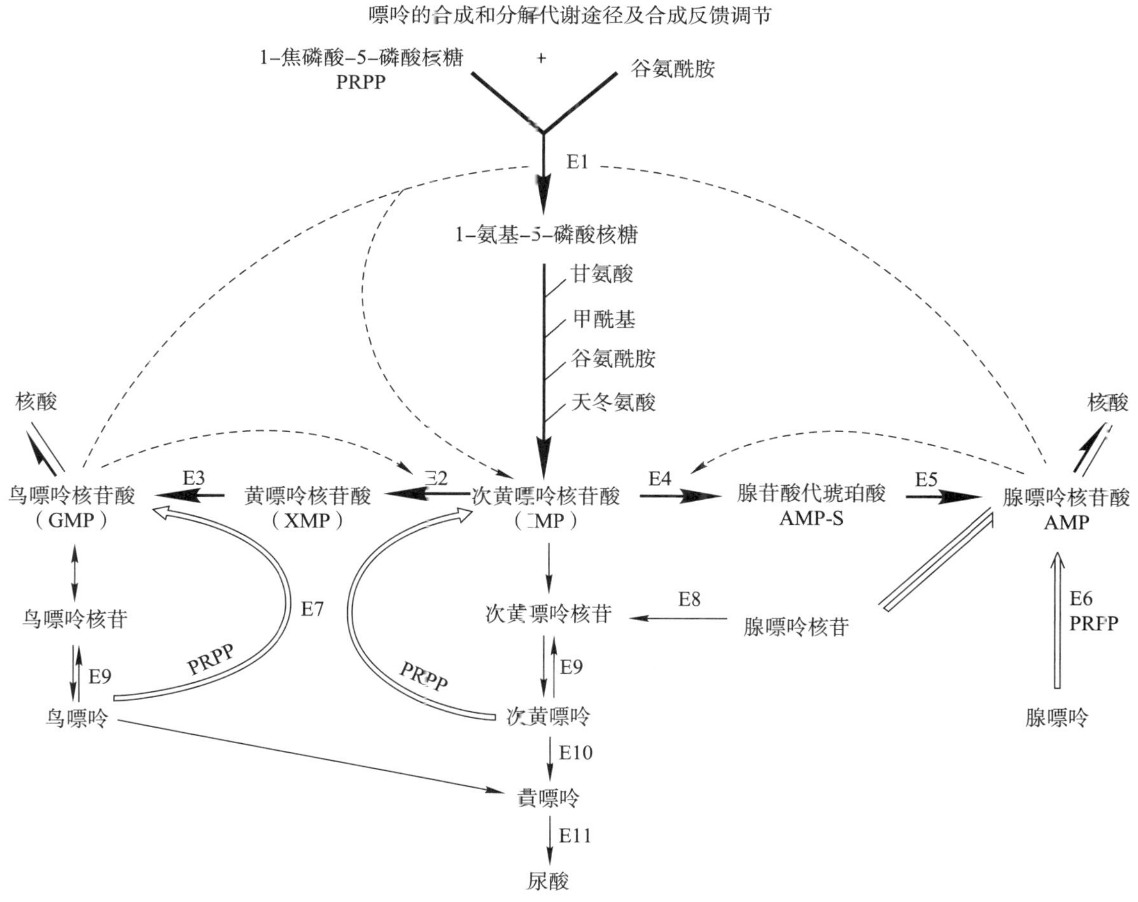

嘌呤的合成和分解代谢途径及合成反馈调节

图 12-5 嘌呤合成的调节网

$$（1）嘌呤碱 + 核糖–1–磷酸 \xrightleftharpoons[]{\text{核苷磷酸化酶}} 嘌呤核苷 + P_i$$

（2）嘌呤碱 + 5-磷酸核糖焦磷酸 →（磷酸核糖转移酶/核苷酸焦磷酸化酶）→ 嘌呤核苷酸　更为重要　哺乳动物、微生物　+ PP_i

磷酸激酶 腺苷激酶　ATP→ADP

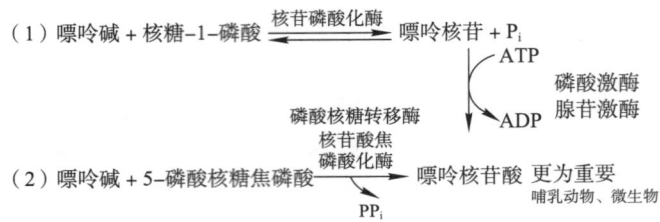

图 12-6　嘌呤核苷酸的补救合成途径 1

苷酸。该途径中由 PRPP 提供磷酸核糖，腺嘌呤磷酸核糖转移酶（adenine phosphoribosyl transferase，APRT）催化腺嘌呤合成 AMP，次黄嘌呤 – 鸟嘌呤磷酸核糖转移酶（hypoxanthine-guanine phosphoribosyl transferase，HGPRT）分别催化次黄嘌呤和鸟嘌呤生成相应的 IMP 及 GMP（图 12-7）。HGPRT 的活性较 APRT 的活性高，正常情况下 HGPRT 可使 90% 左右的嘌呤碱再利用，而 APRT 催化的再利用能力很弱。

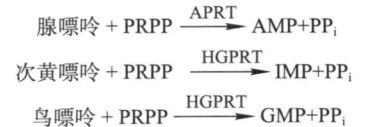

$$腺嘌呤 + PRPP \xrightarrow{APRT} AMP+PP_i$$
$$次黄嘌呤 + PRPP \xrightarrow{HGPRT} IMP+PP_i$$
$$鸟嘌呤 + PRPP \xrightarrow{HGPRT} GMP+PP_i$$

图 12-7　嘌呤核苷酸的补救合成途径 2

第二条途径中，嘌呤核苷的重新利用是通过腺苷激酶（adenosine kinase）催化的磷酸化反应，使腺嘌呤核苷生成腺嘌呤核苷酸。反应过程如下：

$$腺嘌呤核苷 \xrightarrow[\text{腺苷激酶}]{ATP \quad ADP} AMP$$

嘌呤核苷酸补救合成途径具有重要的生理意义：一是减少了从头合成时所需能量和一些氨基酸的消耗；二是体内某些组织器官，如脑、红细胞和骨髓等由于缺乏从头合成的酶体系，只能利用补救合成途径合成嘌呤核苷酸，嘌呤核苷酸对这些组织器官具有特殊意义。例如，由于遗传性基因缺陷而导致 HGPRT 完全缺失的患儿，表现为痉挛、智力低下、高度攻击性和破坏性的行为及特征性的强迫性自身残毁行为，称为自毁容貌症，又称为 Lesch-Nyhan 综合征（Lesch-Nyhan syndrome）。Lesch-Nyhan 综合征是 X- 连锁隐性遗传的先天性嘌呤代谢缺陷病，源于次黄嘌呤 – 鸟嘌呤磷酸核糖转移酶（HGPRT）的缺失。该酶的缺乏使次黄嘌呤和鸟嘌呤无法通过补救途径合成 IMP 和 GMP，只能降解为尿酸，同时也造成另一底物 PRPP 的大量堆积，促进嘌呤核苷酸的从头合成，由此导致嘌呤分解产物 - 尿酸增高，造成肾结石和痛风（详见嘌呤核苷酸的分解代谢）。APRT 酶活性非常低或缺乏时也会导致梗阻性肾病和结晶性肾病。

（三）嘌呤核苷二磷酸和嘌呤核苷三磷酸的合成

核苷一磷酸必须先转变为核苷二磷酸再进一步转变为核苷三磷酸（图 12-8）。核苷二磷酸是碱基特异性核苷一磷酸激酶（nucleoside monophosphate kinase）催化相应核苷一磷酸生成。例如，腺苷酸激酶（adenosine kinase）催化 AMP 磷酸化生成 ADP。核苷二磷酸激酶（nucleoside diphosphatekinase）对底物的碱基及戊糖（核糖或脱氧核糖）均无特异性。此酶催化反应系通过"乒乓机制"，即底物 NTP 使酶分子的组氨酶残基磷酸化，进而催化底物 NDP 的磷酸化。反应 $\Delta G \approx 0$，为可逆反应。

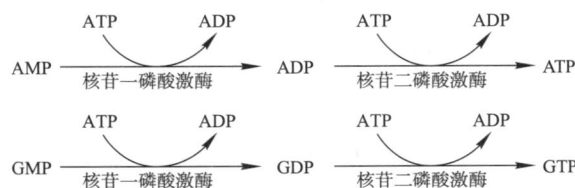

$$AMP \xrightarrow[\text{核苷一磷酸激酶}]{ATP \ ADP} ADP \xrightarrow[\text{核苷二磷酸激酶}]{ATP \ ADP} ATP$$
$$GMP \xrightarrow[\text{核苷一磷酸激酶}]{ATP \ ADP} GDP \xrightarrow[\text{核苷二磷酸激酶}]{ATP \ ADP} GTP$$

图 12-8　嘌呤核苷二磷酸和嘌呤核苷三磷酸的合成

（四）嘌呤核苷酸的抗代谢物

嘌呤核苷酸的生物合成过程是在多种酶的催化下进行的。在癌细胞内，核酸的合成速度比正常细胞更快，若能抑制核苷酸的合成，即可抑制癌细胞的生长。嘌呤核苷酸的抗代谢物是指嘌呤、氨基酸及叶酸等的类似物。它们主要通过竞争性抑制等方式干扰或阻断嘌呤核苷酸的合成，从而阻止核酸及蛋白质的生物合成。肿瘤细胞的核酸和蛋白质的合成均十分旺盛，因此，这些抗代谢物在临床上常用作抗肿瘤药物。

1. 嘌呤类似物

嘌呤的结构类似物主要有 6- 巯基嘌呤（6-MP）、6- 巯基鸟嘌呤及 8- 氮杂鸟嘌呤等，6-MP 在临床上应用较多。6-MP 的结构与次黄嘌呤相似，唯一不同的是分子中 C6 上由巯基取代（图 12-9）。它在体内可生成 6-MP 核苷酸，6-MP 核苷酸既可抑制 IMP 转变为 AMP 及 GMP，还可反馈抑制 PRPP 酰胺转移酶的活性，阻断嘌呤核苷酸的从头合成途径。另外，6-MP 核苷酸可竞争性抑制 HGPRT 的活性，抑制补救合成途径。

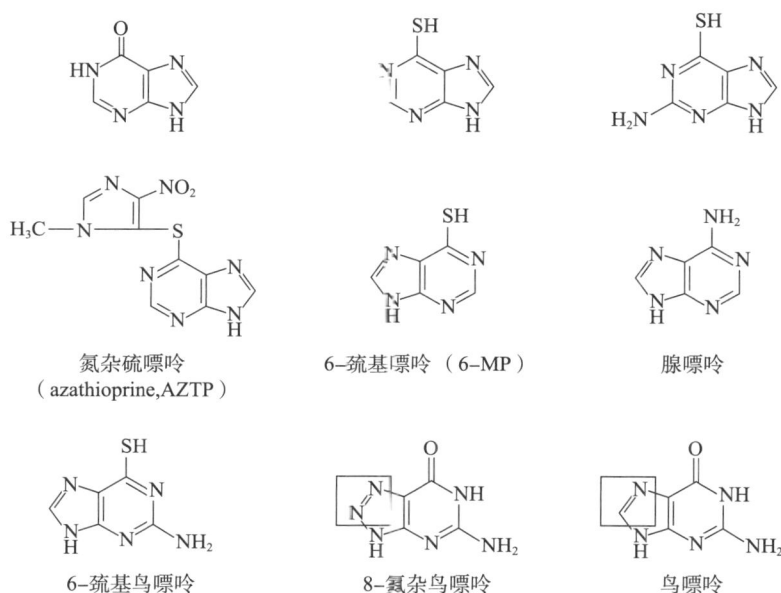

图 12-9　次黄嘌呤、6- 巯基嘌呤、6- 巯基鸟嘌呤及 8- 氮杂鸟嘌呤的结构

2. 氨基酸类似物

氨基酸类似物主要有氮杂丝氨酸及 6- 重氮 -5- 氧正亮氨酸等（图 12-10）。它们的结构与谷氨酰胺相似，以竞争性抑制的方式干扰谷氨酰胺在核苷酸合成中的作用，抑制嘌呤核苷酸及 CTP 的合成。

3. 叶酸类似物

叶酸类似物主要有氨蝶呤（APT）、甲氨蝶呤（MTX）（图 12-11）。它们均能竞争性抑制二氢叶酸还原酶（dihydrofolate reductase）的活性，阻断四氢叶酸的合成，使分子中来自一碳单位的 C2 和 C8 均得不到供应，抑制嘌呤核苷酸的合成。

几种嘌呤核苷酸抗代谢物的作用部位见图 12-12。

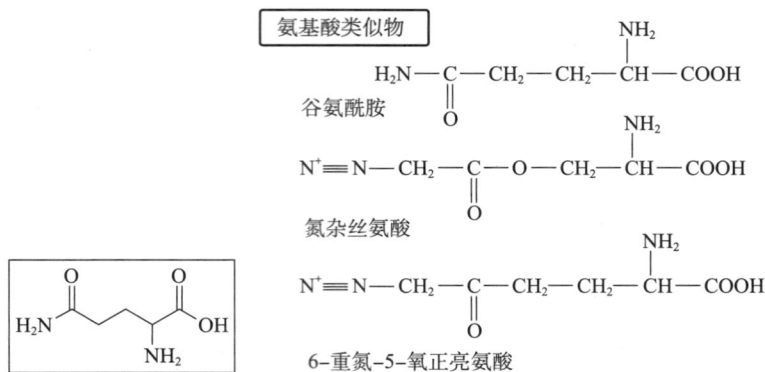

图 12-10 谷氨酰胺、氮杂丝氨酸及 6- 重氮 -5- 氧正亮氨酸的结构

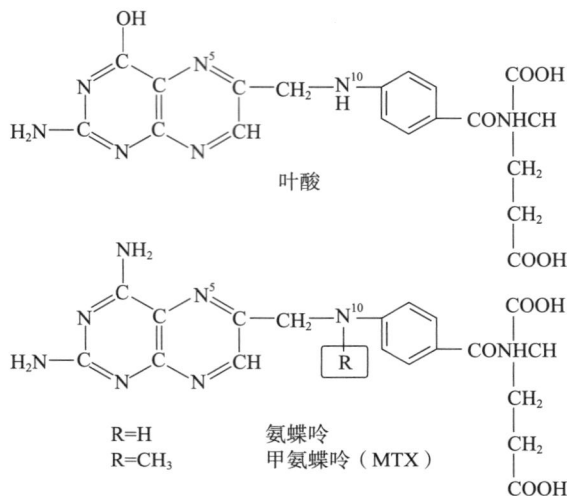

R=H　　　氨蝶呤
R=CH₃　甲氨蝶呤（MTX）

图 12-11 叶酸、氨蝶呤和甲氨蝶呤的结构

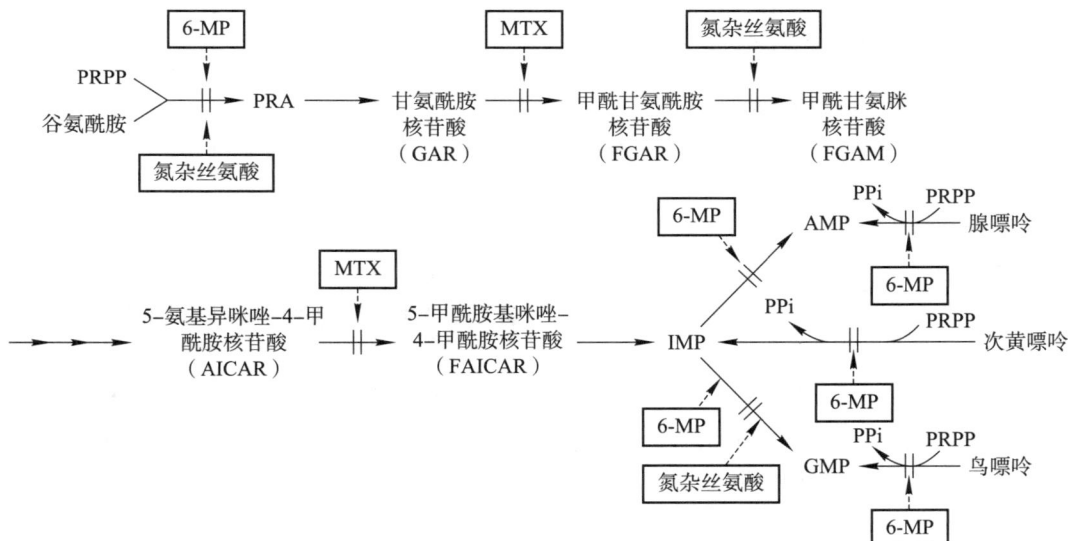

图 12-12 嘌呤核苷酸抗代谢物的作用部位

二、嘧啶核苷酸的生物合成

（一）嘧啶核苷酸的从头合成途径

与嘌呤核苷酸的从头合成途径不同，嘧啶核苷酸是先合成嘧啶环，再与磷酸核糖结合成乳清苷酸（orotidine-5-phosphate，OMP），之后生成尿嘧啶核苷酸。其他嘧啶核苷酸都是由尿嘧啶核苷酸转变而成。

📖 知识点
嘧啶核苷酸的生物合成

1. 合成原料

合成嘧啶核苷酸的原料有谷氨酰胺、CO_2、天冬氨酸和核糖 -5- 磷酸。嘧啶合成的元素来源如图 12-13 所示。

2. 合成过程

嘧啶核苷酸的从头合成过程主要在肝细胞中进行（图 12-14）。反应可分为两个阶段，首先合成尿嘧啶核苷酸（UMP），再由 UMP 转变为其他嘧啶核苷酸。反应需 ATP 参与。与嘌呤核苷酸从头合成途径不同的是嘧啶核苷酸首先合成的是嘧啶环，然后再与磷酸核糖相连接。嘧啶核苷酸的具体合成途径如下：

（1）UMP 的合成：其合成过程需要经过 6 步反应，可分为 3 个部分，即合成氨甲酰磷酸（carbamyl phosphate）、乳清酸（orotic acid）和尿嘧啶核苷酸。途径中所涉及的酶在细胞溶胶中。

a. 氨甲酰磷酸的合成　在氨甲酰磷酸合成酶Ⅱ（carbamoyl phosphate synthetase Ⅱ，CPS Ⅱ）的催

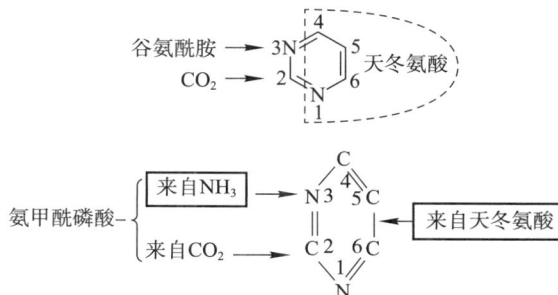

图 12-13　嘧啶环的元素来源

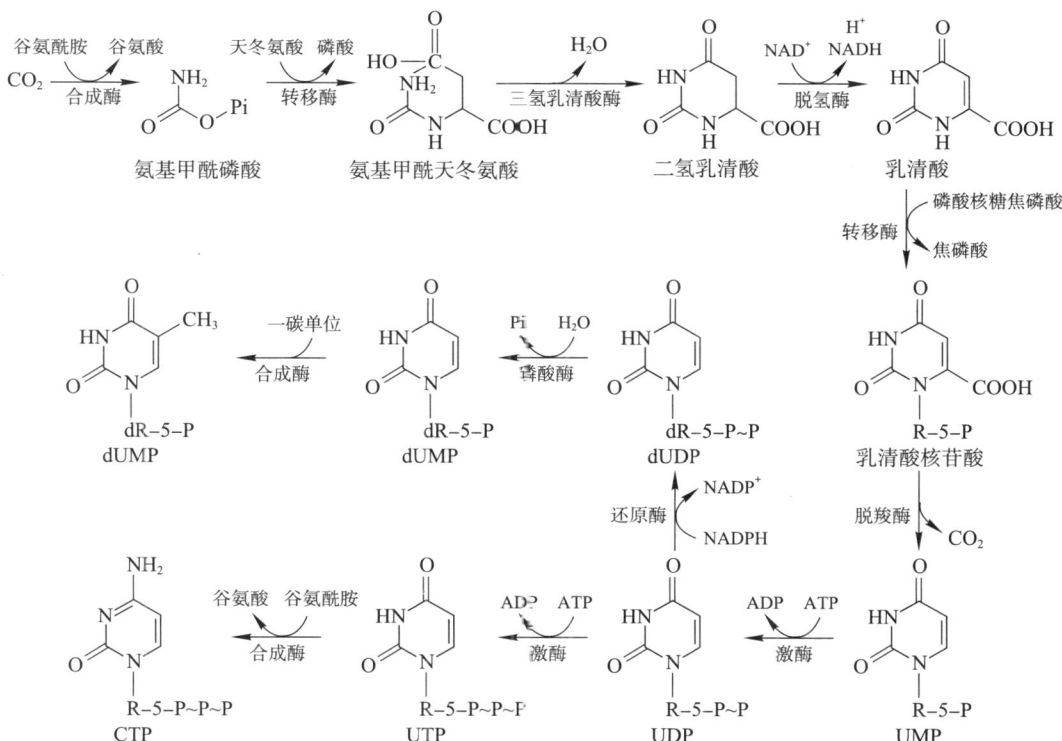

图 12-14　嘧啶核苷酸的从头合成途径

化下，由 ATP 供能并提供磷酸基，谷氨酰胺的酰胺基与 CO_2 结合生成氨甲酰磷酸。催化氨甲酰磷酸合成的酶有两种，分别为氨基甲酰磷酸合成酶Ⅰ（carbamoyl phosphate synthetase Ⅰ，CPS Ⅰ）和氨基甲酰磷酸合成酶Ⅱ。CPS Ⅰ存在于肝线粒体中，以游离的氨作为氨基供体合成氨甲酰磷酸，参与鸟氨酸循环，最终合成代谢产物尿素（参见第 11 章）。CPS Ⅰ是鸟氨酸循环过程中的限速酶，只有在变构激活剂 N– 乙酰谷氨酸（AGA）存在时才被激活，N– 乙酰谷氨酸可诱导 CPS Ⅰ的构象发生改变，从而增加酶对 ATP 的亲和力。该反应还需要 Mg^{2+} 作为该酶的辅基，才能使反应顺利进行。CPS Ⅱ存在于各种细胞的细胞质中，以谷氨酰胺为原料合成嘧啶。

b. 乳清酸的合成　氨甲酰磷酸在天冬氨酸氨基甲酰转移酶（aspartate transcarbamolyase，ATCase）催化下与天冬氨酸结合生成氨甲酰天冬氨酸。ATCase 存在于细胞质基质中，是细菌嘧啶核苷酸合成途径的关键酶。ATCase 受到产物的反馈抑制，其最有效的竞争性抑制剂是代谢途径的终产物胞嘧啶三磷酸（CTP），当 CTP 水平高时，CTP 与 ATCase 结合，降低 CTP 合成的速度，反之，当细胞内 CTP 水平低时，CTP 从 ATCase 上解离，加快 CTP 合成速度。CTP 导致酶对天冬氨酸的 K_m 值明显增大，但并不改变 V_{max}。ATP 是该酶的别构激活剂，其可增强酶与底物的亲和性，但也不影响 V_{max}。ATP 与 CTP 相互竞争调节部位，高浓度的 ATP 可阻止 CTP 对酶的抑制作用。另外，底物天冬氨酸结合到一个活性部位后，会增加其他亚基对底物的亲和性，从而增大反应速度。氨甲酰天冬氨酸在二氢乳清酸酶（dihydroorotase）催化下脱水环化生成 L– 二氢乳清酸。随后在二氢乳清酸脱氢酶（dihydroorotate dehydrogenase）催化下脱氢生成乳清酸，再由 PRPP 提供磷酸核糖，乳清酸磷酸核糖转移酶催化下生成乳清酸核苷酸（OMP）。乳清苷酸脱羧酶催化其脱羧后生成 UMP。UMP 是合成其他嘧啶核苷酸的前体。

（2）CTP 的合成：UMP 经尿苷酸激酶催化生成 UDP，UDP 再经尿苷二磷酸核苷激酶催化生成 UTP。只有在尿苷三磷酸水平上才能在 CTP 合成酶的催化下由谷氨酰胺提供氨基生成 CTP。

3. 嘧啶核苷酸从头合成的调节

原核生物和真核生物从头合成途径的调控因其酶系统不同而不同。在细菌中，天冬氨酸氨基甲酰转移酶（ATCase）是嘧啶核苷酸从头合成的限速酶。在大肠杆菌中，ATCase 受 ATP 的变构激活，CTP 是其变构抑制剂。但在许多细菌中，UTP 是 ATCase 的主要变构抑制剂。在动物细胞中，嘧啶核苷酸合成的限速酶是 CPS Ⅱ。UDP 和 UTP 抑制其活性，但是 UTP 对于线粒体中的 CPS Ⅰ（尿素循环）无作用。ATP 和 PRPP 是其激活剂。哺乳动物的嘧啶核苷酸的合成是由多功能酶催化的，即 CPS Ⅱ、ATCase 和二氢乳清酸酶在同一条肽链上。乳清酸磷酸核糖转移酶和乳清酸脱羧酶也在同一条多肽链上。这种多功能酶的形式有利于协调多种酶的活性。第二水平的调节是乳清苷酸脱羧酶（OMP 脱羧酶），UMP 和 CMP 为其竞争抑制剂。由于 PRPP 合成酶是嘧啶和嘌呤两类核苷酸合成过程中的共同需要的酶，所以同时受嘧啶核苷酸及嘌呤核苷酸的反馈抑制。

催化嘧啶核苷酸从头合成途径中乳清酸磷酸核糖转移酶和乳清苷酸脱羧酶的这个双功能酶出现缺陷时，使乳清酸不能转变为尿苷酸，导致乳清酸大量出现在血液和尿液中，这称为乳清酸尿症。这是一种遗传性疾病，临床可用尿嘧啶或胞嘧啶治疗。尿嘧啶经磷酸化可生成 UMP，抑制 CPS Ⅱ活性，从而抑制嘧啶核苷酸的从头合成。

（二）嘧啶核苷酸的补救合成途径

嘧啶核苷酸的补救途径有两条：第一条补救途径是通过磷酸核糖转移酶催化，使各种嘧啶碱接受 PRPP 供给的磷酸核糖基直接生成嘧啶核苷酸，催化反应的通式如下：

$$嘧啶 + PRPP \xrightarrow{\text{嘧啶磷酸核糖转移酶}} 磷酸嘧啶核苷 + PPi$$

尿嘧啶及 PRPP 在尿嘧啶磷酸核糖转移酶的催化下，生成尿嘧啶核苷酸。

第二条补救途径是在核苷磷酸化酶催化下，嘧啶碱先与核糖 –1– 磷酸反应生成嘧啶核苷，之后在嘧啶核苷激酶催化下，被磷酸化生成核苷酸。尿嘧啶核苷及胸腺嘧啶核苷分别在尿苷激酶、胸苷激酶的催化下，生成尿嘧啶核苷酸、胸腺嘧啶核苷酸（图 12-15）。

$$尿嘧啶 + PRPP \xrightarrow{尿嘧啶磷酸核糖转移酶} UMP + PPi$$

$$尿嘧啶核苷 + ATP \xrightarrow{尿苷激酶} UMP + ADP$$

$$胸腺嘧啶核苷 + ATP \xrightarrow{胸苷激酶} TMP + ADP$$

图 12-15 嘧啶核苷酸的补救合成途径

通过补救合成方式生成的嘧啶核苷酸主要是尿嘧啶核苷酸，再由 UMP 转变成其他嘧啶核苷酸。参与补救合成的酶有尿嘧啶磷酸核糖转移酶、尿苷（胞苷）激酶、脱氧胸苷激酶或胸苷激酶等。

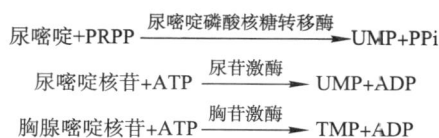

（三）嘧啶核苷酸的抗代谢物

嘧啶核苷酸的抗代谢物是一些嘧啶、氨基酸及叶酸等的类似物，它们对代谢的影响以及抗肿瘤作用机制与嘌呤核苷酸抗代谢物相似。

1. 嘧啶类似物

嘧啶类似物主要有 5- 氟尿嘧啶（5-FU），它的结构与胸腺嘧啶相似。5-FU 本身并无生物活性，必须在体内转变成有活性的一磷酸脱氧核糖氟尿嘧啶核苷（FdUMP）及三磷酸氟尿嘧啶核苷（FUTP）后，才能发挥作用。FdUMP 与 dUMP 结构相似，能抑制胸苷酸合成酶的活性，从而抑制 dTMP 的合成。FUTP 也可以以 FUMP 的形式加入到 RNA 分子中，异常核苷酸的加入，破坏了 RNA 的结构与功能。

2. 氨基酸类似物

如氮杂丝氨酸与谷氨酰胺结构相似，能抑制 CTP 的生成。

3. 叶酸类似物

如甲氨蝶呤与叶酸的结构相似，可阻断 dUMP 利用一碳单位甲基化生成 dTMP，影响 DNA 的合成。另外，如阿糖胞苷改变了核糖结构的核苷类似物，它能抑制 CDP 还原成 dCDP，从而影响 DNA 的合成。

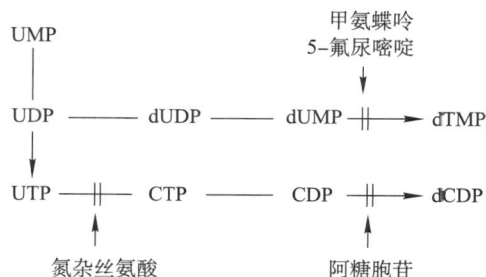

几种嘧啶核苷酸抗代谢物的作用部位见图 12-16。

图 12-16 嘧啶核苷酸抗代谢物的作用部位

三、脱氧核糖核苷酸的合成

在体内脱氧核糖核苷酸并非先形成脱氧核糖后再结合碱基和磷酸，而是通过相应的核糖核苷酸还原，以 H 取代其核糖分子中 C2 上的羟基而生成。该反应是由核糖核苷酸还原酶催化，在核糖核苷二磷酸（NDP）水平上进行的。即作为被还原底物的是核糖核苷二磷酸（ADP、GDP、CDP、UDP），以生成对应的脱氧核糖核苷二磷酸（dADP、dGDP、dUDP、dCDP），再经激酶催化，进一步生成脱氧核糖核苷三磷酸（图 12-17）。目前已发现有 4 种不同的核糖核苷酸还原酶（ribonucleotide reductase），其催化的反应过程较复杂。该酶是一种变构酶，包括 R1（催化亚基）、R2（自由基产生亚基）两个亚基，二者分开时无酶活性，只有 R1 与 R2 结合并有 Mg^{2+} 存在时才具有酶活性。在 DNA 合成旺盛、分裂速度快的细胞中，核糖核苷酸还原酶活性较强。

核糖核苷酸被酶还原为脱氧核糖核苷酸需要提供 2 个氢原子，酶失去 2 个氢原子形成二硫键，这就需要氢供体供氢将其还原为具还原活性的巯基，即还原酶的再生过程。氢的最终供体是 NADPH，还原氢需通过氢携带蛋白转移给核糖核苷酸还原酶，再传递给 4 种底物核苷酸上。一般认为，存在两种系统进行氢和电子的传递。第一种系统中，硫氧化还原蛋白（thioredoxin）是核糖核苷酸还原酶的一种生理还原剂。由 108 个氨基酸组成，分子量约 1.2×10^7，含有一对邻近的半胱氨酸残基。所含巯基在核糖核苷酸还原酶作用下氧化为二硫键，后者在硫氧化还原蛋白还原酶

● **知识点**
脱氧核糖核苷酸的生物合成

$$dNDP + ATP \xrightarrow{激酶} dNTP + ADP$$

图 12-17 脱氧核糖核苷三磷酸的合成

（thioredoxinreductase）催化，这是一种含 FAD 的黄素酶，由 NADPH 供氢重新还原为还原型的硫氧化还蛋白。第二种系统中，谷氧还蛋白（glutaredoxin）也是该酶的还原剂。同样其含有的巯基被氧化为二硫键后，由谷氧还蛋白还原酶结合两分子的谷胱甘肽（GSH）来还原谷氧还蛋白。谷胱甘肽还原酶也是一种黄素酶，可从 NADPH 获得氢还原谷胱甘肽。由此发现，NADPH 是 NDP 还原为 dNDP 的最终还原剂。

在乳杆菌和裸藻内的还原系统用核苷三磷酸作为被还原底物，需要钴酰胺辅酶（维生素 B_{12}），二氢硫辛酸可作为还原剂。

在 DNA 分子中还有一种脱氧核苷酸，即胸腺嘧啶脱氧核苷酸（dTMP），它是在尿嘧啶脱氧核苷酸（dUMP）的基础上经甲基化生成的。dUDP 先水解生成 dUMP：

$$dUDP + H_2O \longrightarrow dUMP + Pi$$

胞嘧啶脱氧核苷酸（dCMP）脱氨也可生成 dUMP：

$$dCMP + H_2O \longrightarrow dUMP + NH_3$$

然后，dUMP 在胸腺嘧啶核苷酸合成酶催化下，以 $N^{5,10}$-亚甲基四氢叶酸为一碳供体提供一碳单位，生成 dTMP：

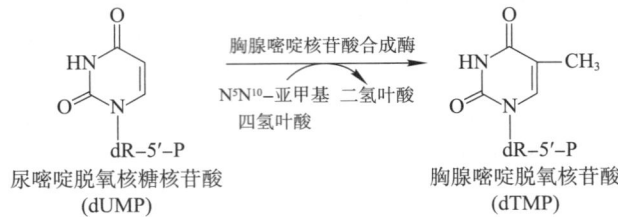

各种核苷酸合成的相互关系如图 12-18 所示。

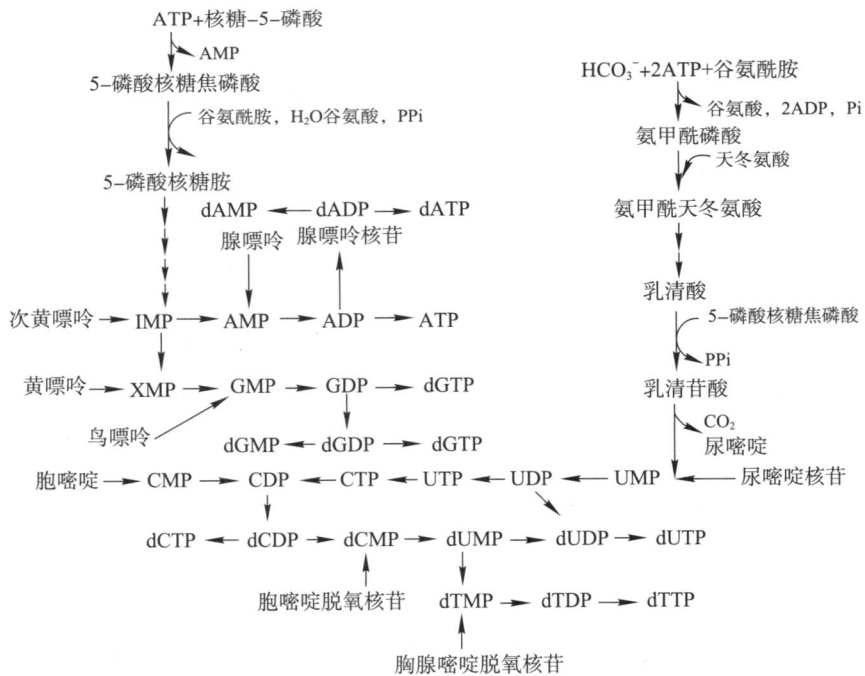

图 12-18　各种核苷酸合成的相互关系

第二节　核酸的降解和核苷酸的分解代谢

一、核酸的降解

核酸是由其基本结构单位——核苷酸以 3',5'- 磷酸二酯键连接形成的生物大分子。在生物体内，核酸可被不同酶类分解。高等动物的胰中形成核酸酶，分泌至胰液中，在肠腔内将核酸分解。不同来源的核酸酶，其专一性、作用方式都有所不同，如按其底物的专一性可分为核糖核酸酶（只作用于 RNA）和脱氧核糖核酸酶（只作用于 DNA）。如按其作用位置可分为核酸外切酶（EC3.1.11–6）和核酸内切酶（EC3.1.21–31）两个亚类。

1. 核酸外切酶

核酸外切酶作用于核酸链的末端，逐个水解下核苷酸。有些核酸外切酶从核酸链的 3' 端开始，生成 5'- 核苷酸（如蛇毒核酸外切酶）；另一些则从 5' 端开始而生成 3' 核苷酸（如牛脾核酸外切酶）；但也有一些核酸外切酶可从 5' 端或 3' 端开始而生成 5' 核苷酸的（图 12-19）。

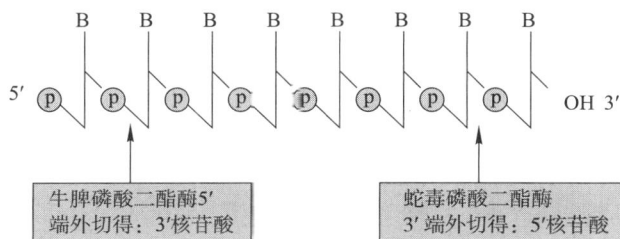

图 12-19　不同类型的核酸外切酶

2. 核酸内切酶

核酸内切酶催化水解多核苷酸链内部的磷酸二酯键。有的核酸内切酶只对某些碱基顺序专一，如限制性内切酶。有的则对碱基专一，如牛胰的核酸酶水解嘧啶核苷酸二酯键，生成嘧啶核苷 –3'- 磷酸或末端为嘧啶核苷 –3'- 磷酸的寡核苷酸。

3. 限制性核酸内切酶

20 世纪 70 年代，在细菌中陆续发现了一类核酸内切酶，可识别并附着特定的 DNA 序列，并对每条链中特定部位的 2 个脱氧核糖核苷酸之间的磷酸二酯键进行切割的一类酶，称为限制性核酸内切酶（restrictionendonuclease，限制酶）。当外源 DNA 侵入细菌后，限制性核酸内切酶可将其水解切成片段，从而限制了外源 DNA 在细菌细胞内的表达，细菌自身的 DNA 在该特异核苷酸顺序处被甲基化酶修饰，从而不被水解，得到保护。

限制性核酸内切酶的特定酶切位点的长度在 4~8 个碱基对范围内，通常具回文结构。限制性核酸内切酶较为稳定，作用时需 Mg^{2+} 及一定的盐浓度。限制性核酸内切酶的研究和应用发展很快，许多已成为基因工程研究中必不可少的工具酶。常用限制性核酸内切酶约有 100 多种。已有商品出售，表 12-1 中列出了一些限制性核酸内切酶的切割位点。

根据限制性核酸内切酶的结构、辅因子的需求切位与作用方式，可将其分为 3 种类型，分别是第一型（Type Ⅰ）、第二型（Type Ⅱ）及第三型（Type Ⅲ）。Ⅰ 型限制性核酸内切酶既能催化宿主 DNA 的甲基化，又催化非甲基化的 DNA 的水解；Ⅱ 型限制性核酸内切酶只催化非甲基化的 DNA 的水解。Ⅲ 型限制性核酸内切酶同时具有修饰及认知切割的作用。Ⅰ 型和 Ⅲ 型酶水解 DNA 需要消耗 ATP，全酶中的部分亚基有通过在特殊碱基上补加甲基团对 DNA 进行化学修饰的活性。这两种酶具有限制和修饰两种作用，但其特异性弱，切割位点的序列不固定、不已知，不宜用于基因克隆中。Ⅱ型酶水解 DNA 不需 ATP 也不以甲基化或其他方式修饰 DNA，能在所识别的特殊核苷酸顺序内或附近切割 DNA（图 12-20）。因此，被广泛用于 DNA 分子克隆和序列测定。

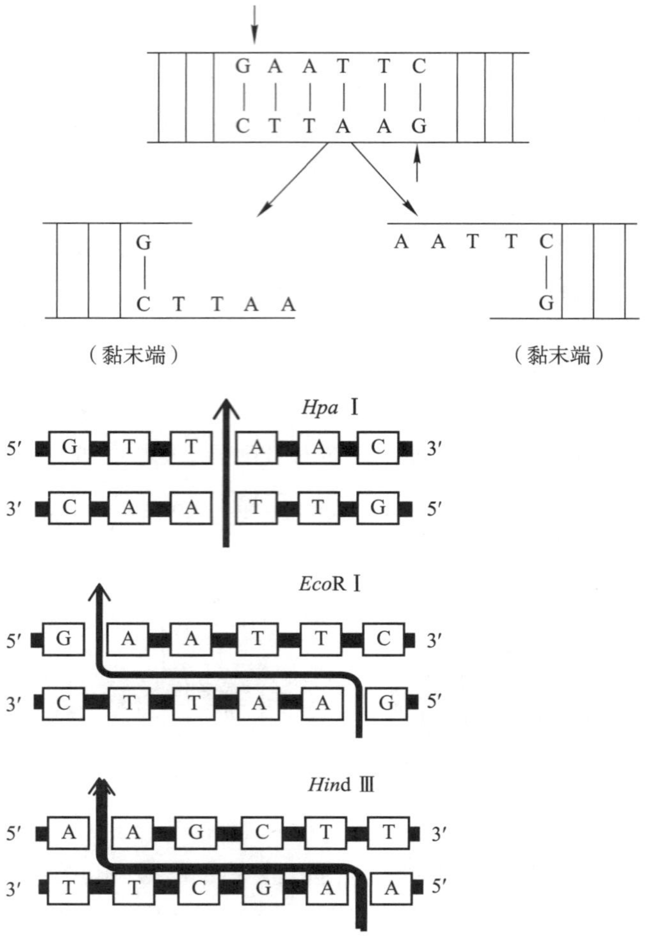

图 12-20　Ⅱ型限制性核酸内切酶

表 12-1　限制性内切酶识别的位置

酶	来源	识别位点
EcoR Ⅰ	E.coli	—N—C—T—T—A—A—G—N—5′ 5′—N—G—A—A—T—T—C—N—
EcoR Ⅱ	E.coli	—N—G—G—A—C—C—N—5′ 5′—N—C—C—T—G—G—N—
Hind Ⅱ	Hemophilus influenzce	—C—A—R—Y—T—G—5′ 5′—G—T—Y—R—A—C
Hind Ⅲ	Hemophilus influenzce	—T—T—C—G—A—A—5′ 5′—A—A—G—C—T—T—

续表

酶	来源	识别位点
Hpa I	*Hemophilus parainfluenzae*	↓ —N—C—A—A—T—T—G—N—5' 5'—N—G—T—T—A—A—C—N— ↑
Hpa Ⅱ	*Hemophilus parainfluenzae*	↓ N—G—G—C—C—N—5' 5'—N—C—C—G—G—N ↑
Hae Ⅲ	*Hemophilus aegypticus*	↓ —N—C—C—G—G—N—5' 5'—N—G—G—C—C—N— ↑

注：R 代表嘌呤核苷酸，Y 代表嘧啶核苷酸。

二、核苷酸的分解代谢

1. 核苷酸的降解

在生物体内，核苷酸在核苷酸酶催化下可发生水解，生成核苷和磷酸。分解核苷的酶有两类，一类是核苷磷酸化酶，在其作用下核苷被磷酸解为碱基（嘌呤或嘧啶）和戊糖 –1– 磷酸；第二类是核苷水解酶，在其作用下核苷水解为碱基和戊糖。核苷磷酸化酶存在较为广泛，其催化的反应是可逆的；核苷水解酶主要存在于植物和微生物体内，只对核糖核苷有作用，对脱氧核糖核苷无作用，且其反应不可逆。

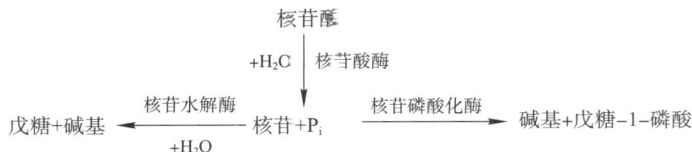

$$\text{戊糖+碱基} \xleftarrow[\text{+H}_2\text{O}]{\text{核苷水解酶}} \text{核苷+P}_i \xrightarrow{\text{核苷磷酸化酶}} \text{碱基+戊糖–1–磷酸}$$

（核苷酸 $\xrightarrow[\text{核苷酸酶}]{\text{+H}_2\text{O}}$ ）

2. 嘌呤碱的降解

嘌呤核苷酸经过核苷酸酶、核苷磷酸化酶或核苷水解酶作用生成嘌呤、戊糖（戊糖 –1– 磷酸）和磷酸，其中戊糖（戊糖 –1– 磷酸）可进入核苷酸的合成代谢或糖代谢等途径中再利用，嘌呤碱则可进一步发生分解。不同种类的生物因含有酶的种类不同而导致其分解嘌呤碱的能力不同，故其最终代谢产物也不相同。如猪和蜘蛛排泄产物为鸟嘌呤；灵长类动物（包括人类）缺乏分解尿酸的能力，其嘌呤代谢一般止于尿酸；鸟类、陆地爬虫类、圆口类、昆虫类（双翅目除外）及环节动物（蛭、蚯蚓）嘌呤降解的终产物也为尿酸；灵长类以外的一些其他哺乳动物、海龟、腹足类和某些昆虫含尿酸氧化酶，可将尿酸氧化为尿囊素排出；某些硬骨鱼类含有尿囊素酶，可分解尿囊素生成尿囊酸；具有尿囊酸酶的许多鱼类和两栖类继续分解尿囊酸产生尿素，具有脲酶的某些低等动物如星虫、海产片足类、河蚌、甲壳类（蝲蛄、龙虾）及蟋虫则可进一步分解尿素成氨。植物的嘌呤代谢与动物相似。

嘌呤碱的具体代谢途径如下。首先，嘌呤碱在脱氨酶作用下脱去氨基——腺嘌呤脱氨后生成次黄嘌呤，鸟嘌呤脱氨后生成黄嘌呤（图 12–21，反应 a、c）。脱氨反应可在碱基、核苷和核苷酸水平上进行。在动物组织中腺嘌呤脱氨酶的含量极少，腺嘌呤核苷脱氨酶和腺嘌呤核苷酸脱氨酶的活性较高，故腺嘌呤的脱氨可在其核苷和核苷酸水平进行。然后，再脱掉戊糖和磷酸生成次黄嘌呤。鸟嘌呤脱氨酶的分布较广，鸟嘌呤的脱氨分解主要发生在碱基水平，即在鸟嘌呤脱氨酶催化下脱氨生成黄

✎ 知识点
嘌呤核苷酸的分解代谢

嘌呤和氨。

次黄嘌呤和黄嘌呤在黄嘌呤氧化酶作用下氧化生成尿酸（图 12-21，反应 b、d）。黄嘌呤氧化酶是一种黄素蛋白，由 2 个相同的亚基组成，含 1 个 FAD、1 个钼辅因子和 2 个不同的铁－硫中心。黄嘌呤或次黄嘌呤氧化的反应过程极其复杂，电子转移给 O_2 形成 H_2O_2，尿酸中的氧来自水。

尿酸在尿酸氧化酶（一种含铜酶）作用下分解为尿囊素和 CO_2（图 12-21，反应 e）。尿囊素在尿囊素酶作用下分解为尿囊酸（图 12-21，反应 f）。尿囊酸再进一步在尿囊酸酶作用下水解为尿素和乙醛酸（图 12-21，反应 g）。尿素在脲酶的作用下分解成氨（图 12-21，反应 h）。嘌呤碱的分解途径总结为图 12-21。

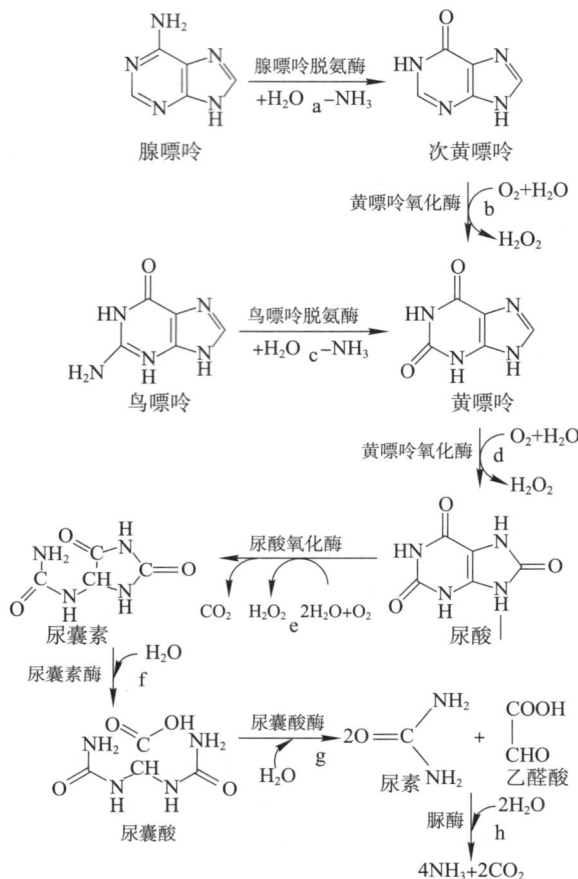

图 12-21　嘌呤碱的分解代谢

嘌呤代谢排出物的多样性，可能与在进化过程中发生的酶缺失现象（eezymaphresis）有关。嘌呤代谢异常的疾病有痛风和 Lesch-Nyhan 综合征（参见本章第一节）。

痛风是嘌呤代谢紊乱引起尿酸生产过量或尿酸排泄不畅造成堆积而导致的一种疾病。正常情况下，体内产生的尿酸 2/3 由肾排出，1/3 由大肠排出。尿酸在体内不断地生成和排泄，在血液中其基本上能维持在一定的浓度（2 ~ 6 mg/mL）。但在嘌呤的合成与分解代谢过程中的酶出现异常导致代谢发生紊乱，使尿酸的合成增加或排出减少，均可引起高尿酸血症。当血尿酸浓度过高时形成尿酸盐晶，尿酸盐晶是由尿酸钠分子聚集而成，在偏振光显微镜下尿酸盐晶体为蓝黄双折光针状晶体，其溶解度很低，除中枢神经系统外，可在全身各部位沉积，如关节、软组织、软骨和肾等（图 12-22）。针尖状的尿酸盐的慢性沉积会引起组织的异物炎症反应从而引起痛风，其临床表现为关节肿大、畸形、僵硬、痛风性关节炎，会让患者周身局部出现红、肿、热、痛的症状（图 12-23）。如不及时治疗还会引起痛

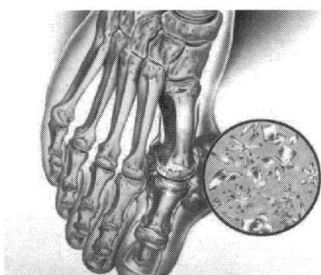

图 12-22　关节滑液中的尿酸盐结晶

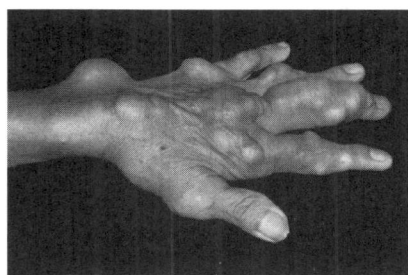

图 12-23　痛风导致关节肿大

风性肾炎、尿毒症、肾结石及高血压等多种并发症。

尿酸由次黄嘌呤、黄嘌呤依次氧化生成，催化这两步反应的均是黄嘌呤氧化酶。治疗痛风症的常用药物——别嘌呤醇是一种吡唑并嘧啶类化合物，是次黄嘌呤的结构类似物，可与次黄嘌呤竞争性结合于黄嘌呤氧化酶的活性中心（图 12-24）。别嘌呤醇被氧化后的产物是别黄嘌呤，后者与黄嘌呤的结构相似，故与黄嘌呤氧化酶的活性中心牢固地结合，抑制其酶活性，导致次黄嘌呤、黄嘌呤转变为尿酸的量减少，达到治疗的目的（图 12-25）。

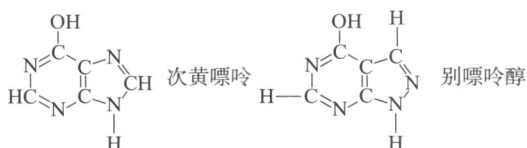

图 12-24　别嘌呤醇与次黄嘌呤的结构

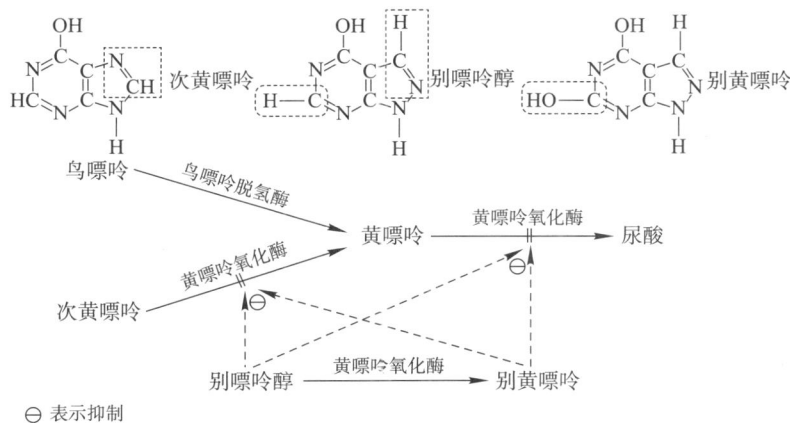

⊖ 表示抑制

图 12-25　别嘌呤醇治疗痛风的原理

3. 嘧啶碱的降解

哺乳类动物嘧啶碱的降解主要在肝中进行，其过程包括脱氨基、氧化、还原及脱羧基等反应。第一步反应是脱氨基作用，在人和某些其他动物体内脱氨基可在核苷或核苷酸水平上进行。具有氨基的胞嘧啶在胞嘧啶脱氨酶催化下水解脱氨后生成尿嘧啶（图 12-26）。尿嘧啶或胸腺嘧啶在二氢尿嘧啶脱氢酶或二氢胸腺嘧啶脱氢酶催化下脱氢还原为二氢尿嘧啶或二氢胸腺嘧啶（图 12-26），该反应需要 NAD^+ 或 $NADP^+$ 为氢受体。二氢尿嘧啶酶催化二氢尿嘧啶水解开环，生成 β-脲基丙酸（图 12-26）；后者由脲基丙酸酶催化继续水解生成 NH_3、CO_2 和 β-丙氨酸（图 12-26）。二氢胸腺嘧啶亦发生类似的水解反应，先由二氢嘧啶酶催化水解生成 β-脲基异丁酸（图 12-26），后在脲基丙酸酶催化生成

📧 知识点

嘧啶核苷酸的分解代谢

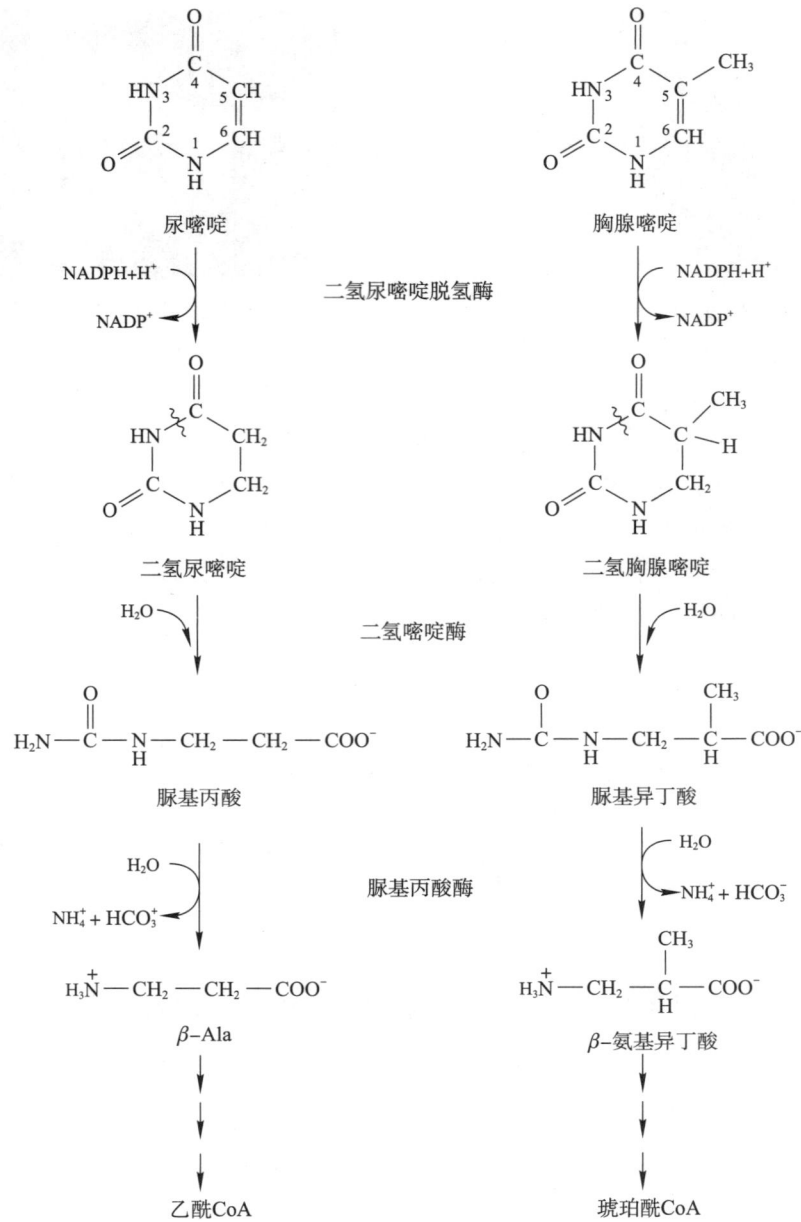

图 12-26 嘧啶碱的分解代谢

NH$_3$、CO$_2$ 和 β- 氨基异丁酸（图 12-26）。嘧啶碱的分解途径总结为图 12-26。

　　β- 丙氨酸和 β- 氨基异丁酸可继续分解代谢。β- 丙氨酸可转换为乙酰 CoA，β- 氨基异丁酸可转换成琥珀酰 CoA，二者均可进入三羧酸循环进一步代谢。β- 氨基异丁酸亦可随尿液排出体外。食入 DNA 含量丰富的食物、经放射线治疗或化学治疗的患者及白血病患者，其尿液中 β- 氨基异丁酸排出量会增多。β- 丙氨酸可用于辅酶 A 的合成，也可发生转氨反应，生成甲酰乙酸（CHO·CH$_2$·COOH），后转化为乙酸并通过三羧酸循环分解，或转化为脂肪酸。

　　胞嘧啶不能以游离状态直接分解，而是由胞嘧啶核苷开始发生脱氨分解。

$$\text{胞嘧啶} \xrightarrow[a]{+H_2O \ +NH_3} \text{尿嘧啶} \xrightarrow[b]{NAD(P)H+H^+ \quad NAD(P)^+} \text{二氢尿嘧啶}$$

二氢尿嘧啶 $\xrightarrow[c]{+H_2O}$ $H_2NCONHCH_2CH_2COOH$ (β-脲基丙酸) $\xrightarrow[\alpha]{+H_2O}$ $NH_3+CO_2+H_2NCH_2CH_2COOH$ (β-丙氨酸)

$$\text{胸腺嘧啶} \xrightarrow[b']{NAD(P)H+H^+ \quad NAD(P)^-} \text{二氢胸腺嘧啶}$$

二氢胸腺嘧啶 $\xrightarrow[c']{+H_2O}$ $H_3NCONHCH_2CHCOOH$ (β-脲基异丁酸, 含 CH_3) $\xrightarrow[d']{+H_2O}$ $NH_3+CO_2+H_2NCH_2CHCOOH$ (β-氨异丁酸, 含 CH_3)

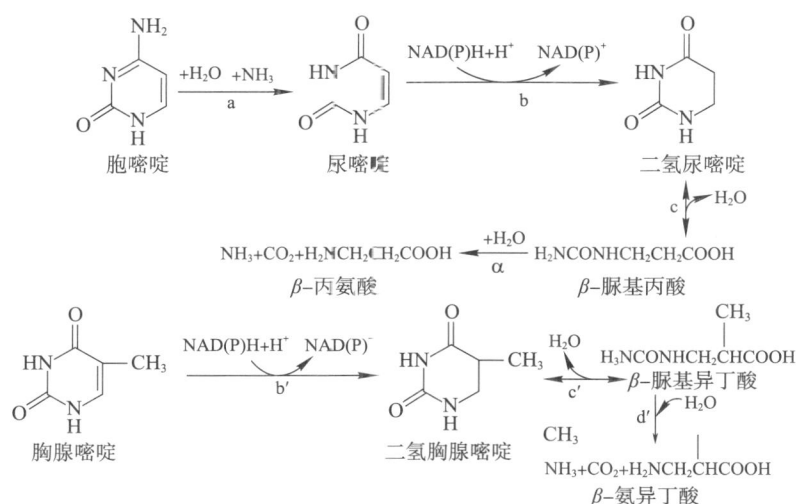

第三节 辅酶核苷酸的生物合成

在生物体内核苷酸的衍生物在物质代谢中以多种最重要的酶系统的辅酶形式完成着重要的功能。烟酰胺腺嘌呤二核苷酸、烟酰胺腺嘌呤二核苷磷酸、黄素单核苷酸、黄素腺嘌呤二核苷酸和辅酶 A 是较为重要的核苷酸衍生物，其生物合成途径如下。

一、烟酰胺核苷酸的合成

烟酰胺腺嘌呤二核苷酸（简称 NAD 或 NAD⁻，辅酶Ⅰ），是一种传递电子（更准确地说是 H⁻）的辅酶，出现在细胞很多新陈代谢反应中。NADH 是其还原形式。烟酰胺腺嘌呤二核苷酸磷酸（简称 NADP 或 $NADP^+$，辅酶Ⅱ），是 NAD^+ 中与腺嘌呤相连的核糖环 2′- 位的磷酸化衍生物，参与多和合成代谢反应，如脂类、脂肪酸和核苷酸的合成，在暗反应还可为 CO_2 的固定供能。这些反应需要 NADPH 作为还原剂、氢离子的供体，NADPH 是 $NADP^+$ 的还原形式。NAD^+ 和 $NADP^+$ 在人体细胞能量生成中扮演重要角色。

合成 NAD^+ 和 $NADP^+$ 需要的原料有烟酸、PRPP、ATP、谷氨酰胺等。烟酸属于维生素 B₃，在动物体内可转化为烟酰胺，这是辅酶Ⅰ（NAD⁻）和辅酶Ⅱ（$NADP^+$）的主要成分。这两种辅酶结构中的尼克酰胺部分，具有可逆的加氢和脱氢特性，故在氧化还原过程中起传递氢的作用。由烟酸开始合成 NAD^+ 需要经过三步反应。第一步，在烟酸单核苷酸焦磷酸化酶的催化下，烟酸与 5- 磷酸核糖焦磷酸（PRPP）结合形成烟酸单核苷酸。第二步，烟酸单核苷酸与 ATP 由脱酰胺 -NAD 焦磷酸化酶催化缩合形成脱酰胺 -NAD。第三步，谷氨酰胺提供酰胺氮，ATP 供能，NAD 合成酶催化合成 NAD^+。而 $NADP^+$ 是 NAD^+ 经磷酸化转变而成，这一步反应由 ATP 提供磷酸基团，在 NAD 激酶催化下进行（图 12-27）。

烟酸 + 5-磷酸核糖焦磷酸 $\xrightleftharpoons{\text{烟酸单核苷酸焦磷酸化酶}}$ 烟酸单核苷酸 + PP$_i$

烟酸单核苷酸 + ATP $\xrightleftharpoons{\text{脱酰胺-NA二焦磷酸化酶}}$ 脱酰胺-NAD + PP$_i$

脱酰胺-NAD + 谷氨酰胺 + ATP $\xrightleftharpoons{\text{NAD合成酶}}$ NAD^+ + 谷氨酸 + AMP + PP$_i$

NAD^+ + ATP $\xrightleftharpoons{\text{NAD激酶}}$ $NADP^+$ + ADP

图 12-27 烟酰胺核苷酸的合成

二、黄素核苷酸的合成

黄素单核苷酸（核黄素 –5– 磷酸，异咯嗪单核苷酸，FMN）和黄素腺嘌呤二核苷酸（异咯嗪腺嘌呤二核苷酸，FAD）均是核黄素（维生素 B_2）的衍生物，均属于黄素核苷酸（异咯嗪核苷酸）。二者均有的结构——异咯嗪上 1，5 位 N 存在活泼共轭双键，既可作为氢供体，又可作为氢受体，对生物氧化过程的电子传递起着重要的作用，是机体中一些重要的氧化还原酶的辅基，如琥珀酸脱氢酶、黄嘌呤氧化酶等。FMN 是一个比 NAD^+ 更强的氧化剂，可参与一个或两个电子的传递。FAD 广泛参与体内各种氧化还原反应，可促进糖、脂肪和蛋白质的代谢。作为一种维生素 B_2 衍生物，其对维持皮肤、黏膜和视觉的正常机能均有一定的作用。

动植物和微生物均可利用核黄素合成 FMN 和 FAD。合成原料很简单，即核黄素和 ATP。其合成过程为先合成 FMN，再合成 FAD。首先在黄素激酶催化下，ATP 上的 γ– 磷酸集团转移到核黄素上生成 FMN，此反应需要 Mg^{2+}，反应不可逆。之后，FMN 在 FAD 焦磷酸化酶催化下，与 ATP 反应生成 FAD，并脱掉焦磷酸，该反应可逆（图 12-28）。

$$核黄素 + ATP \xrightleftharpoons{黄素激酶Mg^{2+}} FMN + ADP$$

$$FMN + ATP \xrightleftharpoons{FAD焦磷酸化酶} FAD + PP_i$$

图 12-28　黄素核苷酸的合成

三、辅酶 A 的合成

辅酶 A（coenzyme A，简称 CoA）是酰基的载体，是体内酰化酶的辅酶，对糖类、脂质和蛋白质代谢过程中的乙酰基转移都有重要作用。辅酶 A 生物合成需要泛酸、半胱氨酸和 ATP，共计五步反应。第一步，ATP 在泛酸激酶催化下将末端磷酸基团转移给泛酸，生成 4′– 磷酸泛酸。第二步，在磷酸泛酰半胱氨酸合成酶催化下，4′– 磷酸泛酸与半胱氨酸缩合成 4′– 磷酸泛酰半胱氨酸。该酶合成过程中需要提供能量，细菌中以 CTP 供能，动物中以其他核苷酸磷酸供能，如 ATP。第三步，4′– 磷酸泛酰半胱氨酸脱羧生成 4′– 磷酸泛酰巯基乙胺，这一步反应由磷酸泛酰半胱氨酸脱羧酶催化。第四步，在脱磷酸辅酶 A 焦磷酸化酶催化下，4′– 磷酸泛酰巯基乙胺与 ATP 缩合形成脱磷酸辅酶 A，释放出无机焦磷酸。这一步反应是辅酶 A 合成途径中的唯一一步可逆反应。第五步，在脱磷酸辅酶 A 激酶催化下，ATP 提供磷酸基团，脱磷酸辅酶 A 磷酸化形成辅酶 A（图 12-29）。

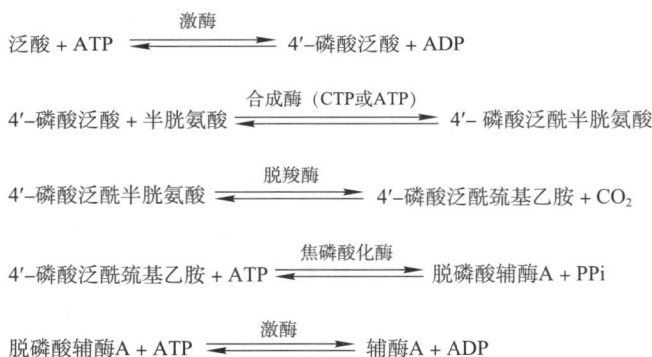

$$泛酸 + ATP \xrightleftharpoons{激酶} 4'\text{–磷酸泛酸} + ADP$$

$$4'\text{–磷酸泛酸} + 半胱氨酸 \xrightleftharpoons{合成酶（CTP或ATP）} 4'\text{–磷酸泛酰半胱氨酸}$$

$$4'\text{–磷酸泛酰半胱氨酸} \xrightleftharpoons{脱羧酶} 4'\text{–磷酸泛酰巯基乙胺} + CO_2$$

$$4'\text{–磷酸泛酰巯基乙胺} + ATP \xrightleftharpoons{焦磷酸化酶} 脱磷酸辅酶A + PPi$$

$$脱磷酸辅酶A + ATP \xrightleftharpoons{激酶} 辅酶A + ADP$$

图 12-29　辅酶 A 的合成

@ 拓展知识 1

痛风

@ 拓展知识 2

自毁容貌症

💬 **拓展性提示**

核苷酸代谢异常可能引发高尿酸血症、痛风、自毁容貌症等疾病。通过对核苷酸抗代谢物和抗肿瘤作用机制的研究，可促进抗肿瘤药物的开发和应用。寡聚核苷酸药物、核酸适配体药物与核酸疫苗等核酸药物被广泛用于基础研究、疾病的临床诊断和治疗，如肿瘤、感染性疾病及血液病等。

❓ 思考题

1. 核酸酶包括哪几种主要类型？

2. 为什么核苷酸代谢中的酶可作为抗癌药物的靶标？请以一种抗癌药物为例说明它是如何影响核苷酸代谢的。

3. 比较嘌呤核苷酸与嘧啶核苷酸生物合成的不同。

4. 说明嘌呤核苷酸分子中各原子的来源及其合成特点。

5. 说明嘧啶核苷酸分子中各原子的来源及其合成特点。

6. 人类调节嘧啶合成的酶主要是氨甲酰磷酸合成酶，而细菌调节嘧啶核苷酸合成的酶是天冬氨酸 - 氨甲酰转移酶，请解释二者为何不同。

7. 白血病是一种白细胞的恶性增殖所导致的疾病。请分析在临床上用一种腺苷脱氨酶（ADA）的抑制剂作为治疗该病的药物是否有效。为什么？

8. 氨甲蝶呤为什么可作为抗肿瘤的药物？

9. 什么是痛风？别嘌呤醇为何可以治疗痛风？

13

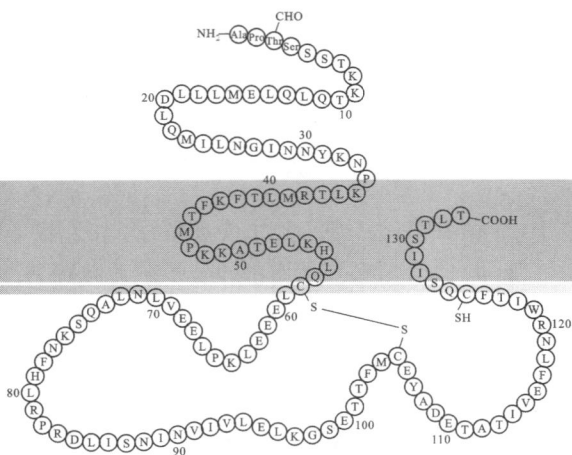

物质代谢的调控

一、定义

组成酶、诱导酶、腺苷酸环化酶、共价修饰、级联放大、反馈抑制。

二、物质代谢的相互关系

1. 糖类代谢与脂质代谢之间的关系。

2. 糖类代谢与蛋白质代谢之间的关系。

3. 脂质代谢与蛋白质代谢之间的关系。

4. 核酸代谢与糖类、脂质和蛋白质代谢之间的关系。

三、物质代谢的调节与控制

1. 细胞内调节——细胞膜结构和酶的空间分布对代谢的调节。

2. 细胞内调节——酶蛋白的生物合成与降解对代谢的调节。

3. 细胞内调节——酶活性对代谢的调节。

4. 细胞内调节——相反单向反应对代谢的调节。

5. 激素的调节。

6. 神经的调节。

7. 环境条件对代谢过程的影响。

1. 了解代谢调控的概念、类型和物质代谢的相互关系。

2. 了解细胞水平调节模式，掌握细胞膜结构和酶的空间分布对代谢的调节。

3. 掌握酶蛋白的生物合成与降解对代谢的调节。

4. 掌握酶活性对代谢的调节。

新陈代谢包括物质代谢和能量代谢两个方面。新陈代谢由同化作用和异化作用这两个方向相反而又同时进行的过程组成。同化作用和异化作用既有明显的差别，又有密切的联系。若无同化作用，生物体就不能产生新的细胞物质，也不能储存能量，异化作用更无法进行；与此相反，若无异化作用，就没有能量释放，生物体内的物质合成也无法进行。可见，同化作用和异化作用既相互对立又相互统一，它们互相制约、互相联系、互相依赖，共同决定着生物体的存在和延续。

糖类、脂质、蛋白质、核酸等的新陈代谢是一个完整统一的过程，是在各个反应过程相互作用与相互制约下进行的。并且，错综复杂的代谢过程又是相互协调的，表现出生物机体对其代谢具有调节控制的机能。

第一节　物质代谢的相互关系

生物机体内，各类物质代谢相互影响、相互转化。现将生物体内的糖、脂质、蛋白质和核酸四类主要有机物质相互转变的关系总结如图 13-1。三羧酸循环不仅是各类物质共同的代谢途径，也是它们之间相互联系的渠道和纽带。丙酮酸、酰基辅酶 A、α- 酮戊二酸和草酰乙酸等代谢物则是沟通各类物质相互转化的重要中间产物。体内各个器官代谢途径也是相互联系的，其中，以肝为调节和联系全身器官代谢的枢纽中心。从能量供应的角度看，三大营养素可以互相代替，互相制约。一般情况下，机体优先利用燃料的次序是糖原（50%~70%）、脂肪（10%~40%）和蛋白质。供能以糖及脂为主，并尽量节约蛋白质的消耗。任一供能物质的代谢占优势，常能抑制其他物质的降解。

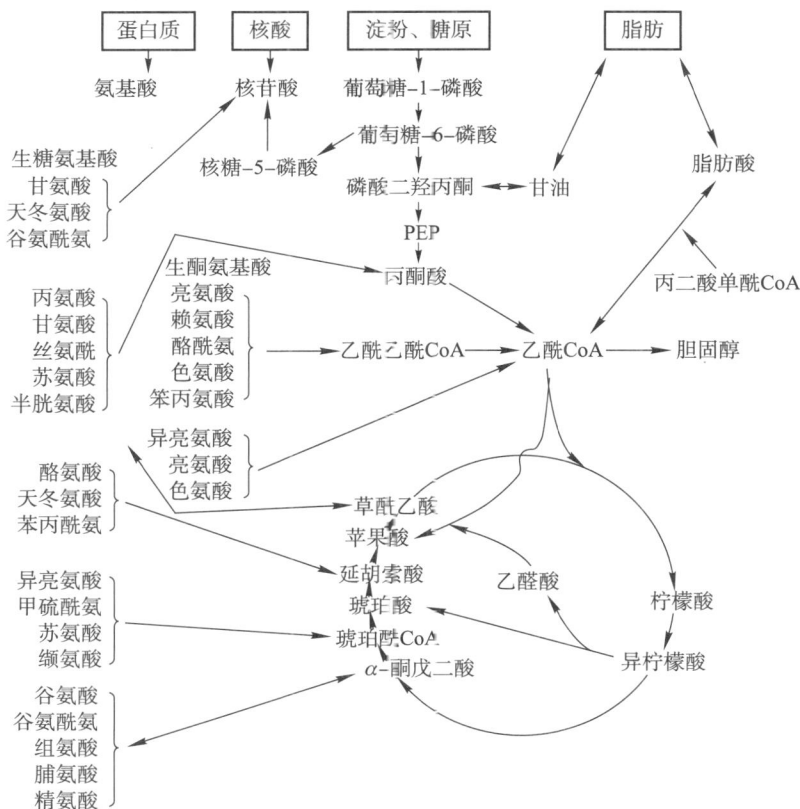

图 13-1　糖类、脂质、蛋白质和核酸四类主要有机物质相互转变的关系

一、糖类代谢与脂质代谢之间的关系

1. 糖类转变成脂质

糖类物质经糖酵解作用产生甘油醛 $-3-$ 磷酸和磷酸二羟丙酮，由甘油磷酸脱氢酶催化加氢生成甘油 $-3-$ 磷酸。糖酵解途径的终产物——丙酮酸经过氧化脱羧生成乙酰辅酶 A，乙酰辅酶 A 通过脂肪酸合成途径合成脂肪酸。脂肪酸经过活化形成脂酰辅酶 A，之后其与甘油 $-3-$ 磷酸在甘油磷酸转酰基酶催化下缩合生成磷脂酸，在磷脂酸磷酸酶催化下脱去磷酸基团生成二酰甘油（图 13-2），最后经二酰甘油酰基转移酶催化生成三酰甘油。磷酸二羟丙酮也可直接与脂酰辅酶 A 作用生成脂酰磷酸二羟丙酮，脂酰磷酸二羟丙酮还原酶将其还原为溶血磷脂酸，溶血磷脂酸与脂酰辅酶 A 作用生成磷脂酸，再进一步生成三酰甘油（参见第 10 章）。磷酸戊糖途径中产生的 NADPH 直接用于脂肪酸的合成。从上述途径看出糖类在生物体内可以转化为脂肪。

2. 脂质转变成糖类

脂肪分解可产生甘油和脂肪酸，其中，甘油经过甘油激酶催化生成甘油 $-3-$ 磷酸，再脱氢生成磷酸二羟丙酮，之后经过糖酵解的逆途径——糖异生途径合成糖类。脂肪酸经过 β 氧化生成的乙酰辅酶 A 在动植物和微生物中的代谢途径有所不同，产物也不同。在植物和微生物体内可通过乙醛酸循环合成四碳二羧酸，如琥珀酸、苹果酸，二者均可进入三羧酸循环途径生成草酰乙酸，再经过磷酸烯醇式丙酮酸羧化激酶催化下脱羧、磷酸化（GTP 提供磷酸基）生成磷酸烯醇式丙酮酸，同样可进入糖异生途径合成糖类。油料作物种子萌发时，细胞内会出现大量的乙醛酸循环体，储存的大量脂肪分解为甘油和脂肪酸，脂肪酸进入乙醛酸循环体进行 β 氧化生成乙酰辅酶 A，乙酰辅酶 A 进入乙醛酸循环，由异柠檬酸裂解为乙醛酸和琥珀酸，琥珀酸进入线粒体，参与三羧酸循环，代谢生成草酰乙酸，草酰乙酸在细胞质中进一步形成磷酸烯醇丙酮酸，最后转变为己糖，这样通过脂肪分解产生的脂肪酸转化为糖类，为种子的萌发提供能源。在动物体内因为不存在乙醛酸循环途径，且丙酮酸氧化生成乙酰辅酶 A 是不可逆的，故脂肪酸经过 β 氧化生成的乙酰辅酶 A 一般会进入三羧酸循环彻底氧化为 CO_2 和 H_2O。从上述途径看出脂质代谢产生的中间产物甘油可转化为糖类，但脂肪酸经过 β 氧化生成的乙酰辅酶 A 只能在植物和微生物中可转化为糖类。脂质分解代谢产生的能量可用于糖类的合成。

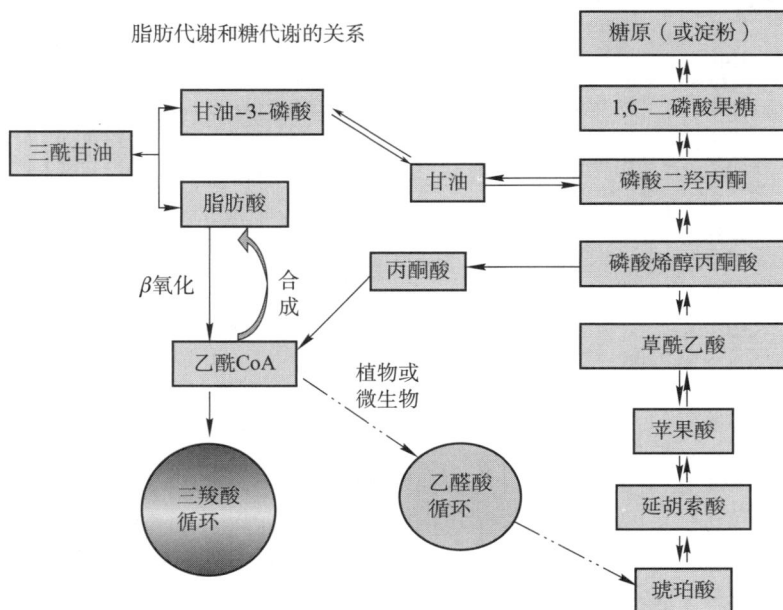

图 13-2 糖类代谢和脂质代谢的关系

需要注意的是，糖类和脂质之间的转化是有条件限制的，只有在糖类供应充足的情况下，糖类才有可能大量转化为脂质。同时，各种代谢之间的转化程度也是有明显差异的，如糖类可大量转化为脂肪，但脂肪却不能大量转化成糖类。

二、糖类代谢与蛋白质代谢之间的关系

1. 糖类代谢的中间产物转变为非必需氨基酸

糖类在分解过程中产生的一些中间产物是蛋白质合成的碳骨架，如丙酮酸（丙氨酸）、草酰乙酸（天冬氨酸）、α-酮戊二酸（谷氨酸）、苯丙酮酸（苯丙氨酸）、对羟基苯丙酮酸（酪氨酸）等可通过转氨基作用产生相应的非必需氨基酸，但由于糖类分解时不能产生与必需氨基酸相对应的中间产物，因而糖类不能转化成必需氨基酸。同时，糖类分解代谢中产生的能量被用于合成蛋白质。

2. 蛋白质转变为糖类

几乎所有组成蛋白质的天然氨基酸都可转变成糖类。有研究者发现，使用蛋白质饲养人工糖尿病的狗，发现50%以上的食物蛋白质转变为葡萄糖随尿液排出。氨基酸饲养饥饿动物，其肝糖原储存量也会增加，证明多种氨基酸在体内可以转变为肝糖原。实际上，在体内蛋白质降解产生的氨基酸经过脱氨基作用生成α-酮酸可进入糖类分解代谢途径进一步氧化释放能量。丙氨酸、谷氨酸、天冬氨酸等脱去氨基生成的丙酮酸、α-酮戊二酸、草酰乙酸、琥珀酸等可通过糖异生途径合成糖类。

三、脂质代谢与蛋白质代谢之间的关系

1. 脂质转变为氨基酸

一般来说，动物体内不容易利用脂肪合成氨基酸，植物和微生物可由脂肪酸和氮源生成氨基酸。脂肪分解后产生甘油部分可转变为非必需氨基酸，即甘油经甘油激酶催化生成甘油-3-磷酸，再脱氢生成磷酸二羟丙酮，沿着糖酵解途径生成丙酮酸，丙酮酸可转化为α-酮戊二酸等其他α-酮酸，再通过转氨作用生成丙氨酸、谷氨酸等非必需氨基酸。脂肪酸氧化生成的乙酰辅酶A进入三羧酸循环途径，可生成谷氨酸、天冬氨酸等。

2. 氨基酸转变为脂质

某些氨基酸通过不同途径可转变成甘油和脂肪酸。生糖氨基酸通过丙酮酸转变为甘油，也可氧化脱羧后生成乙酰辅酶A，这都是脂质合成的原料。生酮氨基酸在分解途径生成乙酰乙酰辅酶A，通过酮体代谢途径转变为乙酰乙酸，再缩合生成脂肪酸。氨基酸还可作为合成磷脂的原料。在 E.coli 中，CDP-二酰甘油与丝氨酸结合生成磷脂酰丝氨酸。在哺乳动物中，需要碱基交换酶（base-exchange enzyme）催化丝氨酸取代磷脂酰乙醇胺的乙醇胺合成磷脂酰丝氨酸，该反应可逆。在线粒体和大肠杆菌中，磷脂酰丝氨酸在脱羧酶催化下脱去羧基生成磷脂酰乙醇胺。Kennedy 等证明在微生物中，磷脂酰乙醇胺是通过磷脂酰丝氨酸的脱羧作用形成的。磷脂酰乙醇胺可接受S-腺苷蛋氨酸提供的-CH₃而转化成磷脂酰胆碱。丝氨酸脱羧后可形成胆胺，胆胺甲基化后生成胆碱。

糖类、脂质和蛋白质之间的转化是相互影响和制约的。在正常情况下，人和其他动物体所需的能量主要由糖类氧化供给，只有当糖类代谢发生障碍，引起供能不足时，才由脂肪和蛋白质氧化分解供给能量，保证机体对能量的需求。当糖类和脂肪的摄入量都不足时，体内蛋白质的分解会显著增加，如糖尿病患者糖代谢发生障碍时，就由脂肪和蛋白质来分解供能，因此患者表现出明显的消瘦。而当大量摄入糖类和脂肪时，体内蛋白质的分解就会减少。

四、核酸代谢与糖类、脂质和蛋白质代谢之间的关系

甘氨酸、天冬氨酸和谷氨酰胺等是核苷酸从头合成途径中碱基合成的主要原料。合成核苷酸所需磷酸核糖则由磷酸戊糖途径提供。核苷酸在其他三类生物大分子代谢中起着重要作用，如ATP是磷酸

基团转移的重要物质；ATP 可转变为组氨酸；UTP 参与单糖的转变和多糖的合成；CTP 参与磷脂的合成；GTP 为蛋白质合成提供能量；NAD$^+$、NADP$^+$、FMN、FAD、CoA 等许多重要辅酶是腺嘌呤核苷酸的衍生物。

糖类、脂质、蛋白质和核酸通过共同的中间代谢物、三羧酸循环、生物氧化等彼此联系且相互转变。一种物质代谢障碍可引起其他物质代谢的紊乱。

第二节　物质代谢的调节与控制

生物体内的代谢调节在 3 种不同水平上进行，即神经调节、激素调节和细胞内调节。代谢调节主要通过控制酶的作用来实现。这种"酶水平"的调节机制，是基本的调节方式。激素和神经的调节，仍然是通过"酶水平"的调节而发挥其作用。所有这些调节机制都受到生物遗传因素的控制。生物体内的代谢是和机体周围环境分不开的，生物具有适应环境的能力，当外界条件改变时，生物机体能调整和改变体内的代谢过程，建立新的代谢平衡，以适应变化的环境，因而能生存和发展。

一、细胞内调节

（一）细胞膜结构和酶的空间分布对代谢的调节

各种酶促反应是在复杂的膜结构中进行的，各类酶在细胞中有各自的空间分布，即酶的分布具有区域性。因此，酶催化的中间代谢反应不仅得以进行，互不干扰，且能互相协调和制约。

原核生物是指一类细胞核无核膜包裹，只存在称作核区的裸露 DNA 的原始单细胞生物。其细胞内无叶绿体、线粒体等细胞器的分化，只有核糖体，各种代谢所需的酶均在其细胞膜上，如参与呼吸链、氧化磷酸化、脂肪酸生物合成的各种酶类等。

真核生物是一大类细胞核具有核膜，能进行有丝分裂，细胞中存在细胞核、线粒体、内质网、溶酶体、高尔基体等多种细胞器的生物。细胞核是真核细胞内最大和最重要的细胞结构，是生物的遗传信息贮存场所和转录场所，是真核细胞与原核细胞最显著的区别之一。细胞核大多呈球形或椭圆形，是封闭式膜状细胞器，通过双层多孔的核膜将其与细胞质隔开。在核质中合成 mRNA 和 tRNA；在核仁中合成 rRNA 和核糖体；这些 RNA 分子均通过核膜上的核孔进入细胞质。

线粒体是一种由外膜和内膜双层膜包裹的细胞器，是细胞进行有氧呼吸的主要场所。线粒体由外至内可划分为线粒体外膜（OMM）、线粒体膜间隙、线粒体内膜（IMM）和线粒体基质 4 个功能区域。线粒体外膜是位于线粒体最外围的较光滑的一层单位膜，起细胞器界膜的作用。其磷脂及蛋白质含量与真核细胞细胞膜的比例相近。外膜上酶的含量相对较少，标志酶为单胺氧化酶（monoamine oxidase，MAO），是一种催化单胺类物质氧化脱氨反应的酶。单胺氧化酶在人体内分布极广，尤以肝、脑及肾等组织细胞内的含量最高。该酶需要 FAD 作辅因子。膜上包含孔蛋白等整合蛋白，其内部通道宽约 $2 \sim 3$ nm，使其对分子量小于 5 000 的分子可完全通透。分子量大于上述限制的分子则需含有一段特定的信号序列以供识别并通过外膜转运酶（translocase of the outer membrane，TOM）的主动运输进出线粒体。线粒体外膜主要参与如脂肪酸链延伸、肾上腺素氧化及色氨酸生物降解等生化反应，同时可对将在线粒体基质中需要进行彻底氧化的物质进行初步分解。线粒体内膜是位于线粒体外膜内侧、包裹着线粒体基质的一层单位膜。内膜向内皱褶形成线粒体嵴，增大了内膜表面积，其含有的蛋白质比外膜更多，超过 151 种，约占线粒体所含蛋白质的 1/5，承担着更多、更复杂的生化反应，如特异性载体运输磷酸、谷氨酸、鸟氨酸、各种离子及核苷酸等代谢产物和中间产物，内膜转运酶（translocase of the inner membrane，TIM）运输蛋白质，参与氧化磷酸化中的氧化还原反应，参与 ATP 的合成，控制线粒体的分裂与融合等。线粒体内膜的标志酶是细胞色素氧化酶（cytochrome oxidase），是电子传递链末端的酶，具有质子泵的作用（参见第 8 章）。线粒体的内外两层膜将线粒体分成两个区室，位于线粒体内外膜之间的是线粒体膜间隙，被线粒体内膜包裹的内部空间是线粒体基质。线粒体膜间隙中充满无定形液体。由于线粒体外膜含有孔蛋白，通透性较高，线粒体内膜通透性较低，故膜间隙中的内容物组成与细胞质基质非常接近，含有六量生化反应底物、可溶性的酶和辅助因子等。膜间隙中还含有比细胞质基质中浓度更高的腺苷酸激酶（adenylate kinase）、单磷酸激酶和二磷酸激酶等激酶，其中腺苷酸激酶是线粒体膜间隙的标志酶。线粒体基质中含有参与三羧酸循环、脂肪酸氧化、氨基酸降解等生化反应的酶等多种蛋白质，比细胞质基质更黏稠。苹果酸脱氢酶（malate dehydrogenase）是线粒体基质的标志酶。线粒体基质中一般还含有线粒体 DNA、RNA 和线粒体核糖体。

内质网是由一层单位膜所形成的囊状、泡状和管状结构，并形成一个连续的网膜系统。内质网将细胞核、细胞质和细胞膜通过膜连接形成一个整体。内质网负责物质从细胞核到细胞质、细胞膜及细胞外的转运过程。内质网可分为粗糙内质网（RER）和光滑内质网（SER）两大部分。粗糙内质网膜的胞质面有核糖体颗粒附着，形态上多排列呈整齐的扁囊状，可进行 mRNA 的翻译，主要与分泌性蛋白和跨膜蛋白的合成、加工及转运有关。内质网膜上不具颗粒的滑面内质网所占比例较少，一般呈光滑的小管、小泡样网状结构，常与粗面内质网相通。其功能较复杂，与脂质、糖类代谢有关，参与糖原和脂质的合成、固醇类激素的合成等功能。

溶酶体是单层膜包裹的囊泡状结构的细胞器，内含多种酸性水解酶，如蛋白酶、核酸酶、磷酸酶、糖苷酶、脂肪酶、磷酸酯酶及硫酸脂酶等 60 余种。这些酶控制多种内源性和外源性大分子物质的分解。溶酶体既可分解从外界进入到细胞内的物质，也可消化细胞自身的局部细胞质或细胞器。某些衰老的细胞器和生物大分子等陷入溶酶体内并被消化掉，这是机体自身更新组织的需要。溶酶体水解酶的最适 pH 为 3.5～5.5，其酸性环境是依靠膜上的特殊转运蛋白（H 泵）来维持的。

高尔基体是由许多扁平的囊泡构成的以分泌为主要功能的单层膜结构的细胞器。该囊泡系统由扁平膜囊（saccules）、大囊泡（vacuoles）、小囊泡（vesicles）3 个基本成分组成。常分布于内质网与细胞膜之间，呈弓形或半球形，凸出来的一面对着为质网称为形成面或顺面。凹进去的一面对着质膜称为成熟面或反面。顺面和反面都有一些或大或小的运输小泡，在具有极性的细胞中，高尔基体常大量分布于分泌端的细胞质中。高尔基体膜含有大约 60% 的蛋白和 40% 的脂质，具有一些和内质网共同的蛋白成分。膜脂中磷脂酰胆碱的含量介于内质网和质膜之间，中性脂类主要包括胆固醇、胆固醇酯和三酰甘油。高尔基体中的酶主要有糖基转移酶、磺基 – 糖基转移酶、氧化还原酶、磷酸酶、蛋白激酶、甘露糖苷酶、转移酶和磷脂酶等不同的类型。高尔基体是完成细胞分泌物如蛋白的最后加工和包装的场所。从内质网送来的小泡与高尔基体膜融合，将内含物送入高尔基体腔中，在那里新合成的蛋白质肽链继续完成修饰和包装。高尔基体还合成一些分泌到胞外的多糖和修饰细胞膜的材料。N- 连接的糖链一般合成起始于内质网，但完成于高尔基体。在内质网合成的糖蛋白具有相似的糖链，由顺面进入高尔基体后，在各膜囊之间的转运过程中，发生了一系列有序的加工和修饰，原来糖链中的大部分甘露糖被切除，但又被多种糖基转移酶依次加上了不同类型的糖分子，形成了结构各异的寡糖链。糖蛋白的空间结构决定了它可以与哪一种糖基转移酶进行结合，发生特定的糖基化修饰。许多糖蛋白同时具有 N- 连接的糖链和 O- 连接的糖链。O- 连接的糖基化只在高尔基体中进行，通常的一个连接上去的糖单元是 N- 乙酰半乳糖，连接的部位为 Ser、Thr 和 Hyp 的 -OH 基团，再逐次将糖基转移到上去形成寡糖链，糖的供体同样为核苷糖，如 UDP- 半乳糖。糖基化的结果使不同的蛋白质打上不同的标记，改变多肽的构象和增加蛋白质的稳定性。在高尔基体上还可以将一至多个氨基聚糖链通过木糖安装在核心蛋白的丝氨酸残基上，形成蛋白聚糖。这类蛋白有些被分泌到细胞外形成细胞外基质或黏液层，有些锚定在膜上。参与细胞分泌活动负责对细胞合成的蛋白质进行加工、分类并运出，其过程是 RER 上合成蛋白质→进入 ER 腔—以芽形成囊泡→进入 CGN →在培养基 Gdgi 中加工→

在 TGN 形成囊泡→囊泡与质膜融合、排出。高尔基体对蛋白质的分类，依据的是蛋白质上的信号肽或信号斑。

现将真核细胞内某些酶的区室化分布总结于表 13-1。

表 13-1　真核细胞中部分酶的区室化分布

酶或酶系	所在区室	酶或酶系	所在区室
糖酵解途径酶系	细胞质	三羧酸循环	线粒体
磷酸戊糖途径酶系	细胞质	氧化磷酸化	线粒体
脂肪酸合成酶系	细胞质	脂肪酸 β 氧化酶系	线粒体
氨基酸分解和合成酶系	细胞质	氨基酸氧化酶类	线粒体
核苷酸分解和合成酶系	细胞质	DNA 聚合酶	细胞核
糖原的分解和合成酶系	细胞质、内质网	RNA 聚合酶	细胞核
尿素合成	线粒体、细胞质	蛋白质合成酶系	粗面内质网
糖异生途径酶系	细胞质、线粒体和内质网	水解酶类	溶酶体
		光合磷酸化	叶绿体

最后将糖类、脂质、蛋白质及核酸代谢的相互关和动物膜结构的联系示意于图 13-3 和 13-4。图中用"双向箭头"表示膜内侧与外侧间的物质交换。细胞膜的选择性透性对底物、酶的辅助因子的屏障以及膜上的载体、受体等对细胞的代谢调节有着重要作用。

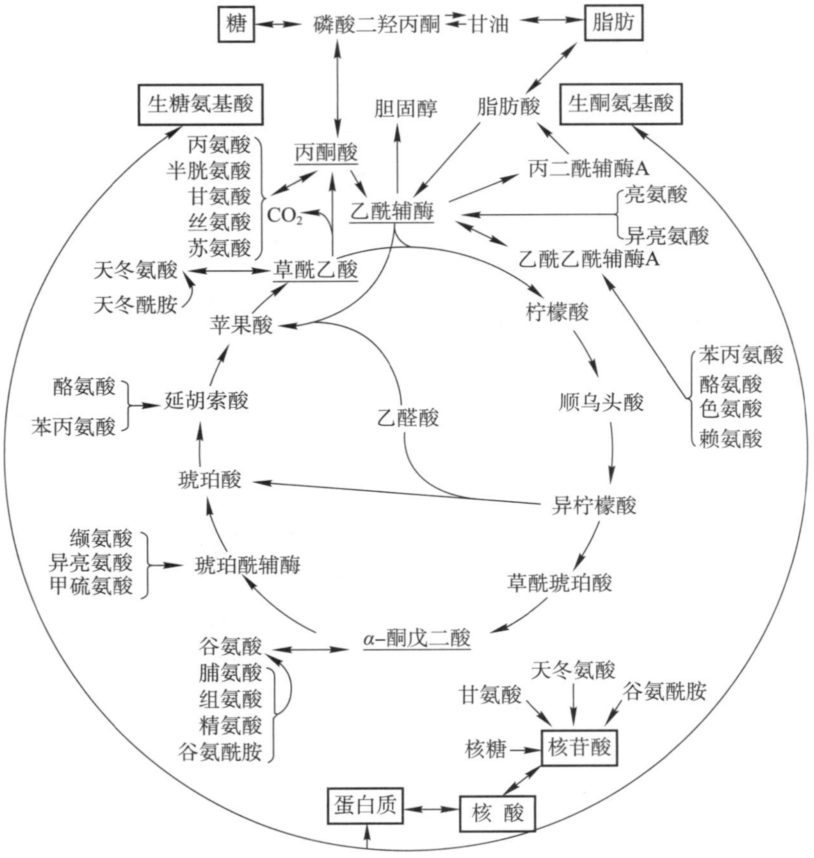

图 13-3　糖、脂肪、蛋白质及核酸代谢的相互关系示意图

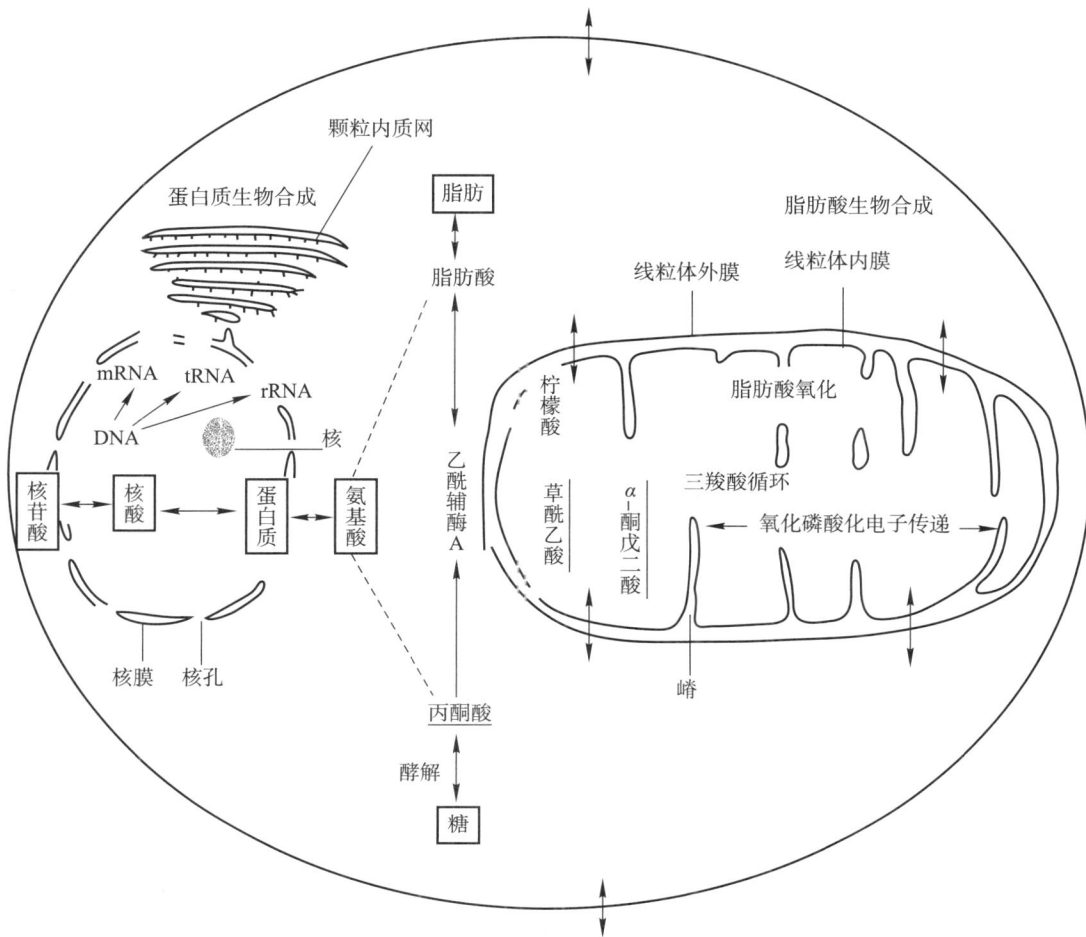

图 13-4 动植物细胞膜结构和物质代谢的联系图解

（二）酶蛋白的生物合成与降解对代谢的调节

酶的生物学功能是催化机体内化学反应的快速进行。对于生物体来说，酶的作用不仅仅是简单的加速反应，更是控制每一个代谢反应的速度，从而协调各条代谢途径的相对流量，最终使整体代谢状况与生理需求相一致。例如，在运动时，骨骼肌中糖原分解相关的酶活性升高，糖原合成相关的酶活性降低，总体表现为糖原分解；运动后休息恢复时则相反，总体表现为糖原合成。所以人体中各种酶的活性和数量都是不断变化的，通常也是相互协调的。对代谢途径的反应速度起调节作用的关键性酶类统称为调节酶。调节酶一般具有明显的活性部位和调节部位。其往往位于一个或多个代谢途径内的一个关键部位，有调节代谢反应的功能。生物机体必须维持调节酶在一定的浓度范围内，防止其过剩或不足，才能维持其代谢机能的正常运行。酶含量的变化是比较缓慢的，但是也较为持久，是酶蛋白的合成和降解两方面共同作用的结果。通过改变酶蛋白合成或降解的速度可调节细胞内的酶浓度进而影响代谢途径的速度。酶数量的调节主要是合成与降解的调控。因为绝大多数酶是蛋白质，所以其合成调控主要在转录、转录后加工、翻译、翻译后加工以及运输、定位、修饰等环节进行，与其他蛋白的调控类似。

1. 酶蛋白合成的诱导与阻遏

酶的合成可以分为两类：第一类是随着细胞的生长和蛋白质合成而生成，这类酶在生物体内的含量基本上恒定不变，称为结构酶（structural enzyme）或组成酶（constitutive enzyme）。第二类是只有在细胞需要时才会生成，称为诱导酶（induced enzyme），其合成可被特定诱导物诱导，且其含量在诱导物存在下会显著增高。诱导物一般是其底物或底物类似物。诱导酶在微生物中较为常见，如大肠杆菌的半乳糖苷酶，在培养基中加入乳糖或其类似物时，则会被诱导合成，使大肠杆菌能够利用乳糖（详见第 17 章基因的表达调控）。人体中的酶含量的调控远比原核生物诱导酶的合成更为复杂，一般可以通过各种信号通路调控相关转录因子，但基本原则是一样的，倘若长时间大量需要某种酶，该酶的合成通常都会增加。例如，经常摄入脂类食物，脂代谢相关酶类合成会显著增加。长时间服用药物或饮酒，肝中负责解毒的混合功能氧化酶含量会明显增多。

除了底物外，激素及外源的某些药物常对酶的合成具有诱导作用，而酶催化作用的产物往往对酶的合成有阻遏作用，如人类婴儿和其他哺乳类动物幼崽（如羔羊、犊牛等）的胃液含有大量的凝乳酶（chymosin），但成人和成年哺乳动物的胃液中却不含凝乳酶，其主要原因是早期以乳汁为唯一食物，需凝乳酶先将乳汁中的蛋白质凝结成絮状，延长其在胃内的停留时间，增加胃液对其的消化作用，利于肠道消化和吸收。成年哺乳动物的主食不是乳汁，不需凝乳酶作用，故不用合成该酶。

总体来说，所有生物为了适应环境的需要，其体内酶的合成受基因和代谢物的双重控制，表现出增强或减弱，甚至出现停止的协调性反应。基因是合成酶的内因，但酶的合成还受到代谢物的调控，诱导物可增加酶含量，但酶催化的后产物如过多，也会产生阻遏作用，迫使酶的合成量减少。

2. 酶蛋白降解速度的调节

机体还可通过改变酶蛋白的降解速度来调节细胞内酶的浓度，从而达到调节酶促反应的速度的目的。消化道中的消化酶可以通过消化道降解或排出。一些胞内酶通过泛素 – 蛋白酶体途径降解，也有一些酶通过溶酶体等途径降解。比较特别的如前列腺素合成的关键酶——脂肪酸环加氧酶通过自溶降解控制酶量。酶蛋白受细胞内溶酶体中蛋白水解酶的催化而降解，因此，凡能改变蛋白水解酶活性或蛋白水解酶在溶酶体内分布的因素，都可间接地影响酶蛋白的降解速度。需要注意的是，这类调节方式在细胞中的重要性远不如酶的诱导和阻遏。例如，在饥饿情况下，肝中的精氨酸酶的活性增加，这主要是由于该酶蛋白的降解速度降低，促使精氨酸酶量增多。饥饿还可使乙酰辅酶 A 羧化酶浓度降低，这与酶蛋白合成减少有关，还与酶分子的降解速度增强有关。苯巴比妥等药物可使细胞色素 b_5 和 NADPH– 细胞色素 P450 还原酶降解减少，这是此类药物能够使单加氧酶活性增强的一个原因。通常代谢途径中的关键酶的寿命都比较短，这样有利于该酶的数量调控。

（三）酶活性对代谢的调节

酶数量的调节是通过控制酶的合成与降解速度来控制酶量，其作用缓慢而持久，称粗调；酶活性的调节是指改变酶的活性，效果快速而短暂，称细调。这两类调节方式共同决定酶的总活性，通常同时起作用，且效应也基本一致。酶活性的调节是以酶分子的结构为基础的，因为酶的活性强弱与其分子结构密切相关。一切导致酶分子结构改变的因素均可影响酶的活性，有的改变使酶活性增高，有的使酶活性降低。机体控制酶活力的方式有多种形式。

1. 抑制作用

机体控制酶活力的抑制作用有简单抑制与反馈抑制两类。

（1）简单抑制　简单抑制是指一种代谢产物在细胞内累积多时，由于物质作用定律的关系，可抑制其本身的合成。这种抑制作用仅仅是物理化学作用，而未牵涉到酶本身结构上的变化。如己糖激酶催化葡萄糖转化为葡萄糖 –6– 磷酸时，若产物葡萄糖 –6– 磷酸浓度太高，己糖激酶的活性受到抑制，反应速度变缓。

（2）反馈抑制　反馈抑制是指酶促反应终产物对代谢途径中的酶活力的抑制，细胞利用反馈抑制抑制酶活力的现象较为普遍。这类抑制在一系列偶联的酶促反应中产生，大多数的调节是当终产物累积过多时，与第一步或者是代谢分支点的酶结合，引起酶空间结构改变导致酶活性降低，这样既可控制终产物的形成速度，又可避免一系列不需要的中间产物在机体中大量堆积，使其在细胞内的浓度保持在适合生理条件的水平。这是细胞调节作用的一种方式。当然，这种酶构象的变化是可逆的，当代谢产物的浓度恢复正常水平，即可与酶脱离，酶构象复原，同时恢复其原有的活性。例如，谷氨酸棒状杆菌能够以葡萄糖为底物，历经复杂的代谢途径合成 α-酮戊二酸，再经催化合成谷氨酸。终产物谷氨酸过量合成时，其可与谷氨酸脱氢酶结合并抑制酶的活性，导致合成途径中断；当谷氨酸因消耗而浓度下降时，该抑制作用被解除，该合成反应又重新启动（图 13-5）。大肠杆菌以苏氨酸合成异亮氨酸时，终产物异亮氨酸对代谢途径中催化第一步反应的苏氨酸脱水酶（关键酶）具有反馈抑制作用（图 13-6）。反馈抑制调节方式在核苷酸、维生素的合成代谢中十分普遍。在有 2 种或 2 种以上的末端产物的分支合成代谢途径中，调节方式较为复杂，其共同特点是每个分支途径的末端产物控制分支点后的第一个酶，同时每个末端产物又对整个途径的第一个酶有部分抑制作用。分支代谢途径的反馈调节方式有多种。多价反馈抑制，即分支代谢途径中多个终产物中的每一个单独过量时对共同代谢途径中较早的一个酶不产生抑制作用，这样并不影响整个代谢进度，只有当多个终产物同时过量时才会对关键酶产生抑制作用。协同反馈抑制，即反

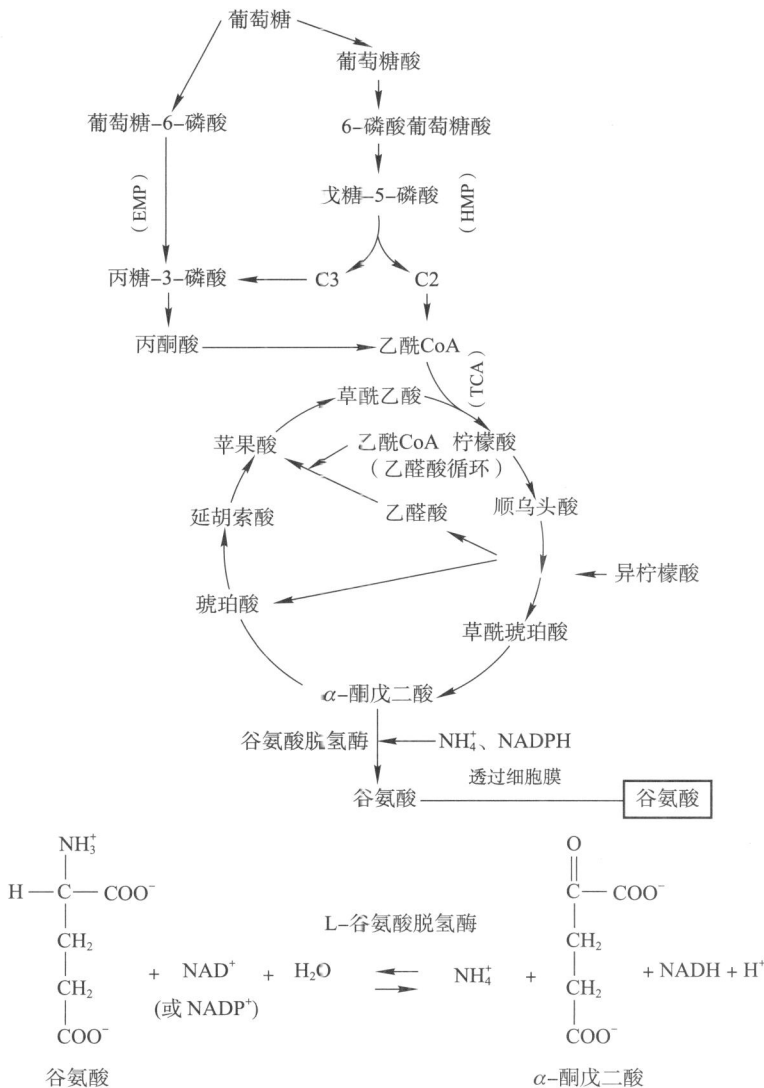

图 13-5　谷氨酸的生物合成及反馈抑制

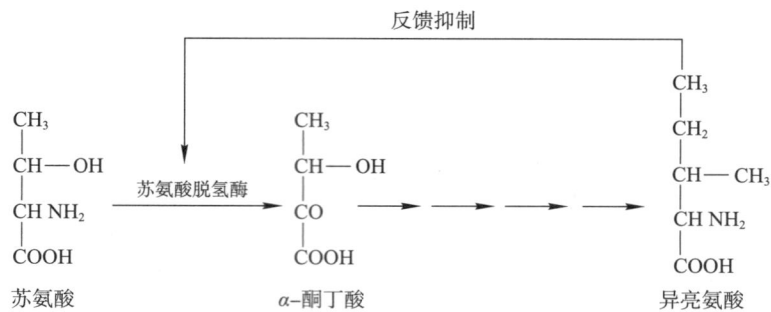

图 13-6　异亮氨酸对苏氨酸脱水酶的反馈抑制

馈抑制与多价反馈抑制相同点是需要多个终产物同时过量时才会对关键酶产生抑制作用。两者的不同点是单一终产物过量时协同反馈抑制会抑制分支上的第一个酶，但不影响其他代谢途径。累积反馈抑制，多个终产物中任何一个过量时都能单独地部分抑制共同代谢途径的关键酶，但要达到最大抑制效果，必需多个终产物同时过量，各终产物的反馈抑制具有累积作用。增效反馈抑制，任何一个终产物过量时，仅部分抑制共同代谢途径的关键酶活性，多个终产物过量时，则可引起强烈抑制，其抑制程度大于各产物单独过量时抑制效果的总和。顺序反馈抑制，终产物通过在过量时抑制各自代谢支路上的第一个酶，使之前的中间产物堆积，间接抑制共同代谢途径的关键酶。

2. 激活作用

机体为了使代谢正常也通过提高酶活力的方式进行代谢调节，一般分成 3 类。

（1）酶原的激活　一般是指对无活性的酶原用专一的蛋白水解酶将遮蔽酶活性的一部分肽段切除，折叠成酶的活性中心后使其具有活性的过程。如肠激酶可作用于胰蛋白酶原肽链的 N 端 6- 赖氨酸 7- 异亮氨酸之间的肽键，水解掉一个六肽后，剩余肽链重新折叠，形成活性中心，使无活性的胰蛋白酶原活化为有活性的胰蛋白酶。尿激酶（urokinase）可使纤溶酶原肽链的精氨酸 - 赖氨酸肽键断裂，将纤溶酶原转变成有活性的酶。肠激酶和尿激酶都属于水解酶类。链激酶（streptokinase，SK）在激活纤溶酶原时，其先与纤溶酶原结合，形成 SK- 纤溶酶原复合物，引发纤溶酶原构象改变，转变为有活性的 SK- 纤溶酶原复合物，激活纤溶酶原转变为有活性的纤溶酶（图 13-7）。链激酶属于异构酶类。

（2）激酶的激活（共价修饰）　体内一部分无活性的酶可通过激酶使其被激活。这类激酶通常称为蛋白激酶。当蛋白激酶被活化后，通过转移磷酸基团使酶分子磷酸化或去磷酸化，影响酶构象变化，

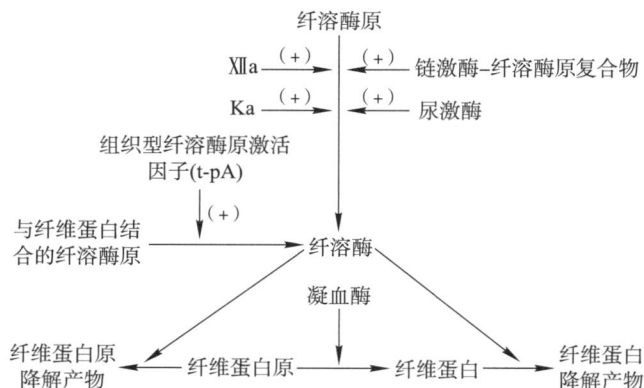

图 13-7　尿激酶和链激酶对纤溶酶原的激活

引起酶活性改变（抑制或激活）。蛋白激酶属于转移酶类。如动物组织中的糖原磷酸化酶有 2 种形式：四聚体 a 和二聚体 b。未经磷酸化修饰的是无活性的二聚体磷酸化酶 b，通过磷酸化酶 b 激酶的催化，每个亚基上的丝氨酸羟基被磷酸化，转变成高活性的四聚体磷酸化酶 a，能迅速催化糖原的降解。磷酸化酶 a 磷酸酶催化其脱去磷酸基团，又变回无活性的磷酸化酶 b，抑制糖原的降解（图 13-8）。糖原分解代谢的开启和关闭可通过糖原磷酸化酶的活性形式和非活性形式的之间的互变而受到调节，这种调节是通过磷酸化酶 b 激酶催化下磷酸化实现的。

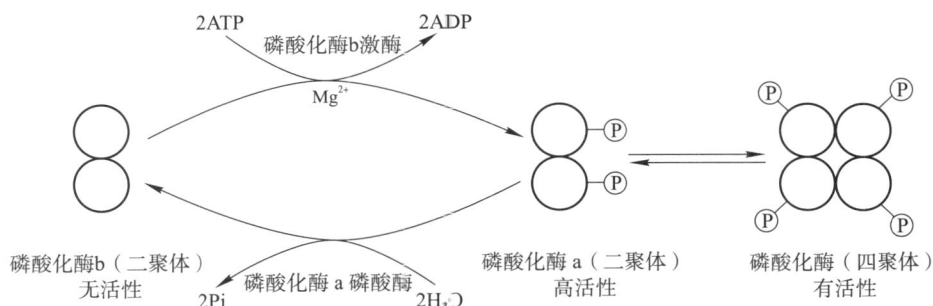

图 13-8 糖原磷酸化酶的激活

（3）对被抑制物抑制的酶可用活化剂或抗抑制剂解除其抑制而获得活性。某些还原剂如半胱氨酸、还原型谷胱甘肽、氰化物等，能还原木瓜蛋白酶、D- 甘油醛 -3- 磷酸脱氢酶等酶分子中的二硫键为巯基，提高酶活性。另一种是添加 EDTA，可螯合金属离子，解除重金属对酶的抑制作用。

3. 变构作用

某些物质如代谢产物，能与酶分子上的非催化部位（调节位）作用，使酶蛋白分子发生构象改变，从而改变酶活性（激活或抑制）这类调节称为变构调节或别位调节，能接受这种变构作用的酶称为变构酶或别位酶，能使酶起变构作用的物质称为变构剂，有的起激活作用，有的起抑制作用。变构调节普遍存在于生物界中。代谢途径中的不可逆反应都是潜在的调节位点，且第一个不可逆反应往往是重要的调节位点。催化这种关键性调节位点的酶，其活性都是受变构调节的。如糖酵解途径中的果糖磷酸激酶，脂肪酸合成途径中的乙酰 CoA 羧化酶等都是别构酶。

4. 共价修饰

在调节酶分子上以共价键连上或脱下某种特殊化学基因所引起的酶分子活性改变。最常见的是磷酸化与去磷酸化、腺苷酸化与脱腺苷酸化、甲基化与去甲基化、乙酰化与去乙酰化等共价修饰类型。例如，糖原磷酸化酶的活性可因磷酸化而增高，糖原合成酶的活性则因磷酸化而降低。谷氨酰胺合成酶的活性可因腺苷酸化，即连上一个 AMP 而下降。甲基化亦可使某些酶的活性改变。酶的化学共价修饰是由专一性酶催化的。许多调节酶活性都受共价修饰的调节。

（四）相反单向反应对代谢的调节

在代谢过程中有些可逆反应的正反两向是由两种不同的酶催化的。催化向合成方向进行的是一种酶，催化向分解方向进行的则是另一种酶。典型的例子是糖酵解途径和糖异生途径中涉及的酶，如由 ATP 提供磷酸基团，果糖 -6- 磷酸激酶催化果糖 -6- 磷酸磷酸化生成果糖 -1,6- 二磷酸（图 13-9 反应 a），果糖 -1,6- 二磷酸酶则催化果糖 -1,6- 二磷酸水解生成果糖 -6- 磷酸（图 13-9 反应 b）。ATP 对反应 a 起促进作用，对反应 b（逆反应）则起抑制作用。在糖原的分解和合成中也存在类似过程（图 13-10）。细胞利用这种反应的特性即可调节其代谢物的合成和分解速度。

$$\text{果糖-6-磷酸} \underset{\underset{\text{Pi}}{\overset{b}{\longleftarrow}}}{\overset{\overset{\text{ATP} \quad \text{果糖-6-磷酸} \quad \text{ADP}}{\overset{\text{激酶}}{}}}{\overset{a}{\longrightarrow}}} \text{果糖-1,6-二磷酸}$$

果糖-1,6-二磷酸酯酶

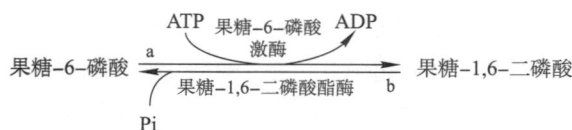

图 13-9　相反单向反应对糖酵解代谢的调节

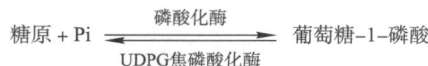

$$\text{糖原 + Pi} \underset{\text{UDPG焦磷酸化酶}}{\overset{\text{磷酸化酶}}{\longrightarrow}} \text{葡萄糖-1-磷酸}$$

图 13-10　相反单向反应对糖原代谢的调节

二、激素的调节

激素调节代谢反应的作用是通过对酶活性的控制和对酶及其他生化物质合成的诱导作用来完成的。要达到这两种目的，机体需要经常保持一定的激素水平。激素是属于刺激性因素。机体内各种激素含量的不平衡都会使代谢发生紊乱。

（一）激素的生物合成对代谢的调节

激素的产生是受多级控制的，腺体激素的合成和分泌受脑垂体激素的控制，垂体激素的分泌受下丘脑神经激素的控制，下丘脑还要受大脑皮质协调中枢的控制。当血液中某种激素含量偏高时，相关激素由于反馈抑制效应即对脑垂体激素和下丘脑释放激素的分泌起抑制作用，降低其合成速度。相反，在该激素浓度偏低时起促进作用，加速其合成速度。通过有关控制机构的相互制约，即可使机体的激素浓度水平正常而维持代谢的正常运转。

（二）激素对酶活性的影响

蛋白质、肽类激素及大多数氨基酸类衍生物类激素从内分泌腺分泌出，经血液循环送到靶细胞。在细胞膜上有各种激素受体，激素同膜上专一性受体结合形成的络合物能激活膜上的腺苷酸环化酶。活化后的腺苷酸环化酶催化 ATP 环化生成 cAMP。cAMP 可与催化蛋白质磷酸化反应的蛋白激酶结合而使其活化，活化后的蛋白激酶再催化胞内蛋白质或酶磷酸化，通过共价修饰改变其活性而产生一定的生理效应。cAMP 能将激素从神经、底物等得来的各种刺激信息传到酶反应中，因在这样的调节过程中激素被称为 "第一信使"，故 cAMP 称为 "第二信使"。如胰高血糖素、肾上腺素、甲状旁腺激素、促黄体生成激素、促甲状腺素、加压素等都是以 cAMP 为信使对靶细胞发生作用的（图 13-11）。所生成的 cAMP 在细胞内后经磷酸二酯酶水解为 5′-AMP 而使其浓度降低（图 13-12）。

激素通过 cAMP 对细胞的多种代谢途径进行调节。糖原的分解、糖原的合成、脂质的分解、酶的产生等都受 cAMP 的影响。cAMP 影响代谢的作用机制是它能使参加有关代谢反应的蛋白激酶（如糖原合成酶激酶、磷酸化酶激酶等）活化。蛋白激酶是由无活性的催化亚单位和调节亚单位所组成的复合物。这种复合物在无 cAMP 存在时无活性，当有 cAMP 存在时，这种复合物即离解成两个亚单位。cAMP 与调节亚单位结合而将催化亚单位释出。被释放出来的催化亚单位即具有催化活性。cAMP 的作用是解除调节亚单位对催化亚单位的抑制（图 13-13）。

细胞膜上还存在鸟苷酸环化酶。活化后的鸟苷酸环化酶能使 GTP 环化形成 cGMP。cGMP 亦有第二信使作用。只是 cGMP 与 cAMP 在作用上是互为拮抗的。除了 cAMP 和 cGMP 外，肌醇三磷酸（IP3）、二酰甘油（DAG）、Ca^{2+} 和 NO 都可作为第二信使。

（三）激素对酶合成的诱导作用

有些激素对酶的合成有诱导作用。如生长激素能诱导蛋白质合成有关的某些酶的合成，甲状腺素能诱导呼吸作用的酶类合成，胰岛素诱导糖代谢中某些酶的合成，性激素类诱导脂代谢酶类的合成等。这些激素与细胞内的受体蛋白结合后即转移到细胞核内，影响 DNA，促进 mRNA 的合成，从而促进酶的合成。

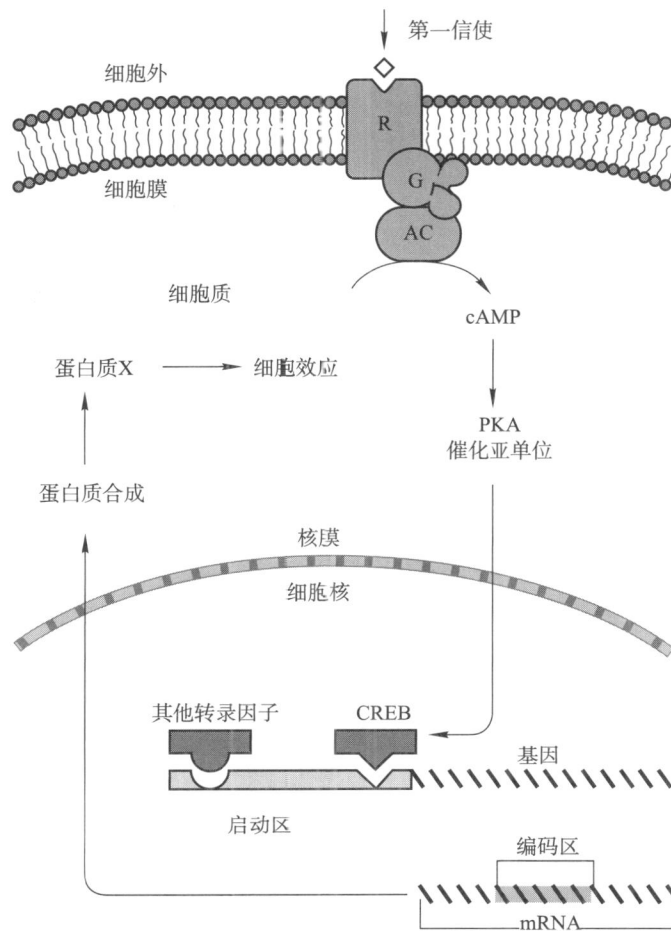

图 13-11　激素对酶活性的影响

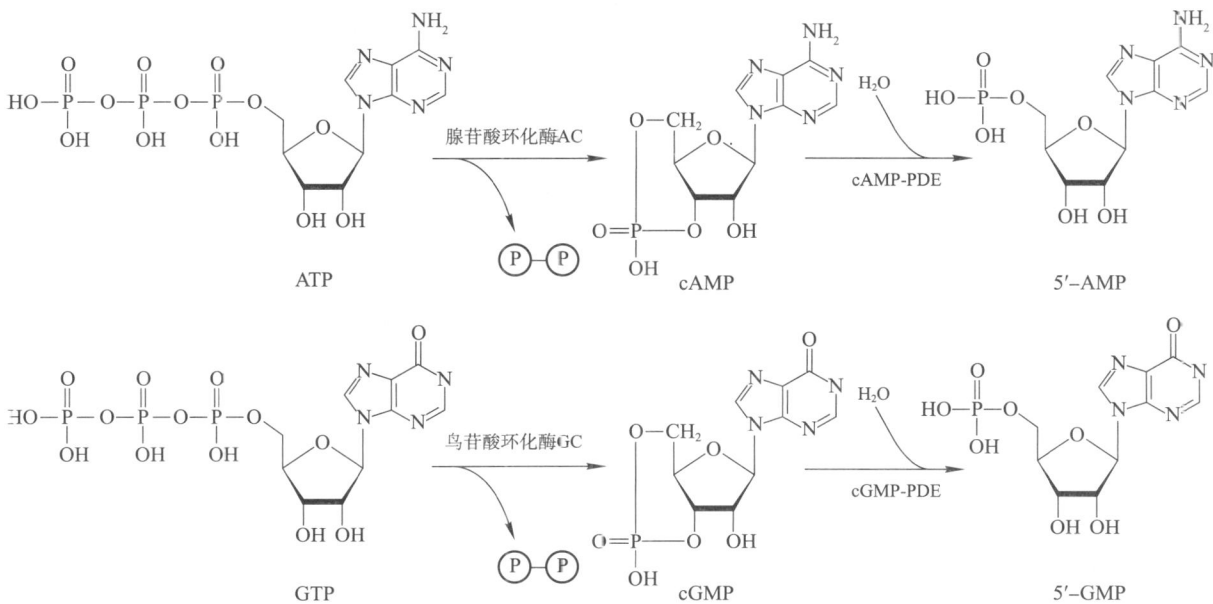

图 13-12　cAMP 和 cGMP 的合成和降解

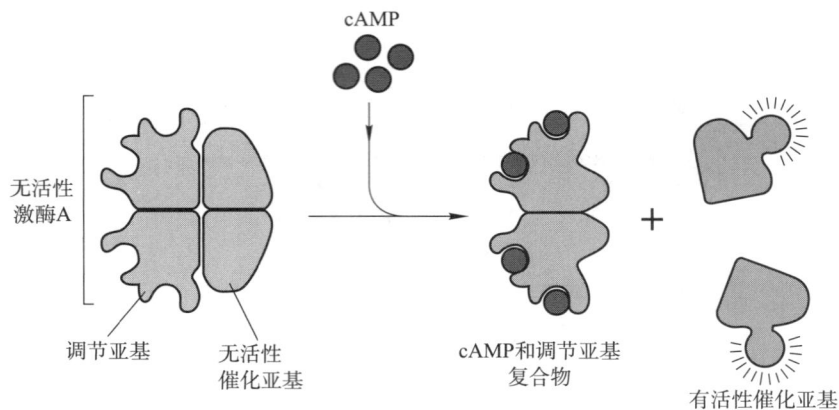

图 13-13　cAMP 对蛋白激酶的激活作用

三、神经的调节

正常机体的代谢反应是协调且有规律地进行的，激素与酶直接或间接参加代谢反应。但整个生物体内的代谢反应会受到中枢神经系统的调控。中枢神经系统对代谢作用的控制与调节有直接的，也有间接的。直接的控制是大脑接受某种刺激后直接对有关组织、细胞或器官发出信息，使其兴奋或抑制以调节其代谢，凡由条件反射所影响的代谢反应都受到大脑直接控制。大脑对代谢的间接控制则为大脑接受刺激后通过丘脑的神经激素传到垂体激素，垂体激素再传达到各种腺体激素，腺体激素再传到各自有关的靶细胞对代谢起控制和调节作用。大脑对酶的影响是通过激素来执行的。胰岛素和肾上腺素对糖代谢的调节、类固醇激素对多种代谢反应（水、盐、糖、脂、蛋白质代谢）的调节都是中枢神经系统对代谢反应的间接控制。酶和激素功能的正常是取得正常代谢的关键，而中枢神经系统功能的正常是保持正常代谢关键的关键。

四、环境条件对代谢过程的影响

生物机体代谢过程的强度与方向和外界条件有密切关系。人和其他恒温动物处于低于体温条件下时会加强代谢强度，以产生热能维持体温；但变温动物和植物、微生物的代谢强度则随环境温度而升降。如把新鲜的水果、蔬菜、蛋等在低温与少氧的大气环境保存，可显著降低其代谢强度，从而减少物质的代谢性损耗，延迟衰败。在低温下，微生物的代谢也受到阻抑，故可延长食品等物品的保存期。控制环境条件还可改变生物机体的代谢方向。如酵母菌在有氧条件下，糖的降解途径主要是糖酵解和三羧酸循环途径，氧化成 CO_2 和 H_2O，但当处于无氧条件时，它就转而以发酵方式进行糖的降解，产生乙醇和 CO_2；在 pH 4.0 时，酵母菌进行正常发酵，产物主要是乙醇，只有少量甘油；但当 pH 升至 7.0 时，甘油的生成却会增加 $2 \sim 3$ 倍。这是由于 pH 的改变影响了酶体系的活力，从而改变了代谢方向。物质代谢是互相联系又互相制约的，其代谢强度受内外环境条件的影响，这些关系构成了生物体系物质代谢的内外联系与统一。

🔵 **总结性提示**

🅔 拓展知识
主要代谢途径中的关键酶及其调节

各组织和器官的糖、脂、氨基酸和核苷酸代谢方式有共同点，也因细胞分化和组织结构的不同，酶体系的组成及含量均有所区别，从而体现出各个组织脏器独特的代谢途径和生理功能，但其之间的代谢在神经和激素的调节下，通过血液循环相互联系。生物的正常代谢机能都是进行精密调控的，代谢失调将引发相关疾病。代谢的人工控制在医药工业（如模拟酶的功能和药物设计等）、发酵工业（如改变微生物遗传特性和控制发酵条件等）具有广阔的应用前景。

❓ 思考题

1. 代谢的调节主要有哪些方式？
2. 各种代谢途径都是相互联系的，哪个代谢途径起到中心作用？
3. 简述酶合成调节的主要内容。
4. 代谢区室化有何意义？
5. 说明糖代谢和脂质代谢的相互关系。
6. 说明糖代谢和蛋白质代谢的相互关系。

14

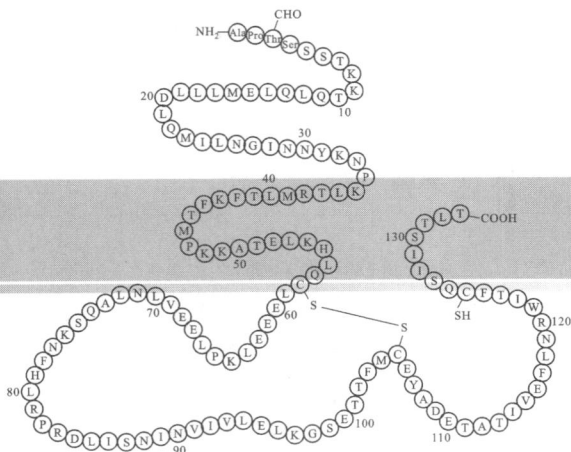

DNA 的复制与损伤修复

知识要点

一、定义

DNA 的半保留复制、DNA 的半不连续复制、冈崎片段、复制子、点突变、移码突变、DNA 的损伤修复。

二、DNA 的复制

1. DNA 的复制是指以原来的 DNA 分子为模板，合成出相同 DNA 分子的过程，基于 DNA 的双螺旋结构，具有半保留复制和半不连续复制的特点。

2. DNA 复制过程中需要 DNA 聚合酶、DNA 连接酶、解旋酶、拓扑异构酶、引物酶以及多种辅因子的参与。

3. 在 DNA 复制叉上进行的基本活动包括双链的解开、RNA 引物的合成、DNA 链的延长、切除 RNA 引物、填补缺口、连接相邻的 DNA 片段。

三、DNA 的损伤与修复

1. 某些物理化学因子，如紫外线、电离辐射和化学诱变剂等，均能作用于 DNA，造成其结构和功能的破坏，从而引起生物突变甚至死亡。

2. 细胞内具有一系列起修复作用的酶系统，可以除去 DNA 上的损伤，恢复 DNA 的正常双螺旋结构，主要的修复系统包括错配修复、光复活、切除修复、重组修复和诱导修复。

四、DNA 的突变

1. DNA 的突变是普遍存在的变异方式。

2. DNA 的突变可以有几种形式：一个或几个碱基对被置换、插入一个或几个碱基对、缺失一个或多个碱基对，从而引起相应的蛋白质性状改变。

学习要求

1. 掌握 DNA 的半保留复制过程，从 DNA 半保留复制的猜想、推理和实验验证过程，培养科学的思维方式和严谨的科学态度。

2. 掌握 DNA 的损伤和修复系统，理解不同修复方式的原理和应用。

3. 掌握 DNA 突变的具体形式，理解 DNA 突变与蛋白质改变之间对应关系。

自 1953 年沃森（Waston）和克里克（Crick）解析了 DNA 的双螺旋结构以来，分子生物学的时代便开启了，遗传学的研究进一步深入到了分子层次。现代生物学已充分证明 DNA 是生物遗传的主要物质基础。生物体的遗传信息以密码的形式编码在 DNA 分子上，即特定的核苷酸序列，其通过 DNA 的复制由亲代传递给子代。从中心法则被提出以后，人们开始清晰地认识遗传信息的构成及其传递途径，生命的奥秘从分子的角度得到了更清晰的阐明。围绕中心法则，遗传信息从 DNA 转录给 RNA，再从 RNA 翻译成特定的蛋白质，以完成各种生命活动，使后代出现与亲代相似的遗传性状。所谓"转录"就是在 DNA 分子上合成出与其核苷酸顺序相对应的 RNA 的过程；"翻译"是在 RNA 的控制下，根据核酸链上每三个核苷酸决定一个氨基酸的三联体密码规则，合成出具有特定氨基酸顺序的蛋白质肽链过程。当然，在某些病毒中也存在着 RNA 自我复制和以 RNA 为模板逆转录将遗传信息传递给 DNA 的过程。

第一节　DNA 的复制

原核生物每个细胞只含有一个染色体，真核生物每个细胞常含有多个染色体。在细胞增殖周期的一定阶段整个染色体组都将发生精确的复制，随后以染色体为单位把复制的基因组分配到两个子代细胞中去。染色体 DNA 的复制与细胞分裂之间存在密切的相互联系。一旦复制完成，就可发动细胞分裂；细胞分裂结束后，又可开始新的一轮 DNA 复制。

染色体外的遗传因子，包括细菌的质粒、真核生物的细胞器以及细胞内共生或寄生生物的 DNA，它们的复制或是受染色体复制的控制，与染色体复制同步；或是不受染色体复制的控制，在细胞增殖周期后随时都可进行。属于严紧控制（stringent control）的质粒，每个细胞只有一个或少数几个拷贝，因此称为单拷贝质粒；属于松弛控制（relaxed control）的质粒，每个细胞含有许多拷贝（通常在 20 个以上），又称为多拷贝质粒。

线粒体和叶绿体的 DNA 可用以编码自身的 rRNA、tRNA 以及一小部分蛋白质，另外的蛋白质则由核基因编码，并在细胞质基质中合成后再运进细胞器中。随着这些细胞器组成成分的倍增，它们可发生分裂。根据电镜观察推测，线粒体和叶绿体是通过内膜凹陷进行分裂的，其过程与细菌的分裂类似。细胞器 DNA 的复制并不限于核 DNA 的合成期（S 期），而可在整个细胞周期中进行。对于某个 DNA 分子来说，进入或不进入复制是随机的，因而有些 DNA 分子在细胞周期中复制不止一次，有些则不发生复制，然而就整体来说，每一细胞周期中细胞器 DNA 的总量将增加一倍，从而保持了每个细胞的细胞器 DNA 数量恒定。

病毒是具有感染能力的基因，它们在侵入细胞后即能进行复制。如果病毒的 DNA 整合进入宿主的染色体中，这部分 DNA 就作为宿主染色体的一部分而被复制。

由于 DNA 是遗传信息的载体，在合成 DNA 时，决定其结构特异性的遗传信息只能来自其本身，因此必须由原来存在的分子为模板来合成新的分子，即进行自我复制（self-replication）。DNA 的双链结构对于维持这类遗传物质的稳定性和复制的准确性都是极为重要的。细胞内存在极为复杂的系统，以确保 DNA 复制的正确进行，并纠正可能出现的误差。本节将着重介绍 DNA 的半保留复制（semiconservative replication）、复制的单位、复制的酶系、复制的半不连续性（semidiscontinuity）、复制的拓扑学、复制过程和调控机理等。

一、DNA 的半保留复制

1. DNA 复制方式的假设

DNA 是由两条反向平行的脱氧核糖核苷酸链以碱基互补配对形式，通过酯键交替连接而成的双螺

知识点

DNA 的半保留复制

旋结构，两条链通过碱基对之间的氢键连接在一起。脱氧核糖和磷酸在外侧构成骨架，碱基则排列在内侧。针对这样一种非常特殊的结构，DNA 的复制过程遵循何种规律，引发了研究者不同的假设和推测（图 14-1）：（a）新复制的 DNA 分子直接形成，不含有亲代 DNA 分子的任何部分，这样一种复制方式称之为全保留复制；（b）子代 DNA 分子形成过程中，一条链直接来自亲代，另一条链是新合成的，这样一种方式，称之为半保留复制；（c）子代 DNA 分子可能含有亲代 DNA 分子，但是所含的比例和内容是随机的，即复制方式为分散复制。Watson 和 Crick 在提出 DNA 双螺旋结构模型时建立的即为假设（b）：在复制过程中首先碱基间氢键需断裂并使双链解旋和分开，然后每条链可作为模板在其上合成新的互补链，结果由一条链可以形成互补的两条链。这样新形成的两个 DNA 分子与原来 DAN 分子的碱基顺序完全一样。在此过程中，每个子代分子的一条链来自亲代 DNA，另一条链则是新合成的，这种方式称为半保留复制。

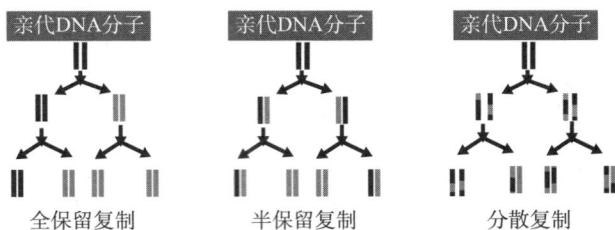

图 14-1 DNA 复制过程的不同假设和推测

2. DNA 半保留复制方式的证明

事实上，梅塞尔森（Meselson）和斯塔尔（Stahl）在 1958 年通过同位素标记的方法证明了这个过程。将大肠杆菌在以同位素 ^{15}N 标记的氯化铵为唯一氮源的培养基中生长，经过连续培养，使所有 DNA 分子标记上 ^{15}N。将含 ^{15}N 标记的大肠杆菌移入含 ^{14}N 的氯化铵培养液中培养。含 ^{15}N 的 DNA 分子密度比含 ^{14}N 的 DNA 要大，对几代的大肠杆菌进行裂解，抽提其 DNA，进行氯化铯密度梯度离心，不同的 DNA 分子会形成不同位置的区带。结果表明，经过一代之后，所有 DNA 分子的密度都在 ^{15}N 和 ^{14}N 区带之间，即形成了一半含 ^{14}N，一半含 ^{15}N 的杂合分子。经过两代培养以后，含 ^{14}N–^{14}N 分子和含 ^{14}N–^{15}N 杂合分子等量出现，若再继续培养，可以发现含 ^{14}N 的纯合 DNA 分子逐渐增多。将含 ^{14}N 和 ^{15}N 的杂合分子加热分开后，发现它们分开成 ^{14}N 链和 ^{15}N 链（图 14-2）。以上结果表明，DNA 的复制是按照半保留复制的方式进行的，在 DNA 复制时原来的 DNA 分子可被分成两个亚单位，分别构成子代分子的一半，这些亚单位经过许多代复制仍然保持着完整性。Meselson 和 Stahl 设计证明半保留复制的实验，被誉为生物学上最美丽的实验。

在这以后，科学家用许多种原核生物和真核生物复制中的 DNA 做了类似的实验，都证实了 DNA 复制的半保留方式。然而，这类实验所研究的复制中的 DNA 在提取过程中已被断裂成许多片段，得到的信息只涉及 DNA 复制前和复制后的状态。1963 年 Cairns 用放射自显影（autoradiography）的方法第一次观察到完整的正在复制的大肠杆菌染色体 DNA。他用 ^3H 脱氧胸苷标记大肠杆菌 DNA，然后用溶菌酶把细胞壁消化掉，使完整的染色体 DNA 释放出来，铺在一张透析膜上，在暗处用感光乳胶覆盖在干燥了的表面上，放置若干星期。在这期间 ^3H 由于放射性衰变而放出 β 粒子，使乳胶曝光生成银粒。显影以后银粒黑点轨迹勾画出 DNA 分子的形状，黑点数目代表了 ^3H 在 DAN 分子中的密度。把显影后的片子放在光学显影镜下就可以观察到大肠杆菌染色体的全貌。用这种方法，Cairns 阐明了大肠杆菌染色体 DNA 是一个环状分子，并以半保留的方式进行复制。

通过放射自显影的实验可以判断 DNA 的复制是双向进行的还是单向进行的。在复制开始时，先用低放射性的 ^3H– 脱氧胸苷标记大肠杆菌。经数分钟后，再转移到含有高放射性的 ^3H– 脱氧胸苷培养基中继续进行标记。这样，在放射自显影图像上，复制起始区的放射性标记密度比较低，感光还原的银

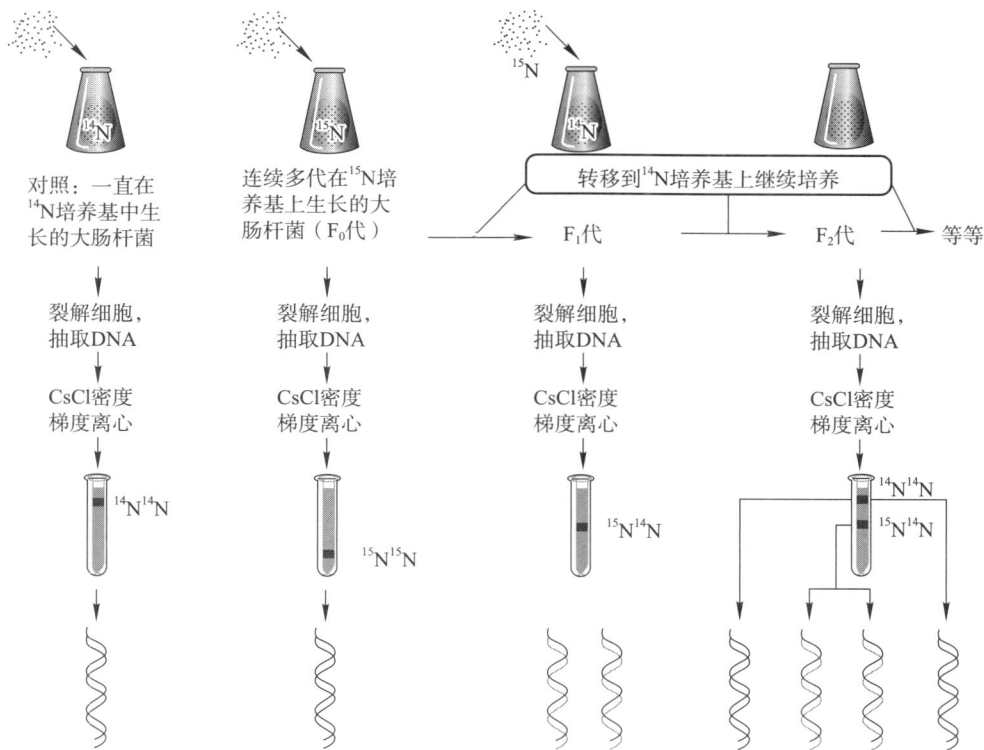

图 14-2 DNA 半保留复制实验的设计及验证

颗粒密度也较低；继续合成区标记密度较高，银颗粒密度也较高。若是单向复制，银颗粒的密度分布应是一端低，一端高。若是双向复制，则应是中间密度低，两端密度高。由大肠杆菌所获得的放射自显影图像都是两端密，中间稀，这就清楚证明了大肠杆菌染色体 DNA 是双向复制的。

半保留的复制，即子代 DNA 分子中仅保留一条亲代链，另一条链则是新合成的，这是双链 DNA 普遍的复制机制。即使是单链 DNA 分子，在其复制过程中通常也总是要先形成双链的复制型式（RF）。半保留复制要求亲代 DNA 的两条链解开，各自作为模板，通过碱基配对的法则，合成出另一条互补链。所谓模板即是能提供合成一条互补链所需精确信息的核酸链。在这里，碱基配对是核酸分子间传递信息的结构基础。无论是复制、转录或逆转录，在形成双链螺旋分子时都是通过碱基配对来完成的。需要指出的是，碱基、核苷或核苷酸单体之间并不形成碱基对，但是在形成双链螺旋时由于空间结构的关系而构成特殊的碱基对。

拓展知识 1
DNA 复制的忠实性

3. DNA 半保留复制的意义

DNA 进行复制时，双螺旋结构解开而成为单链，用于合成新的互补链。子代分子形成新的 DNA 双链，其中一股单链是从亲代完整地接受过来，另一股单链按照碱基互补配对的原则重新合成。复制产生的子代 DNA 在组成成分及结构上与亲代 DNA 保持完全一致，正因如此，DNA 复制的过程保证了物种的稳定性。DNA 与细胞其他成分相比要稳定得多，这和它的遗传功能是相符合的。

但是这种稳定性是相对的，DNA 在代谢上并不是完全惰性的物质。在细胞内外各种物理、化学和生物因子的作用下，DNA 会发生损伤，需要修复；在复制和转录过程中 DNA 也会有损耗，而必须进行更新。在发育和分化过程中，DNA 的特定序列还可能进行修饰、删除、扩增和重排。已有实验表明，老年动物 DNA 双链的不配对碱基数远较幼年和胚胎期多。从进化的角度上看，DNA 更是处在不断的变异和发展之中。

二、参与 DNA 复制的酶类

体内 DNA 的复制从起始到结束，是一个非常复杂而又精准的过程，需要拓扑异构酶、解链酶、引物酶、DNA 聚合酶、DNA 连接酶等作用，同时需要各种辅因子和结合蛋白参与。

1. DNA 聚合酶

DNA 聚合酶（DNA polymerase）是参与 DNA 复制的一类重要酶。它以亲本 DNA 链为模板，催化底物 dNTP 分子间的聚合，从而形成子代 DNA 分子。其反应特点除了需要接受模板的指导外，还需要以脱氧核糖核苷酸为底物，合成方向为 5′ 到 3′，合成的产物 DNA 性质与模板相同，特别重要的一点是，DNA 聚合酶只能催化脱氧核糖核苷酸加到已有的核苷酸链的 3′ 端的羟基上，而不能使脱氧核糖核苷酸自身发生聚合，也就是说，它的反应需要有引物链的存在。

该类酶最早由美国科学家 Kornberg 于 1956 年在大肠杆菌中发现，后来陆续在其他生物中找到多种不同的 DNA 聚合酶。从大肠杆菌 DNA 聚合酶结构看，除了核心酶外，它还含有引物的结合和识别位点，具有特定的结构和功能（图 14-3）。

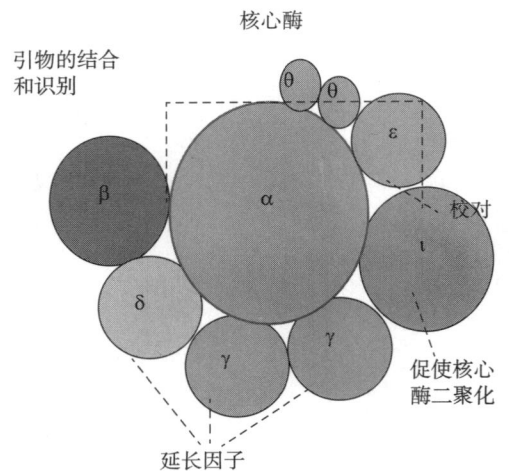

图 14-3　DNA 聚合酶的结构示意图

用提纯的酶制剂作实验，结果表明，在有适量 DNA 和镁离子存在时，DNA 聚合酶能够催化 4 种脱氧核糖核苷三磷酸合成 DNA，根据 DNA 的半保留复制模式，所合成的 DNA 具有与天然 DNA 同样的化学结构和物理化学性质。在 DNA 聚合酶作用过程中，dATP、dGTP、dCTP 和 dTTP 四种脱氧核糖核苷三磷酸缺一不可，它们在 DNA 聚合酶的催化作用下，被加到 DNA 链的末端，同时释放无机焦磷酸。

在 DNA 聚合酶催化的链长延伸过程中，游离的 3′- 羟基对进入的脱氧核糖核苷三磷酸 α- 磷原子发生亲核攻击，形成 3′, 5′- 磷酸二酯键并脱下焦磷酸。在这过程中，所需要的能量来自 α- 和 β- 磷酸基之间高能磷酸键的断裂。聚合反应是可逆的，但随后焦磷酸被水解，推动反应的完成。DNA 聚合酶催化的反应是根据模板信息指令进行的。DNA 链由 5′ → 3′ 方向延长。DNA 聚合酶只能催化脱氧核糖核苷酸加到已有核酸链的游离 3′- 羟基上，而不能使脱氧核糖核苷酸自身发生聚合，它需要引物链（primer strand）的存在。只有当进入的碱基与模板链的碱基形成 A 与 T、C 与 G 的碱基互补配对时，才能在 DNA 聚合酶的催化作用下形成磷酸二酯键。加入不同生物来源的 DNA 模板时，可以同样引起和促进新的 DNA 的合成，且产物 DNA 的性质与 DNA 聚合酶的来源无关，也和 4 种脱氧核糖核苷酸的比例无关，只取决于模板 DNA 的遗传信息。

大肠杆菌含有多种 DNA 聚合酶。

（1）DNA 聚合酶 I　Kornberg 等最初从大肠杆菌中分离出来的 DNA 聚合酶被命名为 DNA 聚合酶 I。该类聚合酶的分子量为 10 300，由一条单一的多肽组成，多肽链中含有一个锌原子。酶分子呈现形状为球形，直径约为 6.5 nm，为 DNA 直径的三倍左右。DNA 聚合酶 I 是一类多功能酶，主要的功能包括：①通过核苷酸聚合反应，使 DNA 链沿 5′ → 3′ 方向延长，即具有聚合活性；②由 3′ 端水解 DNA 链；③由 5′ 端水解 DNA 链；④由 3′ 端使 DNA 链发生焦磷酸解；⑤无机焦磷酸盐和脱氧核糖 → 核苷三磷酸之间进行焦磷酸基的交换。特别强调的是，DNA 聚合酶 I 除了具有 5′ → 3′ 的聚合酶活性外，还含有 3′ → 5′ 的外切酶活性和 5′ → 3′ 的外切酶活性。其中 3′ → 5′ 的外切酶活性对 DNA 复制起到校对作用，保证 DNA 复制的忠实性。当加入的脱氧核糖核苷酸与模板不互补的时候，该活性将错配碱基从 3′ 端切除，以便重新在该位置上引入新的正确的碱基。DNA 聚合酶 5′ → 3′ 的外切酶活性，只对 DNA 上双链处的磷酸二酯键起水解作用，产生 5′ 端脱氧核糖核苷酸，在切除修复中起主要作用（图 14-4）。

（2）DNA 聚合酶 Ⅱ 和 Ⅲ　DNA 聚合酶 Ⅰ 发现后，随着对其性质的逐步了解，增加了对该酶是否真是细胞 DNA 复制酶的怀疑。首先，该酶合成 DNA 的速度太慢，只及细胞内 DNA 复制速度的 1%。其次，它的持续合成能力（processivity）较低，而细胞内 DNA 的复制不会频繁中断。第三，遗传学分析表明，许多基因突变都会影响 DNA 的复制，但都与 DNA 聚合酶 Ⅰ 无关。1969 年 DeLucia 和 Cairns 分离到一株大肠菌变异株，它的 DNA 聚合酶 Ⅰ 活性极低，只为野生型的

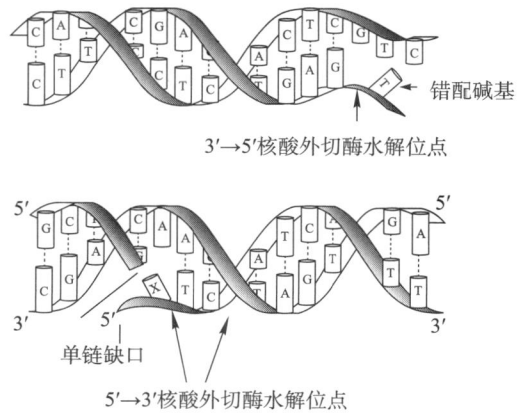

图 14-4　DNA 聚合酶 3′ → 5′ 的外切酶活性与 5′ → 3′ 的外切酶活性

0.5% ~ 1%，这一变异株称为 pol A 1 或 pol A⁻。该变异株可以像它的亲代株一样以正常速度繁殖，但是对紫外线、X 射线和化学诱变剂甲基磺酸甲酯等敏感性高，容易引起变异和死亡。这表明 pol A 1 变异株的 DNA 复制是正常的，但 DNA 损伤的修复机制（repair mechanism）有明显的缺陷。由此直接表明，DNA 聚合酶 Ⅰ 不是复制酶，而是修复酶。后来证明，它在 DNA 复制过程中起着取代 RNA 引物的作用，只是参与局部修复。

由于 pol A 1 变异株中 DNA 聚合酶 Ⅰ 的聚合反应活力很低，因此是寻找其他聚合酶的适宜材料。Kornberg 和 Gefter 在 1970 年和 1971 年先后分离出了另外两种聚合酶，称为 DNA 聚合酶 Ⅱ 和 DNA 聚合酶 Ⅲ。

DNA 聚合酶 Ⅱ 是一种多亚基酶，其聚合酶亚基是由一条分子量为 88 000 的多肽链组成，该酶的活力比 DNA 聚合酶 Ⅰ 高，若以每分子酶每分钟促进核苷酸掺入 DNA 的转化率计算，约为 2 400 个核苷酸。它同样也以 4 种脱氧核糖核苷三磷酸为底物，从 5′ 向 3′ 合成 DNA 链。DNA 聚合酶 Ⅱ 具有 3′ 到 5′ 的外切酶活性，但是不具有 5′ 到 3′ 的外切酶活性。已分离到一株大肠杆菌变异株（pol B 1），它的 DNA 聚合酶 Ⅱ 活力只有正常的 0.1%，但仍然以正常速度生长，表明 DNA 聚合酶 Ⅱ 也不是复制酶，而是一种修复酶。

DNA 聚合酶 Ⅲ 由多个亚基组成的蛋白质。DNA 聚合酶 Ⅰ 和 DNA 聚合酶 Ⅱ 一直被认为属于修复酶，不属于真正意义上的复制酶，而 DNA 聚合酶 Ⅲ 被认为是大肠杆菌细胞中真正负责新的 DNA 分子合成的复制酶。经诱变处理，分离到一些大肠杆菌温度敏感条件致死变异株。dna E（pol C）基因的温度敏感变异株在允许温度（30℃）下，DNA 能正常复制；当培养温度上升到限制温度（45℃）时，DNA 的合成立即停止。亦已鉴定该位点编码 DNA 聚合酶 Ⅲ 的 α 亚基。从这种变异株中分离出来的 DNA 聚合酶 Ⅲ 是对温度敏感的，而聚合酶 Ⅰ 和 Ⅱ 则不敏感。前面已经提到过，诱变消除 DNA 聚合酶 Ⅰ 和 Ⅱ 的聚合反应活力后，大肠杆菌仍然能进行 DNA 复制和正常生长。虽然每个大肠杆菌细胞只有 10 ~ 20 个 DNA 聚合酶 Ⅲ 分子，然而它催化的合成速度达到了体内 DNA 合成的速度。DNA 聚合酶 Ⅲ 的许多性质都表明，它就是 DNA 的复制酶。

DNA 聚合酶 Ⅱ 和 Ⅲ 在促进 DNA 合成的基本性能上和 DNA 聚合酶 Ⅰ 是相同的：①它们都需要模板指导，以 4 种脱氧核糖核苷三磷酸作为底物，并且需要有 3′-OH 的引物链存在，聚合反应按 5′ → 3′ 方向进行。②它们都没有核酸外切酶活性，但具有 3′ → 5′ 核酸外切酶活性，在聚合过程中起校对作用。③它们都是多亚基酶，DNA 聚合酶 Ⅱ 和 Ⅲ 共用了许多辅助亚基。然而它们又有明显区别：① DNA 聚合酶 Ⅱ 和纯化的 DNA 聚合酶 Ⅲ 最宜作用于带有小段缺口（小于 100 个核苷酸）的双链 DNA；而 DNA 聚合酶 Ⅰ 最宜作用于具有大段单链区的双链 DNA，甚至是带有很短引物的单链 DNA。

②二者的聚合速度、持续合成能力均有很大不同，反映了它们功能的不同，DNA 聚合酶 II 是修复酶，DNA 聚合酶 III 是复制酶。

（3）DNA 聚合酶 IV 和 V：DNA 聚合酶 IV 和 V 是在 1999 年才被发现的，它们涉及 DNA 的错误倾向修复。当 DNA 受到较严重损伤时，即可诱导产生这两个酶，使修复缺乏准确性，因而出现高突变率。编码 DNA 聚合酶 IV 的基因是 *din* B。编码 DNA 聚合酶 V 的基因是 *umu* C 和 *umu* D。基因 *umu* D 产物 Umu D 被裂解产生较短的 Umu D′，并与 Umu C 形成复合物，成为一种特殊的 DNA 聚合酶（聚合酶 V）。它能在 DNA 许多损伤部位继续复制，而正常 DNA 聚合酶在此部位因不能形成正确碱基配对而停止复制，在跨越损伤部位时就造成了错误倾向的复制。高突变率虽会杀死许多细胞，但至少可以克服复制障碍，使少数突变的细胞得以存活。

2. DNA 连接酶

DNA 聚合酶只能催化核苷酸链的延长反应，不能使链之间连接。因此推测必定存在一种酶，能够催化 DNA 链的两个末端进行共价连接。DNA 连接酶于 1967 年在大肠杆菌中首先被发现，它催化双链 DNA 切口处的 5′- 磷酸基和 3′- 羟基形成不间断的 3′, 5′- 磷酸二酯键，在复制过程中最后步骤起主要作用，即封闭新合成链上引物去除后留下的单链空缺。迄今为止 DNA 连接酶主要发现两类，一类以 ATP 为能量来源催化两个脱氧核糖核苷酸链之间形成磷酸二酯键，主要存在于动物细胞和噬菌体；另外一类以 NAD 为能量来源，催化脱氧核糖核苷酸链之间形成磷酸二酯键，主要存在于大肠杆菌和其他细菌。典型的 DNA 连接酶包括大肠杆菌 DNA 连接酶和噬菌体 T₄DNA 连接酶。其中大肠杆菌 DNA 连接酶是一条分子量约为 75 的多肽链，可与 NAD 反应形成酶和 AMP 的中间物，但不能将 AMP 转移到 DNA 上促进磷酸二酯键的形成。噬菌体 T₄DNA 连接酶分子量约为 68 000，催化过程需要 ATP 辅助，催化磷酸二酯键的形成。无论何种 DNA 连接酶，它可以连接双链 DNA 分子中其中一链的缺口，也可以连接双链 DNA 分子中双链的缺口，但是，它不能将两个 DNA 单链分子连接起来。DNA 连接酶在基因工程操作中是一种十分重要且普遍的工具酶，用于限制性内切酶切割后形成的黏性末端或者平头末端的链接，在分子克隆过程中起到关键作用。

3. DNA 复制过程参与的其他酶类

● 知识点
DNA 复制过程参与的酶类

其他在 DNA 分子复制中存在的酶还有 DNA 解旋酶、拓扑异构酶以及 RNA 引物酶。DNA 拓扑异构酶是存在细胞核内的一类酶，其主要作用是催化 DNA 的断开和再连接，从而解除 DNA 的拓扑形态，以便于 DNA 复制的进行。拓扑异构酶主要包括两类，I 类拓扑异构酶可使 DNA 双链中的一条链切断，松开双螺旋后再将 DNA 链连接起来，从而避免出现链的缠绕。II 类拓扑异构酶可切断 DNA 双链，使 DNA 的超螺旋松解后，再将其连接起来。

DNA 解螺旋酶作用于 DNA 两条单链中间连接的碱基的氢键上，使之断裂，进而使两条单链在该处分开，从而作为模板指导子代 DNA 的合成。

引物酶的实质与 RNA 聚合酶类似，用于 DNA 复制过程中 RNA 引物的合成，从而结合于 DNA 模板链，引导 DNA 聚合酶开始新链的合成。引物酶需要引发前体的作用才能够发挥其合成引物的作用。

三、DNA 的半不连续复制

● 知识点
DNA 的半不连续复制

DNA 的复制是一种半保留的复制方式，即复制时，双螺旋结构解开成为单链，用于合成新的互补链。迄今为止所发现的所有 DNA 聚合酶，其合成方向都是 5′ → 3′，而不能以逆方向进行。对于以 3′ → 5′ 走向的亲代 DNA 链为模板，其合成方向与解链方向一致，可以保证复制的顺利进行。而对于 5′ → 3′ 走向的模板链，其解链方向和合成方向相反。那么，DNA 复制过程中，如何保证两条链同时作为模板，同时进行复制呢？

20 世纪 60 年代两位日本分子生物学家冈崎令治和冈崎恒子夫妇在实验中发现了一个有趣的现象：

他们对大肠杆菌进行同位素标记培养，即在培养基中添加同位素 ^{3}H，经过不超过 30 s 的短时间培养后，立即在碱性条件下对 DNA 进行沉淀变性，对新合成的单链和模板链分离后，进行氯化铯梯度离心。结果发现，在这样一个过程中，总是可以分离获得一条长的新生链，同时还存在许多短的含 ^{3}H 标记的 DNA 小片段。延长所标记时间后，这些小片段可转变成成熟的 DNA 链，说明这些小片段必然是 DNA 复制过程的中间产物。

针对以上实验结果，提出了 DNA 的半不连续复制模型：当 DNA 复制时，一条链的合成是连续的，而另一条链的合成由于 DNA 聚合酶的作用方向和解链方向相反，因而其合成是不连续的（图 14-5）。在 DNA 复制的时候，双链解开分别作为模板，边解旋边复制，以 $3' \rightarrow 5'$ 方向模板链指导的新链的合成是连续的，即复制方向与解链方向一致，都是从 $5' \rightarrow 3'$ 方向。以 $5' \rightarrow 3'$ 方向的母链作为模板，指导新合成的链以 $5' \rightarrow 3'$ 合成多个核苷酸不连续的小片段的链，即解链一部分，然后从解开的模板链的 $5'$ 方向向 $3'$ 方向合成一段，再解链一段，再合成一段，复制方向与解链方向相反。这条链的复制是先合成许多从 $5' \rightarrow 3'$ 的小片段，这些不连续的片段再由 DNA 连接酶连接，形成一条完整的链。这些不连续的小片段，被称为冈崎片段。连续合成的子代 DNA 链称为前导链，或领头链；而不连续合成的子代 DNA 链称为后随链，或滞后链。

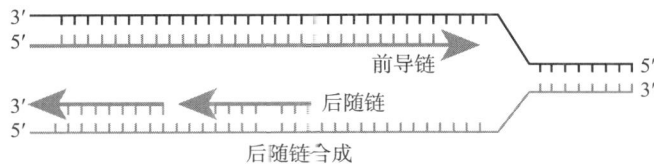

图 14-5　DNA 的半不连续复制模型

从大肠杆菌中分离出冈崎片段之后，许多实验室的研究进一步证明，DNA 的不连续合成不只限于细菌，真核生物染色体 DNA 的复制也是如此。细菌的冈崎片段长度为 1 000～2 000 个核苷酸，相当于一个顺反子（cistron），即基因的大小；真核生物的冈崎片段长度为 100～200 个核苷酸，相当于一个核小体 DNA 的大小。

冈崎等最初的实验不能判断 DNA 链的不连续合成只发生在一条链上，还是两条链都如此，对冈崎片段进行测定，结果测得的数量远超过新合成 DNA 的一半，似乎两条链都是不连续的。后来发现这是由于尿嘧啶代替胸腺嘧啶掺入 DNA 所造成的。DNA 中的尿嘧啶可被尿嘧啶 -DNA- 糖苷酶（uracil-DNA-glycosidase）切除，随后该处的磷酸二酯键断裂，一些核苷酸被水解，造成一个缺口，最后缺口空隙被填补和修复，在此过程中也会产生一些类似冈崎片段的 DNA 片段。

当用缺乏糖苷酶的大肠杆菌变异株（ung$^-$）进行实验时，DNA 的尿嘧啶将不再被切除。此时，新合成 DNA 大约有一半放射性标记出现于冈崎片段中，另一半直接进入大的片段。由此可见，当 DNA 复制时，一条链是连续的，另一条链是不连续的，因此称为半不连续复制（semidiscontinuous replication）。

以复制叉向前移动的方向为标准，一条模板链是 $3' \rightarrow 5'$ 走向，在其上 DNA 能以 $5' \rightarrow 3'$ 方向连续合成，称为前导链（leading strand）；另一条模板链是 $5' \rightarrow 3'$ 走向，在其上 DNA 也是从 $5' \rightarrow 3'$ 方向合成，但是与复制叉移动的方向正好相反，所以随着复制叉的移动，形成许多不连续的片段，最后连成一条完整的 DNA 链，该链称为滞后链（lagging strand）。由于 DNA 复制酶系不易从 DNA 模板上解离下来，因此前导链的合成通常总是连续的。但是有很多因素会影响到前导链的连续性，如模板链的损伤、复制因子和底物的供应不足等，都会引起前导链复制中断并从另一新点起始。

如前所述，所有已知的 DNA 聚合酶都不能发动新链的合成，而只能催化已有链的延长反应。然而 RNA 聚合酶则不同，它只需要 DNA 模板存在，就可以在其上合成出新的 RNA 链。这就是说，DNA

合成需要引物，RNA 合成不需要引物。那么，每一个冈崎片段是怎样开始合成的？它的引物是什么？现在知道，在 DNA 模板上需先合成一段 RNA 引物，DNA 聚合酶从 RNA 引物的 3′-OH 端开始合成新的 DNA 链。

用大肠杆菌提取液进行 DNA 合成的实验表明，冈崎片段的合成除需要 4 种脱氧核糖核苷酸外，还需要 4 种核糖核苷酸（ATP、GTP、CTP 和 UTP）。通过对新合成的 DNA 片段进行分析，发现它们以共价键连着一小段 RNA 链。用专一的核酸酶水解证明，RNA 链位于 DNA 片段的 5′ 端。这些实验有力地说明了，冈崎片段的合成需要 RNA 引物。

RNA 引物是在 DNA 模板链的一定部位合成并互补于 DNA 链，合成方向也是 5′ → 3′，催化该反应的酶称为引发酶（primase）。引物的长度通常为几个至十几个核苷酸，DNA 聚合酶Ⅲ可在其上聚合脱氧核糖核苷酸，直至完成冈崎片段的合成。RNA 引物的消除和缺口的填补是由 DNA 聚合酶Ⅰ来完成的。最后由 DNA 连接酶将冈崎片段连成长链。

四、DNA 的复制过程

DNA 复制过程是从确定复制的起始点开始的，解开双链 DNA 提供单链模板，形成复制叉，开始合成的起始与延长，形成带有新合成 DNA 的复制泡，到最后的终止，形成新的 DNA 合成链。主要包括复制的起始、延长和终止三个过程。其间的反应和参与作用的酶与辅助因子各有不同。在 DNA 合成的生长点（growth point），即复制叉上，分布着各种各样与复制有关的酶和蛋白质因子，它们构成的复合物称为复制体（replisome）。DNA 复制的阶段表现在其复制体结构的变化上。

1. 复制子与复制方向

基因组能独立进行复制的单位叫复制子，每个复制子都含有控制复制的起点和复制的终点。对于含有多个复制起点 DNA 链，则称之为多复制子。DNA 复制具有特定的起始位置，称为复制起点。在大肠杆菌中，复制起点通常用 oriC 表示，是位于称为 oriC 遗传位的单一的一个起点区。在 oriC 处起始过程的生物化学分析已经证实，除了 DNA 聚合酶Ⅲ外还有许多辅助蛋白参与复制叉的移动，如解旋酶、DNA 引发酶和拓扑异构酶等。此外，研究还发现了一种关键的称为 DnaA 蛋白的起始结合蛋白。发现由 245 bp 组成的 oriC 区含有两种重复类型的多个拷贝：3 个 13 bp 的序列（富含 A、T 的序列）和 4 个 9 bp 的序列；许多生物的复制原点也都是富含 A、T 的区段。

DNA 复制在一个固定的起点开始复制，复制方向大多是双向的，形成两个复制叉或生长点，分别向两侧进行复制，在低等生物中，DNA 的复制也有一些是单向的，只形成一个复制叉或生长点（图 14-6）。一般来讲，环状 DNA 的复制眼形成希腊字母 θ 型结构。大约 20 个 DnaA 蛋白复合物首先与起点区 9 bp 重复区结合，引起 DNA 结构的变化，导致富含 13 个 A-T 碱基对重复区内双螺旋变性和形成双个复制叉。由于 A-T 碱基对只含有 2 个氢键，比起有 3 个氢键的 G-C 碱基对要弱得多，所

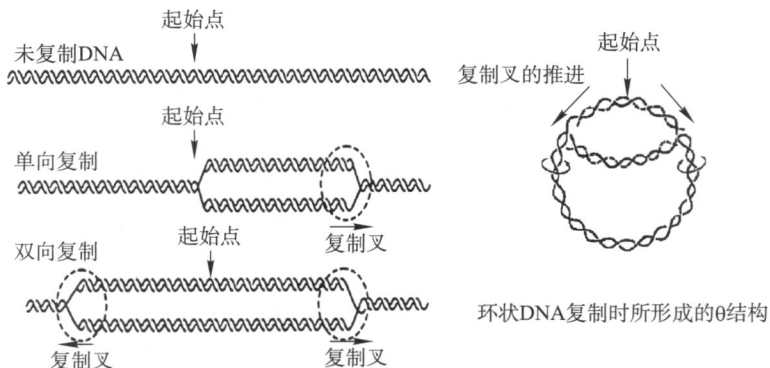

图 14-6　DNA 的复制起点

以富含 A–T 重复区的部位起着使复制泡中心定位的作用。一旦这个区接近其他 DNA 复制蛋白，在解旋酶和单链结合蛋白作用下，复制泡沿双向延伸形成两个复制叉。然后引发酶合成 RNA 引物，而 DNA 聚合酶 Ⅲ 开始前导链和滞后链的合成。

2. DNA 复制过程

引发：DNA 复制过程中，复制起点首先被 DnaA 蛋白识别。一旦复制起点被识别，一些参与的重要蛋白便会聚集，形成复制复合物，引发复制的开始。在原点由解链酶、DnaB 蛋白等参与将双螺旋解开成单链状态，形成复制叉。在 DNA 双链的局部解开过程中，单链 DNA 结合蛋白（ssbDNA 蛋白）以四聚体的形式存在于复制叉处，保证单链的稳定性，等解开部分单链复制完成，ssbDNA 蛋白才脱落，重新进入复制循环中。

● 知识点
DNA 的复制过程

延伸：DNA 复制的调节一般发生在起始阶段。一旦开始复制，如无意外受阻，就能一直进行到完成。在 DNA 延长过程中，遵循前面所讲到的半不连续过程。无论是前导链的复制，还是后随链的复制，都需要 RNA 引物链的存在。过程中需要 DnaB 蛋白的参与，活化引物合成酶，当引物合成酶在适当位置合成 RNA 引物后，DNA 聚合酶的 β 亚基在复制复合物帮助下将引物与模板的双链夹住，β 亚基在二聚体形成一个环，套在双链分子上，并可在其上滑动。因此，以 4 种脱氧核苷三磷酸为底物，在 RNA 引物的 3′ 端以磷酸二酯键连接上脱氧核糖核苷酸并释放出焦磷酸。DNA 链的延伸同时进行前导链和滞后链的合成，两条链方向相反，前者持续合成，后者分段合成。DNA 聚合酶在模板链上合成冈崎片段，遇到上一个冈崎片段时即停止合成，β 亚基随即脱开 DNA 链。正是这样一个停顿，成为了 RNA 引物合成的信号，由引物合成酶沿反方向合成引物，并被 β 夹子带到核心酶上，开始下一个冈崎片段的合成。最后，这些冈崎片段通过 DNA 连接酶连接成一条完整的 DNA 子链。

终止：当两个复制叉不断向前推移的时候，最后在终止区相遇并停止复制。复制体解体，DNA 复制结束。在终止区域内，存在着 6 个 DNA 序列（terA 到 terF）。ter 序列排列在染色体上制造了一个复制叉"陷阱"区，复制叉可以进入但不能出来。顺时针陷阱由 terF、terB 和 terC 构成，反时针陷阱由 terA、terD 和 terE 构成。陷阱区是终止子利用蛋白（Tus）的结合部位。Tus 可以和每一个 ter 序列结合。一旦形成 Tus-ter 复合物，就可以通过阻止解旋酶（DnaB）解旋 DNA 来封闭复制叉的通路。Tus-ter 复合物只捕获来自一个方向（顺时针或反时针）的复制叉，而对来自另一个方向（反时针或顺时针）的复制叉不起作用。终止区这样安排可确保两个从相反方向进入 ter 区的复制叉总能相遇，当一个复制叉遇到另一个复制叉时，DNA 复制就完成了。两个复制叉在终止区相遇而停止复制，复制体解体，其间大约仍有 50~100 bp 未被复制。其后两条亲代链解开，通过修复方式填补空缺。此时两环状染色体互相缠绕，成为连锁体（catenane）。此连锁体在细胞分裂前必须解开，否则将导致细胞分裂失败，细胞可能因此死亡。大肠杆菌分开连锁环需要拓扑异构酶Ⅳ（属于类型Ⅱ拓扑异构酶）参与作用。该酶两个亚基分别由基因 *par* C 和 *par* E 编码。每次作用可以使 DNA 两链断开和再连接，因而使两个连锁的闭环双链 DNA 彼此解开。其他环状染色体，包括某些真核生物病毒，其复制的终止相可能以类似的方式进行。

● 拓展知识 2
聚合酶链式反应

第二节　DNA 的损伤与修复

一、DNA 的损伤

在复制期间偶尔会有一个不正确的核苷酸整合到 DNA 中，一般都会被 DNA 聚合酶的校正活性有效地除去，所以核苷酸错误整合的频率是很低的。然而在 DNA 的复制过程中，也可能发生错配，某些物理化学因子，如紫外线、电离辐射和化学诱变剂等，都有引起生物突变和致死的作用，其机理是作用于 DNA，造成 DNA 结构和功能的破坏。DNA 的损伤和突变之间是有区别的。DNA 损伤有多种形式，包括碱基修饰、核苷酸删除和插入、DNA 链的交联及磷酸二酯键骨架的断裂。发生在体内的许多 DNA 损伤是可以修复的。只有逃过修复的损伤才会造成突变，突变是对 DNA 核苷酸序列的可遗传的变化，因此突变是遗传信息的永久性改变。

　　紫外线引起的 DNA 损伤是一种常见的 DNA 损伤，当 DNA 受到最易被其吸收的波长（~260 nm）的紫外线照射时，同一条 DNA 链上相邻的嘧啶以共价键连成二聚体，相邻的两个 T 或两个 C 或 C 与 T 间都可以环丁基环（cyclobutane ring）连成二聚体，其中最容易形成的是 TT 二聚体（图 14-7）。这种二聚体是由 2 个胸腺嘧啶碱以共价键联结成环丁烷的结构而形成的，其形成影响了 DNA 的双螺旋结构，使其复制和转录功能受到阻碍。人皮肤因受紫外线照射而形成二聚体的频率可达每小时 5×10^4/细胞，但只局限在皮肤中，因为紫外线不能穿透皮肤。但微生物受紫外线照射后，就会影响其生存。另外，紫外线照射还能引起 DNA 链断裂等损伤。

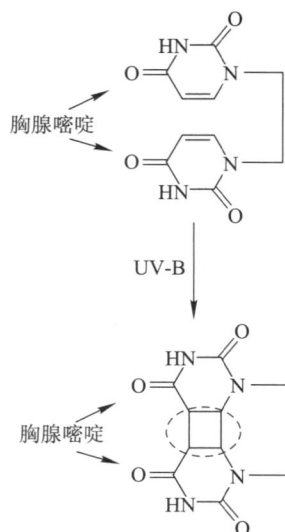

图 14-7　嘧啶二聚体的形成

　　电离辐射损伤 DNA 有直接和间接的效应，直接效应是 DNA 直接吸收射线能量而遭损伤，间接效应是指 DNA 周围其他分子（主要是水分子）吸收射线能量产生具有很高反应活性的自由基进而损伤 DNA。电辐射可以引起碱基变化、脱氧核糖变化、DNA 链断裂以及发生 DNA 链之间的相互交联等。

　　化学因素对 DNA 损伤的认识最早来自对化学武器杀伤力的研究，以后对癌症化疗、化学致癌作用的研究使人们更重视突变剂或致癌剂对 DNA 的作用。如甲基化、烷基化以及氧化损伤，都属于化学损伤。

二、DNA 的损伤修复

　　DNA 的损伤对生物体可能产生重大影响，如使某些生物突变、丧失生理功能甚至死亡。某些情况下，虽然表型没有发生变化，但是其基因型发生了改变，将在遗传过程中逐代体现出来。生物体在长期进化的过程中，往往具备了使 DNA 损伤得到修复的机制，使其在进化过程中获得保护。DNA 的损伤修复主要包括直接修复、切除修复、重组修复、诱导修复、错配修复。

1. 直接修复

　　某些损伤的核苷酸和错配的碱基可以被某些蛋白质识别和修复。这些蛋白质为了能够找出特别损伤部位可以连续监测 DNA。这些蛋白质不切断 DNA 或切除碱基，而是直接实施修复，这样的损伤修复机制称为直接修复。

　　DNA 损伤之一的胸腺嘧啶二聚体的形成可以通过直接修复机制修复。胸腺嘧啶二聚体是紫外线辐射造成的。在所有原核生物和真核生物中都存在一种光复活酶，它只作用于紫外线引起的 DNA 嘧啶二聚体（主要是 TT，也有少量 CT 和 CC），不含光复活酶的生物细胞，没有光复活能力。当生物体在紫外线的作用下形成嘧啶二聚体后，光复合酶得到信号，在可见光的作用下，酶被激活，特异性地结合于损伤部位，将损伤部位进行修复，待修复完成以后，酶被释放（图 14-8）。这种修复方式在植物体中显得特别重要。高

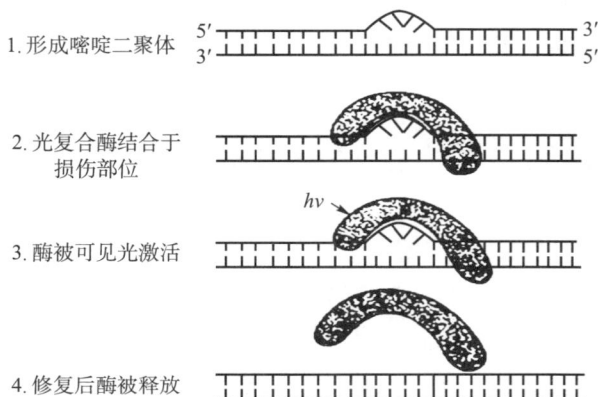

1. 形成嘧啶二聚体

2. 光复合酶结合于损伤部位

3. 酶被可见光激活

4. 修复后酶被释放

图 14-8　紫外线损伤的光复活过程

等动物可直接切除含嘧啶二聚体的核酸链，然后再修复合成，即所谓的暗修复。

甲基转移酶可以修复被烷化剂损伤的 DNA。它可以识别和结合 DNA 中特殊的烷基化碱基和除去烷基。例如 O^6– 甲基鸟嘌呤 –DNA 甲基转移酶可以催化甲基鸟嘌呤的 O^6 位的烷基转移到该酶上的一个半胱氨酸的巯基上。在甲基转移过程中，该转移酶被失活，不能再催化其他甲基转移反应。然后，甲基化的转移酶作为一个转录的调节物又可刺激该转移酶基因的表达，所以根据需要可以生产更多的修复酶。

2. 切除修复

所谓的切除修复，是在一系列酶的作用下，将 DNA 分子中受损伤的部分切除掉，并以完整的那一条链为模板，对切除部分进行修复，使 DNA 恢复正常结构的过程。这是非常普遍的一种修复机制，包括两个过程：一是由细胞内特异性的酶找到 DNA 损伤部位，切除含有损伤结构的核酸链；二是修复合成并连接。

DNA 链上出现碱基丢失或缺陷的情况，会形成一些无嘌呤或嘧啶的位点，将这些位点称为 AP 位点，一旦 AP 位点形成后，AP 核酸内切酶在 AP 位点附近会将 DNA 链切开，不同的 AP 核酸内切酶作用方式不同，有的在 5′ 端切开，有的则在 3′ 端切开，核酸外切酶将包括 AP 位点在内的 DNA 链切除。DNA 聚合酶 I 具有外切酶活性，并使 DNA 链 3′ 端延伸以填补空缺，最后，DNA 连接酶将链进行完整连接，完成修复过程（图 14-9）。切除修复通常只有单个碱基缺陷才可以进行，如果 DNA 损伤造成了 DNA 螺旋结构较大的变形的话，就需要以核苷酸切除修复的方式来进行了。

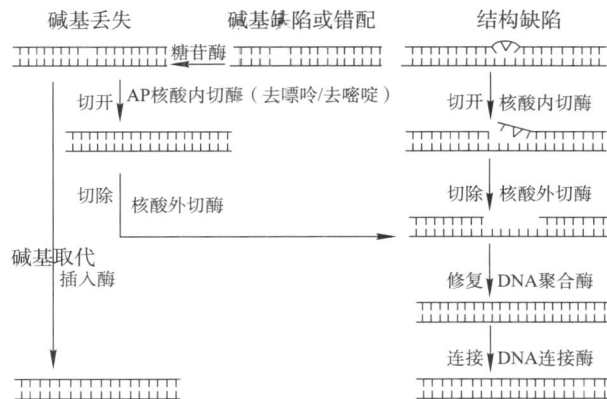

图 14-9　DNA 损伤的切除修复过程

3. 重组修复

重组修复是 DNA 修复机制之一，过程包括：①受损伤的 DNA 链复制时，产生的子代 DNA 在损伤的对应部位出现缺口。②完整的另一条母链 DNA 与有缺口的子链 DNA 进行重组交换，将母链 DNA 上相应的片段填补子链缺口处，而母链 DNA 出现缺口。③以另一条子链 DNA 为模板，经 DNA 聚合酶催化合成一新 DNA 片段填补母链 DNA 的缺口，最后由 DNA 连接酶连接，完成修补（图 14-10）。重组修复不能完全去除损伤，损伤的 DNA 段落仍然保留在亲代 DNA 链上，只是重组修复后合成的 DNA 分子是不带有损伤的，但经多次复制后，损伤就被"冲淡"了，在子代细胞中只有一个细胞是带有损伤 DNA 的。

4. 诱导修复

诱导修复又称 SOS 修复，是指 DNA 受到严重损伤、细胞处于危急状态时所诱导的一种 DNA 修复方式，修复结果只能维持基因组的完整性，提高细胞的生成率，但留下的错误较多，故又称为错误倾向修复（error-prone repair），修复后细胞有较高的突变率。

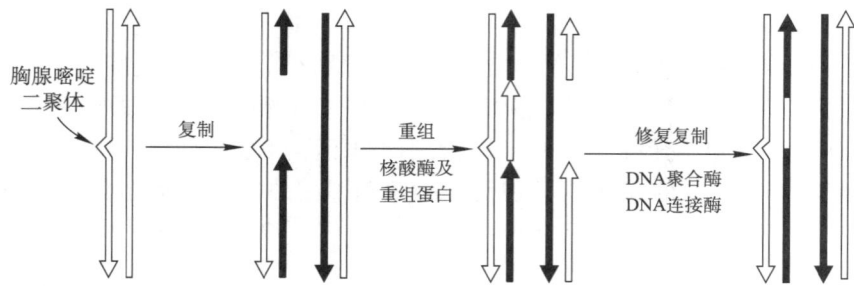

图 14-10 DNA 损伤修复的重组修复过程

SOS 修复是由 RecA 蛋白和 LexA 阻遏物相互作用引起的。在正常情况下，修复蛋白的合成处于低水平状态，这是由于其 mRNA 合成受到阻遏蛋白 LexA 的抑制。细胞中的 RecA 蛋白参与 SOS 修复，但是被 LexA 蛋白质部分阻遏。当 DNA 两条链的都有损伤并且损伤位点邻近时，损伤不能被切除修复或重组修复，这时 RecA 蛋白被激活而促进 LexA 自身的蛋白水解酶活性，LexA 在蛋白质水解酶的活性下自我分解，使得一系列基因得以表达，其中包括修复基因。损伤的 DNA 与 RecA 结合，活化的 LexA 自身断裂，SOS 修复酶类进行合成，完成整个修复过程。

SOS 反应使细菌的细胞分裂受到抑制，结果长成丝状体。其生理意义可能是在 DNA 复制受到阻碍的情况下避免因细胞分裂而产生不含 DNA 的细胞，或者使细胞有更多进行重组修复的机会。

5. 错配修复

DNA 的错配修复机制是在对大肠杆菌的研究中被阐明的。DNA 在复制过程中发生错配，如果新合成链被校正，基因编码信息可得到恢复；但是如果模板链被校正，突变就被固定。细胞错配修复系统能够区分"旧"链和"新"链。Dam 甲基化酶可使 DNA 的 GATC 序列中腺嘌呤 N^6 位甲基化。复制后 DNA 在短期内（数分钟）为半甲基化的 GATC 序列，一旦发现错配碱基，即将未甲基化的链切除，并以甲基化的链为模板进行修复合成。

大肠杆菌参与错配修复的蛋白质至少有 12 种，其功能或者是区分两条链，或者是进行修复过程。其中几个特有的蛋白由 *mut* 基因编码。Mut S 二聚体识别并结合到 DNA 的错配碱基部位，Mut L 二聚体与 Mut S 结合。二者组成的复合物可沿 DNA 双链向两方向移动，DNA 由此形成突环。水解 ATP 提供的能量驱使复合物移动，直至遇到 GATC 序列为止。随后 Mut H 核酸内切酶结合到 Mut SL 上，并在未甲基化链 GATC 位点的 5′ 端切开。如果切开处位于错配碱基的 3′ 侧，由核酸外切酶 I 或核酸外切酶 X 沿方向 3′ → 5′ 切除核酸链；如果切开处位于 5′ 侧，由核酸外切酶 Ⅶ 或 Rec J 沿 5′ → 3′ 方向切除核酸链。在此切除链的过程中，解螺旋酶 Ⅱ 和单链结合蛋白帮助链的解开。切除的链可长达 1 000 个核苷酸，直到将错配碱基切除（图 14-11）。新的 DNA 链由 DNA 聚合酶 Ⅲ 和 DNA 连接酶合成并连接。为了校正一个错配碱基，不仅需要找出错配碱基本身，还要从远在 1 kb 以外找出 GATC 序列，找出未甲基化的"新链"，加以切除可能长达 1 000 个核苷酸的核酸链，然后再合成新链，这是一个十分耗能的过程，由此可以看出维持基因信息的完整性对于生物是何等重要。

真核生物的 DNA 错配修复机制与原核生物大致相同。人类的 *hMSH*2（human MutS homolog2）和 *hMLH*1（human MutL homolog1）基因编码的蛋白质能够识别错配碱基和 GATC 序列，与大肠杆菌对应的 Mut S 和 Mut L 一样，其余过程也都有对应的成分来完成。

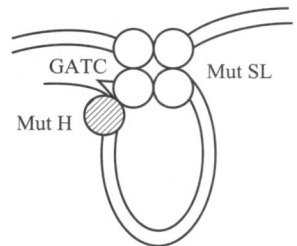

图 14-11 DNA 损伤的错配碱基切除

第三节 DNA 的突变

知识点
DNA 的突变

在生命进化的过程中，遗传维持着物种的稳定性，而变异同样重要，变异推动生物的进化。变异主要存在 3 种方式：染色体数目的变化、染色体结构的变化和 DNA 的突变。其中，DNA 的突变是普遍存在的变异方式。DNA 作为遗传物质有 3 个功能：一是通过复制将遗传信息由亲代传递给子代；二是通过转录使遗传信息在子代得以表达；三是通过变异在自然选择过程中获得新的遗传信息。变异是 DNA 的核苷酸序列改变的结果，它包括由于 DNA 损伤和错配得不到修复而引起的突变，以及由于不同 DNA 分子之间的交换而引起的遗传重组。

1. DNA 突变的类型

DNA 突变的类型包括点突变和移码突变。

点突变即为原来的碱基对被新的碱基对所替代，包括①转换：嘌呤与嘌呤之间的互换和嘧啶与嘧啶之间的互换；②颠换：嘌呤与嘧啶之间的互换。易错修复可以发生颠换。三联体密码子发生突变导致蛋白质中原来的氨基酸被另一种氨基酸取代，称为错义突变（missense mutation）。当氨基酸密码子变为终止密码子时，称为无义突变（nonsense mutation），它导致翻译提前结束而常使产物失活。

移码突变指的是一条 DNA 序列插入或缺失一个或多个非三的倍数的核苷酸对，从而引起基因的突变。移码突变使插入或缺失位置后的三联体密码子阅读框发生改变，导致后面的氨基酸翻译发生错误，引起基因产物的失活。

2. DNA 突变的特点

DNA 的突变具有以下特点：

（1）DNA 突变的少利多害性　大多数 DNA 的突变对生物的生长与发育往往是有害的。可能会导致基因原有功能丧失，基因间及相关代谢过程的协调关系被破坏，性状变异、个体发育异常，生存竞争与生殖能力下降，甚至死亡（致死突变）。当然，突变的有害和有利性是相对的，在某些情况下，DNA 突变的有害性与有利性可以转化。

（2）DNA 突变的普遍性和低频性　DNA 突变在生物界具有普遍性，无论是低等生物还是高等生物，都有可能发生 DNA 的突变，包括自然突变和人工诱变突变。但是在自然状态下，突变也是极为稀有的，野生型 DNA 以极低的突变率发生突变。引起果蝇的白眼基因突变频率为 4×10^{-5}，引起人类软骨发育不全的基因突变频率为 5×10^{-5}。

（3）DNA 突变的随机性和不定向性　DNA 突变既可以发生在体细胞中，也可以发生在生殖组织中，前者一般不会传递给后代，而后者可通过生殖细胞传递给子代。此外，DNA 突变既可以发生在同一 DNA 分子的不同部分，也可以发生在细胞内不同的 DNA 分子上。DNA 突变可以发生在生物个体发育的任何阶段，甚至在趋于衰老的个体中也容易发生，如老年人易患皮肤癌等。DNA 突变的不定向性指其可以多方向发生，即 DNA 内部多个突变部位分别改变后会产生多种等位基因形式。

（4）DNA 突变的重复性和可逆性　DNA 突变的重复性是指已经发生突变的基因，在某种条件下，还可能再次独立地发生突变而形成其另外一种新的等位基因形式。也就是说，任何一个基因位点的突变可能会以一定的频率反复发生。同时，DNA 突变发生方向是可逆的。

3. 诱变剂和致癌剂的检测

医学和生物学的研究表明，人类癌症的发生是由于某些调节正常细胞分裂的基因缺陷或变异所致，这些基因包括原癌基因和抑癌基因。细胞生长失控往往形成肿瘤，能转移的恶性肿瘤称为癌。控制细胞分裂的基因由于突变或肿瘤病毒的入侵而失去其调节功能，原癌基因成为癌基因，抑癌基因失去抑制细胞恶性生长的能力。因此，细胞癌变与修复机制的受损坏以及突变率的提高有关。

由于食品、日用品与环境中存在的诱变剂和致癌剂对人类健康十分有害，需要有效的方法将它们检测出来。Ames 发明了一种简易的检测方法，称为 Ames 试验（Ames test）。该方法采用鼠伤寒沙门菌（*Salmonella typhimurium*）的营养缺陷型菌株，其组氨酸生物合成途径中的一个酶的基因发生突变而使酶失活，将该菌株与待测物置于无组氨酸的平皿培养基中培养，如果待测物具有诱变作用，就可使营养缺陷型细菌因恢复突变而产生菌落，根据菌落的多少可判断诱变力的强弱。由 Ames 试剂和动物试验的结果发现，致癌物质中 90% 都有诱变作用，而诱变剂中 90% 有致癌作用。不少化合物需在体内经过代谢活化才有诱变作用，在测试时可将待测物与肝提取物一起保温，使其转化，这样可使潜在的诱变剂也能被检测出来。

大肠杆菌的 SOS 反应可以使处于溶原状态的 λ 噬菌体被激活，从而裂解宿主细胞产生噬菌斑。通常引起细菌 SOS 反应的化合物对高等动物都是致癌的。Devoret 根据此原理，利用溶原菌被诱导产生噬菌斑的方法来检测致癌剂，大大简化了检测方法。

总结性提示

📖 拓展知识 3
端粒与端粒酶

对于生物体来说 DNA 的复制并不是一个简单的过程，其中包含着复杂的机制和多种酶的作用，也正是因为这个原因，DNA 的复制难以保证 100% 的正确。由于 DNA 是遗传信息的载体，所以生物产生了一系列机制来保证 DNA 复制过程的准确。而这些复制过程中不可避免的错误也为基因的突变提供了条件，是生物进化的最初动力。在外界环境的压力与选择之下，沿着不同的方向进化的生物体组成了丰富多彩的世界。如何能合理巧妙地让这一并不"完美"的机制来帮助我们改造生物体，是生物学研究的挑战和目标之一。

❓ 思考题

1. 基于 DNA 的双螺旋结构，对 DNA 复制形式的假设及证明实验设计是如何进行的？
2. DNA 聚合酶包括哪些类型？其作用特点是什么？
3. 保证 DNA 复制忠实性的机制是什么？
4. DNA 突变的类型及其生物学意义是什么？
5. DNA 突变的频率那么低，且大多数又是有害的，它怎么为生物进化提供原材料呢？
6. DNA 聚合酶作用过程中为什么需要引物链的存在？它对 DNA 复制的忠实性有何作用？

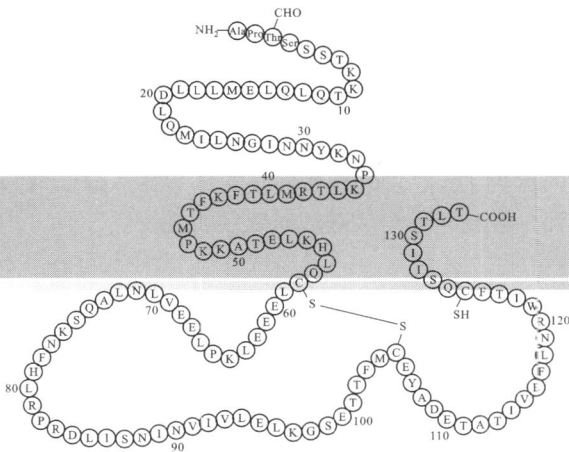

RNA 的合成与加工

一、定义

模板链、编码链、启动子、终止子、内含子、外显子、不对称转录、RNA 转录后加工、逆转录。

二、RNA 的生物合成

1. RNA 的合成是以 DNA 的一条链为模板，在 RNA 聚合酶催化下，以 4 种核糖核苷磷酸为底物按照碱基配对原则，形成 $3' \to 5'$ 磷酸二酯键，合成一条与 DNA 链的一定区段互补的 RNA 链的过程。

2. RNA 转录过程包括起始位点的识别、起始、延伸、终止，涉及 RNA 聚合酶和多种辅因子的参与。

三、RNA 的转录后加工

在转录中新合成的 RNA 往往是较大的前体分子，需要经过进一步的加工修饰，主要包括剪接、剪切和化学修饰，转变为具有生物学活性的、成熟的 RNA 分子。

1. 掌握 RNA 转录的过程以及参与转录的酶和蛋白质，理解 DNA 复制和 RNA 生物合成途径的异同后。

2. 掌握真核生物与原核生物转录的主要区别。

3. 理解 RNA 转录后加工的意义，掌握真核生物和原核生物不同形式 RNA 转录后加工各目的特点。

遗传信息储存于 DNA 中，其表达需要通过转录和翻译实现。转录即 RNA 的合成，是遗传信息从 DNA 流向 RNA 的过程。具体指的是以 DNA 的一条链作为模板，以 4 种核糖核苷酸为原料，在 RNA 聚合酶催化下合成 RNA 的过程。转录是蛋白质合成过程的重要组成步骤，通过转录，DNA 信息被读取，并合成 mRNA，指导蛋白质的精准合成。转录的初始产物并不成熟，通常需要经过一系列加工和修饰，才能成为成熟的 RNA 分子。由于 RNA 既能携带遗传信息，又被发现具有催化功能，因此推测早期的生命起源发生在 RNA 世界，而转录这一重要过程，也成为最为活跃的研究领域之一。

第一节 DNA 指导下 RNA 的合成

一、RNA 聚合酶作用机制

在 20 世纪 40 年代，Beadle 和 Tatum 根据面包真菌粗糙脉孢菌（*neurospora crrsa*）模型实验的结果发现一个特定的遗传单位（基因）携带生成特定酶的信息，这就是人们熟知的“一个基因一个酶”理论，DNA 和酶（蛋白质）之间的“信使”应当是 RNA。按照 1958 年 Crick 提出的分子生物学中心法则（central dogma of molecular biology）认为，遗传信息转移的主流是：DNA → RNA →蛋白质，其中 DNA → RNA 称为转录（transcription），RNA →蛋白质称为翻译（translation），显然 RNA 是 DNA 和蛋白质之间的信息载体。不存在蛋白质→ RNA，或蛋白质→ DNA 的途径（图 15-1）。

转录也称为 RNA 合成（RNA synthesis），以 DNA 为模板，但只是 DNA 中的某一条链。作为模板的这条链称为模板链（template chain），也称为反义链（antisense chain），而互补链称为编码链（coding strand），也称为有义链（sense chain），所以转录是不对称转录。

从中心法则来看，在 DNA 指导下 RNA 的合成称为转录，从 RNA 聚合酶反应的化学本质、极性和模板几个方面来说，转录和 DNA 的复制基本相同，但是，也存在几个主要的不同点：RNA 聚合酶不需要引物，也不具备有校正作用的核酸外切酶活力，转录反应一般只用一小段 DNA 做模板，在转录区内，一般都只有一条 DNA 链可以作为模板（图 15-1）。

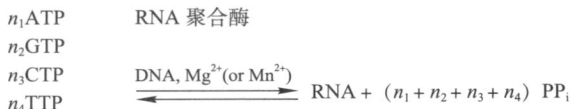

$$
\begin{array}{l}
n_1\text{ATP} \\
n_2\text{GTP} \\
n_3\text{CTP} \\
n_4\text{TTP}
\end{array}
\xrightarrow[\text{DNA, Mg}^{2+}\text{(or Mn}^{2+}\text{)}]{\text{RNA 聚合酶}}
\text{RNA} + (n_1+n_2+n_3+n_4)\,\text{PP}_i
$$

图 15-1 DNA 的转录过程

DNA 复制过程中，两条链分别解链作为模板合成新的 DNA 分子，但是转录却不一样。在体内，一般两股 DNA 单链中只有其中的一股可转录。可作为模板转录成 RNA 的这股链，称为模板链，也称为负链，对应的一股互补链称为编码链，也称为正链（图 15-2）。合成的 RNA 与模板链互补，但是模板链并非永远在同一单链上，这种转录方式称为不对称转录。转录出的 mRNA 指导后续蛋白质合成的部分称为结构基因，其余的 DNA 可能转录 rRNA、tRNA。

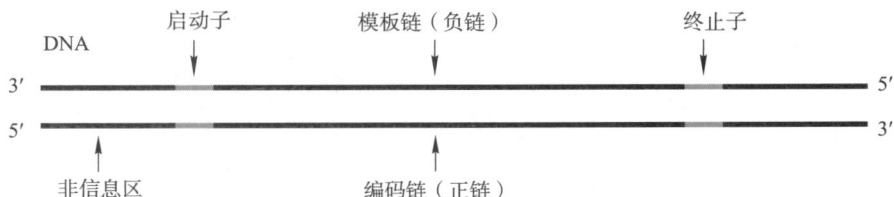

图 15-2 DNA 转录过程中的模板链和编码链

原核生物转录的原料主要是从大肠杆菌取得的。大肠杆菌的所有 RNA 都是由同一种 RNA 聚合酶催化合成的。这种酶的分子量约为 460 000，核心酶和 σ 亚基组成全酶，全酶的亚基组成为 $α_2ββ'σ$，还包含两个 Zn 原子，核心酶组成为 $α_2ββ'$（图 15-3）。核心酶只能使已经开始合成的 RNA 链延长，但不能从头合成 RNA，只有当 σ 亚基参与时，才能表现出全部聚合酶的活性。因此，σ 亚基被称为起始亚基，只在转录的起始中起作用。

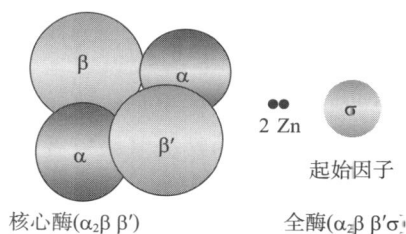

图 15-3　RNA 聚合酶结构示意图

RNA 转录时无需通过解旋酶、解链酶、拓扑异构酶的参与将 DNA 双链完全打开，RNA 聚合酶能够局部解开 DNA 的两条链，并以其中一条链为有效模板，在其上合成出互补的 RNA 链。

二、RNA 的合成过程

RNA 转录的整个过程包括识别、起始、链的延长、终止。

转录起始阶段，RNA 聚合酶正确识别 DNA 编码链上的启动子，并形成由酶、DNA 和核苷三磷酸（NTP）构成的三元起始复合物，转录即自此开始。双链 DNA 局部解开，第一个核苷三磷酸与第二个核苷三磷酸缩合生成 $3',5'$-磷酸二酯键后，启动阶段结束，进入延伸阶段。σ 亚基的功能在于引导 RNA 聚合酶稳定结合到 DNA 启动子上，当核心酶‘抓住’DNA 链以后，σ 亚基就自动脱落。σ 亚基脱离酶分子，留下的核心酶与 DNA 的结合变松，因而容易继续往前移动。核心酶无模板专一性，能转录模板上的任何顺序，包括在转录后加工时待切除的居间顺序。脱离核心酶的 σ 亚基还可与另外的核心酶结合，参与另一转录过程。随着转录不断延伸，DNA 双链依次被解开，并接受新来的碱基配对，合成新的磷酸二酯键后，核心酶向前移去，已使用过的模板重新关闭，恢复原来的双链结构（图 15-4）。一般合成的 RNA 链对 DNA 模板具有高度的忠实性。

转录的终止包括链长延伸的停止和 RNA 聚合酶的释放。DNA 序列上有转录终止的特殊序列，称为终止子。RNA 聚合酶在一种特殊蛋白质 r 因子的帮助下终止转录，释放 RNA 链，同时，核心酶离开 DNA 后，转录结束。

知识点
RNA 的生物合成

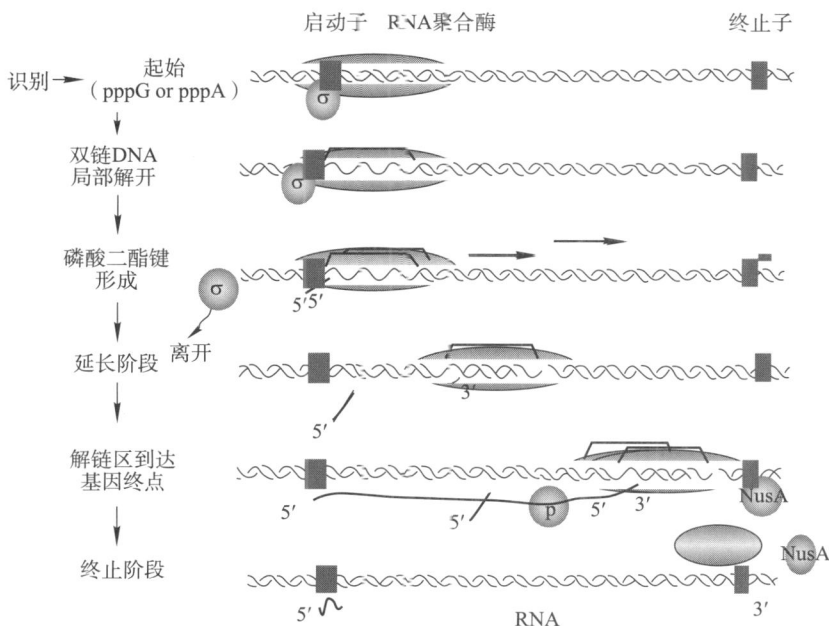

图 15-4　RNA 合成过程

三、启动子与终止子

启动子是原核生物操纵子（operon）中控制基因转录的调控序列。操纵子特指在原核生物基因组中由共表达的结构基因以及调控它们表达的操纵基因和启动子序列组成的转录单元，而结构基因指的是一些功能相关串联排列在一起的基因。转录生成的 mRNA 称为多顺反子 mRNA（polycistronic mRNA），顺反子（cistronic）是基因（gene）的同义词。操纵子概念不适合真核生物，因为在真核生物转录只生成单顺反子 mRNA（monocistronic mRNA）。

启动子（promoter）是 RNA 聚合酶识别、结合和开始转录的一段 DNA 序列，能使 RNA 聚合酶特异性地识别和结合。多数启动子位于结构基因起始位点的上游，一般情况下，启动子本身不被转录。RNA 聚合酶与启动子的结合还需要其他辅助因子或者辅助蛋白，称为转录因子。

启动子的序列结构可以用足迹法和 DNA 测序法确定（图 15-5）。在足迹法中，DNA 起始转录的限制性片段被分离出来，加 RNA 聚合酶使之结合。再用 DNA 酶部分水解，这样，与酶结合的部位被保护而不水解，其他部位水解程长短不同的片段，就可以通过凝胶电泳测出酶结合的部位。

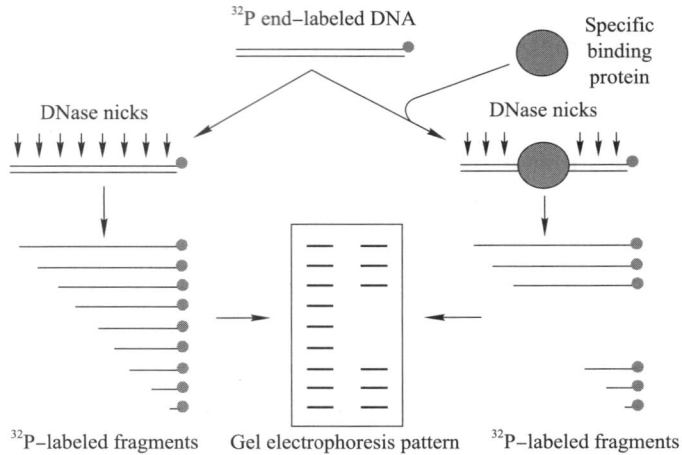

图 15-5　足迹法测定启动子的序列结构

大肠杆菌的共有启动子序列包括 -10 位的 TATA 框，也称 Pribnow 框，以及 -35 位的 TTGACA 区（图 15-6）。研究证明，-10 位区域和 -35 区域是 RNA 聚合酶与启动子的结合位点，与 σ 亚基具有很高的亲和力。该区域内的核苷酸数量和种类的变化，会影响 DNA 转录活性的高低，因此出现不同强度的启动子序列。

提供转录停止信号的 DNA 序列称为终止子，协助 RNA 聚合酶识别终止信号的辅助因子，称为终止因子。原核生物的终止子在终止点之前均有一个回文结构，其产生的 RNA 可形成由茎环构成的发

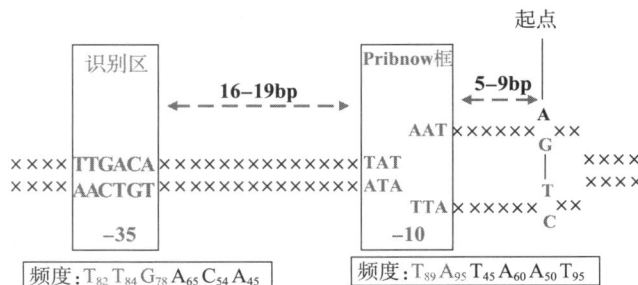

图 15-6　大肠杆菌启动子共有序列

夹结构。大肠杆菌存在两类终止子：一类称为不依赖于 ρ 因子的终止子，或称之为简单终止子，另一类称为依赖于 ρ 因子的终止子（图 15-7）。简单终止子除能形成发夹结构外，在终点前还有一系列的 U 核苷酸，回文对称区常有一段富含 G-C 的序列，提供信号使 RNA 聚合酶脱离模板。而依赖于 ρ 因子的终止子必须在 ρ 因子存在时才发生终止作用。如识别启动子一样，识别终止子也需要辅助因子，包括 nusA、nusB、nusE，以及 nusG 等。

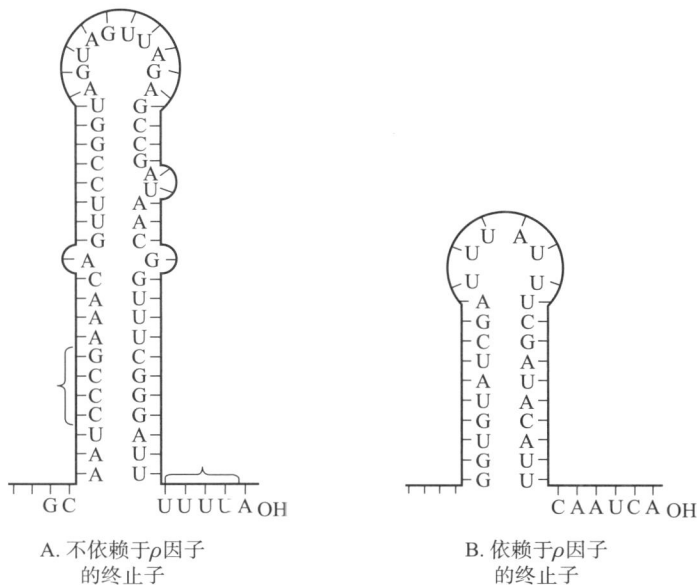

图 15-7　大肠杆菌终止子类型

第二节　RNA 的转录后加工

　　基因转录的直接产物被称为初级转录物。初级转录物一般是无功能的，必须在细胞内经历一些结构和化学的变化，即所谓的转录后加工以后才会有功能。RNA 所能经历的后加工方式有数十种以上。不管在原核还是真核生物中，核糖体 RNA 基因和转运 RNA 基因转录后形成的初级转录产物都要经过转录加工才能释放出成熟的 rRNA 及 tRNA 分子。mRNA 的加工过程在原核生物中较少加工，甚至在转录的同时就可进行翻译过程，但真核的 mRNA 的加工过程则非常复杂。

一、原核生物 RNA 的转录后加工

1. 原核生物 mRNA 的加工

　　原核生物的 mRNA 为多顺反子，半衰期只有几分钟，一经转录即直接进行翻译，一般不需加工。但少数多顺反子 mRNA 需经过核酸内切酶作用，刃成较小的单位后再进行翻译。

2. 原核生物 rRNA 的加工

　　原核生物的 rRNA 基因与某些 tRNA 基因组成混合操纵子，可提高效率、节省空间。其他的 tRNA 基因成簇存在，并与编码蛋白质的基因组成操纵子，它们在形成多顺反子转录物后，断裂成为 rRNA 和 tRNA 的前体，然后进一步加工成熟。大肠杆菌共有 7 个 rRNA 的转录单元，分散在基因组各处。每个转录单元由 16S rRNA、23S rRNA、5S rRNA 及一个或多个 tRNA 的基因组组成。rRNA 的基因原始转录物的沉降系数一般为 30S，分子量为 2.1×10^6，约含有 6 500 个核苷酸。在大肠杆菌中，RNA 酶Ⅲ被发现是一种负责对 RNA 进行加二的核酸内切酶，它识别特定的 RNA 区域。16S rRNA 和 23S rRNA 的两侧序列互补，形成茎环结构，RNA 酶Ⅲ在茎部具有切割位点，切割产生 16S rRNA 和 23S rRNA 前体 P16 和 P23。而对于 5S rRNA，则是在 RNA 酶 E 作用下进行，它识别 5S rRNA 前体 P5 两端形成的茎环结构。P5、P16 和 P23 两端的多余附加序列需进一步通过核酸酶进行切除。

3. 原核生物 tRNA 的加工

原核生物的 tRNA 转录后加工过程一般包括：核酸内切酶（RNaseP、RNaseF）在 tRNA 两端切断，核酸外切酶（RNaseD）从 3′ 端逐个切去附加序列，在 tRNA3′ 端加上 –CCA–OH，核苷在修饰酶的作用下进行甲基化等修饰。RNA 核酸内切酶不能识别特异性序列，它所识别的是加工部位的空间结构。

二、真核生物 RNA 的转录后加工

真核生物 rRNA、tRNA 前体的加工过程与原核的很相似，但 mRNA 的加工过程与原核的有很大不同。真核细胞 mRNA 为单顺反子，其加工过程主要包括 5′ 的加帽过程、3′ 端的加尾过程、内部的 RNA 剪接过程、编码区的编辑和再编辑过程，以及一些氨基酸的化学修饰作用。

● 知识点

RNA 的转录后加工

1. 真核生物 rRNA 前体的加工

真核生物的核糖体比原核生物的核糖体更大，结构也更复杂。真核生物核糖体的小亚基含有一条 16~18S rRNA，大亚基除 26~28S rRNA 和 5S rRNA 外还含有一条 5.8S rRNA，这在原核生物中是不存在的。真核生物 rRNA 基因拷贝数较多，通常在几十至数千之间，基因簇排列在一起，由 16~18S rRNA、5.8S rRNA、和 26~28S rRNA 基因组成一个转录单元，彼此被一些区间序列所间隔。不同生物的 rRNA 前体大小不同，其成熟需要经过多步骤的加工过程。不同真核生物 rRNA 前体的加工过程也略有不同，其中 RNA 酶Ⅲ和其他核酸内切酶在 rRNA 前体的加工中起着主要作用。

2. 真核生物 tRNA 前体的加工

真核生物的 tRNA 基因的数目比原核生物要多很多，它们也是成簇排列，彼此之间被一些间隔序列所分开。tRNA 基因由 RNA 聚合酶Ⅲ转录，转录产物为 4.5S 或更大一点的 tRNA 前体，相当于 100 个左右的核苷酸。成熟的 tRNA 分子为 4S，约 70 个左右核苷酸。前体分子在 tRNA 的 5′ 端和 3′ 端都有附加序列，需要由核酸内切酶和外切酶加以切除。真核生物的 tRNA 前体的 3′ 端不含 CCA 序列，成熟的 tRNA 3′ 端的 CCA 是后续加上去的，由核苷酰转移酶进行催化。tRNA 的修饰成分由特异的修饰酶所催化。真核生物的 tRNA 除含有修饰碱基外，还有 2′-O- 甲基核糖。具有居间序列的 tRNA 前体须将这部分序列切掉。

3. 真核生物 mRNA 前体的加工

（1）5′ 端加帽　在初级 mRNA 合成起始后不久（约延伸到 20 个核苷酸），以 GTP 作为底物，在核内鸟苷酰基转移酶（guanylyl transferase）和甲基转移酶（methyltransferase）催化下，将一个称为"帽子"结构的稀有的 7- 甲基鸟嘌呤加到 5′ 端核苷酸前，两者之间通过一个少有的 5′,5′- 三磷酸键连接（图 15-8）。

mRNA 上的 5′ 帽子对于蛋白质合成的起始很重要，同时它可保护转录出的 mRNA 不被 5′- 核酸外切酶降解。真核生物信使 RNA 的 5′ 段都有帽子结构，该特殊结构在转录的早期阶段或转录终止前可能就已形成。该反应开始于 mRNA 5′- 三磷酸的 γ 磷酸根的水解，留下的 5′- 二磷酸进攻 GTP，与 GMP 形成共价交联，同时释放出 PP$_i$，鸟嘌呤随后在 N7 位置被甲基化，甲基供体为 S- 腺苷甲硫氨酸。5′ 帽子的存在，被推测可能有利于提高信使 RNA 的稳定性；它参与识别起始密码子的过程，提高信使 RNA 的可翻译性；同时，有助于信使 RNA 通过核孔从细胞核运输到细胞质，提高剪接反应的效率。

（2）3′ 端加尾　真核细胞信使 RNA 的 3′ 端加尾反应主要由两步组成：①在 3′-UTR 一个特定序列上游 10~30 核苷酸序列的位置进行剪切；②添加腺苷酸（100~200 个）产生多聚腺苷酸尾巴。研究表明，3′ 端尾巴的存在，可以保护 mRNA 免受 3′- 外切核酸酶的消化，提高 mRNA 的稳定性，也可能

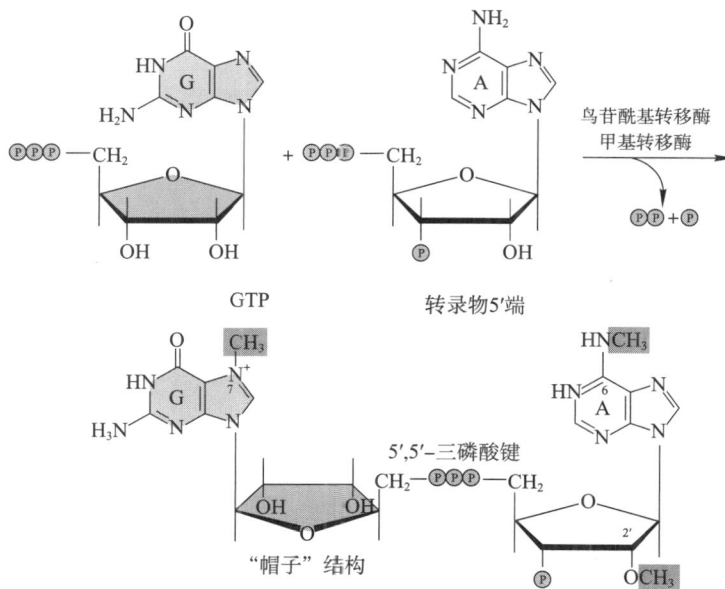

图 15-8 mRNA 5' 加帽示意图

与帽子相互作用增强 mRNA 的可翻译性，提高其翻译的效率。某些本来缺乏终止密码子的 mRNA 通过加尾反应创造终止密码子，在 UG 后加尾可产生 UGA，在 UA 后加尾产生 UAA，通过选择性加尾可以调节基因的表达。

（3）RNA 剪接和拼接 真核生物与原核生物不同，其大部分基因是不连续的断裂基因，包含内含子和外显子，其中内含子是断裂基因的非编码区，需要在转录后通过 RNA 的剪接后被去除。因此，真核生物 mRNA 要经过剪接和拼接的过程。比较不同基因的核苷酸序列发现，mRNA 前体中内含子的边接点处发现了高度保守序列，这些序列结构可能是产生 mRNA 前体剪接的信号。mRNA 被翻译成蛋白质之前，刚转录出的 RNA 产物，也称为核内不均一 RNA（heterogeneous nuclear RNA，hnRNA），hnRNA 必须通过一种称为 RNA 剪接的机制进行加工。大多数真核生物细胞核内还存在着许多种类的核内小 RNA（snRNA），通常又称 U-RNA，它们与蛋白质结合形成核内小核糖核蛋白，参与 hnRNA 的剪接。

到目前为止，已经发现了 4 种基本的 RNA 剪接类型，包括第 I 类、第 II 类内含子自我剪接类型，hnRNA 剪接和核内 tRNA 前体的酶促拼接。

第 I 类内含子自我剪接： 1981 年 Cech 在研究四膜虫（*Tetrahymena thermphila*）rRNA 前体拼接过程中发现，此类拼接无需蛋白质的酶参与作用，可自我催化完成。Cech 称具有催化功能的 RNA 为核酶（ribozyme）。由于发现核酶，1989 年 Cech 和 Altman 共同获诺贝尔化学奖。Altman 的贡献是发现 RNase P 中的 M1 RNA 单独也有催化功能。

第一步反应是鸟苷酸对内含子 5' 端和外显子之间的 3',5'- 磷酸二酯键进行亲核攻击，在第一次转酯基反应中，游离的鸟苷酸的 3' 羟基起着亲核体的作用，结果与内含子中的 5' 核苷酸形成一个新的 3',5'- 磷酸二酯键，释放出上游的外显子。在第二次转酯基反应中，上游外显子的 3' 羟基作为一个亲核体攻击内含子 3' 端和外显子之间的 3',5'- 磷酸二酯键。结果精确地切去一个内含子序列，同时通过 3',5'- 磷酸二酯键将两个外显子共价连接（图 15-9）。

第 II 类内含子的自我剪接： 类型 II 内含子本身也具有催化功能，能够自我完成拼接。它与类型 I 内含子自我拼接的差别在于转酯反应无需游离鸟苷酸（或鸟苷）发动，而是由内含子靠近 3' 端的腺苷酸 2'- 羟基攻击 5'- 磷酸基引起的。经过两次转酯反应，内含子成为套索（lariat）结构被切除，两个外显子得以连接在一起（图 15-10）。类型 II 内含子只见于某些真菌线粒体和植物叶绿体基因。除了亲核体是来自内含子中腺苷酸的 2′- 羟基外，两个基本的转酯基反应类似于第一类内含子的自我剪接过程。第一次亲核攻击导致腺苷酸和内含子中的 5′ 核苷酸之间形成一个不常见的 2′,5′- 磷酸二酯键。在第二次转酯基反应中，上游外显子的 3′- 羟基攻击处于下游的外显子——内含子边界的 5′ 磷酸。这一拼接反应涉及称之为套索的一个中间体结构的形成，它是第二次转酯基反应之后释放出来的。套索中的 2′,5′- 磷酸二酯键位于分支点的部位，这个部位形成了一个带有三个磷酸二酯键的结构，即腺苷酸残基内含子的其余部分是通过标准的 3′,5′- 磷酸二酯键连接的。

hnRNA 剪接： 与自我剪接之间的区别在于 hnRNA 剪接依赖于核内小核糖核蛋白（small nuclear nucleoproteins，snRNP）。snRNP 是由核内小 RNA（small nuclear RNA，snRNA）和相关蛋白组成的。

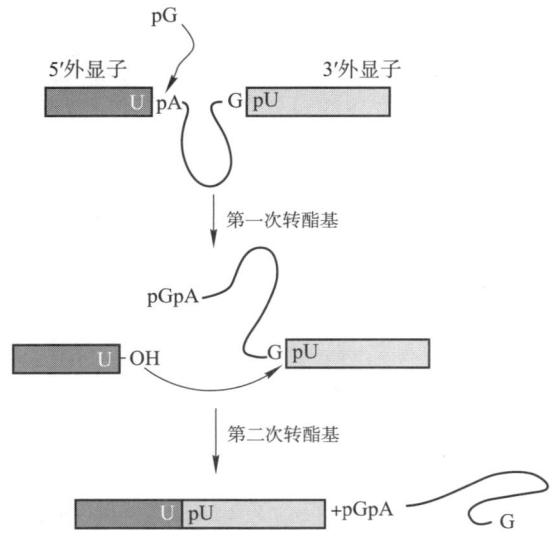

图 15-9　第 I 类内含子自我剪接

存在 5 种 snRNP：U1 snRNP，U2 snRNP，U5 snRNP 和 U4-U6 snRNP，它们与内含子形成剪接体（spliceosome）。首先 U1 snRNP 与 5′ 剪接部位碱基配对，U2 snRNP 与分支部位的碱基配对，结果使可反应的腺苷酸残基靠近 5′ 剪接部位的 G，然后结合 U5 snRNP 和 U4-U6 snRNP 组装成剪接体，形成套索结构。紧接着发生第一次转酯反应，U4-U6 snRNP 复合物解离，释放出 U4 snRNP，U6 snRNP 与 U2 snRNP 形成对剪接至关重要的 U2 snRNP-U6 snRNP 复合物。经第二次转酯基反应后，内含子被切

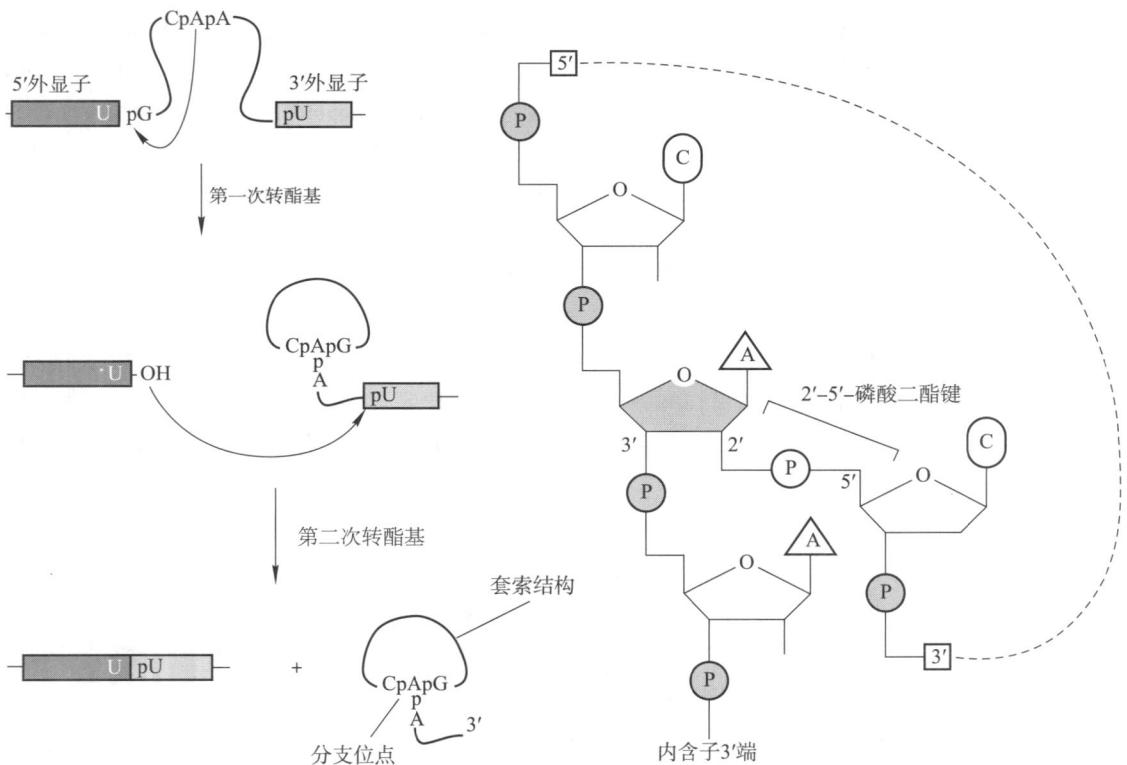

(a) 第 II 类自我剪接内含子的 RNA 加工途径

(b) 内含子内的腺苷酸和处于外显子-内含子边界的 5′-核苷酸之间形成的 2′,5′-磷酸二酯键的结构

图 15-10　第 II 类内含子自我剪接

除，剪接体解体（图 15-11）。hnRNA 的拼接过程与类型 II 内含子 RNA 的拼接十分相似，其差别在于前者由拼接体完成，后者由内含子自我催化完成。核 mRNA 前体的含内子数目如此庞大，在进化过程中不可能都保持其 II 型内含子核酶结构，唯一可行的途径是将 II 型内含子的催化功能转交某些小 RNA 和辅助蛋白，以各司其职。

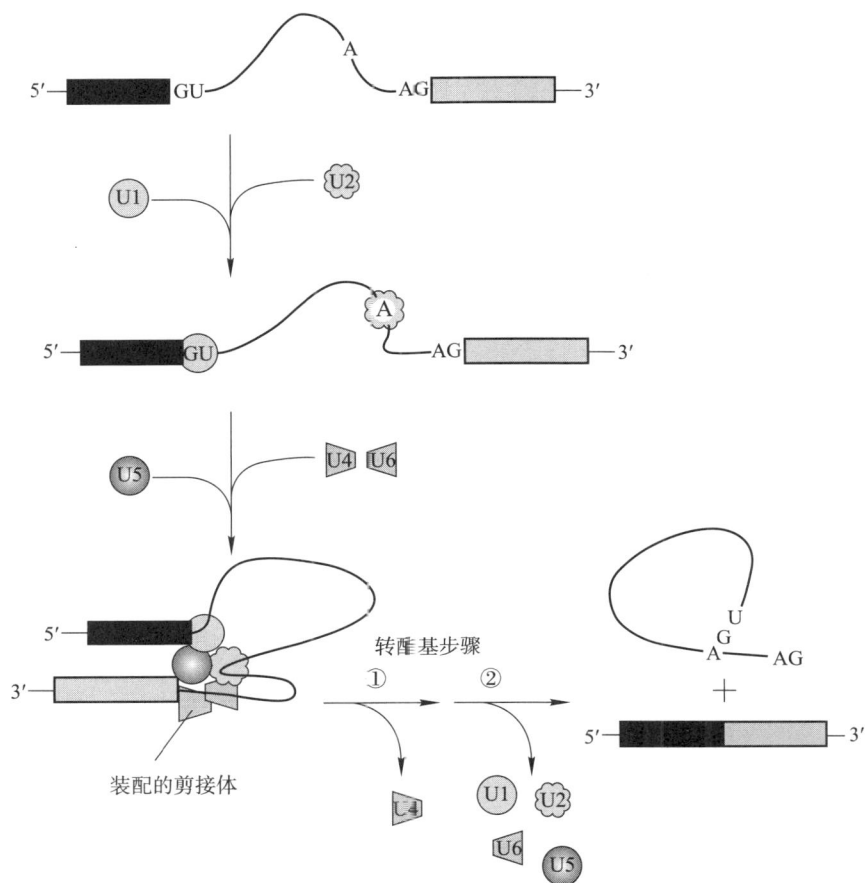

图 15-11 hnRNA 剪接过程

核内 tRNA 前体的酶促拼接： 酵母 tRNA 前体的拼接机制研究得比较清楚。酵母基因组共有约 400 个 tRNA 的基因，含有内含子的基因仅占 1/10。内含子的长度从 14～46 bp 不等，它们之间并无保守序列。推测切除内含子的酶识别的仅是共同的二级结构，而不是共同的序列。通常内含子插入到靠近反密码子处，与反密码子碱基配对，反密码子环不再存在，代之以插入的内含子构成的环。

研究 tRNA 前体在无细胞提取液中的拼接过程表明，反应分两步进行，分别由不同的酶所催化。第一步是由一个特殊核酸内切酶断裂磷酸二酯键，切去插入序列，反应不需要 ATP。第二步需要 ATP，由 RNA 连接酶催化使切开的 tRNA 两部分共价连接。

核酸内切酶断裂 tRNA 前体，产生 tRNA 的两个半分子和一个线状内含子分子。它们的 5' 端均为羟基，3' 端为 2',3'-环状磷酸基。两个半分子 tRNA 通过碱基对仍然维系在一起。在有激酶和 ATP 存在时，5'-羟基可转变成 5'-磷酸基。2',3'-环状磷酸基在环磷酸二酯酶催化下被打开，形成 2'-磷酸基和 3'-羟基。连接反应（ligation reaction）首先需由 ATP 活化连接酶，形成腺苷酸化蛋白质。AMP 的磷酸基以共价键连接在酶蛋白质的氨基上。然后 AMP 被转移到 tRNA 半分子的 5'-磷酸基上，形成 5'-5' 磷酸—磷酸连接。在 tRNA 另一半分子 3'-羟基攻击下 AMP 被取代，产生 5',3'-磷酸二酯键。此时多余的 2'-磷酸基被磷酸酯酶所除去。

（4）RNA 的编辑　RNA 的编辑是某些 RNA，特别是 mRNA 前体的一种加工方式，如插入、删除或取代一些核苷酸残基，导致 DNA 所编码的遗传信息的改变，因此经过编辑的 mRNA 序列发生了不同于模板 DNA 的变化。某些有机体在进行蛋白翻译时，mRNA 的读码信号在 tRNA、rRNA 和其他蛋白因子的作用下发生位移，也可以看作 tRNA 或核糖体跳过了 mRNA 上的一段核苷酸序列，所以也称为核糖体跳跃，这其实是 RNA 合成的一种调控机制。

（5）RNA 的化学修饰　RNA 的化学修饰主要包括 6 大类：甲基化、去氨基化、硫代（S 代替碱基中的 O 原子）、碱基的同分异构化（尿嘧啶变构生成假尿嘧啶）、二价键的饱和化、核苷酸的替代（用不常见的核苷酸替换常见的核苷酸）。RNA 转录后发生多种化学修饰，对 RNA 结构与功能，以及基因表达调控等方面，具有重要作用和意义。

第三节　RNA 的逆转录

一、逆转录的发现

知识点
逆转录

生命遗传信息流的主要方向为：DNA 进行自我复制，DNA 通过转录将遗传信息交给 mRNA，RNA 通过翻译形成蛋白质，表达生命特异性——整个中心法则是不是这样就完整了呢？事实上，在 20 世纪 60 年代以前，对中心法则的理解普遍处于这个层次。但是 20 世纪 60 年代，Temin 观察到某些 RNA 病毒的复制和增殖受到 DNA 复制和转录的抑制剂，于是他大胆地推测到这些病毒的生活史中有 DNA 中间物的存在或者有从 RNA 到 DNA 的逆转录过程。

1970 年，Temin 和 Mizufani 以及 Baltimore 各自从 RNA 肿瘤病毒中纯化到催化以 RNA 为模板合成 DNA 的逆转录酶，为逆转录现象的存在提供了最直接的证据，证明了 Temin 的前病毒学说。

前病毒学说的一个关键，即是认为遗传信息可以由 RNA 传递给 DNA。这种逆转录的传递方式，虽然能解释一些现象，但却不能被当时生物学界所接受。因为按照传统的"中心法则"，遗传信息的传递只能由 DNA 到 RNA 然后再到蛋白质，是一种单向进行的过程。为了证明前病毒学说，Temin 等人努力去寻找逆转录酶。

Bader 用嘌呤霉素（puromycin）来抑制静止细胞的蛋白质合成，发现这种细胞仍然能感染劳氏肉瘤病毒（RSV，一种致癌 RNA 病毒），说明有关的酶不是感染后在细胞中合成的，而是在病毒中早已存在并由病毒带进细胞的。在这之后陆续报道在病毒粒子中发现有 DNA 聚合酶或 RNA 聚合酶存在。

以上结果推动了 Temin 等以及 Baltimore 从致癌 RNA 病毒中寻找合成前病毒的酶，终于在 1970 年分别在劳氏肉瘤病毒和鼠白血病病毒（MLV）中找到了逆转录酶。这一发现具有重要的理论意义和实践意义。它表明不能把"中心法则"绝对化，遗传信息也可以从 RNA 传递到 DNA，从而冲破了传统观念的束缚。它还促进了分子生物学、生物化学和病毒学的研究，为肿瘤的防治提供了新的线索。逆转录酶现已成为研究这些学科的有力工具。Temin 和 Baltimore 因发现逆转录酶而获 1975 年诺贝尔生理学或医学奖。

Termin 和 Baltimore 的发现使得中心法则不得不进行修改。也就是说，除了 DNA 到 RNA 再到蛋白质的遗传信息传递外，生物体内还存在以 RNA 为模板，按照 RNA 中核苷酸顺序合成 DNA 的过程。这与通常转录过程中遗传信息流从 DNA 到 RNA 的方向相反，故称为逆转录。所有的 RNA 肿瘤病毒都是逆转录病毒，一般这类病毒侵染细胞后并不引起细胞死亡，却可以使细胞发生恶性转化，典型的逆转录病毒包括劳氏肉瘤病毒、猫白血病病毒、小鼠乳腺癌病毒，以及艾滋病毒。

二、逆转录酶

从逆转录病毒的基因组结构可知，其基因组 RNA 等同于一个全长的病毒 mRNA，其非编码序列包括 5′ 端的帽子结构、5′ 端的末端直接重复序列（R）、5′ 端特有的序列（U5）、引物结合位点（PBS）、剪接信号、引发第二条链合成的多聚嘌呤区域（PPT）、3′ 端的多聚腺苷酸尾巴、3′ 端特有的序列（U3）和 3′ 端的末端直接重复序列。编码序列通常含有 3 个结构基因，分别是编码 MA、CA 和 NC 的 gag 基因，编码逆转录酶、整合酶和蛋白酶的 pol 基因以及编码 SU 和 TM 的 env 基因。如果是肿瘤病毒，还含有编码癌蛋白的癌基因 onc。

逆转录酶是负责逆转录过程的关键酶。逆转录酶含有两个亚基，小亚基是大亚基的特异性水解产物。尽管小亚基的氨基酸序列与大亚基中的一段氨基酸序列完全一致，但折叠出来的构象并不相同，它的作用是保护大亚基免受水解。大亚基具有 3 种酶的活性：① 5′ → 3′ 的依赖于 RNA 的 DNA 聚合酶活性，该活性用来催化负链 DNA 的合成；②核糖核酸酶 H 活性，该活性用来水解 tRNA 引物和基因组 RNA；③ 5′ → 3′ 的依赖于 DNA 的 DNA 聚合酶活性，该活性用来合成正链 DNA。逆转录酶的聚合酶活性与其他聚合酶一样位于由三个结构域折叠成的"手掌－手指－拇指"模体之中，但核糖核酸酶 H 活性位于另外一个结构域之中（在小亚基上已被去除）。

逆转录酶催化的 DNA 合成反应要求有模板和引物，以 4 种脱氧核苷三磷酸作为底物，此外还需要适当浓度的 2 价阳离子（Mg^{2+} 和 Mn^{2+}）和还原剂（以保护酶蛋白中的巯基），DNA 链的延长方向为 5′ → 3′。这些性质都与 DNA 聚合酶相类似。当以其自身病毒类型的 RNA 作为模板时，该酶表现出最大的逆转录活力，但是带有适当引物的任何种类 RNA 都能作为合成 DNA 的模板。

三、病毒的逆转录过程

在逆转录酶的作用下，逆转录病毒利用其 RNA 为模板，利用依赖 RNA 的 DNA 聚合酶酶活，合成一条互补的 DNA 链，形成 RNA–DNA 杂合分子；进一步地，在逆转录酶核糖核酸酶 H 活力的作用下，RNA–DNA 杂合分子中的 RNA 被水解，剩下其 DNA 链，通过依赖 DNA 的 DNA 聚合酶活性，在新合成的 DNA 链上合成另一条互补 DNA 链，最终形成双链 DNA 分子。

从逆转录病毒的生活周期看，其借助于病毒颗粒的表面蛋白和跨膜蛋白，使病毒和宿主细胞相融合，病毒颗粒所携带的基因组 RNA 以及逆转录和整合所需的引物和酶得以进入宿主细胞内。在细胞质内发生病毒 RNA 的逆转录，由 cDNA 进入细胞核，在整合酶的帮助下病毒 cDNA 整合到宿主染色体 DNA 内，成为前病毒，前病毒可随宿主染色体 DNA 一起复制和转录。只有整合的前病毒 DNA 转录的 mRNA 才能翻译产生病毒蛋白质，因此，逆转录和整合所需的酶必须由病毒颗粒所携带。

逆转录病毒能够使遗传信息从 RNA 传递给 DNA。病毒的基因来自细胞，病毒只是游离的基因或基因组。其后发现众多的逆转座子，表明逆转录过程在细胞中频繁发生。其实端粒酶就是一种逆转录酶，其活性只存在于胚胎和肿瘤细胞中。可能细胞的逆转录酶只在一定条件下才能表达，这也是细胞染色体遗传信息得以保持相对稳定的一个原因。

逆转录过程的发现，对中心法则是一次冲击。DNA 和 RNA 之间遗传信息流虽以双向箭头来表示，但并不是所有 DNA 的遗传信息都能传递给 RNA，而且传递受到严格的调节控制；而遗传信息从 RNA 传递给 DNA 更受限制。它们之间的相互关系正是遗传、发育和进化的核心问题之一。

逆转录病毒能够转导宿主的染色体 DNA 序列。通过重组，前病毒 DNA 可以与宿主染色体 DNA 组合在一起，由此产生的病毒以宿主的一段 DNA 序列取代了自身的基因片段，不能依靠自身完成感染周期。逆转录病毒的二倍体基因组对于细胞 DNA 序列的转导十分重要。由于二倍体的存在，一个基因组发生重组，另一个仍是正常的，后者可成为辅助病毒，提供所失去的病毒功能。如果重组病毒携带了控制细胞生长分裂的原癌基因，使其以异常高的水平表达，或经突变失去了调节机制，就成为癌基因。逆转录过程的发现，有助于对 RNA 病毒致癌机制的了解，并为防治肿瘤提供了重要线索和途径。

拓展性提示

在我们身边用肉眼观察到的生物基本上都是以 DNA 为主要遗传物质的，所以一般情况下 DNA 的大名远远超过了 RNA，在大多数人的认知中 RNA 也许只是 DNA 的一个助手。通过本章的学习，我们了解了 RNA 的工作机制及其在生物体中的重要作用，认识到了在生物体中 RNA 的作用不仅仅是一个辅助那么简单。近年来新冠疫情在全球肆虐，这也提醒了我们 RNA 身上也还有很多的科学问题等待发现和解决。如何更好地了解和利用 RNA 以及以 RNA 为主要遗传物质的生物，对于人类的意义不亚于对 DNA 的探索。

思考题

1. 简述 RNA 合成与 DNA 复制的联系和区别。
2. 简述原核生物和真核生物 RNA 聚合酶的种类和主要功能。
3. 简述原核生物和真核生物 RNA 合成的共同和差异之处。
4. 简述原核生物和真核生物 RNA 转录后加工的共同和差异之处。
5. 简述 RNA 转录后加工的生物学意义。
6. 简述逆转录过程及其生物学意义。

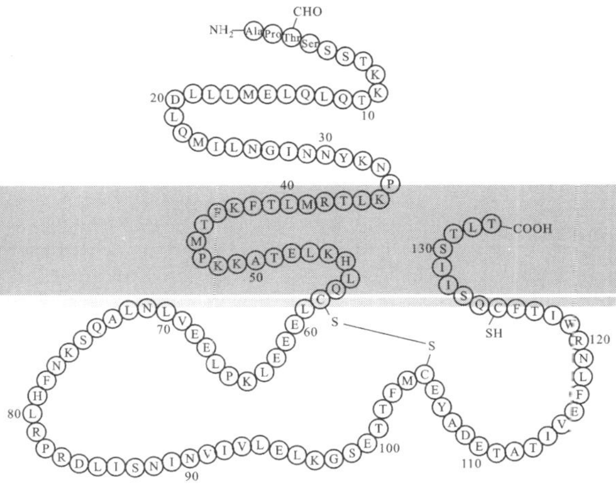

16

蛋白质的生物合成

知识要点

一、定义

遗传密码、蛋白质合成、进位→成肽→转位、翻译后加工、信号肽、靶向运输。

二、遗传密码

1. 遗传密码是存在于 mRNA（或 DNA）上，以三个核苷酸为一组的密码子转译为蛋白质的氨基酸序列。

2. 遗传密码具有方向性、连续性、简并性、摆动性和通用性的特点，为分子生物学的中心法则奠定了重要的基础。

三、蛋白质的合成

1. mRNA 是蛋白质生物合成的模板，决定氨基酸种类和顺序，rRNA 是蛋白质生物合成的工厂，肽链的延伸方向是从 N 端到 C 端。

2. 氨基酸经活化生成氨酰–tRNA 掺入多肽，其活化步骤主要由氨酰–tRNA 合成酶完成，一旦形成，氨基酸的去向由 tRNA 决定。

3. 广义的核蛋白体循环是指氨基酸活化后，在核蛋白体上缩合形成多肽链的过程，该过程包括肽链合成的起始、肽链的延长、肽链合成的终止和释放；狭义的核蛋白体循环指多肽链合成过程中肽链延长阶段，它由进位、成肽和转位 3 个步骤循环进行，直至终止阶段。

四、蛋白质的翻译后的加工与运输

1. 蛋白质合成后需定向运输至特定部位，发挥其生物学作用。

2. 蛋白质的定向输送机制复杂，输送过程一般由 N 端一段肽段，即信号肽控制，决定肽链的去向。

学习要求

1. 掌握遗传密码的特性及生物学意义。

2. 掌握蛋白质合成的过程，理解广义和狭义的核蛋白体循环意义。

3. 掌握蛋白质翻译后的加工和运输过程及其生物学意义。

生命体的一切性状都是蛋白质的直接或间接体现。在完成了 RNA 的转录以后，就进入了蛋白质的翻译阶段。蛋白质生物合成是指 mRNA 分子上核苷酸的遗传信息变成蛋白质多肽链的氨基酸排列顺序的过程。这一过程类似于一种语言翻译成另一种语言，因此称之为翻译。

第一节　遗传密码

一、遗传密码的破译

生命体最重要的遗传物质储存于细胞核内的 DNA 上，DNA 是不能直接钻出细胞核去参与蛋白质合成的，所以首先要将遗传信息进行拷贝，也就是转录，转录成的 mRNA 则携带了很多密码，称为遗传密码。

1954 年科普作家伽莫夫（Gamor）首先对破译遗传密码提出了挑战。他在 Nature 杂志首次发表了有关遗传密码的理论研究的文章，指出"氨基酸正好按 DNA 的螺旋结构进入各自的洞穴"。他设想：若一种碱基与一种氨基酸对应的话，那么只可能产生 4 种氨基酸，而已知天然的氨基酸约有 20 种，因此不可能只是由一个碱基编码一种氨基酸。若 2 个碱基编码一种氨基酸的话，4 种碱基共有 $4^2 = 16$ 种不同的排列组合，也不足以编码 20 种氨基酸。因此，他认为 3 个碱基编码一种氨基酸可能可以解决问题。

Gamor 用数学排列组合的方法在理论上做出三联体密码的推测，后来 Crick 的实验证实这一推测是完全正确的。T_4 噬菌体染色体上的一个基因通过用原黄素（3,6- 二氨基吖啶）处理，可以使 DNA 脱落或插入单个碱基，插入叫"加字"突变，脱落叫"减字"突变，无论加字和减字都可以引起移码突变。通过这样的方法他们发现，加入或减少一个和两个碱基都会引起噬菌体突变，无法产生正常功能的蛋白，而加入或减少 3 个碱基时却可以合成正常功能的蛋白质，从而证实了三联体密码（图 16-1）。他们研究 T_4 噬菌体 γⅡ位点 A 和 B 两个顺反子变异的影响，这两个基因与噬菌体能否感染大肠杆菌 κ 株有关。吖啶类染料是扁平的杂环分子，可插入 DNA 两碱基对之间，引起 DNA 插入或丢失核苷酸。研究发现，在上述位点缺失一个核苷酸或插入一个核苷酸产生的突变体，以及两个缺失型突变体或两个插入型突变体重组得到的重组体，都是严重缺陷性的，不能感染大肠杆菌 κ 株。然而从一个缺失突变体和一个插入突变体得到的重组体却能恢复感染活性。他们还观察到，如果缺失三个核苷酸，或插入三个核苷酸，这些核苷酸彼此非常靠近，这样的突变体也表现正常的功能。但缺失或插入四个核苷酸，虽然彼此非常靠近，其突变体却是严重缺陷性的。

Crick 等的实验结果表明三联体密码是非重叠的，而且连续编码，因为在序列的任一位置上插入或删除一个核苷酸都会改变三联体密码的阅读框架发生移码突变，导致基因失活。但是如果插入或删除三个核苷酸，或者插入一个核苷酸后又删除一个核苷酸，阅读框架仍可维持不变，原来编码的信息便能够在变异位点之后照旧表现出来。这是基因与蛋白质共线性（colinearity）的最早证据。

尼伦伯格（Nirenberg）和马太（Ochoa）用体外合成蛋白质的技术，建立了一种无细胞反应体系，揭开了遗传密码之谜。用 DNA 酶处理细胞抽提物，使 DNA 降解，除去原有的细胞模板。抽提物含有核糖体、ATP 及各种氨基酸，组成一个完整的翻译系统。由于 DNA 被降解，所以不再转录新的 mRNA，即使有残留的 mRNA，因其半衰期很短，也很快会降解掉。仅以尿苷二磷酸为底物，人工合成 polyU。

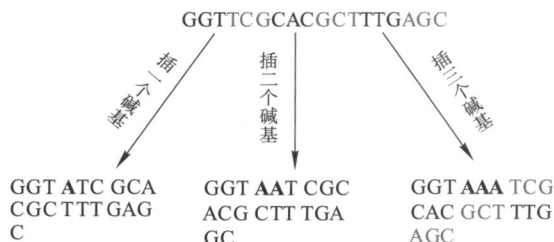

GGTTCGCACGCTTTGAGC

插一个碱基 　　　插二个碱基 　　　插三个碱基

GGT ATC GCA
CGC TTT GAG
C

GGT AAT CGC
ACG CTT TGA
GC

GGT AAA TCG
CAC GCT TTG
AGC

图 16-1　克里克实验验证三联体遗传密码

当把人工合成的 polyU 加入这种无细胞系统中代替天然的 mRNA 时，惊喜地发现果真合成了单一的多肽，即多聚苯丙氨酸，它的氨基酸残基全是苯丙氨酸，这一结果证实了无细胞系统的成功，同时还表明 UUU 是苯丙氨酸的密码子。

在 1966 年，终于完全确定了编码 20 种氨基酸的密码子（图 16-2）。其中 AUG 为起始密码子，UAA、UAG 和 UGA 为终止密码子，除了甲硫氨酸和色氨酸只有一个密码子外，其余氨基酸均有一个以上密码子。

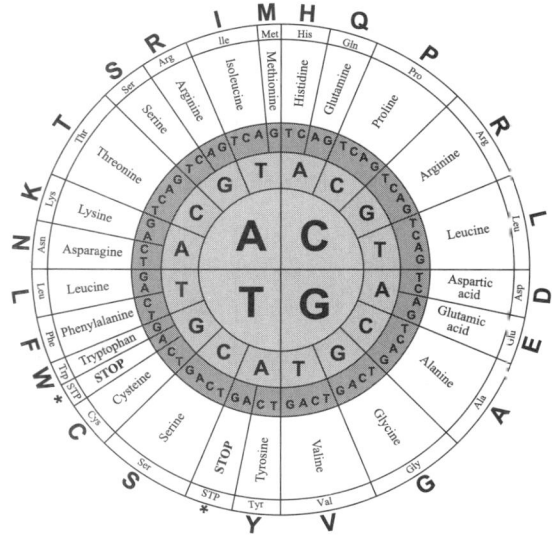

图 16-2 遗传密码表

二、遗传密码的特性

1. 遗传密码的连续性和不重叠性

在密码子表中，密码子是以三联体形式书写的，但在 mRNA 中是没有标点符号的，即 mRNA 核苷酸序列中的两个密码子之间没有任何起标点符号作用的核苷酸残基加以隔离，所以必须按正确的读码框架从一个正确的起点开始，一个不漏地读下去，直至碰到终止密码子。如果插入或删除一个核苷酸残基，就会使该残基以后的读码发生错误，称为移码。在绝大多数生物中，读码规则是不重叠的，只有在极少数大肠杆菌噬菌体的 RNA 基因组中，密码子有重叠（图 16-3）。

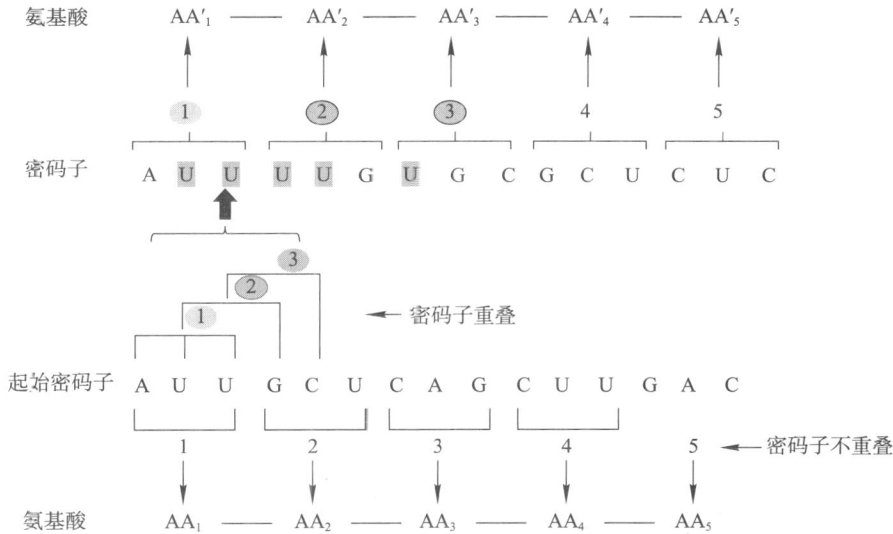

图 16-3 遗传密码的连续性和不重叠性证明

2. 遗传密码的方向性

密码子是对 mRNA 分子的碱基序列而言的，它的阅读方向是与 mRNA 的合成方向或 mRNA 编码方向一致的，即从 5′ 端至 3′ 端。

3. 遗传密码的简并性

遗传密码系统共有 64 个三联体密码子，除了 3 个终止密码子以外，剩余的 61 个密码子编码 20 种氨基酸。一个密码子对应一个氨基酸，但是除了甲硫氨酸和色氨酸以外，其他氨基酸可以由多个密码子编码，因此遗传密码具有简并性。对应于同一种氨基酸的不同密码子，称为同义密码子。遗传密码的简并性可以减少自然进化过程中的有害突变，保证物种的稳定性。

4. 遗传密码的摇摆性

遗传密码具有摇摆性，但是其摇摆性往往体现在三联体密码子的第三个碱基上，即前两个碱基都是相同的，只是第三位碱基不一样。如甘氨酸的密码子是 GGU、GGC、GGA 和 GGG，丙氨酸的密码子是 GCU、GCC、GCA 和 GCG。它们的前两位碱基都相同，只是第三位碱基不同。有些氨基酸只有两个密码子，通常第三位碱基或者都是嘧啶，或者都是嘌呤。例如，天冬氨酸的密码子 GAU、GAC，第三位皆为嘌呤；谷氨酸的密码子 GAA、GAG，第三位皆为嘌呤。所以几乎所有氨基酸的密码子都可以用 XY_C^U 和 XY_G^A 来表示。显然，密码子的专一性基本上取决于前两位碱基，第三位碱基起的作用有限。有些科学家注意到了这一点，进而发现 tRNA 上的反密码子（anticodon）与 mRNA 密码子配对时，密码子第一位、第二位碱基配对是严格的，第三位碱基可以有一定的变动。Crick 称这一现象为变偶性（wobble）。特别应该指出的是，在 tRNA 反密码子中除 A、U、G、C 4 种碱基外，还经常在第一位出现次黄嘌呤（Ⅰ）。次黄嘌呤的特点是可以与 U、A、C 三者之间形成碱基配对，这就使带有次黄嘌呤的反密码子可以识别更多的简并密码子。

5. 遗传密码的通用性

蛋白质生物合成的整套密码，从原核生物到人类都通用。但已发现少数例外，如动物细胞的线粒体、植物细胞的叶绿体。

第二节　蛋白质的合成

一、蛋白质的合成体系

蛋白质的合成体系较为复杂，直接模板为 mRNA，主要过程是把 mRNA 分子中碱基排列顺序即遗传密码转变为蛋白质或多肽链中的氨基酸排列顺序。原核生物的 mRNA 为多顺反子，即一条 mRNA 链编码几种功能相关的蛋白质，而真核生物的 mRNA 为单顺反子，一条 mRNA 链只能为一种蛋白质编码。

蛋白质的合成场所为核糖体，核糖体作为蛋白质合成的工厂，主要分为两类，一类附着于粗面内质网参与分泌蛋白的合成，另一类游离于胞质，参与细胞固有蛋白质的合成。核糖体由两个亚基构成，一个大亚基，一个小亚基，根据沉降系数，原核细胞的 70S 核糖体由 50S 大亚基和 30S 小亚基组成。其中 30S 小亚基由 16S rRNA 和 21 种核糖体蛋白质组成；大亚基由 5S rRNA、23S rRNA 和 31 个

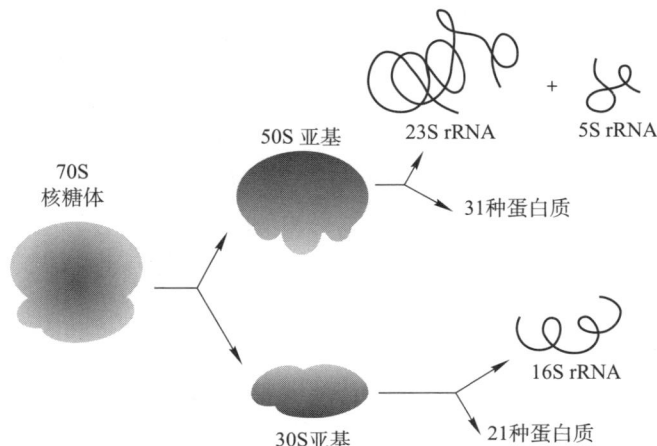

图 16-4　原核细胞的 70S 核糖体组成

核糖体蛋白组成（图 16-4）。对于真核生物来说，其核糖体 80S 由 60S 大亚基和 40S 小亚基组成。其中 60S 大亚基由 5S rRNA、28S rRNA、5.8S rRNA 和 46 个核糖体蛋白组成，而 40S 小亚基则由 18S rRNA 和 33 个核糖体蛋白组成。

tRNA 充当蛋白质合成的适配器，在蛋白质合成中处于关键地位，它不但为每个三联体密码子译成氨基酸提供接合体，还准确无误地将所需氨基酸运送到核糖体上提供运送载体。氨基酸各有其特异的 tRNA 携带，一种氨基酸有几种 tRNA 携带，每种 tRNA 的反密码子，决定了所带氨基酸能准确地在 mRNA 上对号入座。氨基酸一旦与 tRNA 形成氨酰 -tRNA 后，进一步的去向就由 tRNA 来决定。蛋白质合成过程中，氨酰 -tRNA 以一种极大的速率进入核糖体，将氨基酸转到肽链上，又从另外的位置被排出核糖体，同时延伸因子不断与核糖体结合和解离。

图 16-5 tRNA 的结构示意图

tRNA 三叶草形结构可以分为形成氢键的几个臂，以及由臂和一个单链的环组成的区（图 16-5）。每个臂的双螺旋区形成一个短的、碱基堆积的右手螺旋，类似于 A-DNA 的结构。tRNA 分子的 5′ 端和 3′ 端附近的碱基配对形成 tRNA 分子的一个臂，该臂称为氨基酸臂。一个成熟的 tRNA 分子的 3′ 端的核苷酸序列总是 CCA（3′），即一个特异的氨基酸通过它的羧基与 tRNA 的 3′ 端的腺苷酸残基的 2′ 或 3′ 羟基形成的共价键连接在 tRNA 分子上。另外，所有 tRNA 分子 5′ 端的核苷酸都是磷酸化的，而且大多数 tRNA 分子 5′ 端的核苷酸残基为鸟苷酸残基（pG）。在氨基酸臂对面的单链环称为反密码环（anticodon loop），该环含有由三个核苷酸残基组成的反密码子（anticodon），反密码子与 mRNA 中的互补密码结合。含有反密码子的臂称为反密码臂（anticodon arm）。tRNA 分子的另外两个臂是根据臂中含有修饰的核苷酸而命名的，含有胸腺嘧啶核苷酸（T）（在 RNA 中很少见到）、假尿嘧啶核苷酸（Ψ）和胞嘧啶核苷酸（C）残基的臂称为 TΨC 臂。含有二氢尿嘧啶核苷酸残基的臂称为 D 臂（D arm）。不同 tRNA 的 D 臂也稍有不同。在反密码臂和 TΨC 臂之间，tRNA 分子中还含有另一个可变臂（variable arm）（也称为额外环），可变臂大约由 3~21 个核苷酸组成。大多数 tRNA 中核苷酸残基数在 73 和 95 之间。在三维空间，tRNA 分子折叠成倒 L 型。

蛋白质合成过程中还需要酶、辅助因子及无机离子、ATP、GTP 的参与，合成方向为 N→C，合成的结果是获得 20 种氨基酸。

二、蛋白质的合成过程

蛋白质的翻译主要包括氨基酸的活化与转运、翻译的起始、肽链的延长以及翻译的终止，整个过程在核糖体中完成。原核生物中参与翻译的蛋白质因子包括起始因子 IF-1、IF-2、IF-3，延长因子 EF-Tu、EF-Ts、EF-G，以及终止因子 RF-1、RF-2 等。

1. 氨基酸的活化与转运

氨基酸的活化在氨酰 -tRNA 合成酶的参与下进行，第一步氨酰 -tRNA 合成酶识别它所催化的氨基酸以及另一底物 ATP，使氨基酸的羧基与 AMP 上磷酸形成酯键，同时释放一分子 PPi；第二步氨酰 -tRNA 合成酶通过形成酯键，将氨基酸连接到 tRNA 的 3′ 端核糖上，形成氨酰 -tRNA，每一个氨酰 -tRNA 合成酶可以识别一个特定氨基酸和与此对应的 tRNA 特定部位。

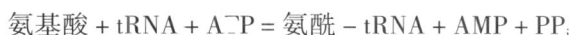

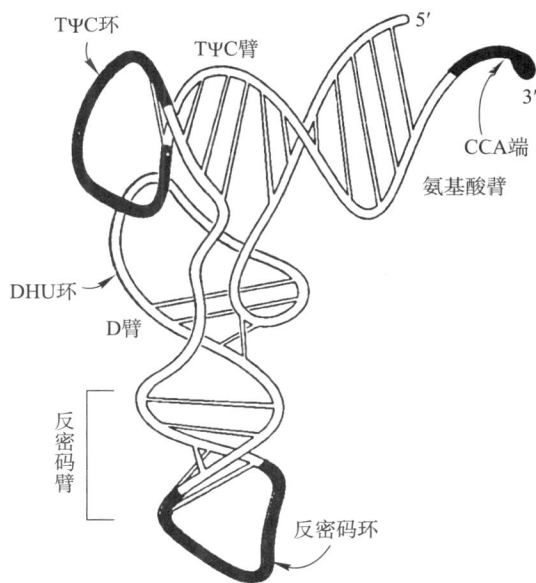

$$氨基酸 + tRNA + A\text{-}P = 氨酰 - tRNA + AMP + PP_i$$

📖知识点
原核生物蛋白质合成

　　氨基酸通过氨酰化反应被激活，然后再转移到生长着的多肽链上。常用 tRNA^{AA} 表示可结合某种氨基酸的 tRNA 种类，例如可特异结合 Ala 的 tRNA 用 tRNA^{Ala} 表示，而用 Ala-tRNA^{Ala} 表示携带了丙氨酸的 tRNA^{Ala}。

2. 翻译的起始

　　在几乎所有 mRNA 中翻译的第一个密码子都是 AUG。这个起始密码子是相应的 mRNA 的头三个核苷酸，它可以位于 mRNA 模板的任何部位。AUG 同时也是蛋白质序列内部蛋氨酸残基的密码子，因此翻译机器需要区别起始和内部蛋氨酸的密码子。在原核生物中，起始密码子的选择不仅取决于 tRNA 的反密码子和 mRNA 密码子的相互作用，也取决于核糖体的小亚基与 mRNA 模板的相互作用。30S 亚基是在紧靠起始密码子的上游的一个富含嘌呤碱基的区域与 mRNA 结合。这个被称为 SD 序列（Shine-Dalgarno siquence）的区域与 16S rRNA 的 3′ 端的一个富含嘧啶片段互补。在形成起始复合物时，互补的核苷酸对形成一个双链结构，使得 mRNA 结合到核糖体上。mRNA 与 16S rRNA 的这一非翻译片段之间的配对将起始密码子定位在 P 部位，确立了正确的阅读框架。

　　以原核生物为例，mRNA 中的 SD 序列与 30S 小亚基的互补序列结合，同时发生甲硫氨酰-tRNA 识别并结合 mRNA 模板中的起始密码子。这过程需要 IF-1、IF-2、IF-3 参与复合物的形成，同时还需要 GTP、Mg^{2+}。随后，50S 与 30S 复合物形成 70S 启动前复合体，同时伴有 GTP 水解，IF-1、IF-2 脱落，形成启动复合体。核蛋白体上含给位 P 与受位 A，起始密码子 AUG 信号与给位相对应结合，同时甲硫氨酰-tRNA 的反密码子 CAU 与 mRNA 的 AUG 互补结合（图 16-6）。

　　SD 序列的重要性还可以通过细菌毒素 colecin E3 的作用机制来说明。这个毒素可通过核酸酶的活性特异地在 16S rRNA 3′ 端切下 50 个碱基左右的片段，使得核糖体小亚基中的 16S rRNA 失去了与 mRNA 上 SD 序列互补的序列，由此抑制了细菌蛋白质的合成。由于原核生物与真核生物在蛋白质合成起始机制上的差异，colecin E3 并不影响真核生物核糖体的功能。

3. 肽链的延长

　　翻译起始之后进入链的延长。核蛋白体自 mRNA 5′ 端向 3′ 端推进，进行进位、成肽、转位的核蛋白体循环。反应需延长因子 EF-Tu、GTP 和无机离子等参与（图 16-7）。

　　当蛋白质合成启动后，第二个密码子被定位，准备接收第二个氨酰-tRNA。起始氨酰-tRNA 占据 P 位，A 位被用来接收一个氨酰-tRNA，这是肽链延伸反应的第一步。在肽链延伸阶段，需要将每一个按照密码子要求的氨基酸接到生长着的肽链上，每连接一个氨基酸都要重复进行一轮延伸循环反应。延伸反应需要三步反应：即进位、成肽、转位。

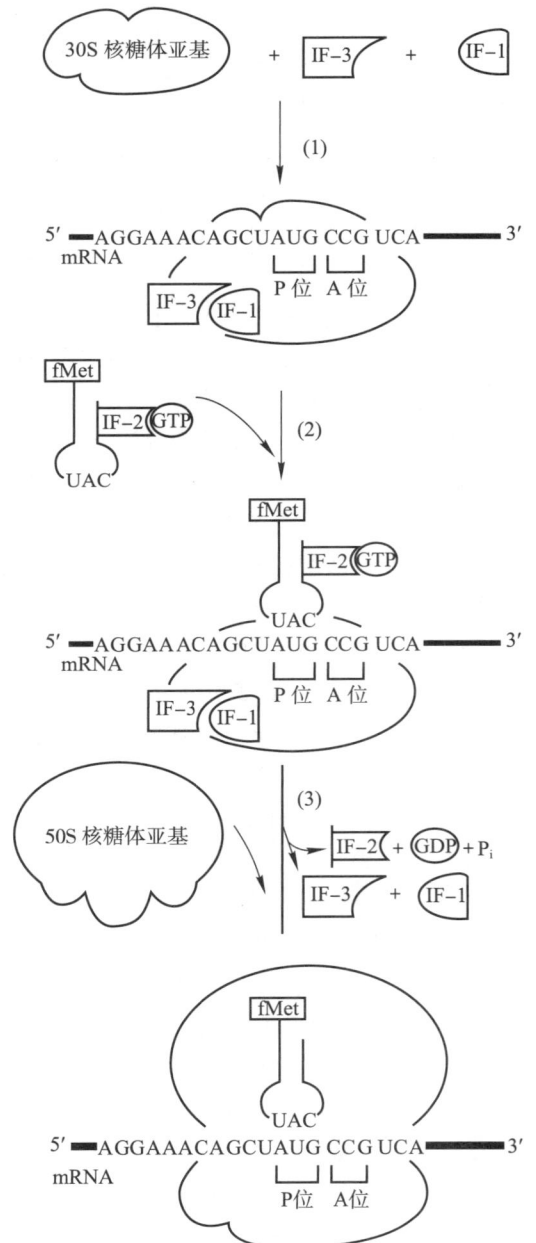

图 16-6　翻译的起始

　　进位：延伸循环的第一个反应是将正确的氨酰 -tRNA 定位在空着的核糖体的 A 位中。在细菌中，这步反应是称之为 EF-Tu 的延伸因子催化的。EF-Tu 是含有 GTP 结合部位的单链蛋白质。首先 EF-Tu 结合 GTP 形成 EF-Tu-GTP，然后，该复合物与氨酰 -tRNA 结合形成一种三级结构，该结构适合核糖体的 A 位形状。当使正确的氨酰 -tRNA 定位核糖体的 A 位后，结合的 GTP 水解为 GDP 和 P_i，EF-Tu-GDP 游离出来，另一个延伸因子 EF-Ts 催化 GTP 取代 GDP，重新生成 EF-Tu-GTP，以便它能够结合下一个氨酰 -tRNA 分子。

　　成肽：当氨酰 -tRNA 定位在 A 位后，在肽酰转移酶催化下，A 位点上的氨基酸的 α- 氨基（亲核基团）攻击肽酰 -tRNA 酯的羧基碳，通过亲核取代氨酰 -tRNA 转移导致一个肽键的形成。在这个反应中，增加了一个氨基酸残基的肽链从位于 P 位的 tRNA 转移到位于 A 位的 tRNA 上。肽键的形成需要高能的氨酰 -tRNA 键的水解，而脱去氨酰基的 tRNA 仍留在 P 位点上。

　　转位：在肽键形成之后，伴随着 mRNA 相对于核糖体移动一个密码子，新生成的肽酰 -tRNA 从 A 位转移至 P 位，结果 A 位点被空了出来，又可以接受下一个氨酰 -tRNA，而脱去氨酰基的 tRNA 进入到了 E 位点（exit site），这一步是延伸循环的第三个反应。在原核生物中，转位需要第三个延伸因子 EF-G 参与。与 EF-Tu 延伸因子类似，EF-G 也有一个结合 GTP 的位点，当形成的 EF-G-GTP 与核糖体结合后，使脱去氨酰基的 tRNA 从 E 位释放出去，肽酰 -tRNA 从 A 位转移至 P 位。GTP 水解为 GDP 和 Pi 后，EF-G 本身被从核糖体中释放出来。EF-G-GDP 的解离使核糖体游离出来，重新进行另一轮延伸循环。

　　每重复一次延伸循环，即重复进行一轮上述 3 个反应，生长着的多肽链上就增加 1 个氨基酸。

4. 翻译的终止

　　翻译的最后一步涉及合成好的肽酰 -tRNA 中连接 tRNA 和 C 端氨基酸的酯键的切开，这一

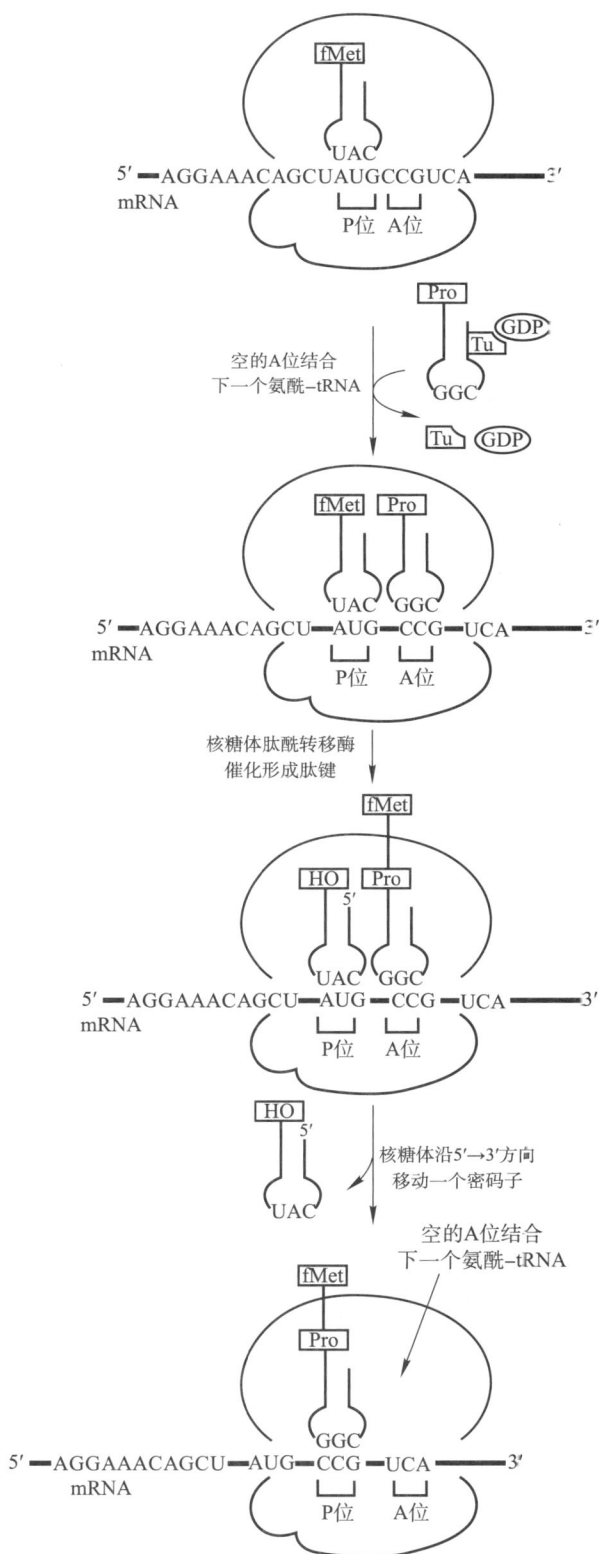

图 16-7　肽链的延长过程

过程除了需要终止密码子外，还需要释放因子 RF 的参加。RF-3 使转肽酶变为水解作用，使 P 位上肽键与 tRNA 之间的酯键被水解分离。肽链自核蛋白体释出。在 RR 作用下，tRNA、核蛋白体自 mRNA

上脱落，在 IF-1 作用下，核蛋白体分解为大、小亚基重新进入核蛋白体循环。

第三节　蛋白质的翻译后加工与运输

一、蛋白质的翻译后加工

天然合成后的多肽需经一定的加工、修饰或互相聚合，转变为天然构象的蛋白，才有活性。蛋白质的翻译后加工主要包括：氨端甲酰甲硫氨酸（fMet）或甲硫氨酸（Met）切除、二硫键的形成、特定氨基酸的化学修饰、新生肽链中非功能片段的切除，以及亚基的聚合。

所有多肽链合成最起始的残基都是甲酰甲硫氨酸（原核生物）或甲硫氨酸（真核生物）。在蛋白质合成后，甲酰基、氨基末端的甲硫氨酸残基，甚至多个氨基酸残基常被酶切除，因此它们并不出现在最后有功能的蛋白中。原核生物的甲酰甲硫氨酸通过脱甲酰基酶形成甲硫氨酸，和真核生物一样，甲硫氨酸通过氨基肽酶进行切除。

多肽链的二硫键是在肽链合成后，通过 2 个半胱氨酸的巯基氧化而形成的。二硫键的形成对于许多蛋白质的活性是必须的，同时与蛋白质的复性也有关联。

氨基酸侧链中特定的氨基酸化学修饰包括：①磷酸化，如核糖体蛋白质；②糖基化，如各种糖蛋白；③甲基化，如肌肉蛋白；④乙基化，如组蛋白；⑤羟基化，如胶原蛋白；⑥羧化。氨基酸的化学修饰对于蛋白质功能的执行具有重要意义。

新生肽链中非功能片段需要进行切除，如不少多肽类激素和酶的前体，需要经过去除非功能片段，才能变位活性分子。

许多蛋白质由两个以上亚基组成，需要多肽通过非共价键聚合成多聚体才能表现生物活性。例如，成人血红蛋白是由两条 α 链、两条 β 链及四分子血红素组成。α 链在多聚核糖体合成后自行释下，并与尚未从多聚核糖体上释下的 β 链相连，然后一并从多聚核糖体上脱下，变成 α，β 二聚体。此二聚体再与线粒体内生成的两个血红素结合，最后形成一个由 4 条肽链和 4 个血红素构成的有功能的血红蛋白分子。

二、蛋白质翻译后的靶向运输

在蛋白质完成翻译后的加工后，需要定向到达行使功能目标地，才能发挥其功能，这一过程称为蛋白质的跨膜转运。它主要由信号肽来实现，信号肽种类多样，靶向作用各不相同，但是整个过程主要包括：首先，信号肽被信号肽识别粒子（SRP）结合，把核蛋白体带至胞膜的胞浆面与对接蛋白结合，核蛋白体与内质网膜结合；其次，信号肽被信号肽酶切割掉，蛋白质分泌到内质网腔。

分泌性的真核蛋白在内质网内合成，在粗面内质网上的核糖体是膜蛋白和分泌性蛋白合成的地方，也是蛋白质分泌的起点。多肽经移位后，在内质网的小腔中被修饰，通过短时间内在粗面内质网进行加工后，分泌蛋白形成被膜包裹的小泡，转运至高尔基体，然后再转运至细胞表面或溶酶体中。

线粒体的蛋白合成能力有限，大量线粒体蛋白在细胞质中合成，定向转运到线粒体。这些蛋白质在运输以前，以未折叠的前体形式存在，与之结合的分子伴侣（属 hsp70 家族）保持前体蛋白质处于非折叠状态。蛋白在信号肽的引导下，进入线粒体外膜，然后蛋白质被 TOM 复合体安装到外膜上，进入基质蛋白质可以先通过 TOM 复合体进入膜间隙，然后通过 TIM 复合体进入基质。也可以通过线粒体内、外膜间的接触点（鼠肝直径 1 μm 线粒体上约 115 个接触点），一步进入基质，在接触点上 TOM 与 TIM 协同作用完成蛋白质向基质的输入（图 16-8）。

核蛋白的靶向运输过程如下：胞质溶胶中合成的蛋白质在核定位序列的引导下，与核输入因子结

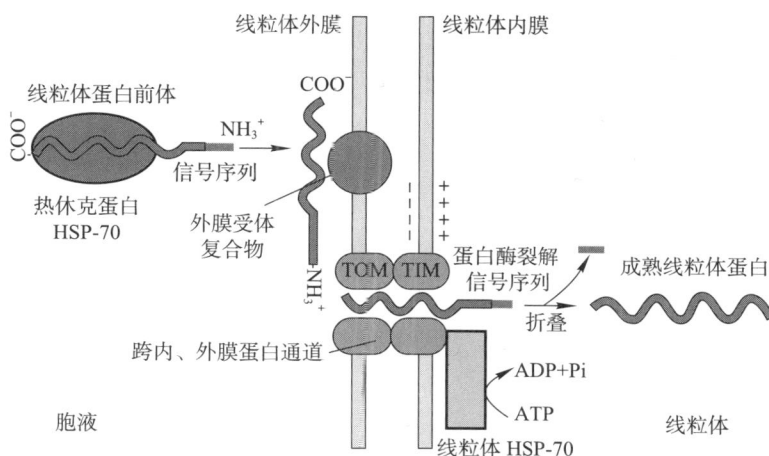

图 16-8　线粒体蛋白质的定向运输过程

合，穿过细胞核内外膜形成的核孔进入细胞核。核孔运输又称为门运输，核孔如同一扇可开启的大门，而且是具有选择性的门，能够主动运输特殊的生物大分子（图 16-9）。

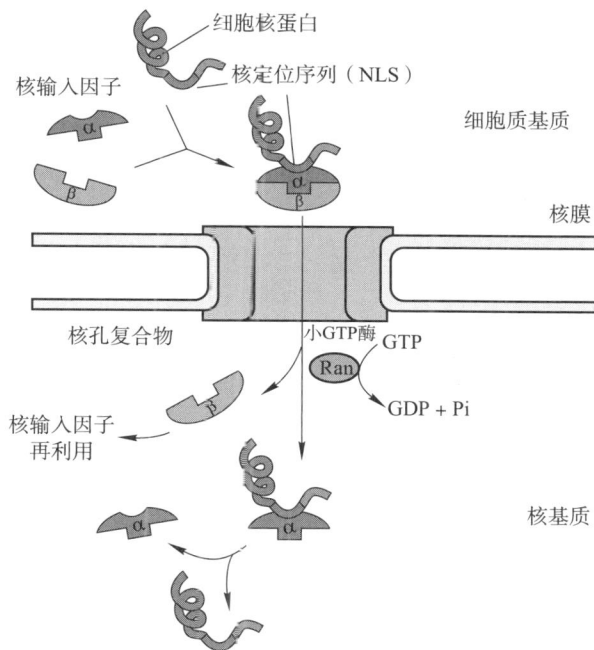

图 16-9　核蛋白的靶向运输过程

🔵 **拓展性提示**

蛋白质在生物体中占有特殊的地位，它是构成生物原生质的主要成分，而原生质是生命现象的物质基础，是生物功能的载体。蛋白质可以催化、调节生物反应；转运、贮存特定物质；构成和保护生命体。对于蛋白质的了解和利用是现代生物学的重要研究方向。随着科学技术的发展，对于蛋白质的研究也不再仅局限于它的理化性质等方面。计算机技术及大数据的分析使研究者有了更多的角度和工具来研究这类直接或间接体现人类及其他生物性状的物质。

@ 拓展知识 2
蛋白质合成缺陷与
疾病

？ 思考题

1. 简述遗传密码对生物遗传和变异的重要作用。
2. 简述核糖体的基本结构和功能。
3. 蛋白质合成过程中保证多肽链正确无误的机制是什么？
4. 简述蛋白质合成的基本过程、参与的酶类和辅因子。
5. 蛋白质定向运输的过程中多肽本身的作用是什么？
6. 基于遗传密码的基本特性，基因突变的不同方式将如何影响蛋白质的改变？

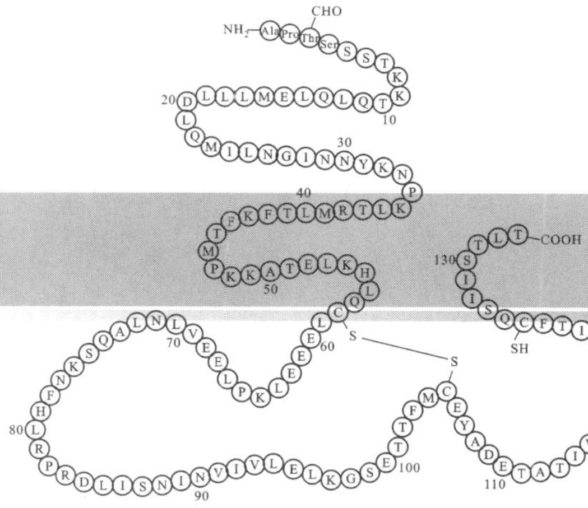

17

基因的表达调控

一、定义

基因表达、基因表达调控、时间特异性、空间特异性、顺式作用元件、特异性转录因子、操纵子。

二、基因表达调控

1. 基因表达调控是生物体内基因表达的调节控制，是使细胞中基因表达的过程在时间、空间上处于有序状态，并对环境条件的变化作出反应的复杂过程。

2. 基因表达的调控可在多个层次上进行。包括基因水平、转录水平、转录后水平、翻译水平和翻译后水平的调控。

3. 基因表达调控具有时间特异性和空间特异性。

三、原核生物的基因表达调控

1. 原核生物的基因表达调控可发生在不同水平，其中转录水平的调控是最常见的调控方式。

2. 操纵子是原核生物转录水平基因表达调控的典型例子，一个控制细胞基因表达的模型称为操纵子（operon），包括乳糖操纵子和色氨酸操纵子。

四、真核生物的基因表达调控

1. 真核生物基因表达调控远比原核生物复杂，可发生在 DNA 水平、转录水平、转录后修饰、翻译水平和翻译后修饰等不同层次。

2. 原核生物最经济、最主要的调控环节在转录水平上。

1. 理解细胞基因表达调控的生物学意义。

2. 掌握原核生物不同层次的基因表达调控类型及特点。

3. 掌握原核生物转录水平调控的乳糖操纵子学说

和色氨酸操纵子学说。

4. 掌握真核生物不同层次的基因表达调控类型及特点。

细胞在生命过程中，将蕴藏于 DNA 中的遗传信息经过转录和翻译，转变成为具有功能的蛋白质分子，这一过程称为基因表达。围绕基因表达过程所发生的各种各样调节方式，称为基因的表达调控。基因表达调控根据细胞的功能要求，精确地控制每种蛋白质的生产数量，使各个基因按照一定的时空次序形成"开关"，让细胞在时间、空间上处于有序的状态，并对环境变化作出适应性反应。基因的表达调控可在基因水平、转录水平、转录后水平、翻译水平以及翻译后水平进行，是生物体内细胞分化、形态发生和个体发育的分子基础。

第一节　基因表达调控的特点

一、基因表达调控的层次

基因的表达调控体现在不同方面。第一是染色质水平上的调控。基因转录前染色质结构需要发生一系列重要变化，这是基因转录的前提，活化的基因处于染色质的伸展状态之中，可以被转录，而非活化的染色质 DNA 不能被转录。第二是转录水平上的表达调控，这是最主要的基因调控方式。转录水平调控的重点是在特定组织或细胞中、在特定的生长发育阶段、在特定的机体内外条件下，选择特定基因进行转录表达。第三是转录后调控，是指基因转录起始后对转录产物进行的一系列修饰、加工等调控行为，主要包括提前终止转录过程、对 mRNA 前体进行加工剪切、mRNA 通过核孔和在细胞质内定位等。第四是翻译水平上的调控，这是基因表达调控的重要环节。翻译的速率和细胞生长的速度之间是密切协调的。在肽链合成的起始、延伸和终止三个阶段中，对翻译起始速率的调控是最重要的，而在翻译的延伸和终止阶段也存在着调控因素。最后一个方面的调控是蛋白质活性的调节。来自 mRNA 的遗传信息翻译成蛋白质后，这些蛋白质如何活化并发挥其生物学功能，涉及蛋白质合成后的加工问题。对于由 mRNA 翻译产生的多肽，经过正常折叠后，有些已经具有生物活性，然而，对于真核生物中大部分蛋白质来说，还需要进一步加工、修饰和活化，才具有生理功能。这种修饰有时还是不可逆转的过程。

二、基因表达调控的特点

无论是原核生物还是真核生物，都具备一套准确的调节基因表达和蛋白质合成的机制，不同的生物使用不同的信号来指挥基因的调控，且受营养状况、激素水平、环境因素以及发育阶段的影响。基因表达具有其特定的规律，分别表现为时间特异性和空间特异性，即根据生长、分化和发育等功能的需要，随着环境的变化，特定基因按照一定的时间顺序先后表达；而不同的组织或器官中，基因表达的种类和表达水平不同。

诱导表达和阻遏表达是基因表达调控的普遍方式，即在特定的信号刺激下，有些基因表现出开放性或增强性的表达，称其为诱导（induction）；另一些则表现出关闭性或抑制性的表达，称其为阻遏（repression）。基因表达受顺式作用元件和反式作用因子共同调节，存在于基因旁侧序列中能影响基因表达的 DNA 序列为顺式作用元件，包括启动子、增强子、沉默子等，它们参与直接表达调控。而能直接或间接地识别或结合在各类顺式作用元件核心序列上，参与调控靶基因转录效率的蛋白质为反式作用因子。蛋白质 –DNA 以及蛋白质 – 蛋白质的相互作用是基因表达调控的分子基础，同时，基因表达调控是多层次的复杂调节。

第二节 原核生物的基因表达调控

一、原核生物基因表达调控方式

对于原核生物来说，几个重要的特征构成了其基因表达的特性：

（1）操纵子（operon）是原核生物的基因转录单元，一个操纵子是一个转录单元，转录调控也是以操纵子为单元的。

（2）mRNA 的转录、翻译和降解偶联进行。细菌的转录和翻译有相似的速率，且翻译效率极高，可以进行多点同时起始翻译。大多数细菌的 mRNA 非常不稳定，对其编码蛋白质的产量具有很大的影响，因此对过程进行表达调控。

（3）mRNA 所携带的信息差别很大，大多数细菌以单顺反子的形式存在，即一个结构基因编码一个蛋白质，少数以多顺反子形式，即多个结构基因串联在一起。翻译一个特定顺反子的核糖体的数量取决于其起始位点（SD 序列）的效率。

原核生物的基因表达调控，可发生在不同水平，其中转录水平的调控是最常见的调控方式。

二、原核生物转录水平的调控

原核生物的基因转录水平调控是以特定的 DNA 序列和蛋白质结构为基础的。顺式作用元件所包括的启动子、操纵元件、正调控蛋白结合位点以及增强子，都在基因表达调控中起着不同形式的作用。而一些特异性转录因子，包括激活蛋白，对基因表达有激活作用，而阻遏蛋白则对基因表达有抑制作用。特异性转录因子通常以不同形式的 DNA 结构域呈现，包括锌指结构、螺旋 – 回折 – 螺旋结构等。

特定蛋白质与 DNA 结合后控制转录起始。核心酶和 σ 因子构成 RNA 聚合酶的全酶，而 σ 因子和启动子决定转录是否能够起始。阻遏蛋白结合操纵元件对转录起始进行负调控。阻遏蛋白可以结合到操纵元件上，甚至部分序列与启动子序列重叠，对 RNA 聚合酶可形成空间阻碍，从而影响转录的进行。激活蛋白结合正调控元件，对转录起始进行正向调控（图 17-1）。

在原核生物的转录水平调控中，操纵子学说是关于原核生物基因结构及其表达调控的学说，由法国学者 Jacob 与 Monod 在 1961 年提出，二者因此获得了 1965 年诺贝尔生理学或医学奖。

1. 乳糖操纵子学说

在大肠杆菌的乳糖系统操纵子中，β- 半乳糖苷酶、半乳糖苷渗透酶、半乳糖苷转酰酶的结构基因以 Lac Z（Z）、Lac Y（Y）、Lac A（A）的顺序分别排列在染色体上，在 z 的上游有操纵序列 Lac O（O）以及启动子 Lac P（P），这就是操纵子（乳糖操纵子）的结构模式。编码乳糖操纵系统中阻遏物的调

📧 知识点
原核生物基因表达调控——乳糖操纵子学说

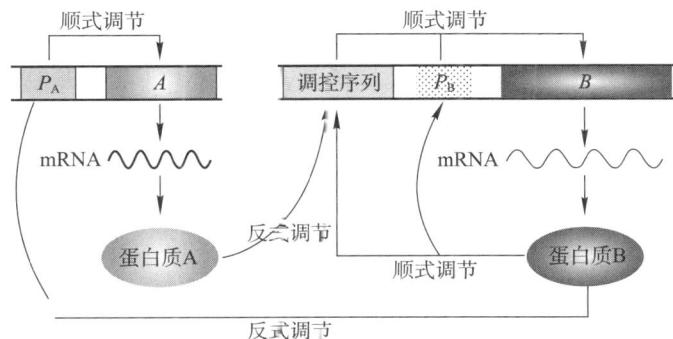

图 17-1 负调控与正调控示意图

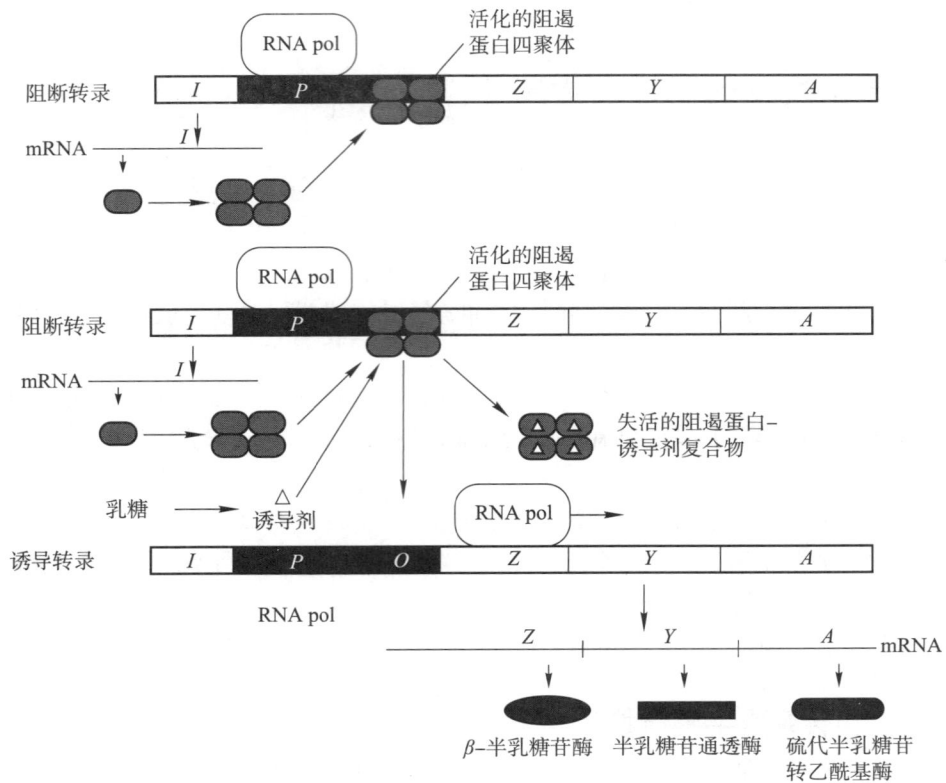

图 17-2 大肠杆菌乳糖操纵子调控模型

节基因 *Lac I*（*I*）位于和 p 上游的临近位置。它受到受阻遏蛋白（负性调节）和 CAP（正性调节）的协调调节（图 17-2）。

阻遏蛋白是一种变构蛋白，当细胞中没有乳糖存在时，阻遏蛋白会以恒定的速度表达，以四聚体形式特异性地结合到操纵元件上，操纵元件一旦被阻遏物所结合，RNA 聚合酶的活性就会受到阻遏，影响转录，使得后面的结构基因没有办法表达出来；当细胞中有乳糖或者其他类似物诱导时，阻遏蛋白便于诱导物相结合，构象发生改变，因此不能再结合到操纵元件上，于是转录没有受到影响，RNA 聚合酶能够启动转录，表达后面的结构基因。这样，整个转录过程就受到乳糖操纵子的调节。

同时，乳糖操纵子也受到 CAP 的正性调节。乳糖操纵子是弱启动子，与 RNA pol 结合后，需 cAMP-CAP（分解代谢物基因活化蛋白）复合物活化。当细胞内无葡萄糖时，cAMP 浓度高，cAMP-CAP 诱导 CAP 构象改变，CAP 结合于启动子上游的 CAP 结合位点，激活邻近基因转录；有葡萄糖时，cAMP 浓度低，cAMP-CAP 解离。

因此，葡萄糖与乳糖的正确比例可开放结构基因。可以归纳为以下几种情况：当乳糖不存在时，阻遏蛋白与操作元件结合，阻碍 RNA 聚合酶的作用，结构基因不表达；葡萄糖和乳糖同时存在时，阻遏蛋白与操纵元件解离，负调控解除 cAMP，正调控受抑，结构基因不表达；当葡萄糖与乳糖比例合适，或者无葡萄糖存在有乳糖存在的情况下，葡萄糖被消耗，利用乳糖，基因开放，结构基因就被顺利表达出来。

2. 色氨酸操纵子学说

色氨酸操纵子和乳糖操纵子类似，只不过乳糖操纵子是一种负控诱导的表达调控形式，而色氨酸操纵子是一种负控阻遏的表达调控形式。色氨酸操纵子（trp operon）除了产物阻遏负调控外，还有转录衰减（attenuation）调控方式。衰减是转录 – 翻译的偶联调控。

大肠杆菌色氨酸操纵子结构基因依次排列为 *trpEDC2BA*，其中 *trpGD* 和 *trpCF* 基因融合，*trpE* 和

trpG 编码邻氨基苯甲酸合酶，*trpD* 编码邻氨基苯甲酸磷酸核糖转移酶，*trpC* 编码吲哚甘油磷酸合酶，*trpF* 编码异构酶，*trpA* 和 *trpB* 分别编码色氨酸合酶的 α 和 β 亚基。*trpE* 的上游为调控区，由启动子、操纵基因和 162 bp 的前导序列组成。

色氨酸操纵子转录起始的调控是通过阻遏蛋白实现的。产生阻遏蛋白的基因是 *trpR*，该基因距色氨酸操纵子基因簇很远。它结合于色氨酸操纵基因特异序列，阻止转录起始。但阻遏蛋白的 DNA 结合活性受 Trp 调控，Trp 起着一个效应分子的作用，在有高浓度 Trp 存在时，阻遏蛋白 – 色氨酸复合物形成一个同源二聚体，并且与色氨酸操纵子紧密结合，因此可以阻止转录。当 Trp 水平低时，阻遏蛋白以一种非活性形式存在，不能结合 DNA。在这样的条件下，Trp 操纵子被 RNA 聚合酶转录，同时 Trp 生物合成途径被激活。

色氨酸操纵子还存在一个衰减机制，其转录终止的调控是通过弱化作用（attenuation）实现的。在大肠杆菌色氨酸操纵子中，前导区的碱基序列包括 4 个衰减子区域，能以两种不同的方式进行碱基配对，其中 3 与 4 的配对形成终止密码子的识别区。当培养基中 Trp 浓度高时，核糖体可顺利通过两个相邻的色氨酸密码子，在 4 区被转录之前，核糖体就到达 2 区，这样使 2~3 不能配对，3~4 区可以配对形成终止子结构，转录停止。当培养基中 Trp 浓度很低时，负载有色氨酸的 tRNA-Trp 也就少，这样翻译通过两个相邻色氨酸密码子的速度就会很慢，当 4 区被转录完成时，核糖体滞留 1 区，这时的前导区结构是 2~3 配对，不形成 3~4 配对的终止结构，所以转录可继续进行（图 17-3）。

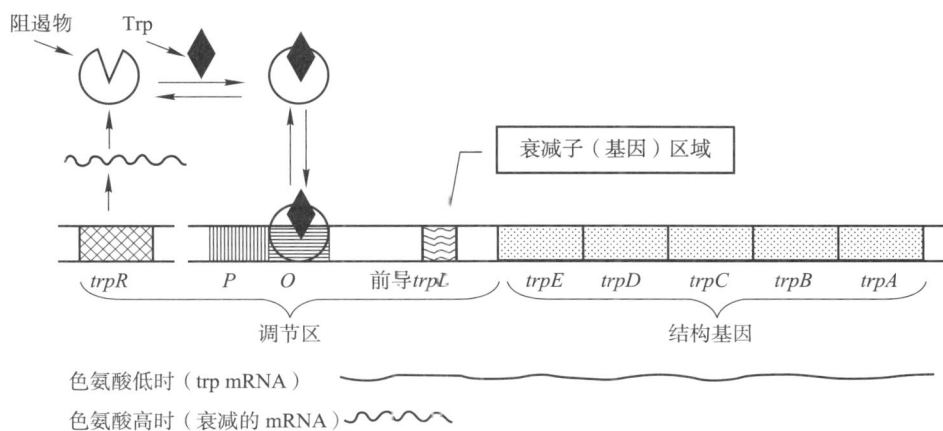

图 17-3 大肠杆菌色氨酸操纵子调控模型

三、原核生物翻译水平的调控

原核生物的 mRNA 翻译能力主要受控于 5' 端的核糖体结合部位，即 SD 序列。强的控制部位造成翻译起始频率高，反之则翻译频率低。SD 序列一般位于 mRNA 上游距 AUG 约 8~11 nt 位点，由 6 个核苷酸组成的保守序列，与核糖体 16S rRNA 的 3' 端互补配对，促使核糖体结合到 mRNA 上，有利于翻译的起始。

在多顺反子 mRNA 中，每一个蛋白编码区都有一个 AUG，在 AUG 上游都有一个 SD 序列，核糖体可直接结合到 mRNA 上的任何一个 SD 序列上，并从其后的 AUG 开始启动蛋白质的翻译。SD 序列与 AUG 之间的距离直接影响基因产物的翻译效率。例如，当 SD 序列与起始密码子之间相差 7 个碱基的时候某基因正常表达，而当它们之间相差 8 个碱基的时候，该基因的表达水平将降低到原来的 1/500。可见 SD 序列与 AUG 之间的距离直接影响基因产物的翻译效率。

另一方面，mRNA 稳定性是决定翻译产物量的重要因素。细菌 mRNA 通常很不稳定，大肠杆菌在 37℃时，mRNA 平均寿命 2 min，这意味着诱导因素一旦消失，蛋白表达立即停止。而影响 mRNA 稳定性的因素主要包括细菌生理状态、环境因素、mRNA 结构特点、短 *poly*（A）尾结构等，这些因素共同对翻译水平进行调节。

第三节 真核生物的基因表达调控

真核生物主要由多细胞组成。真核生物有细胞核结构，转录和翻译过程在时间和空间上彼此分开，并且在转录和翻译后都有复杂的信息加工过程，其基因表达的调控可以发生在各种不同的水平上。真核生物的 DNA 与蛋白质结合在一起，形成十分复杂的染色质结构。染色质构象的变化、染色质中蛋白质的变化及染色质对 DNA 酶敏感程度的变化都会对基因表达产生影响。真核生物的染色质包裹在细胞核内，基因的核内转录和细胞质内的翻译被核膜在时间和空间上隔开，核内 RNA 的合成与运转、细胞质中 RNA 的剪切和加工等，均扩大了真核细胞基因调控的范围。每个真核细胞所携带的基因数量及基因组中蕴藏的遗传信息量都大大高于原核生物。真核生物基因组 DNA 中有大量的重复序列，基因内部还插入了非蛋白质编码区域，这些都影响真核基因的表达。因此，真核生物基因表达的调控远比原核生物复杂，可以发生在 DNA 水平、转录水平、转录后修饰、翻译水平和翻译后修饰等多种不同层次。

对大多数真核细胞来说，基因表达调控最明显的特征是能在特定时间和特定的细胞中激活特定的基因，从而实现"预定"的、有序的、不可逆的分化和发育，并使生物组织和器官在一定的环境条件范围内保持正常的功能。根据性质的不同，可将真核生物基因调控分为两大类：第一类是瞬时调控或可逆性调控，这相当于原核细胞对环境条件变化所作出的反应。瞬时调控包括某种底物或激素水平升降时，或细胞周期不同阶段中，酶活性和浓度的调节。第二类是发育调控或不可逆调控，是真核基因调控的关键部分，这种调控决定真核细胞的生长、分化、发育的全部进程。

1. DNA 水平的调控

主要指通过染色体 DNA 的断裂、删除、扩增、重排、修饰（如甲基化和去甲基化、乙酰化和去乙酰化等）和染色质结构变化等改变基因的数量、结构顺序和活性而控制基因的表达。

2. 转录水平的调控

转录水平的调控包括染色质的活化基因的活化。通过染色质改型、组蛋白乙酰化、染色质疏松化、DNA 去甲基化而被酶和调节蛋白作用。真核基因调控主要是在转录水平上进行的，这一点与原核生物相同，但是真核生物没有像原核生物那样的操纵子，也没有和操纵子紧密相邻的调节基因。真核生物的转录受特定顺式作用元件的影响，这类元件大多与所调控的结构基因保持一段距离。此外，真核生物的转录还受到反式作用因子的调控。这些因子是一些扩散物质，如蛋白质分子或激素蛋白质的复合物。真核生物的转录大多是通过顺式作用元件和反式作用因子的结合，并通过复杂的相互作用来实现的。由于真核生物的转录主要发生在染色质上，因此，染色质的结构状态、特定区域 DNA 链的松弛或解旋和 DNA 空间结构的变化等都会在转录调控上起作用。

3. 转录后的调控

在真核生物中，蛋白质基因的转录产物为核内不均一 RNA（hnRNA），必须经过加工才能成为成熟的 mRNA 分子。加工过程主要包括三个方面：5′ 的加帽、3′ 的加尾和去掉内含子。同一初级转录产物在不同细胞中可以用不同方式剪接加工，形成不同的成熟 mRNA 分子，使翻译成的蛋白质都可能不同。转录后的 RNA 在编码区发生碱基插入、缺失或转换现象。

4. 翻译水平和翻译后水平的调控

阻遏蛋白与 mRNA 结合，可以阻止蛋白质的翻译并使成熟的 mRNA 变为失活状态贮存起来。一些能被调控的与 RNA 或 DNA 互补的小分子可与 mRNA 作用降解 mRNA，阻止其翻译。此外，还可以控制 mRNA 的稳定性和有选择性进行翻译。

直接来自核糖体的多肽链一般是没有功能的，必须经过加工才具有活性。在蛋白质翻译后的加工过程中，存在一系列的调控机制，具体包括：①蛋白质的折叠。线性多肽链必须折叠成一定的空间结构，才具有生物学功能，在细胞中，蛋白质的折叠常常在分子伴侣的作用下完成折叠；②信号肽的切割。有些膜蛋白、分泌蛋白在氨基端具有一段疏水性强的氨基酸序列，成为信号肽，用于前体蛋白质在细胞中的定位，信号肽只有被切除，才能体现多肽链的功能；③多聚蛋白质的切割。一些新合成的多肽链含有蛋白质分子的序列，切割以后产生具有不同功能的蛋白质分子；④化学修饰。将一些小的化学基团，如乙酰基、甲基、磷酸基加到氨基酸侧链上。

🌐 拓展知识
生物钟及其调控

💬 **拓展性提示**

生物体要执行复杂的生命活动，而所有的生命活动都是在 DNA 的指导下进行的。为了调节和组织这些复杂的活动，生物体进化出了许多对基因的表达进行调控的机制。通过对这些机制的合理开发利用可以实现对代谢途径更为精细协调的调控，进一步提高目标产品的产量、产率和生产能力，以更有效的方式调控多种高附加值产品的高效生物合成，最终构建出更加合适有效的生物细胞工厂。

❓ **思考题**

1. 根据乳糖操纵子模型说明负控诱导的基因表达调控机制。
2. 根据色氨酸操纵子模型说明负控阻遏的基因表达调控机制。
3. 说明真核生物和原核生物的基因表达调控的异同点。
4. 说明原核生物和真核生物不同水平基因表达调控的特点。
5. 举例说明基因表达调控的重要意义及应用。